RÉINVENTER LE FEU

L'édition originale de cet ouvrage
a été publiée sous le titre *Reinventing Fire*.

40, rue de l'échiquier
75010 Paris
www.ruedelechiquier.net
ISBN : 978-2-917770-51-1
Dépôt légal : juin 2013

Amory B. Lovins et
le Rocky Mountain Institute

RÉINVENTER LE FEU

TRADUCTION : AGNÈS EL KAÏM

AVANT-PROPOS DE :
- MARVIN ODUM, PRÉSIDENT DE SHELL OIL COMPANY
- JOHN W. ROWE, PRÉSIDENT ET DIRECTEUR EXÉCUTIF D'EXELON CORPORATION

Des solutions économiques novatrices pour une nouvelle ère énergétique

Rue de l'échiquier

ÉLOGES

« Mon ami Amory Lovins sait que la question la plus importante en ce XXIe siècle est celle du « comment » : comment transformer de bonnes idées en solutions efficaces. *Réinventer le feu* est un essai plein de sagesse, détaillé et exhaustif, qui présente les meilleures technologies actuelles en matière de consommation d'énergie et explique comment les utiliser dès aujourd'hui afin de créer des emplois, de mettre un terme à notre dépendance vis-à-vis des combustibles fossiles responsables du changement climatique et de laisser s'exprimer l'extraordinaire potentiel économique de la révolution énergétique qui s'annonce. »

Président Bill Clinton

« Amory Lovins et son équipe de professionnels hors pair nous exposent ici un programme réfléchi, détaillé et cohérent, destiné à transformer la consommation et l'approvisionnement énergétiques du pays... et à économiser ainsi 5000 milliards de dollars ! *Réinventer le feu* est le résultat d'un travail monumental, c'est un véritable tour de force qui nous tient en haleine par sa vision envoûtante et qui mérite une place de choix sur la table de travail ou plutôt dans l'esprit de quiconque investit le bureau ovale. »

Robert C. McFarlane,
conseiller à la sécurité nationale du président Reagan ;
cofondateur et coprésident du United States Energy Security Council

« Si vous voulez apporter bonheur et prospérité à l'Amérique *tout en* remédiant au chômage, à l'inertie fédérale et au changement climatique *et tout en* donnant du sens à un monde saturé d'opinions et d'idéologies contradictoires, il ne vous reste qu'une chose à faire : lire *Réinventer le feu*... puis vous assurer que tous les décideurs du pays l'aient lu. Il s'agit d'un travail renversant, d'une portée colossale. Cet ouvrage trace en effet de façon concrète la voie vers un avenir durable et sensé, en repensant la façon dont nous consommons et produisons cet élément vital à notre civilisation : l'énergie sous toutes ses formes. »

Paul Hawken,
auteur de Blessed Unrest *et coauteur de* Natural Capitalism

« Voici le programme brillant, fouillé et novateur de la profonde et fructueuse restructuration qui nous attend ces quarante prochaines années et qui modifiera notre consommation énergétique dans le secteur des transports, de l'électricité, du bâtiment et de l'industrie. Cette nouvelle flamme du Rocky Mountain Institute nous aidera à tracer notre route loin des épineux problèmes causés par notre dépendance au pétrole et au charbon. »

R. James Woolsey,
coentrepreneur, Lux Capital ; ex-directeur de l'Agence centrale de renseignements américaine (CIA) ; président de la Foundation for Defense of Democracies

« *Réinventer le feu* crépite de perspectives nouvelles et de points de vue convaincants concernant notre passé, notre présent et notre avenir énergétique. Puisant dans la logique de l'économie, de la physique, de la géologie et de la sécurité nationale, mais aussi dans le simple bon sens, Amory Lovins et son équipe nous frayent un chemin vers un avenir plus propre, plus économe et plus sûr. Un ouvrage indispensable pour tous les responsables économiques, décideurs, défenseurs de l'environnement et universitaires, mais aussi pour toute personne se préoccupant de l'avenir de notre planète et de la prospérité de notre pays. »

Dan Esty,
directeur du Center for Business and the Environment
de l'université Yale et auteur de Green to Gold

« La révolution énergétique menée par les entreprises dans *Réinventer le feu* a pour moteur de nouveaux revenus, des risques réduits et des avantages concurrentiels décisifs. Dans l'immobilier comme dans d'autres secteurs, il s'agit là de puissants ingrédients du succès. Les promoteurs immobiliers avisés pourront se féliciter de les avoir repris à leur compte et les traînards en feront fi à leurs dépens. »

Gerald D. Hines,
fondateur et président de Hines

« Une analyse qui remet les pendules à l'heure, indispensable pour les innovateurs et les décideurs politiques. »

Bill Joy,
partenaire associé de Kleiner Perkins Caufield & Byers
et cofondateur de Sun Microsystems

Cet ouvrage puise dans le savoir et l'inspiration de deux amis et mentors à qui il est dédié :

Ray C. Anderson (1934-2011)

Lee Schipper (1947-2011)

Le bien qu'ils ont fait autour d'eux est infini.

Caminante, no hay camino
Se hace camino al andar

Voyageur, il n'est point de chemin
Le chemin se construit en marchant

Antonio Machado (1875-1939)

Auteur principal : Amory B. Lovins

Coauteurs : Mathias Bell ; Lionel Bony ; Albert Chan ; Stephen Doig ; Nathan J. Glasgow ; Lena Hansen ; Virginia Lacy ; Eric Maurer ; Jesse Morris ; James Newcomb ; Greg Rucks ; Caroline Traube

Directeurs de projet : Lionel Bony (recherches et écriture) ; Eric Maurer (correction et production)

Modélisateurs : Mark Dyson ; Mark Gately

Chercheurs : Josh Agenbroad ; Sarah Bahan ; Dan Gorman ; Ryan Matley ; Natalie Mims ; Jay Tankersley ; Katherine Wang, ingénieur

Et aussi : Michael Bendewald ; Steve Brauneis ; Aaron Buys ; Betsy Cannon ; Bennett Cohen ; Andrew Dietrich ; Amanda Gonzalez ; Chris Hart ; Leah Kuritzky ; Nicole LeClaire ; Angie Lee ; Davis Lindsey ; Luisa Lombera ; Matt Mattila ; Miriam Morris ; Brendan O'Donnell ; Tyler Ruggles ; Anna Shpitsberg ; Roy Torbert ; Brendan Trimboli ; Molly Ward

L'ÉQUIPE DE L'OUVRAGE

Production : Betsy Ronan Herzog ; Carrie Jordan ; Clay Stranger

Réviseurs en chef : Robert Hutchinson ; Brad Mushovic ; Michael Potts

Collaborateurs extérieurs au RMI

Correcteur : John Carey

Auteur : Jason Denner

Chercheurs : Will Clift ; Emily Grubert ; Darrin Magee ; Glenn Mercer ; Scott Muldavin ; Eric Wanless

Réviseurs en chef : E. Kyle Datta ; Jonathan G. Koomey

SOMMAIRE

Difficile d'exprimer tout ce que l'association négaWatt doit à Amory Lovins... à commencer par son nom même, « négaWatt » ! Issu selon la légende d'une coquille d'imprimerie sur le mot de « égawatt » (une unité qui désigne une puissance d'un million de watts) le terme « égawatt » a été employé pour la première fois en 1989 par Amory Lovins dans un article qui reste, un quart de siècle plus tard, d'une étonnante actualité : « *The negaWatt Revolution – Solving the CO_2 Problem*[1] ».

Quelle révolution copernicienne, en effet ! Amory Lovins y soutenait que l'immense potentiel de réduction des consommations constitue l'une des clés essentielles de la résolution des crises liées à l'énergie. Que les dispositifs, les équipements pour *non-consommer* l'énergie sont bien moins chers et bien moins polluants que *produire de l'énergie*. Que l'énergie non consommée, les *négawatts,* constituent de gigantesques « gisements » dans lesquels on peut puiser non de l'énergie physique, mais plus d'efficacité pour faire mieux avec moins d'énergies. Et enfin que ces gisements de négawatts sont aussi considérables à l'échelle mondiale que toutes les autres sources d'énergies.

1 http://www.ccnr.org/amory.html

PRÉFACE
DE L'ASSOCIATION NÉGAWATT

Suivant la même idée, c'est également Amory Lovins qui a introduit en 1997 le concept de « facteur 4 » dans le rapport au Club de Rome *Factor Four: Doubling Wealth, Halving Resource Use*[2].

Au début des années 2000, après lui avoir demandé l'autorisation d'utiliser le terme « négaWatt » – ce néologisme si plein de bon sens – comme nom pour notre association, l'occasion nous fut donnée de venir l'écouter, lors de l'un de ses passages en Europe, au Centre de ressources de Terre Vivante dans le Trièves, en Isère, à l'invitation de son directeur, Claude Aubert.

Nous découvrîmes alors un spectacle étonnant. Le regard malicieux toujours en éveil derrière ses épaisses lunettes, Amory Lovins pétillait d'idées décapantes mais toujours très argumentées et chiffrées. À chaque question posée par l'assistance, il plongeait aussitôt dans les centaines de présentations méticuleusement stockées dans son Mac pour en extraire comme par magie le schéma ou la courbe qui répondait avec une diabolique pertinence à nos interrogations.

Quelques-uns d'entre nous eurent ensuite la chance de passer avec lui plusieurs jours en petit comité, et de lui poser toutes les questions qui nous venaient à l'esprit. C'est alors que nous avons vraiment pu mesurer la profondeur de sa pensée et ses qualités humaines. Un moderne Pic de la Mirandole, une brillante intelligence, certes, mais aiguisée par une très forte capacité

---

2 Publié en français la même année aux éditions Terre Vivante sous le titre *Facteur 4, deux fois plus de bien-être en consommant deux fois moins de ressources : rapport au Club de Rome.*

d'écoute ; un puits de connaissances, bien sûr, mais aussi un joueur de piano remarquable et un humaniste à l'étonnante culture générale.

Amory Lovins et ses 80 collaborateurs du Rocky Mountain Institute, qu'il a fondé en 1982, ont exploré et mis en œuvre depuis plus de trente ans toutes sortes de méthodes et de techniques visant à réduire les consommations d'énergie dans tous les grands secteurs d'activité. Leurs conseils accompagnent des dizaines de gouvernements et des centaines d'entreprises à travers la planète, au point que le *Time* a cité Amory Lovins parmi les 100 personnalités les plus influentes du monde en 2009.

Reprenant l'essentiel des avancées les plus récentes dans tous les domaines avec le souci permanent de la précision et du détail, *Réinventer le feu* nous montre qu'un autre avenir énergétique est possible, même aux États-Unis, et que les bénéfices économiques, sociaux et environnementaux d'un basculement vers un système énergétique durable sont considérables pour l'ensemble de la société.

Réinventer le feu apporte une vision concrète et très documentée de ces immenses « gisements de négawatts » qui se nichent partout autour de nous, dans les transports, le bâtiment, l'industrie ou la production d'électricité. Les solutions qu'il préconise pour les mobiliser, essentiellement tournées vers les États-Unis, peuvent pour la plupart d'entre elles très bien s'appliquer à l'Ancien Continent et à la France – même s'il faut les nuancer sur certains points ou les adapter à nos particularismes. Elles ont puissamment inspiré les choix et les propositions des scénarios négaWatt que les experts de l'association ont élaborés dès 2003 et qui contribuent à rendre crédible en France, dans ce pays si dépendant des énergies fossiles et du nucléaire, une radicale transition énergétique fondée sur la sobriété, l'efficacité énergétique et le recours aux énergies renouvelables.

Au-delà de choix techniques qui peuvent logiquement différer en fonction de la géographie et de l'histoire énergétique du pays, l'un des arguments les plus convaincants d'Amory Lovins pour tous les décideurs de ce côté-ci de l'Atlantique et du Rhin est que la transition énergétique est avant tout une extraordinaire opportunité économique et stratégique.

Les pays qui s'y seront lancés les premiers ont ainsi toutes les chances d'en tirer de très nombreux avantages concurrentiels.

La parution en français de ce livre fourmillant de données et d'informations tombe donc à point nommé alors que la France est engagée dans un « Débat national sur la transition énergétique ». Sa lecture finit de convaincre, s'il en était besoin, que l'heure n'est plus aux tergiversations et qu'il s'agit de s'engager résolument dans la transition énergétique.

Alors, dans quelques années, lorsque le mot « négawatt » aura l'honneur de s'institutionnaliser en entrant dans le Petit Robert ou le Larousse, il faudra se souvenir que c'est grâce aux géniales intuitions d'Amory Lovins, l'homme qui *réinvente le feu.*

Marc Jedliczka et Thierry Salomon,
Association négaWatt

R*éinventer le feu* propose une feuille de route destinée à piloter l'économie américaine vers la fin de l'ère des combustibles fossiles. Cet ouvrage est le fruit de plusieurs années de recherches accomplies par des dizaines de scientifiques, ingénieurs, architectes, économistes, spécialistes du monde de l'entreprise et autres membres du Rocky Mountain Institute (RMI). Sans but lucratif, ce groupe indépendant de réflexion et d'action prône une utilisation réparatrice et à haut rendement énergétique des ressources grâce à la transformation des modes de conception, à la suppression des obstacles et à la diffusion de l'innovation. La synthèse de Réinventer le feu et le présent livre, qui résume les conclusions destinées aux entreprises américaines et aux autres décideurs, ont fait l'objet d'un examen approfondi de la part d'experts indépendants (voir les remerciements à la fin de l'ouvrage).

Le RMI a lancé l'initiative Réinventer le feu pour répondre à deux questions : est-il réaliste d'envisager que les États-Unis arrêtent d'utiliser du pétrole et du charbon d'ici 2050 ? Une transition d'une telle ampleur vers une utilisation à haut rendement énergétique des ressources et vers les énergies renouvelables peut-elle être menée par le secteur privé afin d'offrir des avantages durables ? La réponse à ces deux questions s'est révélée être « oui ».

Cette réponse est née de l'utilisation combinée de données, tenues pour fiables, concernant les besoins et la production énergétiques à venir, et de projections raisonnablement prudentes sur la forme que pourrait prendre la réalité énergétique dans quarante ans si les entreprises adoptaient les

À PROPOS DE L'OUVRAGE

technologies actuellement disponibles à des taux de rentabilité normaux, et si des mesures politiques étaient prises pour supprimer certains des obstacles qui empêchent aujourd'hui d'opter pour des énergies ou des concepts innovants. Fait surprenant, notre analyse ne s'appuie sur aucune tarification du carbone ni aucune autre externalité ; elle ne nécessite ni loi du Congrès, ni mise en place de taxes, subventions ou réglementations nationales ; elle coûte 5 000 milliards de dollars (en valeur actuelle nette 2010[1]), soit *moins* que le scénario de statu quo, et offre d'importantes perspectives de profits.

Réinventer le feu raconte avant tout deux grandes histoires : celle du pétrole et celle de l'électricité. La combustion du pétrole et l'alimentation des centrales électriques (grâce au charbon pour près de la moitié d'entre elles) rejettent chacune plus de 40 % du carbone d'origine fossile du continent américain et de la planète. Près des trois quarts de notre pétrole alimentent nos déplacements, et la même proportion d'électricité est utilisée par nos bâtiments (le reste est consacré à l'industrie). C'est pourquoi l'efficacité énergétique des *transports*, des *bâtiments* et de l'*industrie* est décisive si

1 La *valeur actuelle* est une façon communément admise d'exprimer des coûts ou des bénéfices futurs à travers une somme globale actuelle (dans le cas présent 2010) ajustée en fonction de la valeur temporelle de l'argent. À cette fin, nous ramenons les coûts et les bénéfices futurs à la baisse de 3 % (après inflation) par an. La valeur actuelle nette soustrait les coûts aux bénéfices, tous deux étant exprimés de la même façon. Dans le secteur économique, on utilise généralement des taux d'actualisation plus élevés que ce taux « social », particulièrement bas ; nous faisons de même lorsque nous étudions si un investissement dans l'efficacité énergétique ou dans les énergies renouvelables peut remplir les critères financiers propres à un secteur.

nous voulons économiser le pétrole et le charbon, tout comme le fait de remplacer ces derniers par le gaz naturel, autant que faire se peut. De cette façon, nous pourrons introduire des changements de taille sur notre manière de produire de *l'électricité*. Les chapitres 2 à 5 explorent ces quatre secteurs, exposant les enseignements tirés par le RMI à travers trente ans de collaboration stratégique et technique avec des entreprises de premier plan, présentes dans chacun de ces secteurs à travers le monde. Cette expérience internationale montre que toutes les technologies présentées dans cet ouvrage, ainsi que de nombreuses propositions politiques centrées autour de la réalité américaine, sont largement transposables et adaptables ailleurs.

Nous souhaitions que *Réinventer le feu* soit clair et facile à lire, mais que ses analyses techniques détaillées conservent leur caractère transparent, traçable, crédible et documenté. On trouvera donc les principales références en fin d'ouvrage, et les supports méthodologiques et techniques sur www.reinventingfire.com ; ce site est en outre le portail des initiatives lancées par le RMI pour mettre en œuvre la stratégie Réinventer le feu dans les quatre secteurs clés.

Précisons pour commencer quelques conventions de base. Tout au long de l'ouvrage, nous exprimons la valeur en dollars US 2009 (nous mentionnons l'année dans le cas contraire) et les taux de rendement des technologies que nous choisissons sont adaptés au risque de chaque secteur. Ainsi, étant donné que les prises de décision des constructeurs automobiles sont motivées par des consommateurs à relativement courte vue, nous partons de l'hypothèse que les économies de carburant doivent être payantes au bout de trois ans. Concernant les gains d'efficacité énergétique dans le bâtiment, nous avons fixé le taux critique à 7 %/an en termes réels, car les échéances courent sur des délais plus longs. Dans le secteur industriel, encore plus risqué et hautement compétitif, nous avons établi les gains d'efficacité énergétique à 12 %/an en termes réels. Enfin, pour la production d'électricité, nous avons opté pour 5,7 %/an en termes réels pour tenir compte du coût moyen pondéré du capital de nombre d'installations détenues par les actionnaires. Tout au long de cet ouvrage également, nous actualisons la valeur sociétale des coûts et bénéfices à 2010, selon le taux d'actualisation social (3 %/an en termes réels) préconisé par le Bureau de la gestion publique et du budget des États-Unis, pour estimer les investissements du gouvernement fédéral en matière d'efficacité énergétique. Nous tablons sur la même croissance économique forte et les mêmes niveaux d'activité que ceux pronostiqués pour 2035 par l'Agence américaine pour l'information sur l'énergie, d'après son scénario de référence de 2010 ; nous les extrapolons à 2050 et nous nous servons de cette base pour évaluer les alternatives que nous proposons.

Les lecteurs sont invités à envoyer leurs suggestions d'améliorations ou de corrections à l'adresse rfsuggestions@rmi.org afin de nous aider à affiner les prochaines éditions, et leurs questions à rf@rmi.org.

Et si combustible ne rimait plus avec nuisible ? S'il n'y avait plus de changement climatique, de marées noires, de coups de grisou, d'air encrassé, de paysages dévastés ni de biodiversité sacrifiée ? Plus, non plus, de pauvreté énergétique. Plus de guerres, de dictatures ni de terrorisme liés au pétrole. Plus de pénuries ni de coupures d'alimentation. Plus d'inquiétudes à avoir. L'abondance énergétique et rien d'autre. Salutaire et abordable, pour tous et pour toujours.

Ce monde plus riche, plus juste, plus respirable et plus sûr est possible, réalisable et même rentable : car économiser et remplacer les combustibles fossiles donne aujourd'hui de meilleurs résultats et ne coûte pas plus cher que d'en acheter et de les brûler.

Nous avons simplement besoin d'une nouvelle forme de feu.

Le feu « ancienne manière » a permis à nos ancêtres de vivre durant les quelques millions d'années qui viennent de s'écouler. Tandis que les glaciers reculaient et que des mammouths couverts de laine erraient çà et là, les hommes, grossièrement vêtus de leurs peaux de bête, réchauffaient leurs proches et faisaient cuire leur nourriture grâce à des foyers à bois. Plus tard, certains d'entre eux ont récolté du charbon sur les plages et dans les affleurements de roches, recueilli du pétrole à partir d'infiltrations naturelles et, en Chine[2] il y a 2 400 ans de cela, ont creusé sur près d'un kilomètre et demi pour trouver du gaz naturel et des hydrocarbures liquides qu'ils ont acheminés

2 Temple, 1986.

INTRODUCTION

au moyen de tuyaux de bambou. Mais la quasi-intégralité de l'énergie sur la planète venait du bois, du soleil, du vent, de l'eau, des animaux de trait et du dur labeur que les hommes accomplissaient à l'aide de leur force brute. La vie était courte et difficile. Les hivers étaient froids et les nuits très obscures.

À des degrés divers, près de la moitié de nos congénères vivent aujourd'hui encore dans ce monde ancestral. Un milliard et demi d'entre eux n'ont pas l'électricité ; ce sont eux qui peuplent les vastes étendues sombres des photos satellites de la Terre prises de nuit. Trois milliards d'humains cuisinent à partir de la combustion du bois, du fumier ou du charbon. En revanche, pour les quatre milliards d'entre nous qui ont eu plus de chance, les combustibles fossiles ont tout changé au cours des deux derniers siècles. De même que le feu a fait de nous des êtres humains à part entière et que l'agriculture a donné naissance aux villes et aux États, les combustibles fossiles font de nous des êtres modernes. Quête de tous les instants pour les hommes du passé, l'énergie est devenue aujourd'hui un produit omniprésent fourni en continu par des spécialistes hors pair, des dispositifs défiant l'entendement, des machines au gigantisme renversant, par les plus grandes entreprises de la planète et par le secteur industriel le plus démesuré que l'homme ait jamais engendré.

Cette industrie, invisible pour la plupart d'entre nous, est de nos jours immensément efficace et puissante. Elle creuse sur des kilomètres sous les continents et les océans. Elle renverse des montagnes. Elle fournit en continu des énergies hautement sophistiquées comme l'essence, le diesel, le kérosène, le gaz naturel et l'électricité à nos bâtiments, nos véhicules et nos usines. Elle est le fondement de notre richesse, le garant de notre toute-puissance, le moteur métabolique caché de notre vie moderne. Que nous conduisions une voiture, appuyions sur un interrupteur ou chauffions notre maison, nous apprécions sa puissance, sa commodité, sa polyvalence et sa fiabilité, toutes à portée de main. Sans les combustibles fossiles ou des alternatives jouissant du même potentiel, la plupart d'entre nous seraient rapidement confrontés à ce combat pour la survie que seuls les plus pauvres de la planète ont à livrer quotidiennement aujourd'hui.

Et pourtant, ce catalyseur de civilisation, cet élixir magique qui a permis à des milliards d'individus de s'enrichir et de voir plus grand a d'ores et déjà commencé, et de façon de moins en moins insidieuse, à rendre nos vies plus difficiles, plus précaires, plus coûteuses, plus destructrices et plus dangereuses. Les coûts et les risques qu'il engendre, sans cesse croissants, sapent et semblent parfois même dépasser ses avantages manifestes. Il introduit l'asthme dans les poumons de nos enfants et le mercure dans le thon qu'ils mangent à la cantine. Ses sautes d'humeur peuvent détruire des économies entières. La richesse et le pouvoir qu'il véhicule corrompent les hommes politiques et font la loi auprès des États. Il est la cause de nombre de rivalités, de corruptions, de despotismes et de guerres sur cette planète. Il modifie la composition de notre atmosphère plus vite qu'elle n'a évolué ces soixante derniers millions d'années.

Bref, notre riche héritage de combustibles fossiles est en train de mettre à mal la sécurité même qu'il avait jusque-là garantie. L'inquiétude est palpable chez les responsables militaires, qui comptent parmi les gestionnaires de risques les plus clairvoyants de nos sociétés. En février 2010, le principal article de fond du *Joint Force Quarterly*, la revue du Conseil des chefs d'état-major états-uniens, commençait ainsi :

> *L'énergie est le pivot des sociétés modernes et un des piliers de la bonne santé et de la prospérité de l'Amérique. Elle est pourtant aussi une importante source d'instabilité, de conflits, de pollution et de risques au niveau mondial. Nombre des menaces les plus graves à l'encontre de notre sécurité nationale sont intimement liées à l'énergie : interruptions de l'approvisionnement en pétrole,*

terrorisme financé par l'argent du pétrole, conflits et instabilité liés au pétrole, prolifération nucléaire, vulnérabilité des grandes infrastructures nationales et changement climatique (qui se répercute sur tout)[3].

Un an plus tard, le président de ce conseil en appelait à une action énergétique en faveur de la sécurité et de la prospérité, mission que le Pentagone s'efforce de plus en plus de mener à bien[4].

Une autre menace pèse sur le système énergétique mondial : la certitude, à terme, de l'épuisement physique et économique des combustibles fossiles. Seule l'échéance fait débat. Malgré les progrès prodigieux que nous avons accomplis dans la découverte de gisements et l'extraction de combustibles fossiles – les géologues chargés des explorations disposent aujourd'hui de l'équivalent numérique d'yeux à rayons X – la planète bleue refuse de s'agrandir. Le pétrole facile est en rapide diminution et se concentre dans un nombre toujours plus restreint de pays ; le charbon facile n'en a plus que pour quelques décennies ; quant aux énormes gisements américains de gaz naturel, prisonniers de roches schisteuses denses, ils commencent tout juste à être exploités, mais le gaz est contenu dans des bulles plus fines qu'un cheveu. À mesure que les économistes (et certains géologues) comprennent pourquoi les données sur les réserves en pétrole ont été à ce point mal interprétées et transmises[5], les prises de position sur l'abondance des combustibles fossiles observent un rapide changement. Fin 2010, l'Agence internationale de l'énergie déclarait que la production mondiale de pétrole brut avait atteint un pic en 2006[6] ; au Pentagone, le commandement des forces interarmées américaines avertissait que les réserves en surplus pourraient avoir disparu

3 Lovins, 2010a.

4 Mullen, 2011.

5 Owen, Inderwildi et King, 2010. Sir David King était le conseiller scientifique en chef du gouvernement britannique de 2000 à 2007.

6 Agence américaine pour l'information sur l'énergie, 2010a, p. 6-7.

en 2012 et réclamait la mise en place d'une force militaire sans pétrole pour 2040[7]. Et le même phénomène se produit avec le charbon, qu'on a pourtant longtemps cru trop abondant pour devoir être mesuré avec précision[8]. Qu'il soit vu sous l'angle de la géologie économique, de l'accessibilité de la matière, de la sécurité ou de ses effets secondaires, l'Âge des combustibles fossiles ne représente donc, à l'échelle de la civilisation humaine, qu'un mauvais moment à passer d'environ deux siècles.

La glorieuse époque des combustibles fossiles touche à sa fin. Il est temps de passer à quelque chose d'entièrement différent.

À quoi pourrait ressembler cette nouvelle forme de feu ?

Le feu « ancienne manière » était puisé sous nos pieds. Le nouveau vient d'au-dessus de nous. Le premier était rare, le nouveau est abondant. Le premier était local, le nouveau est universel. Le premier était éphémère, le nouveau est inépuisable. Et à l'exception des biocarburants, du biogaz et de la biomasse, tous durables, le nouveau feu ne produit pas de flamme. Il fournit tous les services pratiques et fiables du feu « ancienne manière », sans combustion.

Cela semble difficile à croire. Et pourtant, comme l'avait souligné avec justesse John Gardner, secrétaire républicain à la santé, à l'éducation et aux services sociaux, au moment de rejoindre l'administration du président Lyndon Johnson en 1965, « nous sommes en présence de possibilités extraordinaires travesties en problèmes insolubles ».

Les difficultés liées aux combustibles fossiles ne sont pas une fatalité, ni sur le plan technologique ni sur le plan économique. Nous pouvons les éviter par des moyens qui tendent à *réduire* les coûts énergétiques, car le progrès technologique a lentement mais sûrement rendu les combustibles fossiles obsolètes.

Environ 78 % de toute l'activité humaine[9] sont alimentés en extrayant et en brûlant les résidus décomposés de marécages datant de temps immémoriaux. Mais nous disposons aujourd'hui de solutions plus modernes que

7 Commandement des forces interarmées américaines, 2010, p. 29, 3 ; Parthemore et Nagl, 2010.

8 Rutledge, 2010 ; Rutledge, 2011 ; Patzek et Croft, 2010.

9 Près de 90 % lorsqu'on exclut la biomasse traditionnellement récupérée comme le bois et le fumier.

celles qui consistent à brûler des déchets vieux de centaines de millions d'années. Cette même ingéniosité et ce même esprit d'entreprise qui servent aujourd'hui à racler le fond du fond aux quatre coins du monde pourraient en effet être employés à alimenter et à améliorer nos propres vies ainsi que celles des milliards d'habitants qui peuplent la planète, et ce pour un coût supplémentaire modeste, voire nul et parfois même, quand ce n'est pas le cas le plus fréquent, inférieur.

Cette nouvelle forme de feu enrichira en réalité la société de plusieurs milliers de milliards de dollars nets d'espèces sonnantes et trébuchantes. Les pages qui suivent expliquent comment et détaillent la façon dont vous pouvez récolter votre part de ce gâteau qui ne se présente qu'une fois dans l'évolution d'une civilisation. Car il va s'agir dans cet ouvrage, non pas d'énergie et de peur, mais d'énergie et d'espoir, non pas de restrictions et de réglementations, mais de choix et d'esprit d'entreprise, non pas de danger et de paupérisation, mais de sécurité et de création de richesse.

La nouvelle forme de feu décrite dans ces pages a une double facette : elle utilise l'énergie de façon très efficace sur le plan énergétique et la puise dans des sources renouvelables diverses et majoritairement dispersées. Mais cette double transition vers l'efficacité et le renouvelable, qui est déjà en marche et s'intensifie, ne se cantonne pas aux vieilles solutions technologiques ni aux vieilles méthodes de mise en œuvre par des politiques publiques. Certes, elles sont importantes et sources d'innovations, c'est pourquoi nous avons beaucoup à dire à leur sujet : celles qui existent doivent être adoptées, celles qui émergent doivent être affinées et celles qui se profilent à l'horizon doivent être développées. Mais elles sont loin d'être majoritaires dans toute cette histoire. La transition énergétique d'aujourd'hui, ce sont aussi et surtout de nouvelles solutions – la conception par approche globale qui associe les technologies de façon novatrice – et de nouvelles méthodes – des stratégies concurrentielles et des modèles économiques innovants. Dans chacun de ces quatre domaines, d'importantes innovations convergent pour créer ce qui constitue sans doute le plus grand flux de solutions révolutionnaires de l'histoire, dont les effets seront d'une ampleur comparable à ceux de l'ère de l'information, mais s'inscriront plus en profondeur encore.

Le tout, constitué par ces quatre outils de la transformation énergétique, est bien plus important que la somme de ses différentes parties. Ensemble, comme nous le verrons, ils peuvent faire naître les plus formidables perspectives économiques de notre époque, et même de tous les temps. L'espèce humaine a entamé l'évolution la plus importante de son histoire en matière d'infrastructures, mêlant énergie, technologie de l'information et idées neuves, progrès techniques et avancées sociales, provoquant étonnement sur étonnement et les associant pour en déclencher de nouveaux encore. Et c'est au cours de la prochaine décennie, capitale, voire des toutes premières années qui s'annoncent, que seront faits les paris les plus importants, que seront jetées les bases de leur réussite et que leurs résultats seront exploités pour mieux se déployer au milieu du siècle.

Le scénario de statu quo n'est plus possible : tout change trop vite. La nouvelle ère énergétique est déjà en marche tout autour de nous. Nous devons observer avec attention, comprendre avec acuité, planifier avec humilité et agir avec courage.

Ce livre explique comment nous pouvons embrasser ce changement vers une nouvelle forme de feu, l'accélérer, l'intégrer et contribuer à le guider sur des voies salvatrices vers des destinations réfléchies. Ce changement ne sera pas facile, mais il peut l'être davantage que le statu quo. Il peut être plus sûr aussi. Car à ces perspectives sans précédent s'opposent des incertitudes, des risques et des dangers tout aussi importants. Les dirigeants d'entreprises doivent ainsi se poser les questions suivantes :

- Comment fonctionnerait mon entreprise sans pétrole si je n'étais prévenu que quelques semaines ou quelques jours à l'avance ?
- Que ferait mon entreprise si, demain ou l'année prochaine, elle était privée d'électricité ?
- Est-ce que je comprends les répercussions de coûts énergétiques considérablement plus élevés et de la volatilité des prix sur mon entreprise, mes clients et mes fournisseurs ?
- Comment puis-je gagner en *éliminant* les coûts d'exploitation énergétiques avant mes concurrents ?

- À quelle part de la nouvelle économie énergétique, qui se compte en centaines de milliers de milliards de dollars, ai-je l'intention de *prétendre* ?

Il ne s'agit par là de questions en l'air. Elles reflètent à la fois les perspectives que ce livre décrit et les risques réels, déjà visibles, qui augmentent insidieusement chaque jour où nous ne faisons rien. Les dirigeants disposant de ressources et d'imagination pour les exploiter différemment endossent ainsi la responsabilité de faire preuve d'une audace raisonnée. Et ce n'est pas seulement de gestion dont nous avons le plus besoin, c'est aussi d'autorité morale.

Aujourd'hui, un système énergétique et économique se meurt, un autre lutte pour voir le jour. Au milieu de telles turbulences, il peut sembler confortable de rester fermement campé sur ses positions. On a toujours de bonnes raisons de ne pas changer. T. S. Eliot a écrit : « Entre l'idée / Et la réalité / Entre le mouvement / Et l'acte / Tombe l'ombre. » Mais le sol est mouvant. Nous ne pouvons plus être immobiles. Il ne fait aucun doute qu'entre le système énergétique actuel et celui de demain se profilent des points d'inflexion où de colossales sommes d'argent seront gagnées ou perdues. Qu'allez-vous laisser derrière vous ?

Lorsque vos actionnaires, dans les années à venir, ou vos petits-enfants vous demanderont ce que vous avez fait pour relever le défi énergétique ultime de l'humanité, que leur répondrez-vous ?

Quel prix accordez-vous à l'avenir de votre arrière-petite-fille ?

Mes collègues et moi-même espérons que ce livre pourra vous guider, vous soutenir, vous inspirer et vous stimuler dans l'élaboration et la mise en œuvre de votre contribution, décisive, à cette nouvelle solution énergétique qui s'adresse à nous tous.

Amory B. Lovins
Old Snowmass, Colorado
Août 2011

AVANT-PROPOS

DE MARVIN ODUM

L'idée de « Réinventer le feu » parle autant à notre esprit et à notre imagination qu'elle s'applique au paysage énergétique actuel. Je remercie Amory Lovins de lancer cette idée que l'énergie, dans sa forme la plus primitive et en tant que composante fondamentale de l'existence humaine, être réinventée, et de plaider pour qu'elle le

Depuis plusieurs années, la sphère énergétique est le théâtre de changements spectaculaires, qu'il s'agisse de la demande exprimée à travers le monde ou des sources disponibles pour la satisfaire ; j'en veux pour preuve, par exemple, les innovations technologiques qui ont permis de mettre à jour de nouveaux et vastes gisements de gaz naturel en Amérique du Nord.

Notre système énergétique actuel s'accompagne cependant d'un ensemble de coûts et d'inconvénients cachés, et il est fort possible que nous assistions à un nombre infiniment plus grand encore de changements. La demande énergétique mondiale *continuera* à augmenter. Le développement de l'extraction du pétrole et du gaz naturel, ainsi que l'essor des énergies alternatives nous fourniront davantage d'énergie, mais pas assez pour répondre, à eux tout seuls, à la demande future. Nous nous retrouvons donc dans une « zone d'incertitude » dont il va nous falloir sortir par des moyens non encore identifiés.

J'ai toujours été convaincu qu'aucune source ne doit être exclue du futur bouquet énergétique, pas même les combustibles fossiles. Ces derniers, qui fournissent l'essentiel de l'énergie sur la planète, sont le moteur de la croissance et de la réussite de notre société moderne, stimulant l'activité économique et la prospérité, et permettant à des millions d'individus à travers le monde de jouir de niveaux de vie plus élevés. C'est pourquoi, en 2012, Shell produira en réalité plus de gaz naturel que de pétrole, et cela explique aussi que les États-Unis soient le premier distributeur mondial d'agrocarburants et qu'un secteur éolien de taille y ait été devéloppé. Notre société mondiale a besoin de tout cela.

Dans *Réinventer le feu,* Amory Lovins présente des perspectives et des arguments convaincants concernant les difficultés et la résistance qui accompagnent souvent tout changement, mais aussi les bénéfices que nous pouvons en tirer. Son point de vue est une vraie incitation à un débat ouvert chaque jour plus urgent.

Le principal obstacle à l'initiative « Réinventer le feu » est sans doute notre inertie économique et technologique. Comme en physique, en effet, il faut de l'énergie pour détourner un élément de sa course. Mais réjouissons-nous, car certaines choses bougent déjà dans la bonne direction et créent une dynamique.

Marvin Odum
Président de Shell Oil Company
Directeur d'Upstream Americas
Juin 2011

AVANT-PROPOS

DE JOHN W. ROWE

Dans Amory Lovins et le Rocky Mountain Institute nous font part de leur vision d'un monde dans lequel notre approvisionnement énergétique, pour les transports comme pour l'électricité, est transformé. C'est un monde qui ne s'appuie plus sur les combustibles fossiles. Ce nouveau paradigme énergétique engendre très peu de pollution et un minimum de gaz à effet de serre, et relègue les marées noires et les accidents dans les mines de charbon au rang de phénomènes révolus. expose en quoi cette transition peut être rentable pour les entreprises et accessible financièrement aux consommateurs. Ce livre, comme l'ensemble du travail d'Amory Lovins, stimulera le débat et contribuera à modifier la vision que nous avons de notre avenir énergétique.

On ne brûle pas impunément des combustibles fossiles et il est impératif qu'en tant que nation, nous nous confrontions à ce problème avec toute la volonté requise. La science du changement climatique fait désormais autorité, comme l'ont montré de nombreux rapports de l'Académie américaine des sciences. Mais les émissions de carbone ne sont pas les seules nuisances provenant de l'utilisation des combustibles fossiles. La combustion du charbon rejette du dioxyde de soufre et d'azote, des particules, du mercure, de l'arsenic, du plomb, de l'acide chlorhydrique et d'autres gaz acides, des dioxines ainsi que d'autres substances toxiques dangereuses pour la santé. Selon le Conseil national de la recherche, trois de ces polluants suffisent à causer 62 milliards de dollars de dommages par an. Renoncer aux combustibles fossiles réduirait donc la pollution, mais contribuerait aussi à la sécurité nationale et engendrerait des bénéfices économiques. Pour toutes ces raisons, nous ne pouvons donc pas continuer à en être dépendants, et ce livre propose une voie permettant de renoncer à ces dangereuses sources d'énergie.

Réinventer le feu trace un avenir possible pour chacun des secteurs de l'économie : les transports, le bâtiment, l'industrie et la production d'électricité. Amory Lovins s'est d'ailleurs révélé visionnaire en matière de transports, lui qui a perçu le besoin et le développement de véhicules électriques hybrides bien avant qu'ils ne soient en vogue. Dans les pages qui suivent, il appelle de ses vœux la prochaine génération de véhicules, plus légers, plus efficaces sur le plan énergétique et fonctionnant à partir de carburants plus propres comme l'électricité.

L'amélioration du rendement énergétique des bâtiments est un élément clé du programme d'Amory Lovins pour créer un monde libéré des combustibles fossiles. Chez Exelon, nous sommes bien placés pour constater les avantages d'une plus grande efficacité énergétique des bâtiments. Depuis 2007, en effet, nous avons réduit la consommation énergétique de ces derniers de 25,2 % par rapport aux niveaux de 2001. Nous y sommes parvenus en modifiant nos comportements, en modernisant nos systèmes d'éclairage et de climatisation et en suivant les critères LEED[10] lors de la rénovation de nos espaces. Exelon possède aujourd'hui dix bâtiments certifiés LEED, dont notre siège social de Chicago. Un certain nombre de nos investissements ont été payants en moins d'un an, et la rénovation de notre siège social s'est traduite par des économies d'énergie supérieures à 40 %. L'efficacité, comme le montre ce livre, est bel et bien payante.

Comme le souligne *Réinventer le feu*, le vieux modèle de production d'électricité évolue du fait des avancées technologiques. L'ouvrage décrit un scénario possible pour 2050 dans lequel prévalent les énergies renouvelables – la production d'électricité se faisant à la fois à grande échelle et de

10 Note de la traductrice : Leadership in Energy and Environmental Design (LEED) est un programme nord-américain de certification et de notation de bâtiments à haute qualité environnementale. Un bâtiment peut atteindre quatre niveaux : certifié, argent, or et platine.

façon décentralisée –, l'efficacité énergétique, les réseaux intelligents et les microréseaux. C'est un scénario possible, mais il en existe beaucoup d'autres. Le nouveau nucléaire et le charbon avec captage et stockage du carbone ne sont pas des solutions économiques à l'heure actuelle étant donné les prix du marché, et cela restera sans doute vrai durant les dix prochaines années, mais elles peuvent finir par le devenir si les circonstances changent. L'efficacité énergétique reste une ressource inexploitée quel que soit le scénario. Les énergies renouvelables prendront une place grandissante dans notre bouquet énergétique, mais en l'absence de progrès significatifs en matière de stockage, elles ne pourront rien à elles seules. Quant au gaz naturel, une ressource abondante, peu chère et présente sur le territoire américain, il jouera un rôle déterminant dans la transition vers notre avenir énergétique, quel qu'il soit. Il constitue pour la prochaine décennie la solution la plus économique pour relever nos défis en matière d'environnement, d'économie et de sécurité.

Réinventer le feu apporte une précieuse contribution au débat sur la forme que doit prendre notre avenir énergétique. Il occasionnera de nouvelles réflexions et discussions au sein des entreprises et des organisations non gouvernementales, parmi les décideurs et entre tous ces acteurs à la fois. Qui sait si l'avenir voulu par Amory Lovins et ses collègues se réalisera ? Ce qui est en revanche certain est que notre univers énergétique actuel doit changer et changera.

John W. Rowe
Président et directeur exécutif d'Exelon Corporation
Juin 2011

FIG. 1-1

CHAPITRE 1

RENONCER AUX COMBUSTIBLES FOSSILES

On apprend en allant là où on doit aller.

Theodore Roethke (1908-1963)

On ne peut parcourir un chemin sans être devenu soi-même le chemin.

Bouddha (env. ve siècle av. J.-C.)

Notre pays doit relever un grand nombre de défis importants. Certains imposent des épreuves et des sacrifices terribles. D'autres ne nécessitent que de la résolution, de l'ingéniosité et de la clarté d'esprit. C'est le cas de l'énergie aujourd'hui.

National Energy Policy Development Group, 2001

Comme le monde a changé au cours des deux derniers siècles ! Nous pouvons aujourd'hui parcourir la planète en avion en moins de deux jours, acheter du raisin du Chili au supermarché de notre quartier, profiter des mêmes équipements, que nous travaillions dans un gratte-ciel ou dans une cabane perdue dans la campagne, assembler des machines gigantesques ou des puces minuscules et nous connecter instantanément à une personne située presque n'importe où sur Terre à l'aide d'un simple appareil portable. Tous ces progrès sont possibles grâce à l'imagination et à l'ingéniosité sans borne de l'espèce humaine, mais aussi grâce à un catalyseur absolument essentiel : les combustibles fossiles.

Avant l'ère des combustibles fossiles, les hommes ne pouvaient exploiter l'énergie qu'au coup par coup. Ils pompaient l'eau grâce à des moulins à vent, labouraient les champs à l'aide d'animaux de trait, cuisinaient au bois et exploraient les mers, les voiles de leurs navires gonflées par le vent. Aucune de ces sources ne pouvait fournir de l'énergie transportable à la demande. Le charbon, le pétrole et le gaz naturel ont changé la donne. Ils contiennent en effet sous forme concentrée des quantités considérables de lumière solaire accumulée sur de vastes étendues et périodes géologiques. En exploitant ces gisements de matière végétale et animale qui datent de dizaines ou de centaines de *millions* d'années, nous disposons sans compter de quantités d'énergie qui auraient été inimaginables pour nos ancêtres. C'est comme si l'on pouvait baigner dans l'opulence en retirant de colossales sommes d'argent d'un gigantesque compte bancaire constitué depuis une éternité.

Approvisionnées par ces gisements ancestraux, les populations des pays industrialisés consomment aujourd'hui jusqu'à 100 fois plus d'énergie que leurs congénères d'avant le début de l'exploitation du charbon au XVIIIe siècle, d'avant l'avènement du pétrole commercial en 1859 et d'avant les gazoducs du début des années 1920. Chacun d'entre nous peut concrètement exploiter une énergie équivalente à plusieurs centaines de bras humains, sans oublier les centaines de chevaux présents sous le capot de nos voitures.

Les répercussions sont partout. Les combustibles fossiles ont rendu possibles la machine à vapeur de James Watt et la révolution industrielle, le développement des villes et l'âge d'Internet. La civilisation moderne, en somme. Entre 1800 et 2000, « la consommation totale d'énergie dans le monde a été multipliée par 80 à 90, engendrant le plus grand bouleversement que l'homme ait connu depuis la domestication des plantes et des animaux », selon John R. McNeill[1], historien à l'université de Georgetown à Washington. L'adoption des combustibles fossiles, ajoute-t-il, est « l'un des trois ou quatre "choix" les plus cruciaux que notre espèce ait jamais faits et, plus que tout autre phénomène, ce choix a fait prendre un tour tumultueux aux relations entre la société humaine et les écosystèmes dont elle dépend ». L'âge moderne est tellement en rupture avec l'histoire passée de notre planète que de nombreux scientifiques estiment que nous sommes à présent entrés dans l'« anthropocène », une ère sous influence de l'homme.

Mais il est temps à présent de marquer une nouvelle rupture historique avec notre passé. La prochaine révolution va consister à ne plus utiliser de combustibles fossiles. Ce livre explique comment éliminer entièrement le pétrole et le charbon d'ici 2050, en faisant courir moins de risques à la société et pour un coût moindre que si le scénario de *statu quo* perdurait. Nous pouvons, en outre, réduire notre consommation de gaz naturel pour finir par l'éliminer lui aussi.

Pourquoi prendre des mesures aussi radicales ? Pourquoi renoncer aux stations-services, aux centrales électriques à charbon et aux autres sources d'énergie à base de combustibles fossiles, qui ont rendu nos vies tellement plus simples et moins onéreuses que celles de nos arrière-grands-parents, voire de nos grands-parents ? Pourquoi ne pas continuer à puiser le pétrole, à exploiter le gaz naturel et le charbon, c'est-à-dire à récupérer ces quelque 17 km^3 de matière carbonifère par an qui font tourner l'économie mondiale ? Pourquoi s'embêter à réinventer le feu ?

La réponse peut tenir en peu de mots : pour créer de la richesse (à hauteur de plusieurs milliers de milliards de dollars, comme nous le verrons dans les chapitres suivants), gérer les risques, saisir les possibilités et les choix qui s'offrent à nous et développer l'innovation et l'emploi. Mais les raisons

---

1 McNeill, 2011.

économiques et sociales qui justifient de prendre les devants et de remplacer des substances avant qu'elles ne disparaissent sont encore plus convaincantes. Car au-delà des sources de profits, nous avons la possibilité de remédier aux faiblesses structurelles de notre économie et aux menaces sur notre santé et sur nos modes de vie. Les raisons justifiant notre abandon des combustibles fossiles sont nombreuses et édifiantes. Commençons par l'économie.

LE VÉRITABLE COÛT DE LA DÉPENDANCE AU PÉTROLE

Les États-Unis ont bâti leur économie sur le charbon et le pétrole bon marché. Fin 2010, le prix du litre d'essence était moins élevé que celui du litre de lait, de jus d'orange ou d'eau minérale produit sur le territoire. On doit ce faible coût au remarquable savoir-faire du secteur pétrolier dans son ensemble, qui s'exprime non seulement à travers les opérations et les technologies complexes qui sont les siennes, mais aussi par le biais des politiques consistant à attribuer des subventions élevées et à prélever de faibles taxes. En 2006, les subventions fédérales au gaz naturel et au pétrole, qui concernaient avant tout ce dernier, s'élevaient à environ 39 milliards de dollars[2], ce qui impliquait de compenser plusieurs dollars par baril ($/b) par l'impôt sur le revenu et un déficit budgétaire financé par des emprunts à l'étranger. Les subventions aux systèmes *utilisant* du pétrole sont encore plus élevées : elles ont été estimées en 1998 à 111 milliards de dollars par an, rien que pour le secteur automobile, ce qui équivaut à 16 dollars par baril[3].

Mais ce pétrole en apparence bon marché est un dangereux leurre. Ce faible prix ne couvre en effet qu'une fraction du coût total, pour la société, de l'extraction et de l'utilisation des combustibles fossiles. Lorsque tous les coûts sont additionnés, le prix véritable grimpe bien au-dessus de celui des alternatives renouvelables. Ce qui est surprenant, comme nous allons le voir, est que toutes les initiatives d'efficacité énergétique ou presque et un grand

---

2 Koplow, 2007, p. 93-110, tableau I.

3 Lovins *et al.*, 2004, notes p. 137-44.

nombre d'énergies renouvelables affichent d'ores et déjà un prix compétitif, même lorsqu'on *ne tient pas* compte de ces coûts cachés, coûts que nous considérons comme nuls dans notre analyse, ce qui est une estimation prudente. Aujourd'hui, on justifie souvent l'abandon des combustibles fossiles par la seule concurrence tarifaire, et les énergies renouvelables sont en train de creuser l'écart. Mais un tel abandon permet aussi d'éviter les coûts cachés, qui sont considérables.

Le faible prix de l'essence aux États-Unis, inférieur de moitié voire des deux tiers à ceux couramment appliqués dans les autres pays industrialisés, contribue à l'omniprésence de véhicules inefficaces et à un modèle d'étalement urbain qui rend la voiture indispensable, ce qui entraîne un colossal transfert de fonds de l'Amérique vers les pays exportateurs de pétrole. Sur les 900 milliards de dollars[4] de la facture de pétrole en 2008, 388 milliards sont partis à l'étranger. Une part de cet argent a financé la violence d'État, les armes de destruction massive et le terrorisme. Ce transfert de richesse aggrave en outre le déficit commercial américain, affaiblit le dollar et fait davantage encore monter le cours du pétrole, les producteurs essayant de maintenir leur pouvoir d'achat. Cela équivaut à une taxe d'environ 2 % sur l'ensemble de l'économie, mais sans les recettes[5]. Depuis 1975, les importations américaines de pétrole ont englouti largement plus de 3 000 milliards de dollars de liquidités qui auraient pu être affectées à d'autres dépenses ou investissements. La majeure partie de cette somme a été investie à fonds perdu. La figure 1-2 montre le graphique que propose le Dr David Greene, de l'Oak Ridge National Laboratory, pour représenter ce transfert de richesse et ses coûts, y compris le préjudice économique (appelé « pertes de dislocation ») dû aux chocs pétroliers[6].

4 Agence américaine pour l'information sur l'énergie, 2010d ; 2011a, tableau 3.5. Calcul approximatif : un prix moyen de 0,82 $/l de produit raffiné fois 19,498 Mbbl/j de produits pétroliers fournis donnent 929 milliards de dollars.

5 Goldstein, 2010, p. 73.

6 Greene, 2010 ; Greene et Hopson, 2010.

FIG. 1-2 – Coûts de la dépendance au pétrole pour l'économie américaine, 1970-2008

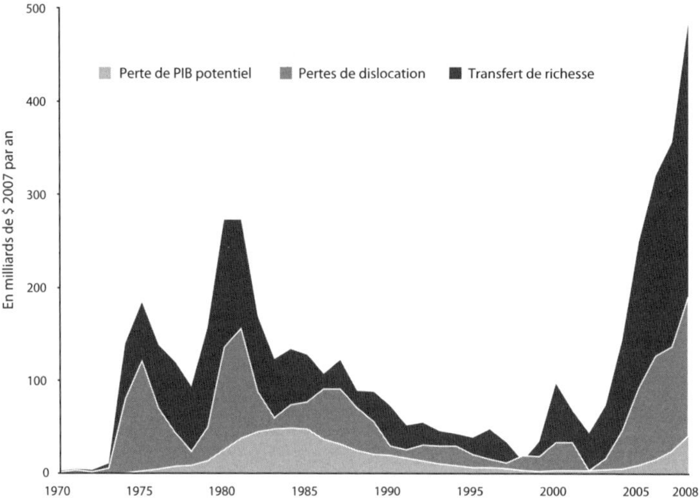

Estimation des coûts directs pour les États-Unis de leur dépendance au pétrole, 1970-2008[7].

Cette réalité économique est aggravée par le pouvoir de tarification de l'Organisation des pays exportateurs de pétrole (OPEP). Ce cartel pourra exiger des prix supérieurs à ceux du marché libre tant que la dépendance des États-Unis entretiendra la tension du marché. En 2000, Greene a calculé que sur les trois décennies précédentes, cela avait sans doute coûté aux Américains une somme équivalente à plus d'une année de PIB et avait fait chuter le PIB réel cumulé d'environ 10 %[8].

7 Green et Hopson, 2010.

8 Greene et Tishchishyna, 2000. Modèle décrit dans Greene et Leiby, 2006.

À eux seuls, les chocs pétroliers ont ralenti le taux de croissance du PIB d'environ 0,5 %. Chaque récession depuis 1973[9] a été précédée d'une montée des prix du pétrole, ce qui a particulièrement fragilisé les industries de la mobilité (constructeurs automobiles, transporteurs routiers, compagnies aériennes et tourisme). Jusqu'à la dernière décennie au moins, les effets des chocs pétroliers ont été amplifiés, car l'inflation, dont ces derniers sont en partie responsables, a obligé la Réserve fédérale à relever les taux d'intérêt, ce qui a étouffé toute expansion économique.

Même si l'intégralité du pétrole était produite sur le territoire, la volatilité des cours ébranlerait l'économie, car les prix continueraient à être fixés sur le marché mondial. Et les marchés dérivés traduisent bien le coût de cette volatilité, qui correspond à ce qu'il faut verser à un *trader* pour qu'il endosse le risque de prix. Ainsi, on a récemment estimé que la volatilité des prix sur les cinq prochaines années coûterait 40 dollars par baril de pétrole brut et 124 dollars par baril d'essence (soit 0,78 dollar le litre). Son coût accroît respectivement de 40 et 47 % le prix au comptant de ces matières premières sur cinq ans[10], et les fait grimper plus encore sur un laps de temps bien plus long correspondant davantage aux gros investissements énergétiques. Ainsi, la consommation d'essence aux États-Unis en 2010 a présenté à elle seule un coût caché de volatilité (sur cinq ans seulement) de 410 milliards de dollars, ce qui fait bien plus de 500 milliards de dollars pour la consommation totale de pétrole[11].

---

9 Engemann, Kliesen et Owyang, 2010. La banque de réserve fédérale de Saint-Louis est arrivée en 2010 à la conclusion qu'avec un choc pétrolier moyen et des prix réels supérieurs de 13 % seulement au maximum enregistré durant les trois années qui ont précédé, la probabilité d'une récession augmente de près de 50 % au bout d'un an, de près de 90 % au bout de deux ans et de plus de 100 % au bout de deux ans et demi, toutes choses égales par ailleurs.

10 Munger, 2011, analyse de la valeur optionnelle ce jour des *straddles* Bloomberg sur le pétrole brut et l'essence RBOB (essence de base reformulée destinée à être mélangée à des composés oxygénés). Ces mesures de volatilité s'élevaient respectivement à 40 et 47 % du prix spot de ces matières premières à cinq ans, ou à 23 et 22 % à un an.

11 L'évaluation prudente de l'ensemble de la consommation de pétrole pour d'autres usages que celui de l'essence selon la valeur de volatilité du pétrole brut entraîne un ajout de 150 milliards de dollars.

Ce coût microéconomique est directement supporté par les consommateurs de pétrole auquel doit s'ajouter les coûts macroéconomiques présentés par la figure 1-2.

Au total, le coût économique de la dépendance états-unienne au pétrole en 2008 était de l'ordre du millier de milliards de dollars *au-delà du coût du pétrole lui-même.* Seule solution : arrêter d'utiliser ce combustible fossile.

PÉTROLE ET INSÉCURITÉ

Autre menace, plus grande encore : les coûts supplémentaires pour la sécurité nationale. Nos pétrodollars, souligne R. James Woolsey, ancien directeur de la CIA, ont financé les deux camps des récentes guerres livrées par les États-Unis. Ce pays a bien évidemment des intérêts divers au Moyen-Orient, mais il n'aurait pas envoyé un demi-million de soldats au Koweït en 1991 si l'on se contentait d'y cultiver des brocolis. Et comme l'a déclaré Alan Greenspan en 2007, la guerre en Irak « est avant tout motivée par le pétrole ». Une guerre qui a déjà coûté la vie à plus de 4 400 soldats américains et nécessité entre un et plusieurs milliers de milliards de dollars d'emprunts[12].

Mais les coûts s'accumulent même en l'absence de guerre. Dans les années 1990, pour maintenir des forces prêtes à intervenir dans le golfe Persique, les États-Unis ont déboursé deux à trois fois la somme qu'ils ont dépensée pour acheter du pétrole à cette même région[13]. En 2000, si le prix du pétrole en provenance du Golfe avait reflété ces coûts, il aurait été 77 dollars plus cher par baril, soit 2,7 fois plus onéreux que le brut saoudien cette année-là[14]. Ces coûts ne prennent en compte que le Commandement central dans le

---

12 D'après une lecture prudente de l'analyse 2007 d'Orszag résumée dans Reuters, 2007, mais ne prenant en compte que les coûts budgétaires fédéraux. Le rapport d'Orszag souligne des différences chez Stiglitz et Blimes, 2010, qui livrent une estimation macroéconomique dépassant les 3 000 milliards de dollars.

13 Lovins *et al.*, 2004, note p. 132.

14 *Ibid.*, notes p. 132-33.

Golfe, mais *chaque* commandement de combat a pour mission de protéger le pétrole, qu'il s'agisse de combattre des pirates attaquant des pétroliers au large de la Somalie, de l'instabilité en Amérique latine ou des opposants faisant exploser des oléoducs à l'autre bout de la planète. En 2010, une étude de Princeton[15] a évalué le coût de la présence américaine dans le golfe Persique sur une seule année (2007) à 500 milliards de dollars, soit environ les trois quarts de l'ensemble des dépenses militaires du pays[16]. Cela équivaut au pic de dépenses pendant la guerre froide. C'est en outre dix fois plus que ce que les États-Unis versent en moyenne pour l'ensemble de leurs importations de pétrole du golfe Persique.

Ainsi, le coût économique de notre dépendance au pétrole, plus le coût du maintien des forces armées américaines dans le golfe Persique (moins le coût du pétrole en lui-même) donnent un total d'environ 1 500 milliards de dollars par an, soit 12 % du PIB, c'est-à-dire beaucoup plus que notre facture énergétique totale. Ce surcoût caché, non payé à la pompe, mais payé sous forme de risques économiques, de taxes et de déficits, est plus élevé que le prix du litre d'essence aux États-Unis. En outre, il avoisine, voire dépasse, les taxes sur l'essence que la plupart des habitants des pays industrialisés versent à l'État, tandis que les Américains versent les leurs avant tout aux producteurs de pétrole (Canada, Mexique, OPEP et autres), aux fournisseurs d'armement et aux prêteurs étrangers.

Parallèlement à cela, c'est toute la chaîne d'approvisionnement en pétrole qui est vulnérable. Ainsi, l'économie mondiale pourrait s'effondrer si l'on ne parvenait pas à déjouer ne serait-ce qu'un seul des nombreux projets d'attaque terroriste contre les principales installations pétrolières d'Arabie

15 Stern, 2010.

16 Le Bureau de la gestion publique et du budget des États-Unis calcule le coût de la défense nationale en valeur nominale, qui s'élève à 661 milliards de dollars en 2009, 694 milliards de dollars en 2010, et l'estime à 768 milliards de dollars en 2011 (Bureau de la gestion publique et du budget, 2011). Si l'on inclut les dépenses, en matière de défense, d'agences autres que le ministère de la Défense, le total pour 2010 s'élève à 900 milliards de dollars, et si l'on ajoute les intérêts sur la dette publique, on arrive à environ 1 200 milliards de dollars en dollars 2009 (Higgs, 2010).

saoudite. Les deux tiers du pétrole saoudien transitent par une seule usine de traitement et deux terminaux, tous trois victimes de fréquentes attaques. Il existe des points d'étranglement pétrolier un peu partout dans le monde, y compris aux États-Unis, et selon une étude du Pentagone, une poignée de personnes pourraient couper les trois quarts de l'approvisionnement en pétrole et en gaz naturel à destination de l'est des États-Unis, sans même quitter la Louisiane[17]. Si nous puisions davantage de pétrole sur notre territoire (voir l'encadré « La nature du problème pétrolier américain »), cela ne ferait que déplacer le problème de l'insécurité qui ne se situerait plus dans certaines zones d'instabilité ou d'engorgement bien connues à l'étranger[18], mais autour d'infrastructures nationales tout aussi fragiles, comme l'oléoduc trans-Alaska[19] que Woolsey a qualifié de « dangereusement peu fiable ».

D'autres raisons encore ? La dépendance au pétrole donne un pouvoir disproportionné à des pays exportateurs comme l'Iran. Elle ternit la réputation de l'Amérique à travers le monde (étant donné que de nombreuses questions de politique étrangère ne semblent porter que sur le pétrole, ce qui érode l'autorité morale des États-Unis). Elle empêche la démocratie de se développer : 67 % des réserves de pétrole se situent dans des pays « non libres », 25 % dans des pays « partiellement libres » et seulement 7 % dans des pays « libres », selon l'ONG Freedom House[20]. À quelques exceptions près, principalement celle du Canada qui a assuré 37 % des importations américaines de pétrole en 2010, les pays qui dépendent fortement des revenus du pétrole ont tendance à être plus corrompus[21], à avoir un régime autocratique, à être répressifs, inégalitaires et excessivement militarisés. En 2005, *The Economist* a qualifié ce phénomène de « malédiction du pétrole[22] ».

---

17 Lovins et Lovins, 1982.

18 Sullivan, 2011a, 2011b.

19 Woolsey, 2001 ; Woolsey, Lovins et Lovins, 2002 ; Lovins et Lovins, 2001, p. 73.

20 Analyse du RMI comparant Freedom House, 2011, à British Petroleum, 2010a.

21 Arezki et Bruckner, 2011 ; Kolstad, Wiig et Williams, 2008.

22 *The Economist*, 2005.

Un assez grand nombre de pays ou de régions possédant du pétrole sont instables : l'Algérie, la Tchétchénie[23], l'Indonésie, l'Irak, le Nigeria, le Soudan et le Yémen. Tous abritent des extrémistes islamiques. Sans oublier, bien sûr, le coût environnemental et sanitaire des marées noires.

LA NATURE DU PROBLÈME PÉTROLIER AMÉRICAIN

Les États-Unis possèdent encore des quantités relativement abondantes de charbon et de gaz naturel, mais plus de pétrole : la production américaine est redescendue à un niveau inférieur à celui d'avant les années 1950. Avec 4,5 % de la population mondiale, les États-Unis produisent environ 23 % du PIB mondial, consomment 22 % du pétrole de la planète, mais n'en fournissent que 11 % et n'en possèdent que 2 %, si bien que nous ne pourrons pas l'exploiter indéfiniment. En effet, après un siècle et demi de forages intensifs tous azimuts, nos ressources sont à ce point entamées qu'un baril de pétrole extrait chez nous coûte systématiquement plus cher qu'un baril importé. Il n'y a donc que trois façons pour une économie de marché de contenir sa dépendance aux importations :

• *Par le* protectionnisme, *qui fausse les prix en taxant le pétrole importé ou en subventionnant le pétrole national (les subventions repoussant en outre le moment où le pétrole sera utilisé de façon efficace ou sera remplacé). Il viole les règles de l'économie de marché et du libre-échange, sacrifie la concurrence et l'efficacité économique et part du principe absurde que la solution à l'épuisement des réserves nationales est de les épuiser encore plus vite. Une politique que le défenseur de l'environnement et commandant à la retraite David R. Brower a qualifiée de « politique de la puissance par l'épuisement ».*

23 Ce foyer de rébellion et de terrorisme dirigé contre la Russie ne possède pas de pétrole, mais constitue un important point de transit pour les pipelines de la région de la mer Caspienne.

• *Par le* **commerce,** *qui consiste à acheter sans aucun état d'âme du pétrole au plus offrant, ce que les États-Unis ont fait à hauteur de 49 % de leur consommation en 2010 et ce que la plupart des autres pays font, à la fois ceux qui parviennent à récolter de l'argent pour acheter du pétrole, comme l'Allemagne ou le Japon, et les autres, principalement les pays en développement. Le commerce peut être efficace sur le plan économique et il s'agit le plus souvent d'un concept sain, qui sous-tend en outre l'économie mondiale dont les États-Unis dépendent. Mais lorsqu'une ressource est vulnérable ou non fiable, le commerce se traduit par un partage par tous les pays des pénuries, hausses des prix et surplus. Il instaure également des relations de dépendance et impose des contraintes politiques et diplomatiques qui peuvent paraître pesantes à une superpuissance.*

• *Par la* **substitution,** *qui consiste à faire une utilisation plus efficace des ressources ou à remplacer le pétrole par des alternatives lorsqu'elles sont moins chères. Ces substituts nationaux présentent les avantages du protectionnisme sans ses inconvénients et les atouts du commerce sans ses fragilités. La substitution est ainsi moins chère et moins risquée que l'achat de pétrole sur le marché mondial. Nous aborderons ce sujet dans le chapitre 2, qui explore les solutions pour une mobilité sans pétrole.*

LES COÛTS CACHÉS DU CHARBON

Le pétrole n'est pas le seul combustible fossile à comporter d'importants coûts cachés. Le charbon alimente en effet les centrales, qui produisent 45 % de l'électricité américaine et 41 % de l'électricité mondiale. La combustion du charbon rejette des oxydes de soufre et d'azote (qui provoquent les pluies acides), des particules, du mercure et d'autres métaux toxiques. Les cendres que rejettent les centrales polluent les cours d'eau. L'exploitation du charbon entraîne blessures et décès chez les mineurs et détruit les paysages. Ces coûts cachés liés à l'électricité que les États-Unis produisent à l'aide du charbon sont compris entre 180 et 530 milliards de dollars par an. Si on les répercutait sur nos factures d'électricité plutôt que sur notre santé et celle de nos enfants, le prix de l'électricité doublerait ou triplerait[24]. La pollution atmosphérique classique peut être responsable de la moitié de ces coûts cachés, ce qui dépasse l'estimation par l'Académie américaine des sciences du coût du charbon sur le climat. Et comme nous le verrons dans le chapitre 5, le transport et la combustion du charbon ne sont pas totalement sécurisés, et le réseau qui achemine l'électricité à travers le pays est dangereusement vulnérable aux attaques physiques et en ligne, ainsi qu'aux orages solaires. Mais la menace la plus grave que le charbon fait peser sur notre sécurité nationale reste, sans doute, ce qui s'échappe des cheminées des centrales.

La combustion du charbon et celle du pétrole émettent chacune environ 40 % du carbone fossile américain et mondial[25], ce qui aggrave les risques de changement climatique. Les dirigeants militaires craignent que les sécheresses, inondations, famines, pandémies, bouleversements géopolitiques, migrations de masse et autres effets possibles du changement climatique ne déclenchent ou n'amplifient une forte instabilité, des conflits et des missions humanitaires. C'est pourquoi Robert Gates, ex-secrétaire d'État à la Défense, Mike Mullen, ex-président du conseil des chefs d'état-major, et d'autres responsables militaires ont inclus le changement climatique dans les questions de sécurité centrales du Pentagone[26]. En janvier 2011, l'amiral Mullen faisait ce commentaire dans *Joint Force Quarterly*, la revue destinée aux responsables militaires :

Fait inimaginable il y a quelques années, des voies navigables s'ouvrent actuellement près de la calotte polaire, ce qui redéfinit la carte géopolitique du monde.

---

24 Epstein *et al.*, 2011.

25 World Resources Institute, 2005. Les 20 % restants viennent de l'utilisation directe du charbon et de la combustion du gaz naturel. Les émissions de carbone dues à la combustion des combustibles fossiles représentent au total environ 65 % des émissions de gaz à effet de serre ; 12 % viennent de changements d'affectation des terres à travers, par exemple, la déforestation, et les 23 % restants sont dus aux émissions de gaz présents à l'état de traces, comme le méthane et les chlorofluorocarbones (CFC).

26 Ministère américain de la Défense, 2010.

L'élévation du niveau des mers pourrait déclencher des migrations de masse, semblables à celles observées au Pakistan lors des récentes inondations. Les changements climatiques pourraient radicalement réduire les terres arables nécessaires pour nourrir une population croissante, comme nous l'avons vu dans certaines régions d'Afrique. Les glaciers fondant plus vite, l'approvisionnement en eau douce, pourtant crucial, pourrait diminuer davantage encore dans certaines parties de l'Asie. Cette imminente pénurie de ressources, à laquelle s'ajouterait un afflux de réfugiés si les zones côtières disparaissaient, pourrait non seulement déclencher une crise humanitaire, mais aussi réunir les conditions de la naissance d'États défaillants et rendre les populations plus vulnérables aux extrémismes. Ces inquiétants défis soulignent les implications systémiques et les effets de tous ordres propres à la sécurité énergétique et au changement climatique[27].

En outre, nous allons devoir arrêter de brûler le pétrole et le charbon et, à terme également et même s'il est plus propre, le gaz naturel, car nous ne pouvons puiser indéfiniment dans les vastes gisements naturels. L'humanité a déjà prélevé environ le tiers du fonds de roulement originel de combustibles fossiles, et ces retraits, qui sont irréversibles, s'accélèrent : la moitié ont été réalisés entre 1985 et aujourd'hui.

Tandis que le débat fait rage sur le fait que nous ayons ou non dépassé le pic de production de pétrole (fig. 1-3), il ne fait aucun doute que, malgré des technologies toujours plus performantes, le coût de la recherche et de l'exploitation de nouveaux gisements augmente à mesure que les réserves diminuent. Et quel que soit son rythme, l'épuisement des ressources concentrera la possession des réserves, accentuera les tensions, fera grimper les prix et augmentera leur volatilité. Si vous estimez que le pic pétrolier a été atteint ou est en passe de l'être, l'abandon du pétrole est une solution pratique et rentable pour réduire ces risques ; sinon, c'est une assurance avec primes négatives qui couvre prudemment votre pari tout en réduisant vos coûts.

27 Mullen, 2011.

FIG. 1-3 – Combustibles fossiles : production mondiale, 1800-2200

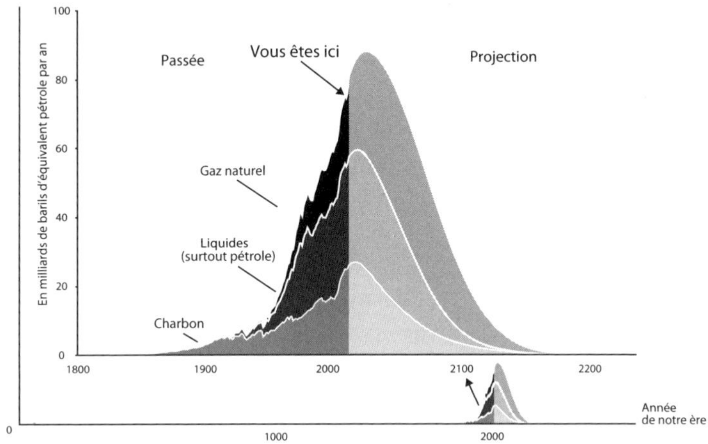

Ce graphique représente la production mondiale des trois principaux hydrocarbures jusqu'en 2009, puis effectue une projection à partir des quantités résiduelles estimées susceptibles d'être récupérées en l'absence de contraintes en surface[28]. Les données jusqu'en 2009 sont précises, tandis que les projections lissées sont approximatives, reflétant les connaissances début 2011 des plus grands experts en ressources, connaissances sujettes à de nombreuses incertitudes. Ces projections incluent certaines ressources non conventionnelles comme le gaz de schiste, le pétrole lourd, les sables bitumineux et le pétrole de schistes bitumineux, mais pas les hydrates de méthane, les ressources potentielles en Arctique et en Antarctique ni le charbon du versant nord de l'Alaska et de Sibérie centrale.

28 Ressources susceptibles d'être récupérées : charbon, environ 350 Gtep (680 gigatonnes ou Pg de qualités différentes) ; liquides, 420 Gtep (1 tep équivaut environ à 42 GJ) ; gaz, 518 Gtep (environ 538 000 milliards de m^3 d'après le rapport 2010 du MIT, ce qui est plus que les 368 000 milliards de m^3 de Laherrère, 2010). (Gtep = gigatonne d'équivalent pétrole ; Pg = petagrammes ou 1015 g ; GJ = gigajoules ; tep = tonne d'équivalent pétrole ; tonne = 1 000 kg). Sources : données et projections sur le charbon : Rutledge, 2010, et Rutledge, 2011 ; voir aussi Patzek et Croft, 2010. Données sur les liquides et le gaz naturel : Laherrère, 2010. Projections sur les liquides : Laherrère, 2010, avoisinant son chiffre de 0,42 Gtep de ressources finales récupérées. Projections sur le gaz : MIT, 2010. Résumé méthodologique : consulter le centre de ressources sur www.reinventingfire.com.

La figure 1-3 montre également que l'épuisement des ressources en charbon, longtemps considéré comme ne devant pas intervenir avant plusieurs siècles, pourrait survenir bien plus tôt. On avait jusqu'ici estimé les ressources en charbon sans se préoccuper ou presque de leur coût d'exploitation. Or les récentes réévaluations de leur géologie économique sont plus préoccupantes, car elles indiquent que le « pic de charbon » surviendra au cours des décennies à venir, y compris dans des pays riches en charbon comme les États-Unis et la Chine. L'épuisement total des réserves pourrait être beaucoup plus long, mais celui du charbon bon marché progresse vite.

Il va de soi que renoncer aux combustibles fossiles n'est pas facile. Tous les présidents américains depuis Richard Nixon ont émis le souhait de briser la dépendance du pays au pétrole importé, mais celle-ci a atteint un pic en 2005 avec 60 %, avant de retomber à 49 % en 2010. La consommation américaine de charbon est passée de 4 400 TWh en 1980 à près de 6 200 TWh en 2010. Son exploitation est profondément ancrée dans l'économie de certaines régions, et il alimente un gigantesque parc de centrales électriques.

REDIRIGER LE SUPERTANKER

Bien que la plupart des tendances aillent dans le mauvais sens, certains exemples encourageants montrent qu'il est possible de réduire, voire d'éliminer, la consommation de combustibles fossiles. Ainsi, les États-Unis et d'autres pays ont réagi aux chocs pétroliers des années 1970 par une salve de gains d'efficacité qui a diminué par deux les ventes de l'OPEP en huit ans seulement et, selon Greene, « anéanti son pouvoir de tarification pour dix ans »[29]. Pour être précis, entre 1977 et 1985, le PIB américain a augmenté de 27 %, la consommation et les importations de pétrole ont baissé respectivement de 17 et 50 %, et les importations de pétrole en provenance du golfe Persique ont chuté de 87 %. De la même façon, comme nous le verrons plus loin, la part du charbon dans la production d'électricité a dégringolé à partir

29 Greene, 2010.

de 2009, lorsque les fournisseurs d'énergie se sont tournés vers le gaz naturel, moins cher, tandis que l'efficacité énergétique et les énergies renouvelables entamaient un peu plus ce marché.

Prenons l'exemple du Danemark. Une maison danoise construite en 2008 consomme deux fois moins d'énergie par unité de surface au sol qu'une habitation construite avant 1977. L'économie danoise a connu une croissance de 66 % entre 1980 et 2009, tandis que la consommation d'énergie retombait à son niveau de 1980 et que les émissions de carbone chutaient de 21 %[30]. Toutes les nouvelles centrales fonctionnent aux énergies renouvelables ou génèrent à la fois de l'électricité et de la chaleur. L'électricité danoise est produite à hauteur de 53 % par la cogénération et de 30 % par les énergies renouvelables[31]. En moyenne, un Danois rejette 52 % de carbone en moins qu'un Américain. Et cela n'empêche pas les habitants d'avoir une excellente qualité de vie et l'approvisionnement en électricité le plus fiable d'Europe pour un des coûts les plus faibles avant impôts[32]. En 2011, le gouvernement conservateur danois a en outre rendu publiques des mesures quasi autofinancées et très avantageuses sur la durée, destinées à libérer entièrement le pays des combustibles fossiles d'ici 2050, en stimulant l'efficacité énergétique et en passant aux énergies renouvelables[33].

Aujourd'hui, les forces à l'œuvre pour motiver les Danois à renoncer aux combustibles fossiles, qu'ils utilisent depuis le XIXe siècle, sont les mêmes que pour tous les autres peuples. Les individus veulent que les services énergétiques soient garantis contre des coupures accidentelles ou délibérées, qu'ils restent abordables financièrement, même en période difficile, que leur tarification soit stable, qu'ils soient propres, sûrs et justes, c'est-à-dire qu'ils

30 D'après les ajustements officiels en matière de climat et d'échanges d'électricité : Danish Energy Agency, 2010 et 2009 ; Energi Styrelsen, 2009. PIB mis à jour d'après Danmarks Statistik, 2010.

31 Renewable Energy Policy Network for the 21st Century, 2011, p. 21, 28, 98 n 61.

32 Danish Energy Association, 2009, p. 46, 23, 25.

33 Regeringen, 2011 ; ClimateWire, 2011 ; Richardson *et al.*, 2011.

ne désavantagent pas indûment certains, qu'ils soient modernes et innovent constamment. De nombreuses personnes prennent conscience que les combustibles fossiles ne sont plus le seul ni le meilleur moyen d'atteindre ces objectifs. Le scénario de statu quo continue certes à fonctionner, mais les coûts et les risques augmentent. Les solutions alternatives aussi.

Intéressons-nous à la voiture et au litre de lait. Un conducteur, installé dans sa voiture neuve pesant deux tonnes, fait un aller-retour de 7 km pour aller chercher un litre de lait. Sa voiture consomme un litre d'essence qui coûte probablement moins cher que le lait. Ce litre de lait aurait pu venir d'une vache élevée à proximité, qui aurait passé une demi-heure, la veille, à manger et à digérer un kilo d'herbe. Mais l'essence contenue dans ce litre, pompée, raffinée et sans doute acheminée vers l'autre moitié de la planète, s'est formée pendant des siècles à partir de 28 tonnes de plantes primitives, dont une infime fraction seulement a donné du pétrole, a été piégée géologiquement et, pour finir, a été extraite et traitée. Ainsi, lorsqu'une voiture brûle un litre d'essence, elle consomme en fait près de 15 fois son poids en plantes, soit un poids en matière végétale 17 millions de fois supérieur par litre à ce que la vache a consommé pour produire son litre de lait. Pourquoi autant ? Non seulement parce que l'abondante écume d'un étang ne donne que peu de pétrole exploitable, mais aussi parce que la physique élémentaire d'une voiture la rend si inefficace que, comme nous le verrons dans le prochain chapitre, seule une petite fraction du carburant sert à déplacer le conducteur. Combien de temps encore de tels véhicules pourront-ils être compétitifs dans un monde où le pétrole se raréfie ?

Lorsqu'il examinait la situation, Kevin Czinger, alors directeur exécutif de CODA Automotive, estimait que l'ossature de l'économie américaine avait été constituée de voitures fabriquées localement, et alimentées par un carburant produit lui aussi relativement localement. Cette industrie avait enclenché le formidable essor américain. Mais aujourd'hui, nous conduisons souvent des voitures étrangères alimentées par un carburant importé, si bien que « chaque fois que nous achetons une voiture, nous exportons 15 000 dollars de capitaux, nous la finançons à coups d'emprunts et nous la faisons avancer à l'aide de sources d'énergie étrangères. La voiture est passée du statut de créatrice de classe moyenne à celui de destructrice de classe moyenne[34] ». Bien évidemment, plus nous fabriquerons de véhicules efficaces et compétitifs sur notre territoire, moins nous devrons importer de voitures et de pétrole, et plus les dollars et les emplois resteront chez nous.

Une stratégie concurrentielle exige de la même façon d'aller au-delà d'une utilisation irraisonnée de l'électricité et de la combustion du charbon nécessaire à sa production. L'efficacité énergétique radicale peut permettre d'économiser une grande partie, voire la plupart de l'électricité utilisée dans les bâtiments et l'industrie. Et les énergies renouvelables se sont désormais emparées de la moitié du marché mondial des centrales électriques[35], menaçant le charbon américain dans ce qui représente son dernier grand bastion. Des choix judicieux peuvent accélérer toutes ces tendances et faire du bien à l'économie, à l'environnement, ainsi qu'à nos vies.

Le point de basculement vers l'abandon des combustibles fossiles au profit des nouvelles formes de feu est arrivé. Celles-ci peuvent fonctionner sur la planète entière, car on peut en étendre rapidement l'échelle dans des conditions et des cultures diverses.

ALLUMER LA NOUVELLE FLAMME

Ce livre explique comment les entreprises, motivées par des avantages durables, soutenues par la société civile et aiguillonnées par une politique efficace, ont intérêt à accomplir l'ambitieuse transition qui les mènera au-delà du pétrole et du charbon d'ici 2050 et, plus tard, au-delà du gaz naturel. De nouvelles technologies associées différemment peuvent multiplier le résultat à partir de la même quantité d'énergie. Ces gains d'efficacité permettront ensuite aux sources d'énergie renouvelable, elles-mêmes aidées par la technologie de l'information, de se déployer plus vite. Cette transition

---

34 Friedman, 2011.

35 Renewable Energy Policy Network for the 21st Century, 2010 ; Pew Charitable Trusts, 2010, 2011.

créera de nouvelles industries dotées d'un énorme potentiel d'emplois et de profits, ainsi que de services de meilleure qualité, moins chers et plus fiables.

Ces nouvelles perspectives énergétiques garantissent des coûts économiques totaux comparables ou inférieurs à ceux des combustibles fossiles, avec en outre un avantage financier qui augmentera petit à petit. Et, bien plus important que ces modestes différences, ces énergies présentent déjà des risques moindres pour la sécurité nationale, l'économie, l'environnement et la santé publique, et une palette de choix en rapide augmentation.

Malheureusement, de nombreux obstacles freinent la transition vers la nouvelle flamme, ce qui explique pourquoi elle ne fait que commencer. Mais, comme nous le verrons, des politiques et des stratégies commerciales avisées peuvent surmonter ces obstacles, et la logique entrepreneuriale est favorable à l'accélération de cette transition.

Nous allons passer ces thèmes et ces idées au crible des quatre secteurs de l'économie qui utilisent des combustibles fossiles, à savoir les transports, le bâtiment, l'industrie et la production d'électricité, et observer comment ils s'imbriquent pour créer une structure énergétique totalement nouvelle et une gamme remarquablement large d'avantages publics et privés. La meilleure façon d'illustrer les voies possibles vers l'avenir est de commencer par examiner la consommation de combustibles fossiles par ces quatre secteurs et l'utilisation de toutes les formes d'énergie par les États-Unis en 2010 (fig. 1-4).

Ces flux énergétiques montrent comment ces combustibles ont été brûlés pour produire de l'énergie et non comment ils ont servi en tant que matières premières pour fabriquer des plastiques, des produits chimiques, des lubrifiants, de l'asphalte, des engrais et d'autres matériaux. (Le chimiste russe D. I. Mendeleïev a eu bien raison de dire en 1877 que le pétrole brut était bien trop précieux pour être brûlé !). L'Agence américaine pour l'information sur l'énergie estime que ces utilisations vont augmenter, comme le montre la figure 1-5, en tenant compte des lois, réglementations et, surtout, des technologies existantes[36].

36 Agence américaine pour l'information sur l'énergie, 2010b.

FIG. 1-4 – Consommation énergétique américaine, 2010

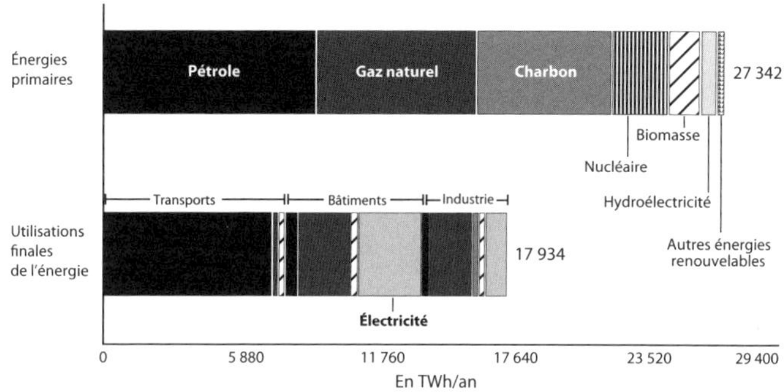

Consommation énergétique américaine en 2010 mesurée en TWh (milliers de milliards de wattheures)[37].

FIG. 1-5 – Consommation énergétique avec scénario de statu quo, 2050

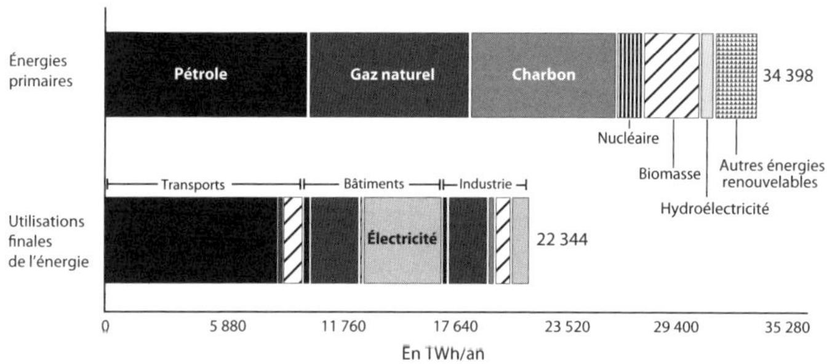

Extrapolation par le RMI à 2050 à partir des prévisions 2010 de l'Agence américaine pour l'information sur l'énergie concernant l'approvisionnement et la consommation énergétiques américains jusqu'en 2035[38].

37 Agence américaine pour l'information sur l'énergie, 2011b.

38 Analyse du RMI d'après des données de l'Agence américaine pour l'information sur l'énergie.

Ces tendances ne sont pas une fatalité et notre avenir énergétique pourrait prendre une tout autre tournure. Nos consommations pourraient baisser et les combustibles utilisés pourraient être autres (fig. 1-6), tout en fournissant exactement les mêmes services – facilité d'accès, confort et production industrielle, par exemple – à partir de véhicules, de bâtiments, d'appareils électriques et d'autres équipements identiques ou plus performants.

Notre économie énergétique a beau être complexe, et les usages qui sont faits de l'énergie être multiples, nous pouvons nous éloigner des combustibles fossiles en respectant trois principes : la réduction de la consommation, la modulation de la demande et l'optimisation de l'approvisionnement. Ces principes ne sont pas nouveaux, mais ils doivent être appliqués de façon holistique, avec un enthousiasme sans faille et une patience de tous les instants.

FIG. 1-6 – Consommation énergétique avec scénario Réinventer le feu, 2050

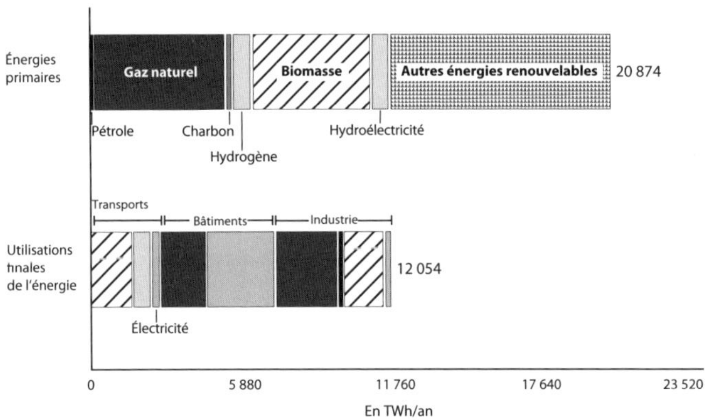

Les chapitres suivants montrent comment nous pouvons faire tourner la même économie projetée à 2050 que celle de la figure 1-5, mais avec moitié moins d'énergie fournie, en courant moins de risques et pour 5 000 milliards de dollars en moins (en valeur actuelle nette 2010)[39].

39 Analyse du RMI.

Faire plus avec moins.
La meilleure « source » d'énergie, et la moins chère, consiste à commencer par en avoir moins besoin. Il s'agit de la convertir, de la fournir et de l'utiliser de façon plus efficace. En 2009, le fait d'obtenir davantage de chaque baril, tonne, unité de chaleur ou kilowattheure est devenu la plus grande source énergétique de l'économie américaine. Cette année-là, ce gain a permis d'alimenter la moitié de toute l'activité économique et de procurer 174 % de services énergétiques en plus par rapport au pétrole. Ce principe, baptisé « augmentation de la productivité énergétique », est une véritable mine d'or pour les entreprises. Il permet de fournir chaque jour des services identiques ou meilleurs pour un coût inférieur, tout en diminuant le risque de flambée des prix ou de défaillances d'approvisionnement. Nous pouvons donc utiliser moins d'énergie mais la faire travailler davantage. C'est d'ailleurs ce que l'économie américaine a fait pendant neuf ans lors des trente-six dernières années, dans l'indifférence quasi générale, en obtenant une croissance de la productivité énergétique encore plus rapide que celle du PIB. Les chapitres qui suivent expliquent comment nous pourrions parvenir à ce résultat *tous les ans,* à la fois en obtenant davantage de notre énergie et en exploitant de façon plus productive les services qu'elle offre.

Moduler la demande.
On nous a inculqué l'idée que notre économie et notre mode de vie reposent sur un approvisionnement sans faille, croissant et infini en électricité. Ce paradigme remonte à l'idéologie des XIXe et XXe siècles lorsque les usines obéissaient à la sacro-sainte production de masse et que d'énormes générateurs centraux cherchaient une clientèle « de base » pour pouvoir utiliser leur capital à toute heure du jour et de la nuit. Aujourd'hui, les nouvelles technologies, les systèmes de contrôle intelligent et les services utilisant les TIC nous permettent d'ajuster notre demande énergétique afin qu'elle suive de plus près et de façon plus avantageuse la large gamme des technologies d'approvisionnement. Résultat : les entreprises peuvent utiliser l'électricité aux heures où elle coûte le moins cher, sans interruption d'alimentation ni désagrément, et réduire ainsi leur consommation, et donc leur facture lorsque son prix

augmente. Pour les propriétaires de bâtiments commerciaux, cela signifie qu'ils peuvent stocker l'énergie la nuit lorsqu'il fait moins chaud et l'utiliser la journée quand la température augmente. Et pour tout un chacun, cela offre la possibilité de recharger un véhicule électrique lorsque les prix sont au plus bas. Même les producteurs d'aluminium ont commencé à modifier la demande en fonction des signaux de prix, une pratique inconnue il y a encore dix ans.

Optimiser l'approvisionnement.
Une fois que la demande a baissé de façon spectaculaire et qu'on sait comment la contrôler et la modifier (le tout sans réduire ni compromettre les services), on peut élargir la palette de solutions destinées à la satisfaire. Le feu ancienne manière offrait peu d'alternatives et celles-ci nécessitaient presque toutes de brûler l'un ou l'autre des abondants combustibles pour obtenir de la chaleur ou de l'électricité. Aujourd'hui et dans un futur proche, nous avons et aurons le choix entre un nombre de solutions en constante augmentation, qui vont de la commutation de combustible (du charbon au gaz) à l'éolien, en passant par le solaire photovoltaïque et, un jour, la pile à combustible. Ces nouvelles solutions donnent aux entreprises des moyens également nouveaux de contrôler les risques énergétiques, souvent pour des coûts inférieurs et plus stables. Quant à nous, nous pouvons profiter de cette rapide multiplication des solutions pour devenir à la fois des consommateurs et des producteurs d'énergie, c'est-à-dire des « prosommateurs ».

NUL BESOIN DE MIRACLE

Les chapitres 2 à 5 expliquent comment optimiser, mettre en œuvre et associer ces trois principes dans les quatre secteurs de l'économie consommateurs d'énergie : les transports, le bâtiment, l'industrie et la production d'électricité. Mais notre propos dépasse la simple diminution de la consommation de combustibles fossiles. Ce qui est particulièrement enthousiasmant, c'est de voir comment, dans chaque secteur, ces trois principes donnent naissance à des cycles qui s'autorenforcent et apportent des avantages supplémentaires aux autres secteurs. Pour ne citer qu'un exemple, le passage à des voitures électriques pour supprimer la consommation de pétrole pourrait, en outre, rendre le réseau électrique plus efficace et résilient, ce qui accélérerait l'adoption par ce dernier des énergies renouvelables. Ce type d'avancée ne se fait pas sans difficulté, mais si les entreprises montrent la voie et que les politiques suivent, c'est du domaine du possible.

Si vous estimez que le statu quo doit toujours prévaloir, souvenez-vous que l'histoire nous enseigne l'inverse. La valse des sources d'énergie dure depuis des millénaires. Des sources d'énergie renouvelable comme l'éolien et le solaire se sont généralisées à plusieurs reprises dans l'histoire de l'humanité, puis ont été supplantées par une surabondance de combustibles, en apparence bon marché, et qui se sont ensuite raréfiés, laissant à nouveau la place à la redécouverte des énergies renouvelables[40].

Mais certaines sources disparaissent à jamais, simplement parce qu'elles ont fait leur temps. Elles ont beau occuper une position dominante et se poser en ressources toutes-puissantes à la surface de la terre, il arrive un moment où leurs concurrents les dépassent. C'est ce qui advient pour le pétrole et le charbon. Les États-Unis ont arrêté du jour au lendemain d'utiliser le charbon dans les transports en 1920 et dans le bâtiment en 1960. L'emploi de ce combustible à des fins industrielles a diminué de moitié ces quarante dernières années, la production américaine a enregistré un pic en 1998 en valeur énergétique, et l'utilisation du charbon pour la production d'électricité, son ultime emploi à grande échelle, a sans doute connu son apogée en 2007. Aujourd'hui, le coût du pétrole et du charbon est de plus en plus élevé, tandis que le prix des énergies renouvelables chute de façon continue. Les courbes se croisent déjà. Elles sonnent le glas du pétrole et du charbon.

Quand des concurrents fraîchement débarqués font s'effondrer la source d'énergie dominante, l'épilogue peut être rapide et cruel pour l'industrie qui a pignon sur rue. Examinons comment un certain type de combustible, polyvalent, pratique et abondant, s'est fait laminer au milieu du XIXe siècle[41].

40 Butti et Perlin, 1980.

41 Lovins *et al.*, 2004, p. 4-5.

En 1850, la plupart des foyers américains étaient éclairés par des lampes fonctionnant à l'huile de baleine. Aujourd'hui, on ne pense à la flotte baleinière que lorsqu'on lit *Moby Dick* ou qu'on visite un musée consacré à la pêche, mais en 1850, la chasse à la baleine était la cinquième plus grande industrie outre-Atlantique. La demande d'huile était si forte que ces animaux sont devenus rares. Mais la hausse du prix de cette huile a donné naissance à des concurrents, le kérosène et le gaz, tous deux synthétisés, à l'époque, à partir du charbon. Les entrepreneurs se sont alors mis à vendre des équipements bon marché permettant de convertir les lampes existantes au pétrole lampant et ont dégagé des profits au bout de quelques mois.

En 1859, lorsque Drake a découvert du pétrole en Pennsylvanie, donc une nouvelle source de kérosène, plus de 80 % du marché de l'éclairage à l'huile de baleine avaient été récupérés par la concurrence, et ce en moins de dix ans. Les chasseurs, quelque peu négligents, ont alors pu constater avec surprise que leurs clients avaient disparu, avant même les baleines. Ils en ont été réduits à quémander des subventions à l'État, arguant qu'il en allait de la sécurité nationale, et très vite, la chasse à la baleine a disparu en Amérique. La population résiduelle de baleines venait d'être sauvée par des innovations technologiques et des capitalistes assoiffés de profits. Et quelques dizaines d'années plus tard, ce fut au tour du kérosène d'appartenir lui aussi à l'histoire, remplacé en 1879 par la lumière électrique d'Edison.

En novembre 1973, tandis que l'Occident subissait de plein fouet l'embargo de l'OPEP sur le pétrole, un professeur d'économie, Phil Gramm, racontait l'histoire de l'huile de baleine en première page du *Wall Street Journal.* « Ne vous inquiétez pas au sujet de la flambée des prix du pétrole ni des pénuries », affirmait-il. Il estimait en effet que les marchés allaient se calmer, que les innovateurs allaient innover et que le pétrole, comme tout autre produit, allait finir par être sauvé ou supplanté. Il avait raison. En 2009, pour produire un dollar de PIB réel, l'Amérique consommait, par rapport à 1975, 60 % de pétrole en moins, 50 % d'énergie totale en moins, 63 % de gaz naturel utilisé directement en moins et 20 % d'électricité en moins. Mais ce cheminement vers une utilisation plus raisonnée et moins coûteuse de l'énergie ne fait que commencer.

Ces avancées ont été réalisées en dépit de l'indifférence générale, de politiques nationales frileuses, de vingt-six années de stagnation des normes d'efficacité pour les automobiles et d'aides de 48 États en faveur des fournisseurs d'énergie qui vendent plus d'électricité et de gaz naturel. Imaginez ce que nous pouvons faire ensemble si nous nous intéressons aux milliers de milliards de dollars d'économies et de profits potentiels qui s'offrent à nous. Alors, tout en gardant l'histoire de l'huile de baleine présente à l'esprit, commençons par ce secteur vital qui consomme 71 % du pétrole aux États-Unis : les transports. À l'heure actuelle, ce combustible est tel le sang qui coule dans les veines de notre société, la plus mobile qui soit depuis que l'homme est homme. Mais nous pouvons réinventer le feu qui brûle pour le moment au sein de nos moteurs à combustion, de nos bâtiments et de nos usines, et éliminer le pétrole d'ici 2050 tout en économisant environ 3 800 milliards de dollars nets.

FIG. 2

LES TRANSPORTS :

DES VÉHICULES PLUS PERFORMANTS, UN USAGE PLUS INTELLIGENT

CHAPITRE 2

GRANDES LIGNES DU CHAPITRE

L'OBJECTIF. En 2050, les automobiles, camions et avions, superefficaces et utilisés de façon bien plus productive, ont besoin de 75 % de combustible en moins et fonctionnent sans pétrole. Le coût de leur cycle de vie est moindre que celui des véhicules actuels. Et pourtant, ils permettent 90 % de véhicule-kilomètres auto, 118 % de véhicule-kilomètres camion et 61 % de siège-kilomètres avion en plus, le tout avec le même confort, la même sécurité et les mêmes performances.
LES AVANTAGES POUR LES ENTREPRISES. Une efficacité radicale autorise une propulsion et des carburants alternatifs, transformant le secteur de la construction automobile et lui conférant un avantage décisif, tandis que les consommateurs économisent de l'argent et que les solutions de mobilité augmentent. La société élimine la dépendance au pétrole, réduisant de nombreux risques en matière de sécurité et d'économie.
LE RÉSULTAT FINANCIER. Le non-recours au pétrole fait économiser 3 800 milliards de dollars (en valeur actuelle nette 2010).
LES SECTEURS QUI PEUVENT EN BÉNÉFICIER. Constructeurs et fournisseurs automobiles, industries chimiques et électroniques, opérateurs de parcs, chefs d'entreprise, promoteurs immobiliers, fournisseurs d'électricité, agriculteurs et forestiers.
LES MESURES POLITIQUES APPROPRIÉES.
Des politiques d'État, régionales et fédérales innovantes peuvent supprimer les barrières à l'achat de véhicules superefficaces et favoriser leur utilisation de façon plus intelligente – sans avoir à créer de taxes, subventions, lois ou réglementations fédérales (à une petite exception près concernant la limitation de masse des camions[1]).

---

1 Si la législation fédérale n'harmonisait pas les limites de masse fédérales sur autoroute avec les limites des États, on perdrait environ 0,26 Mbbl/j d'économies de carburant pour les camions, mais ce carburant pourrait facilement être fourni par les agrocarburants ou le gaz naturel.

Quoi que vous sachiez faire ou que vous rêviez de savoir faire, lancez-vous : l'audace est pleine de génie, de puissance et de magie.

John Anster, 1835, paraphrasant librement le *Faust* de Goethe, 214-30

Les États-uniens brûlent treize millions de barils de pétrole par jour en se rendant à leur travail en voiture, en déposant leurs enfants au foot, en transportant des chargements, en prenant l'avion pour aller à des réunions ou sur leurs lieux de vacances et en faisant tout simplement tourner leur gigantesque système de transports. Les coûts de cette consommation sont élevés et souvent cachés. Ils incluent, entre autres, les marées noires, la pollution atmosphérique, les risques climatiques et ce milliard de dollars puisé chaque jour dans la poche des Américains pour acheter du pétrole à d'autres pays, parfois peu recommandables.

Et pourtant, il n'est pas nécessaire de brûler ce pétrole, et tout cet argent est en grande partie dépensé à mauvais escient. Car on pourrait imaginer un monde où des voitures spacieuses, nerveuses et ultrasûres consommeraient l'équivalent de 1 à 2 l/100 km, sauf qu'il ne s'agirait pas d'essence ; où de gros camions transporteraient des marchandises d'un État à l'autre avec un tiers du carburant dont ils ont actuellement besoin, sauf qu'il ne s'agirait pas de diesel ; où des avions utiliseraient eux aussi beaucoup moins de carburant, sauf qu'il ne s'agirait pas non plus de pétrole.

Ce n'est pas un rêve, mais une voie bien définie pour laquelle il n'est pas besoin de miracle technologique, mais plutôt du développement et de l'adoption d'innovations déjà bien en place. Emprunter cette voie n'est pas une option, c'est une obligation, car le secteur des transports traverse, fait rare, une période de transformation. L'heure est donc arrivée où des moyens de transport intelligents et légers pourraient prendre possession des routes et des couloirs aériens, et transformer en profondeur les plus grandes entreprises de la planète.

Des moyens de locomotion plus performants associés à une utilisation plus intelligente auraient d'énormes avantages pour la société et pour les entreprises qui montrent la voie. Les transports représentent aujourd'hui le deuxième budget des consommateurs américains après le logement, soit un total de 740 milliards de dollars en 2009 ou 17,6 % des dépenses des ménages. Et pourtant, les 13 millions de barils de pétrole (fig. 2-2), d'une valeur approximative d'un milliard de dollars, qui permettent aux Américains de se déplacer au quotidien, sont en grande partie gaspillés.

FIG. 2-2 – Combustion du pétrole aux États-Unis : situation actuelle et projection

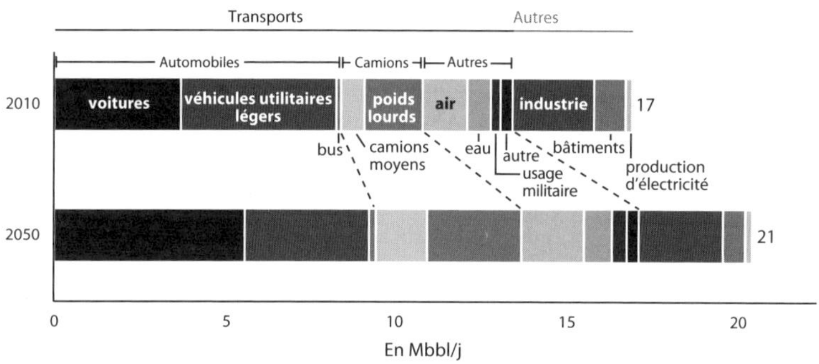

Consommation américaine de pétrole en 2010 et projection de l'Agence américaine pour l'information sur l'énergie à 2035 extrapolée à 2050 (notre scénario de référence). Seules les utilisations nécessitant la combustion du pétrole sont présentées et non celles du pétrole en tant que matière première. En 2010, les transports ont utilisé 71 % du pétrole américain et fonctionnaient à 94 % au pétrole ; les 6 % restants fonctionnaient pour moitié aux agrocarburants et pour moitié au gaz naturel. Les chapitres suivants expliquent comment éliminer l'utilisation du pétrole dans les secteurs autres que les transports[2].

2 Agence américaine pour l'information sur l'énergie, 2010b.

Supprimer ce gaspillage peut rapporter plusieurs milliers de milliards de dollars, non seulement aux constructeurs automobiles, mais aussi aux fournisseurs qui expérimentent de nouveaux matériaux et processus, et aux investisseurs qui savent saisir leur chance.

Si nous nous y prenons intelligemment, nous pouvons rendre l'Amérique plus forte et plus sûre en gardant pour nous ce milliard de dollars consacré chaque jour aux importations de pétrole. Nous serons moins malmenés par la volatilité des prix et moins préoccupés à défendre notre accès à ce combustible. Et si les États-Unis, qui ont fourni véhicules et avions à la planète entière, montrent la voie en matière d'innovations relatives aux transports lors de la prochaine phase de développement mondial, ils pourraient contribuer à repousser le spectre d'un monde envahi de voitures mais sevré de pétrole.

Nous ne disons pas pour autant que la mise en place d'un secteur des transports plus performant et débarrassé du pétrole est une tâche aisée. Pour la plupart des acheteurs de voitures, et jusqu'à récemment encore pour certaines sociétés de camionnage également, l'efficacité et le coût du carburant ont toujours été secondaires. Ce sont les coûts initiaux qui préoccupent les individus, et les avantages ponctuels sont parfois minimes : les économies de carburant réalisées lorsqu'on passe à un véhicule entièrement électrique, bien qu'importantes au fil du temps, suffiraient à peine à financer l'achat d'un café au lait par jour, si bien que la notion d'urgence est ténue. Les modes de transport individuels présentent souvent des avantages par rapport aux transports publics, comme on le voit avec le routier et l'aérien par rapport au rail, au fluvial et au maritime. Et le schéma actuel d'étalement urbain et d'encombrement du trafic est solidement ancré, grâce aux subventions, aux réglementations et aux choix faits par les Américains eux-mêmes. C'est pourquoi pareille transformation doit bénéficier d'un coup de pouce tout particulier dès le départ et d'une concurrence plus juste.

Les conséquences sans cesse plus graves de notre dépendance au pétrole ne nous laissent pas beaucoup de choix. Nous devons concevoir et utiliser nos véhicules différemment et transformer par là même nos industries. Nous en sommes capables, car la voie technologique est tracée, l'analyse de rentabilité est convaincante et nous connaissons de nouvelles manières d'utiliser des politiques publiques souples et prudemment élaborées pour faire sauter les barrières. Si nous y parvenons, les avantages pour les consommateurs, les entreprises et la société dans son ensemble seront colossaux et durables.

CONCEVOIR ET CONSTRUIRE LES AUTOMOBILES AUTREMENT

La première grande innovation de cette transformation sera le passage à des carrosseries ultralégères mais ultrasolides faites à partir de matériaux avancés. Non seulement elles seront plus simples et moins coûteuses à fabriquer, mais il y aura un effet boule de neige en termes de gains de masse. Les plateformes étant sensiblement plus légères, les systèmes de propulsion peuvent être plus petits, plus légers, moins coûteux, plus efficaces et ceux des automobiles peuvent être électrifiés. Plusieurs constructeurs de premier plan (et plusieurs avionneurs) ont déjà adopté cette stratégie révolutionnaire ou envisagent sérieusement de le faire. Et si la planète doit tourner le dos aux combustibles fossiles, les autres constructeurs de véhicules à travers le monde devront leur emboîter le pas s'ils ne veulent pas se laisser largement distancer.

TERMINOLOGIE DU SECTEUR DES TRANSPORTS

• **Mbbl/j** *est l'abréviation de « millions de barils [de pétrole] par jour », une unité de mesure de la production ou de la consommation de pétrole couramment utilisée aux États-Unis. Un baril de pétrole contient 158 litres.* **Le coût de l'énergie économisée** *est le coût de l'économie d'une unité d'énergie directement comparable au coût évité de l'énergie économisée.*

• *Le terme* « **automobile** » *utilisé dans ce livre fait référence à tous les* **véhicules utilitaires légers,** *ce qui inclut les voitures, les véhicules utilitaires (véhicules utilitaires sport [SUV], pick-up et fourgons) et les* **cross-over** *(SUV avec certaines caractéristiques de berlines), dont la masse totale ne dépasse pas les 4537 kg.*

• *Un* **groupe motopropulseur** *génère la propulsion du véhicule et transmet le mouvement à la surface de la route. Un* **arbre d'entrée** *relie la source du couple (un moteur, par exemple) aux essieux moteurs.*

• *Les* **véhicules électriques à accumulateur** *ont une alimentation entièrement électrique. Les* **véhicules électriques à pile à combustible** *sont propulsés par une pile à hydrogène et un moteur électrique. Les* **véhicules hybrides rechargeables (VHR)** *sont propulsés à la fois par un moteur à combustion interne* **(MCI)** *et par des batteries qui peuvent être rechargées à partir d'une borne électrique. Les* **véhicules électriques** *regroupent les trois catégories citées ci-dessus, mais n'incluent pas les* **véhicules électriques hybrides,** *qui rencontrent un grand succès et sont équipés à la fois d'un moteur à combustion et d'un ou plusieurs moteurs électriques, mais ne se rechargent pas.*

• *Une* **tonne-kilomètre** *équivaut à une tonne (dans cet ouvrage : 907 kg) de fret déplacé sur 1 km. Un* **siège-kilomètre** *correspond au siège d'un vol commercial parcourant un kilomètre et sert à mesurer le rendement dans l'aéronautique. Le siège peut être occupé ou vide. Les* **véhicule-kilomètres parcourus** *correspondent au nombre total de kilomètres parcourus par un véhicule sur une période donnée, généralement un an.*

Quelques notions de physique

En 2011, des mesures politiques fixant les normes de consommation de carburant des véhicules à environ 7,84 l/100 km d'ici 2016 ont commencé à faire bouger le marché, et des normes à 4,32 l/100 km, soit environ 6,03 l/100 km sur route, ont été fixées pour 2025. La technologie est cependant très en avance sur les mesures politiques : on disposera de véhicules tournant autour de la fourchette séduisante de 0,98-1,88 l/100 km d'ici une dizaine d'années en procurant des bénéfices nets de plusieurs milliers de milliards de dollars à la société. Comment ? En prenant en compte de simples notions de physique.

Voici deux données de la physique automobile :

1 - Moins de 0,5 % de l'énergie du carburant d'une automobile moderne moyenne contribue à déplacer le conducteur. 86 % de cette énergie sont perdus dans le système de propulsion quand le moteur tourne au ralenti lorsque le véhicule est à l'arrêt, lorsqu'on freine ou que l'on fait fonctionner des accessoires comme l'air conditionné ou les lumières. Plus de la moitié des 14 % restants qui atteignent les roues chauffe l'air que le véhicule repousse sur les côtés ou chauffe les pneus et la route. Il n'y a donc que 5 % de l'énergie du carburant qui accélère le mouvement de l'automobile. Selon le type et la taille du véhicule et le poids du conducteur, environ 5 % seulement de la masse qui est accélérée est celle du chauffeur, si bien qu'entre 0,3 et 0,5 % seulement de l'énergie du carburant sert à mouvoir le conducteur.

2 - La masse d'une automobile nécessite plus des deux tiers de l'énergie requise pour déplacer le véhicule. Les automobiles lourdes, ayant une plus grande inertie, ont besoin d'une plus grande force pour accélérer. Elles présentent également une plus grande résistance au roulement, car une masse plus importante appuie sur les pneus qui perdent donc davantage d'énergie. En conséquence, l'énergie nécessaire pour mouvoir un véhicule, appelée « traction », augmente de façon à peu près proportionnelle à sa masse. Les véhicules plus lourds nécessitent en outre des moteurs proportionnellement plus puissants à accélération égale. Les gros moteurs des voitures américaines n'utilisent que 8 % de leur puissance pour une conduite moyenne sur autoroute, et ce chiffre tombe à 5 % en ville ; ce décalage par rapport à une conduite normale diminue par deux leur efficacité moyenne.

PETITE HISTOIRE DE L'INDUSTRIE AUTOMOBILE

• **L'industrie automobile est gigantesque et complexe.** *La construction d'automobiles est une entreprise mondiale qui s'élève à 1 600 milliards de dollars par an et produit, toutes les cinq secondes environ, une machine flambant neuve de deux tonnes, composée de plus de 14 000 éléments* *provenant pour la plupart de fournisseurs répartis dans le monde entier. Une automobile fonctionne de façon extrêmement fiable pendant quinze ans, y compris dans les conditions les plus difficiles, coûte moins cher au kilo qu'un hamburger de 125 g chez McDonald's et répond à des exigences contradictoires avec une extrême adresse, sans cesse améliorée depuis cent vingt ans. Effectuer de profonds changements sera donc très difficile.*

• **Un changement radical peut cependant se produire rapidement.** *Aux États-Unis, que ce soit lors de la transition des chevaux aux voitures, des tuyaux d'échappement basiques aux pots catalytiques ou des locomotives à vapeur aux locomotives diesel électriques, on est passé de 10 à 90 % d'adeptes en seulement douze ans (en termes de stocks d'appareils utilisés et non pas uniquement de nouvelles unités vendues). L'équipement de véhicules neufs en airbags a touché 100 % du marché en sept ans. Henry Ford a vendu 2,5 millions de modèles de sa Ford T entre 1908 et 1916, alors même qu'en 1908, les États-Unis n'avaient presque pas de routes goudronnées et que le concept de voiture particulière à un prix abordable était tellement inconcevable que, comme l'a déclaré Ford, non sans humour, s'il avait demandé à ses clients ce qu'ils voulaient, ils auraient répondu « des chevaux plus rapides ».*

• **Cette industrie peut être réactive quand on le lui demande.** *La ville de Detroit a montré sa capacité à répondre à la demande d'efficacité des consommateurs entre 1975 et 1985 (fig. 2-3), réagissant aux normes de rendement du président Gerald Ford et aux prix des carburants en augmentant le rendement nominal de 62 %. Les voitures produites avaient perdu en moyenne près de 500 kg et, tout en étant plus sûres, bien plus propres et aussi nerveuses, parcouraient une distance sensiblement identique avec 20 % de litres de carburant en moins. Cette économie de carburant provenait à 96 % d'une conception plus intelligente et à 4 % d'une taille réduite. Mais la perte de masse a été plus qu'effacée à partir de 2005. Au cours des dix dernières années, en effet, les voitures américaines ont pris deux fois plus de poids que les humains.*

FIG. 2-3 – Automobiles américaines : économies de carburant, consommation de carburant, taux d'occupation et distance parcourue, 1975-2008

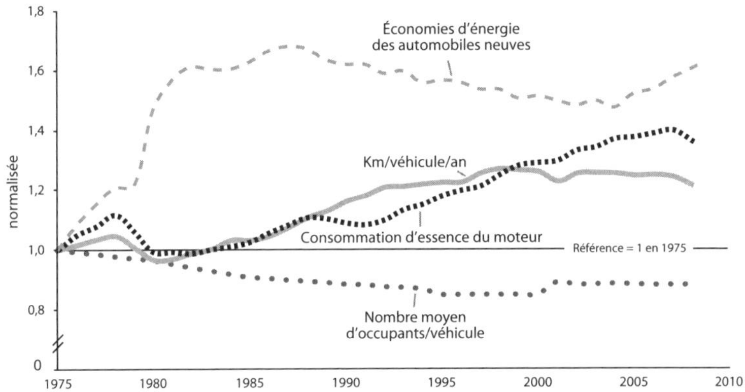

Historique des économies de carburant, des véhicule-kilomètres parcourus, du facteur charge et de la consommation de carburant de l'industrie automobile américaine. Les nets progrès réalisés par les constructeurs en matière d'économies de carburant sont avant tout dus aux normes fédérales CAFE [*Corporate Average Fuel Economy* ou « économie moyenne de carburant des constructeurs »] qui sont entrées en vigueur en 1978, et en second lieu aux prix des carburants[3].

Entre 1980 et 2004, l'efficacité énergétique des véhicules a marqué le pas, tandis que le reste de l'économie allait sur la Lune, développait la puissance atomique et bâtissait Internet.

• **Les causes des trente ans de stagnation de l'efficacité énergétique des véhicules sont bien connues.** *L'effet combiné d'un approvisionnement abondant en pétrole et des progrès en matière d'efficacité énergétique*

3 Administration américaine pour l'information sur l'énergie, 2010b.

a fait chuter les cours mondiaux du pétrole en 1985-1986. Aux États-Unis, les subventions élevées et les taxes limitées ont contribué à contenir ces cours pendant des dizaines d'années, avec pour résultat un prix du pétrole inférieur de moitié, voire des deux tiers, à ce qu'il était dans la plupart des autres pays. Ce phénomène a encouragé l'usage de la voiture et l'étalement urbain et, comme nous le verrons plus loin, il a désavantagé les fabricants américains de voitures. Pendant les vingt-cinq années qui ont précédé 2008, les bénéfices après impôts des constructeurs automobiles au niveau mondial s'élevaient en moyenne à 1,26 % de leur chiffre d'affaires ; aux États-Unis, ils n'atteignaient que 0,37 % et étaient plus volatils. (De nombreuses marques ne s'appuyaient que sur très peu de modèles et, en finançant les voitures, elles vendaient à perte.) Tandis que Detroit, privée de bénéfices, continuait à innover – tirant une puissance plus élevée de moteurs plus petits tout en réalisant des améliorations remarquables en termes d'émissions et de sécurité –, les autres constructeurs se sont aperçus qu'ils pouvaient vendre davantage en mettant en avant l'accélération, la masse et la taille plutôt que l'efficacité énergétique. En 1998, l'usine de camions de Ford à Wayne, dans le Michigan, a gagné à elle toute seule 3,7 milliards de dollars en produisant à la chaîne les énormes Ford Expeditions à 19,6 l/100 km ainsi que d'autres SUV, ce qui a fait d'elle « l'usine la plus rentable, toutes industries confondues dans le monde », selon les termes de Keith Bradsher dans son livre High and Mighty. *Afin de continuer à exploiter ces véritables vaches à lait qu'étaient les SUV, les lobbys de l'industrie automobile ont empêché tout effort visant à durcir les normes d'économies de carburant (qui, selon la loi, étaient censées progresser au même rythme que les progrès technologiques peu coûteux). En 2008, les véhicules neufs américains atteignaient en moyenne le chiffre désastreux de 10 l/100 km sur route. On ne sera donc pas étonné que le véhicule américain qui s'est le mieux vendu en 2008, le pick-up F150 de Ford, affiche une consommation supérieure à celle de la légendaire Ford T un siècle plus tôt. Mais la dépendance vis-à-vis de ces véhicules utilitaires légers hautement rentables était risquée, car elle reposait en partie sur des prix du pétrole bas, alors que les cours sont en fait irréguliers depuis 1859.*

Les véhicules inefficaces ont accentué la pression sur les marchés mondiaux du pétrole, augmentant les risques de choc pétrolier.

• **Cette industrie répond déjà à de nouvelles conditions.** *La hausse du prix de l'essence en 2008, qui a coïncidé avec la récession et la crise financière, a entraîné un changement spectaculaire (bien que partiellement temporaire) des préférences des consommateurs, qui ont abandonné les SUV au profit de véhicules plus efficaces sur le plan énergétique. En 2010, pour la première fois depuis un quart de siècle, le SUV le plus vendu a été supplanté par une voiture, une japonaise compacte, et General Motors n'est même pas parvenu à revendre sa marque Hummer. La récession de 2008-2009 a également fait chuter les ventes de voitures américaines, qui sont passées de près de 17 millions en 2005 à 10,4 millions en 2009, amenant l'industrie au bord du gouffre. Les préoccupations relatives au changement climatique se sont en outre accentuées. Toutes ces tendances, auxquelles s'est ajoutée la baisse d'influence d'une industrie américaine mal en point, ont poussé Washington à instaurer pour la première fois depuis trente-cinq ans des normes d'économies de carburant plus sévères pour les voitures, faisant passer le minimum à 7,97 l/100 km d'ici 2016, soit à peu près le niveau auquel l'Europe était arrivée en 2008.*

• *En 2011, l'efficacité énergétique était devenue vendeuse et intéressante commercialement. La mise sur le marché de véhicules hybrides rechargeables et de véhicules électriques à accumulateur, comme la Chevrolet Volt, le Tesla Roadster et la Nissan Leaf, témoignait d'une nouvelle évolution des priorités de ce secteur.*

Ces données ont d'importantes conséquences : alléger nettement une automobile classique et faciliter son déplacement dans l'air et au sol a un effet multiplicateur sur les économies de carburant. En évitant les pertes entre le réservoir et les roues, chaque unité d'énergie économisée au niveau des roues en économise sept au niveau du réservoir. Un système de propulsion plus efficace ne permet pas un tel résultat.

L'objectif qui s'impose logiquement consiste donc à améliorer le *fitness* des véhicules, c'est-à-dire à revoir leur masse, leur traînée aérodynamique et leur résistance au roulement. *Ce n'est qu'une fois* qu'ils sont extrêmement légers et efficaces sur le plan énergétique qu'on peut se préoccuper du groupe motopropulseur et modifier la façon dont les véhicules sont propulsés et alimentés.

Le *fitness* d'un véhicule n'a rien de nouveau pour les constructeurs. Ces derniers ont eu de bonnes raisons de ne pas s'en préoccuper sérieusement depuis plusieurs dizaines d'années, mais de nouvelles conditions rendent désormais leur ancienne logique obsolète.

Améliorer l'efficacité énergétique étape par étape : un objectif à portée de main

Certaines améliorations du *fitness* des véhicules sont si simples à réaliser avec les technologies actuelles qu'on les considère, même aujourd'hui, comme le plus grand atout de cette industrie.

La masse. Les véhicules qui nous permettront de nous libérer du pétrole devront pousser l'impératif de la légèreté le plus loin possible. Des ingénieurs mettent d'ores et déjà toutes leurs compétences au service de l'innovation en matière de conception, de matériaux et de fabrication afin de réaliser des véhicules ultralégers dont la sécurité soit comparable, si ce n'est supérieure, à celle des automobiles actuelles plus lourdes. Les constructeurs automobiles s'engagent actuellement sur cette voie, utilisant des matériaux (voir l'encadré « Les métaux ont encore de beaux jours devant eux »), des modes de conception et des techniques de fabrication classiques pour faire maigrir les véhicules actuels et ce, pour un coût supplémentaire faible, voire nul : selon une enquête réalisée en 2010 sur les automobiles neuves, celles qui sont plus légères, tous modèles confondus, ne coûtent pas plus cher[4]. Henry Ford disait : « Il n'y a guère que dans un rouleau compresseur qu'une masse élevée est souhaitable. »

4 Edmunds, 2011. Voir aussi Lutsey, 2010.

En 2011, le directeur exécutif de Ford, Alan Mulally, qualifiait une masse [légère] d'« absolument essentielle » et, selon Bloomberg, faisait de la réduction de la masse des véhicules « la pierre angulaire du programme de l'entreprise pour répondre à l'augmentation du prix des carburants et aux réglementations en matière de sécurité, sans renoncer aux pick-up et SUV qui génèrent la majeure partie des profits de l'entreprise ». Dans le même temps, Nissan, Toyota et certains constructeurs chinois annonçaient d'importantes réductions de masse des véhicules. Grâce à la version aluminium de la caisse de son *concept-car*, le roadster TT d'Audi était 35 % plus léger, deux fois plus rigide et nettement plus sportif ; cette évolution faisait partie de la stratégie du constructeur pour compenser des éléments de propulsion électriques plus lourds par une carrosserie plus légère.

LES MÉTAUX ONT ENCORE DE BEAUX JOURS DEVANT EUX

*Le vainqueur de l'*Automotive X Prize 2010 *dans la catégorie classique, délivré par* Progressive Insurance *aux modèles consommant 2,35 l/100 km et moins, était la voiture très légère d'Edison 2, constituée essentiellement d'acier et d'aluminium.*
Toutes les automobiles modernes ou presque sont faites avant tout d'acier, un matériau solide, bon marché et polyvalent auquel on sait très bien donner la forme souhaitée, et qui est beaucoup moins lourd que par le passé. Une étude menée auprès d'un consortium de 35 producteurs d'acier montre que la carrosserie des véhicules pourrait être allégée de 25 % si l'on utilisait des aciers et des techniques de fabrication élaborés, sans engendrer de coût supplémentaire. Comment ? Il est possible de faire des tôles d'acier d'épaisseurs variables et de ne les rendre résistantes que là où c'est nécessaire. Un fluide hydraulique peut être utilisé pour façonner le métal dans des matrices (un procédé appelé « hydroformage »), ce qui permet d'obtenir des formes plus grandes et plus complexes qui ajoutent de la résistance sans augmenter le poids. Le projet en cours intitulé « 2020 : le véhicule en acier du futur » montre que des réductions de masse allant jusqu'à 35 % sont possibles avec l'acier.

L'acier a pour grand rival l'aluminium, dont la densité est inférieure des deux tiers pour une résistance comparable. Bien que ce métal soit cinq fois plus cher au kilo (soit environ 1,5 fois plus cher par élément) et puisse parfois être plus difficile à façonner et à assembler, il est de plus en plus utilisé. Au cours des trente dernières années, la part d'aluminium dans les véhicules a augmenté de 2 à 8 % afin de limiter leur masse. Le magnésium et même le titane voient eux aussi leur utilisation augmenter.

L'aérodynamique.
Il est possible de gagner davantage encore en efficacité énergétique en réduisant le coefficient de traînée, la surface frontale ou les deux. La fluidification de l'écoulement d'air autour d'un véhicule n'entraîne pas de contraintes au niveau de la ligne (c'est souvent invisible, car une grande partie de la traînée vient du flux d'air sous le véhicule). Un grand constructeur automobile s'est récemment aperçu qu'il pouvait réduire la traînée aérodynamique d'un de ses modèles à succès d'environ 30 %, ce qui accroît l'économie de carburant de 14 %, pour un coût de fabrication supérieur d'environ 100 dollars. Sur l'ensemble des automobiles américaines de 2010, on ne note pas de corrélation entre les prix et les coefficients de traînée, ces derniers variant de près de 50 % d'un véhicule à l'autre et ce dans toutes les gammes de prix.

La résistance au roulement.
Un autre moyen d'augmenter l'efficacité énergétique d'un véhicule consiste à l'équiper de pneus modernes à faible résistance au roulement. Là non plus, des pneus hautement efficaces ne coûtent généralement pas plus cher. Passer du modèle le moins efficace au modèle le plus efficace dans une taille classique accroît les économies de carburant de 8 à 12 %, mais n'entraîne pas de coût supplémentaire et ne nuit ni à la performance, ni à la durabilité, ni à la sécurité. La résistance au roulement étant responsable de 9 % de la consommation mondiale de pétrole, soit d'un demi-milliard de dollars par jour, l'innovation dans ce domaine n'est pas près de s'arrêter.

Les effets combinés.
Tous ces gains d'efficacité s'additionnent. De simples réductions des pertes d'énergie dues à la masse, à la traînée aérodynamique et aux pneus pourraient entraîner des économies de carburant d'environ 50 %, sans recours aucun à l'électrique (même pas à la transmission hybride classique qui équipe aujourd'hui des millions de véhicules) pour un prix raisonnable. Regardez chez votre concessionnaire. Avec la hausse du prix du pétrole, l'insécurité en matière d'approvisionnement et les problèmes climatiques, ces mesures évolutives destinées à améliorer l'efficacité énergétique paraissent séduisantes. Et elles le sont. Mais elles ne rapportent qu'une partie des gains possibles et ne nous permettront pas d'abandonner totalement le pétrole. Soyons plus audacieux. Certains constructeurs vendent déjà des modèles équipés de matériaux composites en fibres de carbone ou propulsés par un moteur électrique. Comme nous allons le voir ci-dessous, ces innovations sont sur le point de converger, non pas seulement pour créer des automobiles plus efficaces, mais aussi pour pérenniser la survie et la réussite à long terme des constructeurs. Comment effectuer ce bond révolutionnaire ?

Automobiles révolutionnaires : la vision

La réponse a commencé à s'esquisser aux alentours de 1992 derrière les portes bien gardées de la célèbre division Skunk Works de recherche & développement de l'avionneur Lockheed Martin, située à Palmdale, en Californie. C'est là que David F. Taggart, entouré d'une équipe d'ingénieurs visionnaires, a dirigé le développement d'une cellule de pointe pour le F-35 Joint Strike Fighter (JSF). Elle était constituée à 95 % de composites extrêmement coûteux en fibres de carbone et ne faisait que les deux tiers de la masse du modèle JSF de référence, constitué à 72 % de métal. Et pourtant, son prix était *inférieur* des deux tiers[5].

Comment était-ce possible ? Les ingénieurs de David Taggart ont pris une feuille de papier vierge et ont entièrement réinventé l'avion, le concevant

5 Taggart, 2000.

comme une cellule avant tout composite dont la fabrication devait afficher un coût abordable. Des assemblages encliquetables allaient ainsi permettre de relier de grandes formes composites complexes en les alignant automatiquement, une technique totalement nouvelle pour fabriquer des avions de haute performance.

David Taggart n'étant pas parvenu à trouver un acheteur militaire pour son avion de chasse à la conception révolutionnaire, il a quitté Skunk Works pour rejoindre fin 1998 l'Hypercar® Center du Rocky Mountain Institute et étudier dans quelle mesure il pouvait faire pour les véhicules ce qu'il venait d'accomplir pour les avions. En 2000, avec l'ingénieur David Cramer, il est parti en Angleterre constituer une équipe de développement avec des firmes d'ingénierie automobiles anglaises et allemandes, membres du programme Tier One, spécialisées dans les voitures de course, les structures légères et les groupes motopropulseurs perfectionnés.

L'équipe a alors entrepris de concevoir un SUV cross-over de taille moyenne, répondant à des exigences en apparence contradictoires : être aussi pratique qu'un Ford Explorer, transporter cinq adultes et leurs bagages en restant confortable et sûr, proposer la dynamique de conduite d'une BMW X5, réaliser au moins trois fois plus d'économies de carburant que l'Explorer et être vendu à un prix certes très élevé pour une production en série, mais rentabilisé dans les premières années grâce aux économies réalisées sur le carburant selon les prix américains.

Les modèles de performance industrielle, structurels et financiers aux normes de l'industrie et les prototypes du sous-système ont montré que l'équipe Hypercar avait répondu à ces exigences en neuf mois et pour quelques millions de dollars. Comment ? Grâce à la conception par approche globale.

David Taggart et David Cramer ont organisé leur équipe à la manière de Skunk Works. Le noyau dur, composé à l'origine de sept ingénieurs s'occupant chacun d'un sous-système clé du véhicule, s'est assis autour d'une table. David Taggart n'a volontairement pas défini d'exigences pour ces sous-systèmes, obligeant ainsi les ingénieurs à concevoir ensemble le véhicule de A à Z. Les seules exigences concernaient le véhicule pris dans son intégralité, si bien qu'aucun sous-système ne pouvait être optimisé aux dépens d'un autre. L'équipe a démarré par les roues, puis est remontée jusqu'au moteur, donnant à chaque élément la taille et la résistance nécessaires. Et, ce qui est sans doute le plus important, les ingénieurs de David Taggart ont retenu la principale leçon tirée de la physique des véhicules : ils se sont efforcés sans relâche d'arriver à une masse plus légère.

Les ingénieurs ont conçu la structure composite d'une façon novatrice[6] qui a permis d'améliorer la résistance à l'écrasement et de faciliter l'assemblage, tout en n'introduisant résistance et rigidité que là où c'était nécessaire. À chaque étape clé de la conception, le fait de tirer profit d'une efficience plus grande en matière de coût et de masse a permis de rendre le véhicule plus léger et moins cher. La carrosserie finale ne se composait que de 14 éléments principaux (fig. 2-4, à gauche, voir cahier central). Tous pouvaient être soulevés sans palan et étaient conçus pour des techniques de production en série adaptées aux véhicules en fibres de carbone, avec des éléments s'enclenchant avec précision dans la bonne position pour le collage.

Les concepteurs ont intégré fonctions et éléments afin que nombre de ces derniers accomplissent chacun plusieurs tâches. Ils ont remplacé le *hardware* par du *software*, les composants mécaniques et hydrauliques par des composants électriques et électroniques, et supprimé les caractéristiques superflues. L'équipe de David Taggart a, par exemple, allégé les finitions intérieures de 72 %, en laissant les structures de la carrosserie apparentes et en les équipant de composants qui, outre leurs qualités esthétiques, absorbent les vibrations et les chocs et protègent de la chaleur. Ils sont, de ce fait, moins nombreux.

De la taille d'une Ford Edge, le modèle SUV Hypercar final (fig. 2-4 à droite, voir cahier central) était 53 % plus léger, et les simulations indiquaient une efficacité énergétique 3,6 fois supérieure avec essence (6,3 fois avec hydrogène) à celle du SUV en acier le plus comparable, l'Audi Allroad 2000 2,7T. L'Hypercar pouvait rouler à 88 km/h avec la même puissance transmise aux

6 La conception similaire à une cellule d'avion rendait la structure rigide, résistante et légère. Elle a été conçue dans le style d'un monocoque, même si les panneaux de revêtement thermoplastiques autocollants ont permis d'assurer une finition de classe A et la réparabilité du véhicule. Sur un véritable monocoque, c'est la paroi qui constitue la structure, à l'image de la carapace d'un homard.

roues que celle qu'utilise un SUV classique pour faire fonctionner l'air conditionné par un après-midi ensoleillé. (L'Hypercar était lui aussi équipé de l'air conditionné, mais son efficience était sept fois plus élevée). Si Hypercar, Inc. n'a pas réussi à réunir le capital de production nécessaire fin 2000, lors de l'effondrement du marché des capitaux, le concept[7] a cependant continué à influer sur les réflexions du secteur, et le marché s'en ressent aujourd'hui. Toyota (fig. 2-5, voir cahier central) et Volkswagen (fig. 2-6, voir cahier central) ont tous deux présenté des berlines en fibres de carbone de la classe Hypercar, Volkswagen ayant annoncé son intention de passer en production rapidement, tout comme BMW et Audi au sujet des berlines mentionnées ci-dessous.

Véhicules révolutionnaires + : trois atouts clés

Les atouts clés permettant à ces véhicules, que nous appellerons « révolutionnaires », d'accomplir un pas de géant en termes d'efficacité énergétique sont (1) une conception par approche globale de l'ensemble du système optimisée pour (2) des matériaux ultralégers et des composites extrêmement perfectionnés. Si l'on ajoute (3) un groupe motopropulseur électrique, on obtient ce qu'on appelle des automobiles « révolutionnaires + », qui nous permettront de nous passer de pétrole d'ici 2050.

Chacun de ces trois atouts successifs permet à l'efficacité de l'atout suivant de s'exprimer, ce qui entraîne une multiplication des avantages. Les deux premiers, la conception par approche globale et les matériaux de pointe, se traduisent non seulement par des économies directes d'énergie, mais rendent plus pratique et plus accessible le passage au troisième atout : des groupes motopropulseurs électriques superefficaces (fig. 2-7).

---

7 Les premiers *concept-cars* de classe Hypercar mis au point par de grands constructeurs automobiles remontent à une date encore antérieure, à savoir à l'Ultralite de GM en 1991 et à une démarche similaire, mais non divulguée, d'un concurrent japonais plusieurs années plus tôt.

FIG. 2-7 – Potentiel d'économies de carburant des automobiles américaines, 2010-2050

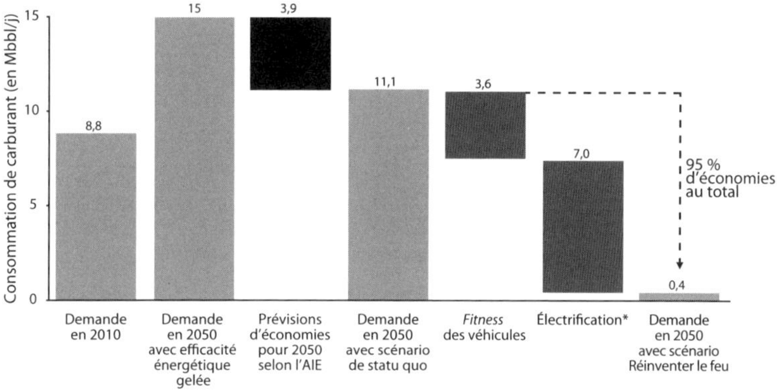

*les cellules à combustible peuvent être une source de production d'électricité

Le fait d'améliorer le *fitness* d'un véhicule (grâce à une conception par approche globale et à des matériaux de pointe) réduit d'un tiers la consommation de carburant tout en autorisant une conversion efficace et abordable à l'électrique, ce qui permet de réduire encore la consommation de carburant et constitue l'étape la plus décisive vers la suppression totale du pétrole dans les automobiles américaines. Le pétrole nécessaire en 2050 pour alimenter les véhicules à essence encore en circulation est progressivement remplacé par les agrocarburants[8].

Atout 1 des Révolutionnaires + : la conception par approche globale

Elle nécessite un nouveau mode de pensée. Modifier la conception d'une voiture, explique David Taggart, c'est comme tirer sur un élastique. Plus on le tend, plus il est résistant. Mais si l'on tire trop par rapport à la zone de confort, il casse. Une conception innovante nécessite donc de passer à ce que les

8 Analyse du RMI.

ingénieurs appellent un « espace de conception » entièrement nouveau équipé d'élastiques parfaitement neufs. Si la technologie n'autorise pas encore de façon fiable les performances dont vous avez besoin, vous pouvez revenir aux normes actuelles, mais à mesure que la technologie va progresser, l'élastique va accepter de se détendre et de vous emmener vers vos objectifs et vers l'avenir.

Plutôt que de partir du principe qu'un véhicule a besoin de tous les éléments qu'on lui attribue généralement et de les concevoir séparément, pourquoi ne pas aborder la conception comme un tout intégré ? Les ingénieurs retirent en effet le maximum d'avantages lorsqu'ils repensent régulièrement la conception d'ensemble, afin d'intégrer les avancées qu'ils viennent de réaliser sur chacun des éléments. Un tel « cycle concepteur » récursif permet d'exploiter l'effet boule de neige du gain de masse. Plus vous la réduisez, moins vous en avez besoin.

Une automobile plus légère a besoin de moins de puissance, donc son groupe motopropulseur peut être plus petit et plus simple. L'automobile devient donc encore plus légère, si bien que lors du cycle concepteur suivant, le moteur pourra être encore plus petit et encore plus léger. Les gains de masse sont multipliés avec chaque composant, depuis les freins jusqu'aux éléments de suspension, et lors de chaque cycle concepteur. Il est même possible de faire disparaître certains systèmes et parties : si vous équipez chaque roue d'un moteur électrique, par exemple, vous n'aurez plus besoin de transmission, d'embrayage, d'arbre d'entraînement, d'essieux, de joints de cardan ni de différentiels. Cela entraînera un nouveau gain de masse. La légèreté a un effet multiplicateur.

Atout 2 des Révolutionnaires + : les composites avancés

En associant au minimum deux matériaux ayant des propriétés complémentaires, les composites parviennent à maximiser les avantages de chacun d'eux. Comme le bois, constitué de fibres de cellulose dans une matrice de lignine, les composites en fibres de carbone renferment de longs alignements d'atomes de carbone, possèdent une excellente résistance à la traction et se présentent dans une résine plastique dure qui forme un matériau plus résistant et rigide que l'acier, mais avec une densité inférieure des deux tiers.

On peut les réparer et les recycler grâce aux méthodes modernes et ils ne rouillent et ne s'usent pas. Ils pourraient en outre permettre à l'industrie de forcer la main aux fabricants de métaux. Cet ultra-allègement des automobiles américaines pourrait réduire leur masse des deux tiers et diminuer de moitié leur consommation de carburant, rendre leur électrification abordable et, en définitive, réduire drastiquement les importations annuelles de pétrole, un peu comme si l'on découvrait l'équivalent de tous les gisements d'Arabie saoudite sous la ville de Detroit.

Les véhicules révolutionnaires + associeront un ensemble de matériaux. Les composites ne s'appliquent pas à tous les usages : c'est pourquoi les métaux classiques d'aujourd'hui, perfectionnés ou standard, comme ceux utilisés dans le Boeing 787 semi-composite, continueront à jouer un rôle important dans la conception des automobiles légères. Les matériaux composites ouvrent la voie à toutes sortes de possibilités d'allègement et donc aux véhicules révolutionnaires +, et permettront aux consommateurs de faire d'importantes économies de carburant pour une performance égale ou supérieure. Cependant, le prix actuellement élevé des matériaux ultralégers, leurs processus de fabrication généralement lents et les investissements nécessaires au rééquipement des usines empêchent les constructeurs automobiles de fabriquer ces poids plume à des prix abordables. Existe-t-il un moyen de bénéficier des avantages des matériaux légers sans devoir faire sauter la banque ?

Produire en masse les structures composites

Assembler des carrosseries de formule 1 en fibres de carbone, c'est comme coudre à la main un costume italien. Des faisceaux, des plaques, des bandes ou des tissus faits de fibres de carbone rigides et plus fines qu'un cheveu sont fabriqués à la main selon une disposition précise afin d'obtenir une résistance maximale. Ce « moulage » est ensuite emballé dans une résine thermodurcie très chère, comme de l'époxy, puis passé dans de grands fours pour être cuit. Il s'agit donc d'un processus extrêmement minutieux qui nécessite plusieurs heures par élément. La majeure partie de ces coûteuses fibres est finalement éliminée en tant que rebut. Pas étonnant, dès lors, que les constructeurs automobiles aient longtemps considéré les fibres de carbone comme prohibitives, eux qui ont besoin de traiter des volumes mille fois plus importants et moins onéreux, et de travailler cent fois plus vite.

Une usine automobile classique produisant 250 000 unités par an doit fabriquer un véhicule toutes les deux minutes maximum pour deux raisons : tout d'abord, seule la moitié du prix de vente d'une voiture provient de son coût de fabrication, l'autre moitié étant représentée par les frais généraux. Si le volume de production baisse, ces derniers augmentent et les profits s'effondrent. Ensuite, la production doit suivre le rythme des ateliers de peinture, qui valent à eux seuls 300 millions de dollars ; somme qui accroît le coût du contrôle de la pollution atmosphérique et de la protection des employés. Les constructeurs automobiles auraient donc besoin d'éléments composites fabriqués en une minute et non en plusieurs heures.

Mais que se passerait-il si l'on inventait un procédé de moulage rapide et automatisé et qu'on abandonnait les systèmes thermodurcis au profit de systèmes thermoplastiques qui sont plus résistants, moins chers, ne nécessitent pas de cuisson et peuvent être rapidement reformés s'ils sont fondus, remodelés puis refroidis ? David Cramer et d'autres ingénieurs de l'Hypercar ont tenté l'expérience avec succès. Ils ont mis au point des équipements automatisés qui, s'ils étaient étendus et perfectionnés, pourraient satisfaire les impératifs de vitesse et de coûts de l'industrie automobile. Cela a donné naissance à la Fiberforge Corporation. La troisième génération d'équipements produit aujourd'hui des composites haute performance pour l'aéronautique, l'armée et d'autres clients, et concurrence des sociétés comme Electroimpact, Forest-Liné, Ingersoll Machine Tools, MTorres et MAG Cincinnati.

Les constructeurs automobiles établissent en outre des partenariats pour développer leurs propres procédés de fabrication à grande échelle, selon des cycles de production déjà abaissés à quelques minutes ; ils utilisaient au départ des matières thermodurcies, mais se tournent peu à peu vers les matières thermoplastiques. Toray, premier fournisseur mondial de fibres de carbone, a annoncé, le jour même où Toyota a présenté sa 1/X, signal clair envoyé par les deux sociétés de leurs intentions stratégiques, la construction d'une usine de 300 millions de dollars destinée à « la production de masse des pièces automobiles en fibres de carbone pour Toyota » ; il a par la suite inclus Honda, Nissan, Subaru, Daimler et d'autres, recherchant « des ventes à hauteur du milliard de dollars ». Teijin, l'un de ses principaux concurrents, a quant à lui annoncé un procédé de formage thermoplastique passant sous la barre de la minute. Toray et son concurrent américain Zoltek ont tous deux ouvert un centre d'application de matériaux composites de pointe pour automobiles. Le gouvernement japonais a fait de même en 2010 afin d'accélérer le développement de la technologie composite dans le secteur privé. Une demi-douzaine de constructeurs automobiles savent, comme l'a affirmé VW en 2011, que la fabrication à grande échelle de pièces automobiles en fibres de carbone « n'était pas viable » en 2002, « mais l'est devenue ». *Le Wall Street Journal,* passant en revue l'allègement des véhicules depuis Lamborghini jusqu'à Land Rover, a quant à lui conclu : « Une réduction habile de la masse des voitures sera décisive pour la compétitivité des constructeurs automobiles. Bientôt, une voiture de luxe faite uniquement d'acier et de plastique paraîtra aussi dépassée qu'un téléphone portable de la taille d'un talkie-walkie[9]. » Et entre-temps, Toyota et Honda se sont lancés dans les avions en fibres de carbone dans le but, à n'en pas douter, d'appliquer les propriétés de nouveaux matériaux à leur activité principale de toujours : l'automobile.

Transformer la fabrication des automobiles

Bien que deux entreprises au moins possèdent déjà la technologie permettant d'effectuer des cycles d'une minute, ce processus peut s'avérer plus lent que l'emboutissage de l'acier. Mais les usines compensent les cycles plus longs dus aux matériaux composites par l'installation de chaînes parallèles dans l'espace jusque-là occupé par une seule chaîne de fabrication d'éléments à partir de l'acier. La taille et le coût considérablement réduits de ces nouveaux équipements pourraient modifier en profondeur les chiffres de la production puisque des éléments plus chers mais moins nombreux nécessitant un assemblage beaucoup moins onéreux contribuent à compenser le coût plus élevé des matériaux.

9 White, 2010.

Commençons par souligner que les matériaux composites permettent de diviser par dix environ les 100 à 200 éléments qui entrent dans la composition d'une carrosserie moyenne[10]. Le coût d'outillage d'environ 300 millions de dollars pour emboutir ces pièces chuterait bien plus encore, car le modelage des éléments composites ne nécessite qu'un outillage de presse contre environ quatre outillages pour l'emboutissage de l'acier. En outre, moins de pièces signifie moins de stations d'assemblage et moins de robots. Des pièces plus légères sont synonymes d'un équipement moins puissant et moins coûteux. Enfin, des assemblages collés ou par induction remplacent plusieurs milliers de points de soudure.

Il se pourrait également que les matériaux composites réduisent ce qui représente l'investissement le plus important des constructeurs automobiles et l'étape la plus ardue : la peinture. Une finition brillante parfaite de classe A coûte environ 400 dollars par voiture. Avec les composites, on pourrait utiliser des techniques de « peinture sur moulage » afin d'apprêter ou de peindre une pièce tout en la façonnant, ce qui simplifierait grandement l'étape de la peinture, voire la supprimerait purement et simplement.

Les études montrent que les coûts fixes de fabrication des automobiles révolutionnaires pourraient être réduits de 80 % (fig. 2-8), ce qui ferait baisser le coût de fabrication total d'environ 35 % dans une usine produisant 250 000 véhicules par an[11]. Les économies annexes sur les coûts variables non matériels, par exemple l'énergie consommée par l'usine, représentent des bonus appréciables. L'utilisation de composites pourrait donc faire évoluer le modèle économique de la construction automobile, en place depuis fort longtemps, vers des investissements moindres, des usines plus petites, des cycles de production plus rapides et, de ce fait, un portefeuille de produits plus varié, plus souple et plus évolutif. Voilà bien de précieux atouts en période d'incertitude.

---

10 Lovins et Cramer, 2004. Une étude de l'Oak Ridge National Laboratory (Boeman et Johnson, 2002) a démontré qu'un design composite de 18 éléments pouvait réduire de 60 % la masse, contre 57 % avec un SUV Hypercar de 14 éléments ; dans les deux cas, la rigidité est supérieure.

11 Fuchs *et al.*, 2008

FIG. 2-8 – Réduction des coûts de fabrication grâce aux fibres de carbone

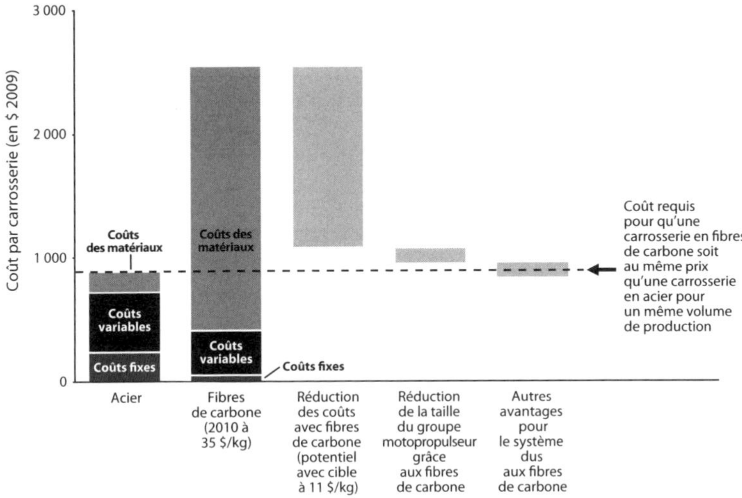

La fabrication à partir de matériaux composites peut réduire les coûts fixes de production d'une carrosserie de 80 % et ses coûts variables non matériels de 25 %. Ces deux réductions sont pour l'instant masquées par le coût de la matière première, qui est cependant susceptible de chuter avec l'arrivée à maturité de l'industrie des composites et qui est partiellement compensé par d'autres facteurs[12].

12 Analyse du RMI basée sur Fuchs *et al.*, 2008, et Boeman et Johnson, 2002.

À l'heure actuelle, la matière première d'un composite en fibres de carbone coûte 15 à 30 fois plus cher au kilo que l'acier. Ainsi, une carrosserie nue constituée d'éléments composites 60 % plus légers que leur équivalent en acier pèserait environ 140 kg de moins et coûterait entre 1 000 et 3 000 dollars de plus. Mais seuls 4 à 8 % du coût de fabrication d'une voiture moyenne en acier provient de ce dernier, si bien que le façonnage, le lissage et tout le reste du processus de fabrication représentent un coût bien plus important. Le coût matériel plus élevé des composites est en partie compensé par une fabrication plus simple, un groupe motopropulseur plus petit et l'effet boule de neige de l'allègement qui diminue le volume d'autres éléments. Il est aussi compensé par certains avantages non négligeables comme une plus grande rigidité, une meilleure qualité de maniement et de confort, une accélération plus rapide et des économies de carburant.

Réduire le coût des fibres de carbone

Le coût supplémentaire des matériaux composites d'une carrosserie est très variable, car les fibres de carbone se présentent sous différentes formes et à différents prix. Pour les applications non cosmétiques, l'utilisation de rebuts de fibres de carbone recyclées, moins chères et ayant une résistance comparable à celle des fibres de qualité élevée, peut permettre d'économiser jusqu'à un tiers du coût en matériaux.

Il est possible de réaliser des économies supplémentaires en n'utilisant les fibres de carbone que dans les zones où leurs exceptionnelles propriétés s'imposent et en remplissant l'espace restant avec de la fibre de verre ou un matériau d'âme, plus légers et moins chers. En outre, le prix des fibres de carbone baissera à mesure que l'industrie atteindra son équilibre et se perfectionnera.

Les fibres de carbone ont longtemps été un produit confidentiel avec un tonnage mondial comparable aux ventes de chocolat extra-fin aux États-Unis. Leur prix est ensuite monté en flèche avec leur soudaine utilisation pour les avions et les pales des éoliennes (et avec la montée des prix du pétrole), mais le marché se calmera, même en l'absence de nouveaux précurseurs moins chers, à mesure que les fournisseurs pourront répondre à la demande et descendre la courbe d'expérience[13] pour arriver à des prix irrésistiblement bas[14].

La moitié environ du coût de production actuel est dû à des matériaux précurseurs, lesquels sont à 96 % du polyacrylonitrile constitué de pétrole (propylène) ou de gaz naturel (propane), deux hydrocarbures dont les prix sont volatils. Les producteurs de fibres de carbone commencent à fabriquer leurs propres précurseurs et espèrent réduire les coûts d'environ 20 %. Mais des précurseurs encore moins chers sont en train de naître. Leurs alignements d'atomes sont classiques, mais la difficulté consiste à enlever les autres éléments et à transformer le squelette résiduel en de longs et parfaits alignements. Si la solution était trouvée, on pourrait fabriquer des fibres de carbone à partir de biomatériaux comme des fibres de végétaux ou même des déchets plastiques recyclés. Selon l'Oak Ridge National Laboratory (ORNL), ces alternatives pourraient aller jusqu'à faire baisser le coût des fibres de carbone de 90 % et égaleraient, voire battraient, les tarifs de l'acier selon le prix au poids[15], même si, il est vrai, personne n'achète sa voiture au poids.

---

13 Les courbes d'expérience sont des outils mathématiques simples permettant de décrire la façon dont les produits manufacturés et de nombreux services deviennent moins chers à mesure qu'on en produit davantage. La théorie sous-jacente, qui remonte au XIXe siècle, a été élaborée et vulgarisée dans les années 1960 à l'intention des dirigeants d'entreprises par Bruce Henderson du Boston Consulting Group. Elle correspond de près aux données empiriques de centaines de produits manufacturés différents et se vérifie dans toutes les industries ou presque, depuis les semi-conducteurs jusqu'aux opérations chirurgicales, si bien qu'on considère généralement qu'elle résume assez précisément comment l'innovation et l'augmentation de la production entraînent une baisse des coûts. On mesure de combien de points de pourcentage une unité a baissé – cette baisse se situe le plus souvent entre 15 et 30 % pour la plupart des produits technologiques – pour chaque multiplication par deux de la production cumulée.

14 Notre courbe d'expérience du coût des fibres de carbone suppose un prix courant de 35 $/kg pour une grande contenance (50 kg) de fibre de cantre de classe automobile de module standard et un prix en 2050 de 11 $/kg en s'appuyant sur les améliorations de procédés et les précurseurs alternatifs indiqués par les recherches du ministère de l'Énergie/Oak Ridge National Laboratory sur les fibres de carbone à bas coûts (Warren, 2010). Nous avons réalisé une interpolation entre ces deux tarifs et exprimé le résultat en tant que fonction du volume de production cumulé. Les prix chutent en dessous de 22 $/kg à partir des 500 000 premiers véhicules produits, ils tombent à 18 $/kg pour 5 millions de véhicules et à 11 $/kg pour 193 millions de véhicules produits en 2050. La production automobile américaine est récemment passée d'environ 9 millions à 18 millions de véhicules par an.

15 Warren, 2010.

Ultralégers mais ultrasolides

Que dire de la sécurité des véhicules à base de matériaux composites ? Récemment encore, l'opinion qui prévalait au sein du secteur automobile américain était que les véhicules efficaces sont petits, peu sûrs, lents, coûteux et de toute façon tellement peu séduisants que les consommateurs n'en achèteraient que si le gouvernement l'imposait ou les subventionnait. Cependant, la physique des véhicules montre que faible masse et efficacité énergétique peuvent rimer avec espace, sûreté (voir l'encadré « La résistance au choc avec les matériaux composites »), nervosité et prix compétitifs. Les consommateurs achèteront ces automobiles parce qu'elles sont *mieux,* et non pas uniquement parce qu'elles sont plus efficaces, de la même façon que la plupart d'entre nous sont passés des vinyles aux CD, puis aux iPods.

LA RÉSISTANCE AU CHOC AVEC LES MATÉRIAUX COMPOSITES

L'idée selon laquelle la sécurité est induite par la masse vient essentiellement d'études erronées, réalisées entre 1977 et 2004 par la National Highway Traffic Safety Administration (NHTSA). Suite à l'analyse des accidents aux États-Unis, la NHTSA en a conclu que si les automobiles pesaient 45 kg de moins, 400 à 1300 personnes supplémentaires seraient tuées chaque année sur le territoire américain[16]. Elle a donc prôné des automobiles plus lourdes au détriment de leur efficacité. Dans le même temps, les automobiles volumineuses gagnaient en popularité et en rentabilité, tandis que les matériaux et les modes de conception choisis les alourdissaient. Résultat : c'était à qui conduirait la voiture la plus massive, chacun se préoccupant avant tout de protéger ses enfants, et les Expedition côtoyaient les Hummer, tandis que des poids lourds de 18 roues, véritables mastodontes, sillonnaient les rues.

Mais la NHTSA s'était trompée en faisant l'amalgame entre masse et taille. Une nouvelle analyse approfondie a donc été menée qui a montré qu'en allégeant les automobiles de 45 kg, on sauverait 1 500 *vies, car ce*

16 Kahane, 2003.

qui accroît la résistance au choc n'est pas la masse, mais la taille[17]*. Les consommateurs avaient raison de penser que les automobiles plus grandes sont plus sûres puisqu'elles ont plus d'espace pour absorber les chocs. Mais ce n'est pas parce qu'une automobile est plus grande qu'elle doit être plus lourde. La NHTSA est donc passée à une réglementation des automobiles en fonction de leur taille et non de leur masse. L'objectif, selon Marc Ross, professeur de physique à l'université du Michigan, devrait être de rendre « les véhicules lourds plus légers (mais pas plus petits)… et les véhicules légers plus grands (mais pas plus lourds)*[18]*». Il faut ainsi fabriquer des automobiles volumineuses, donc confortables et capables de nous protéger, sans les rendre lourdes pour autant, et donc dangereuses et inefficaces. En dissociant taille et masse, les matériaux ultralégers permettent tout à la fois de sauver des vies et d'économiser du pétrole et de l'argent*[19]*.*

Quels que soient la masse et les matériaux utilisés, il reste primordial de concevoir le véhicule pour qu'il soit sûr : c'est ce qui explique que sur les routes américaines, les taux de mortalité en cas d'accidents varient du simple au triple en fonction des modèles pour une même masse. Mais des matériaux plus légers et plus résistants permettent d'exploiter au mieux les atouts de la conception d'un véhicule. L'aluminium absorbe ainsi quatre fois plus d'énergie par kilo en cas de choc que l'acier, tandis que les matériaux composites en fibres de carbone font six fois mieux que l'aluminium. C'est cette résistance, associée à une conception appropriée, qui explique pourquoi les pilotes de Formule 1 ne subissent généralement que de légères blessures lorsqu'ils encaissent de terribles chocs à 320 km/h. Cela explique aussi comment les concepteurs de l'ORNL et d'Hypercar sont parvenus à diviser par deux la masse d'un véhicule sans toucher à sa sûreté. Et cela explique enfin pourquoi votre casque de VTT est sans doute constitué de fibres de carbone et non d'acier.

17 Van Auken et Zellner, 2003.

18 Ross et Wenzel, 2001.

19 Chan-Lizardo, Lovins, Schewel et Simpson, 2008 ; Schewel, 2008.

En outre, dans le cadre d'une conception de A à Z, l'intégration des toutes dernières avancées en matière de sécurité pourrait améliorer celle-ci tout en permettant des gains de masse supplémentaires. L'ouvrage **Reinventing the Automobile** *du MIT explique comment la technologie sans fil et la détection électronique pourraient contribuer à rendre les accidents moins fréquents et moins graves, même avec de petites automobiles*[20].
Un parc d'automobiles légères et bien conçues serait triplement vecteur de sécurité. Elles protégeraient mieux les conducteurs et leurs passagers, causeraient moins de dégâts en cas de collision avec un autre véhicule, des structures ou des piétons, protégeant donc mieux les autres, et nous préserveraient de tous les dangers que représentent l'achat et la combustion du pétrole.

Atout 3 des Révolutionnaires + : des groupes motopropulseurs électrifiés
Nous avons jusqu'à présent passé en revue les incroyables avantages qu'il y a à concevoir des automobiles aussi légères que possible, ce qui maximise leur *fitness* tout en garantissant, voire en améliorant, leur sûreté. Nous avons également tracé une voie vers la diminution du coût de fabrication de ces automobiles ultralégères de façon à ce qu'elles soient rentables.

Mais il reste encore un atout maître à jouer, car si le *fitness* d'une automobile permettra à lui seul de réduire d'un tiers sa consommation de carburant en 2050, cet atout constitue bel et bien l'élément le plus important qui va nous permettre de nous libérer du pétrole : il s'agit de l'électrification du groupe motopropulseur qui entraînera une réduction de 63 % de la consommation de carburant en 2050 (fig. 2-7, voir cahier central).

Un moteur électrique entraîne les roues et fait office de générateur pour convertir les mouvements non souhaités en une électricité qui peut à nouveau servir. Ce moteur peut fonctionner à partir d'un accumulateur ou de piles à combustible et on peut également lui ajouter un petit moteur à essence embarqué, comme cela se fait avec les véhicules hybrides, rechargeables ou non. Les accumulateurs stockent beaucoup moins d'énergie au kilo que

20 Mitchell, Borroni-Bird et Burns, 2010.

l'essence, mais la convertissent de façon plus efficace en mouvement, ce qui justifie en partie leur coût plus élevé.

Mais avons-nous vraiment besoin de passer aux moteurs électriques ? Après tout, plusieurs innovations sont actuellement en cours qui permettraient d'augmenter de 50 % l'efficacité énergétique des moteurs à combustion interne (MCI) (voir l'encadré « De nouvelles technologies pour les moteurs »).

DE NOUVELLES TECHNOLOGIES POUR LES MOTEURS

Dans les années 1960, le génial ingénieur israélien Eddie Sturman conçoit des soupapes à contrôle numérique pour les gigantesques moteurs de fusées de la NASA. C'est grâce à la sobriété en énergie de ces soupapes qu'Apollo 13, bien mal en point, a pu regagner la Terre. Dans son entreprise du Colorado, il tente aujourd'hui, avec ses principaux collaborateurs, de révolutionner le moteur diesel en faisant fonctionner les soupapes à l'aide de minuscules vérins électriques et non d'arbres à cames mécaniques.
Le piston d'un moteur diesel comprime l'air à très haute pression dans un cylindre en métal lourd et le porte à une température telle que le carburant qui y est injecté s'enflamme, repoussant le piston qui entraîne alors la rotation d'un vilebrequin. Les moteurs diesels modernes des automobiles et des camions atteignent une efficacité énergétique maximale de l'ordre de 40 % contre 30 % pour les moteurs des véhicules à essence.
Rapides, petites, légères et bon marché, les soupapes de Sturman, que l'on peut monter ultérieurement, permettent une injection très précise de carburant et d'air sous contrôle numérique en boucle fermée. Elles pourraient augmenter de moitié l'efficacité énergétique d'un moteur diesel (jusqu'à environ 60 %), accroître le couple moteur de plus de 50 %, réduire la taille et le poids du moteur d'au moins un tiers et son coût de plus de 10 %, tout en garantissant une combustion si propre de n'importe quel carburant qu'un système de contrôle des émissions deviendrait superflu.
En outre, les soupapes numériques autorisent des séquences d'événements inhabituelles. Pourquoi, par exemple, ne pas commencer par injecter le

carburant dans les gaz d'échappement en surplus afin qu'il soit vaporisé et mélangé « gracieusement », puis ajouter de l'air par une soupape numérique séparée ? Ou bien faire alterner le moteur à la volée entre des fonctionnements à deux, quatre, six et huit temps ? Ou, mieux encore, étant donné que c'est lorsqu'il tente de pousser le vilebrequin à partir de sa position de fin de course supérieure que le piston a le moins de force, pourquoi ne pas supprimer le vilebrequin ? Rien de plus simple : il suffit de faire en sorte que l'arrière du piston comprime directement le fluide hydraulique dans une cuve séparée, puis de transformer ultérieurement cette pression stockée en puissance mécanique au bon moment et avec la bonne force. Selon Sturman, ce système permettrait au moteur de dépasser largement les 60 % d'efficacité énergétique et offrirait de nombreux avantages pour les moteurs de traction comme pour les moteurs fixes.

Autre innovation de taille concernant les moteurs : l'architecture à cylindres et pistons opposés (« opposed piston-opposed cylinder » *ou OPOC) mise au point pour la DARPA (l'Agence pour la recherche avancée des projets intéressant la défense) afin d'obtenir des génératrices portables très légères et efficaces. Cette architecture est très compacte, car elle équilibre et combine les forces de deux pistons alignés fonctionnant dans des directions opposées. C'est la société EcoMotors International, dirigée par Don Runkle (ex-directeur des technologies de pointe chez General Motors) qui la commercialise. Elle affirme que son moteur est 30 % plus léger, 75 % plus petit et 50 % plus efficace sur le plan énergétique que les actuels moteurs diesels turbocompressés de pointe. Il n'a pas besoin de soupapes. Une version électrogène pourrait même se passer de vilebrequin en utilisant des pistons libres pourvus d'aimants, des parois de cylindres non magnétiques et des bobines en cuivre adjacentes.*

Malgré ces progrès, un simple calcul mathématique montre que l'électrification est une solution préférable. Si le meilleur de la technologie des MCI était associé à des véhicules ayant perdu un tiers de leur masse, les automobiles américaines brûleraient quand même quelque six millions de barils d'agrocarburants par jour (soit 8,5 fois la production de 2010), ce qui dépasse de très loin les projections relatives aux stocks de matières premières biologiques non comestibles (voir « Puiser dans les agrocarburants », page 177). Ces agrocarburants trouveraient un meilleur usage dans l'aviation ou les poids lourds, où l'électrification n'est pas une solution viable.

L'épopée de JB Straubel illustre mieux encore les atouts de la propulsion électrique. Auréolé de plusieurs diplômes d'ingénieur de Stanford, Straubel construit un reformeur d'essence et une pile à combustible (tous deux fonctionnent sans exploser), puis électrifie sa Porsche. Il travaille ensuite avec le pionnier des avions ultralégers, Burt Rutan, puis conçoit des groupes motopropulseurs hybrides chez Rosen Motors. Et lorsque Elon Musk, cofondateur de PayPal et grand manitou des vols commerciaux dans l'espace, décide de frapper un grand coup en construisant une voiture électrique à accumulateur et fonde Tesla Motors dans la Silicon Valley, Straubel est tout désigné pour en diriger la conception.

Straubel sait déjà que les moteurs électriques sont plus légers, plus petits, moins chers, moins bruyants, plus propres, plus solides, plus fiables et bien plus efficaces sur le plan énergétique que les moteurs à essence modernes, et qu'ils permettent en outre une accélération foudroyante. Et la propulsion électrique permet de récupérer automatiquement, pour la stocker et la réutiliser (ce qui contribue à l'accélération de l'automobile), jusqu'à 70 % de l'énergie, qui est sinon dissipée sous forme de chaleur lors du freinage.

Les automobiles allaient-elles pouvoir tirer parti de tous ces avantages ? La première tâche de Straubel consiste à concevoir un accumulateur puissant mais abordable. Il achète donc des piles au lithium pour électronique grand public qui ressemblent à celles qu'on achète au supermarché, mais il choisit des modèles légèrement plus vieux pour diminuer leur coût. Il étudie comment en disposer 6 831 en toute sécurité dans des sacs plats que Tesla vend aujourd'hui à d'autres constructeurs automobiles. Il associe ensuite une caisse Lotus légère à faible coefficient de traînée à un moteur et à un onduleur performants de la taille d'une pastèque, utilisés auparavant dans la voiture électrique EV-1 de General Motors. Le Roadster EV qui en résulte coûte 109 000 dollars à l'achat, mais seulement 0,62 cent au kilomètre, et son accélération n'a rien à envier à celle des voitures de sport les plus rapides du monde.

Mais il y a un problème : la boîte de vitesse à deux rapports qui équipe la voiture se casse régulièrement. Deux fournisseurs, pourtant performants, ne peuvent satisfaire la double exigence de l'accélération et de la vitesse de pointe. Straubel trouve une solution : supprimer la boîte de vitesse et laisser ses ingénieurs spécialistes de l'*électrique* résoudre le problème en obtenant davantage du couple moteur et en aidant ce dernier à mieux se débarrasser de la chaleur. Résultat : 40 chevaux supplémentaires, une autonomie allongée de 16 km, une masse inférieure de 6 kg, moins de bruit et de maintenance, une garantie moins coûteuse et des coûts de fabrication inférieurs.

Cette histoire est riche d'enseignements pour les constructeurs automobiles : l'âge de l'électronique de puissance, des circuits intégrés, des logiciels et de l'intégration de systèmes en est à un stade bien moins avancé que celui des moteurs et autres boîtes de vitesse, dont la naissance remonte à environ 120 ans, ce qui lui donne une marge de manœuvre bien plus importante en termes d'innovation, de développement et de réduction des coûts (voir l'encadré « Les courbes d'expérience des groupes motopropulseurs électriques »). Les systèmes de traction électrique de première génération à faibles volumes peuvent *dès aujourd'hui* concurrencer les systèmes mécaniques qui ont permis d'obtenir la plupart des réductions de coûts il y a des dizaines d'années. C'est dire le bond en avant que la traction électrique peut encore effectuer avec davantage d'expérience et des volumes plus importants ! Et les retombées bénéficieront aussi bien aux petites entreprises réactives qu'aux sociétés plus grosses et plus fortunées.

LES COURBES D'EXPÉRIENCE DES GROUPES MOTOPROPULSEURS ÉLECTRIQUES

Nos courbes d'expérience du coût de fabrication des accumulateurs et des systèmes avec pile à combustible s'appuient sur une étude menée en 2007 par le MIT sur les groupes motopropulseurs électriques (Kromer et Heywood, 2007) et sur de nombreuses données concernant ce secteur[21]. Le coût décroît

21 Kromer et Heywood, 2007. La courbe des accumulateurs part de l'hypothèse d'un coût en 2015 de

rapidement pour les 500 000 premiers véhicules, ce qui autorise un rapide décollage vers des volumes plus importants.
De la même façon, les piles au lithium voient leur coût baisser à mesure que leur fabrication augmente, mais la science et la technologie qui les sous-tendent sont moins aiguillonnées par de nouveaux marchés automobiles que par le souhait des consommateurs d'électronique grand public de payer plus cher des piles plus petites mais fonctionnant plus longtemps. Afin d'obtenir une plus grande part de marché, les fabricants d'électronique versent donc à leurs fournisseurs environ le double du prix pour des piles renfermant la même énergie en moitié moins de volume. Les fabricants de piles sont d'autant plus parties prenantes que ce type d'innovation se vend deux fois mieux que le reste, ce qui multiplie leurs recettes par quatre. Les boîtiers d'alimentation pour véhicules présentent des caractéristiques très différentes (longévité et profondeur de décharge, température, solidité, sûreté, etc.), mais ils sont constitués fondamentalement de plusieurs petites piles. Les innovations de base, stimulées par le marché de l'électronique grand public (téléphones et ordinateurs portables), se répercutent petit à petit sur les véhicules.
Après s'être portés sur la baisse du coût des piles à combustible, les efforts du gouvernement convergent aujourd'hui essentiellement vers celle du coût des accumulateurs. Pourtant, orienter les efforts de R&D du fitness *des véhicules (un secteur dont le budget a été divisé par 100 en 2010 aux États-Unis) produira les mêmes résultats pour un coût, un temps et des risques moindres. Commencer par réduire le nombre d'accumulateurs (les véhicules performants ont besoin de deux à trois fois moins d'énergie au kilomètre) les rend plus abordables ; les ventes de véhicules électriques augmentent alors, ce qui fait baisser davantage encore le prix des accumulateurs. La solution réside donc dans des accumulateurs plus petits et moins chers.*

---

400 $/kWh, qui tombe à 200 $/kWh avec 22 millions de boîtiers produits, puis à 165 $/kWh avec 193 millions de boîtiers produits en 2050. La courbe des piles à combustible s'appuie sur un coût en 2015 de 200 $/kW, qui tombe à 100 $/kW avec 1,2 million d'unités produites, puis à 48 $/kW avec 193 millions d'unités produites en 2050 (ce qui correspond aux analyses réalisées depuis toujours par GM). Plus de détails sur www.reinventingfire.com.

Contrairement à ce qu'affirment plusieurs rapports récents, l'électrification ne sera pas limitée par des contraintes relatives à certains matériaux critiques (voir l'encadré « La question des terres rares ») ; c'est au contraire une magnifique occasion sur le plan commercial de s'approprier les éléments rares et de les utiliser de façon plus productive, plus durable et plus raisonnable.

LA QUESTION DES TERRES RARES : RISQUENT-ELLES RÉELLEMENT DE MANQUER POUR LES VÉHICULES ÉLECTRIQUES ?

Depuis quelque temps, on parle beaucoup d'éventuelles pénuries de matériaux d'accès critique utiles aux véhicules électriques (ainsi qu'aux énergies renouvelables et même à l'efficacité énergétique), et notamment des éléments terrestres rares. Le ministère américain de l'Énergie a d'ailleurs constitué un groupe de travail spécial pour réfléchir à cette question, bien que le Pentagone estime qu'elle ne menace pas la sécurité nationale. Cependant, lorsqu'on examine le problème de plus près, ces pénuries sont peu susceptibles de survenir, surtout dans le secteur automobile[22]. (Le Service géologique américain estimait en 2010 que le pays avait devant lui mille trois cents ans de gisements d'éléments terrestres rares[23].)
Le lithium, le meilleur matériau pour les piles à l'heure actuelle, est relativement abondant et se recycle facilement à partir des piles usagées, de la même façon que 97 % du plomb des batteries automobiles sont aujourd'hui réutilisés : il faut généralement rapporter son ancienne batterie pour en acheter une neuve ou récupérer une caution. Certains éléments terrestres rares comme le néodyme, principalement exploité en Chine, et faisant actuellement l'objet d'une bulle spéculative[24] du fait des promoteurs,

22 Lovins, 2010b. L'American Physical Society/Materials Research Society formule en 2011 des recommandations générales pertinentes, mais a tendance à minimiser l'importance du potentiel d'efficacité énergétique et de substitution.

23 Long *et al.*, 2010.

24 Fickling, 2011.

font partie des aimants surpuissants recyclables, présents dans certains moteurs et générateurs électriques compacts et puissants : le moteur principal d'une Prius contient près de 225 g de néodyme et de dysprosium, et environ 50 000 tonnes d'aimants de ce type sont fabriquées chaque année dans le monde. (Un autre élément terrestre rare mais néanmoins plus répandu, le lanthane, est présent dans les batteries recyclables hybrides nickel-métal, mais tous les constructeurs automobiles ou presque, y compris maintenant Toyota, équipent leurs nouveaux modèles de batteries au lithium, plus légères.) Cependant, il n'est ni nécessaire ni judicieux d'utiliser des moteurs à aimant permanent. Les moteurs asynchrones comme celui de la Tesla n'ont pas d'aimant, pas plus que les moteurs à réluctance commutée qui égalent, voire dépassent ceux à aimant permanent dans tous les domaines, y compris le prix[25]. Et, bien évidemment, la demande concernant ces matériaux particuliers demeure faible ; c'était le cas avant les véhicules révolutionnaires +, car le coût de l'électrification limitait fortement le marché ; et c'est le cas après, car leur charge de traction et leur groupe motopropulseur sont deux à trois fois plus petits.

La transition vers les automobiles révolutionnaires +

Comme nous l'avons vu jusqu'ici, les gains cumulatifs d'efficacité énergétique peuvent s'appliquer à n'importe quelle automobile. Mais la magie n'opère véritablement, et avec elle l'espoir de renoncer totalement au pétrole, que lorsque la traction électrique est associée à des performances révolutionnaires des véhicules, ce qui rend abordable n'importe quel groupe motopropulseur de pointe et confère à l'automobile l'autonomie que les consommateurs attendent. Comment les constructeurs automobiles peuvent-ils réaliser cette transition vers les véhicules révolutionnaires + ? La production de tels modèles à grande échelle constitue l'étape suivante, la plus difficile, qu'aucun constructeur n'a encore franchie.

---

25 McCoy, 2010.

Cependant, comme avec n'importe quelle technologie avant-gardiste, il existe des pionniers qui ont entamé cette transition. Certains commencent par une phase de substitution au cours de laquelle des éléments standards de modèles existants sont remplacés par des pièces en matériaux composites, ce qui permet au fabricant de gagner en savoir-faire en matière d'analyse et de conception de ces matériaux, tout en mettant au point sa chaîne d'approvisionnement de matières premières et en prenant une longueur d'avance concernant l'outillage. Cela fait progresser les quatre paramètres de l'innovation automobile – l'usine, les hommes, le produit et le processus – à un rythme certain, mais pas simultanément car le risque pris serait trop important.

L'expérience acquise sert ensuite à la mise en production d'un concept entièrement nouveau et intégratif qui exploite au mieux les matériaux de pointe. BMW a ainsi annoncé en 2010 un investissement de 748 millions de dollars pour la production en série de ce qui est décrit comme « le premier véhicule au monde produit en grand nombre avec cellule passagers en carbone » (fig. 2-9, voir cahier central) et, en 2011, l'entreprise a confirmé que « le boîtier d'alimentation rendu moins volumineux par la légèreté accrue de la voiture compense le coût de la carrosserie en fibres de carbone[26] ».

Audi a annoncé la production d'un véhicule électrique en fibres de carbone en 2012, soit un an avant les nouvelles venues de Volkswagen et BMW. Les trois constructeurs comptent vraisemblablement sur un fort démarrage des ventes aux *aficionados* de la première heure pour accroître leurs parts de marché, à mesure que le développement de la production et les avancées réalisées grâce aux différentes technologies qui se renforcent mutuellement vont rendre ces véhicules plus abordables. Certains signes montrent en outre que les constructeurs japonais ont eux aussi entrepris d'importantes démarches, quoique tenues secrètes, pour produire des véhicules ultralégers.

Jusqu'ici, les pionniers que sont Audi, BMW, Volkswagen et Toyota ont cherché à exploiter les avantages combinés de la réduction de la masse et de l'électrification. Mais pourquoi ne pas procéder à l'électrification *avant* d'obtenir un parfait *fitness* des véhicules ? En 2010, c'est ce qu'ont fait Chevrolet

---

26 Tibbits, 2010 ; Loveday, 2011.

avec la Volt et Nissan avec la Leaf en exploitant de toutes nouvelles technologies en matière de groupe motopropulseur. La Volt, une hybride rechargeable de taille moyenne, parcourt 56 km avec son seul système électrique, puis un moteur à essence prend le relais et génère assez d'électricité pour prolonger le trajet du véhicule de 480 km en une seule charge. Elle pèse cependant lourd puisque sa masse atteint 1,7 tonne. La Leaf, une voiture électrique à accumulateur, parcourt 117 km en une charge pour une consommation équivalent à 2,38 l/100 km, mais elle est, elle aussi, relativement lourde avec sa tonne et demie. Dans le même temps, Honda, qui bénéficie d'une longue tradition en matière de véhicules légers, a innové avec sa FCX Clarity à pile à combustible, une berline alimentée à l'hydrogène d'une autonomie de 390 km, mais pesant 1,6 tonne.

Ces voitures sont pour le moins impressionnantes. Mais ne le seraient-elles pas encore plus avec une masse inférieure de moitié, voire des deux tiers, pour peu que leurs fabricants investissent eux aussi dans des matériaux de pointe et une conception de A à Z pour en faire des véhicules révolutionnaires + ? Ainsi, la fourgonnette commerciale de Bright Automotive et sa consommation nominale de 2,94 l/100 km (fig. 2-10, voir cahier central) est-elle largement composée d'aluminium et pèse seulement une tonne. Ce gain de *fitness*, quoique partiel, a néanmoins permis de supprimer 40 % des coûteux accumulateurs requis pour en faire une hybride rechargeable. Il s'agit donc d'un véhicule rentable pour les opérateurs de parcs (qui envisagent les économies de carburant sur un plus long terme que les particuliers), malgré l'absence de subventions dont toutes les autres hybrides rechargeables actuelles ont besoin. Une version grand public en fibres de carbone, actuellement en préparation, pourrait séduire les particuliers.

Alléger les véhicules électriques coûterait davantage en matériaux de construction, mais moins en accumulateurs. La Nissan Leaf, par exemple, permettrait d'économiser 3 000 dollars en boîtier d'alimentation pour la même autonomie et ferait baisser la durée de charge, à partir d'une prise standard individuelle, de 20 heures à environ 13 heures ; elle pourrait également conserver son bloc actuel et augmenter son autonomie de 50 %. La conception révolutionnaire pourrait de la même manière accroître l'autonomie ou réduire le prix des véhicules électriques à pile à combustible, comme la FCX Clarity de Honda.

Les constructeurs automobiles expérimentés, devenus des pionniers, sont partisans d'une transition en douceur dans le processus de fabrication, afin de réduire les risques et les pertes vis-à-vis des investissements importants qu'ils ont consentis en équipements et outillage. Mais les jeunes entreprises, comme Tesla et leurs concurrents asiatiques en pleine ascension (voir l'encadré « De nouveaux concurrents asiatiques »), peuvent d'emblée adopter les toutes dernières technologies de fabrication. Ils sont cependant confrontés à leurs propres contraintes, liées avant tout aux économies d'échelle, et commencent par de faibles volumes de production, non pas pour réduire les risques, mais du fait d'une capacité limitée et de sérieuses oppositions à leur entrée sur le marché. À l'instar des gros constructeurs, ils vendent d'abord à un marché constitué d'*aficionados* disposés à payer une nouvelle technologie, et espèrent descendre le long de la courbe d'expérience, baisser les prix et augmenter leurs ventes.

DE NOUVEAUX CONCURRENTS ASIATIQUES

Le phénomène de l'ingénieur californien brillant, passionné et parfaitement inconnu qui bricole dans son garage le prochain ordinateur Apple, HP ou Xerox est toujours vivace, mais il s'applique aujourd'hui au monde entier, de Shenzhen à Singapour en passant par São Paulo et Saint-Pétersbourg.

Malgré les difficultés que rencontre la Chine, son industrie est dynamique, efficace et soutenue par des fonds publics quasi gratuits et illimités et une politique centrale très affirmée. Le secteur automobile constitue aujourd'hui un pilier de la stratégie de développement du pays. L'intensité et l'enthousiasme qui président au plus grand boom de la construction que la planète ait connu, afin de satisfaire 1,4 milliard d'individus de plus en plus riches et urbanisés, s'accompagnent de l'aversion des dirigeants chinois à l'égard du piège du pétrole, de leur implication dans l'électrification et les piles à combustible, de leur vif intérêt pour les matériaux de pointe légers et d'un objectif stratégique pour que le pays devienne un gigantesque exportateur de véhicules hautement performants. La Chine prévoit la construction d'une usine de fibres de carbone de la taille de celle de Toray, le premier producteur mondial. En 2010, le pays est devenu le premier fabricant et acheteur d'automobiles au monde. Zhejiang Geely a racheté Volvo, et GM a vendu la moitié de ses opérations indiennes à son partenaire chinois à 51 %, Shanghai Automotive, qui va à présent coinvestir dans l'expansion de GM en Inde. Le marché automobile chinois, qui a été multiplié par sept entre 2000 et 2009, montre peu de signes de fléchissement. Et le schéma qui veut que les partenariats avec l'Occident se transforment en situations concurrentielles, comme dans le cas des trains à grande vitesse et des éoliennes, pourrait très bien se reproduire avec les véhicules roulants, surtout ceux qui sont électriques et légers[27]. Comme l'a récemment déclaré le journaliste Thomas L. Friedman devant un auditoire américain : « La mauvaise nouvelle, c'est que nous allons acheter tout cela à la Chine ; la bonne, c'est que cela va nous coûter moins cher qu'une paire de tennis. » Plus la Chine exercera son pouvoir sur le marché, plus vite elle stimulera, voire conduira, la transformation du secteur automobile à l'échelle mondiale.

L'Inde est une autre puissance naissante sur le marché mondial de l'automobile. Des conglomérats efficaces et combatifs comme Mahindra et Tata ont déjà englouti Land Rover et Jaguar. En 2009, Tata a lancé la Nano, une voiture familiale quatre places de bonne qualité plus efficace sur le plan énergétique qu'une Prius qui, fin 2010, coûtait 2 900 dollars, soit moins de la moitié de la Figo de Ford, une compacte 3 ou 5 portes de quatre places à 7 700 dollars qui rencontre un succès certain. Cette voiture est truffée de trouvailles d'une grande simplicité dignes du pays de Gandhi. La qualité indienne a progressé au moins aussi vite que la qualité coréenne : il y a sept ans, Tata exportait 20 000 voitures en Grande-Bretagne sous la marque Rover. En 2009, le marché automobile indien ne représentait qu'un sixième du marché chinois, mais il se développe rapidement. Avec son milliard

27 Shirouzu, 2010 ; Bradsher, 2010.

deux cents millions d'habitants, dont une élite instruite comptant autant d'individus que la France, l'Inde dispose d'un vaste potentiel d'innovation qui a déjà transformé des secteurs industriels entiers, depuis les prothèses médicales jusqu'aux logiciels informatiques. Le pays se situe toujours derrière la Chine en termes de développement et de politique centrale cohérente, mais il pourrait la dépasser dans d'autres secteurs institutionnels clés. La course ne fait que commencer. Elle compte également le Brésil, la Corée du Sud, éventuellement la Russie et bien d'autres pays.

Mais le fait d'être pionnier est-il le seul moyen d'obtenir une part de ce marché émergent ? Pas si l'on est suiveur et qu'on réagit vite. Les « suiveurs rapides » sont conscients que souvent, ce sont « les pionniers qui reçoivent les flèches et les colons, la terre ». Ils estiment que les avantages en termes de propriété intellectuelle sont minces pour les pionniers puisque les innovations de fabrication peuvent se trouver au sein de la chaîne d'approvisionnement, si bien que tous les concurrents finiront sans doute par les exploiter sous licence. Lorsque ce n'est pas le cas, c'est-à-dire lorsque les pionniers sont eux-mêmes détenteurs de la propriété intellectuelle, les suiveurs rapides estiment qu'ils peuvent l'exploiter sous licence pour un coût raisonnable. Dans tous les cas, la stratégie consiste à compenser le prestige de la marque des concurrents pionniers en se positionnant plus en aval de la courbe d'expérience et en se greffant sur une chaîne d'approvisionnement de plus en plus banalisée, qui s'aide, le cas échéant, d'une meilleure compréhension du marché.

Que l'on soit pionnier ou suiveur, fabricant expérimenté ou nouvelle entreprise, la première étape, et la plus importante, consiste à définir l'objectif en concevant un véhicule extraléger qui exploite au maximum les matériaux avancés pour parvenir à un groupe motopropulseur plus petit et moins cher. Mais il faut faire vite : la conception par approche globale peut nécessiter de profonds changements organisationnels qui ne sont pas faciles à imiter. Ceux qui disposent d'une conception révolutionnaire + bien établie seront mieux placés pour la mettre rapidement en production, qu'il s'agisse de récolter des parts de marché ou de les défendre.

Le rôle décisif des nouvelles politiques

L'ère des automobiles utilisant peu ou pas de pétrole est proche. Les technologies qui se renforcent les unes les autres, les économies d'échelle et les innovations concernant la fabrication, à la fois sur les matières premières et les produits finis, vont finir par rendre les automobiles révolutionnaires + abordables. La question est de savoir quand. En 2030, les véhicules électriques à accumulateur et les véhicules à pile à combustible pourraient toujours être quelques milliers de dollars plus chers que ce que prévoit l'Agence américaine pour l'information sur l'énergie pour les modèles classiques comparables, mais cette tarification plus élevée serait plus que compensée par les économies de carburant au bout de trois ans. En 2050, des boîtiers d'alimentation et des piles à combustible encore moins chers devraient abaisser le prix de ces véhicules à 29 000 dollars, soit 500 dollars de plus que les véhicules classiques (fig. 2-11). Séduisantes, sûres, sportives, peu gourmandes en carburant et parfaitement abordables, ces automobiles devraient alors pouvoir s'échapper des salons d'exposition.

FIG. 2-11 – Potentiel de réduction du coût des groupes motopropulseurs

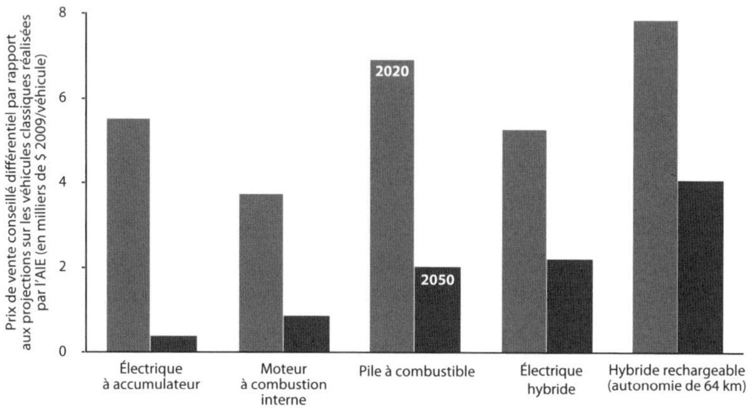

En 2050, la différence entre le prix à la vente des véhicules révolutionnaires et celui des véhicules classiques, tel que projeté par l'AIE, devrait se réduire considérablement[28].

Mais il reste un problème de taille. Comment déclencher dès aujourd'hui le développement rapide des véhicules révolutionnaires + afin que leur prix tombe à un niveau économiquement satisfaisant d'ici 2030 ? Car leur prix de départ est si élevé qu'ils risquent de ne se vendre qu'à une niche de clients convaincus depuis toujours par ces produits.

Il existe heureusement des moyens de garantir une large adoption des véhicules révolutionnaires + d'ici 2050. Des politiques ciblées peuvent débloquer et accélérer cette transition en modifiant les signaux de prix envoyés aux acheteurs afin de favoriser les véhicules à technologie avancée et en accélérant le rééquipement nécessaire à leur fabrication. Des politiques non fiscales appliquées avec doigté – dépoussiérées et plus efficaces que les taxes

28 Analyse du RMI.

sur le carburant ou les normes CAFE – pourraient davantage stimuler l'innovation et accélérer le rééquipement que des normes sans qu'il soit nécessaire de piocher dans les avancées technologiques, d'imposer des solutions particulières ni d'augmenter les subventions ou les taxes. L'État peut ensuite conduire la transition tandis que le secteur privé pilote la barque. Pour franchir la ligne d'arrivée en premier, il faut orienter le gouvernail de façon stratégique vers les « écotaxes ».

Les écotaxes

Elles rendent les voitures qui sont efficaces sur le plan énergétique moins chères à l'achat, et les voitures inefficaces plus coûteuses[29]. Si vous achetez un « gouffre » à carburant, vous paierez une taxe dont le montant est inclus dans le prix de la voiture. Cette taxe sera d'autant plus élevée que le véhicule sera gourmand en carburant. En revanche, si vous optez pour un véhicule sobre, vous bénéficierez d'une remise financée par l'écotaxe des autres : plus le véhicule est économe en énergie, plus la remise est conséquente. Soulignons toutefois qu'il ne s'agit pas d'un transfert de richesse. L'écotaxe est une incitation pour les consommateurs à acheter davantage de biens bénéfiques à eux-mêmes et à la société, c'est-à-dire des automobiles efficaces sur le plan énergétique, et moins de biens néfastes comme les voitures gourmandes en carburant. Il ne s'agit pas non plus d'une taxe : il vous suffit de choisir un modèle sobre et vous bénéficiez immédiatement d'une remise. L'argent ne va donc pas dans les caisses de l'État. Et si l'on établissait une écotaxe propre

---

29 C'est au cours d'un atelier sur l'industrie, organisé en 2007 par le RMI, que les principes d'une écotaxe convenant au secteur automobile et à la sphère politique ont été établis (Mims et Hauenstein, 2008). L'écotaxe compense le dysfonctionnement du marché qui fait que les intérêts des acheteurs d'automobiles diffèrent de ceux de la société, la valeur temporelle de l'argent (taux d'actualisation) étant bien plus élevée pour les particuliers que pour la société. En élargissant la gamme de prix selon l'efficacité énergétique des véhicules, l'écotaxe comble cet écart, permettant aux consommateurs de choisir le véhicule qui apporte le maximum d'avantages à eux *et* à la société. L'écotaxe, versée au moment de l'achat, est un incitateur bien plus fort que le coût ou les économies en carburant du véhicule sur quinze ans, qui ne font une différence que de quelques dollars par jour. Ils ne représentent donc qu'une petite fraction du coût total de l'achat d'un véhicule et sont soumis à une forte décote.

à chaque catégorie de taille d'automobile, l'acheteur serait récompensé pour l'achat d'un modèle plus efficace de la taille qu'il souhaite.

Les écotaxes envoient un signal de prix fort qui joue sur les décisions d'achat au moment même où elles se font. Elles constituent également une incitation à innover pour les constructeurs automobiles. Il arrive à l'inverse que les normes gouvernementales ne bougent pas pendant des dizaines d'années, ce qui n'incite pas les fabricants à aller au-delà, tandis que les envolées du prix du carburant ne modifient que ponctuellement et de façon imprévisible les préférences des consommateurs.

Les écotaxes fonctionnent. Le plus vaste dispositif mis en œuvre à cet égard a démarré en France (fig. 2-12) début 2008. Il prévoyait de prélever jusqu'à 2 600 euros ou de rembourser jusqu'à 1 000 euros dans sept catégories d'efficacité énergétique automobile. Résultat : la part de marché des véhicules plus efficaces a quasi doublé et celle des voitures gourmandes a été divisée par trois. Si les taxes élevées sur le carburant et les normes en matière de CO_2 ont aussi joué un rôle, l'écotaxe a néanmoins multiplié par trois le rythme des gains d'efficacité énergétique au cours de périodes où le prix du carburant a été, tour à tour, élevé puis bas. Les pays imposant des taxes élevées sur les carburants et des normes en matière de CO_2, mais ne disposant pas d'écotaxes, n'ont pas constaté d'évolution similaire et n'ont pas non plus enregistré de diminution aussi rapide des émissions de carbone. Le dispositif français a été un tel succès que le montant des remises a de loin dépassé celui des taxes, provoquant un énorme déficit de 710 millions d'euros en 2010. Un programme sans incidence sur les recettes et ajusté chaque année permettrait d'éviter ce type d'inconvénient.

FIG. 2-12 – Prix de l'essence et moyenne des émissions de CO_2 des automobiles neuves (France)

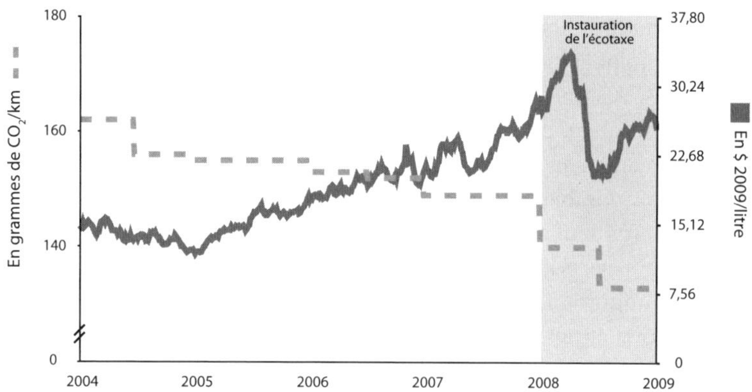

L'écotaxe mise en place en France, qui a connu un succès phénoménal, a multiplié par trois le rythme des gains d'efficacité énergétique des automobiles, même lorsque le prix des carburants était bas. Les détails du dispositif sont ajustés chaque année. D'autres mesures du même type ont ensuite été prises au Danemark, en Norvège, aux Pays-Bas et en Autriche[30].

Des écotaxes sont-elles politiquement réalisables aux États-Unis ? À Washington, on vous dira que non, mais tout montre l'inverse. Si le projet de loi fédéral d'écotaxe (présenté en 2009) n'était pas adopté, les États ou les régions pourraient venir à la rescousse : la Californie et ses 16 partenaires publics en matière de règles sur l'efficacité énergétique des automobiles représentent 40 % du marché automobile américain, c'est-à-dire assez pour influer sur le marché tout entier. L'assemblée législative de Californie

30 Callonec et Blanc, 2009. L'écotaxe autrichienne (Normverbrauchsabgabe ou NoVA) est légèrement différente.

avait voté une écotaxe à une majorité de sept contre un en 1980 (même si le gouverneur sortant George Deukmejian avait voté contre, car les constructeurs automobiles, qui n'avaient pas été suffisamment impliqués dans sa conception, étaient dubitatifs ou partagés). L'État envisage à nouveau de mettre en place une écotaxe et, selon un sondage réalisé fin 2009 auprès de 3 000 ménages californiens de tous horizons politiques, 76 % y étaient favorables[31]. Certains fabricants estiment d'ores et déjà qu'une écotaxe intelligemment conçue pourrait les aider à gagner davantage d'argent, en prenant moins de risques, et à accélérer l'innovation. Les concessionnaires pourraient aussi être favorables à une écotaxe afin d'augmenter leurs ventes et leurs marges. Pareil soutien de l'industrie – auquel s'ajoutent des groupes de pression liés à la sécurité nationale et à l'environnement – peut avoir un poids politique important.

À quoi pourrait servir une écotaxe ? À accorder de substantielles remises et à éviter des frais : environ 4 000 à 5 000 dollars par automobile, une somme comparable aux rabais des fabricants sur les SUV au milieu des années 2000 et inférieure à l'actuel crédit de 7 500 dollars sur les véhicules électriques, ce qui serait susceptible de déclencher un cercle vertueux. Les consommateurs achèteraient assez de véhicules révolutionnaires + pour propulser les fabricants en bas des trois courbes d'expérience qui se renforcent les unes les autres et qui, ensemble, permettraient d'être remboursé des frais supplémentaires en trois ans, voire moins, avant 2030 (fig. 2-13). L'écotaxe pourrait même être subordonnée à l'électrification afin d'accélérer le passage à des véhicules sans pétrole. Ainsi les crédits d'impôts fédéraux seraient-ils remplacés par des écotaxes autofinancées, et les actuelles incitations perverses, qui favorisent les grosses cylindrées au détriment des automobiles plus performantes, seraient supprimées.

31 Bunch et Greene, 2010, livrent une bonne analyse des solutions d'écotaxe légère pour la Californie.

FIG. 2-13 – Prix des automobiles révolutionnaires + contre prix des automobiles avec scénario de statu quo, 2015-2050

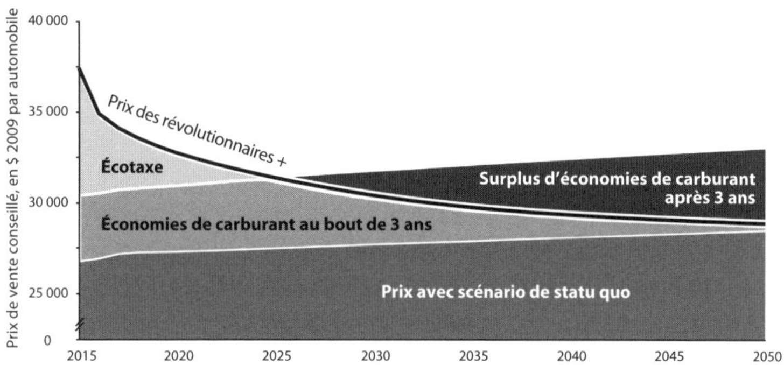

Le coût total lié à l'achat[32] d'une automobile révolutionnaire + est plus élevé les trois premières années. Une écotaxe conçue au départ pour être sans incidence sur les recettes couvre ce surcoût, les coûts directs diminuant avec l'augmentation du volume de production. Vers 2030, les économies de carburant remboursent la différence de coût en trois ans, si bien qu'une écotaxe ne s'impose plus. Peu après, les automobiles génèrent un surplus sociétal qui se monte à 2 000 milliards de dollars en valeur actuelle nette 2010 (d'après les prévisions gouvernementales sur le prix de l'essence). La courbe des automobiles à pile à combustible est très proche de celle-ci, bien que décalée de quelques années par rapport à celle des véhicules électriques à accumulateur présentée ici[33].

Les automobiles verraient leur coût baisser rapidement, il s'en vendrait donc davantage, ce qui stimulerait l'innovation et ferait à nouveau baisser les prix. Résultat : l'écotaxe pourrait être complètement supprimée en 2030 lorsque les véhicules révolutionnaires + seraient amortis en environ trois ans, en tablant

32 Les écotaxes permettant aux acheteurs d'accorder la même valeur que la société aux économies à long terme, il n'est donc pas nécessaire de spéculer sur leur taux d'escompte implicite. Cependant,

sur un prix raisonnable du carburant. Des améliorations continueraient à leur être apportées et, en 2050, les besoins en carburant seraient réduits de 84 %.

Pourrait-on faire encore mieux ? Il existe, en plus de l'écotaxe, toute une batterie d'astuces qui pourraient compenser davantage encore le prix plus élevé des révolutionnaires +, ce qui pousserait les fabricants à procéder plus vite au rééquipement nécessaire, dont ils récolteraient plus rapidement les bénéfices.

L'acquisition de parcs automobiles

Les parcs automobiles, y compris ceux destinés à la location, utilisent environ 7 % des automobiles et véhicules utilitaires. Ils s'en servent environ deux fois plus que les particuliers et les revendent à peu près deux fois plus vite, si bien qu'ils peuvent exercer une forte influence sur le marché automobile dans son ensemble. Si les autorités publiques ou les plus gros détenteurs de parcs, éventuellement encouragés par une écotaxe, achetaient des véhicules très efficaces sur le plan énergétique et rentables eu égard à leur cycle de vie (ce qu'imposent les lois fédérales), leurs investissements pourraient relancer les courbes d'expérience et réduire rapidement les coûts pour tout un chacun. Ce serait une aubaine pour les fabricants, étant donné le pouvoir d'achat des parcs automobiles. Trois personnes à l'US General Services Administration,

---

nous suivons la théorie économique classique et partons prudemment du principe que tous les acheteurs de voitures souhaitent rentrer dans leurs frais en trois ans, voire moins, grâce aux économies de carburant, même si un sondage effectué en 2010 par la Consumer Federation of America (Cooper, 2011) a montré que 64 % d'entre eux se satisferaient d'un délai de cinq ans pour un véhicule faisant du 3,92 l/100 km. Le taux d'escompte implicite élevé sur lequel nous nous appuyons est également prudent pour trois autres raisons. Tout d'abord, il part du principe que les consommateurs se comportent comme s'ils payaient comptant, alors que dans les faits, la plupart des achats sont financés à des taux d'intérêt souvent intéressants. Ensuite, de nombreux acheteurs versent jusqu'à 9 000 $ pour bénéficier de finitions particulières, qui marquent la différence entre les versions basiques et les versions complètes. C'est une somme bien plus importante que celle qu'il faut aujourd'hui débourser pour acheter un véhicule hybride efficace sur le plan énergétique, or ces finitions ne sont pas amorties au fil du temps, contrairement à une hybride, ce qui prouve bien que le prix n'est pas le seul critère. Enfin, le coût initial plus élevé des véhicules révolutionnaires + serait en partie compensé par d'importantes offres de valeurs et des « appâts » marketing. Une automobile qui exécute à la perfection les fonctions qu'on attend d'elle, mais pas plus, se vendra généralement moins bien qu'un modèle qui fait ce qu'on lui demande, mais propose aussi un « plus », si futile soit-il.

33 Analyse du RMI.

au ministère de la Défense et au Service postal contrôlent à elles seules plus de 650 000 automobiles et en achètent environ 70 000 par an[34]. Si elles s'engageaient à acheter des véhicules hautement efficaces sur le plan énergétique et qu'elles étaient suivies par tous les parcs commerciaux, cela réduirait grandement les risques pris par les fabricants et accélérerait le rééquipement vers des véhicules révolutionnaires +[35]. Et, lorsque les gros acheteurs sont préparés à acheter des produits ayant certaines spécifications et certains prix, un programme incitatif particulier s'adressant également aux constructeurs automobiles peut pousser ces derniers à proposer ce type de véhicules sans se demander s'ils vont ou non avoir des clients.

Le parc de taxis de la ville de New York est actuellement constitué pour un tiers de véhicules électriques hybrides. La volonté du maire, Michael Bloomberg, de rendre obligatoire la conversion du parc entier aux véhicules hybrides s'est heurtée au refus de la Cour suprême, car il n'est pas du ressort des municipalités de réguler les émissions et l'efficacité énergétique ; seul Washington en a le pouvoir. Des efforts sont actuellement fournis pour réviser la loi fédérale qui est à l'origine de ce règlement, afin que les responsables locaux puissent faire passer des lois visant à améliorer les émissions et l'efficacité énergétique. Mais en l'absence de réglementation fédérale, ils peuvent adopter des mesures qui influencent de façon raisonnable (sans que ce soit légalement contraignant) le choix des parcs automobiles ; ils peuvent ainsi prêter tout particulièrement attention au coût du cycle de vie des véhicules pour réduire au maximum le tarif de la course[36]. Les villes et les États ont également la possibilité d'imposer des changements au parc automobile public. C'est ainsi qu'en 2004, Mitt Romney, alors gouverneur du Massachusetts, a commandé 5 600 véhicules hybrides pour les besoins de l'État, et contraint les agences publiques à acheter des véhicules consommant au maximum 11,76 l/100 km.

---

34 General Services Administration, 2010.

35 Electrification Coalition, 2009. Nous avons étudié comment les achats de parcs pourraient déclencher une accélération du rééquipement de cinq ans au démarrage, puis de quatre sur la durée.

36 Les véhicules hybrides constituent à l'heure actuelle la meilleure option pour les taxis new-yorkais en partie du fait de leur faible coût d'entretien.

La prime à la casse

Une autre approche consiste à accélérer la mise au rebut des véhicules vieux et inefficaces pour économiser le pétrole et stimuler le renouvellement du stock automobile. Illustration récente : la loi *Consumer Assistance to Recycle and Save* (CARS) de 2009 qui instaure une prime à la casse. Cette loi a permis de retirer de la circulation près de 700 000 « tas de ferraille » et de les remplacer par des véhicules améliorant en moyenne la consommation de carburant de 25,8 l/100 km. Les 3 milliards de dollars alloués ont été engagés lors de la première semaine du programme, ce qui a fait grimper le PIB d'environ 3,8 à 6,8 milliards de dollars et créé ou épargné 60 000 emplois. Le programme aurait pu être amélioré en indexant l'importance de la prime sur les gains d'efficacité énergétique, en prévoyant le versement de la prime à la casse sans achat d'un nouveau véhicule en contrepartie, en encourageant le covoiturage et d'autres formes de mobilité et en finançant l'achat par les ménages à faibles revenus de véhicules efficaces sur le plan énergétique, pour se rendre à leur travail. Cette dernière mesure, associée à la mise au rebut accélérée des véhicules inefficaces, ouvrirait à Detroit la perspective d'un marché d'un million d'automobiles par an achetées par des consommateurs qui, autrement, n'auraient pas les moyens de se payer un nouveau véhicule.

Une aide gouvernementale raisonnable

L'argent de l'État sert depuis longtemps, et avec succès, à stimuler l'innovation et les nouvelles industries, depuis les puces électroniques jusqu'au GPS. L'argent du contribuable pourrait aujourd'hui être alloué aux constructeurs automobiles, moyennant une certaine transparence et certains garde-fous, afin de convertir ou de renforcer la capacité de production et de former les employés aux véhicules révolutionnaires +, comme cela se fait déjà pour améliorer l'efficacité énergétique des automobiles classiques[37].

37 C'est ce qui se fait actuellement en matière de rééquipement pour répondre aux normes fédérales d'efficacité énergétique qui ont récemment été revues à la hausse. Le prêt Chrysler de 1979-1980 a en définitive profité aux contribuables (*via* des bons d'option), et les prêts Chrysler et GM de 2008 ont été remboursés grâce aux intérêts, même s'il en reste encore une grande partie à renflouer et que cela dépendra des prix à venir des stocks.

De l'utilité des récompenses

Lindbergh a traversé l'Atlantique dans le but de remporter un prix, et les hommes sont parvenus à mesurer la longitude parce qu'il y avait une récompense à la clé. Le *Progressive Automotive X Prize* de 10 millions de dollars a encouragé des équipes privées à construire des voitures de deux et quatre places sûres et abordables qui faisaient au moins l'équivalent de 2,35 l/100 km pour une autonomie de 322 km. On pourrait faire en sorte que les récompenses à venir, privées ou publiques, soient plus importantes et basées sur le nombre d'automobiles vendues. Car ces mesures ont toutes le même effet : en stimulant la demande, en garantissant les achats ou en finançant le développement, elles aident les constructeurs automobiles à étaler les coûts de production et à réduire le risque commercial lié aux nouveaux véhicules superefficaces.

Dépoussiérer les vieilles mesures qui entravent les constructeurs automobiles américains

Enfin, pour être parfaitement compétitifs sur un marché mondial exigeant, les constructeurs et fournisseurs automobiles américains n'ont pas seulement besoin de nouvelles mesures, mais attendent que des modifications soient apportées aux plus anciennes (voir l'encadré « Les trois handicaps des constructeurs automobiles américains »), car à l'heure actuelle, ils ne peuvent suivre de près l'évolution du marché sans prendre davantage de risques que leurs concurrents. Certes, ils ont assez de talent pour surmonter ces risques en faisant des efforts exceptionnels, mais pourquoi leur compliquer à ce point la tâche ?

> *LES TROIS HANDICAPS*
> *DES CONSTRUCTEURS AUTOMOBILES AMÉRICAINS*
>
> ***Les trois grands constructeurs automobiles [que sont General Motors, Ford et Chrysler] évoluent déjà dans un secteur par nature difficile[38] et traînent***

38 L'automobile, comme l'aéronautique, est un secteur d'envergure mais où les affaires ne vont pas toujours bien. Le caractère étriqué des profits pèse depuis longtemps sur l'investissement et le

en outre trois handicaps imposés par les autorités publiques et les politiques nationales. Tout d'abord, ils sont en retard par rapport à leurs concurrents étrangers en matière de normes d'efficacité énergétique et d'offres. En effet, dix grands pays proposent des automobiles présentant une efficacité énergétique supérieure de 30 % en moyenne à celle des constructeurs américains actuellement en circulation, et entendent bien rester en tête. La norme de 4,31 l/100 km prévue pour 2025 est 17 % en deçà de celle de l'Europe pour 2020, et pourrait être davantage encore distancée, y compris par la Chine dont les normes actuelles excluent la plupart des SUV américains.

D'autre part, l'essence, traditionnellement bon marché aux États-Unis, fait de ce pays le seul constructeur automobile au monde dont les habitants peuvent se permettre d'alimenter en carburant des voitures aussi inefficaces. Les voitures européennes sont environ 30 % plus efficaces sur le plan énergétique et enregistrent une utilisation inférieure d'au moins 60 % par habitant[39] *– non pas parce que les concepteurs sont plus compétents, mais essentiellement parce que le litre d'essence est taxé et coûte entre 1,59 et 2,38 dollars et non entre 0,53 et 1,06 dollar. Cela se ressent sur la conception des véhicules. Le fait de réduire la masse de 500 g, en passant de l'acier à l'aluminium, coûte à peu près 1 dollar et permet d'économiser environ quatre litres d'essence sur douze ans. Donc, en admettant que ces quatre litres valent 3 dollars, le coût de l'allègement du véhicule est amorti en quatre ans, soit un délai plus long que ce que la majorité des consommateurs attendent. Le prix étonnamment bas de l'essence aux États-Unis rend les consommateurs américains moins désireux que leurs homologues étrangers d'acheter des voitures efficaces sur le plan énergétique. Ce décalage entre les préférences du marché national et celles du marché à l'exportation*

recrutement, et a rendu le secteur frileux face au risque, décourageant ses ingénieurs les plus innovants. Le marché automobile mondial a enregistré à un moment donné une maturité trop importante : des produits convergents ont concouru pour des niches de plus en plus petites sur des marchés de référence saturés, pour des prix extrêmement compétitifs, avec une surcapacité d'un tiers et des innovations et une culture de base au point mort. Lorsque les trois grands constructeurs américains ont frôlé la crise cardiaque en 2008-2009, il est devenu urgent de passer à une autre étape.

39 Schipper, 2010.

constitue une faiblesse concurrentielle dans une industrie mondialisée. Enfin, l'inertie des politiques fédérales a elle aussi constitué une entrave. Cela fait plus de vingt ans que les compagnies pétrolières réclament des normes d'efficacité énergétique plus sévères, et les constructeurs, des taxes plus élevées sur l'essence. La plupart des défenseurs de l'environnement soutiennent les deux, mais de nombreux hommes politiques font la sourde oreille. Les puissants lobbys des deux camps se sont affrontés au point de se retrouver dans une impasse jusqu'à ce qu'une politique fédérale cohérente et une vague de réformes, coïncidant avec l'analyse par les constructeurs automobiles du naufrage de 2008-2009, permettent de sortir de l'impasse. On assiste cependant à l'heure actuelle au même conflit dans ce secteur mondialisé entre les attentes du marché national et celles des pays étrangers en matière de politique climatique.

Les risques et les récompenses

À travers toute la chaîne de valeur, depuis les fournisseurs jusqu'aux concessionnaires en passant par les constructeurs (voir l'encadré « Les implications pour les concessionnaires automobiles »), une nouvelle stratégie automobile est en train de voir le jour. Elle consiste à 1) utiliser des écotaxes pour franchir les premières barrières de prix, introduire rapidement le concept de véhicule révolutionnaire et s'en servir pour permettre l'électrification. Les automobiles révolutionnaires + intègrent trois paramètres technologiques qui changent la donne : les matériaux ultralégers avancés, leur fabrication structurelle rapide et les groupes motopropulseurs électriques. 2) Stimuler et exploiter la baisse rapide du coût de ces trois paramètres pour accroître le volume, obtenir des parts de marché et réduire davantage encore les coûts. Tandis que les constructeurs historiques tentent de récupérer le moindre centime sur les courbes d'expérience séculaires et quasi horizontales de l'emboutissage de l'acier et des moteurs, ces trois courbes d'expérience, nouvelles et très décroissantes, permettent d'économiser des milliers de dollars par voiture et exercent un fort pouvoir de renforcement les unes sur les autres.

Cette stratégie pourrait entraîner des transformations dignes de l'époque où l'on est passé des petites améliorations apportées aux machines à écrire de nos grands-parents aux spectaculaires progrès accomplis sur les ordinateurs, obéissant à la loi de Moore. Les technologies de l'information et l'électronique représentent aujourd'hui le plus grand secteur industriel américain ; les fabricants de machines à écrire, eux, ont disparu. C'est ce qu'a bien compris le directeur exécutif de BMW lorsqu'il a repoussé les limites des véhicules électriques en fibres de carbone et annoncé dans ses discours qu'il n'avait pas l'intention de revenir à l'âge de la machine à écrire.

Cependant, pour les entreprises de cette industrie hautement compétitive, les défis sont à la fois enivrants et terrifiants. Les responsables doivent décider parmi un grand nombre de véhicules lequel ils vont construire, quels matériaux et quels procédés de fabrication ils vont utiliser et à quel rythme ils vont investir dans des innovations révolutionnaires. Tous ces choix doivent être faits sans savoir si les décennies à venir seront marquées par la récession ou la prospérité, par une flambée des prix du pétrole ou par leur stabilité, par des taux d'intérêt faibles ou élevés, par des réglementations bénéfiques ou paralysantes, voire par la guerre ou par la paix. Cette industrie doit faire face à de longs délais de réalisation : il faut généralement quatre années de recherche et huit de développement pour concevoir et lancer la fabrication en série d'un nouveau véhicule, après quoi suivent des cycles de huit années de rafraîchissement cosmétique et de changement de style, d'ingénierie et de conception. Faire le mauvais choix peut donc être fatal. Il suffit de regarder le nombre de fabricants automobiles qui ont disparu, depuis Duesenberg jusqu'à Nash en passant par Hudson, et de voir à quel point GM et Chrysler ne sont pas passées loin d'en faire autant en 2008.

Pour que le secteur automobile soit durable, il est donc fondamental d'adopter une stratégie de limitation systématique des risques en réduisant l'intensité capitalistique, les délais de réalisation, la dépendance au pétrole, les besoins de financement, la complexité, la rigidité et les impacts sociétaux (notamment les émissions de carbone). Une fois matures, les véhicules révolutionnaires + auront le potentiel de réaliser *tous* ces objectifs.

Ils présenteront bien évidemment leurs propres risques, qui seront nouveaux et sans doute importants. Les fabricants vont devoir séduire les consommateurs en modifiant la perception qu'ils ont de la valeur d'une voiture. C'est-à-dire en réussissant à leur vendre des poids plume et de l'accélération plutôt que des véhicules lourds et de la puissance. Ils devront proposer de meilleures automobiles que leurs produits classiques avant que leurs concurrents ne s'en chargent. La façon dont la sécurité est perçue peut tuer un modèle ou ternir une marque tout entière. Et pourtant, avec les véhicules révolutionnaires +, les consommateurs vont devoir croire en la sûreté d'un certain nombre de nouvelles technologies. Parviendront-ils, par exemple, à admettre que des automobiles ultralégères puissent être sûres sur des routes sillonnées par des mastodontes de 18 roues ? Ou que les automobiles poids plume faites de ces mêmes matériaux légers, ultrarésistants et non-corrosifs, que l'on retrouve couramment dans le matériel de sport, puissent durer quinze ans, voire plus ? Il se peut que les campagnes marketing les plus astucieuses ne parviennent pas à battre en brèche l'idée profondément ancrée selon laquelle la masse est synonyme de sécurité et de durée.

Il n'y a donc pas de doute possible : s'engager sur cette voie d'un futur sans pétrole présente des risques. Seulement voilà : il peut être encore plus risqué de rester à la traîne. Le moyen le moins cher et le plus rapide d'être sobre en pétrole et en carbone, et de répondre aux exigences, apparemment contradictoires, des constructeurs automobiles, est également le meilleur moyen de gérer le risque commercial et d'exploiter les nouvelles solutions qu'offre le secteur.

LES IMPLICATIONS POUR LES CONCESSIONNAIRES AUTOMOBILES

L'évolution vers les véhicules révolutionnaires + n'est pas sans conséquence pour les concessionnaires automobiles qui représentent une force importante puisqu'ils fournissent à de nombreuses communautés américaines un dixième des recettes qu'elles tirent de la taxe sur les ventes. Entre 1999 et 2009, une concession américaine ne faisait en moyenne qu'environ

50 dollars de bénéfice net sur la vente d'une automobile neuve, soit 40 000 dollars par an, mais dégageait 94 000 dollars sur les ventes de voitures d'occasion et 279 000 dollars sur les pièces et la main-d'œuvre. Des véhicules ultrafiables, ayant une très longue durée de vie et radicalement simplifiés pourraient menacer ce modèle. Même les vidanges pourraient devenir de l'histoire ancienne pour nos petits-enfants.

De nouveaux besoins de mise à niveau de logiciels et de matériel informatique pourraient cependant se multiplier, créant une activité économique de l'ampleur de celle des fournisseurs d'applications pour smartphones. Les concessionnaires pourraient devenir des centres de personnalisation pour des automobiles à l'équipement informatique toujours plus important, et proposer l'installation d'extensions, qu'il s'agisse d'autonomie supplémentaire, de modules d'ajout de puissance ou d'options intégrées de divertissement et de sécurité. Les concessionnaires ont toujours su exploiter leurs relations clients et leurs compétences lorsque la technologie a évolué. Ils sont en train d'abandonner les clés anglaises pour se spécialiser dans les puces.

Les plus avisés souhaitent d'ores et déjà être en possession de véhicules révolutionnaires +, du fait de leur puissant potentiel de création de valeur et de séduction des clients. Ils vont sans doute prendre conscience qu'en les adoptant rapidement et en développant leurs connaissances à leur sujet, ils pourraient connaître un succès digne d'un distributeur d'iPhones détenant un précieux stock du modèle dernier cri. Lorsque les prix du pétrole se sont envolés en 2008, la demande élevée et l'offre réduite ont fait grimper les prix de véhicules hybrides comme la Prius de Toyota ou l'Escape de Ford, souvent jusqu'à plusieurs milliers de dollars au-delà de leur prix de vente. Auparavant, la Prius avait permis aux concessionnaires de multiplier par deux leurs marges moyennes durant une période extrêmement longue. L'introduction d'un nombre limité par l'offre de véhicules révolutionnaires + permettrait de reproduire cet heureux phénomène (pour les concessionnaires), mais il faudrait procéder de façon répétée et à coups de cycles réduits ressemblant davantage à ceux de l'électronique grand public.

Cela s'explique par le fait que les véhicules révolutionnaires + sont potentiellement plus simples, plus propres, plus performants, plus sûrs, plus fiables et plus durables que les véhicules actuels. Ils permettent une personnalisation de masse, car la plupart des fonctionnalités sont d'ordre informatique – autrement dit, on a davantage affaire à des ordinateurs sur roues qu'à des voitures avec puces. Ils autorisent une production faite de cycles plus courts et une échelle plus flexible. Ils présenteront un plus gros potentiel de réduction des coûts et de simplification à mesure que s'amélioreront les matériaux, les méthodes de fabrication et les composants des groupes motopropulseurs. Ils rendent meilleur marché *n'importe lequel* des quatre groupes motopropulseurs innovants qui existent aujourd'hui – électrique à accumulateur, à pile à combustible, hybride rechargeable et hybride à agrocarburant et moteur avancés – et stimulent une vive concurrence et de rapides progrès pour chacun d'eux (et peut-être pour d'autres auxquels on ne songe pas pour l'instant). Ils nécessitent également moins d'investissements matériels. Et les courbes d'expérience masquées derrière leurs trois technologies de pointe permettront aux compagnies pionnières d'avoir des coûts de fabrication moins élevés que les concurrents qui seront moins réactifs qu'elles, si bien que les plus rapides et les premiers suiveurs récolteront la majeure partie du butin, tandis que les traînards seront perdants. L'approche progressive constitue donc bien la stratégie à *haut* risque.

Quatorze ans plus tard, n'oublions pas que le lancement accéléré par Toyota de sa Prius sur le marché japonais en 1997 pose toujours problème à ses concurrents, qui essayent d'ébranler la position dominante du constructeur sur le marché des hybrides. Le fait d'avoir été pionnier a permis à Toyota de « verdir » et de dynamiser ses modèles de luxe et d'hybrider sa Camry, l'une des berlines les plus populaires au monde. Nissan semble aujourd'hui chercher aussi à prendre la tête du marché des véhicules électriques à accumulateur. Le premier constructeur qui passera aux véhicules révolutionnaires + progressera bien plus vite en exploitant trois technologies simultanées et synergiques et non une seule, le groupe motopropulseur hybride, comme l'a fait Toyota.

Le risque d'être à la traîne menace tout autant les fournisseurs automobiles. Le passage à une traction électrique rendrait obsolètes près de 30 % des ventes de la chaîne d'approvisionnement japonaise, d'une valeur de 430 milliards de dollars par an[40]. Mais comme l'a déclaré Hiroshi Tsuda, ex-président de Suzuki : « Ce n'est pas une crise. C'est une immense chance qui s'offre à nous. » Comme toujours, lorsque la technologie subit des changements en profondeur, ceux qui innovent trouvent le moyen de rester en tête et de récolter des profits toujours plus importants. Ce phénomène se vérifiera non seulement avec les voitures, mais aussi avec les autres véhicules.

UTILISER LES AUTOMOBILES DE FAÇON PLUS PRODUCTIVE

Comme nous l'avons vu, une conception et des matériaux améliorés peuvent augmenter de façon considérable l'efficacité énergétique des automobiles. Nous allons maintenant passer au deuxième grand paramètre de l'efficacité automobile : l'*utilisation* plus productive des automobiles. Nous pouvons totalement éliminer un grand nombre de déplacements et utiliser nos véhicules de façon plus astucieuse, améliorant l'accès à des lieux ou à des biens au moyen de déplacements moins nombreux, plus courts ou plus rapides. Le véritable coût de l'utilisation de véhicules aux États-Unis (voir l'encadré « Le véritable coût de l'utilisation de véhicules ») en fait un impératif aussi bien en matière d'économie que de sécurité nationale.

LE VÉRITABLE COÛT DE L'UTILISATION DE VÉHICULES

La plupart des Américains ne disposent que d'une seule véritable solution de transport et d'une seule option pour le carburant ; ils peuvent « choisir » entre plusieurs vendeurs, mais tous ont des modèles à essence quasi identiques. Étant donné l'absence d'alternative de moyens de transports, nous nous retrouvons démunis lorsque le prix de l'essence grimpe. Les budgets publics en diminution ne peuvent entretenir nos vieilles infrastructures de transport et donc encore moins les développer de façon

40 Tabuchi, 2010.

significative. Les accidents de la route, bien qu'en baisse, continuent à tuer à peu près autant d'Américains que le cancer du sein ou le diabète, et font chaque année cinq millions de blessés. Si l'on ajoute à cela la pollution et le changement climatique, les coûts sociétaux cachés du secteur automobile américain alimenté par le pétrole s'élèvent à 820 milliards de dollars par an[41] (fig. 2-14). Cette analyse sous-estime très nettement les coûts relatifs à la sécurité énergétique qui dépassent probablement les 500 milliards de dollars par an (voir chapitre 1), dont 40 % peuvent être attribués à l'alimentation des véhicules en carburant.

Ces résultats ne sont pas surprenants. Des dizaines d'années durant, nous avons construit des routes et des parkings en l'absence totale ou presque de tarification, de mise en concurrence, d'informations ou de perspectives adéquates, imposant un fonctionnement étatique aux conducteurs, tandis que la plupart des autres modes de transport bénéficiaient d'un fonctionnement libéral ; il n'y avait donc aucune égalité en matière de tarifs ni de véritable choix. Mais il est possible de remédier à ce déséquilibre en adoptant une approche pertinente du marché, de façon à faire évoluer la manière dont nous utilisons nos véhicules, ainsi que le moment et le lieu où nous les utilisons et la raison pour laquelle nous nous en servons. En agissant ainsi, nous économiserons des millions de barils de pétrole chaque jour. Ces économies viendront s'ajouter à celles rendues possibles par les véhicules révolutionnaires +.

41 Delucchi et McCubbin, 2010.

FIG. 2-14 – Coûts externes de l'automobile aux États-Unis, 2010

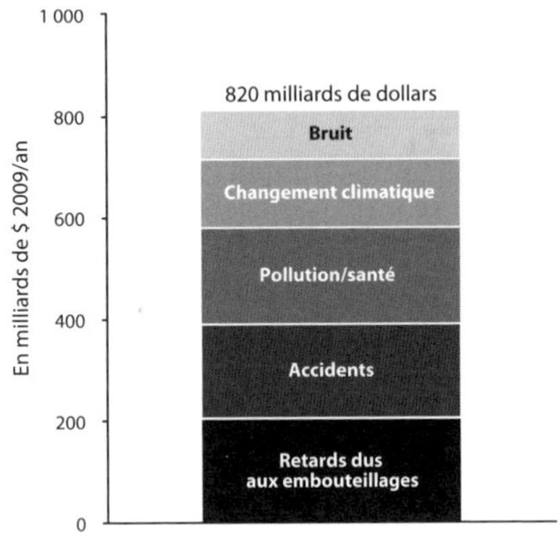

Les coûts cachés de l'utilisation des automobiles aux États-Unis : problèmes de santé, retards et perte de bien-être. Ne sont pas inclus, non plus, le coût pour la sécurité nationale et le coût des routes, du stationnement, du maintien de l'ordre, etc., qui sont payés *via* les prélèvements obligatoires[42].

Il nous faut cependant commencer par faire voler en éclats un mythe solidement enraciné qui veut que les efforts fournis pour réduire le nombre de déplacements sont incompatibles avec la liberté, les choix et la mobilité auxquels nous tenons tant. Ce mythe est d'autant plus enraciné que ces peurs sont bien réelles. Il existe en effet un moyen très efficace de diminuer le nombre de voitures sur la route : décider, simplement par décret, qu'on n'a pas le droit de conduire. La Chine, par exemple, a supprimé des centaines de milliers d'automobiles des rues de Pékin pour réduire la pollution. Pas étonnant, dès lors, que les mesures prises pour diminuer les kilomètres parcourus ravivent le spectre d'un Big Brother ou d'un État policier.

Les efforts que nous préconisons ne restreignent ni notre liberté ni nos choix. Ils ne font au contraire que les accroître et accentuer notre mobilité,

42 Graphique tiré d'une analyse du RMI par Delucchi et McCubbin, 2010.

grâce à diverses alternatives à la voiture individuelle. Mais ces alternatives seront-elles toujours intéressantes lorsque nous adopterons les véhicules révolutionnaires +, qui réduisent radicalement le coût de la conduite ? (Un certain nombre de raisons montrent que cela ne va pas augmenter la conduite ni faire « rebondir » la consommation de carburant[43].)

La modification de notre usage de la voiture ne permet pas seulement d'économiser du pétrole, elle ouvre aussi des perspectives économiques. Et elle peut donner à la routine des aspects plus attrayants. Imaginez que vous vous réveillez le matin avec la possibilité de choisir entre les solutions suivantes : je saute dans un véhicule électrique sportif, grâce au programme d'autopartage auquel j'appartiens, et je me retrouve sur une route dépourvue de tout embouteillage du fait d'une tarification intelligente et d'une bonne gestion ; ou je finance mon trajet et le rend plus agréable en me connectant à un réseau social où je propose à un ami ou à quelqu'un que je ne connais pas de le faire avec moi ; ou bien j'utilise ma carte universelle de transit, je saute dans un bus que je n'ai pas à attendre, j'y fais une partie de mon travail grâce au réseau WiFi gratuit, puis je me sers d'un programme de partage de bicyclettes pour faire de l'exercice en parcourant quelques centaines de mètres en vélo ; ou encore

43 En théorie, on conduira davantage un véhicule électrique léger qu'un véhicule classique du fait du faible coût du carburant au kilomètre. Si cet effet rebond ne réduit pas à néant les gains d'efficacité énergétique des véhicules révolutionnaires +, il faut néanmoins en tenir compte : les dernières études montrent que l'adoption de véhicules hautement efficaces peut accroître la conduite de 3 à 22 % (Small et Van Dender, 2010 ; Hymel, Small et Van Dender, 2010). Cependant, ce coût moins élevé du carburant au kilomètre avec des véhicules efficaces sur le plan énergétique serait probablement en partie compensé, comme nous allons le voir, par la nécessité de financer les autoroutes, non plus par des taxes sur l'essence, mais par des taxes sur la conduite. Deux autres facteurs compensent également l'effet rebond. Tout d'abord, cet effet diminue à mesure que le revenu médian s'élève par rapport au coût du carburant. Malgré des disparités de revenus qui s'accentuent, le revenu américain médian réel devrait augmenter au cours des prochaines décennies, réduisant les effets rebonds traditionnellement observés. L'autre facteur, encore plus important, est le temps que nous passons réellement au volant d'une voiture, qui s'élève en moyenne à 1,1 heure par jour et qui est quasi arrivé à saturation. Si davantage de véhicules parcouraient davantage de kilomètres, cela ne ferait qu'augmenter le trafic et les embouteillages. Pareil phénomène pousserait en réalité les individus à conduire moins et non plus : les consommateurs n'ont que faire des économies de carburant si le prix à payer est du temps perdu. On observe d'ores et déjà ce type de tendance (Millard-Ball et Shipper, 2011). C'est pourquoi dans notre analyse des transports, nous considérons comme négligeable une consommation accrue de carburant automobile due à un effet rebond.

je travaille de chez moi et assiste aux réunions importantes grâce aux fonctionnalités de présence virtuelle de mon ordinateur ou de mon smartphone.

Il ne sera pas toujours facile de proposer un choix aussi large. Les Américains sont très attachés à la possibilité de sauter dans leur voiture et d'aller où bon leur semble. Les tentatives pour accroître l'utilisation des bus ou de l'autopartage, ou pour ajouter des péages sur les routes sont perçus par certains comme des interventions étatiques dans ce qu'elles ont de pire (bien que la construction de ces routes, financées par les contribuables, ait également été imposée, tout particulièrement aux résidents déplacés et aux non-conducteurs). Il faut donc parvenir à démontrer à ces individus que cette palette de choix plus large peut améliorer leur vie. Nous pouvons faire un meilleur usage des routes existantes, économiser du temps, bâtir des communautés plus solides et multiplier les options dans tous les secteurs, depuis les modes de transports jusqu'aux polices d'assurance. Nous pouvons en outre créer une société plus équitable qui réserve un meilleur accueil aux pauvres, aux jeunes, aux personnes âgées et aux handicapés.

Comment parvenir à profiter de ces avantages ? La solution qui s'impose d'emblée consiste à réduire les trajets domicile-travail. Pourquoi se retrouver dans les bouchons et consommer du carburant quand on peut faire le même travail chez soi ? Le télétravail réduit d'environ 40 % les kilomètres parcourus en moyenne par un employé, économise une plus grande quantité d'énergie en espace de travail qu'il n'en consomme chez le particulier et peut apporter des avantages annexes non négligeables, en permettant d'avoir plus de temps pour sa famille, d'être en meilleure forme psychologique et d'être plus productif ; chez les employés pratiquant le télétravail pour British Telecom, ces avantages atteignent les 81 %[44].

Au-delà du télétravail, les solutions possibles entrent dans quatre grandes catégories (fig. 2-15) : une tarification innovante, des moyens de transport domicile-travail alternatifs, un développement urbain raisonné et une amélioration de l'efficacité énergétique des transports affectant l'ensemble du système. Le principe consiste à faire supporter en temps réel le vrai coût de la conduite et du stationnement, d'encourager une véritable concurrence entre

---

44 Cairns *et al.*, 2004.

les différents modes de transport (ou entre le transport et ses solutions de remplacement) et d'intégrer des choix d'occupation des sols dans les options de mobilité des individus. D'après les résultats observés de façon empirique aux États-Unis lors de la mise en œuvre de certaines de ces solutions, *ces dernières prises toutes ensemble peuvent par elles-mêmes et en l'absence de gains d'efficacité énergétique des véhicules faire économiser 46 à 84 % du carburant automobile américain* en nous faisant parcourir moins de passager-kilomètres pour accomplir les mêmes tâches, ce qui permettrait de compenser l'intégralité des passager-kilomètres supplémentaires estimés pour 2050[45].

FIG. 2-15 – Potentiel total de réduction des passager-kilomètres dans le secteur automobile, 2010-2050

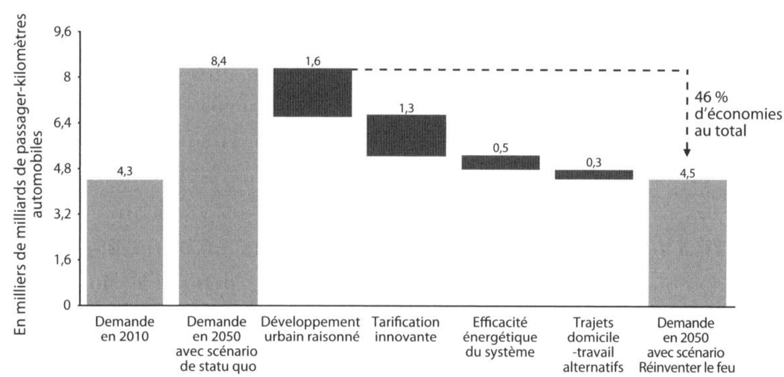

Quatre solutions pour utiliser de façon plus productive nos automobiles, en fournissant des services identiques, voire améliorés, pour un coût inférieur et une conduite réduite de 46 à 84 % en 2050 (le graphique montre les économies minimales liées à chaque solution)[46].

45 *Ibid.*

46 Le potentiel de réduction des véhicule-kilomètres parcourus est tiré d'une analyse du RMI s'appuyant sur le ministère des Transports de l'Oregon, 2007, Litman, 2005, Urban Land Institute et Cambridge Systematics, 2009, Urban Land Institute, 2007, TIAX, 2006 et Shaheen et Cohen, 2006.

Une tarification innovante

Réduire le nombre de véhicule-kilomètres parcourus peut déclencher un autre effet rebond : augmenter la demande. En effet, si les routes sont moins congestionnées, car un plus grand nombre de personnes pratiquent l'autopartage ou ne se rendent pas à leur travail en voiture, pourquoi ne pas utiliser davantage sa voiture afin de profiter de ces infrastructures désormais praticables et fluides ? La solution consiste à définir une tarification intelligente pour, *à la fois*, décongestionner les routes et décourager l'utilisation des véhicules aux heures de pointe.

C'est une solution par laquelle nous serons obligés de passer. À mesure que nous adopterons des véhicules efficaces sur le plan énergétique qui consomment bien moins de carburant, lequel contiendra peu ou pas d'essence, les recettes tirées des taxes sur les carburants, permettant d'entretenir les routes et les ponts, vont diminuer pour finir par disparaître. (Il est difficile de taxer l'électricité qui alimente les voitures, car c'est un produit que l'on trouve partout et qui est fongible, tout comme il est difficile de taxer l'hydrogène ; quant aux agrocarburants, on peut les produire soi-même.) La taxe fédérale sur l'essence n'est pas indexée sur l'inflation et n'a pas augmenté depuis 1993, malgré l'accroissement considérable du coût et de l'ampleur des constructions et de l'entretien des routes. Les dépenses routières réelles par kilomètre parcouru ont diminué de près de 50 % depuis que le Highway Trust Fund[47] a été fondé dans les années 1950, et d'inquiétants déficits se profilent à l'horizon : 400 milliards de dollars d'ici 2015 et 2 300 milliards d'ici 2035. Il nous faut donc financer différemment nos infrastructures routières, mais comment ?

La conduite d'un véhicule a un coût social : la dépendance au pétrole, la pollution, la confiscation de l'espace, les embouteillages, etc. En outre, le poids des véhicules est responsable de l'usure des routes, des ponts et du gaspillage du carburant (donc de la pollution)[48]. Mais le coût sociétal de la conduite vient

47 N. d. T. : Fonds administré par le gouvernement fédéral qui collecte une taxe sur l'essence et le diesel pour financer la construction des routes et leur entretien.

48 C'est pourquoi il est courant en Europe d'indiquer les coûts liés à un véhicule par le biais de la taxe d'immatriculation calculée d'après le poids, la cylindrée moteur et la consommation de carburant.

probablement bien plus de la conduite en elle-même que des véhicules, si bien qu'il serait plus juste de combler le déficit de financement des routes en taxant le nombre de véhicule-kilomètres parcourus plutôt que l'essence[49].

En 2005, l'Oregon a testé cette approche radicalement nouvelle. Des GPS ont enregistré le nombre de kilomètres parcourus par les volontaires. À la pompe, ces derniers n'ont pas payé la taxe de l'État sur l'essence, mais une somme (plus chère aux heures de pointe) calculée en fonction du nombre de kilomètres. Comparés à un groupe témoin, ces conducteurs de l'Oregon ont enregistré une réduction de leur kilométrage total de 15 % et de 22 % en période de pointe[50].

Les craintes de voir Big Brother resurgir pourraient être atténuées en proposant plusieurs solutions comme l'utilisation de compteurs kilométriques, l'installation de systèmes de diagnostic embarqué (OBD), la garantie que les données de localisation GPS resteront privées ou la simple utilisation d'un GPS, comme l'a fait l'Oregon, pour enregistrer et transmettre le kilométrage et non la position.

Les mécanismes de tarification réduisant la conduite aux heures de pointe permettent d'éviter de construire de nouvelles et coûteuses infrastructures, si bien que l'accent peut être mis sur la réparation des routes existantes. Et la tarification en cas de congestion peut également fonctionner en l'absence de taxe sur les véhicule-kilomètres parcourus : il suffit de faire payer une certaine somme aux conducteurs qui empruntent les voies de communication surchargées. Singapour, par exemple, a instauré un péage pour pouvoir se rendre en centre-ville aux heures de pointe. Le nombre de voitures a baissé de 44 % (et les trajets avec une seule personne à bord ont chuté de 60 %), ce qui a accéléré la vitesse du trafic de 20 %. Le péage de Londres, qui s'élève aujourd'hui à environ 16 dollars, a réduit de 15 % le trafic moyen en centre-ville, l'a accéléré de 30 % et a fortement contribué au développement du bus et de la bicyclette, ce qui représente une aubaine pour les ménages à faibles revenus.

---

49 Bureau du budget du Congrès, 2001. L'Union européenne étudie à l'heure actuelle ce type de taxes : Rosenthal, 2011.

50 Ministère des Transports de l'Oregon, 2007.

En outre, les compagnies d'assurance sont en train d'adopter une approche innovante qui consiste à récompenser ceux qui conduisent moins et utilisent dans le même temps un véhicule efficace sur le plan énergétique : l'assurance « Payez en fonction du trajet parcouru ». Le fait de payer une assurance accidents au kilomètre parcouru fait que les primes sont à peu près proportionnelles au risque, si bien que les petits conducteurs n'ont pas à payer pour ceux qui font un usage important de leur véhicule. Ce type d'assurance réduit la conduite d'environ 8 %[51] et les accidents de plus encore[52].

On peut également réduire la conduite en ville en instaurant des politiques de stationnement intelligentes. Une ville possède en moyenne trois fois plus de places de parking qu'il n'y a de voitures, ce qui n'empêche pas les conducteurs cherchant à se garer d'être responsables d'un tiers du trafic dans le centre des grandes villes et d'une plus grande proportion encore des encombrements. Toutes ces places occupent une surface colossale : 81 % du quartier des affaires de Los Angeles, 31 % de San Francisco et 18 % de New York. Quand elles sont payantes, les places de stationnement ne couvrent que rarement leur véritable coût de construction et d'entretien, qui s'élève à des dizaines de milliers de dollars par emplacement (la seule construction du parking du Disney Concert Hall de Los Angeles a coûté 50 000 dollars par emplacement). Chaque année, le stationnement bénéficie de subventions à hauteur de 151 milliards de dollars, ce qui en fait sans doute la principale cause de l'usage excessif de la voiture en ville[53]. Et pourtant, une grande partie de cette surcapacité de stationnement est imposée par le zonage et les règles de construction qui exigent le maximum d'emplacements de stationnement que les conducteurs pourraient occuper s'ils étaient tous gratuits.

La solution ? La ville de Francfort, en Allemagne, interdit purement et simplement aux promoteurs de lieux de travail de fournir des emplacements

---

51 Bordoff et Noell, 2008 ; Edlin, 2002.

52 Goldstein, 2010. Offre progressive « Payez en fonction du trajet parcouru ».

53 Pour en savoir plus sur les politiques de stationnement, l'utilisation des véhicules et les véhicule-kilomètres parcourus, voir Shoup, 2005.

de stationnement. La Grande-Bretagne envisage de taxer les entreprises qui offrent à leurs employés des stationnements gratuits ou moins chers que le marché. Les transports publics à Sydney taxent les emplacements de stationnement non résidentiels et utilisent l'argent pour financer des améliorations dans les transports. Et à Tokyo, il est impossible d'acheter une voiture sans prouver qu'on possède ou qu'on loue une place de parking.

Ce type de politiques est difficile à faire passer aux États-Unis où le stationnement bon marché est perçu comme un droit quasi inviolable. Mais il est possible, et cela a été demandé aux entreprises californiennes établies dans des zones touchées par le *smog,* de verser aux employés la véritable valeur marchande du stationnement sur leur lieu de travail et de la leur réclamer lorsqu'ils utilisent ces lieux de stationnement. Ils peuvent donc employer cette somme pour payer leur stationnement ou bien laisser leur voiture chez eux, se rendre par d'autres moyens à leur travail et empocher l'argent. Voilà qui encourage véritablement la concurrence et offre des choix plus nombreux et plus pertinents.

Reporter sur les conducteurs les coûts induits par l'utilisation de leur véhicule est en tous points plus juste que de les répartir sur tous les contribuables, dont un tiers, même s'ils profitent des transports routiers, sont trop vieux, jeunes, pauvres ou handicapés pour conduire leur propre véhicule. Ces derniers représenteraient en outre une forte coalition s'ils réalisaient à quel point ils subventionnent les conducteurs. Ils pourraient soutenir que les conducteurs doivent avoir accès à ce pour quoi ils paient, mais qu'ils doivent aussi payer ce à quoi ils ont accès. Et si le système de taxation de l'essence n'est pas amélioré, le Highway Trust Fund, déjà bien mal en point, va être incapable de continuer à organiser le trafic aux États-Unis. Or l'inaction ne peut être une solution.

Les alternatives pour se rendre à son travail

Environ 77 % des trajets domicile-travail aux États-Unis sont effectués par un véhicule occupé par une seule personne. Toutes les automobiles ou presque ont beau être conçues pour transporter au moins quatre adultes, les conducteurs seuls sont dix fois plus nombreux que *l'ensemble* des Américains qui pratiquent le covoiturage, utilisent les transports en commun, marchent à pied, se déplacent à bicyclette ou travaillent à distance. Il s'agit peut-être d'une habitude très ancrée dans le mode de vie américain, mais cela ne doit pas pour autant être le schéma de l'avenir. En convainquant les individus de voyager à plusieurs dans une même voiture, en partageant les véhicules et en supprimant certains trajets, il est possible de réduire les véhicule-kilomètres parcourus pour des raisons professionnelles de 6 à 12 %.

Le covoiturage

Le moyen le plus direct de réduire les véhicule-kilomètres parcourus est le covoiturage. Depuis de nombreuses années, certaines métropoles comme Washington, Los Angeles et San Francisco réservent des bandes d'autoroute aux véhicules occupés par plusieurs passagers. Dans certaines régions, le succès est considérable. À San Francisco, quelque 3 000 covoiturages de trois personnes se forment chaque jour spontanément en plusieurs points de ramassage à East Bay, ce qui entraîne des économies d'environ 30 millions de dollars par an en carburant, temps et subventions aux transports. La plupart de ces personnes rentrent chez elles en bus. Ce type de files de voitures, semblables aux files de taxis, se forment aussi à Houston et à Washington. Dans la capitale fédérale, les deux millions de trajets de covoiturage annuels permettent d'économiser plus de 7,5 millions de litres d'essence.

Le covoiturage devrait être stimulé par les réseaux sociaux. De nouvelles applications comme Avego et NuRide relient conducteurs et passagers, éliminant l'aspect aléatoire de l'attente d'une voiture. Mais, même en l'absence de ce type d'outils, les programmes de covoiturage permettent généralement de remplacer entre 5 et 15 % des trajets classiques, et ces chiffres grimpent encore lorsqu'il y a des incitations à la clé : dans la zone de Puget Sound, dans l'État de Washington, 10 à 30 % des trajets domicile-travail sont désormais assurés par des navettes.

L'autopartage

Il y a dix ans, Robin Chase et Antje Danielson étaient attablées dans un café de Cambridge. Antje revenait tout juste de Berlin où elle avait vu dans la rue une voiture portant la marque d'une société d'autopartage. Les deux femmes ont alors lancé Zipcar qui, avec les trois quarts du marché, est aujourd'hui la plus grande entreprise d'autopartage aux États-Unis.

Le modèle économique est simple : les Américains paient environ 8 000 dollars par an pour un véhicule qui est inutilisé 96 % du temps. Pour les personnes qui ne se rendent pas à leur travail en voiture, cela n'a pas de sens. Elles économiseraient donc de l'argent (et permettraient à Zipcar d'en gagner) si elles ne payaient que lorsqu'elles ont besoin d'un véhicule, car, comme l'a dit avec esprit le climatologue allemand Hans-Joachim Schellnhuber : « Acheter une voiture pour être mobile, c'est comme acheter un restaurant trois étoiles pour faire un bon repas. »

Zipcar dispose aujourd'hui de plus de 8 000 véhicules de 30 modèles différents garés sur 1 200 emplacements de villes, universitaires ou non, aux États-Unis, au Canada et au Royaume-Uni. Ses membres paient un abonnement annuel et un tarif à l'heure – le carburant et l'assurance étant inclus dans le prix. Selon l'entreprise, chacune de ses automobiles permet de supprimer entre 15 et 20 véhicules particuliers qui occuperaient autrement les routes. Des dispositifs du même type en Europe ont fait baisser les véhicule-kilomètres parcourus de 30 à 70 %. Le magazine *The Economist* annonçait en 2010 que toutes sortes de programmes d'autopartage voyaient le jour dans plus d'un millier de villes à travers le monde. Le nombre d'adhérents aux États-Unis devrait approcher les 4,5 millions et les recettes, les 3 milliards de dollars d'ici 2016.

Un nouveau type de modèle économique en matière d'autopartage permet même aux particuliers qui possèdent une voiture de participer *via* un service de personne à personne (« P2P »). À Boston et San Francisco, les propriétaires peuvent ainsi enregistrer leur véhicule auprès de compagnies comme Spride et RelayRides qui le loue à l'heure, à la journée ou à la semaine.

Pourquoi limiter de tels dispositifs aux seules automobiles ? Dans certaines grandes villes d'Europe, pensées pour le vélo, 30 à 40 % des trajets domicile-travail se font à pied ou à bicyclette. Paris connaît un succès retentissant avec ses bicyclettes municipales Vélib' qui sont aujourd'hui au nombre de 17 000, réparties dans 1 200 stations en libre-service à travers toute la ville. Washington a récemment étendu son programme de vélopartage.

Les adhérents payent un abonnement à l'année ainsi qu'une petite somme à chaque utilisation. Cette mise à disposition de vélos permet de remédier à l'un des inconvénients majeurs des transports en commun : le fait qu'ils ne vous déposent pas exactement où vous voulez aller.

Il faut parfois faire de nouvelles lois ou mettre en place de nouvelles politiques pour obtenir des individus qu'ils délaissent leur voiture. En effet, certaines entreprises ne peuvent pas supprimer des places de stationnement coûteuses, car la réglementation sur le zonage exige un certain nombre d'emplacements. Les assurances automobiles ne couvrent généralement pas les covoiturés ni les systèmes P2P (sauf en Californie), ce qui accroît le risque financier si un accident survient. Et les États et les villes imposent des taxes sur la location de véhicules dans le cas de l'autopartage, augmentant le coût du service[54].

Un développement urbain raisonné

Les habitants d'Atlanta ont poursuivi pendant des dizaines d'années le rêve américain : emménager dans une jolie maison de banlieue. Mais l'étalement urbain qui en est résulté a porté un coup à ce rêve, car ces habitants parcourent plus de kilomètres que la plupart de leurs compatriotes, et subissent de terribles encombrements. En 1999, cependant, un promoteur de cette ville tentaculaire a décidé de bâtir une communauté dense composée de résidences, de magasins et de bureaux sur le site d'une aciérie désaffectée en plein cœur de la ville, plutôt que de disperser l'ensemble à travers trois banlieues. L'Atlantic Station, de 53 hectares, a fourni un toit à 10 000 personnes, un emploi à 30 000, des possibilités récréatives à des millions et un accès facile aux transports en commun. Résultat : Atlanta, jusque-là submergée par les voitures, a enregistré une baisse des véhicule-kilomètres parcourus de 30 %[55].

---

54 Heureusement, certaines compagnies n'ont pas eu trop de mal à persuader les autorités locales d'exempter les systèmes de location de voitures, y compris ceux à vocation commerciale, de taxe de location, à l'image de Zipcar au Texas et à Chicago.

55 Urban Land Institute, 2007.

Si, imitant Atlantic Station, nous faisions en sorte que 60 % de tous les nouveaux développements urbains aux États-Unis soient plus « raisonnés » et compacts, nous économiserions autant de carburant que si les véhicules neufs voyaient leur efficacité énergétique augmenter de 28 % d'ici 2020. Bien loin d'accroître les coûts (liés aux transports), ces développements raisonnés les font au contraire *baisser* pour les acheteurs, qui voient par la suite leurs impôts diminuer également. Dans le New Jersey, on a calculé que chaque nouveau propriétaire participant à l'étalement urbain verse environ 10 000 dollars de plus en routes supplémentaires et en infrastructures[56]. La plupart des développements compacts évitent ces coûts, augmentent les économies réalisées par les ménages, améliorent la valeur immobilière, résistent beaucoup mieux aux effondrements du marché et multiplient les profits des promoteurs[57].

En outre, le développement urbain intelligent améliore nettement la qualité de vie. « La plupart des gens pensent que l'alternative à la voiture, ce sont de meilleurs transports en commun, mais en réalité, ce sont des quartiers plus agréables à vivre », explique Alan Durning du Sightline Group. Ces quartiers, ajoute-t-il, font de la voiture « un accessoire de la vie plutôt que son pilier central ». Ils entraînent une refonte des communautés en provoquant la disparition d'une habitude vieille de plusieurs décennies qui consistait à « rencontrer ses voisins uniquement à travers un pare-brise », pour reprendre l'expression de l'architecte Andres Duany.

On comprend aisément comment les développements urbains intelligents parviennent à diminuer de moitié les distances et les nombres de trajets en voiture, voire des trois quarts pour les développements récents les mieux conçus[58]. Ils sont denses, mettent le pressing, le vendeur de bagels, la salle de gym et même le bureau à quelques centaines de mètres à pied ou à vélo (tout en facilitant les livraisons à domicile et les courses en ligne pour les achats lourds ou

---

56 Burchell, 1998.

57 Goldstein, 2010.

58 Goldstein, 2010, p. 114.

encombrants[59]). Ils sont généralement bâtis dans des quartiers urbains sous-utilisés, rapprochant les individus de leur travail, et les enfants de leur école. Ils permettent d'éviter les dédales d'impasses de nombreuses banlieues où, pour rendre visite à un voisin habitant la rue d'à côté, il faut parfois prendre sa voiture et rallier la route principale la plus proche avant de pouvoir parvenir à destination. Les développements urbains intelligents sont en outre susceptibles d'améliorer la santé publique : ils incitent les gens à marcher ou à utiliser la bicyclette, et ceci sans danger. Ils rendent les systèmes de bus et de métro plus efficaces, notamment dans des villes comme Arlington, en Virginie, où l'on encourage la construction de zones d'aménagement mixtes à proximité des bouches de métro.

En réalité, un logement urbain plus cher entraîne souvent une *baisse* des coûts *totaux* des ménages[60]. Pourquoi ? Parce que les coûts liés aux transports dans les banlieues – l'essence, les embouteillages, les accidents, etc. – sont plus élevés. On estime généralement qu'un logement est « abordable » lorsqu'il n'absorbe pas plus de 30 % des revenus ; partant de ce principe, 69 % des communautés américaines proposent des logements abordables. Mais si on inclut le coût des transports, ce chiffre tombe à 39 %.

C'est pourquoi l'organisme de crédit immobilier Fannie Mae propose, si tant est qu'on puisse en obtenir un, des « prêts immobiliers accordés en fonction de l'efficacité énergétique d'une habitation liée à son positionnement géographique », auxquels il est plus facile d'accéder pour les ménages proches de leur travail ou des transports en commun, car cela reflète une trésorerie plus solide et un risque de crédit moindre. Moindre dans quelle mesure ? Le scientifique David Goldstein, membre du Conseil de protection des ressources naturelles et père de ce concept, souligne qu'en moyenne, le propriétaire d'une habitation inefficace sur le plan énergétique de par son emplacement verse, pour un prêt sur trente ans, environ 300 000 dollars pour

59 Schewel et Shipper, 2011.

60 Center for Neighborhood Technology, 2010.

les trajets domicile-travail en voiture et 75 000 dollars pour les installations domestiques, soit en tout deux fois le prix moyen de 175 000 dollars de la maison. Une habitation moderne et située de façon judicieuse permet d'économiser au moins 63 % de ces 375 000 dollars, soit un tiers de plus que le prix de la maison. Il n'est donc pas étonnant que les régions où la voiture est très utilisée aient enregistré ces derniers temps les taux de défaut les plus élevés, et de loin, en matière immobilière, tandis que les zones à développement urbain intelligent, compactes et desservies par les transports en commun affichaient les plus faibles. Les différences entre les taux de défaut étaient parfois multipliées par un facteur 40 après contrôle d'autres variables comme la solvabilité et les revenus. Si ce type de prêts se généralisait, le développement urbain raisonné pourrait protéger notre économie contre d'éventuelles futures crises financières dues aux prêts immobiliers, protégeant par là même les marchés financiers et faisant baisser les taux d'intérêt[61].

Le développement urbain intelligent est donc important, non seulement pour les promoteurs immobiliers, car il augmente la valeur de leurs biens, leurs marges, leurs coûts de revient et leurs plus-values, mais aussi pour l'économie dans son ensemble. Les employés qui passent moins de temps à se rendre à leur travail arrivent moins stressés, parviennent mieux à équilibrer vie professionnelle et vie de famille, passent davantage de temps avec leurs enfants, et sont plus productifs. Il est plus facile pour les entreprises implantées dans des zones de développement urbain raisonné d'embaucher et de retenir les collaborateurs les plus compétents, et elles n'ont pas besoin de dépenser beaucoup pour compenser des coûts de transport élevés. Un trafic moins dense et davantage d'exercice physique peuvent aussi donner des individus plus fiables et en meilleure forme, ce qui réduit le coût des soins de santé et les absences pour maladie. Le développement urbain intelligent est donc constitutif d'une économie intelligente.

61 Goldstein, 2010, p. 75-79.

Doper l'efficacité énergétique des systèmes de transport

Quel est l'inconvénient le plus notable des transports en commun ? C'est le plus souvent le fait de ne pas savoir quand passe le prochain bus ou train.

Les entrepreneurs sont nombreux à s'engouffrer dans cette brèche. Certains systèmes de transport comme la Massachusetts Bay Transit Authority affichent déjà la position géographique des bus en temps réel. NextBus se sert du GPS pour fournir des informations précises sur les départs et les arrivées des bus, ainsi que des cartes en temps réel aux usagers disposant d'un accès à Internet. D'autres innovations sont en cours. L'équipe Mobi d'Anna Jaffe, au MIT, travaille ainsi sur une application pleine de promesses : vous entrez la destination souhaitée dans votre smartphone (qui sait déjà où vous vous trouvez) et celui-ci affiche une liste et des cartes précisant tous les moyens de s'y rendre – transports en commun, vélopartage, Zipcar, vélo gratuit ou en location et autres – ainsi que le coût, l'emplacement et l'heure d'arrivée estimée en temps réel.

Ces « systèmes intelligents de transport » (SIT) ont le pouvoir de fluidifier le trafic en contrôlant les feux de signalisation de façon à ce qu'ils s'adaptent aux conditions de circulation, en informant les conducteurs des dangers et embouteillages, en libérant des voies d'accès pour intégrer en douceur les véhicules dans le trafic ou en encaissant automatiquement les péages par voie électronique, pour ne citer que quelques exemples. Tous ces dispositifs permettraient de réduire la consommation de carburant de 5 % et d'éviter 308 millions d'heures-personnes de retard par an, qui équivalent à 6,5 milliards de dollars[62].

Il reste pour finir un « système » qui peut être modulé pour économiser le carburant : les conducteurs eux-mêmes. Changer *la manière* dont nous conduisons peut en effet accroître de façon significative l'efficacité énergétique de n'importe quelle voiture sur n'importe quel type de route.

Le simple fait de veiller à ce que les pneus soient à la bonne pression et d'utiliser une huile de moteur de bonne qualité permettrait de réduire la consommation d'essence de 1 à 3 % aux États-Unis. Sur la route, la clé

62 Texas Transportation Institute, 2009.

en matière d'efficacité énergétique est de ne pas trop appuyer sur l'accélérateur ni sur les freins, de rouler au ralenti à l'approche des feux rouges ou des embouteillages, d'éviter les démarrages en trombe (sauf avec un grand nombre d'hybrides où les accélérations brusques peuvent au contraire faire *économiser* du carburant) et de conduire moins vite. Le moteur des automobiles hybrides et de certaines non hybrides se coupe automatiquement à l'arrêt. On peut en outre enlever tout ce dont on ne se sert pas dans le coffre, ouvrir les fenêtres plutôt que d'enclencher l'air conditionné et disposer des panneaux filtrants sur les pare-brise pour préserver la fraîcheur de l'habitacle quand le véhicule est stationné.

On sait à présent que le moyen le plus efficace pour encourager de tels changements d'attitude chez les conducteurs est de leur donner davantage d'informations sur la façon dont ils conduisent. La présence sur le tableau de bord d'un indicateur de consommation de carburant en temps réel peut transformer la conduite en une sorte de jeu consistant à consommer le moins possible. Selon un rapport du gouvernement britannique, les efforts destinés à promouvoir une « écoconduite » peuvent permettre d'économiser 10 à 15 % de carburant sur le long terme, et leur coût est quasi nul.

À eux tous, ces façons d'utiliser les véhicules de manière plus productive pourraient nous faire économiser environ 400 milliards de dollars en valeur actuelle nette 2010, nous fournir un accès identique, voire plus aisé, aux lieux où nous voulons nous rendre et améliorer notre qualité de vie, ainsi que la cohésion de notre famille et de notre communauté. Les déplacements ne seraient pas plus compliqués, bien au contraire. Cela nous permettrait de fluidifier le trafic, de gagner du temps et d'éviter du stress, de réduire la pollution et le bruit, de sauver des vies fauchées par les accidents de la route, de gagner des terres sur les routes et les parkings, de réduire la pression fiscale et de faire un nouveau pas de géant vers un avenir sans pétrole.

AU-DELÀ DES AUTOMOBILES : LES AUTRES MOYENS DE TRANSPORT

Les automobiles engloutissent 60 % du pétrole américain lié aux déplacements et constituent donc de loin le principal levier en matière de consommation énergétique dans le secteur des transports. Mais qu'en est-il des autres moyens de transport que nous empruntons ? Quels avantages offriraient une conception et une utilisation plus intelligentes ?

Les poids lourds

Direct et charismatique, Jimmy Ray a une longue expérience du camionnage puisque depuis des dizaines d'années, il entretient, conduit et gère des camions de Classe 8[63]. Il dirige Mesilla Valley Transportation, une importante société de services de fret implantée dans l'ouest du Texas et le sud du Nouveau-Mexique. L'efficacité énergétique constitue l'un des secrets de sa réussite. Les mastodontes de son parc de 800 véhicules tracteurs sont davantage profilés que la plupart des camions à 18 roues, car les deux tiers de l'énergie nécessaire pour déplacer un camion sur une route sont dus à la traînée aérodynamique. Un grand nombre de ses camions sont équipés de larges roues et non des deux roues adjacentes traditionnellement plus petites, ce qui réduit davantage encore la traînée aérodynamique, ainsi que la résistance au roulement qui représente le dernier tiers de la charge de traction. De plus, Jimmy offre une prime trimestrielle aux conducteurs les plus efficaces (et chaque année, le plus efficace reçoit une Harley-Davidson). Les projections concernant la consommation de carburant des poids lourds américains tablent sur 30,15 l/100 km d'ici 2050. Pourtant, en 2010, le parc de Jimmy affichait déjà une consommation moyenne de 27,6 l/100 km.

63 Dans cette analyse, les « poids lourds » sont des camions de Classe 8 avec un poids total autorisé en charge (PTAC) dépassant les 15 tonnes. Le PTAC est le poids total maximum autorisé d'un véhicule routier lorsqu'il est chargé.

Les innovations de Jimmy ne sont que la partie émergée d'un vaste ensemble d'améliorations techniques, opérationnelles et logistiques apportées aux camions en général, et susceptibles de faire économiser un dixième du pétrole américain, de protéger cette industrie et ses clients des hausses du prix du carburant et de continuer à faire tourner l'économie du pays. Le déplacement de biens, et non de personnes, brûle plus de 28 % du carburant utilisé dans les transports. Malgré la sophistication de ce secteur (les camions sont équipés de moteurs diesel hautement efficaces sur le plan énergétique), la majeure partie du carburant est perdue. Or, ce n'est pas une fatalité. En modifiant la conception et le fonctionnement des camions, il est possible de réduire la consommation de diesel de ces géants de la route de 41 % d'ici 2050, et ce malgré une augmentation de 88 % des véhicule-kilomètres poids lourd[64].

Comme pour les voitures, la solution passe d'abord par des questions de physique. Les améliorations en matière d'aérodynamique (fig. 2-16, voir cahier central) et les roues actuelles, plus larges et de meilleure qualité, permettent aux semi-remorques classiques de Classe 8 de 2010 d'améliorer leur moyenne de 39,2 l/100 km de diesel.

Autre modification possible : relier moins d'essieux au moteur, pour un gain de plusieurs centaines de kilos en arbres de transmission, pignons et différentiels. Les essieux non entraînés suivent donc ceux qui sont moteurs. La masse économisée autorise généralement une charge utile plus importante, ce qui est un avantage[65]. La réduction de la traînée rend souvent envisageable l'installation d'un moteur de taille inférieure, plus léger et moins cher. Grâce aux suspensions électroniques actives, une partie de l'énergie dépensée en cas de passage sur des bosses ou des nids-de-poule peut être récupérée.

64 D'après une analyse RMI de Bockholt et Kromer, 2009, et du Northeast States Center for a Clean Air Future *et al.*, 2009. L'analyse du TIAX a servi de base au Conseil national de la recherche 2010, qui a livré ses recherches les plus récentes sur l'importante technologie des camions aux États-Unis.

65 Le concepteur/propriétaire de camions Tom Wieringa a tellement allégé ses « Spud Lite » qu'il peut transporter en trois chargements la quantité de pommes de terre que ses concurrents transportent en quatre.

L'ensemble de ces technologies pourraient donner naissance à un camion à prix compétitif faisant du 26,4 l/100 km[66].

L'ajout d'un matériel simple permet également d'obtenir des résultats. Il suffit pour s'en convaincre d'observer les parkings sur lesquels des dizaines de poids lourds sont garés, le moteur allumé pour ne pas couper l'air conditionné, les lumières ni l'électronique pendant les pauses obligatoires (qui doivent durer dix heures toutes les onze heures de conduite). Ces moteurs qui tournent dans le vide engloutissent 12 % du carburant des poids lourds. Il serait possible d'en économiser les deux tiers au moyen d'un groupe auxiliaire de puissance (GAP) tel qu'un petit générateur diesel, une pile à combustible ou un accumulateur. Le rechargement sur une place de stationnement électrifiée, à l'image des bateaux amarrés et des avions en stationnement, permet quant à lui d'économiser la totalité du carburant.

Il existe dans le sud du Bronx un immense dépôt de camions qui traite la majeure partie des produits alimentaires de New York et de sa périphérie, et qui illustre bien ce qu'il est possible de faire. L'activiste communautaire Majora Carter a ainsi convaincu les opérateurs de doubler le tarif de stationnement de nuit pour le faire passer de 10 à 20 dollars, mais également d'installer des places de stationnement électrifiées pour éviter le ralenti. Les conducteurs sont gagnants puisqu'ils économisent plus de 10 dollars de carburant et freinent l'usure du moteur, tandis que le voisinage enregistre une baisse spectaculaire des cas d'asthme liés aux particules de diesel, jusqu'ici très nombreux.

Des améliorations aussi simples de la conception des camions permettraient d'épargner 1,7 million de barils de diesel par jour (fig. 2-17). Même en se référant au prix du diesel en 2009, qui était bas avec 0,65 dollar le litre, cela équivaut tout de même à une économie de 64 milliards de dollars par an.

66 Bockholt et Kromer, 2009 ; Vyas, Saricks et Stodolsky, 2002.

FIG. 2-17 – Efficacité énergétique des poids lourds : économies de carburant contre coûts marginaux

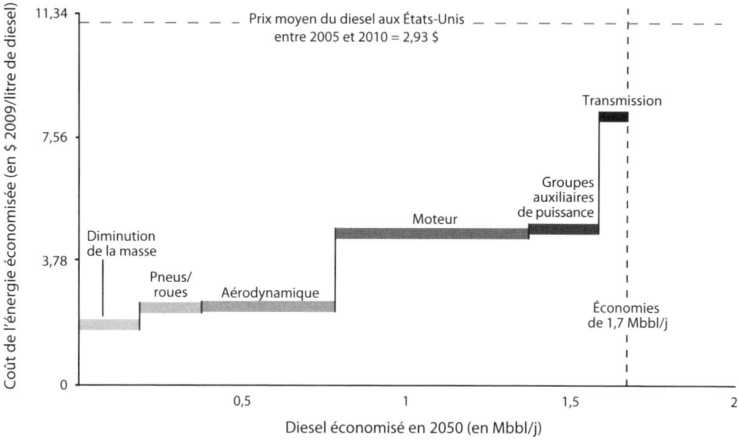

Une conception plus appropriée des camions de Classe 8 avec remorque simple permettrait aux États-Unis d'économiser 1,7 million de barils de diesel par jour pour un coût équivalent à une fraction de celui du diesel[67].

Les économies de carburant par tonne-kilomètre de fret grimpent encore lorsque les camions tirent une deuxième remorque, voire une troisième – en particulier sur autoroute, la voie de communication la plus empruntée pour le fret. Ces mastodontes sont critiqués du fait de leur taille et de leur masse qui va de 36 à 54 tonnes, mais le nombre d'essieux est plus élevé et passe de cinq à neuf, si bien que la masse par essieu – qui provoque l'usure de la route – *diminue* d'un sixième. Lorsqu'on parvient à mieux relier les remorques grâce à des systèmes de sécurité électroniques actifs, les camions sont plus stables

67 Graphique basé sur une analyse RMI par Bockholt et Kromer, 2009, Northeast States Center for a Clean Air Future *et al.*, 2009, Vyas, Saricks et Stodolsky, 2002, et l'Agence américaine pour l'information sur l'énergie, 2010c.

que ceux qui ont une double remorque et bien plus sûrs que ceux qui en ont trois. Les double-remorques peuvent augmenter l'efficacité énergétique des poids lourds à l'échelle nationale de 7 % (hors modifications de conception comme indiqué figure 2-17) grâce à leur double capacité de chargement. Le fait d'adopter davantage de longs véhicules de ce type peut aussi diminuer les encombrements en réduisant le nombre total de camions sur les routes, et faire baisser les coûts en nécessitant moins de véhicules tracteurs et de chauffeurs qualifiés (dont on note une inquiétante pénurie)[68].

Pour profiter pleinement de tous ces avantages, il serait souhaitable d'augmenter, au niveau national, la longueur autorisée des remorques (mesure que certains États ont déjà prise, pour la faire passer de 16 à 18 m). Le poids total autorisé en charge (PTAC) devrait en outre être porté à 44 tonnes (ce qui reste inférieur à la limite britannique fixée à 50 tonnes)[69].

Avec ce type de poids lourds bénéficiant de toutes les avancées technologiques, les États-Unis pourraient transporter leurs marchandises en consommant 54 % de carburant en moins par rapport à la moyenne actuelle, située à 39,2 l/100 km. D'autres progrès encore pourraient venir de systèmes de réfrigération plus efficaces sur le plan énergétique, de contrôles d'émissions améliorés, de moteurs superefficaces, de l'utilisation de véhicules hybrides sur certains trajets et d'une attention plus grande portée aux charges auxiliaires et accessoires.

Autre information plus réjouissante encore : l'ensemble de ces réductions coûterait relativement peu cher. Un camion aérodynamique équipé de pneus

68 Ogburn, Ramroth et Lovins, 2008.

69 C'est au niveau fédéral que se fera le mieux l'harmonisation du grand nombre de réglementations contradictoires, aussi bien au niveau des États que des comtés, sachant que la réglementation relative aux autoroutes fédérales a elle aussi besoin d'être dépoussiérée (si nous n'y parvenons pas, nous perdrons chaque jour 250 000 barils d'économies de pétrole. Plusieurs groupements de l'industrie des camions comme le North American Council for Freight Efficiency (NACFE), fondé en 2010 par le RMI et regroupant près de 300 entreprises, commencent à s'unir autour de cet objectif. Le NACFE va diffuser des évaluations techniques des technologies permettant d'économiser le carburant, mettant à disposition de tous les opérateurs des sources de données fiables, mesurées de façon indépendante par et pour leurs pairs.

larges simples et d'un moteur superefficace serait rentabilisé en à peine plus de trois ans avec un diesel à 0,79 dollars le litre. Comme aime à le dire Jimmy Ray : « On ne paye pas les pneus », c'est-à-dire que le léger coût cumulatif des pneus superefficaces est presque immédiatement amorti.

Surmonter les obstacles à l'innovation sur les poids lourds

Cette baisse spectaculaire de la consommation de carburant des poids lourds rencontre malheureusement d'autres obstacles que le simple coût de la technologie. Les frais d'entretien plus élevés, liés notamment aux fonctionnalités d'aérodynamisme, dépassent parfois les économies de carburant. Les véhicules tracteurs et les remorques sont souvent fabriqués et détenus par des sociétés différentes, ce qui rend compliquée l'intégration des nouveaux concepts à l'ensemble du véhicule, afin de gagner au maximum en aérodynamisme.

Mais les normes industrielles, l'intégration verticale, les nouveaux modèles économiques permettant un partage des économies, et la demande des gros clients peuvent aider à résoudre ces problèmes. Ainsi en à peine cinq ans, Walmart a-t-il réussi à réduire de 60 % la consommation de carburant de ses poids lourds par tonne-kilomètre par rapport à 2005 (dépassant haut la main son objectif de 2005 d'une réduction de 50 % pour 2015), et espère encore progresser[70]. Dotée d'un des plus vastes parcs civils de poids lourds, avec 6 400 véhicules tracteurs, la société Walmart pourrait contraindre les fabricants de camions, de véhicules tracteurs et de remorques à collaborer pour doper leur efficacité énergétique.

Une autre difficulté vient de la structure de l'industrie du camionnage. Environ 20 % seulement des tonnes-kilomètres sont imputables aux parcs privés de sociétés comme Walmart, pour qui l'amélioration du rendement énergétique se justifie pleinement sur le plan économique. La plupart des trajets restants sont réalisés par des sociétés de fret qui ont recours aux services de plus de 540 000 entrepreneurs indépendants. Or, les compagnies qui louent les services de ces chauffeurs routiers ne cherchent pas à investir

70 Walmart, 2010.

dans l'efficacité énergétique, car ce sont les chauffeurs qui achètent le carburant. Ces camionneurs indépendants disposent généralement de vieux véhicules inefficaces, et ils auraient tout intérêt à ce que leur rendement énergétique soit amélioré, mais ils n'ont pas les moyens d'accéder aux technologies nécessaires ni d'acheter des véhicules plus récents et moins gourmands.

Cependant, certains entrepreneurs avisés trouvent le moyen de faire bénéficier les petits opérateurs d'améliorations en matière de rendement énergétique. Jon Gustafson, chez Cascade Sierra Solutions, a installé une série de stands le long des arrêts routiers de la côte ouest des États-Unis, afin de prodiguer des conseils sur les technologies et les meilleures pratiques. En 2004, son collègue Sharon Banks a lancé « Everybody Wins », un programme de financement de GAP avec contrats de location-achat, subventions et crédits d'impôt. Depuis, il a financé la mise à niveau de 350 opérateurs, essentiellement des petites structures, ce qui a permis d'économiser plus de 2,6 millions de litres de carburant par an et beaucoup de pollution.

De façon plus générale, capitaliser les économies de carburant permises par des camions à l'efficacité énergétique deux à trois fois supérieure, grâce à un contrat de bail, pourrait permettre aux petits opérateurs d'acheter un nouveau camion avant que leurs grands rivaux, qui achètent ces camions avancés les premiers, ne les mettent hors service. Il s'agit donc d'une importante source de revenus pour les sociétés de crédit-bail et les sociétés financières[71].

Il est aussi possible d'économiser du carburant en formant les chauffeurs à l'écoconduite. Rouler à 100 km/h sur autoroute au lieu de 110 augmente les économies de carburant de plus de 8 %. Optimiser son trajet compense avantageusement la réduction de vitesse et n'affecte pas le temps de livraison. Réduire sa vitesse diminue davantage la traînée aérodynamique, puisque celle-ci est fonction de la vitesse au *cube.*

Choisir la bonne vitesse (parmi dix-huit sur un gros poids lourd) économise pas moins de 10 % du carburant, d'où l'importance d'une formation des chauffeurs ou d'un indicateur de changement de vitesse au tableau de bord. Les nouveaux régulateurs de vitesse jouent également un grand rôle :

71 Shpitsberg, 2010.

le Predictive Cruise Control de Daimler annonce ainsi les changements de vitesse souhaités 1,5 km à l'avance.

Jimmy Ray apprend à ses chauffeurs à accélérer doucement et à conduire de façon économe en s'aidant de contrôles et d'affichages électroniques qui indiquent la consommation en temps réel. Il limite aussi leur vitesse à 100 km/h au moyen d'un régulateur, et enregistre leur progression grâce à un système de suivi embarqué. Résultat : 6 % d'économies de carburant au kilomètre.

Ces changements ne sont pas toujours faciles à mettre en œuvre. Les chauffeurs payés au nombre de transports ont tout intérêt à conduire plus vite. De plus, les expéditeurs et les transporteurs ne sont pas toujours bien coordonnés, même en interne. Mais on peut faire des progrès notables. Le paiement des chauffeurs à l'heure stimulerait l'efficacité énergétique et économiserait davantage de carburant que cela ne coûterait en heures de travail supplémentaires. La réglementation, les comptes rendus électroniques, les liaisons GPS et les régulateurs de vitesse, qui évitent que les chauffeurs conduisent trop longtemps et trop vite, auraient aussi un effet bénéfique. Les remorques peuvent en outre être chargées par deux ou les chauffeurs être payés pendant qu'ils attendent leur chargement ; cela coûte moins cher que de devoir utiliser un véhicule tracteur et un chauffeur supplémentaires pour effectuer le même trajet.

Utiliser les camions de façon plus productive

L'amélioration de l'efficacité énergétique des camions ne fait pas tout. On peut également être beaucoup plus attentif à la façon dont on utilise ces moyens de transport. Il est en effet possible de réduire le nombre et la longueur des trajets, de réfléchir à des chargements moins volumineux et de s'assurer que les camions sont remplis.

Voici quelques aspects clés à améliorer.

La logistique

Les camionneurs indépendants, comme les grandes sociétés de fret, ont horreur des kilomètres « à vide », c'est-à-dire des trajets effectués sans chargement (qui représentent à l'heure actuelle entre 10 et 28 % du kilométrage total d'un parc de poids lourds)[72]. La solution consiste à consolider le processus entre transporteurs, expéditeurs et plateformes *via* des sociétés de transport logistique par tiers (3PL) ou des entreprises spécialisées dans les technologies de l'information. L'augmentation de la productivité des camions au kilomètre permet d'épargner 5 à 15 % de carburant et de faire du bénéfice. Un distributeur européen est ainsi parvenu à faire passer le chargement moyen par camion de 85 à 93 % de la capacité maximale, évitant 10 000 chargements par an. Le Club Déméter de Carrefour aide les entreprises à coordonner leurs expéditions afin de réduire le trafic de retour, et l'un des distributeurs a indiqué que seuls 5 % des kilomètres de son parc s'effectuaient à vide.

Un kilométrage réduit

Une autre façon de réduire la consommation de carburant et les coûts consiste à élaborer des itinéraires plus rationnels. Les expéditions du jus d'orange frais Simply Orange Juice par Coca-Cola nécessitaient auparavant un arrêt au centre de distribution Minute Maid de Floride, où étaient récupérés les jus à livrer. Aujourd'hui, le produit fait le trajet direct de l'usine aux centres de distribution régionaux. La suppression de cet arrêt a permis d'économiser 544 000 litres de diesel par an, tout en allongeant la durée de conservation du produit de six jours dans certains cas.

Fabriquer des produits ou faire pousser des denrées à proximité des consommateurs permet aussi de raccourcir les trajets. Certains producteurs de boissons non alcoolisées s'orientent vers une production sur place ou vers des machines à sodas ; Walmart embouteille son eau minérale dans ses centres de distribution et non dans une usine éloignée (un conseil : il vaut encore mieux boire l'eau du robinet). Plusieurs sociétés commerciales, utilisant des véhicules utilitaires légers ou moyens, regroupent les livraisons de colis dans de très grandes boîtes aux lettres communes à plusieurs particuliers, sécurisées et étanches, ce qui réduit davantage encore les trajets.

72 VICS Empty Miles, 2011 ; SmartWay Transport Partnership, 2004.

Moins d'espace perdu

L'air continue à représenter le plus gros volume expédié par les chaînes d'approvisionnement de nombreuses entreprises. IKEA, emploie même des « chasseurs d'air » qui conçoivent les produits de façon à ce qu'ils s'empilent mieux et remplissent entièrement chaque camion[73]. Les gros distributeurs incitent leurs fournisseurs à réduire le conditionnement des produits, à repenser ces derniers pour qu'ils s'intègrent mieux dans un camion, et à concevoir des palettes permettant de réduire au maximum l'espace vide en haut des chargements.

Une masse moins importante

Nous pouvons aussi économiser de grandes quantités de carburant en expédiant moins de marchandises. Les innovations et améliorations réduisent la taille d'un grand nombre de produits, depuis les équipements industriels jusqu'aux biens de consommation. Prenons l'exemple des détergents concentrés Procter & Gamble : l'importante quantité d'eau qui était autrefois présente dans la bouteille est aujourd'hui ajoutée par le consommateur. Les produits durent plus longtemps et sont conçus pour être réparés, refabriqués, réutilisés et recyclés. Les emballages superflus sont peu à peu éliminés du marché du fait des prix élevés des hydrocarbures et des fibres, de l'aversion des consommateurs à leur encontre et de la pression exercée par certaines entreprises qui ne veulent pas payer un conditionnement inutile, et encore moins en payer deux – la première fois lors de l'achat et la seconde lors de la mise au rebut. Quant aux gigantesques containers maritimes et ferroviaires, ils s'allègent considérablement (ce qui était déjà le cas avant les matériaux avancés) et sont davantage pliables, ce qui les rend plus pratiques à entreposer et à renvoyer. Le container de Holland Container Innovation, par exemple, n'occupe plus que 25 % de son volume quand il est plié, et permet d'économiser jusqu'à 25 % des coûts d'exploitation des lignes maritimes[74].

---

73 BestLog, 2008.

74 Holland Container, 2011.

Le transport intermodal de marchandises : allier le camion, l'eau et le rail
Les deux plus anciens modes de transport des marchandises lourdes, le bateau et le train, sont toujours les deux plus économes en énergie. Le train transporte 49 % des marchandises aux États-Unis, mais ne consomme que 9 % du carburant utilisé pour le fret (fig. 2-18). Le remplacement du camion par le train divise quasi par deux le coût par tonne-kilomètre et par cinq ou presque la consommation de carburant. L'important est donc d'utiliser chaque mode de transport là où il apporte le plus d'avantages.

FIG. 2-18 – Consommation énergétique et part de tonnes-kilomètres du fret américain par plateforme, 2010

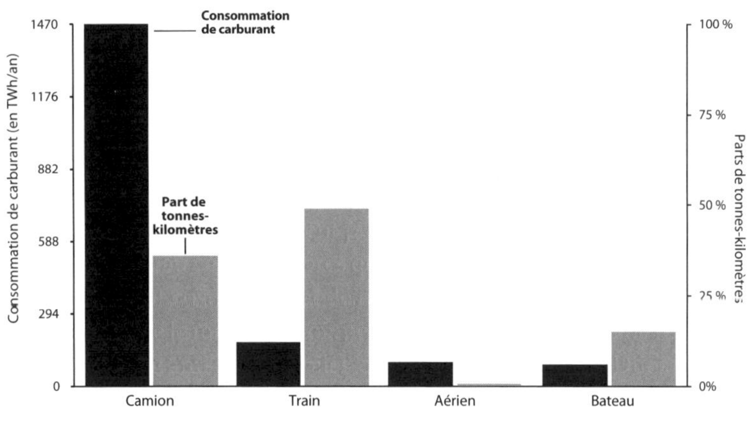

Le camionnage transporte moins de fret aux États-Unis que le train, mais consomme plus de deux fois plus de carburant par tonne-kilomètre[75].

75 Agence américaine pour l'information sur l'énergie, 2010b ; U.S. Bureau of Transportation Statistics, 2007.

Le train comme le bateau font mieux que les camions en termes de capacité, de coût et de sûreté. Il est donc très avantageux d'expédier des marchandises par train ou bateau sur la majeure partie de la distance et de réserver le camion pour le début et/ou la fin de l'expédition, sur quelques dizaines de kilomètres ; c'est ce qu'on appelle le transport intermodal. L'économie énergétique nette, à laquelle s'ajoutent les améliorations de conditionnement et la moindre nécessité de transporter du pétrole ou du charbon peuvent représenter au total 33 % de tout le carburant[76], ce qui vient *en plus* des avantages potentiels qu'il y a à acheminer moins de poids et de mètres cubes sur de moins longues distances. Le transport intermodal rencontre un tel succès qu'il rapporte 21 % des recettes ferroviaires américaines, en deuxième position derrière le transport du charbon (responsable de 48 % des tonnes-kilomètres aux États-Unis en 2009). Comme nous le verrons dans les chapitres 4 et 5, on pourrait mettre un terme à toute combustion du charbon, ce qui multiplierait par deux la capacité du rail. Cela réduirait alors de façon considérable les encombrements routiers et l'usure du réseau, et permettrait d'économiser davantage de carburant camion et automobile.

Il ne sera pas possible de convertir du jour au lendemain un tiers de notre fret à l'intermodalité. Le train comme le bateau sont généralement plus lents que les camions et ne peuvent livrer de point à point. Les infrastructures ferroviaires actuelles sont surchargées et vieillissantes, tandis que les ports rencontrent leurs propres problèmes organisationnels et prélèvent souvent d'importantes redevances de maintenance.

Les progrès accomplis dans le secteur ferroviaire et dans la conception des ports dopent néanmoins l'intermodalité. Les terminaux de transbordement réduisent le nombre de pôles d'échange du fret de treize à un. Ils améliorent de 97 % l'efficacité énergétique des terminaux en supprimant le camionnage devenu superflu entre les terminaux, permettant des transferts par grue de train à train et supprimant la nécessité de stocker le fret la nuit, à l'extérieur des terminaux. Certains ports abandonnent en outre les équipements diesel pour des équipements entièrement électriques, afin de réduire les coûts et la pollution.

76 D'après une analyse RMI de Lanigan et al., 2006, de Global Insight, 2006 et de Walmart, 2010.

Associer l'ensemble des économies réalisées par le camionnage

L'Agence américaine pour l'information sur l'énergie prévoit que les camions de Classe 8 vont parvenir à passer d'une consommation de 33,6 l/100 km en 2010 à 33,6 l/100 km en 2035, ce que nous extrapolons à 30,15 l/100 km pour 2050, soit une amélioration de 29 % par rapport à 2010. Mais la figure 2-19 montre que l'effet combiné des améliorations conceptuelles (y compris la réduction du ralenti), opérationnelles et logistiques des poids lourds à plusieurs remorques et de l'intermodalité peut réduire la consommation de carburant en 2050 à un tiers des projections en matière de demande.

FIG. 2-19 – Potentiel d'économies de carburant camion aux États-Unis, 2010-2050

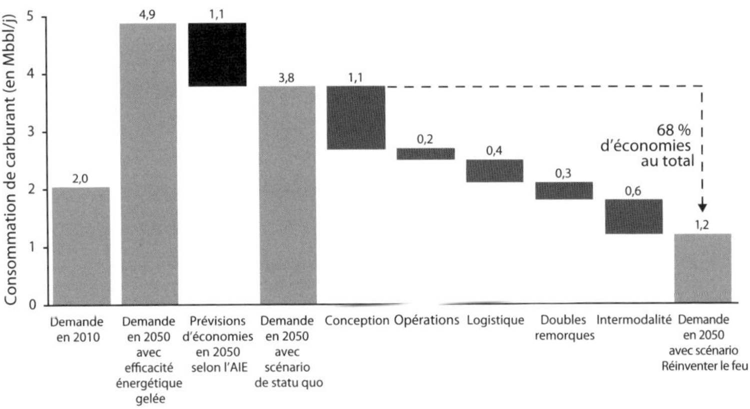

Une approche multiple pour améliorer l'efficacité énergétique du secteur du fret sur le territoire américain ramènerait en 2050 les besoins en carburant camion à seulement 1,2 Mbbl/j et rien ne nous obligerait à opter pour le pétrole[77].

Examinons à présent le troisième secteur le plus consommateur de pétrole aux États-Unis : l'aérien.

77 Analyse du RMI.

Les avions

Grâce aux prouesses réalisées par l'aéronautique, il est aujourd'hui possible de quitter les États-Unis pour aller à la rencontre de clients chinois dans la journée, de s'envoler pour un week-end en amoureux à Paris ou de faire le tour du monde en deux jours. Mais un avion consomme beaucoup de carburant. Et même après plusieurs décennies de progrès accomplis en matière de conception des appareils et de logistique aérienne – progrès qui ont permis de réduire de 82 % le carburant consommé par siège-kilomètre entre 1958 et 2010 – le transport aérien des hommes et des marchandises aux États-Unis nécessite encore 1,3 million de barils de pétrole par jour, chiffre qui devrait passer à 1,8 million d'ici 2050. Mais l'efficacité énergétique continue à progresser, grâce à un grand nombre d'avancées technologiques (qui ont rendu possibles les véhicules révolutionnaires +) et aux prises de risques de sociétés comme Boeing, Airbus et leurs plus petits concurrents.

Contrainte de prendre une décision cruciale en matière de développement en 2000, la société Boeing a tout d'abord accordé ses faveurs à un avion transsonique baptisé Sonic Cruiser, mais ses clients ont réclamé plus d'efficacité énergétique. Même sans modifier la forme initiale de l'avion, un tel choix présentait des risques. Jouer sur la masse s'est avéré être la solution : tout allègement de 500 g sur un avion de taille moyenne permet en effet d'économiser 56 kg de carburant par an[78], ce qui correspond sur trente ans à mille dollars en valeur actuelle. Le concept léger à haute performance auquel Boeing réfléchissait et que les compagnies aériennes réclamaient allait donc devoir contenir 50 % en masse de matériaux composites en fibres de carbone (80 % en volume). Il allait aussi devoir présenter davantage de systèmes électrifiés et dépendre d'une chaîne d'approvisionnement mondiale. Boeing s'est ainsi lancée dans ce qui allait devenir le Dreamliner 787. Certains des risques liés à ce développement étaient bien réels : le retard de plus de trois ans dans la conception et la

78 Daggett, 2003. Avec un avion à deux couloirs, l'économie est d'environ 50 kg par an. Le résultat dépend d'un grand nombre de caractéristiques de l'avion et de son profil de mission. Nous nous appuyons sur un cours spot au 23 mai 2011 de 0,81 $/l de Jet A et sur un taux d'escompte réel de 3 %/an.

production a détourné l'attention de ce tout nouveau modèle qui, en remplaçant le classique 737, devait concurrencer les nouvelles offres d'Airbus et de la Chine. Mais le risque semble avoir payé : le Boeing 787 est devenu l'avion de ligne le plus rapide à s'être jamais vendu, ce qui a donné une longueur d'avance à la compagnie américaine sur son grand rival Airbus. Cet avion est censé consommer 20 % de carburant de moins que le Boeing 767-300, un modèle comparable, ce qui témoigne bien de la demande d'efficacité énergétique du marché – tout comme le succès de la Prius sur le marché automobile.

En outre, Boeing transforme ce bond technologique en une stratégie concurrentielle innovante, utilisant son avance pour adapter rapidement les technologies développées pour le 787 à d'autres plateformes existantes. Le 747-8, à venir, reprend ainsi l'aile composite du 787 avec le même profil d'aile portante supercritique pour réduire la traînée à vitesse élevée et, comme sur le 787, les systèmes pneumatiques, gourmands en énergie, sont électrifiés. Le nouveau 747-8 consommera 16 % de carburant en moins que son prédécesseur.

À mesure que les avionneurs descendent le long de la courbe d'expérience des structures composites avancées, ils s'aperçoivent que les nouvelles méthodes de fabrication, associées à quelques principes glanés au sein de l'industrie automobile japonaise dans les années 1990, sont en fait moins coûteuses que celles liées aux avions en métal[79]. Et c'est aujourd'hui au tour des constructeurs automobiles de chercher à tirer profit des avancées des avions composites[80].

L'efficacité énergétique de demain

Y a-t-il d'autres progrès possibles en matière d'efficacité énergétique ? Au-delà de la réduction de masse permise par les matériaux avancés, les

79 Newhouse, 2007.

80 C'est ainsi que le concepteur en chef de la voiture hybride Insight de Honda a lancé son entreprise d'avions commerciaux en fibres de carbone – les moteurs montés en tête ont fait grimper les économies de carburant à 20 % – puis il s'est à nouveau consacré aux voitures, tandis que le concepteur de l'appareil qui produit le matériau filamentaire du fuselage en fibres de carbone du 787 est passé chez Fiberforge.

paramètres les plus critiques pour jouer sur la performance d'un avion sont l'efficacité énergétique du moteur, l'aérodynamisme et la conception par approche globale, qui maximise l'effet boule de neige des gains de masse.

Les prochaines avancées en matière d'efficacité énergétique viendront donc de nouveaux concepts qui amélioreront l'aérodynamisme, tout en faisant en sorte que les réacteurs et la cellule fonctionnent mieux ensemble. Il existe trois concepts de ce type, très évolués, qui offrent un potentiel de réduction de la consommation de carburant de 59 à 80 %. Le premier (fig. 2-20, cahier central, à gauche) soutient l'aile à l'aide d'un hauban, lui permettant d'être nettement plus longue, plus légère et plus fine. Une aile fine régule l'écoulement d'air, ce qui augmente notablement le rapport portance-traînée. Le deuxième, un modèle dépourvu de queue, intègre un réacteur arrière unique dans le fuselage (fig. 2-20, cahier central, au centre). Quant au troisième (fig. 2-20, cahier central, à droite), il a sans doute été inspiré par des « planeurs » naturels tels que les graines de l'*Alsomitra macrocarpa* qui mesurent 13 cm et peuvent planer sur des centaines de kilomètres[81]. Les réacteurs arrière sont plus efficaces énergétiquement et réduisent le bruit en cabine. Un tel avion en fibres de carbone économiserait plus de la moitié du carburant utilisé aujourd'hui par la plupart des avions les moins gourmands. En outre, les matériaux composites autorisent potentiellement les structures « flexibles » – l'aile, dépourvue de soudure, pouvant se plier et prendre une position adaptée à différents types de vols. Ces structures remplacent les pièces articulées actuelles et permettent 5 à 12 % d'économies de carburant supplémentaires[82].

Que nous réserve donc cette révolution aéronautique ? Si le concept d'aile volante à fuselage intégré (BWB) était adopté, fabricants et compagnies aériennes devraient trouver des moyens astucieux pour faire tenir passagers et cargaisons dans ce nouveau type d'espace. Les aéroports seraient, de leur

---

81 Pour voir la graine de l'*Alsomitra macrocarpa* planer, aller sur http://news.bbc.co.uk/earth/hi/earth_news/newsid_8391000/8391345.stm.
Ces concepts font l'objet d'études très poussées depuis leur utilisation dans un bombardier de l'US Air Force à la fin des années 1940. Boeing a récemment testé en vol un modèle réduit baptisé X-48B.

82 Kota, 2011.

côté, contraints de modifier la géométrie de leurs portes d'embarquement (ce que certains ont déjà fait pour le géant A380). Mais le principal obstacle est que la plupart des compagnies aériennes n'ont pas les capitaux nécessaires pour remplacer leur flotte, et que les temps de rotation ont tendance à être longs.

Pour le transport classique par avion, le moyen le plus rapide d'économiser du carburant à court terme consiste à se doter d'avions plus efficaces sur le plan énergétique comme le 787, ce qui poussera les avionneurs à innover et à se réoutiller. De nouvelles mesures politiques, comme la mise en place d'un programme de « mise à la casse » semblable à celui des voitures et associé lui aussi à des systèmes de prêts bonifiés pour les compagnies investissant dans de nouveaux avions superefficaces, pourraient aider ces dernières à franchir l'obstacle financier. Des taxes d'atterrissage proportionnelles au bruit, aux émissions et à la consommation de carburant pourraient aussi être utiles ; elles sont testées à l'heure actuelle en Angleterre, en Allemagne, en Suisse et en Suède. Le barème va de 6 % de dégrèvement sur la taxe d'atterrissage pour les avions les plus propres à Bâle (sans oublier des dégrèvements semblables à une écotaxe pour les avions à faibles émissions à Heathrow et à Gatwick) à un surcoût de 40 % pour les avions les plus pollueurs à Zurich, le tout échelonné selon une tarification croissante, afin d'accélérer l'avènement de la prochaine génération d'appareils avancés.

Si ces avions, efficaces sur le plan énergétique, étaient adoptés à un rythme raisonnable à mesure qu'ils sont mis sur le marché, les projections de consommation de carburant de l'aviation civile pour 2050 pourraient s'en trouver réduites de 47 %, puis de 70 %, soit une efficacité énergétique multipliée par trois. Pas plus qu'avec les camions effectuant de longs trajets, on ne pourra totalement supprimer le besoin de carburant liquide pour les avions. Mais on peut renoncer au carburant à base de pétrole en passant aux agrocarburants : il est en effet possible de traiter l'huile tirée de nombreux végétaux, depuis les algues jusqu'aux halophytes, pour en faire un carburant dont de nombreux utilisateurs civils ou militaires se servent déjà, comme nous allons le voir plus loin.

Supprimer des vols et économiser le temps de vol

Mais pourquoi aller jusqu'en Chine pour conclure un accord, quand on peut regarder son interlocuteur dans les yeux à l'aide des moyens modernes de téléconférence ? Même si les systèmes très perfectionnés de Cisco, HP et d'autres coûtent 300 000 dollars chacun, le géant du logiciel SAP a calculé qu'ils sont amortis en une année, grâce aux frais de déplacements économisés. La loi de Moore est en train de généraliser la téléconférence sur le lieu de travail. L'utilisation de cette dernière à travers le pays pourrait réduire les déplacements aériens professionnels de 12 % et l'ensemble des trajets aériens de 2,5%.

Et lorsque l'avion s'avère indispensable, on a toujours intérêt à trouver le moyen de réduire la consommation quotidienne de kérosène, soit 1,3 million de barils. Pour les compagnies aériennes et les compagnies de fret, le carburant est le premier poste de dépenses, c'est pourquoi supprimer ou non ici ou là quelques milliers de litres de carburant peut vous faire récolter des profits ou au contraire vous mettre dans le rouge. Dès lors, il n'y a rien de surprenant à ce que les compagnies aériennes cherchent constamment à améliorer l'efficacité énergétique de leur flotte. C'est pourquoi les avions se déplacent plus lentement au sol et n'utilisent qu'un réacteur au lieu de deux ou quatre. Ils transportent des chariots de restauration plus légers ; ils ont une vitesse de croisière un peu moins élevée ; ils planent avant les atterrissages directs plutôt que d'exécuter des manœuvres gourmandes en carburant ; ils se servent des innovations en avionique afin de mieux gérer le trafic aérien et de choisir les routes les plus rapides, en transportant le moins de surplus de carburant.

Le gigantesque réseau d'aéroports et de liaisons aériennes peut lui aussi devenir plus efficace. Actuellement, les grandes compagnies aériennes exercent un quasi-monopole sur certains aéroports. Elles les utilisent comme plaques tournantes d'un grand nombre de leurs vols afin de contrôler une plus grande part du marché et d'augmenter les prix. La compagnie Southwest Airlines fait exception à la règle : elle réussit à être rentable sur la durée dans un secteur difficile. Elle doit cette réussite à l'adoption d'itinéraires directs de point à point[83]. Même si cette compagnie n'est spécialisée que dans les

83 Ball, 2007.

vols intérieurs avec appareils monocouloir, les progrès mentionnés jusqu'ici en matière d'efficacité énergétique devraient permettre aux avions de n'importe quelle classe d'aller plus loin pour un coût inférieur ; les compagnies aériennes pourraient alors couvrir des trajets plus directs et étendre le modèle de point à point, qui a fait ses preuves, à l'échelle internationale[84].

Le passage à des acheminements de point à point n'est pas dénué d'obstacles. Mais le fait d'attribuer les portes d'embarquement et les emplacements au moyen de mises aux enchères périodiques, plutôt que de laisser des aéroports devenir la « chasse gardée » de certains monopoleurs, assainirait les règles du jeu et rétablirait l'équilibre entre le modèle économique des plaques tournantes aéroportuaires et celui des trajets de point à point, plus économe en carburant et en capitaux.

Non seulement les vols courts entre deux aéroports régionaux importants consomment beaucoup plus de carburant par siège-kilomètre que les trajets plus longs, car le temps de vol effectif est moins long, mais ils contribuent à l'encombrement des voies aériennes, des accès routiers et des terminaux. Le train à grande vitesse (TGV) constitue donc une alternative efficace sur le plan énergétique à ces trajets effectués dans des couloirs aériens surchargés. Tandis que les trains ont gagné en rapidité, les vols régionaux réclament plus de temps à cause des retards liés au trafic et aux contrôles de sécurité, si bien que les premiers font aujourd'hui mieux que les seconds en durée de déplacement de porte à porte et ce, sur des distances de plus en plus longues. Selon une étude, l'adoption de la technologie actuelle du TGV permettrait aux États-Unis d'économiser 29 millions de trajets en voiture et près de 500 000 vols par an. Les TGV fournissent aussi d'autres avantages : ils réduisent les congestions routières autour des aéroports, multiplient les possibilités de développement mixte à proximité des principales gares, rendent le marché du travail accessible grâce à des solutions de transport pratiques, abordables et de moyenne distance, et augmentent la productivité au travail en réduisant les temps de trajet[85].

---

84 Norris et Wagner, 2009.

85 Center for Clean Air Policy et Center for Neighborhood Technology, 2006.

Associer l'ensemble des économies liées aux avions

Le transport aérien pour raisons professionnelles ou de loisirs ne cesse de croître partout dans le monde, et va à coup sûr continuer d'augmenter . Si l'on profitait des améliorations actuelles en matière d'utilisation et de conception des avions, d'ici 2050, on pourrait réduire la demande en carburant de 54 % (fig. 2-21), malgré une augmentation de 61 % des siège-kilomètres. La demande serait donc ramenée à 0,8 Mbbl/j et pourrait être satisfaite dès 2020, grâce aux agrocarburants avancés « prêts à l'emploi »[86], pour un coût inférieur à celui du kérosène, dérivé des combustibles fossiles, et par la suite grâce à l'hydrogène liquide, si besoin est.

FIG. 2-21 – Potentiel d'économies de carburant de l'aviation américaine, 2010-2050

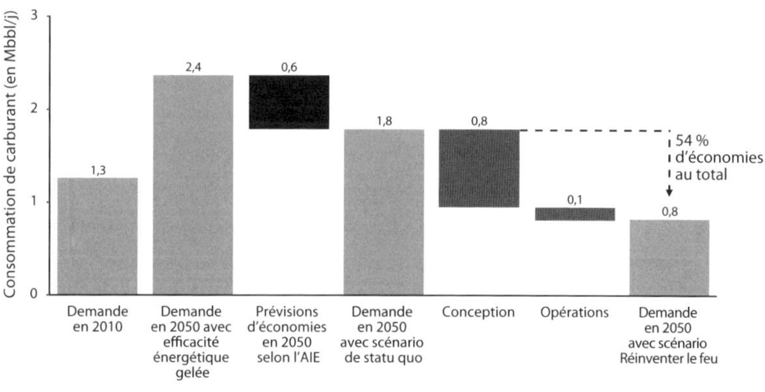

L'ensemble des améliorations relatives à la conception et à la consommation peuvent réduire la demande de carburant aéronautique de 54 % en 2050[87].

86 Un agrocarburant « prêt à l'emploi » n'est pas à base de pétrole et peut être versé dans les réservoirs d'essence existants et les systèmes de propulsion, sans nécessiter de modification des infrastructures ni des composants.

87 Analyse du RMI.

Le train, le bateau et d'autres moyens de transport

Les Américains ne se contentent pas de consommer du pétrole pour conduire leur voiture, prendre l'avion pour se rendre à des réunions de travail ou sur des lieux de vacances, entretenir leur mobilité militaire et acheminer d'énormes cargaisons par camion. L'essence et le diesel font aussi tourner le moteur des bateaux qui les emmènent à la pêche, des cars scolaires qui conduisent les enfants à l'école, des camions de livraison qui acheminent les colis, des trains et des pipelines qui transportent à peu près tout depuis le charbon jusqu'aux hydrocarbures, en passant par les produits chimiques. Ces diverses utilisations s'additionnent et, en 2010, elles ont consommé 1,7 million de barils de pétrole par jour.

Mais les mêmes principes de conception et technologies susceptibles de détourner nos voitures des combustibles fossiles peuvent aussi réduire de 80 % d'ici 2050 (rien que cela !) la quantité de pétrole utilisée par ces autres modes de transports civils. Les camions de livraison en zone urbaine, qui consomment actuellement 23,52 l/100 km, dépensent en moyenne 19 cents par kilomètre en carburant. En les remplaçant par des véhicules légers, aérodynamiques et rechargeables car électriques à accumulateur ou hybrides, le coût du carburant tombe à 2,5 cents seulement. Les véhicules de livraison hybrides E700 de FedEx ont permis d'accroître les économies de carburant de 36 %, tandis qu'UPS envisage d'utiliser un hybride hydraulique pour économiser entre 60 et 70 % de carburant[88].

Les bus aussi bénéficient de conceptions qui privilégient la légèreté, d'une traînée aérodynamique divisée par deux, de pneus plus performants et de l'électrification. Les hybrides sont particulièrement recommandés pour les utilisations avec arrêts fréquents en zone urbaine. GM fabrique d'ores et déjà des bus hybrides qui vont jusqu'à réduire la consommation au kilomètre de 55 %, et certaines villes, d'Albuquerque à New York, ont non seulement déployé des bus hybrides, mais aussi des bus efficaces sur le plan énergétique, alimentés par des agrocarburants. Tous ces véhicules pourraient

88 Electrification Coalition, 2010.

également fonctionner au gaz naturel, qui alimente à travers le monde 15 à 20 % des autobus et des camions de la voirie. Et l'on trouve aujourd'hui des services d'autobus express – ce « métro de surface » testé pour la première fois à Curitiba, au Brésil, possédant les capacités d'un métro classique pour un dixième du coût d'un métro léger de surface – dans plus de 80 villes, principalement en Amérique du Sud ; il est aujourd'hui envisagé pour Los Angeles également. Le système BRT à Bogotá a été construit en trois ans et transportait un million de passagers par jour dès la sixième année. Même des systèmes de transport en commun encore plus onéreux coûtent bien moins cher que des systèmes basés sur la voiture.

Une nouvelle catégorie de train ultraléger, comme le CyberTran, inventé par l'Idaho National Laboratory, semble prometteuse en termes de réduction des coûts ; elle est en outre plus facile à installer et davantage polyvalente. Ses voitures étonnamment légères multiplient les économies de masse et de coûts grâce à un système de rails aériens. Les trains légers classiques présentent eux aussi un fort potentiel d'amélioration. Dans les années 1990, Danish State Railways (DSB) ont mis au point le S-train de Copenhague qui affiche une masse réduite de 46 % par siège, par rapport au modèle de 1986. Mais l'un des concepts les plus réussis en matière de métro léger et d'économies d'énergie nous vient d'Angleterre : il s'agit des stations du métro londonien volontairement conçues pour former une pente qui freine les rames lorsqu'elles arrivent et les accélère lorsqu'elles repartent.

L'acheminement des biens par le rail est une solution qui a fait ses preuves en matière d'efficacité énergétique. Depuis 1980, le fret ferroviaire américain a doublé, tandis que la consommation de carburant a à peine augmenté, grâce aux manettes de contrôle informatisées, à la propulsion électrique hybride, à des moteurs diesel efficaces sur le plan énergétique et à la commande du ralenti (on s'est aperçu en 1984 qu'une locomotive canadienne tournait au ralenti entre 54 et 83 % du temps en moyenne). Mais d'autres améliorations sont possibles : piles à combustible, électrification généralisée, aérodynamisme plus performant, diminution supplémentaire du ralenti et du freinage par récupération. Norfolk Southern a testé un prototype de locomotive de manœuvre de 1 500 chevaux qui fonctionne entièrement sur accumulateur, possède 24 heures d'autonomie et engendrerait le même coût de construction qu'une locomotive diesel classique[89]. Les ingénieurs chinois des trains à grande vitesse ont même inventé un moyen de prendre et de déposer des passagers sans devoir s'arrêter, grâce à une « cabine de connexion » que le train dépose à chaque gare, tandis qu'il en embarque une autre.

Les bateaux constituent un moyen efficace sur le plan énergétique de transporter des marchandises, mais ils consomment tout de même 1 % du carburant américain destiné aux transports. L'association à but non lucratif Carbon War Room[90] rassemble aujourd'hui des données sur le rendement énergétique de nombre de grands navires de haute mer, offrant la possibilité aux transporteurs de choisir les bateaux les plus efficaces énergétiquement. Des mises à niveau peu coûteuses permettent aussi d'accroître de 20 à 50 % l'efficacité énergétique des navires. Par exemple, le simple fait d'utiliser une peinture à faible coefficient de frottement quand un bateau a besoin d'être repeint dope son efficacité énergétique de 9 %. Certains armateurs ont en outre testé des modèles de voiles modernes pour remplacer le pétrole sur leurs navires de charge ; selon SkySails, les économies de carburant s'élèveraient à 35 %.

Les gains d'efficacité énergétique inspirés par la Défense

La compagnie aérienne numéro un aux États-Unis n'est pas civile puisqu'il s'agit du ministère américain de la Défense, le plus gros acheteur mondial de pétrole (utilisé à 75 % pour alimenter ses milliers d'avions) et d'énergies renouvelables. Ce ministère brûle directement quelque 360 000 barils par jour, soit 1,9 % de la consommation américaine de pétrole, à quoi il faut ajouter ce que ses fournisseurs consomment. Cela ne représente pas une quantité considérable de pétrole – le tout pourrait être fourni par deux plateformes du Golfe du Mexique – mais son *acheminement* jusqu'aux véhicules présents sur les zones

89 Norfolk Southern, 2009.

90 Carbon War Room, 2011.

de guerre est extrêmement coûteux en sang versé, en fonds publics et en capacités de combat affaiblies. Plus d'un millier de militaires américains ont trouvé la mort ces dix dernières années dans des attaques de convois transportant le plus souvent du carburant. Le simple coût monétaire de la livraison d'un litre de pétrole en Afghanistan se situe entre 7 et 12 dollars. Dans les avant-postes reculés, où le réapprovisionnement peut nécessiter quarante-cinq jours, l'acheminement peut coûter jusqu'à dix fois plus cher. Le coût livré du pétrole s'élève donc à environ 20 à 36 % du coût budgétaire total du déploiement dans ce pays.

La logistique, c'est-à-dire le fait d'acheminer des biens et particulièrement du carburant, emploie environ la moitié du personnel du Pentagone et consomme un tiers de son budget. C'est pourquoi le fait d'utiliser moins de pétrole à des fins militaires permettrait d'économiser des dizaines de milliards de dollars par an, et rendrait des divisions entières de logisticiens et de personnes chargées de la protection du carburant disponibles pour le combat. Pour la seule année 2010, le chauffage et la climatisation des structures militaires américaines inefficaces en Irak et en Afghanistan a coûté 20 *milliards* de dollars. En Irak, le simple fait d'appliquer de la mousse isolante d'une valeur de 95 millions de dollars sur des tentes, climatisées de façon inefficace avec une électricité tirée de générateurs au pétrole efficaces à 10 %, permet d'économiser environ 1 milliard de dollars par an et d'éviter à 11 000 camions-citernes de parcourir les routes. En Afghanistan, où aucune mousse n'a encore été appliquée, celle-ci est rentabilisée en cinquante et un jours dans une grande base militaire et en trois jours dans une base éloignée, et les coûts de construction *diminuent,* car la mousse coûte moins cher que l'électricité et les équipements de chauffage et de climatisation dont on peut alors se passer[91].

Jusqu'en 2010, le Pentagone ne prenait pas en compte les coûts et les risques très élevés de l'acheminement du carburant lors de l'achat de matériel. Aujourd'hui, il évalue le carburant économisé selon son coût *livré* total, qui peut être plusieurs centaines de fois plus élevé[92]. Voilà qui offre des perspectives

91 Anderson, 2011 ; Synovision Solutions, 2010.

92 Defense Science Board, 2008.

lucratives aux fournisseurs qui mettent au point des véhicules militaires innovants : c'est à qui trouvera et exploitera au plus vite les atouts concurrentiels en matière de concepts économes en énergie. Et ceux qui sont de plain-pied dans le secteur civil peuvent alors bénéficier de cette concurrence pour les besoins intérieurs.

Les personnes travaillant dans ou pour l'industrie aéronautique voudront, par exemple, suivre le développement des cellules ultralégères, des moteurs et de l'aérodynamisme avancés et de l'aile volante militaire à fuselage intégré qui peut emporter deux fois plus de poids sur deux fois plus de distance, en utilisant environ 80 à 89 % de carburant en moins par tonne-kilomètre, ou encore celui de l'appareil sans équipage capable de patrouiller cinquante heures durant en consommant 97 % de carburant en moins (fig. 2-22a, voir cahier central). Les autres projets incluent un appareil à rotor basculant trois fois plus rapide, mais doté d'une autonomie et d'un rendement énergétique cinq à six fois plus élevés que les plateformes classiques (fig. 2-22b, voir cahier central), et un dirigeable qui évolue au-delà des 20 000 pieds en consommant beaucoup moins de carburant que ses homologues classiques et lourds, et peut sans problème emporter vingt tonnes de chargement, voire potentiellement des centaines de tonnes en l'absence de toute infrastructure au sol (fig. 2-22c, voir cahier central). Les croisiéristes voudront faire mieux que les mises à jour proposées pour les navires et permettant d'économiser jusqu'à un sixième du carburant non-aéronautique de la marine, ou envisageront l'utilisation de vérins électriques qui, en remplaçant six systèmes hydrauliques sur un porte-avions, permettraient de faire l'économie de 630 tonnes, 5 700 m^2, 500 employés et entre 20 et 25 millions de dollars par an. Enfin, une nouvelle famille de véhicules blindés ultralégers (fig. 2-22d, voir cahier central) promet une protection quatre étoiles contre les bombes placées en bord de route et une agilité digne des grands pick-up, le tout pour un coût, une masse et une consommation de carburant inférieurs à ceux d'un Humvee.

La R&D militaire donne depuis longtemps naissance à des industries qui refaçonnent entièrement notre économie, qu'il s'agisse d'Internet, du GPS, des puces électroniques ou des moteurs d'avions. Le vif intérêt que le ministère de la Défense porte depuis peu au *fitness* et à la sobriété énergétique de ses plateformes terrestres, maritimes et aériennes aura forcément des répercussions sur les véhicules civils, ce qui va accélérer la transition du pays vers l'après-pétrole et peut-être procurer à ce ministère le plus gros atout qu'il ait jamais possédé en matière de sécurité nationale.

Les risques et responsabilités de nos forces armées s'en trouveraient alors transformés. Des plateformes légères et agiles peuvent aller plus loin, plus vite et sur une plus longue durée, nous fournissant des capacités de combat révolutionnaires et accélérant les économies de pétrole qui rendent ces mêmes capacités moins nécessaires[93]. Si l'on met un terme à la dépendance de l'Amérique au pétrole, et particulièrement au pétrole importé, la protection des pays producteurs peu stables et des itinéraires d'approvisionnement ne revêt plus la même importance. Si nos fils et nos filles sont allés à deux reprises combattre dans le Golfe Persique à bord de chars faisant du 470 l/100 km et de porte-avions parcourant l'équivalent de 1,37 m/l., c'est, entre autres, parce qu'aux États-Unis, nous en étions toujours à conduire des SUV consommant 15 l/100 km. Nous pourrions donc utilement saluer leur sacrifice en améliorant le rendement énergétique de notre armée ; cela rendrait ce type d'engagements moins nécessaire, apaiserait les tensions internationales, saperait l'autorité des divers tyrans de la planète et, au bout du compte, transformerait l'intervention dans le Golfe Persique en une « Mission Non Nécessaire ».

ALIMENTER NOS VÉHICULES AVEC UNE ÉNERGIE PLUS PROPRE

Même si nous prenons conscience de l'énorme potentiel que représentent une conception et une utilisation plus efficaces sur le plan énergétique de l'ensemble de la gamme des véhicules, il nous faut néanmoins faire avancer ces derniers grâce à des moyens plus propres et moins coûteux que le pétrole. Il existe heureusement quatre alternatives – l'électricité (qui va devenir beaucoup plus propre), l'hydrogène, le gaz naturel et les agrocarburants de dernière génération – qui offrent des solutions variées et sont compétitives.

93 Lovins, 2010a.

Faire le plein d'électricité

Aujourd'hui, lorsqu'on est au volant et que le voyant lumineux de l'essence s'allume, il est rare qu'on ne puisse pas trouver de station-service. On en compte plus de 110 000 aux États-Unis, ainsi que près de 150 raffineries, le tout alimenté par un réseau dense d'oléoducs et d'itinéraires d'acheminement par camion.

Mais comment faire quand vous conduisez un véhicule électrique et que vous allez de Los Angeles à San Francisco par l'autoroute 1 ? Tandis que vous vous émerveillez devant les paysages de Big Sur, vous constatez qu'il vous reste tellement peu de batterie que vous n'allez pas pouvoir rallier votre destination, surtout que vous devez encore traverser des reliefs assez escarpés. Et nulle part, vous ne pouvez recharger votre batterie.

Vous voilà confronté à une nouvelle source d'inquiétude de l'ère de la voiture électrique : « l'angoisse du manque d'autonomie[94] ». Elle s'était d'ailleurs emparée du tout premier acheteur de la Nissan Leaf, Olivier Chalouhi. Après toute la publicité faite au moment où il a récupéré sa voiture à Petaluma, en décembre 2010, et la séance photos qui a suivi à proximité du Golden Gate, Olivier Chalouhi s'est rendu compte qu'il n'avait plus que 60 km d'autonomie. Or, il lui restait précisément 60 km à faire pour rentrer chez lui. Il a donc dû s'arrêter à la mairie pour recharger sa batterie avant de pouvoir reprendre tranquillement sa route. Il n'est alors pas étonnant que lorsque 85 % des Américains, ayant répondu à un récent sondage de Nielsen, se prononcent en faveur des véhicules électriques, ils montrent néanmoins une nette préférence pour les hybrides rechargeables, qui ont en soutien un moteur embarqué, par rapport aux voitures à accumulateur[95].

Conclusion : tourner le dos au pétrole en adoptant les véhicules révolutionnaires + n'est pas qu'une question de conception d'automobiles. Pour celles qui ne tirent leur électricité que d'un accumulateur embarqué, il faut

94 Au moment de l'écriture de ce livre, General Motors tentait de déposer ce terme [« *range anxiety* » en anglais] à l'usage aujourd'hui répandu.

95 E Source, 2011.

aussi mettre en place des infrastructures pour les recharger, si possible à partir de sources d'énergie renouvelables.

Heureusement, les infrastructures de rechargement se développent rapidement et s'appuient sur des prises électriques intelligentes et standardisées. Des sociétés comme AeroVironment, Inc. ont non seulement mis au point des stations de recharge pour les particuliers et les entreprises, mais aussi une technologie qui devrait réduire le temps de chargement, de plusieurs heures à moins d'une heure pour une charge quasi complète. AeroVironment s'est associée à NRG Energy, un fournisseur d'énergie établi à Princeton, afin de créer un vaste « écosystème » électrique à Houston. NRG projette d'investir 10 millions de dollars dans un réseau de plus de cinquante stations de recharge rapide installées le long des autoroutes, dans les quartiers d'affaires, les centres commerciaux et sur les parkings des entreprises. Les clients de NRG ne sont pas tributaires d'un prix du carburant capricieux puisqu'ils payent un abonnement fixe pour un certain nombre de recharges. La Californie, elle aussi, accélère la construction d'un réseau de chargement rapide et de stations d'échange de batterie répartis sur l'ensemble de l'État. Les autres acteurs importants dans ce secteur sont Coulomb Technologies, GE, Schneider Electric et Better Place[96].

Il existe un moyen rentable de construire des infrastructures pour voitures électriques qui consiste à inclure l'installation des équipements de chargement dans les plannings habituels de travaux routiers ou de construction de parkings couverts. Cette idée, mise en avant par le programme Project Get Ready (PGR) du RMI, fait actuellement son chemin dans seize villes. L'une des villes partenaires de ce programme, Vancouver en Colombie-Britannique, a été la première au monde à réclamer la construction d'habitations mixtes, afin d'installer des conduites électriques pour les futures bornes de recharge. Certaines grosses sociétés envisagent même d'ajouter des bornes de recharge

96 Le record mondial du déploiement le plus rapide est sans doute détenu par le Portugal qui a installé plus de 1 100 bornes de recharge en à peine deux ans, des bornes qui ne sont jamais éloignées de plus de 130 km les unes des autres. Le pays espère électrifier 10 % de l'ensemble du parc automobile d'ici 2020 (Socrates, 2011).

à leurs parkings, alimentées le plus souvent par l'énergie solaire pour ne pas accroître le pic de charge du réseau en journée, et d'offrir des recharges pour attirer les clients.

Ces infrastructures de chargement pourraient en plus procurer un avantage inattendu aux propriétaires de véhicules électriques, et plus généralement à l'ensemble du système électrique. Les détenteurs d'automobiles rechargeables pourraient en effet revendre au réseau l'électricité qu'ils ont stockée lorsque c'est financièrement le plus intéressant, par exemple lorsque les fournisseurs éprouvent des difficultés à satisfaire la demande des centres-villes lors des chaudes après-midis d'été. Ainsi le deuxième bien le plus important des ménages américains pourrait-il rapporter de l'argent durant les 96 % du temps où il est en stationnement. Et, comme nous le verrons dans le chapitre 5, la capacité des fournisseurs d'électricité à puiser dans le « stock décentralisé » des automobiles en stationnement et à indiquer ou commander leur temps de chargement pour répondre aux besoins du réseau pourrait être extrêmement bénéfique à l'ensemble du système électrique. Les fiches de chargement standard actuelles sont dotées d'une communication bidirectionnelle afin que l'opération ne surcharge pas inutilement le réseau en période de pointe, que la tarification soit proportionnelle à la pénurie et que les propriétaires de véhicules qui revendent de l'énergie au réseau soient payés pour cette électricité et pour la légère usure de leur batterie.

La construction de nouvelles infrastructures va coûter cher. Selon certaines estimations, chaque nouveau véhicule électrique va nécessiter environ 1,1 borne de recharge, même si 80 % d'entre elles seront installées chez les particuliers et financées (elles coûteront environ 1500 dollars) par le propriétaire du véhicule. Les 20 % restants seront composés de stations de recharge sur les lieux de travail et de stations publiques, et leur coût sera compris entre 2000 dollars pour une unité de base et plusieurs dizaines de milliers de dollars pour une station à chargement rapide sur courant continu. Dans certaines zones, les systèmes de distribution devront être modernisés, surtout si le chargement en période de pointe n'est pas surtaxé. Enfin, des infrastructures financières permettront aux utilisateurs de régler par carte de crédit aussi facilement qu'à un guichet automatique.

Comparé à la construction de voies ferrées ou d'autoroutes, l'ajout d'infrastructures électriques est relativement aisé. L'électricité est présente partout et, comme nous le verrons dans le chapitre 5, nous en possédons suffisamment. Dans la plupart des cas, brancher une voiture rechargeable n'est pas plus difficile que d'acheter ou d'installer un nouvel appareil électrique.

La solution de l'hydrogène

Autre source d'électricité concurrentielle pour les voitures électriques : les piles à combustible. On a tous fait cette expérience en cours de chimie, consistant à faire passer un courant électrique dans de l'eau, qui se décompose alors en hydrogène et oxygène. Eh bien, les piles à combustible engendrent la réaction inverse : elles font réagir chimiquement de l'hydrogène avec de l'oxygène (de l'air) pour produire de l'électricité, de l'eau pure, de la chaleur et rien d'autre. Il n'y a pas de combustion. Les piles à combustible sont compactes, efficaces sur le plan énergétique, extrêmement fiables, coûteuses si elles sont fabriquées à l'unité, mais compétitives si elles sont fabriquées en série. L'hydrogène est stocké à 345 bars dans des réservoirs ultrarésistants et ultrasûrs en fibres de carbone, conçus dans les années 1990. Pour le ravitaillement, on procède exactement comme avec le gaz naturel comprimé (GNC), dont il est question plus bas pour les poids lourds (qui, eux aussi, pourraient utiliser à la place de l'hydrogène comprimé).

Plusieurs études officielles et certains décideurs affirment que l'utilisation de véhicules fonctionnant à l'hydrogène n'est pas réaliste. Mais ces études ont toutes pris pour référence des véhicules non adaptés, qui nécessitent des piles à combustible inabordables, parce que très grosses, et des réservoirs impossibles à utiliser, parce que trop volumineux. Le *fitness* des véhicules permet de résoudre ce problème[97] sans avoir à inventer de technologie de stockage, faisant de l'hydrogène une solution techniquement viable et économiquement compétitive, qui est au moins aussi sûre que l'essence et représente,

97 Lovins et Cramer, 2004 ; Lovins et al., 2004, p. 230-42.

selon la source dont provient l'hydrogène, un carburant automobile peu ou pas polluant ni nocif pour le climat[98].

L'hydrogène des voitures serait produit dans des stations-services à partir de gaz naturel et à l'aide de « reformeurs » miniatures et efficaces sur le plan énergétique, qui sont déjà en production et émettent deux à trois fois moins de CO_2 par kilomètre que les voitures à essence actuelles. Les agrocarburants, non nocifs pour le climat, pourraient eux aussi être reformés si l'électricité tirée de sources renouvelables ou l'utilisation directe de la lumière solaire pour décomposer l'eau ne deviennent pas à terme encore moins chères. Ni le coût ni les délais ne posent problème : il y a dix ans, la société Shell-Allemagne a ainsi affirmé qu'elle pourrait approvisionner en hydrogène toutes les stations-services allemandes en deux ans[99], c'est-à-dire faire aussi vite que le Portugal et son réseau national de bornes de recharge pour véhicules électriques.

Le problème prétendument insoluble des infrastructures liées à l'hydrogène, qui n'est pas sans rappeler celui de la poule et de l'œuf, et selon lequel on ne vendrait pas de véhicules tant qu'il n'y aurait pas d'infrastructures, mais qu'il n'y aurait pas d'infrastructures tant qu'il n'y aurait pas d'acheteurs, a été résolu en 1999[100]. GM et des experts indépendants se sont même aperçus qu'un déploiement à l'échelle nationale coûterait moins cher que d'entretenir une capacité équivalente en pétrole[101]. Une étude de McKinsey, réalisée en 2010, est venue confirmer que la production d'hydrogène et les infrastructures de ravitaillement nécessaires ne coûteraient qu'environ 5 % du prix des véhicules qu'elles alimentent[102]. Et lorsqu'on lui a demandé si les

98 Lovins, 2003.

99 Lovins *et al.*, 2004, p. 237.

100 Lovins, 2003.

101 Lovins *et al.*, 2004, p. 237 ; Thomas, 2004-2010.

102 McKinsey | Company, 2010a. La technologie relative à l'hydrogène est arrivée à maturité, les deux tiers des atomes de combustibles fossiles brûlés aujourd'hui étant de l'hydrogène. La planète produit d'ores et déjà assez d'hydrogène, principalement pour le raffinage et d'autres applications chimiques, afin d'alimenter un parc de véhicules routiers américains très efficaces sur le plan énergétique, même si une production aussi centralisée afficherait sans doute un coût à la livraison plus élevé qu'une production décentralisée (Lovins, 2003).

voitures à piles à combustible allaient débarquer sur le marché dans dix, vingt ou cinquante ans, le directeur général de Lexus[103] aux États-Unis a répondu : « Cela arrivera beaucoup plus vite que vous ne le pensez[104]. »

On peut également utiliser de l'hydrogène liquide froid pour les avions. Bien qu'il soit volumineux, il possède 6,17 fois plus d'énergie au kilo que le carburant classique. L'armée de l'air américaine et de grands avionneurs ont confirmé la faisabilité et la sûreté de ces « cryo-avions », et Boeing a développé le « Phantom Eye », un avion-espion dont l'hydrogène permet d'augmenter le temps en vol de 60 %. L'avionneur américain a en outre effectué avec succès des vols d'essai d'un appareil deux places à pile à combustible en 2008. L'hydrogène liquide pourrait même alimenter les moteurs électriques hautement efficaces énergétiquement, légers et supraconducteurs qui font tourner les hélices modernes, et pourrait constituer la recette de l'efficacité énergétique à long terme, dépassant celle, déjà multipliée par trois, des avions avancés actuels[105] ; cette efficacité énergétique pourrait même être augmentée grâce à des cellules solaires ultralégères embarquées.

Du gaz naturel sur les routes

Contrairement aux voitures, les camions longue distance très efficaces sur le plan énergétique ne peuvent pas encore être électrifiés de façon rentable. Normalement, ils devraient consommer du biodiesel, avec une option à plus long terme qui est celle des piles à hydrogène. Mais à court et moyen terme, l'abandon du diesel pour le gaz naturel permettrait d'économiser de l'argent et de réduire les émissions de gaz à effet de serre des camions de 20 à 30 %.

103 Constructeur automobile, créé en 1987 par Toyota.

104 *New York Times*, 2010 ; Lovins et Cramer, 2004, 50-85 ; Lovins *et al.*, 2004, p. 230-42.

105 Lovins *et al.*, 2004, p. 239.

Ils pourraient même se passer totalement des combustibles fossiles en consommant du « gaz naturel de source renouvelable », à savoir tiré des décharges, des usines de traitement des eaux usées et des effluents d'élevage.

La technologie a fait ses preuves : plus de 12 millions de véhicules dans le monde fonctionnent aujourd'hui au GNC qui, en 2010, était en moyenne 42 % moins cher que le diesel américain par unité d'énergie. Le GNC est quatre fois plus volumineux que le diesel, ce qui le rend inutilisable par les poids lourds longue distance, mais il est adapté aux camions deux à trois fois plus efficaces sur le plan énergétique, car la taille des réservoirs baisse proportionnellement. Et bientôt, des réservoirs légers intégrés permettront à des camions moins efficaces de transporter davantage de GNC.

Autre solution : le gaz naturel liquéfié (GNL), plus cher mais 2,4 fois moins volumineux que le GNC, et dont les prix sont de plus en plus compétitifs par rapport à ceux du diesel. Le coût estimé de la conversion d'un camion longue distance au GNL est d'environ 70 000 dollars. Avec un coût du gaz naturel inférieur de 0,75 dollar à la quantité de diesel équivalente (comme c'est le cas aujourd'hui en Californie), un camion longue distance peut avoir rentabilisé la conversion au bout d'environ cinq ans en moyenne. Et avec un coût inférieur de 1,50 dollar, l'investissement est rentabilisé en deux ans seulement[106].

Les inconvénients ? Il existe des problèmes en matière de sécurité[107]. Le GNL doit être contenu dans des réservoirs isolés sous vide à - 163 °C. S'il s'échappe, il peut détruire des matériaux comme l'acier et former au sol une couche de gaz extrêmement froid, mais hautement inflammable. Les nouveaux réservoirs composites conçus, entre autres, par BMW réduisent les coûts et améliorent la sécurité, mais ce gaz pourrait néanmoins être sciemment répandu afin de déclencher des tempêtes de feu au niveau du sol, qui sont pires que celles causées par le propane ou l'essence, et dont le transport par camions-citernes pose déjà des problèmes de sécurité.

106 Krupnick, 2010.

107 Lovins et Lovins, 1982, p. 87-99.

La rareté des infrastructures constitue un autre inconvénient. Des dizaines de milliers de stations-services supplémentaires seront nécessaires si une grande quantité de véhicules diesel optent pour le gaz naturel ; or le coût des infrastructures de GNL est encore plus élevé que celui des infrastructures de GNC. Les systèmes de ravitaillement en gaz naturel étant particulièrement adaptés aux parcs dont l'approvisionnement est centralisé, comme ceux des bus ou des camions de livraison, il n'est pas judicieux d'essayer de placer des stations partout où les camions se rendent. Pour des raisons de sécurité et du fait que le gaz naturel (méthane) est plus de 20 fois plus nocif pour l'effet de serre que le CO_2, il faudra prendre les précautions techniques nécessaires et respecter certaines procédures lors de la multiplication des stations de ravitaillement, afin d'éviter les fuites.

Toutes ces difficultés de ravitaillement pour les poids lourds pourraient être surmontées, et les marchandises pourraient être transportées avec beaucoup moins de carburant, sans pétrole et, à terme, sans combustibles fossiles non plus. Les économies de pétrole qui en découleraient – 18 % de la consommation américaine totale actuelle – représenteraient la principale avancée non automobile vers un pays débarrassé du pétrole en 2050. Et plus nous économiserons et diversifierons le carburant des camions, moins la pression sera grande sur une solution qui fait figure de filet de sécurité : les agrocarburants.

Puiser dans les agrocarburants

Leilani Münter est l'une des dix meilleurs coureurs automobiles au monde. Elle a été admise à participer à Daytona à partir de 2006 et est devenue une figure incontournable des courses de la NASCAR, l'événement sportif suivi aux États-Unis par 100 millions de spectateurs. Mais elle a aussi été qualifiée par le magazine *Newsweek* de « surprenante par ses idées écologistes » et a été classée au rang d'éco-athlète numéro un de la chaîne câblée Planet Green. La raison ? À chacune de ses courses, elle achète et protège un demi-hectare de forêt tropicale pour compenser son empreinte carbone. Et elle a aujourd'hui pour mission de convertir toute la NASCAR aux agrocarburants.

Comme nous le constatons à travers ce chapitre, quel que soit le rythme auquel nous parviendrons à réaliser de considérables économies de carburant, nous aurons toujours besoin de carburant liquide, en grandes quantités et pendant encore plusieurs dizaines d'années. Nous venons de le voir, les avions et les poids lourds ne peuvent pas encore être électrifiés de façon rentable, et les concepts utilisant l'hydrogène rencontrent des obstacles temporaires. Mais partout où l'électricité et l'hydrogène ne pourront pas remplacer le pétrole, les agrocarburants pourront s'en charger. Grâce aux récentes avancées technologiques, l'éthanol, le diesel vert et d'autres agrocarburants peuvent remplir toutes les fonctions actuelles du pétrole, y compris alimenter des voitures de course comme celle de Leilani.

Mais de quelles quantités d'agrocarburants avons-nous besoin ? Quel type d'agrocarburant privilégier ? Et où se le procurer ?

Si nous progressons rapidement sur la voie des voitures révolutionnaires + et d'autres types de véhicules bénéficiant d'une amélioration spectaculaire et sur celle des modes d'utilisation plus intelligents, nous pouvons réduire la quantité totale de carburant liquide nécessaire à la mobilité en 2050 à environ 3,1 millions de barils par jour (fig. 2-23). Seuls 20 % de cette demande résiduelle concerneraient les automobiles. 40 % seraient consacrés aux poids lourds et 25 % aux avions. Les 15 % restants seraient consommés par les bus, l'armée, les camions de classe moyenne, les trains, les bateaux et les pipelines. Les agrocarburants sont-ils en mesure de satisfaire cette demande à des prix compétitifs sans nuire à l'approvisionnement alimentaire de la planète ni à l'environnement ?

FIG. 2-23 – Potentiel d'économies de carburant du secteur américain des transports, 2010-2050

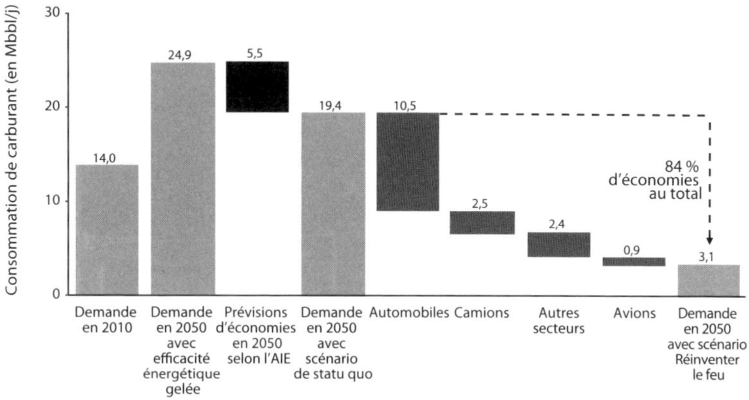

En 2050, les automobiles, camions, avions, bus et trains auront encore besoin d'environ 3 Mbbl/j de carburant pour rouler[108].

Les cultures d'agrocarburants

Dans les cuves géantes remplies de végétaux que l'on trouve un peu partout aux États-Unis, la levure transforme le sucre du maïs en éthanol, selon un processus de fermentation vieux comme le monde. Cette première génération d'agrocarburants représente aujourd'hui une manne financière. Les producteurs américains d'éthanol en ont en effet produit 50 milliards de litres en 2010, soit l'équivalent de 600 000 barils de pétrole par jour[109]. Cela représente un cinquième des besoins de la mobilité en 2050, ce qui fait que cette technologie de première génération ne peut répondre à l'ensemble de la demande ; elle n'est, en outre, pas adaptée à certains moyens de transport (les avions),

108 Analyse du RMI.

109 Renewable Fuels Association, 2010.

et ces cultures pourraient se développer au détriment de la production alimentaire, même si des aliments sont produits au cours du processus.

En revanche, les agrocarburants de deuxième génération, qui peuvent être fabriqués à partir de résidus de cultures ou de plantes énergétiques employées exclusivement à cette fin, et cultivées sur des terres qui ne sont pas prises sur des surfaces de cultures maraîchères, permettent d'éviter les conflits entre nourriture et carburant, qui surviennent lorsque le maïs ou le soja sont cultivés pour alimenter les moteurs[110]. Dissocier carburants et aliments permet en outre d'éviter que les prix alimentaires ne soient liés au prix du pétrole.

L'éthanol de deuxième génération peut être fabriqué à partir de résidus de cultures comme les feuilles de maïs, les tiges, les cosses et les rafles ou de plantes non comestibles comme l'herbe des prés. Cet « éthanol cellulosique » ne serait cependant pas la panacée. En effet, l'éthanol pur n'est pas adapté aux climats froids, donc sa vente aux États-Unis ne pourrait être que saisonnière et régionale. Mais ce n'est pas une raison pour ne pas doter les nouvelles automobiles des capacités à le brûler. Une « norme multi-carburants » (une proposition réitérée par les deux camps au Congrès depuis 2009) imposerait que tous les nouveaux véhicules aient la capacité de s'adapter, c'est-à-dire de brûler différents mélanges d'éthanol et d'essence[111]. Bien évidemment, des normes sur l'éthanol n'offriraient pas à elles seules une garantie contre la volatilité des prix alimentaires, qui résulte de la production de cet alcool à partir de denrées comestibles. La refonte des subventions accordées à l'éthanol de maïs et de soja aux États-Unis engendrerait une concurrence plus saine entre des matières premières cellulosiques moins chères, ce qui accélérerait le passage à des carburants non produits à partir de ressources alimentaires. Mais la suppression de toutes les subventions agricoles serait, à terme, encore plus efficace.

110 Mentionnons cependant un sous-produit de grande valeur résultant de la production d'éthanol, les drêches de distillerie séchées, dont se nourrit le bétail.

111 De nombreux constructeurs automobiles fabriquent déjà des voitures « tous carburants », c'est-à-dire capables de brûler n'importe quoi depuis l'éthanol pur jusqu'à l'essence pure ; elles sont destinées à l'exportation et notamment au Brésil, pays qui impose l'adoption de l'éthanol. La concurrence entre les carburants s'en trouve donc accrue, car personne n'a de clients captifs prisonniers d'un certain type de carburant.

Chercheurs et entreprises font des progrès, non seulement en matière d'éthanol cellulosique, mais aussi de carburants « prêts à l'emploi », totalement identiques sur le plan chimique et fonctionnel aux huiles moyennes de pétrole utilisées dans les camions et les avions. Ces progrès sont synonymes d'atouts importants en matière de lutte contre le changement climatique, car ces carburants émettent 60 à 120 % de gaz à effet de serre en moins sur leur cycle de vie que les combustibles fossiles, ce qui est beaucoup mieux que l'éthanol ou le biodiesel. (Les 120 % traduisent la capacité de ces solutions à prélever le CO_2 de l'air, à le restituer à la terre, et à rétribuer en conséquence les agriculteurs qui s'emploient à cette tâche[112].)

Au total, les agrocarburants de deuxième génération distribués *via* les infrastructures existantes, et utilisés dans les moteurs actuels pourraient alimenter tous nos modes de transport terrestres, maritimes et aériens d'ici 2050, s'ils ne sont pas devancés par le gaz naturel, l'électricité et l'hydrogène. La répartition qui se fera entre eux est impossible à prévoir et trouvera son équilibre sur un marché sain. Mais avons-nous assez de terres et d'eau pour faire pousser les cultures qui devront donner trois millions de barils d'agrocarburant par jour ? Peut-on les cultiver sans prendre de terres aux cultures alimentaires qui doivent nourrir une population grandissante et faire face à une demande mondiale en constante augmentation ? Un tel mode de culture est-il soutenable ?

Selon une analyse des ministères américains de l'Agriculture et de l'Énergie réalisée en 2005, les terres agricoles des États-Unis peuvent fournir chaque année, de façon durable, plus d'un milliard de tonnes sèches de biomasse non comestible, c'est-à-dire assez pour fabriquer 3 Mbbl/j de carburant, sans que les habitants de la planète aient moins de nourriture dans leur assiette. La moitié environ de ce milliard de tonnes serait constituée de résidus de cultures, comme les tiges et les feuilles de maïs. Le reste consisterait essentiellement en déchets municipaux et en cultures énergétiques pérennes non comestibles comme le panic raide (une plante herbacée)[113].

112 Agence internationale de l'énergie, 2010b.

113 Perlack, Wright et Turhollow, 2005.

Mais pourquoi nous en tenir à la seule agriculture ? Les États-Unis disposent de 250 millions d'hectares de forêts qui couvrent un cinquième du pays. L'exploitation de débris de bois, de résidus d'élagage ou d'autres produits forestiers peut permettre la production de 400 millions de tonnes sèches de matière première par an, soit 1,3 Mbbl/j d'agrocarburants supplémentaires. La figure 2-24 montre le volume de chacune de ces matières premières et leurs coûts relatifs en tablant sur certains progrès technologiques accomplis d'ici 2050, selon les trois grandes catégories de processus de conversion.

FIG. 2-24 – Courbes d'approvisionnement en agrocarburants

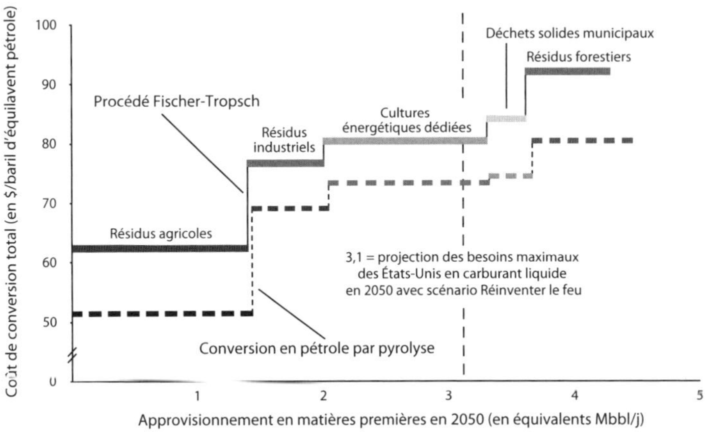

Les agrocarburants de deuxième génération (qui n'incluent pas les carburants dérivés des algues) pourraient fournir au total plus de 4 Mbbl/j en 2050, pour un coût non subventionné (net des gains tirés des coproduits) inférieur aux projections sur les prix du pétrole. L'éthanol cellulosique, qui n'est pas montré ici, se situe entre les deux courbes des processus thermochimiques et présente un rendement légèrement supérieur, ce qui donne un approvisionnement total de 4,7 Mbbl/j. Pour plus de détails, www.reinventingfire.com[114].

114 Analyse par le RMI de l'Agence internationale de l'énergie, 2010b, et Perlack, Wright et Turhollow, 2005.

La production d'agrocarburants avancés peut être plus efficace sur le plan énergétique que la fermentation du maïs pour obtenir de l'éthanol. Plusieurs méthodes montrent une efficacité énergétique de 45 à 75 % dans la conversion des matières premières en énergie motrice, quand l'éthanol produit à partir de drêches n'affiche qu'une efficacité de 38 %. En outre, certains procédés donnent naissance à des sous-produits valorisables. Le sous-produit de la gazéification thermochimique réduit ainsi le coût effectif par baril d'équivalent pétrole d'environ 10 dollars. Il existe des procédés de conversion biologique transformant le sucre en carburant qui peuvent aussi engendrer toutes sortes de produits chimiques spécifiques pouvant valoir jusqu'à 5 000 dollars/tonne, soit beaucoup plus que l'éthanol. Il pourrait aussi être possible, à terme, d'appliquer une conception par approche globale afin de créer des bioraffineries qui regroupent les technologies de conversion des agrocarburants, les exploitations agricoles, la production de produits chimiques fins et celle d'algues au sein d'installations hautement rentables et avec zéro émission.

La troisième génération : les algocarburants

Des sociétés comme DuPont Danisco Cellulosic Ethanol construisent des usines pour produire de l'éthanol à partir du panic raide à des fins commerciales[115]. D'autres géants de l'industrie tels que Shell, BP et Dow se sont lancés dans la course à l'éthanol cellulosique, tout comme Amyris et LS9 financés par des fonds privés. Et tandis que ces agrocarburants de deuxième génération progressent, des personnalités audacieuses comme Bill Gates ou Pierre Omidyar, des entrepreneurs, de grands groupes pétroliers[116] (Exxon, Chevron, BP, Valero) et certains États commencent à investir dans une matière première plus exotique : les algues. La raison ? Les algocarburants pourraient faire faire un grand bond en avant à la production d'agrocarburants. Les plus convaincus affirment que les algues peuvent transformer 217 tonnes de

115 DuPont Danisco Cellulosic Ethanol LLC,.2010.

116 Korosec, 2010 ; British Petroleum, 2010b ; Foroohar, 2010.

CO_2 en presque 76 000 litres de pétrole, 37 tonnes de protéines et la même quantité de biomasse par hectare (contre environ 3 000 à 4 000 litres de pétrole avec le maïs ou la canne à sucre et 8 300 litres avec le panic raide). Si des rendements pareils sont possibles, un hectare d'algues pourrait générer 100 000 dollars par an, soit un ordre de grandeur supérieur à tous les autres types de production de biomasse terrestre et ce, sans même nécessiter la moindre parcelle de terre[117].

À l'instar des véhicules à piles à combustible révolutionnaires +, des camions fonctionnant à l'hydrogène et des concepts avancés d'avions, tous les stades de production et de traitement des algues doivent relever d'importants défis technologiques. Les algues cultivées de façon intensive en bassins ouverts affichent un meilleur rendement que les cultures énergétiques classiques[118], mais cette méthode nécessite des terrains plats, de l'eau, du soleil, mais aussi et surtout du CO_2, ce qui pourrait limiter ce type de production à un nombre plus réduit de sites qu'en cultivant des matières premières terrestres. D'autres méthodes consistent à faire pousser des algues en intérieur dans des photobioréacteurs, en utilisant une lumière solaire artificielle, et à cultiver des algues « hétérotrophes » qui poussent dans l'obscurité. Pour l'instant, ces méthodes ont un potentiel de rentabilité plus élevé que la culture des algues en bassins ouverts.

Malgré les difficultés technologiques qui freinent la rentabilité de la culture des algues à grande échelle, un certain nombre d'entreprises espèrent acquérir une capacité de production commerciale au cours des cinq prochaines années (voir l'encadré « Les innovations en matière d'agrocarburants »). Les progrès réalisés en matière de modification génétique devraient permettre d'augmenter les rendements. Selon le ministère de l'Énergie, 1,4 Mbbl/j d'agrocarburants pourraient être produits à partir des algues d'ici 2050.

117 Le spécialiste des algues à la Smithsonian Institution, le Dr Walter Adey, a mis au point une méthode encore moins chère pour fabriquer des carburants à partir d'algues, tout en nettoyant les lacs et les cours d'eau (Adey, 2008-2009).

118 Mis à part la canne à sucre (*Arenga pinnata*), dont il est question dans le chapitre 6 ; voir note p. 712.

En attendant que les agrocarburants de deuxième génération et que les algocarburants soient disponibles, les secteurs militaire et aérien commencent à tester la compatibilité des moteurs, la consistance des carburants, leurs performances, ainsi que la logistique. Certaines compagnies aériennes ont même décidé de sauter l'étape des tests isolés : la Lufthansa brûle ainsi un mélange composé pour moitié d'agrocarburants dans l'un des deux réacteurs des appareils, assurant quatre fois par jour la liaison entre Francfort et Hambourg. En décembre 2010, suite à plusieurs vols d'essai effectués avec succès dans le monde entier à partir de cellules et de réacteurs différents, l'important organisme de normalisation qu'est l'ASTM a donné son feu vert à des mélanges composés à 50 % d'agrocarburants pour les vols commerciaux. La marine et l'armée de l'air américaines ont toutes deux fait voler des avions de combat supersoniques alimentés pour moitié par du carburant classique et pour l'autre par un agrocarburant dérivé d'une plante de la famille de la moutarde. L'armée de l'air espère que d'ici 2016, la moitié de ses appareils intérieurs fonctionneront sans pétrole ; la marine a pour objectif d'utiliser un Strike Group ne fonctionnant pas au pétrole et, d'ici 2020, de présenter une flotte débarrassée à 50 % de ce combustible fossile.

LES INNOVATIONS EN MATIÈRE D'AGROCARBURANTS

Un grand nombre d'entreprises essaient à l'heure actuelle de relever les défis liés aux algocarburants et aux agrocarburants de deuxième génération. En voici quelques-unes :

• **Solazyme** *produit des algues grâce à des microbes génétiquement modifiés, qui se nourrissent de sucre dans de vastes bouilloires à fermentation. Les algues sont ensuite pressées pour en extraire l'huile. En 2010, la marine américaine a commandé 570 000 litres de ce carburant aéronautique à Solazyme.*

• **Sapphire Energy** *a récemment innové en cultivant des algues génétiquement modifiées sur 150 hectares de bassins dans le Nouveau-Mexique.*

Les sous-produits de cette culture, tels que les protéines et les substances nutritives, sont conservés sur place pour accroître la production d'algues. Cet établissement test devrait produire 3,8 millions de litres d'algocarburants par an d'ici 2012.

• **La société allemande Choren** *a construit une vaste usine afin de convertir 68 000 tonnes de biomasse par an en 18 millions de litres de diesel et 45 MW d'électricité, grâce à une méthode BTL (transformation de la biomasse en liquide) qui consiste à gazéifier la matière première, puis à convertir le gaz de synthèse obtenu en un carburant de deuxième génération avec le procédé Fischer-Tropsch.*

• *Grâce aux subventions fédérales de relance 2009, Rentech, dans le Colorado, construit actuellement une usine pilote qui produira chaque année 34 millions de litres d'un diesel vert de synthèse et 35 MW d'électricité propre.*

De nouveaux modèles économiques

Le rapide essor des agrocarburants est générateur de défis, mais aussi de perspectives pour l'industrie du pétrole, et des choix difficiles s'imposent parfois. Les sociétés pétrolières et les raffineurs doivent-ils privilégier les combustibles fossiles ou se diriger vers les agrocarburants ? S'ils optent pour la seconde solution, doivent-ils produire de l'éthanol ou bien des carburants plus proches des hydrocarbures (comme le butanol), qui sont compatibles avec les gigantesques infrastructures déjà en place ? Les choix diffèrent selon les sociétés. Le géant du raffinage Valero Energy s'est, par exemple, précipité pour racheter à un prix dérisoire les usines de production d'éthanol de maïs à VeraSun lorsque ce dernier a fait faillite en 2008. Et en 2010, BP a racheté Verenium, une importante entreprise de production d'agrocarburants de deuxième génération.

Sur le plan agricole, le passage à des agrocarburants avancés réduira la demande de cultures comestibles, mais accroîtra celle de résidus de cultures, de plantes pérennes et d'arbres. Le développement potentiel des algues pourrait diminuer les surfaces de terres nécessaires pour répondre à la demande résiduelle de carburant de la part du secteur américain des transports, tout en augmentant l'approvisionnement en alimentation pour animaux. Ainsi, si les agrocarburants de première génération nous plaçaient face à un dilemme entre carburant et nourriture, les agrocarburants avancés devraient-ils nous permettre d'avoir carburant ET fourrage.

CONCLUSION : UNE MEILLEURE MOBILITÉ, POUR UN COÛT MOINDRE ET SANS PÉTROLE

Nous avons expliqué dans ce chapitre comment faire en sorte que le système américain des transports continue à fonctionner, à se développer et à s'améliorer, le tout sans pétrole. D'ici 2050, nous devrions conduire des véhicules superefficaces sur le plan énergétique, et alimentés par un mix modulable fait d'électricité, d'hydrogène et d'agrocarburants durables (et, si besoin, de gaz naturel pour les camions), et nous devrions les utiliser de façon bien plus productive. Afin de faire avancer nos poids lourds et nos avions, toujours plus efficaces, nous devrions avoir besoin tout au plus de l'équivalent en agrocarburants de 3,1 millions de barils de pétrole par jour. Cela représente moins de cinq fois le volume de l'industrie américaine des agrocarburants, qui n'a contribué qu'à hauteur de 3 % au carburant des transports en 2010.

Ce nouveau système de transports serait non seulement plus propre et plus efficace, atténuant la menace de la dépendance au pétrole et du changement climatique, mais son fonctionnement coûterait plusieurs milliers de milliards de dollars de moins que si nous continuions comme aujourd'hui. En prenant tous les paramètres en compte, la transition vers des véhicules, des camions et des avions plus efficaces sur le plan énergétique, accompagnée d'une modification de la façon dont nous utilisons ces véhicules, représente un investissement de 2 000 milliards de dollars pour une économie de 5 800 milliards de dollars (fig. 2-25).

FIG. 2-25 – Montant des économies dans le secteur américain des transports, 2010-2050

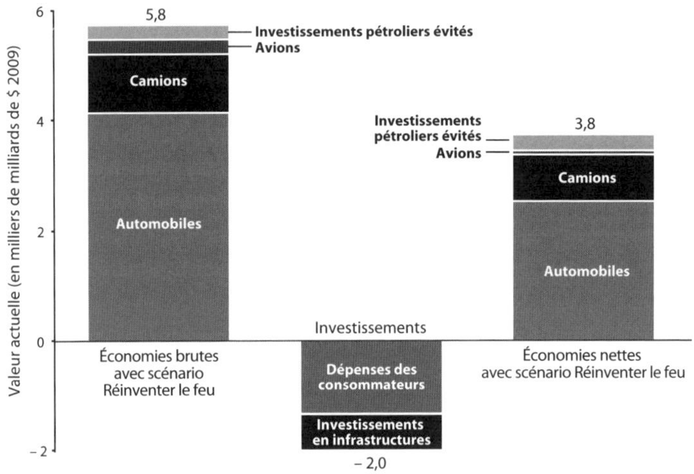

Les économies de 3 800 milliards de dollars en valeur actuelle nette (VAN) 2010 incluent le coût de construction des infrastructures destinées à approvisionner un parc de véhicules alimentés par un mix d'électricité et d'hydrogène d'ici 2050 (la composition exacte du mix n'a pas d'importance). Sur ces quarante années, les véhicules génèrent une économie de 4 000 milliards de dollars en VAN (dont 400 milliards dus à une utilisation améliorée), les camions, une économie d'environ 800 milliards et les avions, quelque 100 milliards. Sont évités environ 270 milliards de dollars d'investissements dans l'approvisionnement domestique en pétrole[119].

Il est possible de renoncer au pétrole dans les transports d'ici 2050 (fig. 2-26), mais la tâche est ardue. Cela ne sera ni facile ni immédiat. Il faudra venir à bout de l'inertie en actionnant les forces dynamisantes des constructeurs automobiles, des lotisseurs, des entrepreneurs spécialisés dans les technologies de l'information et de toute autre personne désireuse de faire fortune grâce à

119 Analyse du RMI.

de bonnes idées. L'innovation devra être rapide. Ce n'est pas facile de créer des véhicules performants, sûrs, nerveux et séduisants qui consomment l'équivalent de 0,98 à 1,88 l/100 km en maintenant des prix susceptibles de plaire aux consommateurs. Il n'est pas non plus aisé de repenser les autres véhicules et les systèmes de transport, ni de modifier les comportements humains. Toutefois, il reste plus facile d'affronter l'innovation que les conséquences de l'inaction. Ces objectifs ambitieux sont à la fois réalistes et rentables, et certains pionniers dans le système de transport américain se sont déjà lancés dans l'aventure.

FIG. 2-26 – Projection de la baisse de consommation de carburant par le secteur américain des transports, 2010-2050

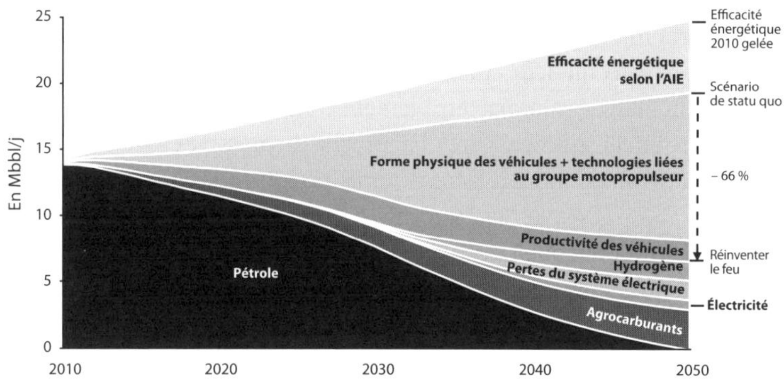

Le système américain des transports pourra se passer de pétrole en 2050 s'il utilise de façon productive les véhicules superefficaces sur le plan énergétique pour fournir le même service, pour un coût et un risque inférieurs. Le mix énergétique d'électricité, d'hydrogène, de gaz naturel et d'agrocarburants avancés, dont une version est présentée ici, ne peut être déterminé à l'avance, mais il est très souple et peut soutenir une forte concurrence jusqu'en 2050 et bien au-delà. Si l'hydrogène qui figure ici est entièrement reformé à partir du gaz naturel, il proviendra pour moitié du gaz et pour moitié de la vapeur[120].

120 Analyse du RMI.

Voici trois approches décisives permettant aux entreprises de montrer la voie :

Conduire la transition vers les véhicules superefficaces sur le plan énergétique.

La marge de progression reste énorme en matière d'efficacité énergétique. Les avionneurs ont avancé à pas de géant, mais ils doivent concevoir des appareils radicalement différents. Les constructeurs automobiles doivent entrer dans le cercle vertueux de l'allègement maximal, de la conception par approche globale et de l'électrification, afin de produire des véhicules révolutionnaires + qui soient sûrs et abordables ; les principaux obstacles sont davantage culturels que technologiques ou économiques. Les poids lourds et autres transporteurs doivent pouvoir acheminer plus de masse en consommant moins de carburant. Les pionniers, et ceux qui leur emboiteront rapidement le pas, en récolteront les fruits sur un marché mondial terriblement concurrentiel. Alors que les risques doivent être intelligemment gérés, l'approche progressive est la stratégie la plus risquée, tandis que le choix de la transformation constitue la stratégie la plus sûre.

Nous aurons besoin de dirigeants résolus et inspirés, et certains sortent déjà du lot, surtout depuis que le quasi-effondrement de l'industrie automobile a engendré une fantastique concentration des cerveaux. Faire naître une culture de l'innovation et instaurer une vision à long terme de la production à grande échelle de produits révolutionnaires sera l'affaire des meilleurs. Les retardataires prendront le risque de devoir rattraper leurs concurrents déjà bien installés en bas des trois courbes d'expérience synergiques. Les premiers pourront récolter des profits en monopolisant des parts de marché et des chaînes d'approvisionnement, et acquérir ainsi une réputation de spécialistes des technologies de pointe. Tous ceux qui ne se positionneront pas immédiatement derrière les premiers, dans le cadre de cette concurrence effrénée et multidimensionnelle, ont toutes les chances d'être relégués au rang d'entreprises du passé.

Investir dans les technologies et les différents types de carburants.

Nous aurons sans doute besoin, dans une certaine mesure, de toutes les technologies automobiles et alternatives en matière de carburants, présentées dans ce chapitre, pour passer à une mobilité sans pétrole. Toutes ne seront peut-être pas nécessaires au bout du compte, mais leur diversité, notamment celle des groupes motopropulseurs et des carburants, est une solide garantie contre l'échec. Cela signifie investir dès aujourd'hui, tous azimuts, dans les procédés de fabrication à base de matériaux composites avancés comme dans les moteurs-roues légers, dans les batteries comme dans les piles à combustible et les agrocarburants de demain. Jeter le filet plus loin permet de réduire les risques, de multiplier les chances et de stimuler la concurrence.

Ainsi investir dans les précurseurs et la production de fibres de carbone à bas coût permettrait-il aux États-Unis de se positionner en fournisseurs incontournables de cette matière première essentielle (rivalisant avec le Japon, la Chine et l'Europe), et réduirait les coûts pour les constructeurs de véhicules. Soutenir le développement de fibres naturelles et de précurseurs alternatifs comme l'oléfine permettrait de dissocier la production de fibres de carbone du pétrole et de son coût. Les constructeurs doivent investir dans le rééquipement et les innovations de fabrication, afin de diminuer les temps de production de structures composites avancées, un secteur négligé par les capitaux à risques. Les entreprises naissantes, avec l'aide de capitaux annexes, pourraient pénétrer le marché en concevant et en faisant breveter de nouvelles technologies automobiles. L'investissement dans des *start-up* spécialisées dans les services, et fournissant de la mobilité plutôt que des véhicules et du carburant, dans des modèles économiques d'autopartage et de vélopartage et dans des sociétés de technologie de l'information offrirait la possibilité aux entreprises d'étoffer leur parc. Cela encouragerait la concurrence entre les constructeurs qui chercheraient à fournir des modèles efficaces à de grands segments de marché qui leur sont acquis. Les technologies en matière d'agrocarburants, et plus particulièrement d'agrocarburants « prêts à l'emploi », destinés aux poids lourds et aux avions, offrent d'ores et déjà des possibilités d'investissement. Diverses matières premières et techniques de conversion étant à l'étude, nombre de ces approches innovantes permettraient de produire d'importantes quantités d'agrocarburants dès 2020, tandis que les rapides progrès en matière d'efficacité énergétique des véhicules augmenteraient la part de ces mêmes agrocarburants.

Soutenir des politiques qui accélèrent la transition vers une efficacité énergétique et une productivité radicales des véhicules.
Des mesures politiques adéquates peuvent apporter un soutien décisif. Les écotaxes, sans incidence sur les recettes et applicables à chaque classe de véhicules, permettent de compenser le prix d'achat plus élevé des véhicules avancés, ce qui dope les ventes et accélère chez les constructeurs l'augmentation de la production et la baisse des coûts ; à cela peuvent s'ajouter des achats avisés de parcs automobiles.

L'harmonisation de la réglementation sur le camionnage pourrait faire en sorte qu'un nombre plus réduit de camions transportent plus de fret plus rapidement. Les multiples avantages étant la réduction du trafic, du bruit, des encombrements, de l'usure des infrastructures routières et des coûts des parcs de camions.

Les politiques d'urbanisme qui subventionnent et imposent à l'heure actuelle l'étalement urbain pourraient être inversées, et soutenir un urbanisme intelligent, faute de quoi les coûts sociétaux de cet étalement risquent de continuer à peser sur les entreprises, en augmentant les taxes, les temps de trajet et les salaires, qui doivent compenser le coût des déplacements. Les financiers et l'ensemble du monde des affaires ont un rôle décisif à jouer en matière de prêts immobiliers accordés pour des habitations dont la localisation est synonyme d'efficacité énergétique, car cela réduit les défaillances, accroît l'épargne et dope l'économie locale. Le fait de taxer l'usage de la voiture et non le carburant permettrait d'alimenter des fonds taris destinés aux infrastructures et d'attirer l'attention sur le coût sociétal de la conduite ; cela donnerait en outre la possibilité aux personnes qui n'ont pas de voiture d'investir dans leur propre mobilité plutôt que dans celle des autres, et instaurerait des règles du jeu plus justes, grâce à d'autres formes de mobilité ou à des solutions de remplacement, tout en réduisant les temps de trajet excessifs pour tous.

Où peuvent mener toutes ces actions ?

Au début de la Seconde Guerre mondiale, la ville de Detroit est passée en six mois de la fabrication de quatre millions de voitures par an à la fabrication de zéro voiture pour se consacrer, 24 heures sur 24, à la production massive des chars, avions, jeeps et autres munitions qui allaient permettre de gagner la guerre. En 1945, un cinquième de la valeur totale en dollars du matériel de guerre américain venait de l'ancienne industrie automobile, qui est ensuite sortie de la guerre dotée de l'échelle et de la portée nécessaires pour créer et dominer le marché mondial de l'automobile.

Cette transformation a été rendue possible par la mobilisation cohérente d'une société tout entière désireuse de remporter un conflit mondial dévastateur. Dans la lutte pacifique actuelle pour conquérir des marchés internationaux, les transformations à venir se feront et s'accéléreront grâce à des politiques innovantes, lancées avant tout par les forces en concurrence et mises en œuvre par le secteur privé. C'est le type de défi auquel un siècle de développement industriel nous a préparés, pour lequel les guerres successives nous ont endurcis et que la révolution des technologies de l'information va nous aider à relever. Il ne nous reste donc plus qu'à nous montrer à la hauteur de l'enjeu ou à nous inspirer de ceux qui y parviendront.

Afin de mieux saisir les occasions offertes par la transition vers l'efficacité énergétique et les énergies renouvelables, voici quelques recommandations destinées aux principaux acteurs dans des domaines autres que l'immobilier et la vie en communauté, évoqués plus haut.

TABLEAU 2-1. Recommandations aux acteurs clés du secteur des transports

	SANS REGRETS	OPPORTUNISTE	INNOVANT
CONSTRUCTEURS ET FOURNISSEURS DE VÉHICULES	Réduisez la résistance au roulement, la traînée aérodynamique et la masse par des améliorations classiques progressives. Renforcez le capital intellectuel (conception, analyse et fabrication) investi dans les matériaux avancés et les groupes motopropulseurs électriques. Tenez compte de la réduction de taille du groupe motopropulseur pour évaluer l'amélioration de la performance du véhicule.	Maîtrisez l'ultra-allègement et affinez l'analyse de décomposition de masse. Essayez le concept de classe Hypercar pour tester de nouvelles façons d'organiser des équipes de conception restreintes et réactives. Lancez des véhicules de niche fonctionnant sans combustibles fossiles. Mettez en avant la sécurité et la performance des véhicules légers. Commencez à intégrer des éléments composites dans les architectures existantes.	Transformez le processus de conception et la culture afin d'acquérir de l'audace et une approche fortement globale. Développez et produisez des véhicules révolutionnaires et performants, à grands volumes et fonctionnant sans combustibles fossiles. Lancez la fabrication à grande échelle de structures en matériaux composites avancés ; formez les ateliers de réparation à ces matériaux. Vendez le matériel d'estampage obsolète aux concurrents. Lancez la fabrication à grande échelle de groupes motopropulseurs électriques.

	SANS REGRETS	OPPORTUNISTE	INNOVANT
CONSTRUCTEURS ET FOURNISSEURS DE VÉHICULES (suite)		Développez des modèles économiques de prestation de services qui vendent de la mobilité plutôt que des véhicules.	Lancez des sociétés de services qui proposent de la mobilité plutôt que des véhicules.
FOURNISSEURS DE CARBURANT	Évaluez comment exploiter au mieux les compétences essentielles lors de l'ère post-combustibles fossiles. Investissez dans les technologies autres que celles liées aux combustibles fossiles et acquérez des connaissances dans ce domaine. Mettez au point une stratégie pour le pic pétrolier côté demande.	Investissez dans différents modes de production et de distribution sans combustibles fossiles. Investissez dans des infrastructures de chargement automobile intelligent et rapide en vous associant à des fournisseurs d'électricité. Lancez des partenariats sans combustibles fossiles avec des parcs/flottes tests.	Vendez des combustibles non fossiles à grande échelle. Investissez dans des technologies d'efficacité énergétique ; en cas de succès, gagnez moins d'argent grâce au pétrole et plus grâce aux « négabarils ».

	SANS REGRETS	OPPORTUNISTE	INNOVANT
PROPRIÉTAIRES DE PARCS AUTOMOBILES ET DE VÉHICULES PRIVÉS ET OPÉRATEURS	Tenez compte des transports en commun dans votre implantation géographique. Renseignez-vous sur les véhicules sans combustibles fossiles ; essayez-en certains pour ceux qui possèdent un parc.	Testez les véhicules sans combustibles fossiles. Testez les modèles économiques qui fournissent des services de mobilité plutôt que des véhicules. Soutenez l'intégration, l'amélioration des TI et le développement des transports publics. Investissez pour le stationnement de vos employés.	Passez sur une grande échelle aux véhicules sans combustibles fossiles. Passez sur une grande échelle aux modèles économiques qui fournissent de la mobilité plutôt que des véhicules. Mettez en œuvre une stratégie de mobilité de l'entreprise reposant uniquement sur les transports en commun ou sur unestratégie approchante.
GOUVERNEMENTS ET ONG	Durcissez les normes d'économies de carburant (CAFE). Fournissez des fonds publics pour faire décoller l'innovation.	Promulguez et développez des écotaxes bien conçues. Harmonisez la masse des camions et les réglementations sur leur taille.	Mettez en œuvre des politiques à long terme destinées à freiner ou à inverser l'étalement urbain, au profit de modèles d'urbanisme intelligent.

	SANS REGRETS	OPPORTUNISTE	INNOVANT
GOUVERNEMENTS ET ONG (suite)	Aidez les familles à faibles revenus à acheter de nouvelles voitures très efficaces sur le plan énergétique (et à mettre leurs vieilles voitures au rebut).	Accélérez le retrait des vieux véhicules inefficaces (prime à la casse).	Offrez des récompenses de plusieurs millions de dollars pour la modernisation d'appareils améliorant les économies du parc automobile actuel de plus de 20 % pour moins de 500 dollars.
	Encouragez l'innovation en fournissant des véhicules efficaces énergétiquement et fonctionnant sans combustibles fossiles, en particulier aux parcs dont la taille peut accélérer l'innovation de la part des constructeurs.	Multipliez les concours avec récompenses pour les véhicules superefficaces.	Mettez au rebut les véhicules de plus de 15 ans (à l'exception des véritables pièces de collection).
	Contribuez à rendre la marche et le vélo sûrs, agréables et populaires.	Étudiez la mise en place de taxes d'atterrissage pour les avions ou de taxes soumises au degré d'efficacité énergétique des appareils.	Pratiquez une tarification pleine sur les parkings urbains privés et municipaux, allez éventuellement jusqu'à les taxer ; utilisez cette taxe pour moderniser les transports en commun.
		Présentez une politique carbone claire afin de réduire les incertitudes et les risques en matière d'investissement.	Testez les métros express de surface, le CyberTran et d'autres modes de transport en commun novateurs.
		Facilitez la location de véhicules et de places de stationnement P2P (personne à personne).	

FIG. 3-

LE BÂTIMENT :

LA CONCEPTION AU SERVICE DES CONDITIONS D'HABITATION

GRANDES LIGNES DU CHAPITRE

L'OBJECTIF. Le parc immobilier américain, qui aura augmenté de 70 % en 2050, devra consommer à cette date entre 54 et 69 % d'énergie en moins par rapport aux projections, grâce à l'utilisation de techniques éprouvées (engendrant 38 % d'économies) et une conception par approche globale (rendant possibles les 16 à 31 % restants).
LES AVANTAGES POUR LES ENTREPRISES. Réduit les dépenses énergétiques et crée une forte valeur pour les fournisseurs d'électricité à travers une consommation efficace sur le plan énergétique et intelligemment répartie dans le temps, améliore la santé et la productivité des occupants, augmente la valeur du bâti, joue en faveur de la réputation des entreprises et permet d'exploiter de nouveaux marchés en plein essor.
LE RÉSULTAT FINANCIER. 1 900 milliards de dollars de coûts énergétiques économisés dans le secteur américain du bâtiment d'ici 2050, sur la base d'un investissement cumulatif de 500 milliards (en valeur actuelle 2010 dans les deux cas), plus des bénéfices non énergétiques présentant une valeur bien plus grande encore, auxquels s'ajoutent des économies supplémentaires grâce à la conception par approche globale.
LES SECTEURS QUI PEUVENT EN BÉNÉFICIER. Propriétaires immobiliers, investisseurs et habitants ; prestataires de services actuels et nouveaux des fournisseurs d'énergie (qu'il s'agisse des concepteurs, des entrepreneurs ou des financiers) et fournisseurs de produits.
LES MESURES POLITIQUES. Une mise en œuvre plus rigoureuse de la prochaine génération de codes de la construction et de normes sur les appareils électriques ; une réglementation qui récompense les fournisseurs d'énergie pour leur efficacité, et les propriétaires et les locataires pour leurs investissements rentables ; un accès à l'information sur la consommation d'énergie et aux financements à bas coûts ; des réformes sur la façon dont la conception est enseignée, pratiquée et achetée.

Dessiner ne pose pas de problème. Voir, oui.

Betty Edwards

Par une froide journée, marquée par un vent glacial qui pousse les épais nuages juste au-dessus de lui, Anthony Malkin arpente son balcon privé au 103e étage de l'Empire State Building (fig. 3-1). À ses pieds, la gigantesque métropole qu'est la ville de New York. Malkin a sous les yeux des bâtiments de toutes tailles et de toutes formes, depuis les boutiques tape-à-l'œil et les magasins sans prétention jusqu'aux vertigineux gratte-ciels et aux sombres taudis, les façades de pierre usées par le temps se reflétant dans les pimpantes parois de verre, le vieux et le délabré le disputant au neuf et au rutilant. Chaque bâtiment, explique-t-il, recèle sa propre histoire.

Et pourtant, c'est sous les pieds mêmes d'Anthony Malkin que se déroule l'un des épisodes architecturaux les plus spectaculaires qu'ait connus New York. Aristocrate de l'immobilier, au physique élancé et au caractère bien trempé, Malkin est, avec sa famille, propriétaire de l'Empire State Building, l'immeuble de bureaux le plus célèbre au monde. En 2006, il décide de réaliser ce que de nombreux experts immobiliers jugent impossible : rénover ce gratte-ciel emblématique datant de 1931 pour en faire une vitrine du charme et de l'efficacité énergétique modernes. Il consacre alors plus de 550 millions de dollars à la rénovation de fond en comble du bâtiment, depuis le magnifique hall Art déco et ses peintures murales ornant le plafond de leurs feuilles d'or et d'aluminium jusqu'aux étages offrant cette vue panoramique réputée dans le monde entier.

À l'origine, Malkin pensait consacrer 93 de ces 550 millions de dollars à la rénovation des infrastructures énergétiques vieillissantes du bâtiment, depuis les câbles dissimulés dans les murs jusqu'aux moteurs des ascenseurs. Mais après avoir compris qu'il pourrait réduire les dépenses énergétiques annuelles de 4,4 millions de dollars en consacrant 13 millions de dollars supplémentaires à l'entreprise (remboursés progressivement sur trois ans), il a décidé de faire passer l'investissement total à 106 millions de dollars pour réduire les dépenses énergétiques. Des fenêtres dernier cri ont donc été installées, ainsi que de nouveaux systèmes de chauffage, de climatisation et d'éclairage, et plusieurs autres dispositifs technologiques qui, associés aux améliorations apportées pendant quelques années par les locataires, devraient réduire de 38 % la facture énergétique et les émissions de CO_2, abaisser de 35 % la demande d'électricité en période de pointe et améliorer le confort et la productivité des locataires.

Anthony Malkin, dont la famille est également propriétaire de 930 000 m^2 d'immeubles de bureaux dans et autour de New York, n'a pas décidé de réduire ses dépenses énergétiques par bonté d'âme ni pour « verdir » sa réputation ; il l'a fait pour gagner de l'argent. Les calculs financiers relatifs à ce gratte-ciel, autrefois escaladé par King Kong, montrent que Malkin va pouvoir réaliser des économies d'énergie plus importantes et pour un coût nettement moins élevé que ce qui était envisageable dans un bâtiment aussi vieux et complexe. Une fois que l'investissement aura été amorti, au bout d'à peine trois ans, les profits s'accumuleront. « Je gagne davantage d'argent grâce à l'efficacité énergétique », se plaît-il à répéter à ses concurrents. « J'aimerais vous montrer comment nous avons fait et comment vous aussi, vous pouvez faire. »

Si le pays tout entier suivait la voie tracée par Malkin et rénovait ses 120 millions de bâtiments[1], l'impact serait d'une portée considérable. En effet, les bâtiments sont de véritables gouffres énergétiques puisqu'ils consomment 42 % de l'énergie (plus que n'importe quel autre secteur) et 72 % de l'électricité[2] aux États-Unis. La majeure partie de cette énergie est tout simplement gâchée. Les projections classiques montrent que d'ici 2050, le parc immobilier américain en pleine expansion consommera chaque année 15 600 TWh d'énergie primaire (voir l'encadré « Terminologie du secteur du bâtiment »). Mais des changements relativement simples, grâce à des technologies existantes ou émergentes, peuvent réduire ces prévisions de consommation d'énergie de 38 %, ce qui, en 2050, donnerait

1 Agence américaine pour l'information sur l'énergie, 2010b, 1999, 2006a.

2 Agence américaine pour l'information sur l'énergie, 2010d.

un résultat spectaculaire : *au minimum 1 400 milliards de dollars d'économies d'énergie en valeur actuelle nette.* Des économies quatre fois plus importantes que le coût de l'investissement qu'elles ont nécessité. Et bien que déjà fort substantielles, celles-ci n'incluent pas les bénéfices non énergétiques qu'on observe souvent, mais qu'on prend rarement en compte : l'amélioration de la productivité des employés et l'augmentation des ventes au détail (car les consommateurs préfèrent faire leurs courses dans des lieux éclairés par la lumière du jour). Nos vies modernes nous montrent que le fait d'habiter et de travailler dans des bâtiments efficaces sur le plan énergétique augmente notre confort et nous rend plus productifs, voire améliore notre santé et nous rend plus heureux. Et il faut ajouter à cela des plus-values sociétales plus larges, comme la sécurité et l'environnement.

TERMINOLOGIE DU SECTEUR DU BÂTIMENT

- *L'***énergie primaire** *est l'énergie extraite du sol ou de flux énergétiques naturels qui n'a pas encore été transformée. Il s'agit par exemple de l'énergie contenue dans le charbon, avant qu'il ne soit brûlé dans des centrales, ou dans le gaz naturel avant qu'il ne soit nettoyé, traité puis introduit dans des gazoducs pour être acheminé jusqu'aux consommateurs.*

- *L'***énergie fournie ou sur site** *est convertie dans sa forme commerciale et livrée sur le lieu où elle est consommée. C'est l'énergie qui reste après que le gaz naturel (ou un autre combustible) a été brûlé pour produire de l'électricité et que l'électricité a été acheminée à travers le réseau. L'énergie fournie + les pertes induites lors de la conversion et de l'acheminement = l'énergie primaire.*

- *Les* **dispositifs d'utilisation finale** *convertissent l'énergie fournie en* **services énergétiques** *comme la lumière, la chaleur, le couple ou le mouvement. Cela procure à l'***utilisateur final** *les fonctionnalités ou les services qu'il attend, comme la visibilité, le confort, des douches chaudes ou de la bière fraîche. Noter que ces fonctionnalités ou ces services correspondent* *aux véritables attentes de l'utilisateur final, qui ne se préoccupe pas de morceaux de charbon, de mètres cubes de gaz ni de kilowattheures bruts.*

• *La* **mise en service** *est un processus technique visant à garantir que les bâtiments nouveaux affichent une performance énergétique conforme à leur conception. La réoptimisation fait en sorte que les bâtiments existants recouvrent une performance énergétique adéquate. La mise en service doit idéalement être réalisée par un expert autre que l'installateur d'origine.*

• **Passivhaus (la « maison passive »)** *est une norme de conception (établie à l'origine en Allemagne, mais qui se répand rapidement en Europe et fait son entrée en Amérique du Nord) attribuée aux bâtiments superefficaces qui ne requièrent pas d'équipements classiques de chauffage et de climatisation, tout en affichant le même coût de construction que l'habitat traditionnel.*

• *Le* **coefficient R** *représente la résistance d'une structure en métal au flux de chaleur (un vingtième seulement de la chaleur pénètre un matériau R-20 par rapport à un matériau R-1). Les chercheurs du bâtiment utilisent souvent la valeur inverse U, qui est égale à 1/R, pour mesurer le transfert de chaleur à travers une surface donnée, suite à une différence de température donnée.*

• *Le* **kBTU** *(1000 BTU) est l'unité la plus couramment utilisée aux États-Unis pour mesurer la consommation d'énergie. Un BTU correspond à peu près à l'énergie contenue dans une allumette. Il faut environ 2000 BTU, soit l'énergie que renferme 0,057 m^3 de gaz naturel, pour faire chauffer une cafetière. En 2010, les États-Unis ont consommé 98 millions de milliards (10^{15}) de BTU d'énergie primaire ou 65 millions de milliards de BTU d'énergie fournie*[3].

3 *Ibid.*

Un **kWh (kilowattheure)** *est l'unité la plus couramment utilisée aux États-Unis pour mesurer l'énergie électrique. Un kWh correspond à la quantité d'électricité utilisée par une lampe de 100 watts pendant dix heures. Un kWh contient 3,4 kBTU d'énergie. Ne pas confondre un kWh avec un* **kW** *(kilowatt ou 1 000 watts), qui mesure la puissance énergétique. L'électricité émise à une puissance d'un kW pendant une heure fournit un kWh d'énergie électrique.*

*Aux États-Unis, l'***intensité énergétique** *d'un bâtiment est généralement exprimée en consommation d'énergie fournie par pied carré et par an (kBTU/sf-y). Cette mesure permet de comparer la consommation d'énergie de bâtiments de différentes tailles. Un immeuble commercial consommait en moyenne 90 kBTU/sf-y [282 kWh/m²/an] d'énergie fournie aux États-Unis en 2003*[4]*. Si votre immeuble consomme moins de 50 kBTU/sf-y [152 kWh/m²/an] d'énergie fournie, c'est un bon résultat. Si, en revanche, vous consommez plus de 100 kBTU/sf-y [315 kWh/m²/an], vous avez sans doute une grande marge d'économies possibles. Un foyer américain moyen consomme 44 kBTU/sf-y [130kWh/m²/an] d'énergie fournie*[5]*. Comme nous allons le voir, les immeubles les plus efficaces sur le plan énergétique n'utilisent qu'une petite partie de ces quantités d'énergie pour fournir des services identiques, voire de meilleure qualité.*

Révolutionner le rendement énergétique des bâtiments peut permettre de dégager des perspectives économiques et de créer de robustes industries, à mesure que les entreprises s'équiperont pour installer des systèmes d'isolation chez les habitants des quartiers défavorisés ou pour fabriquer des dispositifs d'éclairage de bureaux efficaces sur le plan énergétique et faciles à poser. Cette production supplémentaire signifie qu'en réduisant la consommation d'énergie de nos foyers, bureaux, entrepôts, cinémas, centre commerciaux et

---

4 *Ibid.*

5 *Ibid.* 2008a.

autres, nous pouvons donner un coup de fouet au secteur immobilier et un coup de jeune à l'économie du pays. Il suffit pour s'en convaincre de considérer l'effet multiplicateur de tout cet argent (et de toute cette valeur ajoutée) lorsqu'il sera remis entre les mains d'entrepreneurs ou de consommateurs. Dans un secteur qui a besoin d'idées nouvelles, l'amélioration du rendement énergétique sera particulièrement génératrice d'emplois, de biens, de services nouveaux et d'argent.

En plus, une telle transformation déclenche un cycle vertueux qui renforce d'autres secteurs clés de l'économie et facilite la progression vers l'après-combustibles fossiles. Si nous parvenons à faire baisser la consommation d'énergie primaire des bâtiments de 38 % d'ici 2050, ces derniers consommeront 19 % d'énergie en moins qu'en 2010, malgré une augmentation de 70 %[6] de la surface construite. Des constructions plus efficaces sur le plan énergétique libèrent de l'électricité qu'on peut affecter aux transports, et du gaz naturel qui peut revenir à l'industrie, à la production d'électricité et éventuellement aux transports. Une demande plus faible des bâtiments réduit aussi la pression sur le secteur électrique et autorise une transition plus rapide et moins coûteuse du charbon vers des sources d'électricité plus résilientes et moins nocives.

Ne nous voilons cependant pas la face : amener les bâtiments américains à des niveaux d'efficacité énergétique rentables est une entreprise titanesque. Anthony Malkin a beau être l'un des plus fidèles partisans de cette démarche, il ne la considère pas moins comme un défi digne de celui du plan Marshall, qui a permis à l'Europe de se reconstruire après la Seconde Guerre mondiale. Pourquoi ? Parce qu'il y a peu de solutions toutes faites et qu'elles se ressemblent toutes. La rénovation du bâti existant ne peut être entreprise qu'immeuble après immeuble, soit une opération répétée 120 millions de fois à travers tous les États-Unis, sachant que chaque bâtiment a sa propre histoire et souvent ses propres exigences. Les barrières sont nombreuses, depuis les dispositions réglementaires pénalisant les fournisseurs d'énergie qui améliorent l'efficacité de leurs bâtiments jusqu'aux propriétaires et locataires qui,

6 Agence américaine pour l'information sur l'énergie, 2008a, 2008c, 2010b.

bien souvent, sont peu au fait des nombreux avantages non énergétiques qu'engendre l'efficacité énergétique.

Le principal problème vient sans doute du fait que les moyens de gagner de l'argent grâce aux économies d'énergie ne sont pas toujours clairement définis. Certes, on rentre dans ses frais quand on procède à des améliorations en matière d'efficacité énergétique, on est même souvent remboursé plusieurs fois, et l'on fait faire de colossales économies à la société. Mais les particuliers et les entreprises récoltent-ils des gains suffisants pour justifier les tracasseries inhérentes aux démarches et investissements nécessaires ? Ainsi les propriétaires refuseront-ils de débourser de l'argent pour améliorer l'efficacité énergétique si ce sont leurs locataires qui en bénéficient en payant des factures moins élevées. Les locataires d'habitations qui prennent l'eau ne dépenseront pas non plus d'argent, si tant est qu'ils en aient, pour améliorer l'efficacité énergétique de logements dont ils ne seront jamais propriétaires. Et pour beaucoup d'entreprises et de propriétaires, les économies d'énergie potentielles apparaissent souvent trop maigres par rapport au temps et à l'énergie qu'elles exigent. Il n'y a donc rien d'étonnant à ce que nous n'en soyons encore qu'aux balbutiements des gains que nos bâtiments nous permettraient de faire moyennant des dépenses raisonnables.

Mais il est possible de relever ces défis en usant à la fois d'innovations lancées par le secteur privé et de mesures politiques destinées à stimuler et à accélérer les investissements dans l'efficacité énergétique des bâtiments. Ces mesures peuvent tout simplement consister à exiger un bilan énergétique lorsqu'une habitation est vendue, mais elles peuvent aussi être plus complexes et avoir pour objectif de faire adopter les nouveaux codes de la construction et de les actualiser régulièrement. Elles peuvent être appliquées à l'échelle nationale, à l'instar des normes qui exigent un certain niveau d'efficacité énergétique de la part de chaque téléviseur (l'électronique grand public consomme aujourd'hui plus d'électricité que les réfrigérateurs[7]) ou être mises en œuvre à l'échelle locale et consister, par exemple, à fournir des capitaux publics ou privés aux organismes de crédit, afin qu'ils financent

7 D&R International Ltd., 2010.

l'isolation des habitations à des taux d'intérêt intéressants. Ces mesures ont fait leurs preuves, qu'il s'agisse des réglementations qui ont permis d'augmenter l'efficacité énergétique des automobiles et des réfrigérateurs ou de l'argent public investi dans la recherche, qui a entraîné la création d'industries totalement nouvelles comme celle des puces électroniques ou d'Internet. Les dirigeants d'entreprises, désireux de récolter leur part du gâteau des économies d'énergie, doivent soutenir les politiques avisées qui ouvrent la voie à de telles possibilités. La transformation du secteur du bâtiment ne pourra en effet se faire grâce au seul secteur privé ; elle nécessite un habile mélange d'investissements privés et d'implication des pouvoirs publics, avec le soutien des entreprises.

Cependant, dans une société aussi complexe et politiquement cloisonnée que la nôtre, les entreprises peuvent et doivent innover beaucoup plus qu'elles ne l'ont fait jusqu'à présent. L'État peut donner le cap, mais ce n'est pas à lui de faire avancer le navire et, souvent, il n'en a pas les moyens. C'est donc au secteur privé d'élaborer, de tester, de casser, de réparer, de reconstruire et d'accomplir le dur labeur qui lui permettra de gagner les 1 400 milliards de dollars nets : il devra proposer de la valeur, mettre en place les mécanismes de prestation, former le personnel, réaliser les ventes, réunir les fonds, mener le contrat jusqu'à son terme, mesurer les résultats et améliorer sans relâche l'ensemble de la chaîne de valeur. Nous verrons des exemples de milliers d'entreprises qui accomplissent chaque jour ces tâches avec brio, participant aux États-Unis à la création du parc immobilier de demain, un parc de meilleure qualité, efficace sur le plan énergétique.

L'objectif est colossal mais réalisable. L'Empire State Building symbolise l'espoir que nous pouvons entretenir face au gigantesque parc immobilier américain : Anthony Malkin met en pratique ce qu'il a appris à travers son portefeuille d'immeubles et en fait profiter d'autres grands édifices. C'est une bonne nouvelle pour sa profession, pour sa ville, pour son pays et pour la planète tout entière. Comme nous le verrons dans ce chapitre, les immenses besoins, les perspectives innombrables et les solutions pratiques ne demandent qu'à être exploités.

LES CRITÈRES DE BASE DE L'EFFICACITÉ ÉNERGÉTIQUE DES BÂTIMENTS

Pourquoi un bâtiment a-t-il un meilleur rendement énergétique qu'un autre ? La consommation d'énergie dans une structure existante dépend du gros œuvre, du contenu de ce gros œuvre et de la façon dont ce contenu est utilisé. Chacun de ces trois paramètres est important.

Le plus souvent, on se préoccupe avant tout de ce que contient le gros œuvre en oubliant de considérer que ce dernier influe de façon directe sur le type et la quantité d'équipements d'éclairage, de chauffage et de climatisation dont un bâtiment a besoin. Si le gros œuvre est aussi mal isolé qu'une maison de papier ou aussi perméable qu'une passoire, le bâtiment coûtera très cher à chauffer et à climatiser. En revanche, si l'enveloppe du bâtiment ressemble davantage à celle d'un congélateur, le chauffage et la climatisation seront bien moins coûteux, voire gratuits. En outre, donner une forme adéquate à un bâtiment et l'orienter dans la bonne direction peut être déterminant pour ses besoins énergétiques.

À l'intérieur du gros œuvre, un bâtiment consomme l'énergie de six façons différentes : pour chauffer l'espace et l'eau, pour refroidir l'espace, pour l'éclairage, pour les appareils électroniques et pour les appareils électriques. Les quatre premiers postes sont ceux qui consomment le plus d'énergie fournie, mais étant donné que l'éclairage et l'électronique nécessitent généralement la production par la centrale électrique de plus de 3 kWh pour procurer 1 kWh au consommateur, et que ce faible rendement associé au coût élevé en capital d'un système électrique font de l'électricité la forme d'énergie la plus coûteuse, ce sont en fait l'éclairage et les appareils électroniques qui réclament souvent la plus grande quantité d'énergie primaire et le plus d'argent.

Mais au-delà du gros œuvre et de ce qu'il contient, la façon dont nous utilisons les bâtiments a autant d'importance, voire davantage, que la façon dont nous les concevons et que ce que nous y mettons. Pour qu'ils atteignent un maximum d'efficacité énergétique, les lampes, ordinateurs et dispositifs de climatisation doivent être éteints quand on n'en a pas besoin. Cette simple notion de bon sens n'est pourtant que rarement appliquée.

Lorsqu'on prend en compte ces trois paramètres, la consommation énergétique d'un immeuble commercial s'élève généralement à 23 $/m²/an, 77 % de cette somme servant à acheter l'électricité[8]. Les dépenses énergétiques directes d'un foyer américain moyen s'élèvent à 2 200 dollars par an, dont 67 % pour l'électricité[9]. Ces coûts énergétiques varient, non seulement du fait d'importantes différences dans l'efficacité énergétique des équipements à travers la façon dont ils sont conçus, construits, entretenus et surtout utilisés, mais aussi à cause de la grande variété de types de bâtiments – un centre de traitement de données, un hôpital ou un entrepôt réfrigéré utiliseront bien plus d'énergie qu'un immeuble de bureaux ou qu'une école – du fait des variations du prix de l'énergie et de la diversité du climat selon les emplacements.

COMPRENDRE LA DIFFICILE SITUATION DU BÂTIMENT AUJOURD'HUI

À la fin du XIXe siècle, tous les Américains ou presque travaillaient à l'extérieur, la plupart du temps dans l'agriculture. Aujourd'hui, un Américain passe en moyenne 87 % de son temps à l'intérieur d'un bâtiment[10]. Comme disait Winston Churchill : « Au départ, nous façonnons nos habitations, et après, ce sont elles qui nous façonnent. » Et pourtant, aussi chics qu'ils puissent paraître, la plupart de nos bâtiments sont de véritables gouffres énergétiques et financiers, et nous détournent d'un grand nombre de perspectives économiques. Ils gâchent nos vies en nous rendant moins heureux, moins bien portants, moins riches et moins sereins qu'ils ne devraient.

---

8 *Ibid.*

9 *Ibid.*

10 Klepeis *et al.*, 2001, p. 231-52.

Une empreinte écologique colossale et multiple

Aux États-Unis, les bâtiments réclament 42 % de l'énergie primaire du pays, 72 % de l'électricité et 34 % du gaz naturel directement consommé[11], soit les trois plus grosses consommations tous secteurs confondus. Nous dépensons plus de 400 milliards de dollars pour les chauffer et les alimenter en électricité, ce qui représente plus que les dépenses de l'État pour Medicare[12]. En 2007, les bâtiments ont enregistré une consommation d'énergie primaire supérieure à la consommation du Japon ou de la Russie et deux fois plus importante que celle de l'Inde. Si le bâti américain équivalait à un pays, il se placerait au 3e rang derrière la Chine et les États-Unis pour ce qui est de la consommation d'énergie primaire[13].

FIG. 3-2 – Consommation d'énergie primaire des bâtiments américains

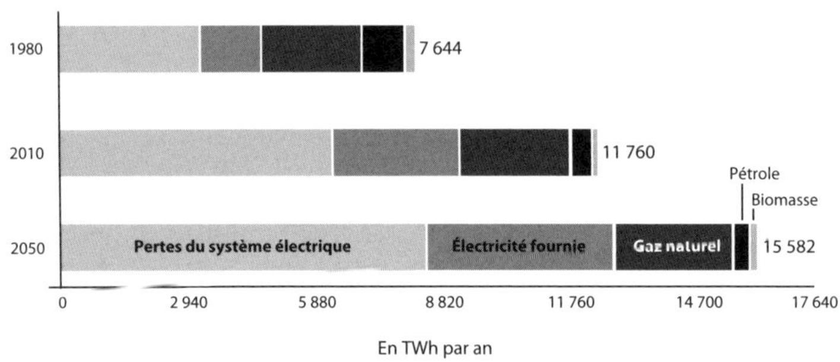

Entre 1980 et 2010, la consommation des bâtiments résidentiels et commerciaux américains a augmenté de 54 %. Elle devrait croître de 33 % d'ici 2050[14].

11 Agence américaine pour l'information sur l'énergie, 2010d.

12 *Ibid.* ; imprimerie du gouvernement, 2011 ; N. d. T. : Medicare est le système américain de sécurité sociale des retraités.

13 Agence américaine pour l'information sur l'énergie, 2008b, 2010d.

14 Analyse du RMI d'après des données de l'Agence américaine pour l'information sur l'énergie, 2010b et 2010d.

Cette situation pose-t-elle problème ? Absolument ! Mais elle nous fournit aussi les occasions les plus concrètes d'exploiter de nouvelles initiatives commerciales, de stimuler l'innovation, d'économiser de l'argent et de faire bénéficier la société tout entière d'avantages, comme la création d'emplois, la réduction de la pollution ou le renforcement de la sécurité nationale. Les perspectives les plus importantes résident dans une conception appropriée des nouveaux bâtiments et dans la rénovation de ceux qui gaspillent le plus d'énergie. Mais pour comprendre comment en tirer parti, il faut tout d'abord se pencher sur la façon dont fonctionnent nos bâtiments et sur ce qui doit être modifié.

Toute démarche en faveur d'un meilleur rendement énergétique se heurte fatalement à deux tendances qui concernent les bâtiments résidentiels aussi bien que commerciaux : on construit de plus en plus et on ajoute toujours plus de fonctionnalités.

Un peu plus de la moitié de l'énergie utilisée aux États-Unis par les bâtiments est imputable aux 115 millions de maisons, appartements et autres résidences[15]. Les maisons consomment davantage d'énergie, en partie parce qu'elles sont aujourd'hui plus grandes : la taille moyenne pour une famille a plus que doublé depuis 1950[16]. Nous entassons en outre davantage d'affaires dans nos habitations : sèche-linge, cuisinière, téléviseurs à écran plat, chargeurs pour téléphones... Même lorsque les appareils ne sont pas en marche, les horloges, commandes, transformateurs et autres modes d'alimentation en veille peuvent contribuer à hauteur de 10 % à la consommation d'énergie domestique[17]. Ainsi votre four à micro-ondes consomme-t-il probablement plus d'énergie pour faire fonctionner son horloge à cristaux liquides que pour faire cuire n'importe quoi. En tout, les États-Unis ont besoin de faire tourner huit énormes centrales électriques pour faire fonctionner des appareils qui sont éteints[18]. Nous demandons aussi davantage de confort. Plus de la moitié des

15 Agence américaine pour l'information sur l'énergie, 2010b.

16 National Association of Home Builders, 2006.

17 Ross et Meier, 2000.

18 Meier, 2011.

maisons américaines sont désormais équipées d'un système de climatisation centralisé[19]. Et selon les prévisions gouvernementales, une augmentation de la consommation énergétique est inévitable, puisque la surface construite et le nombre d'appareils continuent à augmenter plus vite que l'efficacité énergétique.

Nos habitations sont le reflet de notre diversité : maisons mansardées typiques de Nouvelle-Angleterre avec leurs deux étages à l'avant et leur étage unique à l'arrière, copropriétés de Miami, logements sociaux de Chicago, ranchs du Wyoming ou hôtels particuliers de Beverly Hills. Comme on peut s'y attendre, les vieilles habitations des climats froids utilisent davantage de chauffage, tandis que celles des climats chauds sont les plus grosses consommatrices de climatisation. Ce sont les appartements qui consomment le plus d'énergie au mètre carré, car ils font généralement tenir les mêmes services dans un espace plus restreint, mais comme nous le montre la figure 3-3, les pavillons utilisent cinq fois plus d'énergie fournie du fait de leur taille et de leur nombre.

FIGURE 3-3 – Consommation d'énergie des bâtiments américains selon le type, 2009

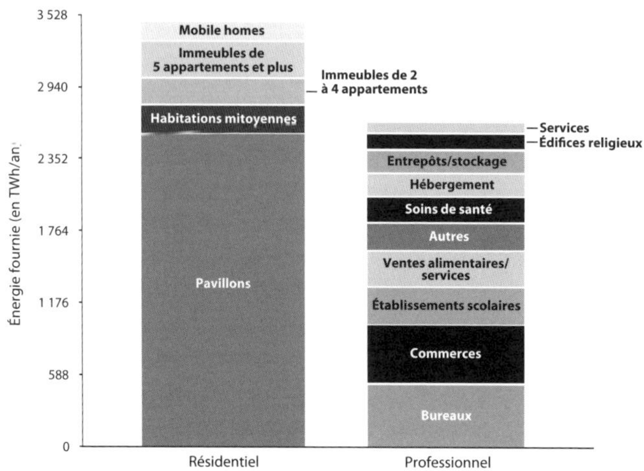

19 Agence américaine pour l'information sur l'énergie, 2010d.

Dans le secteur résidentiel, les pavillons consomment plus des deux tiers de l'énergie fournie totale. Dans le secteur des bâtiments commerciaux et publics, les bureaux, magasins de détail et établissements scolaires réclament près de la moitié de l'énergie fournie[20].

On observe la même tendance au développement et à la diversité dans l'immobilier professionnel. Les bâtiments les plus consommateurs d'énergie sont les supermarchés et les hôpitaux où l'éclairage et les équipements fonctionnent 24 heures sur 24. Du fait de leur nombre, les bâtiments les plus gourmands restent cependant les bureaux, les magasins et les écoles. Même si certaines entreprises optent pour le télétravail ou la réservation ponctuelle de bureaux, leur nombre va continuer à augmenter. À l'instar des maisons, il n'existe pas de bâtiments à usage professionnel « typique ». Les besoins et la consommation énergétiques d'un vaste centre de traitement de données informatiques ou d'un entrepôt gigantesque n'ont en effet rien à voir avec ceux d'un cabinet de dentiste ou d'un établissement de restauration rapide.

La multitude de bâtiments qu'Anthony Malkin observait depuis la terrasse panoramique de l'Empire State Building n'offre qu'un petit aperçu de l'extraordinaire diversité et complexité du bâti aux États-Unis. Il n'existe pas de solution simple. Nous aurons besoin de quantité de stratégies et de solutions si nous voulons récolter les gains appréciables que ce secteur nous réserve, et chacune d'elles devra être élaborée pour des types particuliers de bâtiments dans différentes régions du pays.

Quelques utilisations finales de l'énergie

Si la complexité de la consommation énergétique des bâtiments peut sembler décourageante, la figure 3-4 nous montre cependant que la quasi-totalité de cette énergie n'a qu'un petit nombre d'applications : le chauffage et le

20 Analyse du RMI d'après des données de l'Agence américaine pour l'information sur l'énergie, 2010b, et D&R International, Ltd., 2010.

refroidissement, l'éclairage, le chauffage de l'eau, la réfrigération et l'alimentation des appareils électriques. Les bâtiments ont pour tâche d'assurer notre confort, d'éclairer nos activités et de faire fonctionner nos gadgets, tout en nous maintenant en bonne santé et en préservant notre mode de vie. Il ne s'agit pas ici de sciences ésotériques ni de chirurgie du cerveau, mais tout simplement de quelques utilisations finales de l'énergie. Des ingénieurs avisés et des entrepreneurs expérimentés mettant en œuvre des politiques et des pratiques commerciales simples peuvent donc tirer une forte activité de ces utilisations de l'énergie.

FIG. 3-4 – Consommation énergétique des bâtiments en 2010 par type d'utilisation finale

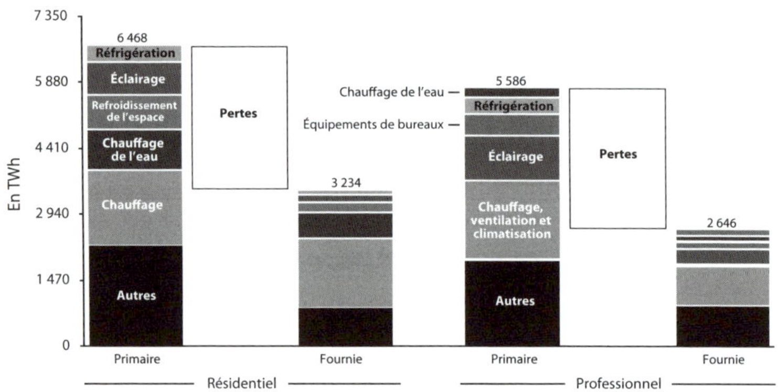

Les six utilisations finales clés de l'énergie diffèrent selon qu'il s'agit de bâtiments résidentiels ou professionnels. La consommation d'électricité nécessite bien plus d'énergie primaire que d'énergie fournie du fait des pertes, environ trois fois plus importantes en raison de la conversion par les centrales du combustible en électricité, et de celles dues à l'acheminement de l'électricité aux consommateurs, qui s'élèvent en moyenne à 7 %[21] (plus quelques points supplémentaires dus à

21 Agence américaine pour l'information sur l'énergie, 2010d.

l'installation électrique d'un bâtiment)[22]. La consommation d'énergie primaire détermine l'impact climatique d'un bâtiment, tandis que la consommation d'énergie fournie détermine son coût d'exploitation.

Il est en outre encourageant de constater que le pays a déjà fait des progrès dans l'amélioration du rendement énergétique de ses bâtiments. La consommation d'énergie fournie par mètre carré et par an a en effet chuté de près de 20 % en moyenne dans un bâtiment à usage professionnel et d'un tiers dans un bâtiment résidentiel entre 1980 et 2003[23]. Depuis, d'autres réductions plus modestes ont été réalisées, grâce essentiellement aux normes sur la construction et sur les appareils électriques, et aux programmes financés par les fournisseurs d'énergie. Des améliorations supplémentaires ont en outre été permises par le système d'évaluation LEED (Leadership in Energy and Environment Design) de l'US Green Building Council, non obligatoire mais reconnu sur le plan commercial, et par le programme fédéral ENERGY STAR. Elles ont permis d'économiser 17 milliards de dollars nets pour la seule année 2009[24]. Bien que tous ces gains combinés n'aient pas suffi à enrayer le développement de la surface construite et des services ajoutés, le résultat reste bien meilleur que ce qu'annonçaient la plupart des prévisions avant 1980, qui n'avaient pour ainsi dire pas tenu compte de l'efficacité énergétique.

Les bâtiments nécessitent de l'énergie, non seulement pour fonctionner, mais aussi pour fabriquer et assembler les matériaux, et installer les infrastructures[25]. Un bâtiment a une durée de vie tellement longue qu'il est plus important de réduire l'énergie d'exploitation qu'il consomme plutôt que

22 Analyse du RMI d'après des données de l'Agence américaine pour l'information sur l'énergie, 2010b.

23 Agence américaine pour l'information sur l'énergie, 2010d, 2008a.

24 Agence américaine pour la protection de l'environnement, 2010.

25 Milne et Reardon, 2008. Les recherches menées par l'Organisation de la recherche scientifique et industrielle du Commonwealth ont montré que la quantité moyenne d'énergie grise utilisée pour construire une habitation équivaut à environ quinze années de consommation énergétique en mode opérationnel normal.

l'énergie grise[26]. L'écart entre les deux varie, mais il reste souvent important, même à mesure que la consommation d'énergie d'exploitation diminue. Cela vaut néanmoins la peine de réduire aussi l'énergie grise, qui représente tout de même un certain coût, en adoptant des matériaux ayant une intensité énergétique moindre, en les utilisant de façon plus économe, en les faisant durer plus longtemps et en réutilisant, recyclant ou refabriquant à la fois les matériaux et les bâtiments. Un grand nombre d'architectes avisés conçoivent aujourd'hui des bâtiments capables d'évoluer avec souplesse, grâce à de multiples usages au cours de leur vie.

Selon de nombreuses projections, la consommation énergétique des bâtiments devrait continuer à augmenter. Mais ces projections ne sont pas une fatalité : nous pouvons stimuler les gains d'efficacité énergétique afin de devancer cet accroissement ainsi que l'augmentation des services proposés.

Le défi est certes de taille, mais la récompense à la clé est telle que l'apprentissage, le recyclage, les innovations financières et politiques, la formation des entreprises et les augmentations d'échelle qui s'imposent ont déjà commencé. Les entreprises qui montreront la voie prospéreront et celles qui resteront à la traîne s'en mordront les doigts. Les 1 400 milliards de dollars nets (auxquels s'ajoutent d'importants avantages non énergétiques) attendent preneur depuis un moment maintenant, car seuls quelques moineaux se sont pour l'instant empressés de venir picorer les miettes du gâteau. Cependant, tout indique que des acteurs d'envergure unissent désormais leurs efforts pour récolter de véritables parts de ce gâteau. Nous serons tous gagnants dans ce processus, surtout si nous y participons activement.

26 N. d. T. : *embodied energy*, ou « énergie grise » : quantité d'énergie nécessaire à la production et à la fabrication des matériaux ou des produits industriels.

FIG. 3-5 – Surface construite et intensité énergétique du parc immobilier américain

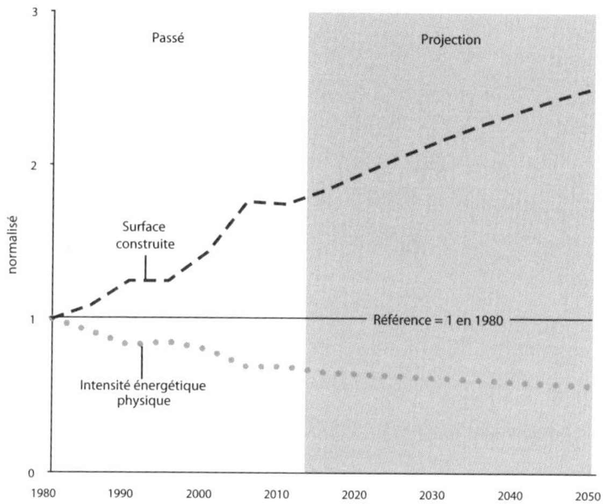

Depuis 1980, l'efficacité énergétique a permis de réduire de 30 % l'intensité énergétique physique fournie du parc immobilier américain, c'est-à-dire la consommation d'énergie fournie par mètre carré et par an. Des réductions supplémentaires sont attendues afin de compenser environ 45 % de la consommation d'énergie due à l'augmentation prévue de 70 % de la surface construite entre 2010 et 2050[27].

LA RÉVOLUTION DE L'EFFICACITÉ ÉNERGÉTIQUE : CE QUI EST RENTABLE ET CE QUI EST POSSIBLE

Quels types d'économies d'énergie pouvons-nous donc réellement faire dans nos foyers, nos écoles, nos immeubles de bureaux et nos millions d'autres bâtiments ? Et comment procéder ? Commençons par étudier les chiffres.

27 Analyse du RMI d'après des données de l'Agence américaine pour l'information sur l'énergie, 2008a, 2008c, 2010b et 2010d.

Un fort potentiel d'efficacité énergétique peu coûteuse

Tout ce qu'il est possible de faire en matière d'efficacité énergétique est exposé dans la figure 3-6. Pour résumer, disons que nous pouvons, moyennant des investissements importants et une transformation du secteur de l'immobilier, économiser vraisemblablement 38 %, et potentiellement 69 %, de la consommation d'énergie primaire prévue d'ici 2050 dans le secteur du bâtiment, qui aura enregistré un essor de 70 %. Ces économies sont réalisables pour un coût tout à fait abordable : les économies de 38 % nécessitent un investissement cumulatif de 300 milliards de dollars (en valeur actuelle 2010), réparti sur les quarante prochaines années, pour un retour de 1 900 milliards de dollars en coûts énergétiques économisés. Le retour sur investissement est en moyenne de 24 % par an.

FIG. 3-6 – Potentiel d'économies d'énergie du secteur américain du bâtiment, 2010-2050

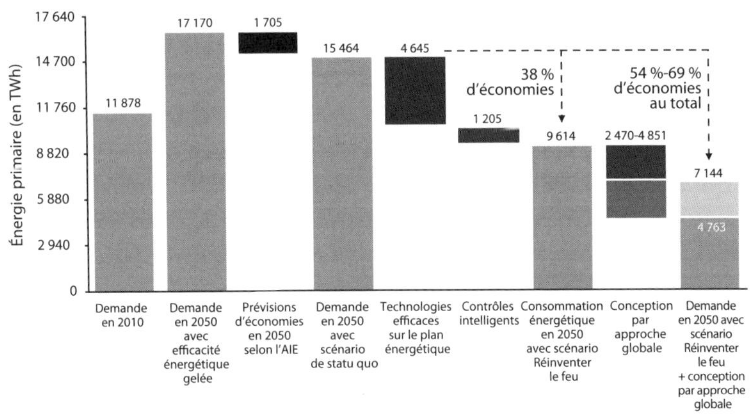

Les bâtiments américains ont consommé 11 800 TWh d'énergie primaire en 2010. Un accroissement de la surface construite nécessiterait 17 000 TWh en 2050, chiffre ramené à 15 600 grâce aux projections officielles d'économies (extrapolées à

2050), qui ne tiennent pas compte de l'innovation ni de nouvelles politiques. Nous incluons ensuite les conclusions de l'Académie nationale des sciences concernant des gains supplémentaires en matière d'efficacité et les travaux de l'American Council for an Energy-Efficient Economy au sujet des contrôles intelligent, et nous arrivons à 9 700 TWh en 2050. La conception par approche globale peut permettre de descendre à 4 700-7 000 TWh[28].

Jamais au cours de notre histoire la consommation énergétique des bâtiments américains n'a été à la baisse. Maintenir cette consommation au même niveau entre 2010 et 2050 serait un véritable exploit. Si nous dépensons un petit peu plus aujourd'hui (2 % de ce que les promoteurs investissent dans les périodes favorables[29]), nous pouvons construire des bâtiments de meilleure qualité et de plus grande valeur, habités par des populations en meilleure santé et plus productives, pour un coût inférieur sur le long terme (fig. 3-7) tout en luttant contre les risques et les émissions liés aux combustibles fossiles.

28 Analyse du RMI d'après des données de l'Agence pour l'information sur l'énergie, 2010b, de l'Académie nationale des sciences, 2010, et d'Ehrhardt-Martinez, Donnelly et Laitner, 2010.

29 US Census Bureau, 2010.

FIG. 3-7 – Valeur du rendement énergétique des bâtiments américains, 2010-2050

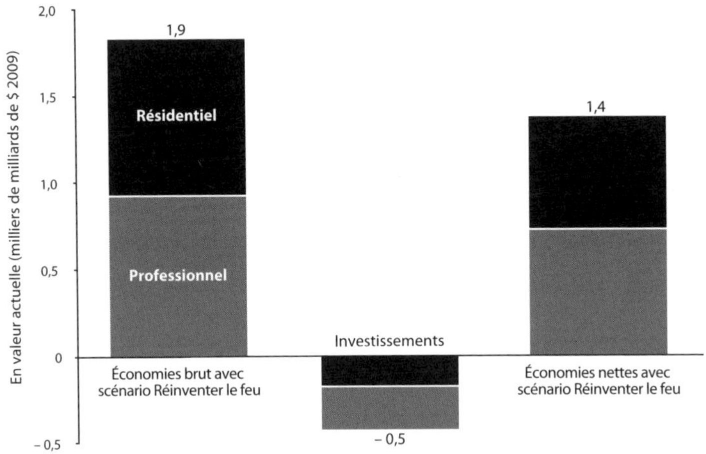

En consacrant 500 milliards de dollars supplémentaires à l'efficacité énergétique des bâtiments américains sur les quarante prochaines années, il est possible d'économiser 1 900 milliards de dollars en valeur actuelle (en s'appuyant sur le scénario Réinventer le feu qui prévoit des économies d'énergie de 38 % dans le secteur du bâtiment en 2050, scénario qui ne tient pas compte de la conception par approche globale dont nous reparlerons plus loin[30]).

Ces chiffres corroborent ce que bien d'autres ont déjà montré : l'efficacité énergétique est rentable, et nous soutenons que des économies de plus de 30 % au-delà des prévisions officielles sont presque toujours avantageuses. Ce qu'il faut retenir de la rentabilité de l'efficacité énergétique est son ampleur par rapport au coût énergétique qu'elle permet d'éviter. Comme le montre la figure 3-8, que ce soit par rapport à l'électricité ou au gaz naturel,

30 Analyse du RMI d'après des données de l'Agence américaine pour l'information sur l'énergie, 2010b, de l'Académie nationale des Sciences, 2010, et d'Ehrhardt-Martinez, Donnelly et Laitner, 2010.

la rentabilité énergétique des bâtiments coûte au moins moitié moins cher que l'énergie qu'elle permet d'économiser et ce, avec les technologies et les prix d'aujourd'hui.

FIG. 3-8 – Coût de l'énergie économisée contre prix de détail moyen de l'énergie dans le secteur américain du bâtiment, 2009

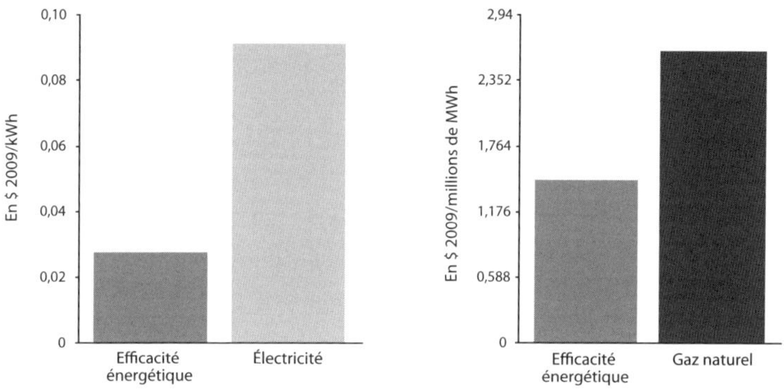

Les améliorations du rendement énergétique de l'électricité et du gaz naturel reviennent moins cher que l'énergie qu'elles permettent d'économiser. Les coûts « nivelés » permettent de comparer le rendement énergétique avec la quantité d'énergie évitée, malgré des durées de vie et des propriétés différentes[31].

Il est important de souligner, même si cela peut sembler évident, que le fait que les technologies rentables soient d'ores et déjà disponibles n'est pas suffisant. Pour en tirer parti, les entreprises et les propriétaires devront les acheter, les installer, les faire fonctionner et les entretenir. Si le bilan au niveau national de la mise en œuvre de technologies améliorant l'efficacité énergétique des bâtiments est mitigé, certains États et certaines régions s'en

31 Analyse du RMI d'après des données de l'Agence américaine pour l'information sur l'énergie, 2010b, de l'Académie nationale des sciences, 2010, et d'Ehrhardt-Martinez, Donnelly et Laitner, 2010.

tirent plus que bien. Pour que notre vision devienne réalité, le pays tout entier doit entreprendre d'investir dans l'efficacité énergétique, avec la cohérence et le sérieux dont font preuve certaines des régions les plus actives dans ce domaine. La région du Nord-Ouest Pacifique investit ainsi dans le rendement énergétique depuis plus de trente ans, si bien que sa part de marché des lampes fluorescentes compactes destinées aux logements résidentiels est supérieure de 75 % à la moyenne nationale[32].

À travers le pays, les entreprises prennent conscience des possibilités d'économies d'énergie en achetant et en vendant des produits efficaces sur le plan énergétique. D'importantes économies peuvent être réalisées grâce aux technologies classiques actuelles : commençons par examiner ce que nous pouvons faire de plus (voir l'encadré « Évaluer les perspectives d'efficacité énergétique des bâtiments »).

ÉVALUER LES PERSPECTIVES D'EFFICACITÉ ÉNERGÉTIQUE DES BÂTIMENTS

Après plusieurs décennies de succès en matière de politiques et de programmes destinés à stimuler l'efficacité énergétique, nous savons qu'il s'agit d'une solution propre, bon marché et fiable pour remplacer les combustibles fossiles. Afin d'évaluer les économies potentielles sur les quarante prochaines années, nous avons analysé trois grandes variables :

- **Le renouvellement du parc.** *Chaque année, de nouveaux immeubles sont construits tandis que d'autres sont démolis ; avec le temps, les équipements de chaque bâtiment doivent être remplacés. La construction d'un nouveau bâtiment ou la vente d'un nouvel équipement est une occasion d'économiser de l'énergie, car « nouveau » est généralement synonyme de plus efficace sur le plan énergétique mais de moins cher. Ainsi, quand un conditionneur d'air (type fenêtre) tombe en panne, n'importe quel modèle de remplacement a une efficacité énergétique supérieure.*

32 Northwest Energy Efficiency Alliance, 2009.

Notre analyse compare l'intensité énergétique d'un nouveau bâtiment efficace sur le plan énergétique à ce qu'aurait été cette intensité si le bâtiment avait été construit uniquement selon les codes actuels.

- **Les économies et le coût relatifs aux mesures d'efficacité énergétique.** *Les économies varient énormément entre les nouveaux bâtiments et équipements en fonction des choix faits en matière de conception et d'équipements. Un grand nombre d'options affichant des coûts et des performances divergents peuvent donner de bien meilleurs résultats que la norme minimale. Nous partons de l'hypothèse que les consommateurs n'optent pour l'efficacité énergétique que si elle est plus avantageuse que le prix de détail moyen de l'électricité ou du gaz, selon le taux d'actualisation de 7 %/an établi par l'Académie nationale des sciences.*

- **Le nombre d'entreprises et de particuliers qui choisissent d'investir.** *Outre la quantité d'énergie qu'il est possible d'économiser et le coût de ces économies pour un bâtiment individuel, nous devons estimer combien de bâtiments vont réellement bénéficier de ce type d'investissement. Par le passé, les investissements américains ont été sousoptimaux. Nous prévoyons une implication bien plus forte qui, sur les vingt prochaines années, va s'élever pour atteindre les taux actuels des États les plus performants, à mesure que la pression concurrentielle, les rachats internes et le soutien de certaines politiques auront raison des réticences classiques des consommateurs vis-à-vis de l'efficacité énergétique.*

Une conception et des équipements améliorés

Commençons par exemple par le bâtiment de Toyota Motor Corporation, à Torrance, en Californie, construit en 2003. La firme a choisi de concevoir et de construire cet édifice de 58 000 m^2 pour ses 2 500 employés dans le sud de la Californie, afin de montrer son implication dans les questions environnementales et d'apporter la preuve à ses actionnaires de la valeur d'un bâtiment efficace sur le plan énergétique. Des mesures normalisées par rapport aux conditions météorologiques montrent que le bâtiment a une consommation d'énergie fournie inférieure de 42 % à ce que le code de la construction Title 24 de Californie, qui est l'un des plus stricts du pays, autorise. Grâce à quoi ? Au fait qu'il a été orienté pour laisser entrer le maximum de lumière et le minimum de chaleur, qu'il est équipé de doubles-vitrages, d'une isolation supplémentaire et d'un « toit blanc » hautement réfléchissant, sur lequel Toyota a installé un imposant système photovoltaïque, ce qui porte les économies totales du bâtiment à 60 %. Grâce à des incitations pour les fournisseurs d'énergie et aux crédits d'impôt, l'ensemble du projet a dépassé l'objectif de 10 % de taux de rendement de l'entreprise[33].

Il existe un autre cas pour lequel les économies d'énergie potentielles étaient tout simplement trop importantes pour rester inexploitées plus longtemps : en 2009, la chaîne de grands magasins JCPenney a dépensé 38 000 dollars pour améliorer le rendement énergétique d'un magasin de 9000 m^2 situé dans le comté d'Orange, en Californie. L'entreprise a remplacé les lampes halogènes par des diodes électroluminescentes (DEL), ce qui lui a permis d'économiser de l'argent et de mieux éclairer ses marchandises. De plus, des équipes ont réparé les commandes de l'éclairage et de la climatisation, posé des joints d'étanchéité sur toutes les portes et installé des capteurs de mouvement. Résultat : le magasin consomme aujourd'hui 28 % d'énergie en moins et économie 41 000 dollars par an, soit un retour sur investissement plus que correct pour un effort somme toute modeste[34]. Avec ses marges de détaillant réduites, combien JCPenney devrait-il vendre de produits pour obtenir pareil résultat financier ? Et sa confiance dans ce retour sur investissement serait-elle la même ?

Le bon timing

Cependant, en matière d'économies d'énergie, il ne suffit pas de tabler sur l'amélioration de la conception des bâtiments et l'achat de nouveaux équipements. Il est également important de choisir le bon moment pour procéder aux rénovations et à la modernisation des structures. Les bâtiments subissent

33 US Green Building Council, 2006a.

34 Keller, 2011.

des changements cycliques au cours de leur vie. Certaines composantes importantes comme les façades et les systèmes mécaniques s'usent, les baux arrivent à échéance, il se produit des ventes et des refinancements, et le marché évolue. En conséquence, il est souhaitable de tirer parti de changements qui auraient de toute façon été réalisés pour programmer des modernisations de façon astucieuse, ce qui réduit fortement les coûts en capitaux.

À Sacramento, plusieurs maisons hypothéquées avaient besoin de sérieuses rénovations avant d'être vendues. Y voyant là l'occasion d'améliorer leur efficacité énergétique, le Sacramento Municipal Utility District (SMUD), aidé par le ministère américain de l'Énergie et la Sacramento Housing and Redevelopment Agency, s'est fixé l'objectif suivant : diviser par deux leur consommation, à l'aide d'un ensemble de rénovations simples. Rendue possible grâce aux fournisseurs d'énergie qui ont financé le surcoût, la rénovation des fenêtres, de l'isolation et des systèmes mécaniques a permis de faire 53 % d'économies pour un coût supérieur de 12 800 dollars à celui d'une réhabilitation classique. La facture des fournisseurs d'énergie a alors davantage baissé que le versement hypothécaire n'a augmenté pour rembourser le prêt. « Lorsqu'on travaille avec des maisons en aussi mauvais état, l'expérience nous a montré qu'il est assez facile de les améliorer et d'obtenir un niveau d'efficacité énergétique plus élevé », explique Dennis Lanni, l'un des responsables du projet[35].

Un autre exemple de rénovation survenue au bon moment nous est fourni par Eng Lock Lee lorsqu'il a été appelé par l'hôtel Hyatt de Singapour, dont l'un des énormes refroidisseurs devait être remplacé. La plupart des concepteurs se seraient contentés d'en préconiser un de la même taille. Mais les savantes mesures prises par Lee ont montré que le refroidisseur était trop grand et inefficace sur le plan énergétique. Le système plus petit et plus intelligent qu'il a alors conçu a permis de réduire la consommation énergétique de 8 millions de kWh la première année, engendrant des économies de plus de 770 000 dollars par an avec un retour sur investissement de 45 %[36].

35 Ministère américain de l'Énergie, 2010a ; Brooke Hammett, entretien avec l'auteur, 11 mars 2011.

36 Singapore National Energy Efficiency Committee, 2010.

Il arrive aussi que certaines occasions soient manquées parce qu'elles paraissent trop évidentes et simples, et pourtant... Le simple fait de peindre les toits et le sol dans des couleurs claires, de planter des arbres d'ombrage et de revégétaliser certains espaces (pour renvoyer la chaleur du soleil), permettrait de diminuer d'environ 2,8 °C la température à Los Angeles, de réduire la demande de climatisation de la ville d'environ 20 % et de faire baisser de 12 % le nombre de jours où elle ne respecte pas les normes de l'État en matière d'ozone. La diminution de l'ozone dans l'air suffirait à elle seule à économiser quelque 360 millions de dollars par an en dépenses de santé[37]. Et non seulement les toits légèrement colorés permettent de conserver la fraîcheur à l'intérieur des bâtiments et ont une durée de vie plus longue, mais 100 m^2 de ce type de revêtement abaissent légèrement la température du sol en renvoyant la chaleur solaire, comme si l'on empêchait dix tonnes de CO_2 de se répandre dans l'atmosphère : voilà donc un avantage supplémentaire, totalement gratuit, qui vient s'ajouter aux substantielles économies d'énergie[38].

Ces exemples ne sont certes pas le reflet de pratiques courantes. Nous expliquons pourquoi un peu plus loin dans ce chapitre et nous proposons des solutions pour surmonter les nombreux obstacles à la mise en œuvre de l'efficacité énergétique. Mais pour commencer, examinons certaines technologies émergentes qui peuvent contribuer à faire passer les pratiques classiques actuelles pour la norme, puis à les rendre obsolètes.

Les technologies émergentes

Fort heureusement, les technologies économes en énergie nous apportent la preuve depuis des décennies, ou plutôt des siècles, qu'elles savent renouveler les sources d'efficacité énergétique avant qu'elles ne soient taries, et ce pour des coûts similaires voire inférieurs. Ainsi, aux États-Unis, un réfrigérateur

37 Rosenfeld *et al.*, 1997.

38 Akbari et Rosenfeld, 2008.

neuf utilisait-il en moyenne, en 2009, 72 % d'électricité en moins qu'un modèle comparable en 1972, tout en affichant un prix inférieur de 62 % malgré un plus grand nombre de fonctionnalités[39]. Au niveau national, ces technologies ont permis d'économiser l'équivalent de plus de soixante centrales électriques de 1 000 mégawatts[40]. Certains réfrigérateurs actuels sont même encore plus efficaces sur le plan énergétique. Les climatiseurs domestiques vendus en Californie sont eux aussi devenus peu à peu moins gourmands en énergie, à un rythme de 3 à 4,5 % par an depuis des dizaines d'années, et ne montrent aucun signe de ralentissement dans ce domaine[41].

L'histoire nous enseigne que les améliorations en matière d'efficacité énergétique vont se poursuivre jusqu'à ce qu'on ait exploité au maximum les possibilités offertes par la physique. C'est pourquoi les économies qui, selon nous, sont susceptibles de s'accumuler entre aujourd'hui et 2050, viendront en partie des technologies émergentes[42], c'est-à-dire de dispositifs qui ne sont pas encore sur le marché et ne sont pas encore rentables, mais qui existent déjà et se préparent à être commercialisés.

Les technologies émergentes relèvent toujours plus ou moins d'un pari. Si une innovation n'offre pas d'avantages supplémentaires significatifs ou ne contribue pas à faire baisser les coûts, il se peut qu'elle ne fasse jamais de véritable apparition sur le marché. Et même si elle donne satisfaction, cela peut prendre des années avant qu'elle ne soit commercialisée. Il aura ainsi fallu quinze ans et un prix divisé par vingt pour que les téléphones portables, pourtant l'une des technologies les plus rapidement adoptées, approchent la saturation du marché. Et de la même façon que les téléphones portables ont représenté une technologie de la communication révolutionnaire, de nombreuses technologies du même type font rapidement leur apparition dans le secteur du bâtiment.

39 Neubaurer *et al.*, 2009 ; Goldstein, 2010, 132-137. Goldstein explique de façon convaincante que le coût inférieur est *rendu possible* par les gains en matière d'efficacité énergétique, et non en dépit de ceux-ci.

40 Agence américaine pour l'information sur l'énergie, 2008a.

41 Goldstein, 2010, 41.

42 Desroches et Garbesi, 2011.

En voici quelques-unes :

• ***Les fenêtres intelligentes.*** L'une des innovations les plus rémunératrices pourraient être les fenêtres intelligentes. Les fenêtres qui s'obscurcissent en réaction à un faible courant électrique ou à la chaleur, fabriquées par des sociétés comme Pleotint et Ravenbrick, équipent d'ores et déjà des salles de conférence de standing, ainsi que le Boeing 787 ou Dreamliner[43]. Mais une technologie nettement plus importante est attendue sur le marché : les fenêtres « AdaptivE[44] » de Serious Energy, qui sont équipées d'un revêtement à cristaux liquides, afin d'adapter la quantité d'énergie entrant sous forme de chaleur en fonction de la température de la vitre extérieure, tout en laissant entrer la même quantité de lumière. Ces fenêtres « thermochromiques » laisseraient ainsi entrer cinq fois plus de chaleur solaire par une froide journée d'hiver que par une chaude après-midi d'été. Cette technologie pourrait, à elle seule, réduire de 30 % la consommation d'énergie due au chauffage et à la climatisation d'une habitation moyenne[45]. Le coût net pourrait être négligeable étant donné que la maison aurait besoin d'équipements de chauffage et de climatisation plus petits et moins chers.

• ***Le refroidissement par évaporation amélioré.*** Il y a des milliers d'années de cela, les Perses se sont aperçus qu'au contact de l'air chaud, l'eau s'évaporait, absorbant la chaleur et refroidissant l'air. Cette technologie ancestrale est aujourd'hui adaptée pour produire des climatiseurs bien plus efficaces sur le plan énergétique. Ces réfrigérants par évaporation fonctionnent bien lorsque le climat est sec – il en existe une version équipant un laboratoire du Carnegie Institute for Global Ecology, fondé par l'Université de Stanford en 2004, qui produit 50 unités de refroidissement par unité d'électricité – mais pas lorsqu'il est humide comme à Miami ou à Houston. Eric Kozubal, ingénieur

43 PPG Aerospace 2010 ; Ravenbrick LLC ; 2009, Pleotint, 2007.

44 Tinianov, 2011 ; Apte *et al.*, 2003.

45 Tinianov, 2011 ; Apte *et al.*, 2003.

principal au National Renewable Energy Laboratory, en a donc imaginé une autre version. Il a inventé un moyen d'ajouter une substance absorbant l'eau (un agent desséchant) qui assèche l'air entrant et permet au réfrigérant par évaporation de fonctionner sous n'importe quel climat. Ce processus, qu'il a baptisé « conditionnement d'air amélioré par évaporation avec agent desséchant », peut permettre d'économiser, selon la zone climatique, entre 50 et 90 % de l'énergie consommée par un climatiseur classique[46]. Des sociétés comme Advantix Systems, Munters, Seibu Giken et Trane ont commencé à mettre sur le marché des technologies avancées utilisant des desséchants.

• ***L'isolation radicale.*** La modernisation de cette vieille technique qu'est l'isolation pourrait être extrêmement profitable. Pendant des dizaines d'années, les laboratoires ont réussi à fabriquer des gels extrêmement légers et peu denses à base de silice, qui possédaient un pouvoir isolant jusqu'à six fois supérieur aux mousses plastique les plus performantes. Aujourd'hui, plusieurs fabricants, parmi lesquels Protor Group Ltd., Aspen Aerogels, Cabot Corporation et NanoPore[47], augmentent le volume de leur production afin de vendre ces aérogels et nanogels à des prix abordables. Ces matériaux exotiques peuvent transformer des surfaces peu épaisses comme le châssis d'une fenêtre, des murs fins et, à terme, des surfaces à peindre en de puissantes barrières thermiques (fig. 3-9, voir cahier central).

• ***Les matériaux à changement de phase.*** Ils absorbent la chaleur en fondant à mesure que la température augmente. Utilisés dans les murs ou sur les toits, ils ralentissent l'accumulation de chaleur dans une maison les jours où la température est élevée. La chaleur emmagasinée est progressivement libérée la nuit. Ils commencent à faire leur apparition dans certains

---

46 Scanlon, 2010. Selon le Lawrence Berkeley National Laboratory, les climatiseurs individuels de pièce fournissent en moyenne dans le monde 2,8 unités de refroidissement par unité d'électricité ; au Japon, le ratio le plus élevé atteint 7,1 unités, un chiffre qui pourrait être porté à 8,4 par des améliorations conventionnelles (SEAD Group, 2011).

47 Aspen Aerogels, 2011 ; Proctor Group Ltd., 2010 ; Cabot Corporation, 2011 ; NanoPore, Inc., 2008.

matériaux de construction comme le ThermalCORE de National Gypsum, qui utilise des capsules de cire de paraffine fabriquées par le géant allemand de la chimie, BASF[48].

• ***Les diodes électroluminescentes (DEL).*** Le ministère américain de l'Énergie attend des DEL qu'elles permettent d'économiser, d'ici 2030, une quantité d'électricité correspondant pratiquement à ce que l'ensemble des foyers américains consomment aujourd'hui pour s'éclairer[49]. Selon les analystes, le marché américain de l'éclairage commercial et industriel aux DEL devrait passer de 330 millions de dollars en 2010 à 1 milliard de dollars en 2014[50], et entraîner une vive concurrence entre les géants que sont Philips, Osram Sylvania, Cree et General Electric. Certains de ces composants avec semi-conducteur sont à l'heure actuelle deux fois plus efficaces sur le plan énergétique que les lampes fluorescentes compactes (LFC), et leur prix est en baisse[51]. La chaîne de cafés Starbucks en utilise déjà, ce qui lui permet de réduire sa consommation d'énergie liée à l'éclairage de 80 % dans plus de 7 000 établissements[52]. Une nouvelle génération de systèmes d'éclairage est en cours de développement afin d'exploiter la source lumineuse ponctuelle des DEL, ce qui permet un contrôle optique extrêmement précis et réduit davantage encore leur consommation d'énergie. En outre, de nouvelles avancées réalisées par des inventeurs comme Tsutomu Shimomura, qui a mis au point une nouvelle méthode de branchement et de commande des DEL avec un minimum de fils, pourraient permettre un contrôle très précis de l'éclairage d'un bâtiment, et réduire ainsi de façon significative les besoins en énergie et en capitaux[53]. Parallèlement à cela, la nouvelle génération de DEL,

48 National Gypsum, 2011.

49 Navigant Consulting, 2010.

50 GTM Research, 2010.

51 Ministère américain de l'Énergie, 2010b.

52 Kanellos, 2009.

53 Shimomura et Gage, 2009-2011 ; Beyer, 2011. Pour en savoir plus : www.neofocal.com.

baptisées DELO (diode électroluminescente organique), dans lesquelles les semi-conducteurs sont remplacés par des composés organiques, fait déjà son apparition dans les téléphones portables et les appareils photo, et pourrait multiplier la présence sur le marché de téléviseurs superefficaces de meilleure qualité (fig. 3-10, voir cahier central). Enfin, des technologies encore plus poussées sont en cours d'élaboration.

• ***Les rotors efficaces sur le plan énergétique.*** Et si une technologie permettait de réduire de façon drastique la consommation des appareils les plus gourmands en électricité ? C'est la perspective que nous offrent les pompes, ventilateurs, soufflantes, turbines et autres hélices façonnés à l'image de la coquille d'un nautile. La nature fait un usage incessant de cette forme de spirale, qui suit en réalité une séquence de nombres appelée « suite de Fibonacci ». Le naturaliste australien Jay Harman s'est dit un jour que la nature devait savoir ce qu'elle faisait, si bien qu'il s'est mis à fabriquer des rotors et à leur donner cette forme étrange des nautiles, pratiquant en cela le biomimétisme (fig. 3-11, voir cahier central). Sa technologie améliore aujourd'hui de plusieurs dizaines de points de pourcentage l'efficacité énergétique des rotors qui déplacent les fluides, parfois bien plus encore[54]. Des rotors de cette forme permettent d'économiser 30 % de l'énergie utilisée par les ventilateurs d'ordinateurs, dont plus d'un milliard sont fabriqués chaque année. Ils peuvent également brasser les 26 millions de litres d'eau que contiennent les réservoirs d'une station hydraulique en consommant seulement 320 watts[55], ce qui représente une efficacité énergétique environ cinq fois plus grande que celle de leur concurrent le plus immédiat[56]. La société de Jay Harman, PAX Scientific, basée dans le nord de la Californie, autorise actuellement l'utilisation de cette technologie dans de nombreux secteurs différents. Des centaines d'autres concepts inspirés par la nature peuvent eux aussi améliorer les composants des bâtiments ou

---

54 PAX Scientific, 2008 ; Belko et Smith, 2008.

55 PAX Water Technologies, 2011.

56 Koelman, 2011.

les bâtiments eux-mêmes. Et même sans avoir recours au biomimétisme, des progrès en matière d'aérodynamique et de moteurs permettent de diviser par deux la consommation énergétique des ventilateurs de plafond, disponibles dans le commerce (Gossamer), et par trois celle des ventilateurs aspirants pour salles de bain, dans le même ordre de prix (Panasonic)[57].

• ***Les appareils électriques.*** Et les pertes électriques des fours de nos cuisines ? L'inventeur croato-suisse Dusko Maravic a conçu une nouvelle sorte de casserole dont le fond ne se voile pas sous l'effet de la chaleur mais reste, au contraire, parfaitement plat et en total contact avec un élément en céramique chauffé par une résistance et contrôlé par ordinateur[58]. Résultat : des plats plus vite cuisinés et de grosses économies d'électricité (les mesures européennes laissent entendre deux tiers d'économies). Des économies supplémentaires sont possibles grâce à des contrôles plus intelligents et à plusieurs innovations sur des casseroles et des couvercles qui piègent la chaleur[59].

• ***Les pompes à chaleur.*** Certaines innovations comme les pompes à chaleur miniatures, qui peuvent à la fois chauffer et refroidir un bâtiment, sont sur le point d'être adoptées et donc permettre de substantielles économies d'énergie. L'École polytechnique fédérale de Zurich (ETH) a fait la démonstration d'une pompe à chaleur miniature à grande vitesse qui produit pas moins de 10 à 12 unités de refroidissement par unité d'électricité à de faibles températures (autour de - 5 °C, voire moins). Lorsqu'on la fait fonctionner à l'envers, elle peut fournir environ huit unités d'eau chaude par unité d'électricité, ce qui la rend huit fois plus efficace sur le plan énergétique qu'un

57 Gossamer Ceiling Fans, 2008 ; Eley Associates, 1996.

58 OMPI, 1999 ; Nuveco AG, 2011.

59 Par exemple : Belkraft, 2005 ; Kuhn Rikon, 2011 ; la bouilloire « Simplex » de Newey & Bloomer ; Thermal Cookware, 2008. Le plus simple reste encore de mettre un couvercle sur une casserole classique, ce qui empêche 80 % de la chaleur de s'échapper sous forme de vapeur (Cullen, Allwood et Borgstein, 2011 ; S24).

chauffe-eau[60] classique à résistance électrique et près de trois fois plus efficace que des pompes à chaleur classiques destinées à chauffer l'eau.

Ces exemples n'offrent qu'un petit aperçu de ce que les technologies nous réservent en matière de rendement énergétique, et des moyens pour les entreprises réactives de gagner de l'argent en les commercialisant. Toutes, et bien d'autres encore, rendront possibles les économies d'énergie de demain. Pour les professionnels qui veulent prendre une longueur d'avance sur leurs concurrents, ces technologies émergentes seront autant d'armes stratégiques qui leur permettront de battre à plate couture tous ceux qui ne pourront pas suivre.

Dans nos projections sur les économies d'énergie selon le scénario Réinventer le feu, nous ne sommes pas partis de l'hypothèse que ces avancées technologiques allaient permettre des économies plus importantes. Nous avons, au contraire, supposé qu'elles allaient continuer à produire entre 2030 et 2040 des économies rentables à hauteur de celles qui nous semblent possibles entre aujourd'hui et 2030. L'histoire nous enseigne que c'est une position très sage.

Un comportement plus intelligent

Nous pensons également que le résultat peut être meilleur que nos prudentes projections, car il existe une autre voie vers des économies d'énergie qui ne nécessite ni nouveaux concepts ni modernisation d'envergure. La solution : modifier la façon dont les occupants d'un bâtiment en utilisent les services.

Il ne s'agit pas ici de faire pression sur les habitants pour qu'ils baissent leur thermostat jusqu'à avoir froid ou qu'ils travaillent dans le noir. Les changements comportementaux que nous espérons ne sont pas synonymes d'inconfort, de privation, ou de restrictions. Il s'agit au contraire de choix intelligents. La plupart des personnes n'ont pas conscience de la quantité d'énergie qu'elles consomment ni de celle qui est gaspillée. Lors d'une conférence organisée en 1997 par Interface à l'hôtel Grand Wailea, sur l'île de Maui, les quelque

60 Wyssen *et al.*, 2010.

1 000 invités ont été quotidiennement informés du fait qu'ils pouvaient économiser l'énergie, l'eau et les déchets en suivant quelques conseils simples, et sans renoncer à leur confort ; la consommation d'énergie de l'établissement a alors chuté de 22 % en seulement six jours[61].

Le simple fait de donner quelques informations peut modifier les comportements. Ainsi permettre aux particuliers de comparer leur consommation d'énergie avec celle de leurs voisins peut-il créer une forme d'émulation entre eux et réduire sensiblement la consommation. Opower, une start-up basée à Arlington, en Virginie, a lancé un programme consistant à joindre aux factures énergétiques des ménages de Sacramento une note comparant la consommation d'énergie des habitants et fournissant des recommandations pour consommer moins, comme le fait d'éteindre le chauffage quand on sort de chez soi. Les personnes qui avaient accepté de participer ont réduit leur consommation énergétique de 3 % en moyenne[62]. Opower met actuellement son programme en œuvre aux côtés de nombreux fournisseurs d'énergie à travers le pays. En outre, de nouveaux dispositifs comme les compteurs intelligents rendent ce type de recommandations plus largement accessibles et faciles à appliquer.

Même limités, des changements comportementaux permettent d'économiser de grandes quantités d'énergie, car la consommation varie du tout au tout entre des bâtiments comparables en fonction du comportement de leurs occupants. Ce phénomène est attesté par de nombreuses études. D'après les résultats de trente-six programmes pilotes mis en œuvre en zone résidentielle, si 80 % des consommateurs disposaient d'informations sur leur consommation d'énergie d'ici 2050, les changements de comportement qui en résulteraient réduiraient de plus de 10 % la consommation énergétique des bâtiments américains et feraient baisser le coût de l'énergie à 0,035 $/kWh seulement, soit le tiers du prix que nous payons généralement

61 Browning, 2011.

62 Cooney, 2011.

pour l'électricité[63]. Grâce à une meilleure conception des programmes et aux enseignements que l'on pourrait tirer des recherches en sciences sociales, la prochaine génération de programmes destinés à faire évoluer les comportements pourrait entraîner des économies bien plus conséquentes, allant même jusqu'à dépasser 25 %[64].

Lorsqu'on dispose d'informations sur sa consommation d'énergie, il devient en outre possible de réduire ses dépenses sans pour autant changer de comportement. Les commandes intelligentes peuvent ainsi couper automatiquement le thermostat quand on part de chez soi, faire tourner le lave-vaisselle ou le lave-linge à un moment opportun pour l'occupant, mais pour un coût moindre. Elles peuvent aussi déclencher le prérefroidissement des bureaux plus tôt, lorsque la journée s'annonce chaude, à un moment où l'électricité coûte moins cher qu'aux heures de pointe l'après-midi. (Dans le cas des bâtiments en béton ou en maçonnerie, cela permet souvent de faire baisser la quantité totale d'énergie utilisée pour le refroidissement et non simplement de pouvoir choisir le moment où cette énergie est consommée[65].) Ces technologies discrètes peuvent donc fournir des services identiques, voire meilleurs, pour un coût moindre, sans entraîner de gêne ni de désagrément

Comment aller au-delà du mode de conception classique

Nous avons vu jusqu'à présent comment certaines entreprises se sont mises à tirer parti des économies d'énergie qui sont aujourd'hui à portée de main et comment l'innovation va soutenir notre progression vers des technologies toujours plus efficaces sur le plan énergétique. Nous avons également passé en revue les solutions originales pour inciter les populations à changer de comportement afin d'économiser plus d'énergie, solutions qui apportent des

63 Ehrhardt-Martinez, Donnelly et Laitner, 2010.

64 Laitner, 2011.

65 Xu, 2009.

avantages substantiels, sans rogner sur le confort ni sur d'autres paramètres importants aux yeux des occupants. Ensemble, ces approches peuvent réduire la consommation d'énergie primaire des bâtiments de 38 % d'ici 2050. Plus loin, nous nous attaquerons à l'immense défi de la généralisation des bonnes pratiques à travers l'ensemble du gigantesque parc immobilier du pays.

Mais, pour commencer, visons plus haut, car nous en avons grand besoin. La mise en œuvre du scénario Réinventer le feu que nous avons déjà présenté n'empêcherait pas le secteur américain de l'immobilier de consommer encore 9 700 TWh d'énergie primaire pour l'électricité et le gaz naturel en 2050. Alors, comment aller plus loin, si possible pour un coût identique et idéalement pour un coût moindre ?

Réponse : à partir du moment où nous nous donnons la peine de transformer un bâtiment, pourquoi ne pas nous donner un peu plus de peine encore et le modifier en visant l'efficacité énergétique grâce à la conception par approche globale ? Cela permettrait de faire grimper les économies à plus des deux tiers de la consommation énergétique des bâtiments en 2050. Il s'agit de la dernière étape, représentée par les deux colonnes de droite sur la figure 3-6.

Les coûts de la conception par approche globale sont très variables. Sur un petit ensemble de bâtiments commerciaux neufs, cette conception engendre des économies plus importantes que la conception classique, pour un coût cumulatif en capitaux nul (voire parfois négatif) ; le coût s'entend pour le bâtiment tout entier, car certaines opérations peuvent coûter plus cher, mais sont compensées par d'autres, plus petites, moins coûteuses ou même devenues superflues. Dans d'autres cas, la conception par approche globale peut entraîner un coût supplémentaire, qui est néanmoins souvent rapidement récupéré[66]. Les importants écarts d'économies et de coûts reflètent les différences qui existent dans la qualité de la conception et de la réalisation, peu de concepteurs étant à ce jour spécialisés dans cette approche. Ces différences rendent le résultat hautement incertain : à quelle vitesse et dans quelle mesure la conception par approche globale peut-elle donc être adoptée par

66 Kats, 2009.

ces marchés complexes ? Mais ces mêmes différences recèlent également des perspectives économiques potentiellement importantes pour ceux qui augmenteront rapidement l'échelle des meilleures pratiques en matière de conception par approche globale.

Qu'entend-on exactement par conception par approche globale ? Et comment l'exploiter pour transformer le secteur du bâtiment aux États-Unis, c'est-à-dire comment mieux concevoir grâce à des technologies savamment associées et non en appliquant une liste de contrôle *lambda* ou des techniques disparates ?

La conception par approche globale

Au lieu de remplacer, par exemple, des systèmes d'éclairage et de chauffage classiques par des équipements plus efficaces sur le plan énergétique, les partisans de la conception par approche globale commencent par étudier s'il n'existe pas des moyens plus intelligents de concevoir tout à la fois le bâtiment entier et l'ensemble des systèmes qui le constituent et qui interagissent. Jusqu'ici, nous avons évoqué des progrès importants réalisés dans des technologies spécifiques. La conception par approche globale associe toutes les technologies (anciennes et nouvelles) de façon novatrice.

Examinons les nombreux avantages qu'a récoltés la société Skanska USA lorsqu'elle a repensé ses 2 300 m^2 de bureaux situés au 32e étage d'un Empire State Building, rénové en 2008. Au lieu de se contenter d'améliorer l'efficacité énergétique des systèmes classiques d'éclairage, de chauffage et de refroidissement, les ingénieurs ont préféré revoir entièrement la conception. Ils ont remplacé le réseau de distribution d'air, situé en hauteur, par une ventilation sous plancher, qui permet à chaque employé de contrôler le flux d'air et la température, et réduit la puissance des ventilateurs, le bruit et la diffusion des microbes. Étant donné qu'un réseau de distribution d'air classique masque en hauteur un cinquième de la surface des fenêtres, le fait de le supprimer a permis de récupérer toute la surface de ces dernières. Si l'on ajoute à cela des bureaux avec façade vitrée, on obtient un espace de travail éclairé sur 90 % de sa surface par la lumière du jour, ce qui permet de réduire de 35 % l'énergie consacrée à l'éclairage. Et les employés apprécient la lumière naturelle et la nouvelle vue : l'absentéisme a chuté de 14 %.

Il a fallu débourser 4,6 % de plus par rapport à une démarche classique d'équipement de bureaux pour que ce concept obtienne le meilleur niveau de certification LEED. Mais les coûts en électricité seront réduits de 57 % par rapport aux bureaux précédents, si bien que l'investissement sera rentabilisé en cinq ans. Elizabeth Heider, vice-présidente de Skanska, souligne, en outre, que la baisse de la consommation d'énergie est un garde-fou vis-à-vis d'une future augmentation des prix de l'électricité et de la tarification du carbone[67].

Il n'est pas facile de passer à la conception par approche globale, car elle nécessite qu'architectes, ingénieurs, entrepreneurs et propriétaires collaborent de façon plus efficace. Elle exige que les concepteurs modifient leurs représentations mentales et trouvent parfois des moyens de contourner des pratiques solidement ancrées. Mais ce n'est pas si complexe. La conception par approche globale applique de façon rigoureuse les principes orthodoxes d'ingénierie, mais elle pose souvent d'autres questions de conception, dans un ordre différent, pour obtenir de meilleures réponses. Certaines de ses réponses paraissent d'ailleurs évidentes avec le recul.

Prenons par exemple le cas de ces grandes surfaces en forme d'immenses boîtes, entourées à perte de vue d'un océan d'asphalte noir dépourvu de toute ombre. La chaleur absorbée et diffusée par les milliers de mètres carrés d'asphalte lors des chaudes journées d'été met à contribution la climatisation du magasin, mais aussi celle des milliers de voitures garées sur le parking. La bouffée d'air chaud qu'on ressent en sortant de sa voiture n'est guère accueillante. La nuit, cette surface sombre nécessite de puissantes lampes pour que l'éclairage réponde aux normes de sécurité. La conception par approche globale préconiserait d'emblée un parking peint dans des couleurs claires, afin de réduire les coûts de refroidissement et d'éclairage. Le magasin serait ainsi plus agréable à fréquenter pour les clients, parce que moins climatisé. Le revêtement du parking, plus froid, durerait bien plus longtemps et, pour peu qu'il soit perméable, il pourrait nécessiter moins d'infrastructures coûteuses, voire aucune, pour évacuer les eaux de pluie. Le fait d'apporter de l'ombre sur le parking au moyen de panneaux photovoltaïques, comme le font déjà certains

67 Sandborg, 2010 ; W&H Properties, 2009 ; ENR New York, 2009 ; Schneider, 2011.

commerçants, pourrait accroître davantage encore le confort, et l'électricité produite pourrait soit être vendue au réseau, soit, ce qui serait mieux encore, être utilisée par les clients pour recharger gratuitement leur voiture électrique, ce qui les inciterait à prolonger la durée de leurs courses.

LA CONCEPTION PAR APPROCHE GLOBALE DANS UN IMMEUBLE DE BUREAUX

Pour les projets de bureaux neufs ou subissant une rénovation majeure, de nombreux concepteurs de pointe préfèrent placer la ventilation sous le plancher. Si les travaux sont correctement effectués, ce type de ventilation est silencieux, chacun peut le commander, c'est préférable sur le plan sanitaire pour les employés, beaucoup plus efficace sur le plan énergétique et d'un coût total comparable ou inférieur à un système par air pulsé situé en hauteur. Un diffuseur sous plancher distribue l'air, remplaçant un coûteux réseau de gaines et prenant moins de place à la verticale. Une chute de pression plus basse limite les besoins en ventilateurs refoulants et donc en refroidisseurs (car l'énergie des ventilateurs chauffe l'air en circulation). Des chaises en tissu maillé ventilées, comme l'Aeron d'Herman Miller, permettent aux employés de garder le fessier au frais (les mousses tapissées des fauteuils standard peuvent entraîner une augmentation de la température du fessier de 6,7 °C en trente minutes[68]). D'autres innovations multiplient les conditions dans lesquelles les employés se sentent à l'aise.

L'enveloppe du bâtiment est orientée, ombragée, les différentes masses de ses éléments sont agencées et sa surface est conçue pour absorber les flux d'énergie naturelle utiles et rejeter les autres. Des superfenêtres « réglées », qui parviennent avec une quasi-perfection à laisser entrer la lumière mais pas la chaleur, optimisent les flux de lumière et de chaleur dans toutes les directions, améliorant le confort et réduisant le besoin de systèmes de refroidissement. Les gaines en hauteur et les faux-plafonds destinés à les cacher n'ont plus lieu d'être et les extincteurs d'incendie s'intègrent

68 Herman Miller, 2008.

parfaitement dans l'ensemble architectural. Une moindre hauteur d'étage à étage permet d'éviter des pans de façade coûteux et peut même autoriser six étages au lieu de cinq, en respectant la limite standard de hauteur de 22 mètres pour un petit immeuble aux États-Unis, ce qui se traduit par des gains financiers remarquables et augmente la hauteur sous plafond pour une meilleure distribution de la lumière naturelle.

L'éclairage indirect, grâce à une lumière du jour orientée et à des installations suspendues, fournit partout une lumière non aveuglante beaucoup plus efficace que si elle venait du plafond, à partir de dispositifs encastrés. Le fait d'éclairer les surfaces et non les volumes économise beaucoup d'énergie, prévient la fatigue visuelle et donne au plafond un aspect clair et gai. (La conception de l'éclairage est encore plus importante, bien que souvent négligée, que des équipements d'éclairage efficaces sur le plan énergétique, mais les deux sont parfaitement complémentaires dans tous types de bâtiments[69].) Un éclairage, des pompes et des ventilateurs moins puissants réduisent davantage encore les besoins en systèmes de refroidissement et permettent d'économiser de l'argent. Ces fonds peuvent alors être consacrés, entre autres, à l'achat de fenêtres et d'un système d'isolation plus performants.

Mais ventilation et éclairage fournissent à eux deux un autre avantage encore : ils suppriment quasiment les frais résultant de la reconfiguration de l'espace, qui s'élèvent souvent à plusieurs dizaines de dollars par mètre carré et par an, lorsque les employés veulent déplacer leur poste de travail. Pourquoi ? Parce que le plafond est uniformément éclairé, si bien qu'il n'est pas nécessaire de déplacer les systèmes d'éclairage, les câblages ou les commandes lorsque les employés réorganisent leurs bureaux. La ventilation peut être mise à disposition en remplaçant n'importe quelle dalle du sol par un diffuseur. Les installations électriques et celles liés aux technologies de

69 Goldstein, 2010, p. 103. Goldstein est parvenu à des économies d'énergie d'environ 95 % sur l'éclairage de sa cuisine et de 85 % dans sa chambre à coucher, avec une esthétique et une visibilité améliorées, en associant des luminaires efficaces sur le plan énergétique à un éclairage direct-indirect qu'on utilise normalement dans les bâtiments commerciaux.

l'information (quand celles-ci ne sont pas sans fil) peuvent être déplacées simplement en soulevant une dalle de moquette et la dalle de parquet située en dessous ; pas besoin de s'attaquer aux murs ni aux plafonds.
Pour résumer, ce type de bâtiment peut fournir un confort thermique, visuel et acoustique sans précédent en n'utilisant qu'une petite partie de l'énergie consommée jusque-là, il coûte autant voire moins à réaliser et sa construction peut être plus rapide.

Le redimensionnement

Que ce soit à l'extérieur ou à l'intérieur d'un bâtiment, la conception par approche globale a de nombreuses et importantes conséquences. L'une des plus fréquentes et des plus intéressantes est la possibilité de réduire, voire de *supprimer* des équipements mécaniques, phénomène appelé « redimensionnement ». C'est ce que j'ai réussi à faire dans ma maison de 370 m^2 située en altitude dans les montagnes Rocheuses. Elle est superisolée et chauffée à 99 % de façon passive, malgré des températures qui descendent jusqu'à - 43 °C, grâce en partie à des superfenêtres qui ont l'air d'avoir deux épaisseurs de verre, mais isolent comme si elles en avaient 16 (ou parfois 22). Les mesures que j'ai prises ont réduit le coût de construction de la maison, car le fait de ne pas avoir à installer de système de chauffage m'a permis d'économiser plus d'argent en amont que les superfenêtres, la superisolation et la récupération de la chaleur par ventilation ne m'en ont coûté. Le réinvestissement de ce capital économisé a ramené à moins d'un an la rentabilisation des installations qui m'ont permis d'économiser environ 90 % de l'électricité domestique et 99 % de l'énergie destinée à chauffer l'espace et l'eau. Une récente révision des installations a encore accru ces économies, car j'ai remplacé la technologie de 1983 par une technologie de pointe datant de 2010. On dirait bien que le système de suivi qui mesure les économies consomme plus d'électricité que tous les appareils et lampes réunis, c'est dire !

L'approche par le redimensionnement, qui permet de réduire la taille et le coût des systèmes de chauffage et de refroidissement, fait son chemin. Le Dr Wolfgang Feist, un ingénieur allemand, a lancé le mouvement des maisons passives, ce qui a engendré la construction de plus de 25 000 structures passives certifiées en Europe[70] (parmi lesquelles des écoles, des bâtiments commerciaux, des appartements et des maisons) ; celles-ci n'ont pas besoin d'équipements classiques de chauffage domestique tels que des chaudières, même dans des contrées froides et nuageuses, ce qui rend possible un coût de construction égal à celui d'une maison classique. Un architecte thaïlandais, le professeur Suntoorn Boonyatikarn, a importé ce concept à Bangkok, une ville chaude et humide, réalisant 90 %[71] d'économies d'énergie par rapport à une climatisation classique, pour un coût de construction normal, et au moyen d'un minuscule climatiseur. Et dans l'Empire State Building d'Anthony Malkin, les 6 514 fenêtres à double-vitrage, transformées en superfenêtres, évitent aujourd'hui au moins les deux tiers des pertes de chaleur en hiver et la moitié des entrées de chaleur en été. Résultat : la demande de froid maximale de l'immeuble en été a pu être réduite d'un tiers. Plutôt que de creuser dans la cinquième avenue pour extraire, remplacer et agrandir les vieux refroidisseurs, les ingénieurs ont rénové et réduit la taille des refroidisseurs actuels. Les économies d'électricité, qui ont diminué d'un tiers le pic de charge, ont aussi permis de ne pas procéder au coûteux renouvellement de vieux câbles intérieurs. 174 millions de dollars d'investissement ont donc pu être évités et être consacrés au paiement des fenêtres et d'autres mises à niveau pour une meilleure efficacité énergétique. C'est ainsi que les 38 % d'économies d'énergie du bâtiment, qui s'élèvent en fait à plus de 40 %, ont permis de rembourser le coût marginal en seulement trois ans, et que les projets de raccordement à un plus gros fournisseur d'énergie et de centrale de cogénération ont été abandonnés[72].

Le redimensionnement ne doit pas obligatoirement se faire à l'échelle d'un immeuble tout entier (voir l'encadré « Les modernisations coûteuses peuvent revenir moins cher que les rénovations habituelles »). Il peut avoir d'importantes répercussions lorsqu'il porte sur de petits dispositifs présents un peu partout dans un bâtiment. Ainsi, selon une étude danoise, les pompes

---

70 Zeller, 2010.

71 Hawken, Lovins et Lovins, 1999.

72 Empire State Building Company LLC, 2010 ; Lockwood, 2009 ; Empire State Building Company LLC et Rocky Mountain Institute, 2009.

acheminant l'eau chaude dans les maisons européennes classiques sont cinq à dix fois plus volumineuses que nécessaire et quatre à huit fois moins efficaces qu'elles ne devraient l'être sur le plan énergétique. Si l'on remplaçait progressivement, sur dix ans, les 120 millions de pompes de circulation domestiques en usage en Europe, on supprimerait le besoin de 8,5 centrales électriques de 1 000 MW et on respecterait un sixième des engagements de réduction des émissions de carbone prévus pour l'Europe par le protocole de Kyoto[73]. Les pompes de substitution, plus petites et beaucoup plus efficaces sur le plan énergétique, sont aujourd'hui répandues en Europe et ont fait leur entrée sur le marché américain en 2007. Elles ont engendré des économies potentielles de 70 à 90 % et ont été amorties au bout de 1,5 à 3 ans[74] ; elles coûtent moins cher que le remplacement des pompes surdimensionnées par des pompes efficaces, mais encore trop volumineuses.

LES MODERNISATIONS COÛTEUSES PEUVENT REVENIR MOINS CHER QUE LES RÉNOVATIONS HABITUELLES

Parfois, la combinaison du bon timing et du redimensionnement peut engendrer des gains encore plus surprenants que lorsque chaque concept est pris séparément. Par exemple, une tour de bureaux en verre de 18 000 m² datant des années 1970 et située près de Chicago a eu besoin de nouveaux vitrages. Les joints des fenêtres, qui étaient sombres et arrêtaient la lumière, étaient usés, comme cela arrive à peu près tous les vingt ans. En temps normal, des joints identiques auraient été posés. Mais les concepteurs du RMI ont estimé que des superfenêtres auraient un pouvoir isolant quatre fois supérieur, tout en laissant entrer six fois plus de lumière du jour et 10 % de chaleur en moins. Avec un éclairage naturel et des équipements de bureau optimisés, c'est à une réduction des trois quarts de la demande maximale de froid qu'on parviendrait. Le remplacement de l'ancien système de

73 Tommerup et Nørgård, 2007.

74 Desroches et Garbesi, 2011.

conditionnement d'air par un nouveau, quatre fois plus petit et près de quatre fois plus efficace sur le plan énergétique, coûterait 200 000 dollars de moins que la rénovation de l'imposant et vieux système, soit une somme suffisante pour financer le surcoût des améliorations apportées, avec même un peu d'argent résiduel en prime. La simulation de cette mise à jour hautement intégrée et programmée au bon moment a révélé une économie de 76 % de l'énergie de l'immeuble, pour un coût légèrement inférieur à une rénovation classique qui n'aurait engendré aucune économie[75].
La construction selon ce concept a été approuvée, mais elle n'a pas été réalisée : le propriétaire a en effet découvert tardivement que le courtier, à court d'argent, qui contrôlait l'immeuble avait refusé de suspendre le versement des commissions sur la location pendant les quelques mois qu'allait durer la rénovation. Des réparations rapides et classiques ont donc été faites, ce qui a repoussé de vingt ans la prochaine occasion de procéder à une modernisation de l'ensemble du bâtiment. Après ces rénovations sommaires, le manque de confort était tel que l'immeuble n'a pu être loué et a dû être vendu. Cette histoire illustre bien les obstacles qui menacent chacune des quelque vingt étapes de la chaîne de valeur de la construction d'immeubles commerciaux[76]. Mais elle montre aussi les formidables possibilités conceptuelles qu'offre la modernisation lorsqu'on lui associe le bon timing et le redimensionnement. On compte aux États-Unis plus de 100 000 bâtiments du même type qui attendent un traitement similaire. Chaque année, le vitrage de plusieurs milliers d'entre eux doit être revu. Les propriétaires avisés sauront saisir cette occasion pour procéder à une modernisation en profondeur de l'ensemble de leurs bâtiments.

On obtient davantage de gains encore en appliquant la conception par approche globale à des systèmes qui sont généralement copiés-collés – en répétant les erreurs anciennes sans réfléchir – et non correctement optimisés.

75 Lovins, 1995, p. 79-81.

76 Lovins, 1992.

Dans le chapitre 4, nous verrons comment une conception non classique de la disposition des conduites et des gaines, que ce soit pour un immeuble ou une usine, permet de réduire de beaucoup la taille des tuyaux et des ventilateurs, leur consommation d'énergie, le bruit et l'argent investi.

La conception par approche globale recèle bien plus de facettes et d'astuces que ces quelques exemples ne le montrent, mais le résultat est évident : dans certaines situations, de grosses économies d'énergie peuvent nécessiter des dépenses *moins élevées* que de petites économies ou pas d'économies du tout. En d'autres termes, investir dans l'efficacité énergétique n'est pas synonyme de retours sur investissement en baisse – plus on économiserait d'énergie, plus cela coûterait cher – mais au contraire de retours sur investissement en hausse. Certains théoriciens estiment que c'est impossible, mais pour les ingénieurs compétents, c'est comme un jeu. Et les retours sur investissement en hausse, comme ceux que les systèmes électroniques et informatiques génèrent tous les jours, changent absolument tout. Non seulement il est possible de faire radicalement baisser la consommation énergétique des bâtiments, mais ces réductions sont déjà une réalité dans certains bureaux et certaines habitations aux États-Unis et dans le reste du monde. Un rapide passage en revue de plusieurs d'entre eux offre une démonstration convaincante de ce qu'il est possible de faire (voir l'encadré « Quelques illustrations emblématiques de la conception par approche globale »).

QUELQUES ILLUSTRATIONS EMBLÉMATIQUES DE LA CONCEPTION PAR APPROCHE GLOBALE

La récente promotion par les architectes et les ingénieurs de la conception par approche globale se traduit par de nombreux exemples. Nous en présentons ici plusieurs que nous trouvons séduisants ou innovants, que ce soit par leur contenu technique ou par leur ambition. Même s'ils ont rencontré des difficultés, ces projets ont néanmoins pu avancer, apportant la preuve qu'un nombre croissant de concepteurs et de propriétaires peuvent obtenir des résultats semblables.

• **Le Byron G. Rogers Federal Building (Denver, Colorado).** *Cet immeuble de bureaux de 46 000 m², typique des années 1960, abrite onze agences. Il bénéficie de superfenêtres neuves, d'un éclairage DEL superefficace, d'installations mécaniques et sanitaires innovantes, d'ascenseurs à récupération d'énergie, d'un chauffage à eau 100 % solaire et de bien d'autres dispositifs nouveaux. Ce programme de modernisation de grande ampleur devrait permettre au bâtiment de respecter les directives fédérales en matière d'investissement et de réduire sa consommation énergétique initiale de 70 % ; l'immeuble atteindrait ainsi dès 2013 le stade prévu pour 2020, en vue du respect de l'objectif fédéral de consommation énergétique nette nulle pour 2030*[77].

• **La National Renewable Energy Laboratory Research Support Facility (Golden, Colorado).** *Il est légitime d'attendre de ce vivier fédéral des technologies énergétiques vertes qu'il montre l'exemple en matière d'efficacité énergétique, et c'est le cas. Éclairage naturel avec triple vitrage dans chaque bureau, ventilation sous plancher, commandes numériques et équipements TI efficaces sur le plan énergétique : voici quelques-unes des nombreuses technologies qui permettent de restreindre la consommation d'énergie à 108 kWh/m²/an. Un résultat d'autant plus impressionnant que le bâtiment abrite un centre de traitement de données. Pour faire baisser au maximum la consommation énergétique d'un immeuble, « chaque watt compte », explique Craig Robben, directeur du projet pour les technologies de l'information. Malgré ces travaux, cet immeuble de 20 000 m², que l'on voit figure 3-12 (voir cahier central), affiche un coût compétitif par rapport à de nombreux autres immeubles de bureaux gouvernementaux situés aux alentours*[78].

---

77 LeClaire, 2011.

78 National Renewable Energy Laboratory, 2010a ; Kiatreungwattana et Salasovich, 2010 ; National Renewable Energy Laboratory, 2009.

• **Le Lewis and Clark State Office Building (Jefferson City, Missouri).** *Le Missouri étant surnommé le « Show-me State » (« l'État du paraître »), beaucoup se sont montrés sceptiques lorsque l'architecte Bob Berkebile a proposé de construire un bâtiment à haut rendement énergétique pour 400 employés du ministère des Ressources naturelles de l'État, et de le bâtir sur un promontoire calcaire avec vue sur le fleuve Missouri. Et pourtant, sans aucun coût supplémentaire, son équipe est parvenue à livrer à temps et conformément au budget un immeuble pilote, beau et confortable, qui économise 55 à 60 % d'énergie par rapport à une consommation normale[79].*

• **Le Center for Health and Healing, Oregon Health & Science University (Portland, Oregon).** *Je suis sûr que vous vous dites : « La conception par approche globale peut permettre d'économiser bien plus de 50 % d'énergie dans un immeuble de bureaux neuf sans entraîner de coûts supplémentaires, mais dans le cas d'un bâtiment gourmand en énergie comme un établissement de santé, c'est une autre affaire. » Voyons les choses en grand et prenons un bâtiment de 40 000 m² et de 16 étages dans une région peu ensoleillée. Résultat : il a été conçu pour économiser 61 % de la consommation énergétique permise par le code de l'énergie, tout en nécessitant des millions de dollars en moins pour sa construction. Combien de millions ? Le budget initial pour les installations mécaniques, électriques et sanitaires, fixé à 30 millions de dollars, a été réduit de 10 %. Les autres investissements destinés à améliorer l'efficacité énergétique ont entraîné un coût marginal de 0,98 million de dollars et les deux systèmes solaires ont coûté 0,89 million de dollars. Toutes ces améliorations ont permis d'économiser 1,6 million de dollars en amont et d'engranger 1,6 million de dollars sous forme d'incitations financières et fiscales, ce qui a rapporté 3,2 millions de dollars nets qui ont pu être consacrés à d'autres dépenses. À un taux plafond de 10 %, les économies d'énergie et d'espaces destinés à être loués augmenteront la valeur de l'immeuble*

79 Rocky Mountain Institute, 2008.

d'environ 8,6 millions de dollars[80]*. D'où une valeur ajoutée totale, grâce à la conception par approche globale, d'environ 12 millions de dollars ou de 315 dollars par mètre carré. Les autres gains en termes de santé humaine et de performance viennent s'ajouter au reste.*

• **Les tours jumelles de la Deutsche Bank (Francfort, Allemagne).** *Le célèbre siège de la Deutsche Bank, des tours jumelles de 36 et 34 étages, était âgé de près de vingt ans lorsqu'en 2003, des mesures plus sévères en matière de sécurité contre l'incendie ont nécessité une rénovation de grande ampleur. « Cela aurait coûté moins cher de vendre le bâtiment et de déménager », explique Nils Noack, responsable des aspects écologiques de la construction. Mais la banque a vu là l'occasion de soigner sa réputation de leader environnemental et a choisi de rester et de faire figurer ces tours parmi les bâtiments les plus verts du monde. Le projet, qui a duré trois ans, a coûté 200 millions d'euros, la majeure partie étant consacrée à des rénovations classiques et non à des aménagements verts. La consommation d'énergie destinée au chauffage et au refroidissement sera réduite de 67 %, et celle destinée à l'électricité, de 55 % ; de l'espace sera libéré et l'immeuble accueillera 600 employés supplémentaires. Une fenêtre sur deux peut s'ouvrir et des systèmes mécaniques plus petits ont permis de libérer tout un étage dans l'une des deux tours. Dans les ascenseurs, des affichages à cristaux liquides permettent de voir la progression de chaque étage en matière d'économies d'énergie, ce qui fait naître une concurrence informelle. L'efficacité énergétique et l'énergie hydraulique réduiront les émissions de carbone de 91 % par employé, ce qui s'inscrit dans l'objectif de la banque, qui était de devenir neutre en carbone au niveau international d'ici 2012*[81]*.*

• **Le lycée de Fossil Ridge (Fort Collins, Colorado).** *En 2005, le Poudre Scholl District a conçu et bâti un lycée de 27 000 m² qui est 60 % plus efficace*

80 Interface Engineering, 2009.

81 Aster, 2000. Deutsche Bank Corporate Real Estate & Services, 2011.

sur le plan énergétique que des établissements scolaires comparables et ce, pour un coût supplémentaire nul, ce qui génère des économies annuelles de 60 000 dollars. Le bâtiment est équipé de capteurs de présence pour l'éclairage, d'un système sophistiqué de récupération de la chaleur pour le chauffage, la ventilation et la climatisation, et d'une isolation supplémentaire. La conception met en outre l'accent sur une meilleure pénétration du jour et sur la qualité de l'air à l'intérieur des locaux, deux facteurs qui améliorent l'environnement d'apprentissage. La facture ? Fossil Ridge affiche un coût de 1945 \$/m² incluant les frais de conception, l'ameublement et les équipements, qui n'a rien à envier à celui des autres écoles de la région[82].

• **Un exemple de maison passive (Urbana, Illinois).** *Le mouvement américain des maisons passives en est à ses balbutiements par rapport au mouvement européen, mais il commence à faire des adeptes. L'architecte Katrin Klingenberg a été l'une des premières à concevoir des habitations américaines selon la rigoureuse norme des maisons passives, construisant ainsi sa maison en 2003 dans la ville d'Urbana, dans l'Illinois, où il fait plutôt froid. Grâce à des niveaux d'isolation extrêmement élevés (la valeur R moyenne est de 56) et à une enveloppe superhermétique, sa maison économise 76 % d'énergie fournie par rapport à une maison neuve bâtie selon le code de la construction. On imagine aisément qu'un des premiers exemples de maison passive ait dû afficher un coût exorbitant et, de fait, elle n'était pas bon marché avec ses 18 000 dollars de plus que la normale, mais Katrin Klingenberg précise : « C'était un prototype qui a nécessité de faire beaucoup de recherches, d'adapter plusieurs supports et de procéder à certaines expérimentations. Il s'agit en fait d'une charpente à claire-voie classique et, selon moi, un entrepreneur expérimenté doit pouvoir construire une maison de ce type pour un coût supérieur d'environ 10 % à celui d'une maison comparable, soit une somme d'argent qui est facilement récupérée sous forme d'économies d'énergie en dix ans. » D'autres personnes suivent aujourd'hui l'exemple de Katrin et construisent*

---

82 US Green Building Council, 2006b ; City of Fort Collins Utilities, 2004.

des maisons passives certifiées sous des climats aussi variés que celui de la côte de la Louisiane, du nord du Minnesota ou de la côte de l'Oregon[83]*. Et l'expérience allemande confirme les dires de Katrin Klingenberg, montrant que le coût plus élevé au départ des maisons passives a été divisé par quatre au cours des quinze premières années, pour être aujourd'hui quasi négligeable*[84]*. De fait, les maisons passives suédoises les plus performantes sont déjà très légèrement moins chères*[85]*.*

• **La réhabilitation/modernisation de Brownstone (Saint Louis, Missouri).** *Le quartier historique de Hyde Park, à Saint Louis dans le Missouri, se caractérise par ses maisons mitoyennes de trois étages, datant d'avant la guerre de Sécession, de brique ou de pierre, solides, mais souvent en mauvais état ou à l'abandon. À une certaine époque, des personnes recherchaient un logement abordable, mais une réhabilitation classique de ces maisons aurait engendré des factures énergétiques trop élevées. En 1981, le promoteur Ted Bakewell III a alors conçu une méthode alternative et fait la démonstration qu'elle pouvait être appliquée directement par les habitants, même par ceux qui n'avaient ni instruction ni compétences en matière de construction*[86]*. À la base de chaque gros œuvre en mauvais état, un nouveau revêtement de sol a été installé sous forme d'une chape de béton cellulaire autonivelant. À partir de ces fondations, des panneaux préfabriqués étanches à l'air, produits dans la région, c'est-à-dire des plaques de mousse superisolante disposées en sandwich dans des parois sèches ignifuges, ont été assemblés et montés pour doubler les murs en maçonnerie. Des ouvertures ont été pratiquées pour les portes et les fenêtres, toutes équipées de deux châssis à guillotine standard. Le seul dispositif de chauffage était constitué de deux plinthes électriques, dont le fonctionnement à l'année coûtait environ*

83 Parker, 2009 ; Aspen Publishers, 2004 ; Klingenberg, 2011.

84 Feist, 2011.

85 Eek, 2011.

86 Bakewell, 2011.

100 dollars. Cette simple modernisation avec rénovation et superisolation n'a coûté que 4 700 dollars de plus qu'une réhabilitation classique inefficace sur le plan énergétique. Mais elle a réduit les besoins en énergie de plus de 90 % et, grâce à elle, il est devenu possible de climatiser une maison de 140 m² à l'aide d'un petit conditionneur d'air.

Comme le montrent tous ces exemples, les économies d'énergie supplémentaires que permet la conception par approche globale peuvent être très conséquentes. Mais de tels bâtiments sont encore relativement peu nombreux. Il ne serait pas très réaliste de croire que les meilleures pratiques actuelles puissent être universellement adoptées, même sur quarante ans. D'un autre côté, les pratiques en 2011 se sont considérablement améliorées par rapport à celles de 1971. Selon nous, il n'y a pas de raison pour que ces progrès ne perdurent pas, voire ne s'accélèrent pas, car les pratiques de pointe qui paraissent aujourd'hui ésotériques se transformeront sans doute demain en impératifs concurrentiels lucratifs. Les incertitudes quant à la vitesse et à l'ampleur de l'essor de la conception par approche globale sont donc davantage synonymes de fructueuses perspectives économiques que de doutes.

Les autres avantages de l'efficacité énergétique

Comme beaucoup le font depuis des années, nous nous attachons nous aussi à expliquer de façon convaincante les avantages qu'il y a à se concentrer sur les seules économies d'énergie : il est en effet possible d'améliorer de façon spectaculaire l'efficacité énergétique des 120 millions de bâtiments américains, et la réduction des coûts énergétiques qui en résulterait permettrait sans difficulté de rentabiliser l'investissement. Mais il se trouve que la démarche dans son ensemble, ainsi que l'équation économique, s'avèrent plus avantageuses encore que ce que pourraient laisser croire les seules économies d'énergie. Cela tient au fait que les mises à niveau qui font économiser l'énergie ont également d'autres avantages non négligeables, sous la forme de sous-produits gratuits.

Lorsqu'ils sont mesurés, les avantages annexes dépassent en effet presque toujours la valeur de l'énergie économisée. Malheureusement, ils se mesurent souvent en termes de productivité, de satisfaction et de confort, si bien qu'ils sont difficiles à quantifier et, de ce fait, rarement monétisés. Les recherches menées jusqu'ici confirment que les avantages non énergétiques ont une valeur positive. Mais il reste aux chercheurs et aux entrepreneurs à répondre de façon plus précise à la question suivante : dans quelle mesure cette valeur est-elle positive et quelle est l'ampleur de ces avantages ? En outre, les différents facteurs en jeu n'ont pas le même poids suivant les parties concernées : les propriétaires fonciers, par exemple, n'ont que faire de l'amélioration de la marque ni du fait d'attirer les talents. Combien consacreraient-ils de fonds supplémentaires à l'efficacité énergétique si les avantages non énergétiques étaient quantifiés ? Des investissements plus onéreux se justifieraient-ils ? Il nous faut donc trouver des moyens de structurer les accords passés entre les différentes parties afin de tirer profit des avantages annexes considérables qui restent pour l'instant inexploités.

TABLEAU 3-1. Au-delà de la baisse des coûts énergétiques

INVESTISSEMENT	RETOUR
Coût d'investissement Coût du capital Coût de transaction Coût d'apprentissage Risque lié à l'exécution et à la performance	Coût d'exploitation et d'investissement plus faible Exposition réduite à la volatilité et à l'augmentation du prix des combustibles **Avantages supplémentaires** Valorisation de la marque Intérêt et fidélisation des employés Augmentation de la productivité du personnel Amélioration des notes des élèves dans les écoles Augmentation des ventes Baisse des coûts de soins de santé Amortissement plus rapide Satisfaction accrue des locataires Loyers plus compétitifs Accroissement de la valeur résiduelle

L'avantage non énergétique le plus évident réside dans les coûts d'installation et de maintenance économisés. Ainsi, les économies les plus importantes générées par des feux de circulation à DEL tiennent au fait qu'on doit très rarement arrêter la circulation et envoyer une équipe grimper au sommet d'un appareil élévateur ou d'une échelle pour changer une lampe. Ces feux à DEL sauvent également des vies, car sur une série de DEL, seule une minuscule pièce tombe en panne à la fois, si bien que les feux rouges continuent à fonctionner et empêchent les accidents. Dans un bâtiment, des DEL correctement fabriquées et installées durent trois fois plus longtemps que des LFC et vingt-cinq fois plus longtemps que des lampes à incandescence. Selon une étude de l'Académie nationale des sciences, lorsque les lampes sont difficiles à changer (nécessitant par exemple une grue si le plafond est élevé dans certains halls) ou lorsque le personnel est payé pour les changer, « la valeur de la réduction de la maintenance dépasse de beaucoup la valeur des économies d'énergie[87] ». (Pour les personnes âgées qui montent sur une chaise afin de changer une lampe, le coût évité peut être une fracture de la hanche !) Ces économies sont légion. L'éclairage indirect (dirigé vers une surface et non vers des espaces) nécessite souvent moins de dispositifs et de câblages électriques, ce qui réduit les coûts d'investissement et la maintenance. Les moteurs et les toits efficaces sur le plan énergétique chauffent moins lorsqu'ils fonctionnent, et durent donc plus longtemps. Et que se passe-t-il lorsqu'il y a moins de travail de maintenance ? Certains responsables d'entreprises décident de réduire les effectifs, mais d'autres, plus avisés, gardent leurs employés, reconvertissent les heures ainsi épargnées pour générer davantage d'économies, et choisissent plutôt de se débarrasser de kilowattheures devenus inutiles.

Il existe mille et une façons de stimuler la productivité des employés de bureau, depuis les salaires jusqu'aux avantages indirects. Peu de chefs d'entreprise pensent à ajouter le confort de l'espace de travail à cette liste. Et pourtant, plusieurs études montrent que les gains d'efficacité énergétique tels que l'amélioration des commandes de température ou l'éclairage naturel, ne serait-ce que grâce à une vue à travers une fenêtre, peuvent améliorer

87 Académie nationale des sciences, 2010.

le rendement du personnel. Des systèmes de distribution d'air bien conçus empêchant la circulation des microbes peuvent réduire le nombre de maladies et donc l'absentéisme. Lorsqu'on associe l'éclairage à haut rendement énergétique, la qualité de l'air à l'intérieur des locaux et les mesures acoustiques et thermiques, il devient possible d'accroître la productivité de 3 à 5 %, ce qui en théorie permet d'être très rapidement remboursé de l'investissement consenti au départ en matière d'efficacité énergétique et d'aller bien au-delà des coûts énergétiques économisés[88]. Une augmentation de 0,7 % seulement de la productivité de la main-d'œuvre d'un bureau américain moyen produirait le même résultat financier que la *suppression de l'intégralité de la facture énergétique*[89].

Mais les gains ne se comptent pas qu'en termes de productivité. Il est en effet plus facile de recruter et de retenir des employés qui apprécient leur lieu de travail et considèrent leur entreprise comme responsable sur le plan environnemental. Lee Scott, ex-directeur exécutif de Walmart, affirme que les efforts importants qu'il a fournis pour rendre le géant de la distribution plus vert et plus efficace sur le plan énergétique auront valu la peine, ne serait-ce que pour le bien qu'ils ont fait au moral des employés.

Autre avantage non énergétique surprenant : l'augmentation des ventes. La lumière naturelle peut en effet rendre les marchandises plus attrayantes pour les consommateurs, ce qui accroît les profits chez des distributeurs comme Walmart ou des supermarchés comme Shop & Shop (fig. 3-13, voir cahier central). Selon une étude indépendante sur des magasins franchisés de la côte ouest, la pression sur les ventes au détail est 40 % plus élevée dans les magasins bien éclairés par la lumière du jour, et les employés préfèrent de très loin travailler dans ce type de locaux[90].

Ces nombreux avantages non énergétiques ont des répersussions positives sur la vie de nos enfants et notre système de soins de santé. Posez-vous

88 Kats, 2009.

89 D&R International, 2010.

90 Heschong Mahone Group, 2003a.

par exemple la question suivante : est-ce que je préfère étudier dans une salle de classe sans fenêtre, éclairée par des lampes fluorescentes, ou dans une école majoritairement éclairée par la lumière naturelle et dotée de nombreuses fenêtres, dont certaines peuvent même s'ouvrir ? Des expériences menées dans de nombreux États où les résultats scolaires ont été suivis montrent que les élèves ont une vitesse d'apprentissage de 20 à 26 % supérieure dans les salles de classe bien éclairées par la lumière naturelle[91]. Autre question : préférez-vous vous remettre d'une opération chirurgicale dans une chambre d'hôpital dépourvue de fenêtre ou dans une chambre inondée de soleil avec vue sur des arbres ou sur un parc ? Robert Ulrich, célèbre scientifique spécialiste du comportement, a rassemblé[92] plus de 2 000 articles examinés par un comité de lecture, montrant que les patients guérissent plus vite, se sentent mieux, restent moins longtemps et retournent moins souvent dans des hôpitaux écologiques et efficaces sur le plan énergétique que dans des établissements classiques.

Pour dire les choses simplement, de bonnes conditions de travail et d'habitation fournissent davantage de valeur. Une analyse[93] portant sur le nombre encore réduit mais croissant d'immeubles verts montre que les bâtiments américains labellisés LEED ou ENERGY STAR ont des loyers plus élevés de 3 %, enregistrent des taux d'occupation supérieurs et se vendent 13 % plus cher que d'autres biens comparables[94]. La prise de valeur de ces bâtiments réduit le risque que les emprunts ne soient pas remboursés en cas de chute des valeurs boursières, comme cela a été le cas lors de la récession de 2008-2009. Et ces biens sont moins menacés par de futures hausses du prix des combustibles ou par de futures pénuries[95]. LaSalle Investment Management, l'un des grands gestionnaires de biens au niveau mondial, constate des différences de

91 Heschong Mahone Group, 1999, 2001 et 2003b.

92 Ulrich, 2011.

93 Eichholtz, Kok et Quigley, 2010.

94 Malin, 2010.

95 Cochran et Muldavin, 2010.

plus en plus marquées dans les taux plafonds, au profit des biens immobiliers et des portefeuilles verts et efficaces sur le plan énergétique[96].

Le moment pour investir dans l'efficacité énergétique ne pourrait être mieux choisi. Dans un secteur de la construction malmené, les bâtiments verts et à haut rendement énergétique apparaissent comme une solution sûre, qui a davantage de bons côtés que d'inconvénients. De plus, ces bâtiments sont plus faciles à financer et attirent des clients plus enthousiastes et exigeants.

L'ÉNIGME ET LE DÉFI

Il nous faut maintenant répondre à une question préoccupante : si cette description d'un secteur du bâtiment bien plus efficace sur le plan énergétique et pouvant rapporter la modique somme de 1 400 milliards de dollars nets (et toutes sortes d'autres avantages plus considérables encore) est à ce point séduisante, pourquoi les États-Unis ne s'engouffrent-ils pas dans cette voie ? Les exemples que nous avons présentés ne sont que de petits îlots perdus dans un océan de maisons mitoyennes, d'appartements, de propriétés luxueuses, de magasins, d'entrepôts, d'usines, de taudis, d'hôpitaux, d'écoles et de gratte-ciel qui prennent l'eau et ne sont pas efficaces sur le plan énergétique. Certes, l'Empire State Building symbolise l'espoir, mais la vue que l'on a depuis son sommet nous montre de façon criante toutes les possibilités gâchées. Comment se fait-il que l'adoption de l'efficacité énergétique moderne soit si désespérément lente dans le secteur du bâtiment ?

L'économiste James Barrett explique que cette lenteur est liée au fait que « le tissu conjonctif qui relie ces possibilités au passage à l'acte est encore en cours de formation. Il ne s'agit pas tant d'amener le cheval boire que d'introduire le concept d'hydratation[97] ».

Une personne sceptique pourrait légitimement se demander si ce n'est pas la description en elle-même qui est trop optimiste ou tout simplement

96 LaSalle Investment Management, 2010.

97 Barrett, 2010.

fausse. Après tout, les propriétaires fonciers et les dirigeants d'entreprises sont d'habiles hommes d'affaires. Ils scrutent constamment le paysage, à la recherche du moindre atout qui va doper leurs profits et leurs résultats financiers ou leur donner une longueur d'avance face à la concurrence. Des entrepreneurs et des entreprises, tout aussi avisés et innovants, s'évertuent d'ores et déjà à vendre les technologies, les services et les concepts qui rendront les bâtiments américains plus efficaces sur le plan énergétique. S'ils ne sont toujours pas parvenus à vendre leurs produits à une majorité de propriétaires fonciers, c'est peut-être que les gains économiques que nous prévoyons sont inexistants. Ou, comme diraient les économistes : il ne peut pas y avoir de billets de 20 dollars qui traînent par terre, car s'il y en avait, quelqu'un les aurait déjà ramassés[98].

Tous ces arguments sont pertinents, en vérité. Il y a effectivement des économies d'énergie et de colossaux avantages non énergétiques à la clé, mais sur la route se dresse un nombre incalculable d'obstacles qui dissuadent la plupart des entreprises, des gouvernements et des individus de passer à l'action (mais pas tous, comme nous le verrons plus loin).

L'un des plus gros problèmes vient du fait qu'un individu ou qu'une entreprise ne peut récolter qu'une toute petite partie de ces économies. Une partie si infime que, dans bien des cas, les efforts et les tracas ne semblent pas valoir la peine, comparés à d'autres options. Pourquoi consacrer du temps, de l'argent et de l'énergie à rénover un bureau pour économiser quelques dizaines de milliers de dollars par an quand une décision commerciale, comme le lancement d'une nouvelle campagne de marketing ou le dépôt d'un brevet, peut vous en faire gagner des dizaines de millions ?

Il faut aussi examiner les choix qui s'offrent aux propriétaires fonciers. Aux États-Unis, une maison coûte en moyenne 175 000 dollars et son coût énergétique sera d'environ 75 000 dollars sur les trente ans que durera le prêt[99]. Cet argent disparaît lentement dans les factures mensuelles qui

---

98 Infirmant ce dicton, le prix Nobel d'économie Ken Arrow m'a dit un jour avoir trouvé et ramassé un billet de 20 dollars dans la rue.

99 Goldstein, 2010, p. 49.

totalisent près de 2 200 dollars par an[100]. Imaginons qu'en isolant une maison et en modernisant certains équipements, on puisse réduire cette facture de 30 %. Les économies s'élèveraient donc à environ 700 dollars par an. Pour la plupart des ménages, hélas, cette somme paraît dérisoire, car elle représente moins que l'achat quotidien d'un bagel au fromage frais. Et pour réaliser ces économies, il faut parfois commencer par dépenser 5 000 dollars pour financer les mises à niveau (une somme que beaucoup de personnes n'ont pas ou qu'elles ne veulent pas leur consacrer), puis attendre plusieurs années que cet investissement soit amorti par les économies d'énergie. Et tout cela ne prend pas en compte le stress qui survient quand il faut décider quels travaux faire, trouver les personnes adéquates pour les réaliser, se mettre d'accord avec les entrepreneurs et, vraisemblablement, prendre sur son temps de travail pour les accueillir chez soi.

Force est de reconnaître que les coûts énergétiques des bâtiments et leur réduction ne figurent pas en tête des priorités de la majorité d'entre nous. Nous privilégions quasi systématiquement des bureaux entourés d'un océan de places de parking ou situés près d'une sortie d'autoroute, ou bien une maison avec une grande cuisine et un parc à proximité, par rapport à des solutions qui suppriment le besoin de voiture ou optimisent l'accès au solaire. Nous continuons à choisir de grands téléviseurs à écran plat et des réfrigérateurs rutilants sur la base de leur apparence et de leurs fonctionnalités plutôt que sur celle de leur consommation énergétique. Et dans bien des cas, nous ne savons même pas quelle quantité d'énergie consomment une maison, un bureau, un ordinateur et bien d'autres produits et bâtiments. Parmi ces derniers, un grand nombre ne disposent d'ailleurs pas de compteur spécifique : certains appartements, de nombreux bâtiments commerciaux et des bases militaires entières ne possèdent qu'un seul compteur.

Cela nous conduit à un autre problème classique : peu d'entreprises ou de particuliers peuvent suivre leur consommation d'énergie par poste de dépenses. Les entreprises locataires reçoivent souvent des factures d'énergie calculées au prorata de l'espace qu'elles occupent, et non en fonction de leur

100 D&R International, 2010.

consommation. Si un dispositif de sous-comptage est en place, il se fait souvent au niveau de l'immeuble tout entier, ce qui prive les locataires d'informations sur leur consommation, informations qui pourraient leur permettre de faire le lien entre coûts et possibilités d'économies. De nombreuses entreprises, particulièrement les chaînes de magasins et les boutiques franchisées, ne voient même pas passer leur facture énergétique, celle-ci étant directement envoyée à un service de comptabilité éloigné où elle est réglée. Il est en outre surprenant de constater que certaines grosses sociétés continuent à considérer les dépenses énergétiques comme des frais généraux fixes, immuables et ne méritant pas d'être examinés.

Les freins aux économies d'énergie sont encore plus puissants lorsque les particuliers ou les entreprises ont peu de chances de récolter directement les fruits des investissements qu'ils pourraient faire en matière de rendement énergétique. J. Wayne Leonard, directeur exécutif du fournisseur d'énergie Entergy, basé à La Nouvelle-Orléans, fait remarquer que les habitations de cette ville comptent parmi les moins bien isolées du pays, ce qui se traduit par des factures élevées en air conditionné pour leurs occupants[101]. Mais les personnes qui habitent ces logements sont souvent locataires. Leurs propriétaires ne sont donc guère incités financièrement à engager des travaux d'isolation, puisque les économies d'énergie iront dans la poche de leurs locataires et non dans la leur. Quant aux locataires, ils sont peu enclins à investir des centaines de dollars pour rénover une maison qui ne leur appartient pas et dans laquelle ils ne vont peut-être pas rester longtemps.

On constate d'ailleurs le même phénomène avec de nombreux bâtiments commerciaux : 45 % ne sont pas occupés par leur propriétaire[102].

Et si jamais tous ces problèmes ne vous ont pas découragé et que vous voulez vraiment vous lancer dans un projet d'efficacité énergétique, où allez-vous trouver les fonds ? Les capitaux destinés à ce type de rénovation coûtent cher, essentiellement parce que les quantités de dollars en jeu sont petites (cela

---

101 Leonard, 2009.

102 Agence américaine pour l'information sur l'énergie, 2006a.

représente une part relativement restreinte de la valeur totale d'un bâtiment), tandis que le coût du lancement et de l'entretien de l'opération est relativement élevé. Étant donné qu'un grand nombre de parties prenantes dans le processus de financement – que ce soit les intermédiaires financiers, les courtiers en hypothèques, les organismes de crédit ou même les investisseurs – sont dédommagés à hauteur de l'ampleur de l'accord conclu, le fait de procéder à des accords plus larges en réunissant plusieurs projets à la fois permettrait de faire des économies d'échelle sur le lancement et l'entretien, et de mieux dédommager les participants. Mais en l'absence de capitaux faciles d'accès, les projets rentables, qu'il s'agisse d'isolation d'habitations ou de rénovation en profondeur de grands bâtiments commerciaux, ne verront pas le jour.

Certains dispositifs financiers existent, mais ils sont peu utilisés. Seuls quelques donneurs d'ordres ont connaissance des prêts accordés suivant le rendement énergétique, lancés par Fanny Mae il y a vingt ans. Sur le modèle des prêts immobiliers accordés en fonction de l'efficacité énergétique liée au positionnement géographique d'une habitation (voir chapitre 2), ces prêts prennent en compte les factures énergétiques moins élevées des habitations à haut rendement énergétique comme critère d'éligibilité et retiennent des habitations plus chères, mais affichant un meilleur rendement lorsque les économies mensuelles sur la facture énergétique dépassent le remboursement des travaux d'efficacité énergétique. Mais même si vous faites une demande pour ce type de prêt, la banque ne prendra vraisemblablement en compte qu'un tiers de vos économies d'énergie[103].

Le facteur humain n'est pas à négliger. Certains individus éteignent les lampes, d'autres pas. Une étude menée sur des logements militaires à Hawaï a montré que la consommation d'énergie dans des habitations présentant les mêmes caractéristiques de rendement énergétique varie du simple au quadruple ; une étude du même type réalisée sur des maisons à Las Vegas a révélé des écarts plus grands encore[104].

103 Goldstein, 2010, 51-53.

104 Norton, 2010. Sur une base militaire, on s'est aperçu que le logement le moins efficace sur le plan énergétique affichait la consommation énergétique la plus basse, tandis que le plus efficace enregistrait

La première étape pour sensibiliser les occupants consiste à mieux comprendre les facteurs cachés qui motivent leurs choix et leurs attitudes. Il y a là aussi d'importantes perspectives d'économies d'énergie qui commencent tout juste à être exploitées.

Comme on peut le voir, malgré des aspects financiers en apparence raisonnables, il existe un grand nombre de barrières structurelles mal connues qui empêchent la généralisation des mises à niveau en vue d'un meilleur rendement énergétique. Cela se traduit par un gigantesque fossé entre les bénéfices potentiels considérables pour la société (incluant les importantes sommes d'argent qu'il est possible de gagner ou d'économiser), qui s'accumulent au fil des ans à mesure que le parc immobilier du pays gagne en rendement énergétique, et les bénéfices relativement limités et peu palpables que les individus ou les entreprises peuvent récolter. Il y a donc défaillance du marché, comme diraient les économistes. Et le fait que l'efficacité énergétique soit rentable n'y change rien. La plupart des individus ne bougeront pas tant que la récompense s'élèvera à quelques centaines de dollars par an seulement.

Heureusement, nous avons à notre disposition toutes sortes de stratégies qui consistent, par exemple, à clarifier et à vendre les avantages non énergétiques qu'il y a à pratiquer l'efficacité énergétique, à proposer de nouveaux services et produits qui ne soient pas uniquement liés au rendement énergétique, et à adopter des politiques innovantes qui peuvent contribuer à combler le fossé et à corriger la défaillance du marché. La tâche n'est pas aisée du fait de l'incroyable diversité des bâtiments et des personnes qui les possèdent ou en ont l'usage. Mais c'est faisable, moins cher et moins risqué que de laisser notre parc immobilier continuer à être le gouffre financier qu'il représente actuellement.

---

la consommation la plus élevée ; cela tient au fait que le comportement des occupants l'emporte sur les facteurs techniques.

RÉSOUDRE LA DIFFICILE QUESTION DE L'EFFICACITÉ ÉNERGÉTIQUE

Les défis de taille vont souvent de pair avec les perspectives de taille. Il sera certes difficile d'accélérer la progression de l'efficacité énergétique des bâtiments, mais nous en serons récompensés. La résolution du problème se déroulera en deux temps : il faudra d'abord laisser les entreprises, les propriétaires et les entités gouvernementales chercher des solutions pour réduire leur propre consommation énergétique et élaborer des services et des produits permettant aux autres d'en faire autant. Ensuite, il faudra rendre possible l'application de ces solutions au moyen de politiques intelligentes qui feront sauter les barrières en place, ouvriront la voie à de nouvelles possibilités, assainiront les règles du jeu et homogénéiseront les incitations.

Les approches émanant des entreprises

Les chefs d'entreprise ont deux missions à accomplir. Tout d'abord, économiser l'énergie au sein de leur propre structure. Ensuite, trouver des moyens de se développer et d'aider les autres à économiser l'énergie. Si l'appât du gain est encore plus fort lors de la seconde étape, il est suffisant lors de la première pour que de nombreuses entreprises veuillent lancer leurs propres opérations et se former en agissant.

Commencer par sa propre entreprise

C'est ce qu'a fait Gary Christensen, promoteur de son état, à Boise, dans l'Idaho. Avec ses architectes et constructeurs, et en l'absence de formation ou d'expérience particulière en matière d'efficacité énergétique, il a consacré 23 millions de dollars à la conception d'une tour de bureaux de onze étages. Résultat : le Banner Bank Building, construit en 2006, a permis d'économiser 38 % de l'énergie habituellement consommée selon le code de la construction et ce, pour un coût supplémentaire imperceptible. Gary Christensen a enregistré un taux d'occupation de près de 90 % la première année, une augmentation de 1,5 million de dollars de la valeur en capital, des coûts de reconfiguration peu élevés et des loyers concurrentiels par rapport à des immeubles qui avaient vingt ou trente ans de plus. Son prochain objectif : des maisons et de petits bâtiments commerciaux « zéro émission net », produisant autant d'énergie qu'ils en consomment. Ambitieux, Gary Christensen ? Oui, mais il estime que tout cela peut arriver plus vite que les gens ne le pensent. « On se donne du mal pour rien… et quand on arrive à ce rien, on en fait encore moins », explique-t-il. « On se complaît dans notre position d'hyperfainéants[105]. »

Les grosses sociétés s'intéressent davantage aux mesures simples d'efficacité énergétique que lorsque l'énergie était bon marché et abondante. Selon un sondage réalisé en 2010, 52 % des responsables d'entreprises publiques envisageaient de faire des dépenses en faveur de l'efficacité énergétique au cours de l'année suivante et 84 % d'entre eux affirmaient qu'il s'agissait d'une priorité[106]. Les grosses sociétés sont nombreuses à chercher à réduire leurs émissions de CO_2 pour améliorer leur image de marque. L'efficacité énergétique attire en outre les investisseurs, elle fidélise les locataires et dope la valeur immobilière. Cette évolution est très nette. En 2011, le Carbon Disclosure Project a ainsi envoyé une demande d'information sur leurs émissions de gaz à effet de serre à près de 5 000 dirigeants d'entreprises, au nom de plus de 500 investisseurs institutionnels dotés de plus de 70 000 milliards de dollars d'actifs[107].

Il est important pour les bâtiments également que les informations sur l'énergie soient disponibles et transparentes. De simples données sur la consommation énergétique divulguées par le système de gestion d'un immeuble peuvent être riches d'enseignements. En menant une petite enquête, on peut déterminer si la facture de chauffage est élevée à cause d'une chaudière mal réglée, d'une commande qui actionne simultanément les équipements de chauffage et de refroidissement ou d'animaux qui ont fait des trous dans les gaines. Une facture d'électricité exorbitante

105 BetterBricks, 2006 ; US Green Building Council, 2006c ; Idaho Business Review, 2007 ; Christensen, 2011.

106 Johnson Controls, 2010.

107 Carbon Disclosure Project, 2011.

peut être due aux lumières laissées allumées par le personnel de nettoyage de nuit, à des employés qui branchent des radiateurs électriques sous leur bureau ou (comme je l'ai vu une fois) à la présence oubliée depuis longtemps sous un parking d'un chauffage électrique de 40 kilowatts, destiné à faire fondre la neige ; chauffage invisible sur les plans, mais fonctionnant depuis des dizaines d'années 24 heures sur 24 et 7 jours sur 7. Il est primordial d'assurer un suivi constant des données opérationnelles et de les réclamer pour optimiser le fonctionnement des grands bâtiments. Les entreprises de services énergétiques, les grandes sociétés de gestion des biens immobiliers et certains spécialistes proposent une gamme toujours plus développée de services pour analyser ces données, repérer les marges de manœuvre et concevoir, financer et livrer les mises à niveau qui amélioreront le rendement énergétique.

Mais ce n'est pas facile, même pour les propriétaires de grands bâtiments. L'amélioration constante des technologies fait que l'objectif à atteindre est sans cesse mouvant. Résultat : si la révision de l'efficacité énergétique de votre bâtiment remonte à de nombreuses années (ou même parfois à quelques années seulement), tout est à refaire. Les technologies d'éclairage évoluent si rapidement qu'il y a vingt ans, les directeurs financiers de Nordstrom ont ramené le cycle de dépréciation de dix à cinq ans, car c'est à peu près à cette fréquence que l'éclairage devait être changé[108].

L'efficacité énergétique n'est pas qu'une question de matériel. Elle dépend aussi énormément de la façon dont les équipements sont entretenus et utilisés. Un équipement de mauvaise qualité, mais bien entretenu et correctement utilisé, sera généralement plus performant qu'un bon équipement mal entretenu et mal utilisé. Mais procéder à un entretien méticuleux ne signifient pas uniquement éviter les pannes. C'est aussi investir dans les hommes et leurs pratiques, dans des outils de mesure, des logiciels et des procédures qui font en sorte que les bâtiments sont constamment en état de marche. Le bénéfice est étonnant : une étude menée sur 643 bâtiments a montré que la mise en service et la réoptimisation permettent d'économiser 13 % d'énergie

108 Darrow, 2011.

avec un remboursement en quatre ans pour un immeuble neuf, mais 16 % avec un remboursement en un an pour le bâti existant[109].

CE QUE LES PROPRIÉTAIRES D'IMMEUBLES COMMERCIAUX DOIVENT ATTENDRE DES PROFESSIONNELS DU BÂTIMENT

Avec des problématiques portant tout à la fois sur la science du bâtiment, les objectifs de réduction des gaz à effet de serre ou encore les systèmes de notation de l'efficacité énergétique, il peut être facile de perdre de vue ce qui doit être fait pour réduire la consommation énergétique d'un bâtiment. Pour être sûr de mettre l'accent sur ce qui est important, voici quatre questions que les propriétaires d'immeubles commerciaux doivent poser aux ingénieurs, consultants, fournisseurs d'énergie et autres prestataires :

• **Comment consommons-nous l'énergie et en quoi cela est-il lié au fonctionnement de mon bâtiment ?** *Possédez-vous des laboratoires et des centres de traitement de données gourmands en énergie qui sont les principaux responsables de l'empreinte carbone de votre entreprise, ou possédez-vous des immeubles de bureaux où l'éclairage et l'air conditionné sont responsables du montant de vos factures ? Comprendre quels sont les principaux moteurs de la consommation énergétique d'une entreprise constitue la première étape indispensable pour déterminer sur quoi concentrer ses efforts. Une fois qu'on dispose de ces informations de base, on peut se pencher sur les conditions de mise en œuvre des solutions. À moins qu'un paramètre important ait été négligé (ce qui est souvent le cas), les petites sources d'économies d'énergie permettent d'être rapidement gagnant, tandis que les économies d'énergie les plus conséquentes peuvent être plus difficiles à concrétiser. Le fait de déterminer quand et comment procéder à une intervention de plus grande ampleur à un coût moindre (par exemple à travers la conception par approche globale) peut fortement jouer sur ce que vous allez décider de mettre en œuvre. Mais quelles que soient les mesures que*

109 Mills, 2009.

vous prendrez pour réduire votre consommation d'énergie, clarifier votre situation de départ est essentiel pour le succès de votre démarche.

• **Pouvons-nous éviter les grosses dépenses en capital ou les associer à des efforts en matière d'efficacité énergétique ?** *Le timing est le principal moteur du coût en capital de l'efficacité énergétique. S'ils sont bien programmés, les projets en la matière se résument souvent à un faible coût marginal au sein d'une démarche que vous auriez en grande partie entreprise pour d'autres raisons, telles qu'une construction nouvelle, une extension, une conversion ou une importante rénovation. Aucun immeuble ne devrait être vendu et aucun locataire important ne devrait pouvoir y emménager ou en partir sans que les facteurs énergétiques soient considérés comme une occasion en or d'ajouter de la valeur à la transaction. Si le timing n'est pas bon, comme c'est souvent le cas avec les rénovations progressives, on risque de vouloir justifier l'intégralité du coût d'un nouveau refroidisseur ou d'une isolation murale par les économies d'énergie, ce qui fonctionne rarement. En travaillant en harmonie et de façon synchrone avec les plans d'investissement immobilier à long terme, et non en opposition vis-à-vis de ces derniers, on se donne la possibilité de récolter des bénéfices énergétiques pour un coût nettement inférieur, de les exploiter à travers des plans de construction et d'augmenter la valeur à venir du bâtiment.*

• **Comment puis-je récompenser les concepts inspirés des meilleures pratiques ?** *À travers, entre autres, la réalisation de projet intégrée. Celle-ci organise les relations et les fonctions des parties qui créent ou rénovent un bâtiment, afin que ces trois adversaires potentiels que sont le propriétaire, le concepteur et le constructeur, deviennent des partenaires efficaces ayant des motivations parfaitement identiques*[110]*. Même en l'absence de la réalisation de projet intégrée, les professionnels de la conception devraient être rétribués en fonction de ce qu'ils permettent d'économiser, et non de ce qu'ils dépensent. Cette méthode éprouvée,*

110 Bendewald et Franta, 2010 ; Edmonson et Rashid, 2009.

utilisée pour récompenser la réalisation de ce qu'on a souhaité (« la rétribution selon la performance du concept[111] *»), peut considérablement améliorer la conception des bâtiments neufs ou de ceux qui sont rénovés, et contribuer à faire sortir du lot les bons professionnels sur un marché saturé. Les concepteurs devraient faire leurs offres de cette manière (ou au moins garder cette méthode comme alternative) et apprendre à leurs clients à exiger des offres basées sur la performance ; c'est un bon moyen d'éliminer les mauvais concepteurs.*

• **Je veux réduire ma consommation énergétique d'au moins 30 %. Comment puis-je faire ?** *Les propriétaires fonciers posent souvent les mauvaises questions. Déterminez clairement vos objectifs à court et long terme, et prenez bien conscience de ce que cela implique. Par exemple, ne réclamez pas une liste de mesures qui soient toutes amorties en trois ans (il se peut qu'en faisant tout faire selon une liste de mesures amorties entre quatre et vingt ans, l'ensemble soit amorti en une année en tant que paquet intégré). Ne demandez pas un modèle énergétique qui « prédit » la consommation d'énergie (il ne peut qu'autoriser les comparaisons). Et ne demandez pas non plus une éolienne ou un toit couvert de panneaux photovoltaïques (l'efficacité énergétique d'abord !). Demandez un paquet intégré de gains d'efficacité énergétique qui va maximiser la valeur actuelle nette sur une dizaine d'années, voire plus : cela donnera sans doute plus de valeur à votre immeuble. Demandez un calendrier à long terme des principales rénovations afin de pouvoir les programmer et les dimensionner toutes correctement. Demandez quels autres avantages peut procurer l'ensemble des économies d'énergie qu'on vous propose : lumière du jour, calme, stabilité et contrôle thermiques et qualité de l'air. Demandez des conseils en matière de mise en œuvre, d'embauche du personnel et des employés chargés de l'exploitation, afin de travailler avec des individus sensibilisés aux questions énergétiques. Et demandez comment vous pouvez clairement communiquer sur votre projet et tenir votre direction*

111 Eubank et Browning, 2004.

au courant de l'avancée des travaux, rendre les progrès visibles pour vos employés et profiter de leurs connaissances, de leur imagination et de leur enthousiasme.

Pour vous aider à orienter votre concept en procédant à des comparaisons d'après l'expérience du RMI, le tableau 3-2 présente les objectifs relatifs à certains paramètres clés pour un bureau de Classe A, moyen à grand, situé dans une zone climatique elle aussi moyenne, comme celle de la côte est. En adaptant vos objectifs à votre zone climatique et à votre type de bâtiment, vous devriez obtenir de meilleurs résultats. La colonne « meilleure pratique » constitue un objectif en constante évolution.

TABLEAU 3-2. Comparer les constructions d'immeubles de bureaux

OBJECTIF DE CONCEPTION	UNITÉS	UNITÉS	UNITÉS	UNITÉS
Intensité d'énergie fournie	kWh/m²/an	282	120-185	<87
Densité de la puissance d'éclairage : puissance connectée	W/m²	16,3	8,7	4,3-6,5
Densité de la puissance d'éclairage : utilisation directe sans commande	W/m²	16,3	6,5	1-3,2
Ordinateurs/appareils électriques/ éclairage articulé installés	W/m²	43-65	11-22	<5
Valeur R du vitrage (centre du verre)	W/m²-K	2,8-5,7	0,6-1	≤0.3
Valeur R de la fenêtre (châssis inclus)	W/m²-K	5,7	1,9	0,7-0,8
Sélectivité spectrale du vitrage*	$ke = T_{vis}/SC$	1	1,2	>2
Absorption solaire et émissivité d'infrarouges du toit	α,ε	0,8, 0,2	0,4, 0,4	0,08, 0,97
Étanchéité de l'ensemble du bâtiment	m³/h-m² @ 75 Pa	1,7	0,7	<0,4

Refroidissement mécanique installé	m²/tonne	23-32,2	46-55,2	110,4-128,8+
Efficience horaire de l'installation de refroidissement**	kW/tonne	1,9	1,2-1,5	<0,6
Niveau de chauffage périmétrique installé	-	Important	Minimal	Nul
**Mesure la capacité du vitrage à laisser entrer la lumière et non la chaleur **Ensemble du système dont pompes, ventilateurs, tours de refroidissement et refroidisseurs*				

Certaines grosses sociétés disposent des ressources et des outils pour concevoir en interne des projets d'amélioration de leur efficacité énergétique, sans avoir besoin de faire appel à des entreprises spécialisées ou à des consultants. Texas Instruments a ainsi amélioré de 5 % l'efficacité énergétique de son refroidisseur central de 33 000 tonnes, après avoir élaboré son propre système de mesure et affiché les résultats sous forme de diagramme à l'intention des opérateurs du refroidisseur, qui ne cessent d'établir de nouveaux records. Cette compétition entre les opérateurs a permis d'économiser 5 millions de kWh par an[112]. De nombreuses entreprises instaurent ce type de rivalité entre leurs différentes installations, et les opérateurs partagent les bonnes pratiques. Beaucoup échangent même avec des concurrents, car ils y gagnent plus qu'ils n'y perdent.

Autre stratégie possible en interne : trouver un mode de concrétisation des économies d'énergie qui n'intéresse pas que les ingénieurs, en exprimant ces dernières en gains financiers. Il y a plusieurs années, PeaceHealth, un groupement de huit hôpitaux dans le nord-ouest des États-Unis, a normalisé et amélioré la gestion de l'énergie à travers tous ses établissements. « Nous avons commencé par les changements les plus rentables : nous avons remplacé les dispositifs d'éclairage trop vieux, changé les filtres, nettoyé les bobines et remplacé les joints », explique Scott Dorough, directeur de la conservation des ressources. « Tous ces petits changements s'additionnent, surtout si l'on procède de façon systémique. » Au bout de trois ans, PeaceHealth avait accumulé

112 Westbrook, 2011.

des économies d'une valeur de 800 000 dollars par an. La société ayant une marge d'exploitation de 3,5 %, ces économies annuelles équivalent à plus de 22 millions de recettes brutes supplémentaires. « Ce sont des sommes qu'on retrouve directement dans le résultat financier. C'est comme si nous générions de nouvelles recettes », se réjouit Gary Hall, vice-président des services des infrastructures[113]. Traduire les économies d'énergie en mesures concrètes – ventes d'unités supplémentaires, salaires évités ou profits – qui concernent différents départements et publics est un excellent moyen de vendre l'efficacité énergétique en interne.

La communication et les incitations sont aussi d'importants outils au sein d'une société. Un signal clair envoyé par la direction, à l'instar de celui qui avait été émis par Lee Scott, alors directeur exécutif de Walmart, peut faire passer l'efficacité énergétique du rang de préoccupation mineure à celui de sujet incontournable, et lui procurer des ressources en conséquence. Il est également payant de faire figurer l'efficacité énergétique parmi les critères de notation et d'indemnisation du personnel de direction. Chez Microsoft, par exemple, les primes annuelles versées aux directeurs des centres de traitement de données sont en partie basées sur les progrès accomplis dans l'année en matière de rendement énergétique[114]. Adobe rétribue son gestionnaire de biens, Cushman & Wakefield, en partie selon la quantité d'énergie économisée chaque année ; en cas de résultats insuffisants, les frais de gestion sont réduits en conséquence[115].

Les premiers dirigeants d'entreprise qui ont choisi d'adopter l'efficacité énergétique ont transmis leurs convictions à des sociétés multinationales comme Cisco et Skanska, et à des agences gouvernementales comme l'US General Services Administration, le ministère de la Défense et la Federal Deposit Insurance Corporation (FDIC). Toutes ont quelque chose d'important en commun : elles sont conscientes que la valeur de l'efficacité énergétique va

113 BetterBricks, 2011.

114 Gohring, 2008.

115 Flex Your Power, 2011.

au-delà de la réduction des coûts. Que ce soit lié à la valeur de la marque, à la fidélisation des employés, à l'exigence des actionnaires, à une volonté de se plier à certaines règles, à l'efficacité de leur mission ou simplement à l'envie de faire ce qu'il faut, ces entités sont bien décidées à voir dans l'efficacité énergétique autre chose qu'une simple somme d'argent qu'on récupère à terme. Dans un tel contexte, les firmes et les industries qui ne considèrent pas l'efficacité énergétique comme un moteur de la valeur de la marque ou de la fidélisation des employés seront-elles jamais de la partie ?

Mais ces politiques consistant à commencer par sa propre entreprise, que nous venons de décrire pour les grands immeubles de bureaux ou les gros portefeuilles – et qui nécessitent de créer une stratégie, de concevoir et d'analyser des dimensions sur mesure, d'embaucher du personnel, de financer le projet, de le mettre en œuvre et de suivre les résultats de près – se justifient-elles pour les surfaces de bureaux de 1 000 m^2 en location et pour les pavillons ? La réponse est non. Les petits immeubles et les grands bâtiments ont besoin de traitements différents. De nombreux directeurs de petites entreprises ont du mal à maintenir leur société à flot dans un contexte économique difficile. Ils n'ont ni les compétences ni le temps nécessaires pour élaborer des stratégies énergétiques, sélectionner les bons entrepreneurs et superviser le travail. L'ampleur du projet, qu'elle s'exprime à travers le bâtiment, l'entreprise ou la consommation énergétique, a une réelle importance, ce qui explique que les grosses sociétés aient souvent davantage les moyens de se préoccuper d'efficacité énergétique.

LÂCHER LA BRIDE AUX RESPONSABLES D'INSTALLATIONS ET À LEURS ÉQUIPES

En période de crise, réduire le budget et les effectifs dédiés au fonctionnement des installations est une source d'économies faciles mais dangereuses, car c'est précisément dans ces moments qu'il convient de dégager les moyens nécessaires pour combattre le gaspillage énergétique. Celui-ci ne doit pas être considéré comme une dépense inutile à réduire au maximum, mais au contraire comme une source de profits à optimiser. Lorsque l'université de Caroline du Nord, à Asheville, a embauché Paul Braese pour gérer ses établissements, ce dernier est arrivé avec ses compétences de gestion d'équipe acquises dans la marine. Il s'est trouvé face à des employés intelligents et pleins de ressources à qui il manquait le matériel et l'autorité pour donner le meilleur d'eux-mêmes. De l'argent a d'abord été consacré à l'achat d'une bibliothèque de prêt fournissant des outils de mesure afin que chaque membre de l'équipe puisse se sentir « propriétaire » des bâtiments qu'il allait devoir diagnostiquer et réparer. Très vite, les locaux techniques ont été nettoyés et peints, chaque type de canalisation avec un code couleur différent pour être facilement identifié. Les pompes ont été repeintes au moment de leur réparation. Les locaux devenus propres ont fait la fierté de l'équipe et lui ont également permis de repérer instantanément les problèmes de type fuites d'eau ou de raccords défectueux entre les pompes. Le passage d'un remplacement ponctuel des lampes à un remplacement groupé a permis d'économiser du temps, si bien que les mêmes personnes ont pu se consacrer davantage à la réoptimisation. Puis, Paul Braese a conclu un accord afin que son équipe puisse garder et réinvestir une partie de l'argent qu'elle avait économisé. Les travaux ont alors pu avancer plus vite qu'avec les dotations en capital prévues par la législation et chacun s'est senti devenir « intrapreneur ». Après plusieurs années de hauts et de bas, les économies ont contribué à faire de ce campus l'un des plus efficaces sur le plan énergétique de tout le système universitaire de Caroline du Nord et ce, sans investissement majeur en capitaux. Selon Paul Braese, la plupart des personnels peuvent obtenir des résultats semblables sur leurs installations s'ils sont correctement guidés. Ce qu'il faut, c'est une nouvelle approche organisationnelle et culturelle qui vienne d'en haut [116].

Vendre l'efficacité énergétique sur une grande échelle

C'est ici que réside la seconde et la plus importante source de revenus pour les entreprises : à travers la vente de services et de produits améliorant l'efficacité énergétique au marché de masse – qui ne saisit pas encore les méthodes et les

116 Braese, 2011.

avantages relatifs à un meilleur rendement énergétique. C'est ni plus ni moins ce que font les acteurs, nouveaux et anciens, depuis les petits entrepreneurs et fabricants de compteurs intelligents jusqu'aux géants comme Dow Corning et ses systèmes d'isolation ou Johnson Control et ses services de rénovation énergétique en profondeur. Entre 2015 et 2030, l'investissement marginal annuel dans l'efficacité énergétique aux États-Unis devrait passer de 5 à 18 milliards de dollars pour les bâtiments résidentiels et de 3 à 13 milliards de dollars pour les bâtiments commerciaux[117]. Une part ne serait-ce que modeste de ce marché de 31 milliards de dollars par an vaut la peine qu'on s'y arrête.

LES SOURCES DE PROFITS

L'amélioration de l'efficacité énergétique des bâtiments est aujourd'hui en rapide développement et fourmille de nouvelles idées et de nouveaux modèles. Il existe des possibilités pour tous les types d'entreprises et de professionnels, depuis les décorateurs d'intérieurs jusqu'aux entrepreneurs en passant par les fournisseurs et les investisseurs. Mais comment obtenir sa part du gâteau ?

• **Faire sauter les barrières grâce aux produits.** *Et si les produits n'étaient pas seulement sources d'économies d'énergie mais faisaient aussi sauter des barrières ? Imaginez une rapide révision de l'isolation d'une maison tout entière qui, pour 200 dollars, effacerait l'obstacle du coût ? La localisation des fuites dans les conduits d'air coûtait très cher par le passé, jusqu'à ce que le Lawrence Berkeley National Laboratory mette au point du chewing-gum à l'état d'aérosol[118] – qui se place partout où il y a une fuite et bouche le trou –, et qu'un entrepreneur le commercialise. Et que dire de ces autocollants bon marché et sans fil qui s'appliqueraient sur un appareil électrique, un tuyau ou une conduite, mesureraient le flux d'énergie et*

117 Analyse du RMI avec le soutien de l'Agence américaine pour l'information sur l'énergie, 2010b, de l'Académie nationale des sciences, 2010, et d'Ehrhardt-Martinez, Donnelly et Laitner, 2010.

118 Bell, 2008.

enverraient le résultat à un serveur central qui l'analyserait avec d'autres données et poserait immédiatement un diagnostic ? Les progrès en matière de technologies de l'information, de capteurs, de matériaux, de logiciels et d'installations ne sont pas encore appliqués à l'industrie de l'efficacité énergétique avec autant de rigueur que dans les autres secteurs industriels. Nous avons donc là une grosse marge de progression.

• **Les enquêtes et analyses de haute technicité.** *Il est particulièrement difficile d'améliorer l'efficacité énergétique dans les bâtiments existants et notamment dans les maisons. Certaines technologies de l'information, nouvelles et bon marché, permettent à des sociétés comme Recurve ou Crowley Carbon de réduire le temps et le coût nécessaires à l'analyse d'un bâtiment. Ainsi, la société britannique Crowley Carbon envoie des collaborateurs débutants munis d'un smartphone dans l'immeuble d'un client et ils en ressortent avec une analyse énergétique. Celle-ci est alors comparée à une base de données interne sur l'efficacité énergétique des produits. Crowley Carbon fournit ensuite le financement, installe les produits et assure le suivi des économies d'énergie*[119]*. Comme le dit un ingénieur au sujet des méthodes antérieures : « C'était tout un art d'identifier de simples améliorations, si bien que nous réservions cela aux personnes qui étaient versées dans cet art. » L'accélération de l'adoption des bilans et des modélisations énergétiques et leur développement à une plus grande échelle seront des facteurs décisifs de la baisse des coûts. Pourquoi un réseau sans fil de capteurs portatifs équipés de logiciels intelligents ne pourrait-il pas prendre un instantané de la façon dont votre immeuble fonctionne et se servir de l'intelligence artificielle pour suggérer des améliorations ?*

• **Les systèmes de suivi et de retour de l'information énergétique.** *Le vieil adage selon lequel « on ne peut pas réparer ce qu'on ne peut pas mesurer » est également valable pour l'énergie. Pour combler le fossé entre la consommation énergétique et la connaissance que l'on peut avoir de cette*

119 Crowley, 2010.

consommation, des entreprises comme Tendril, Powerhouse Dynamics et Scientific Conservation vendent des systèmes de suivi énergétique qui affichent la consommation en temps réel et suggèrent des mesures correctives rapides et simples. Pour la plupart des propriétaires, l'acquisition de ces systèmes n'est pas encore rentabilisée par la baisse de leur facture énergétique. Mais il existe un autre acteur économique qui a tout intérêt à améliorer l'intelligence des bâtiments : les fournisseurs d'énergie. La prochaine grande étape consistera à intégrer les systèmes de suivi et de retour de l'information aux systèmes de communication. Non seulement cela entraînera une baisse des coûts (les fournisseurs d'énergie en prendront une grande partie à leur charge), mais cela facilitera la transition vers un réseau plus intelligent.

Le marché des petits immeubles commerciaux est particulièrement propice à l'innovation puisque plus de 70 % des bâtiments font moins de 1 000 m^2 de superficie[120]. Sur ce marché, le défi consiste tout simplement à apporter de l'efficacité énergétique de manière… efficiente. Il est nécessaire d'apporter l'efficacité des processus logistique et organisation de Walmart, UPS et McDonald's pour réduire les coûts de transaction liés à la conception, à l'installation et au suivi du rendement énergétique et des projets d'énergie solaire destinés au marché de masse, qu'il s'agisse de petits bâtiments commerciaux ou résidentiels. Certains propriétaires de nombreux petits bâtiments – locaux de loueurs de voitures, banques, magasins d'alimentation franchisés – donnent le ton grâce à Samba Energy. S'il fonctionne, ce modèle pourrait s'étendre rapidement.

Les fournisseurs d'énergie sont particulièrement bien placés pour cibler les petits bâtiments et font de plus en plus souvent appel à des experts extérieurs. EnerPath, dans le sud de la Californie, utilise l'informatique mobile sans papier, la gestion des flux de données et des plateformes de transaction pour générer des économies d'échelle et apporter l'efficacité énergétique à d'importants groupes de petits bâtiments, depuis Los Angeles jusque dans le

120 Agence américaine pour l'information sur l'énergie, 2006a.

Tennessee. À Los Angeles, ses représentants ont fait du porte-à-porte auprès des petites entreprises et, à l'aide de smartphones, ont établi des préconisations en matière d'économies d'énergie pour chacune d'elles. Résultat : 85 % des personnes rencontrées sont devenues des clients et l'entreprise a rénové environ 25 000 petites entreprises en seulement dix-huit mois[121]. Chose importante, une grande partie des économies ainsi réalisées alimentera l'économie locale et contribuera à soutenir l'emploi en maintenant, au sein de la région, des dollars qui quittaient jusque-là le pays pour couvrir des besoins énergétiques[122].

Ces exemples illustrent bien le fait que la perspective de rentabilité n'est pas, loin s'en faut, le seul facteur du succès de l'efficacité énergétique. Ainsi la réduction des tracasseries, l'obtention de résultats mesurés, la comparaison de la consommation avec ses pairs et le fait d'attirer des capitaux sont tout aussi importants dans la mise en place d'un environnement propice à l'efficacité énergétique. Ces facteurs sans lien avec les coûts prennent d'autant plus d'importance dans le secteur des bâtiments existants où les progrès en matière d'efficacité énergétique sont sans doute plus lents. Conscients des possibilités qu'offre cette situation, plusieurs entrepreneurs de Denver spécialisés dans le rendement énergétique ont créé un jeu sur Facebook constitué de *sweepstakes* (loteries ou concours), de comparaisons entre amis et de suggestions de changement de comportement intégrés aux informations sur la consommation d'énergie données par le fournisseur d'énergie. En facilitant les rénovations ou les changements de comportement en matière d'efficacité énergétique, en y associant une forme de compétition et des récompenses, on parvient non seulement à réduire le gaspillage énergétique mais aussi à éduquer les populations dans ce domaine[123].

Chose étonnante, la prestation de service et le marketing ainsi rationalisés fonctionnent même lorsqu'il s'agit de procéder à la superisolation en

121 Meyers, 2011.

122 Kinsley, 1997.

123 Segall, 2011.

masse de vieilles maisons à ossature en bois. Entre 1983 et 1985, le Hood River Conservation Project, appartenant à la Columbia Gorge, a gratuitement rénové 2 988 unités d'habitation. Dans 85 % des cas des quelque 3 500 maisons éligibles évaluées, les habitants ont accepté de mettre en œuvre des projets d'économies d'énergie et des constructeurs locaux classiques ont été formés et structurés afin d'accomplir le travail en trois ans. Les prises de position des dirigeants de la région ont contribué à susciter l'intérêt pour ce projet, ce qui montre bien que la conception d'un programme et l'engagement de la communauté sont tout aussi décisifs dans la mise en œuvre d'un projet que les avantages financiers[124].

Deux anecdotes sont révélatrices de méthodes innovantes pour vendre des maisons superefficaces sur le plan énergétique. Dans les années 1980, un constructeur du Montana a proposé de régler les factures de consommation courante pendant les cinq premières années à quiconque lui achèterait une maison. Très vite, il a détenu 60 % des parts de marché dans trois comtés et enregistré une liste d'attente d'acheteurs potentiels – dont certains vivaient à plusieurs centaines de kilomètres. Son pari n'était pas risqué, car ses maisons étaient superisolées[125]. Quant à Perry Bigelow, propriétaire de Bigelow Homes, une entreprise de construction de maisons basée à Chicago et à Austin, il garantit les coûts annuels de chauffage et de refroidissement sur chaque maison qu'il vend depuis trente ans et n'a dû verser de l'argent à des propriétaires qu'à de rares exceptions. Perry Bigelow soumet chacune de ses maisons à un test d'infiltrométrie et équipe les condenseurs d'air conditionné d'un compteur auxiliaire[126].

Il s'agit aussi de former une main-d'œuvre de plus en plus importante à l'efficacité énergétique. Comment sensibiliser certains des meilleurs ingénieurs et des meilleurs managers à ce sujet ? Comment les aider à obtenir les certifications et les accréditations qui reflètent leurs compétences et leur

124 Bonneville Power Administration, 1992.

125 Lovins, 1992.

126 Bigelow, 2011.

permettent de garantir des produits de qualité ? Plusieurs réponses qui incitent à l'optimisme nous viennent d'échanges commerciaux actuels (voir l'encadré « Être formé par ses pairs »), d'associations et d'entrepreneurs.

Ces avancées dans la transformation des bâtiments américains sont certes encourageantes, mais seront-elles suffisantes ? Y a-t-il d'autres leviers à prendre en compte si nous voulons véritablement mettre un terme à notre dépendance aux combustibles fossiles ? Oui. Car si ces leviers sont maniés par les décideurs politiques, ils sont fortement orientés et exploités par les dirigeants d'entreprises. Et pour poursuivre notre route, nous devons pousser, tirer et actionner tous les boutons, leviers et autres poignées qui se présentent à nous.

ÊTRE FORMÉ PAR SES PAIRS

Certains professionnels du bâtiment, consciencieux, ont profité que l'activité économique ralentissait pour acquérir une nouvelle formation. Steve Jungerberg, de Retro Green Homes à Carmel Highlands, en Californie, a pris des cours de sciences du bâtiment au Building Performance Institute. Depuis, sa vie n'est plus la même. Il enseigne aujourd'hui à d'autres entrepreneurs, d'égal à égal, et leur apprend comment améliorer les constructions et les rénovations. En tant qu'ancien entrepreneur, il a des contacts avec des constructeurs dans le secteur résidentiel et d'importants promoteurs immobiliers. Il travaille également avec des propriétaires et des architectes et s'intéresse avant tout au gros œuvre et au chauffage : le rendement énergétique d'abord, les énergies renouvelables ensuite.
« Cela doit se faire au niveau local et avec enthousiasme, explique Steve Jungerberg. Il faut aimer ses voisins et sa communauté et avoir envie de l'améliorer. Ce sont des choses assez faciles à apprendre et, si on les met en pratique, elles peuvent faire une grande différence au niveau de la communauté. J'observe où en est chaque personne et j'essaie de l'amener un peu plus loin[127]*. »*

127 Jungerberg, 2010.

On note aussi l'arrivée de professeurs plus spécialisés. Eric Walters, de chez Pool Power à Modesto, enseigne l'approche « gros tuyaux petites pompes » (voir chapitre 4) pour les pompes de piscines. (Des solutions simples comme l'utilisation de tuyaux droits, de pompes et de commandes de meilleure qualité et de filtres plus gros entraînant un frottement moindre et ayant de ce fait une durée de vie plus longue peuvent permettre d'économiser la majeure partie de l'électricité consommée par les pompes de piscines.) Eric Walters a lancé son entreprise de pompes il y a dix ans. Son premier client avait mis des raccords coudés un peu partout dans sa piscine. Une pompe énorme et bruyante propulsait l'eau à travers un enchevêtrement de tuyaux, mais générait peu de flux. Ses deuxième, troisième et quatrième clients étaient eux aussi équipés de la sorte. En une semaine, il est devenu clair que tous perdaient chaque mois des centaines de dollars en ne tenant pas compte de notions de base de la mécanique des fluides pour faire fonctionner leur piscine. Eric a donc monté sa propre entreprise de rénovation tout en travaillant à la formation d'installateurs ; il œuvre aussi à l'amélioration du code de la construction en Californie afin de réduire la consommation énergétique, cachée mais considérable, des pompes de piscines[128].

Les approches émanant des politiques

La lenteur de l'adoption de l'efficacité énergétique en matière de bâtiments est due à une mauvaise compréhension des intérêts en jeu et aux tracasseries des démarches à accomplir. Pour surmonter ces obstacles et rénover 120 millions de bâtiments, et donc accroître les perspectives commerciales, cinq types d'actions doivent être menés.

Diffuser l'information

Des mesures politiques bien conçues autorisant et accélérant l'efficacité énergétique sont porteuses de nombreux avantages susceptibles de rendre les

128 Walters, 2010.

opérations commerciales plus simples et non pas plus pesantes. Le fait d'exiger la divulgation de la consommation énergétique des bâtiments, ce que l'UE fait depuis 2006, imitée en cela par certaines juridictions américaines, donne à tout un chacun, depuis les acheteurs jusqu'aux locataires en passant par les courtiers et les fournisseurs d'efficacité énergétique, les informations dont il a besoin pour faire des choix éclairés. C'est une bonne chose à la fois pour les propriétaires d'immeubles qui souhaitent progresser dans ce domaine et pour les prestataires de services qui veulent les aider. Et c'est également profitable au parc immobilier dans son ensemble et au pays, car cela récompense les propriétaires d'immeubles efficaces sur le plan énergétique et incite les autres à les imiter.

Les données précises restent étonnamment rares, surtout celles qui font le lien entre performance technique et économique. Mais la baisse du coût des capteurs et des technologies de suivi, la généralisation des télécommunications bon marché, la naissance des réseaux intelligents et la hausse de la demande créent un véritable élan et développent les capacités et les marchés de collecte et d'utilisation de données de haute qualité. Les sociétés qui rassemblent, partagent et vendent ces données – en respectant naturellement les règles en matière de protection de la confidentialité – peuvent prospérer, car la demande latente est considérable. De simples graphiques peuvent aussi avoir leur utilité. Lorsque les services publics municipaux d'Osage, dans l'Iowa, ont affiché dans le hall de la mairie une photo aérienne infrarouge montrant clairement les toits des maisons de la commune par lesquelles la chaleur s'échappait en hiver, les retardataires y ont prêté attention et ont rapidement fait en sorte de revenir au niveau de leurs voisins mieux isolés qu'eux[129].

Des directives locales peuvent contribuer à cette meilleure information. La plupart des appareils électriques affichent une étiquette ENERGY STAR comparant leur consommation énergétique avec les moyennes nationales. Pourquoi ne pas faire la même chose pour tous les appareils et les bâtiments ? Ce type d'informations est très efficace. En Allemagne, tous les propriétaires de bâtiments commerciaux ou résidentiels de plus de 50 m² doivent pouvoir

129 Hawken, Lovins et Lovins, 1999.

fournir, si on le leur réclame, un « passeport énergétique » présentant en détail l'intensité énergétique du bâtiment à d'éventuels acheteurs ou locataires[130]. Résultat : un grand nombre d'immeubles inefficaces sur le plan énergétique sont rénovés, certains même selon les normes d'une maison passive. Pourquoi ? Parce que les données énergétiques montrent que procéder à une mise à niveau coûte beaucoup moins cher que de continuer à alimenter le gaspillage du bâtiment, a fortiori si l'approvisionnement énergétique doit augmenter pour un coût et des risques plus élevés.

À Austin, au Texas, on s'est aperçu que divulguer les coûts énergétiques pouvait avoir le même effet sur la population américaine. En 2008, la ville a donc voté une loi obligeant les propriétaires mettant en vente une maison à réaliser un bilan énergétique, de la même façon que chaque maison à vendre doit aujourd'hui être estimée par un agent immobilier. Certains vendeurs déplorent une démarche de plus à accomplir, mais les résultats sont encourageants. Les 5 000 bilans réalisés la première année ont presque tous débouché sur une suggestion d'amélioration et 500 propriétaires ont entrepris les démarches nécessaires, soit un taux de 10 %[131]. C'est certes beaucoup moins que l'objectif de 25 % que s'était fixé la ville, mais c'est un bon début. Et à mesure que le marché de l'immobilier va redémarrer, les avantages liés à la vente de maisons efficaces sur le plan énergétique pourraient en motiver plus d'un.

Diffuser l'information peut, à tout le moins, faire naître chez certains individus une réflexion sur leur consommation énergétique et sur les moyens de la réduire, ce qui constitue en soit une avancée importante. Force est cependant de constater que la prise de conscience est extrêmement faible aujourd'hui aux États-Unis : selon une étude récente, les propriétaires et locataires sous-estiment en moyenne d'un facteur 2,8 leur consommation énergétique et sont enclins à penser qu'éteindre les lumières est plus efficace que de faire isoler une maison (ce qui, bien sûr, n'est pas le cas)[132].

---

130 Ministère fédéral de la Justice, 2009.

131 Mayerowitz, 2009 ; Novak, 2010.

132 Attari *et al.*, 2010.

Des incitations judicieuses

Les réglementations intelligentes ne se contentent pas d'inciter à des choix éclairés et d'ouvrir le champ des possibles : elles obligent à la mise à niveau et garantissent, lorsqu'elles sont respectées, une certaine qualité. Si le choix de l'efficacité énergétique se généralise, les prestataires de services n'auront plus à consacrer autant de temps ni d'argent à la sensibilisation des clients pour qu'ils adhèrent à leurs judicieuses suggestions. Bien ciblée, la réglementation permet aussi d'accroître la confiance dans les investissements énergétiques.

Et, ce qui est sans doute plus important encore, des normes intelligentes peuvent permettre d'harmoniser les incitations, si bien qu'il devient plus facile d'allouer les capitaux, de transformer le gaspillage en profits et de dégager des perspectives en matière de commerce et d'emploi. À l'heure actuelle, lorsque des fabricants d'équipements font la promotion de produits inefficaces sur le plan énergétique mais en apparence moins chers, ils obligent la société à supporter des coûts et des risques infiniment plus élevés du fait d'un plus grand nombre de centrales électriques et de pipelines (voir chapitre 5). Et lorsque ces produits inefficaces sont des appareils domestiques – la plupart n'étant d'ailleurs pas achetés par les personnes qui devront régler la facture d'électricité mais par les promoteurs immobiliers, les propriétaires et les responsables des logements sociaux –, ces incitations à l'achat génèrent une utilisation du capital sociétal à ce point inopportune que l'État a le devoir d'intervenir pour préserver l'intérêt public.

C'est ce qui a été fait au moment de la crise énergétique des années 1970, lorsque le président Gerald Ford a imposé des normes d'efficacité volontaires pour les appareils électriques, normes que le Congrès a rendues obligatoires en 1978 sans rencontrer au départ la moindre opposition[133]. En 2010, ces normes nationales avaient permis d'économiser environ 7 % de l'électricité américaine et de créer deux emplois sur mille dans le pays[134]. Selon une étude réalisée en 2011, les normes sur les équipements permettraient de dépasser

133 Nadel et Goldstein, 1996 ; Neubaurer *et al.*, 2009.

134 Gold *et al.*, 2011.

de 6 à 12 % les prévisions fédérales en matière d'économies d'électricité à horizon 2025[135]. La Californie a bien davantage amélioré ses performances que les États-Unis dans leur ensemble. L'application de ses propres normes, plus sévères, leur constante mise à jour et leur soutien par des incitations ont permis à cet État de majoritairement stabiliser la consommation d'électricité par habitant sur les trente dernières années, tandis qu'au niveau fédéral, elle grimpait de presque 50 %[136].

Les entreprises qui proposent des appareils utilisant les technologies de pointe peuvent acquérir un avantage concurrentiel sur leurs rivaux moins innovants qu'elles. C'est la raison pour laquelle certaines sociétés comme Whirlpool ont soutenu l'adoption de normes plus sévères accompagnées de crédits d'impôt pour compenser des coûts plus élevés[137]. Nous approuvons ce type de démarche. Les technologies permettant de doper l'efficacité énergétique d'une large gamme de produits et d'appareils existent d'ores et déjà et des normes plus sévères accéléreront leur adoption. L'alternative, à l'instar des normes d'efficacité énergétique appliquées aux voitures (voir chapitre 2), consiste à continuer à perdre des parts de marché au profit des concurrents étrangers chez qui les prix énergétiques plus élevés et les politiques plus rigoureuses stimulent davantage l'innovation. Les fabricants japonais d'appareils électriques sont ainsi devenus bien plus compétitifs grâce au programme « Top Runner » (aujourd'hui également appliqué aux voitures) qui veut que l'efficacité énergétique d'un nouveau modèle soit systématiquement supérieure au modèle le plus efficace du marché.

---

135 Rohmund *et al.*, 2011.

136 California Energy Commission, 2007. Cette mesure, ainsi que d'autres également judicieuses, ont contribué à épargner aux consommateurs californiens au moins 60 milliards de dollars d'investissements dans des entreprises publiques (Bernstein *et al.*, 2000 ; Roland-Holst, 2008), une somme à laquelle l'économie californienne a trouvé un usage plus productif à travers des investissements dans des infrastructures et dans l'entrepreneuriat et non dans la capacité à produire et à gaspiller davantage d'électricité. L'étude de Roland-Holst, menée en 2008, souligne que les ménages californiens ont économisé 56 milliards de dollars grâce à l'efficacité énergétique entre 1972 et 2006, créant environ 1,5 million d'emplois équivalent temps plein.

137 Business Wire, 2000.

Les normes de performance énergétique

Autre arme dans cet arsenal de solutions politiques : l'établissement de normes énergétiques qui ont, de tout temps, rapporté d'importants avantages économiques. Le Northwest Power Planning Council estime ainsi que les codes de la construction publics sont responsables d'un cinquième des 20 % d'économies d'électricité réalisées par les quatre États de cette région entre 1979 et 2009. Et, au cours des vingt prochaines années, la mise à jour des codes et des normes fédérales s'ajoutera aux efforts des fournisseurs d'énergie et des organisations à but non lucratif pour compenser 85 % de l'augmentation du taux d'utilisation de la région Pacifique Nord-Ouest[138]. Pour les fabricants, les fournisseurs ou les vendeurs d'équipements à haut rendement énergétique, cet engagement à long terme d'un grand nombre de fournisseurs d'énergie en faveur de l'efficacité énergétique contribuera à établir un marché stable.

Les États-Unis sont loin d'exploiter au maximum le potentiel des codes d'efficacité énergétique afin que les bâtiments soient correctement conçus et ne gaspillent pas l'énergie des dizaines d'années durant. Onze États américains sont encore régis par des codes énergétiques antérieurs à 1999 pour les bâtiments commerciaux ou bien sont dépourvus de tout code, tandis que dix États n'ont pas de code énergétique pour les immeubles résidentiels[139]. L'Europe est très en avance par rapport aux États-Unis : même les codes de la construction les plus sévères pour les bâtiments commerciaux américains se traduisent par une consommation énergétique plus de deux fois plus élevée que ce qui est autorisé au Danemark[140]. Le Land du Vorarlberg, en Autriche, rend même obligatoires les normes des maisons passives pour chaque nouvelle maison construite. Plusieurs grandes villes européennes entendent faire la même chose. Influencée par ces exemples, une directive de l'UE datant de mai 2010 impose aux 27 États membres de rendre obligatoires les bâtiments « à consommation d'énergie quasi nulle »

138 Northwest Power and Conservation Council, 2010a.

139 Online Code Environment and Advocacy Network, 2011a et 2011b.

140 Ministère américain de l'Énergie, 2010c ; Laustsen, 2008 ; Thomsen *et al.*, 2008.

d'ici 2020[141]. Les bâtiments à consommation d'énergie nulle ne sont pas une lubie écologique puisqu'ils constituent l'objectif officiel pour 2030 de (entre autres) l'Energy Independence and Security Act de 2007, l'American Institute of Architects, l'American Society of Heating, Refrigeration and Air-Conditioning Engineers, l'US Conference of Mayors, la National Governors Association et l'armée américaine[142].

Les codes américains pourraient être mieux conçus et appliqués. Les codes actuels les plus efficaces et les plus favorables à l'innovation fixent des objectifs énergétiques en valeurs absolues qui baisseront vraisemblablement avec le temps à mesure que les technologies rentables et les méthodes de prestation s'amélioreront (ou que les réductions et les incitations ciblées des fournisseurs d'énergie augmenteront). Cette approche souple, basée sur la performance, permet d'éviter un certain nombre de tracas relatifs aux exigences normatives (rendant obligatoires des technologies bien particulières qui peuvent vite devenir obsolètes), ainsi que les bases de référence compliquées pour calculer les pourcentages d'économies (comme avec le système de notation LEED). Ces codes ne concernent généralement pas les appareils tels que les ordinateurs et les téléviseurs ni les matériels de fabrication dans les bâtiments, mais ils devraient pourtant les inclure (voir fig. 3-4), et ils ne s'appliquent que rarement aux bâtiments existants. Des codes extrêmement pointus peuvent s'adresser aux scénarios de chargement extrême (à la manière, par exemple, du Portfolio Manager d'ENERGY STAR) et peuvent aussi s'appliquer plus facilement aux bâtiments existants. Il faudrait, en outre, éliminer en priorité les vieilles dispositions de certains codes qui, sans le vouloir, interdisent des pratiques modernes plus souhaitables.

Il existe des raisons légitimes qui expliquent le faible taux d'adoption, de modernisation et d'application des codes de la construction aux États-Unis. Ces codes sont en effet définis par les États, voire par les localités, ce

---

141 Union européenne, 2010.

142 Architecture 2030, 2011 ; Stan-To!, 2011.

qui fait un total de 7 000 districts différents qui les font appliquer[143]. Cela coûte de l'argent de créer des bureaux consacrés aux codes énergétiques et de former (puis de reconvertir) les personnes chargées de les faire appliquer. Si les grandes villes rencontrent des difficultés à trouver les fonds et à assurer la gestion, cela l'est plus encore pour les petites communautés. Lorsque ces codes sont appliqués, cela concerne plus souvent la santé et la sécurité – veiller à ce que les bâtiments soient équipés d'extincteurs en état de marche, ne s'effondrent pas en cas de tremblement de terre ou ne soient emportés par une tornade – que l'efficacité énergétique. Les États sont déjà soumis à des crises budgétaires et à des coupes dans des services importants en matière d'éducation, de santé et de sécurité publiques, si bien que l'augmentation des financements relatifs à l'innovation, à la formation et au respect en matière de codes énergétiques ne figure pas en tête de leurs priorités. Voilà pourquoi il est préférable d'harmoniser les codes sur de vastes zones, ce qui ne signifie pas pour autant la disparition de tous les codes au profit d'un seul et unique : la Californie fait ainsi la distinction entre seize zones climatiques différentes et un grand nombre de types de bâtiments et d'usages.

Il est également important de fixer des objectifs. Environ 20 % de toutes les structures commerciales états-uniennes sont, par exemple, occupées par des entités gouvernementales[144] et, à tous les niveaux, les autorités sont soumises à d'intenses pressions pour réduire les dépenses. Certaines prennent déjà des mesures dans ce sens. L'US General Services Administration (GSA), premier propriétaire du pays et gérant de tous les biens immobiliers fédéraux, à l'exception de ceux des ministères de la Défense et de la Poste, a récemment annoncé son intention de réduire d'un tiers d'ici 2015 l'intensité énergétique des bâtiments fédéraux. Les objectifs relatifs aux immeubles fédéraux neufs sont encore plus ambitieux[145]. Au niveau local, la ville de Boulder, dans le Colorado, a récemment demandé à ce que tous les logements locatifs

143 City of Sioux Falls Building Services, 2010.

144 Reed *et al.*, 2004.

145 US General Services Administration, 2011.

atteignent un certain niveau d'efficacité énergétique d'ici 2019. La ville aide les propriétaires de ces logements à y parvenir en leur laissant un long délai, en leur offrant d'importantes ressources et en exprimant clairement la nécessité d'un changement (60 % environ des logements de l'université de la ville sont proposés à la location) [146]. Et, ce qui est sans doute le phénomène le plus décisif, le marché de Boulder et l'ensemble des habitants sont presque aussi favorables à ces changements que les autorités. Imaginons les gains colossaux qui seraient réalisés, ainsi que les retombées positives pour la société, si les corps législatifs décidaient que toutes les agences, à quelque niveau décisionnel que ce soit, devaient faire de l'efficacité énergétique une priorité plus importante !

Récompenser ce qui va dans le bon sens

Et si l'impulsion politique la plus puissante pouvait venir d'un profond changement réglementaire du modèle économique des fournisseurs d'électricité et de gaz naturel ? Ces derniers sont particulièrement bien positionnés pour devenir des parties prenantes efficaces de l'efficacité énergétique des bâtiments. Ce sont les seuls prestataires de services jouissant de relations clients et de facturation universelles, d'une connaissance de la consommation énergétique de leurs clients, d'une échelle étendue et d'un accès à des financements conséquents et bon marché. Étant donné ces avantages considérables, on pourrait s'attendre à ce que les fournisseurs d'énergie soient les premiers pourvoyeurs d'efficacité énergétique aux États-Unis. Mais dans la plupart des États, ce n'est pas le cas ; dans certains, ils sont spectateurs, et dans d'autres, ils vont même jusqu'à considérer l'efficacité énergétique comme une menace à l'égard de leur propre réussite financière.

La réglementation des fournisseurs d'énergie a longtemps lié les recettes à la quantité d'énergie vendue et au capital investi pour fournir cette énergie. Investir plus d'argent afin de construire plus d'infrastructures énergétiques dans le but de vendre davantage d'énergie était la voie toute tracée vers les recettes et les profits. Les fournisseurs et leurs investisseurs, sans se l'avouer,

146 Ville de Boulder, 2011.

préféraient donc que leurs clients soient inefficaces sur le plan énergétique, car c'était synonyme de profits. Mais ce modèle économique classique comportait un défaut majeur. En effet, lorsque la demande augmente, le fournisseur finit par être obligé de construire de nouvelles et coûteuses installations. Les responsables de ces entreprises, ainsi que les commissions qui les supervisent, se sont rendu compte que le fait de payer leurs clients afin qu'ils augmentent juste assez leur efficacité énergétique pour qu'il n'y ait pas besoin de construire des infrastructures revenait moins cher que de bâtir ces dernières ou même de simplement faire fonctionner le parc existant. « Lorsque je dis à de gros clients qu'on serait ravis de leur vendre moins d'électricité, ils me regardent comme si j'étais fou », racontait Peter Darbee en 2009, lorsqu'il était directeur exécutif de PG&E, un important fournisseur d'énergie californien. Mais son argumentation était d'une logique implacable : « Les programmes d'efficacité énergétique coûtent aux clients moins de la moitié de ce qu'ils paient pour contribuer au financement d'une nouvelle centrale électrique[147]. »

Même si les factures énergétiques moins élevées bénéficient aux clients des fournisseurs d'énergie, ce qui incite avant tout ces derniers à économiser l'énergie est d'ordre financier et réglementaire. La moitié des États les obligent en effet à atteindre des objectifs ambitieux en matière d'efficacité énergétique[148]. Pour qu'ils puissent accomplir cette tâche tout en conservant une bonne santé financière, de nombreux régulateurs ont modifié la façon dont ils sont payés pour économiser l'énergie. Le mécanisme le plus connu et le plus efficace est sans doute le découplage. Il permet de casser le lien entre les recettes et l'énergie vendue au total. Pour agrémenter le tout, un grand nombre de régulateurs récompensent les fournisseurs qui font baisser la facture de leurs clients ou qui vont au-delà des objectifs. Malheureusement, ce nouveau modèle économique se développe lentement. Dans plus de la moitié[149] des États américains, les entreprises d'électricité et de gaz continuent à

147 Carey, 2009.

148 Pew Center on Global Climate Change, 2011a.

149 American Gas Association, 2010 ; Institute for Electric Efficiency, 2010.

être pénalisées lorsqu'elles réduisent les factures et à être récompensées lorsqu'elles vendent davantage d'énergie. Aussi étrange que cela puisse paraître, la récompense va exactement à l'encontre de ce que nous recherchons, mais c'est ainsi. Nous verrons dans le chapitre 5 comment y remédier.

Comme on pouvait s'y attendre, les cas de fournisseurs d'énergie ayant réussi à faire de grosses économies à peu de frais sont beaucoup plus fréquents lorsque les incitations perverses sont corrigées. Dans le Nord-Ouest, où l'électricité est pourtant particulièrement bon marché, plus de cent fournisseurs parviennent, tous ensemble, depuis 1980, à répondre à la moitié de la hausse de la demande d'électricité tout en assurant une certaine efficacité énergétique et pour un coût moyen inférieur à 0,02 $/kWh, soit un tout petit peu moins que le prix de gros[150]. Dans le Vermont, un innovant « fournisseur voué à l'efficacité énergétique », financé au moyen d'une cotisation pour aide publique de 0,009 $/kWh figurant sur la facture d'électricité, réalise d'importantes économies d'échelle et acquiert de l'expérience en interne ainsi que des compétences, chose que les vingt-deux petits fournisseurs approvisionnant l'État ne pouvaient pas faire séparément. Résultat : rien qu'en 2008, ils ont pu fournir 85 millions de kWh d'une électricité à haut rendement énergétique (faisant diminuer la demande) pour un coût inférieur de 75 % à un approvisionnement électrique comparable[151].

L'apparition de nouveaux moteurs

Un autre domaine dans lequel les politiques peuvent ouvrir des voies est le financement créatif. Le financement classique est toujours et continuera à être une importante source de fonds pour les projets d'efficacité énergétique. Cependant, il existe plusieurs nouvelles options de financement selon lesquelles un projet d'efficacité énergétique est financé directement par un fournisseur d'énergie public ou privé. Créées en 2008, les obligations PACE (« Property Assessed Clean Energy »), qui ont été autorisées dans vingt-cinq

---

150 Northwest Power and Conservation Council, 2010b.

151 Efficiency Vermont, 2010.

États début 2011[152], sont une autre solution de financement importante. Elles sont exclusivement financées sur la base du volontariat par des investisseurs privés et exclusivement utilisées, également sur la base du volontariat, par des propriétaires désireux d'économiser de l'énergie. Ces derniers (et personne d'autre) remboursent le prêt grâce à une taxe foncière sur une période beaucoup plus longue que le temps nécessaire à l'amortissement de l'investissement énergétique, si bien que l'emprunteur économise de l'argent dès le départ. Le remboursement *via* une taxe foncière, utilisé depuis environ un siècle pour financer trottoirs, égouts et nombre d'autres infrastructures, entraîne un transfert automatique de l'obligation (et des bénéfices) sur le propriétaire suivant si le bien est vendu. Les programmes PACE destinés aux bâtiments résidentiels se sont heurtés à des obstacles réglementaires inattendus en 2010, mais ceux qui concernent les immeubles commerciaux se développent bien. Il reste à voir comment le Congrès ou les tribunaux supprimeront ces obstacles, mais les obligations PACE sont néanmoins considérées un peu partout comme l'innovation la plus importante depuis des dizaines d'années en matière de financement de l'efficacité énergétique. Elles méritent qu'on leur laisse leur chance.

Parmi les autres mesures politiques prometteuses, citons les contrôles d'efficacité énergétique aux points de vente, l'étiquetage énergétique universel des bâtiments, les récompenses pour les plus efficaces (et non pas uniquement les amendes pour les moins bons) et les écotaxes sur les bâtiments, c'est-à-dire un système de taxes à échelle variable appliqué aux bâtiments neufs ou largement rénovés lorsqu'ils se connectent aux services d'électricité et de gaz (ainsi qu'à l'eau et aux égouts). L'importance de la taxe ou de la prime dépendrait de l'efficacité énergétique du bâtiment. Cela permet d'envoyer un signal énergétique en amont au moment des choix en matière de conception, et contrairement aux normes fixes qui sont déjà obsolètes à peine leur rédaction terminée, le dynamisme des écotaxes sur les bâtiments stimulerait une amélioration continue et récompenserait les innovateurs qui vont plus loin que les normes.

152 Database of State Incentive for Renewables & Efficiency (DSIRE), 2011 ; PACEnow, 2011.

Il existe donc un grand nombre d'incitations et de leviers puissants nous permettant de concrétiser notre vision d'un secteur du bâtiment beaucoup plus efficace sur le plan énergétique. Il nous faut à présent les améliorer et les mettre à profit.

CONCLUSION : PLUS DE CONFORT ET DE PRODUCTIVITÉ, MOINS D'ÉNERGIE ET UNE MEILLEURE RENTABILITÉ

Il n'existe évidemment pas de solution miracle, mais certaines potions peuvent s'avérer assez magiques. La transformation du secteur américain du bâtiment demandera une mobilisation et des actions nationales, une montée en puissance des investissements et de l'innovation, ainsi que des améliorations et des changements politiques bien ciblés. On ne pourra se contenter de modifier légèrement le scénario de statu quo. L'agenda des propriétaires et des investisseurs immobiliers, des utilisateurs de bâtiments, des prestataires de services (parmi lesquels les fournisseurs d'énergie), des États et des décideurs politiques est donc long, dense, précis et extrêmement éclectique.

Les professionnels expérimentés savent ce qu'ils ont à faire. Voici six objectifs incontournables :

S'attaquer à l'inefficacité énergétique des bâtiments grâce à une approche et un entrepreneuriat transdisciplinaires.
Comment appliquer à l'efficacité énergétique la rentabilité de l'exploitation chez Toyota, les prouesses en matière de ventes chez Avon, l'approche scientifique de Google, la conception des produits d'IDEO, le niveau d'implication sociale de Facebook et les transactions éclair d'Amazon afin de stimuler la demande et de réduire les coûts ? Comme nous l'avons vu dans ce chapitre, nous disposons d'une importante marge de manœuvre pour relever des défis à la fois colossaux et tentaculaires : accessibilité des données, financement, mise à profit de la conception par approche globale, formation et sensibilisation grâce aux technologies de pointe, stratégies s'appuyant sur l'information. Nous avons besoin que les meilleurs trouvent les solutions, se lancent sur le marché, s'engagent sur la voie de l'efficacité énergétique

et créent des produits et des entreprises qui fassent progresser ce secteur à la vitesse de l'Internet.

Rendre la consommation énergétique plus transparente.

Il faut donner aux clients des mesures (y compris en temps réel) de leur consommation d'énergie et des signaux-prix. La baisse du coût des capteurs et des technologies de suivi, la généralisation des télécommunications bon marché, la naissance du réseau intelligent et la hausse de la demande créent un véritable élan et développent les capacités et les marchés de la collecte et de l'utilisation de données de haute qualité. Les informations sur la consommation d'énergie simplifient les démarches d'efficacité énergétique des entreprises en accélérant les diagnostics, en améliorant la modélisation et l'analyse énergétiques et en permettant l'évaluation comparative vis-à-vis des concurrents et l'intégration des valeurs dans l'estimation d'un bâtiment. En résumé, nous avons besoin d'une mise à jour de grande ampleur de la façon dont les données chiffrées de la consommation énergétique des bâtiments sont rassemblées, partagées et exploitées.

Fournir un financement facile d'accès tarifé proportionnellement au risque particulièrement faible de l'efficacité énergétique.

L'efficacité énergétique se finance en amont. Ce financement peut venir de frais supplémentaires figurant sur la facture du fournisseur d'électricité (une loi votée mi-2011 a fait du « financement sur facture » la norme de l'État de New York), de sociétés d'ingénierie et de finance qui comprennent le risque et l'endossent, de promoteurs immobiliers qui révisent des bâtiments entiers, d'entreprises de services énergétiques qui fournissent un financement ou aident à en obtenir un ou encore d'innovations comme les obligations PACE[153]. Quelle que soit la source, le financement doit être facile à utiliser.

153 Le fournisseur public d'électricité SMUD garantirait ces obligations grâce à un dispositif de recours de l'Uniform Commercial Code.

Former et sensibiliser une main-d'œuvre de haute qualité.
Une main-d'œuvre très importante doit savoir comment repérer les foyers d'économies d'énergie dans un bâtiment, comment concevoir et installer des systèmes qui capturent ces économies et comment passer commande des projets et les financer correctement, le tout en atténuant les risques. Ce n'est pas une mince affaire ! La qualité ne doit pas être sacrifiée au profit de la quantité. Comme disait avec sagesse un vieil entrepreneur : « Si vous n'avez pas les moyens financiers pour faire le travail correctement la première fois, comment pourrez-vous le faire deux fois ? » Les accréditations et les certifications permettent de garantir que des personnes qualifiées accomplissent le travail et en soient fières, gagnant ainsi la confiance des clients. Et les formateurs doivent avoir une solide expérience pratique, acquise de préférence auprès de pairs en qui ils ont confiance.

Procéder à des mises à jour en vue de la prochaine génération de politiques d'efficacité énergétique et harmoniser les incitations des fournisseurs d'énergie.
Contrairement aux programmes s'appuyant sur des incitations ou sur le marché, les codes de la construction sont largement suivis sous peine de voir le bâtiment étiqueté comme impropre à l'habitation. Mais les codes doivent être correctement soutenus et financés, il faut veiller à ce qu'ils soient appliqués et ils doivent constamment être réévalués. Contribuer à réduire les coûts liés au respect des codes, grâce à des ressources et des logiciels plus performants, offre des perspectives commerciales intéressantes. Il est essentiel de permettre aux fournisseurs d'énergie de gagner de l'argent grâce à l'efficacité énergétique (en rétribuant les économies mesurées de façon indépendante et non les dépenses ou les activités). Les États devraient également suivre l'exemple de Washington, du Massachusetts, du Vermont et de la Californie qui continuent à fixer des objectifs d'efficacité énergétique ambitieux à leurs fournisseurs d'énergie, tout en favorisant une mise en œuvre souple et un apprentissage rapide. Cela va développer et faire mûrir le marché des services et des équipements d'efficacité énergétique, en plein essor, et inciter les entrepreneurs à se jeter à l'eau.

Commencer à repenser la façon dont la conception des bâtiments est réalisée et enseignée et la façon dont ces derniers sont construits. Pour transformer la conception « dés-intégrée » en une conception par approche globale, la pédagogie en matière d'architecture et d'ingénierie doit être réformée. Ils est ainsi nécessaire que les professionnels reconsidèrent leur approche, que les clients se mettent à accorder de la valeur à la conception par approche globale en expérimentant ses avantages et ainsi exigent cette approche, et que les incitations telles que les honoraires basés sur la performance et les prestations de projet intégrés deviennent la norme.

Nous avons vu comment les forces du marché et des politiques éclairées peuvent s'associer pour nous emmener sur la voie d'un parc immobilier américain considérablement plus rentable et efficace sur le plan énergétique. Mais nous avons également souligné dans ce chapitre à quel point cette tâche est colossale. Elle nécessite que chaque Américain, ou presque, fasse des choix différents. Elle nécessite de l'argent. Elle nécessite une collaboration entre les dirigeants d'entreprises et les décideurs politiques. Elle nécessite une vision à long terme de l'environnement bâti. La construction de quelques millions de voitures électriques ultralégères semble être une aimable plaisanterie à côté de la rénovation ou du remplacement d'un parc entier, depuis les remorques doubles d'un terrain pour mobile homes jusqu'aux tours de San Jose. Et même s'il était physiquement possible de rénover l'intégralité ou presque des 120 millions de bâtiments du pays à un rythme de 8 200 par jour et de construire la même proportion d'immeubles efficaces sur le plan énergétique, leurs propriétaires seraient-ils réellement d'accord ? Et vous, y seriez-vous favorable ?

Vous devriez l'être. Car nous avons également montré les immenses perspectives économiques qui se cachent derrière ces défis. Anthony Malkin et son Empire State Building en sont un exemple. Et nous avons passé en revue les autres avantages : des élèves qui apprennent plus vite en classe, des patients qui guérissent plus rapidement, la création d'emplois supplémentaires ou encore le recrutement d'employés plus compétents. Des avantages qui pourraient valoir beaucoup plus que les 1 400 milliards de dollars de coûts énergétiques nets évités qui se retrouvent directement dans le résultat financier.

Les bâtiments superefficaces ne se contenteront pas de consommer moins d'énergie, laissant de l'électricité aux véhicules Révolutionnaires + et du gaz à l'industrie et rendant la production d'énergie plus souple. Ils permettront également de fournir en plus grande quantité une énergie de meilleure qualité, moins chère et plus sûre à tous les secteurs. Les bâtiments constituent de futurs centres de stockage, de production et d'échange d'énergie. Les bâtiments intelligents peuvent fabriquer et peut-être aussi stocker de l'électricité. Leurs caractéristiques physiques sont susceptibles de changer en fonction des conditions météorologiques ou d'une augmentation de l'offre ou de la demande. Les bâtiments intelligents et efficaces sur le plan énergétique peuvent à la fois apprendre et signaler les moments où il vaut mieux acheter ou vendre l'énergie et ses services. Les bâtiments efficaces peuvent ainsi devenir le fondement, et les véhicules et les usines efficaces les piliers d'un système énergétique américain totalement différent que nous sommes déjà en train de mettre en place : un système moins risqué, sans doute moins cher et infiniment plus solide et résilient.

Se lancer dans cette aventure énergétique, ce n'est pas simplement améliorer le résultat financier des entreprises de notre pays ni celui des ménages, c'est aussi dessiner l'avenir dans lequel nous vivrons ainsi que nos enfants et le pays et la planète que nous souhaitons habiter.

Si nous trouvons la motivation, que nous faisons attention, que nous lançons de nouvelles entreprises et concrétisons notre vision d'une Amérique où les bâtiments consomment de l'énergie en économisant de l'argent, comment cela se traduira-t-il en ce qui concerne les combustibles fossiles ? En 2050, ces bâtiments, bien qu'occupant 70 % de surface au sol supplémentaire, pourraient consommer entre 13 et 55 % d'électricité en moins et entre 24 et 68 % de gaz naturel en moins par rapport à 2010 (fig. 3-14). Leur consommation de pétrole, qui s'élève aujourd'hui à 0,84 Mbbl/j, pourrait facilement tomber à zéro[154]. Et tout cela grâce à l'efficacité énergétique – et non grâce à cette autre solution qu'est la production d'énergie sur site, essentiellement à partir de sources renouvelables, que l'efficacité énergétique rend bien plus rentable (voir chapitre 5).

154 Danish Energy Agency, 2009, 33. Le Danemark a par exemple divisé par six sa consommation de fioul domestique au cours des trente dernières années.

FIG. 3-14 – Projection de la baisse de la consommation énergétique du secteur américain du bâtiment, 2010-2050

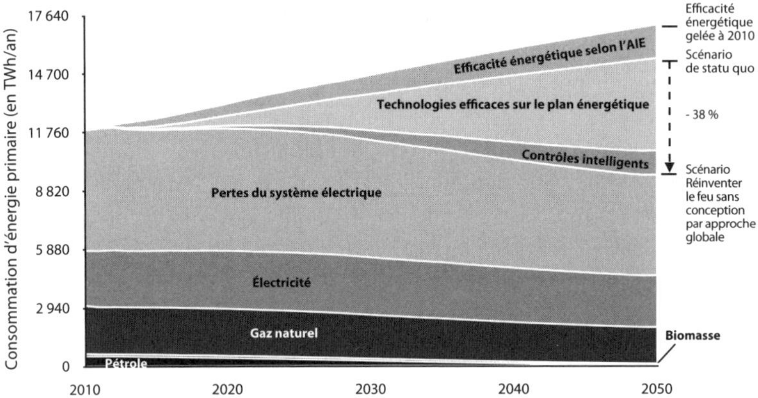

En exploitant de façon efficace les perspectives d'efficacité énergétique basiques du scénario Réinventer le feu décrites dans ce chapitre, nous pourrions réduire la consommation d'électricité et de gaz naturel des bâtiments américains en 2050 d'environ 15 % par rapport à 2010[155]. En ajoutant la conception par approche globale, cette consommation énergétique baisserait davantage encore : de 9 700 à entre 4 700 et 7 000 TWh/an ou de 40 à 60 % par rapport au niveau de 2010, comme le montre la figure 3-6, supprimant une grande partie voire la majorité des besoins résiduels en électricité et en gaz naturel. Avec ou sans conception par approche globale, les « autres combustibles » présents en 2050 ne seraient pas le pétrole, mais seulement le bois de chauffage et occasionnellement les déchets, ainsi qu'une petite quantité de gaz en bouteille dans les zones rurales, mais aucun gaz acheminé par gazoduc. Comme nous le verrons dans le chapitre 6, tous ces combustibles gazeux pourraient petit à petit être supprimés sur le long terme grâce à une exploitation plus poussée de l'efficacité énergétique et des énergies renouvelables.

155 Analyse du RMI.

Pour la première fois de notre histoire et grâce à la seule efficacité énergétique, le plus grand poste de consommation énergétique de notre économie peut baisser au lieu d'augmenter, tandis que notre prospérité, notre santé et notre sécurité peuvent connaître un essor encore plus important et régulier. Les lieux où nous vivons, travaillons, achetons, jouons, guérissons, apprenons et prions, c'est-à-dire où nous passons près de 90 % de notre temps, peuvent se parer de magie et devenir des espaces dans lesquels il fait bon entrer, qui confèrent bien-être et sérénité lorsqu'on y est, qu'on quitte à regret et qu'on a plaisir à se remémorer. Nos bâtiments ne seront plus uniquement ces carcasses dans lesquelles nous vivons ; ils refléteront véritablement qui nous sommes et qui nous aspirons à devenir.

TABLEAU 3-3. Synthèse des recommandations aux acteurs clés du secteur du bâtiment

	SANS REGRETS	OPPORTUNISTE	INNOVANT
PROPRIÉTAIRES, INVESTISSEURS ET UTILISATEURS	Évaluez la performance énergétique de vos bâtiments et comparez-la à celle de vos concurrents. Optimisez votre performance actuelle. Recherchez de l'espace économe en énergie. Insistez pour que les *pro formas* s'appuient sur les données effectives de consommation d'énergie et non sur des moyennes. Formez vos employés à la gestion de l'énergie et faites de cette tâche la responsabilité de tous.	Apprenez aux évaluateurs à accorder de la valeur à l'efficacité énergétique et aux agents à la vendre. Visez les notations et les labels d'efficacité énergétique. Exprimez vos économies d'énergie de façon parlante pour les différentes parties prenantes. Étendez l'efficacité énergétique à d'autres investissements dans des infrastructures. Incluez le coût lié aux clients passés à la concurrence dans le coût total de propriété.	Donnez la priorité à la consommation énergétique avec des informations en temps réel. Anticipez, soutenez et allez au-delà de la réglementation. Alignez vos objectifs avec ceux de vos locataires en matière de rénovation. Nouez des partenariats avec des fournisseurs d'énergie et des municipalités pour financer et exploiter tout le potentiel de la demande et, quand c'est possible, la production décentralisée. Adoptez la livraison de projet intégrée et les honoraires basés sur la performance du concept.

	SANS REGRETS	OPPORTUNISTE	INNOVANT
PROPRIÉTAIRES, INVESTISSEURS ET UTILISATEURS (suite)	Soyez votre propre cobaye : commencez par rénover votre propre espace. Considérez les équipes de vos installations comme des centres de profit et fournissez-leur les ressources leur permettant d'exploiter les possibilités d'économies.	Conseillez vos employés en matière de gains d'efficacité énergétique sur leur lieu d'habitation et aidez-les financièrement ; il s'agit d'un atout annexe non négligeable. Contribuez à la mise en place d'achats en gros.	Aidez vos fournisseurs et vos clients à devenir efficaces sur le plan énergétique.
FOURNISSEURS D'ÉNERGIE, PRESTATAIRES DE SERVICES ET FOURNISSEURS DE PRODUITS	Bâtissez et lancez sur le marché votre marque dédiée à l'efficacité énergétique. Fournissez des solutions clés en main qui réclament peu d'engagement de la part des clients mais leur garantissent un certain résultat.	Maîtrisez la conception par approche globale et appliquez-la partout où elle est adaptée. Exploitez les similarités du parc immobilier pour faire des économies d'échelle grâce à des actions répétitives.	Obtenez d'être rétribué pour vos performances et non pour vos efforts : adoptez, pratiquez et exigez les honoraires basés sur la performance de votre concept. Engagez-vous dans des marchés de capacités à terme et de l'énergie pour obtenir des financements en amont de l'efficacité énergétique.

	SANS REGRETS	OPPORTUNISTE	INNOVANT
FOURNISSEURS D'ÉNERGIE, PRESTATAIRES DE SERVICES ET FOURNISSEURS DE PRODUITS (suite)	Proposez des formations efficaces et régulières à votre personnel. Utilisez des indicateurs de consommation énergétique efficaces, y compris des comparaisons normatives et des suggestions d'actions. Mettez au rebut et recyclez vos équipements obsolètes plutôt que de les revendre.	Adoptez et encouragez les structures de projet qui alignent les incitations sur l'efficacité énergétique. Commencez à mesurer et à comptabiliser les avantages non énergétiques. Utilisez des mécanismes de financement pour proposer des solutions sans dépenses en amont.	Remédiez aux difficultés que rencontrent les clients et qui vont au-delà des produits pour faire de l'efficacité énergétique une démarche dépourvue de tracasseries. Envisagez un modèle économique « de services » qui vende du confort et de la lumière plutôt que des refroidisseurs et de l'électricité.
GOUVERNEMENTS ET ONG	Mettez en œuvre des codes et des normes modernes. Soutenez l'investissement volontaire à travers les incitations et la sensibilisation.	Contribuez à l'identification des ressources privilégiées et présélectionnées. Rendez possible un accès transparent aux données sur la consommation énergétique.	Encouragez les enquêtes et les rénovations des points de vente. Faites des honoraires basés sur la performance du concept, de la prestation de projet intégré et d'autres innovations similaires la norme en matière de passation de marchés publics.

	SANS REGRETS	OPPORTUNISTE	INNOVANT
GOUVERNEMENTS ET ONG (suite)	Créez et gérez des bases et des recouvrements de données au niveau national, des États et local afin d'identifier les perspectives d'économies. Incitez les fournisseurs d'énergie à investir dans l'efficacité énergétique. Financez la R&D et la formation à la conception.	Autorisez l'enregistrement comptable et le traitement fiscal des investissements d'économies d'énergie en tant que dépenses plutôt que comme actifs immobilisés. Autorisez les fournisseurs d'énergie à investir dans l'efficacité énergétique et la production d'énergie décentralisée et à être rétribués en fonction.	Réformez la pratique et la pédagogie des professionnels de la conception autour de la conception par approche globale.

FIG. 4-

L'INDUSTRIE :

REPENSER NOTRE FAÇON DE FAIRE

GRANDES LIGNES DU CHAPITRE

L'OBJECTIF. Économiser 27 % de la consommation d'énergie primaire de l'industrie américaine en 2050 (en plus des économies déjà projetées) en mettant en œuvre de façon réaliste les technologies existantes et rentables en matière d'efficacité énergétique et de chaleur résiduelle. À cela s'ajoutent des économies supplémentaires potentielles grâce à la conception par approche globale et d'autres, plus importantes encore, si nous faisons des progrès décisifs dans la fabrication et l'utilisation des matériaux.
LES AVANTAGES POUR LES ENTREPRISES. Les fabricants qui brûleront moins de combustible bénéficieront d'une baisse de leurs coûts d'exploitation et de leurs quantités de déchets, verront souvent la qualité de leurs produits augmenter et se protégeront contre la volatilité ou la hausse du prix des combustibles. Les entreprises, petites et grandes, auront la possibilité de se développer, de vendre et de mettre en œuvre de nouvelles technologies, faisant progresser l'efficacité énergétique de l'industrie.
LE RÉSULTAT FINANCIER. Un rendement brut de 900 milliards de dollars (en valeur 2010) pour un investissement de 300 milliards de dollars.
LES SECTEURS QUI PEUVENT EN BÉNÉFICIER. Fabricants de toutes tailles, chercheurs, entrepreneurs et sociétés spécialisées dans la conception et la mise en œuvre.
LES MESURES POLITIQUES APPROPRIÉES. Des signaux de prix clairs, exhaustifs et stables sur les combustibles et la responsabilité des producteurs vis-à-vis du cycle de vie de leurs produits stimuleront les innovations permanentes et accéléreront l'adoption de l'efficacité énergétique, contribuant à conférer un avantage concurrentiel aux entreprises.

L'avenir, tu n'as point à le prévoir, mais à le permettre.

Antoine de Saint-Exupéry (1900-1944)

Imaginez que vous vous trouvez au sein d'un des plus grands complexes industriels au monde. Vos guides, deux grands gars coiffés de leur casque, dirigent une usine pétrochimique pour l'un et une aciérie intégrée pour l'autre. Ils vivent au milieu d'une véritable jungle de laminoirs, de conduites, de cuves de stockage, de fourneaux, de tours de craquage et de montagnes de minerais et de charbon à coke. Un environnement industriel si vaste et si dense que même un visiteur qui s'intéresse à l'industrie lourde a du mal à discerner les principaux flux d'énergie, de produits et de déchets. Sur 26 000 hectares sont en effet concentrées raffineries, usines chimiques, fabriques de papier et autres infrastructures industrielles imposantes. Des voies ferrées à perte de vue, des aéroports et des navires démesurés assurent les liaisons avec les fournisseurs et les clients à travers le monde.

Cela fait plusieurs heures maintenant que vous roulez en voiture le long de kilomètres de canalisations et de convoyeurs. Lorsque vous faites une pause, c'est pour observer des chaudrons géants déverser du métal chauffé au rouge qui sera transformé en lingots ou roulé en couches extrêmement fines, ou pour assister à la transformation du pétrole brut et du gaz naturel en plastiques ou en résines qui finiront dans des sièges de voiture ou des valves cardiaques. Partout, les températures sont supérieures à 200 °C et la pression équivaut à celle du fond de l'océan. La nuit, les lumières et l'activité incessantes se voient à 80 kilomètres à la ronde et n'échappent pas aux images satellites.

Ce paysage où l'homme forge sa prospérité à coups de fusion et de pression, c'est un peu comme si l'enfer s'activait en continu sur la Terre. Cette bouillonnante et insatiable quête d'énergie est avant tout satisfaite, directement ou *via* l'électricité, par l'exploitation du charbon, du pétrole et du gaz naturel. Certaines usines et certains laminoirs font de constants et louables efforts pour gagner en efficacité énergétique et quelques fabriques récupèrent même l'excès de chaleur et le CO_2 résiduels pour permettre à de gigantesques serres de produire des aliments tout au long de l'année. Mais dans l'ensemble, ce complexe, à l'instar du reste du secteur industriel, dépend avant tout de quantités astronomiques de combustibles fossiles.

Imaginez maintenant qu'une semaine plus tard, bien loin de là, vous soyez en train de progresser sans bruit au sein d'un autre type de jungle, accompagné par deux autres guides, des biologistes, cette fois, qui consacrent leur vie à tenter de comprendre les liens écologiques qui se trament derrière cette nature sauvage et tentaculaire. Ici, le cri rauque des oiseaux et des singes le dispute au murmure de la rivière et à la symphonie des insectes. Que de chaleur et d'humidité dans cette forêt tropicale ! Sa canopée verdoyante est si dense qu'elle ne laisse pénétrer assez de lumière pour lire qu'en milieu de journée ; le reste des rayons solaires est retenu au sommet et y engendre une production très différente, beaucoup plus ancienne et mystérieuse, formée au fil de milliards d'années.

Ici, d'impressionnantes quantités de matières premières – air, eau, terre, lumière solaire et organismes nés de ces matières mêmes – sont converties en produits raffinés. Les araignées transforment les insectes en toiles de soie plus solides que le kevlar, les plantes exhalent des fragrances plus enivrantes que le Chanel *N° 5* et les arbres et leurs symbiotes capturent et convertissent le CO_2 en bois précieux, en fibres plus résistantes que l'acier inoxydable, en puissants remèdes médicinaux et en tant d'autres produits de valeur. Ce rendement n'a rien à envier à celui de nombre d'industries. Les biologistes estiment en effet que 260 hectares de forêt tropicale renferment plus de 100 000 tonnes d'une biomasse[1] qui est constamment traitée et raffinée pour donner une variété considérable de produits d'une grande sophistication, le tout sans mines, sans cheminées d'usines, sans combustibles fossiles et sans pollution. En outre, l'intégralité de ces processus est réalisée à des températures et des pressions normales, en l'absence de toute main-d'œuvre humaine, sans maintenance, sans bruit et sans générer de déchets : les produits, à chaque stade, sont la nourriture des produits suivants.

1 Terborgh, 1992.

Quel contraste avec l'industrie des hommes, où nous exploitons le minerai pour en faire des produits que nous n'utilisons que brièvement et que nous finissons par jeter ! Nos procédés ont recours à des éléments exotiques voire toxiques du tableau de Mendeleïev afin de déclencher des réactions chimiques artificielles dans des conditions extrêmes, à l'intérieur de coûteux fourneaux et cuves de réaction, suite à quoi la majeure partie de la substance obtenue est jetée car inexploitable.

La nature, elle, nous montre comment satisfaire nos besoins à l'aide d'une petite partie seulement de l'énergie et de la matière que nous utilisons aujourd'hui, sans porter atteinte aux ressources rares ni nous laisser engloutir par nos propres déchets. Elle fabrique une quantité incroyable de produits improbables, y compris certains qui s'autoreproduisent et s'autoréparent comme les êtres humains, uniquement à partir d'air, d'eau, de terre et de lumière solaire. Ses réactions chimiques, extraordinairement agencées, n'utilisent qu'un petit nombre d'éléments courants, leurs réactions étant catalysées par les enzymes à la vitesse de la lumière et dans des conditions naturelles.

Ces deux mondes sont-ils incompatibles ? Étonnamment pas ! Les industriels visionnaires peuvent tirer des enseignements essentiels de la forêt tropicale : ne rien prendre, ne rien gâcher, ne rien abîmer. Et parmi les entreprises qui connaissent une grande réussite aujourd'hui, un grand nombre s'aperçoivent que la nature détient des solutions à des problèmes de conception que nous apprenons tout juste à formuler. Suivre l'exemple de la nature n'est pas seulement bon pour la planète, cela permet aussi aux entreprises d'acquérir des avantages concurrentiels décisifs.

De son côté, l'industrie peut se ressaisir et modérer ses ardeurs énergétiques. Elle a d'ailleurs commencé à le faire avec succès. Ces quarante dernières années, l'industrie américaine a en effet divisé par deux son intensité énergétique, c'est-à-dire la quantité d'énergie nécessaire par unité de production, nettoyé ses cheminées pour réduire les pluies acides, sensiblement fait baisser les rejets toxiques dans l'eau et donné un coup de frein à la combustion effrénée des effluents gazeux. Elle a également fait des progrès en matière de catalyseurs et d'enzymes favorisant les réactions chimiques à basse température, elle a appris à exploiter les flux de déchets pour en tirer des produits de valeur et elle a commencé à intégrer différents types d'industries à travers le concept encore naissant d'« écologie industrielle ». Ainsi, à Kalundborg, au Danemark, les matières et l'énergie se livrent-elles à un véritable ballet symbiotique au milieu d'une raffinerie, d'une centrale électrique, d'une usine de produits pharmaceutiques, d'une fabrique de cloisons sèches et d'une exploitation piscicole ; elles transforment les déchets d'un processus en une matière de choix pour un autre et fournissent même de la chaleur à la ville de Kalundborg ainsi que des engrais aux agriculteurs alentour[2].

Et pourtant, malgré toute cette ingéniosité, malgré l'aiguillon de la concurrence et malgré les exigences de clients plus clairvoyants que d'autres, nous sommes loin de faire aussi bien que la nature. Pourquoi ?

La réponse réside dans l'interaction complexe entre investissements, incitations et innovations. L'émergence de solutions est ralentie par un troisième facteur commençant par un *i* : l'inertie. Dans ces imposantes entreprises où chaque centime dépensé ou économisé peut se traduire par des pertes ou des profits, des bataillons entiers d'ingénieurs et de cadres compétents cherchent en permanence à équilibrer au mieux bénéfices et coûts. Ils totalisent minutieusement les coûts en capital et les coûts d'exploitation dès qu'ils optent pour un produit ou un procédé, qu'ils calibrent un échangeur thermique ou qu'ils choisissent une température de réaction. Puis, afin de maximiser la valeur pour les actionnaires à partir d'investissements qui peuvent s'élever à des milliards de dollars, des experts se plongent dans des simulations informatiques et mettent en balance efficacité énergétique et rendement, risques et gains.

Mais les aspects financiers des investissements ne viennent pas de nulle part. La société dicte des lois concernant les taxes, les émissions et les comportements autorisés ou non et ces lois se répercutent sur les coûts, les prix, les risques, les rendements et donc les choix. En changeant les règles du jeu, on peut obtenir davantage de ce que la société veut et faire reculer ce qu'elle ne veut pas. La majeure partie des avancées industrielles de ces trente dernières

---

2 Indigo Development, 2003.

années sont directement liées au Clean Air Act et au Clean Water Act adoptés durant l'ère Nixon (ainsi qu'à un grand nombre d'autres lois et réglementations), qui ont contraint les entreprises industrielles à réduire leur pollution et stimulé la recherche de solutions innovantes pour transformer les déchets en profits. Aujourd'hui, nous pouvons aller plus loin grâce à de nouvelles mesures incitatives comme la suppression des subventions, une nouvelle réglementation fiscale qui assainirait les règles du jeu entre ceux qui économisent l'énergie et ceux qui la consomment, le fait d'exiger de l'industrie qu'elle endosse la responsabilité du cycle de vie tout entier de ses produits (comme c'est le cas dans presque tous les pays industrialisés à l'exception des États-Unis[3]) ou encore un niveau plancher sur le prix de l'énergie. Lorsqu'on change les règles, on change le jeu. Nombre de pays appliquent déjà une grande partie de ces mesures et cela contribue à leur garantir une compétitivité à long terme.

L'industrie innove constamment et ces innovations se justifient sur le plan économique. Lorsque les règles du jeu changent, l'innovation passe souvent à la vitesse supérieure. Ces lois antipollution des années 1970, loin de mettre l'économie à genoux, ont au contraire conféré aux Américains une meilleure santé, des forêts plus productives, une des tarifications de l'électricité les plus basses au monde et, dans le même temps, elles ont amélioré la compétitivité de l'industrie au niveau mondial, et non l'inverse, grâce aux gains d'efficacité énergétique qu'elles ont permis. Et comme à l'accoutumée, les ingénieurs compétents qui se sont lancés dans la course pour remédier aux problèmes de conception ont trouvé des solutions plus astucieuses et moins chères que ce qu'on avait imaginé.

> *TERMINOLOGIE DU SECTEUR DE L'INDUSTRIE*
>
> ***Pour les définitions de l'énergie primaire**, de **l'énergie fournie (ou sur site)**, des **dispositifs d'utilisation finale** et des **kBTU (1 000 BTU)**, voir l'encadré terminologique du chapitre 3 (page 202).*

3 Biddle, 2011.

• *Les* **matières de base** *sont les apports de matières premières destinés aux procédés et sont présentes dans le produit final. Elles ne fournissent ni chaleur ni vapeur (c'est-à-dire le type d'***énergie de processus** *nécessaire pour faire tourner les procédés de production) et ne génèrent pas non plus d'électricité. Un grand nombre de procédés industriels utilisent les combustibles fossiles comme matières de base pour fabriquer leurs produits finaux. Le gaz naturel, par exemple, est souvent traité pour fabriquer la matière destinée aux engrais ou aux plastiques. Le charbon, lui, est utilisé pour produire du charbon à coke en vue de la fabrication de l'acier. Ces utilisations des matières de base ne sont pas prises en compte dans l'analyse Réinventer le feu*[4].

• *L'***intensité énergétique** *d'un procédé industriel est la quantité d'énergie fournie utilisée par unité de production. Les valeurs chiffrées de l'intensité énergétique sont un outil utile pour suivre les tendances en matière de consommation énergétique au sein d'un sous-secteur industriel. Elles varient cependant beaucoup d'un sous-secteur à l'autre, car les processus n'ont pas tous les mêmes besoins (ainsi, l'industrie cimentière affiche une intensité énergétique bien plus élevée que celle de la pâte à papier du fait de ses procédés intrinsèquement gourmands en énergie).*

• *La* **production combinée de chaleur et d'électricité (PCCE)**, *encore appelée* **cogénération**, *permet de produire de l'électricité et de la chaleur utile au sein d'un seul système intégré. Il en existe deux types : l'un où l'énergie électrique est produite en premier (« *topping cycle *») et où la chaleur résiduelle à haute température est utilisée pour entretenir le procédé, et l'autre où l'énergie thermique est produite en premier (« *bottoming cycle *»), la chaleur résiduelle à basse température étant ensuite convertie en électricité. Le premier est plus efficace sur le plan énergétique, tandis que le second est plus productif. La PCCE permet en général de réduire de moitié la consommation de combustible, ainsi que*

4 Agence américaine pour l'information sur l'énergie, 2005.

les coûts et les émissions par rapport à une production classique séparée d'électricité et de chaleur industrielle.

• *La* **commutation de combustible** *consiste à remplacer un combustible par un autre pour accomplir la même tâche. Le choix dépend des coûts, des besoins du procédé, des réglementations environnementales, des contraintes des équipements existants et d'autres facteurs. Un exemple classique de commutation de combustible est le remplacement du charbon par le gaz naturel, une source de chaleur bon marché et adaptée à de nombreux procédés, mais parfois remplacée par l'électricité, plus chère, quand on recherche davantage de précision et de propreté.*

Une nouvelle vague d'ingéniosité et de politiques intelligentes pourrait également transformer l'industrie au cours des quarante prochaines années. Examinons ce qui pourrait se produire (fig. 4-2). En 2010, l'industrie américaine utilisait 7 200 TWh d'énergie primaire par an, soit environ un quart de la consommation totale du pays (en ne comptabilisant toujours que l'énergie utilisée pour les combustibles et non pour les matières de base). Si le statu quo prévalait, la consommation énergétique de l'industrie augmenterait pour atteindre 13 000 TWh en 2050. Mais ce ne sera pas le cas : le bouquet industriel va continuer à s'éloigner des industries lourdes pour se rapprocher des produits à plus grande valeur. Cette évolution va permettre à elle seule de réduire de 21 % les besoins énergétiques du secteur industriel américain. En outre, aiguillonnée par une concurrence de tous les instants, l'industrie affiche depuis longtemps une diminution de son intensité énergétique d'une année sur l'autre. Cette tendance durable, à laquelle s'ajoute davantage de production combinée de chaleur et d'électricité (PCCE), est déjà intégrée dans les prévisions officielles et fait, à son tour, baisser les besoins énergétiques en 2050 de 1 300 TWh, soit 10 %. Dans ces conditions, jusqu'où peuvent nous mener les recommandations présentées dans ce chapitre ?

FIG. 4-2 – Potentiel d'économies d'énergie de l'industrie américaine, 2010-2050

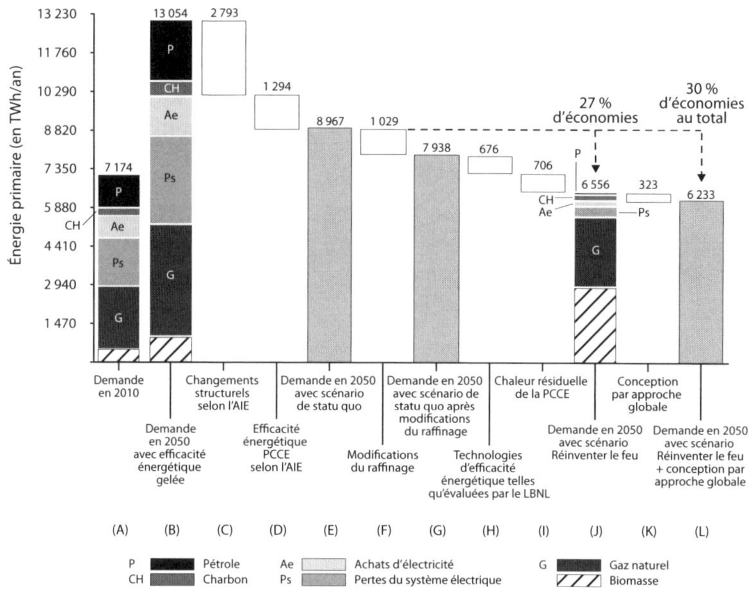

En 2050, l'évolution du paysage industriel et l'efficacité énergétique, toutes deux prévues et additionnelles, peuvent diviser par deux environ la consommation d'énergie primaire de l'industrie américaine malgré une hausse de 84 % de la production[5].

Avec les 1 000 TWh économisés sur l'énergie de processus nécessaire pour produire moins de combustible et un combustible différent pour les transports (voir chapitre 2), la consommation d'énergie industrielle s'élèvera à 8 000 TWh en 2050. Cela ne fait que 10 % de plus qu'en 2010 malgré une production industrielle qui aura augmenté de 84 %, soit un résultat tout à

5 Analyse du RMI d'après des données de l'Agence américaine pour l'information sur l'énergie, 2010b, de l'Académie nationale des sciences, 2010, de Xu, Slaa et Sathaye, 2010, de Martin *et al.*, 2000, et de Bailey et Worrell, 2005.

fait honorable. Mais les technologies d'efficacité énergétique, techniquement employables, économiquement viables et nécessaires sur le plan de la concurrence, peuvent nous permettre d'économiser davantage d'énergie encore. Elles sont de deux types : il peut s'agir de technologies émergentes dont l'apparition sur le marché est trop récente pour qu'elles aient été largement adoptées ou prises en compte dans les analyses, ou bien d'une réutilisation plus efficace sur le plan énergétique et plus généralisée de la chaleur résiduelle des procédés. Ces deux techniques permettent d'économiser respectivement 680 et 705 TWh, ce qui ramène la consommation énergétique totale de l'industrie en 2050 près de 9 % en deçà du niveau de référence de 2010. Enfin, de prudentes estimations en matière de conception par approche globale (appliquée uniquement aux systèmes de transmission et de traitement des fluides) prévoient quant à elles une économie de 323 TWh.

Ainsi, d'ici 2050, nous faisons l'hypothèse que le secteur industriel se sera développé à hauteur de 84 %, mais que nous aurons trouvé les moyens de réduire ses besoins énergétiques de 9 à 13 % en deçà du niveau de 2010 grâce aux technologies rentables existantes ou émergentes. Un investissement dépassant de 283 milliards de dollars le scénario de statu quo rapporterait plus de trois fois cette somme, soit environ 949 milliards de dollars (sans conception par approche globale dans les deux cas).

Ces résultats, si impressionnants soient-ils, ne nous empêchent cependant pas de continuer à afficher un appétit d'ogre en matière d'énergie industrielle. Faut-il donc adopter un régime plus drastique ? Nous pensons que oui, et pour deux raisons. Tout d'abord, dans un monde où la demande et la concurrence ne cessent de s'intensifier tandis que les ressources naturelles deviennent de plus en plus chères, les marchés récompenseront ceux qui sauront le mieux gérer les coûts ; or l'énergie est une composante essentielle et gérable des coûts industriels. Ensuite, l'atténuation des risques climatiques, rendue obligatoire par les politiques publiques dans un nombre croissant d'États américains et dans tous les grands pays industrialisés à l'exception de deux d'entre eux, impose une baisse d'environ 80 % des émissions de CO_2 fossile de l'ensemble de l'économie, si bien qu'une diminution de 9 % de la consommation énergétique de l'industrie est insuffisante.

La question suivante est donc : *pouvons-nous* adopter un régime plus drastique et en sortir plus minces et en meilleure forme ? Ce chapitre propose des solutions alléchantes mais amaigrissantes qui vont de technologies plus intelligentes à des avancées en matière de conception en passant par des mesures politiques innovantes. Le déblocage de cet extraordinaire potentiel de réductions énergétiques supplémentaires va nécessiter des efforts coordonnés pour lancer les innovations appropriées, stimuler l'ingéniosité et récompenser l'audace.

COMMENT LA JUNGLE INDUSTRIELLE GOUVERNE LA DEMANDE ÉNERGÉTIQUE AMÉRICAINE

L'industrie est à l'origine d'à peu près tous les produits, indispensables ou non, qu'il nous semble évident d'avoir autour de nous dans notre vie quotidienne, depuis le papier et les stylos avec lesquels nous écrivons jusqu'aux voitures et aux camions que nous conduisons en passant par les combustibles qui alimentent nos déplacements et chauffent nos maisons, les matériaux dont ces dernières sont faites, les équipements et les appareils électriques qu'on y trouve et la nourriture que nous mangeons. Ce secteur est d'une incroyable diversité, plus grande encore que celui du bâtiment. Il joue également un rôle primordial dans l'économie, employant près de vingt millions de personnes et générant plus de 40 % (6 000 milliards de dollars) du PIB des États-Unis[6].

Pour produire tout cela, il faut des quantités considérables d'énergie, 60 % venant de la combustion directe des combustibles fossiles (fig. 4-3). L'industrie utilise également de grandes quantités de pétrole, de gaz et d'autres hydrocarbures comme matières de base auxquelles elle trouve toutes sortes d'applications depuis le nylon jusqu'aux DVD (voir l'encadré « L'utilisation des combustibles fossiles comme matières de base »).

6 Agence américaine pour l'information sur l'énergie, 2010a.

FIG. 4-3 – Consommation d'énergie primaire de l'industrie américaine

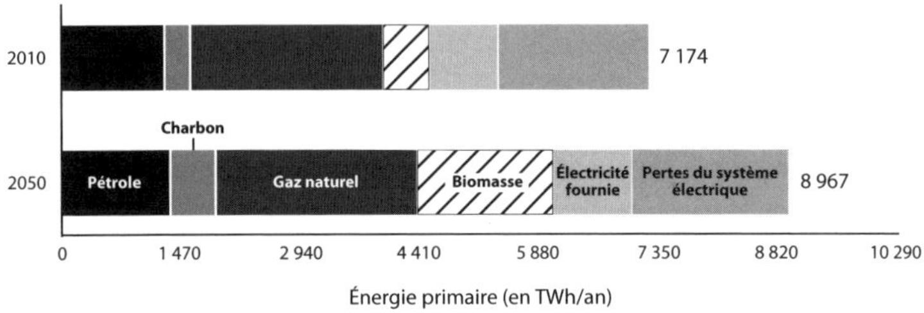

En 2010, les combustibles fossiles ont fourni 79 % de l'énergie à l'industrie américaine. 40 % de l'énergie primaire ont été utilisés sous forme d'électricité et 60 % sous forme de combustibles brûlés directement (52 % de gaz naturel, 28,5 % de pétrole, 7 % de charbon et 12,5 % de biomasse). Les matières de base ne sont pas prises en compte dans cette analyse, mais représenteraient environ 1 500 TWh supplémentaires de consommation annuelle de combustibles fossiles non brûlés[7].

L'UTILISATION DES COMBUSTIBLES FOSSILES COMME MATIÈRES DE BASE

Les matières de base industrielles, c'est-à-dire les combustibles utilisés en tant que matières premières et non pour produire de l'énergie, représentent l'équivalent de 15 % de la consommation énergétique de l'industrie ou encore 5 % de la consommation énergétique américaine totale. La dépendance à l'égard des combustibles fossiles, à la fois en tant que matières de base et sources d'énergie destinées à traiter ces matières, rend le secteur industriel particulièrement vulnérable à la volatilité des prix de ces combustibles, ce qui explique pourquoi des sociétés comme Dow Chemical, DuPont et bien d'autres s'évertuent à rendre leurs procédés aussi peu gourmands que possible en énergie et en molécules. Et bien que notre analyse ne tienne pas compte des réductions potentielles de l'utilisation des

7 Analyse du RMI d'après des données de l'Agence américaine pour l'information sur l'énergie, 2010b.

combustibles fossiles en tant que matières de base, nous présentons certaines mesures destinées à économiser l'énergie qui ont l'avantage de consommer moins de combustibles fossiles, voire aucun, en tant que matières premières[8]. En 1999, le Conseil national de la recherche a ainsi calculé que les biomatériaux pourraient, à terme, satisfaire 90 % des besoins du pays en matières de base industrielles carbonées[9]. La transition est en route.

Des utilisations très diverses de l'énergie

L'utilisation de l'énergie par l'industrie est très différente de celle des autres secteurs. Les transports déplacent les personnes et les marchandises dans des types de voitures, de camions, d'avions et d'autres véhicules relativement standardisés. Bien qu'étant d'une étonnante diversité, les bâtiments procurent un toit, du confort, de la lumière, des équipements pour faire la cuisine, des divertissements, ainsi que d'autres services, eux aussi relativement standardisés, au moyen d'une palette limitée de technologies : gros œuvre, isolation, vitrage, refroidissement à compression de vapeur et chauffage au moyen de combustibles. Quant au secteur électrique, il génère essentiellement un produit obtenu le plus souvent en produisant de la vapeur pour faire tourner des turbines et des générateurs.

En revanche, les produits industriels fournissent un nombre incalculable de services et résultent de milliers de procédés de fabrication différents, chacun présentant des centaines de variations. Il n'existe pour ainsi dire pas d'usines identiques. Mais si l'industrie se subdivise en des centaines de sous-secteurs, onze d'entre eux utilisent à eux seuls plus des deux tiers de toute l'énergie industrielle (fig. 4-4), si bien que le portefeuille de solutions doit s'appliquer avant tout à ces secteurs tout en étant transposable à l'ensemble

8 Autre solution qui présente de nombreux avantages : l'ajout de déchets broyés de caoutchouc issus de vieux pneus dans le revêtement des routes, qui permet d'économiser la moitié de l'asphalte ou 13 % du pétrole utilisé comme matière de base pour un coût marginal nettement négatif. Voir Lovins *et al.*, 2004, p. 93-94.

9 Committee on Biobased Industrial Products, 2000.

de l'industrie. C'est une difficulté de taille étant donné que chaque sous-secteur a ses propres priorités en matière de prix, sur un marché mondial terriblement concurrentiel. Dans cette jungle industrielle, les marchés de niche protégés sont peu nombreux, les évolutions sont constantes et les risques élevés, si bien que les chefs d'entreprise sont extrêmement attentifs aux coûts de production (voir l'encadré « Comment l'intérêt de l'industrie pour l'efficacité énergétique est lié au prix des combustibles »).

FIG. 4-4 – Consommation d'énergie primaire de l'industrie américaine par sous-secteur

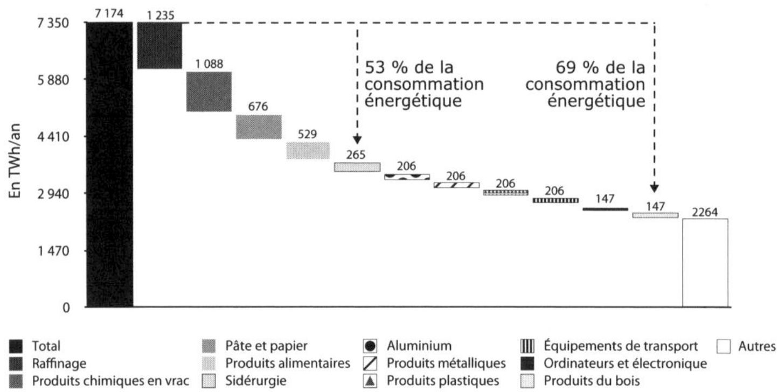

Les cinq sous-secteurs les plus énergivores consomment plus de la moitié de la totalité de l'énergie primaire utilisée par l'industrie[10].

COMMENT L'INTÉRÊT DE L'INDUSTRIE POUR L'EFFICACITÉ ÉNERGÉTIQUE EST LIÉ AU PRIX DES COMBUSTIBLES

L'intensité énergétique de l'industrie chimique américaine, essentiellement consommatrice de gaz naturel, a chuté (fig. 4-5) jusqu'à ce que les gains d'efficacité énergétique au niveau national fassent plonger le prix du gaz

10 *Ibid.*

naturel au milieu des années 1980 et saturent les marchés énergétiques. L'intensité énergétique du secteur chimique a alors stagné voire augmenté pendant quinze ans jusqu'à ce que l'attention des chefs d'entreprise soit suffisamment mobilisée pour qu'ils réembauchent les experts en économies d'énergie qu'ils avaient licenciés en 1986. Pour un secteur représentant 666 milliards de dollars, fabriquant plus de 70 000 produits, employant plus de 800 000 personnes et produisant 19 % des produits chimiques de la planète[11]*, une telle réactivité est impressionnante, mais le serait encore plus si elle s'accompagnait d'une plus grande cohérence stratégique, ce que des mesures politiques peuvent lui permettre de mettre en place.*

FIG. 4-5 – Évolution de l'intensité énergétique de l'industrie chimique américaine par rapport au prix du gaz naturel, 1970-2009

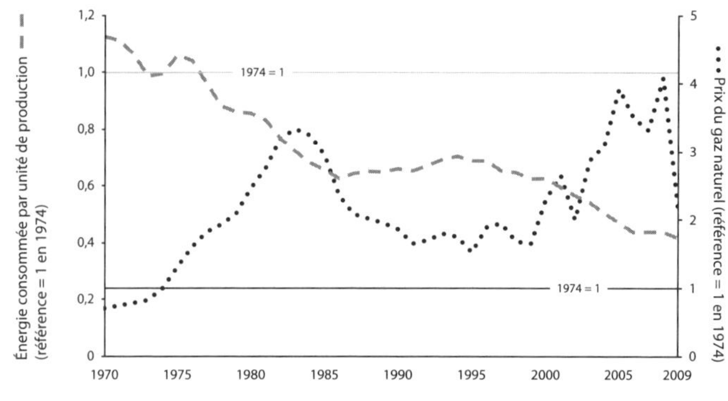

La valeur relative des prix a son importance. La baisse spectaculaire de l'intensité énergétique de l'industrie chimique américaine [courbe en traits] s'est infléchie en 1986 lorsque le prix des combustibles a chuté [courbe en points], puis il lui a fallu 15 ans avant qu'elle ne se reprenne lorsque les prix ont rebondi[12].

11 American Chemistry Council, 2010a.

12 Agence américaine pour l'information sur l'énergie, 2010e ; American Chemistry Council, 2010b ; personnel de l'American Chemistry Council, 2011.

Il existe une autre façon de considérer les différents types de consommation d'énergie : en examinant ce à quoi l'énergie sert. Malgré une incroyable diversité de produits, de procédés et d'usines, deux utilisations sont responsables à elles seules de plus des trois quarts de la consommation d'énergie primaire de l'industrie américaine. Dans les installations industrielles, plus de 40 % de l'énergie primaire servent à chauffer, qu'il s'agisse de cuves géantes d'acier ou de minuscules soudures sur des circuits imprimés. 40 autres pour cent actionnent des axes pour faire tourner des machines : tapis roulants assourdissants d'usines de boissons non alcoolisées ou bras robotiques pour chaînes de montage automobiles. Le reste est consacré à toutes sortes de procédés et de fonctions d'appui, que ce soit la fusion, la réduction, l'éclairage ou la climatisation de l'espace.

Ces services peuvent fonctionner de bien des manières différentes, si bien que les entreprises ont choisi ce qui est le plus efficace et coûte le moins cher. Ses racines charbonnières valent à l'Amérique d'avoir une industrie sidérurgique basée depuis longtemps sur le charbon ; c'est pour cette raison que les grands complexes du Midwest se situent entre les mines de charbon des Appalaches et les mines de fer du Minnesota. Le Qatar dispose de son côté d'abondantes réserves de gaz naturel bon marché, c'est pourquoi le procédé de Qatar Steel de production du fer par réduction directe, mis au point par la société Midrex en Caroline du Nord, utilise le gaz naturel. La Suède ayant quant à elle beaucoup d'énergie hydraulique, ses entreprises pratiquent la réduction du minerai de fer au moyen de l'électricité ou de l'hydrogène. Tous ces choix ne font qu'ajouter de la complexité au paysage énergétique de l'industrie. Et lorsqu'on appréhende mieux la jungle industrielle tout comme la forêt tropicale, on ne fait qu'en saisir davantage toute la diversité.

FIG. 4-6 – Consommation d'énergie de l'industrie américaine par utilisation finale, 2010

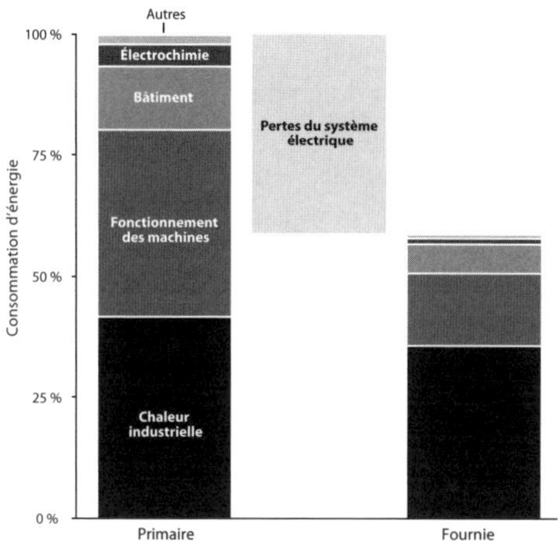

Deux grandes utilisations finales arrivent en tête dans le secteur industriel : la chaleur industrielle (généralement obtenue grâce à la combustion directe de combustibles fossiles) et le fonctionnement des machines. Les pertes du système électrique consomment presque autant d'énergie primaire que la chaleur industrielle[13].

Procéder à des améliorations dans un système en évolution

L'approche Réinventer le feu devient encore plus intéressante lorsqu'on se penche sur le fait que l'industrie modifie et améliore en permanence la façon dont elle utilise l'énergie. La mondialisation, la concurrence et les progrès technologiques ont donné naissance à deux tendances encourageantes : la baisse de l'intensité énergétique – la quantité d'énergie nécessaire par unité de production – et le passage à des produits qui renferment davantage de valeur mais dont la fabrication nécessite moins d'énergie.

13 Agence américaine pour l'information sur l'énergie, 2006b.

Pourquoi ? Parce qu'à mesure qu'une économie mûrit, elle a besoin d'une moindre quantité de produits à forte intensité énergétique comme l'acier ou le ciment[14]. C'est particulièrement vrai aux États-Unis où la plupart des bâtiments et des infrastructures sont déjà en place. C'est pour cette raison que la quantité de ciment utilisée par dollar de PIB a connu un pic dans les années 1920. En outre, les États-Unis importent de plus en plus de matériaux à forte intensité énergétique (des produits pétrochimiques du Moyen-Orient et de l'acier de Chine), dont les cours mondiaux sont souvent moins élevés que sur le territoire. Si ces producteurs étrangers utilisent moins efficacement l'énergie que les producteurs américains, ce commerce accroît la consommation énergétique mondiale (voir l'encadré « L'énergie que renferme le commerce international ») et, s'ils puisent une plus grande partie de leur énergie dans des combustibles émettant beaucoup de produits carbonés, les émissions mondiales de CO_2 grimpent encore plus.

L'ÉNERGIE QUE RENFERME LE COMMERCE INTERNATIONAL

En 2002, les États-Unis importaient environ 1 500 TWh nets de biens et de services produits à l'étranger, soit l'équivalent de 5 % de la consommation américaine totale d'énergie primaire[15]. Cela signifie qu'en 2004 (date de la dernière analyse disponible), la part du pays dans les émissions mondiales de CO_2 issu des combustibles fossiles ne s'élevait pas aux 22 % résultant de l'utilisation domestique des combustibles, mais bien aux 25 à 26 %[16] liés à l'énergie renfermée dans le commerce net destiné à assurer la consommation

14 Williams, Larson et Ross, 1987 ; Larson, 1991 ; Wernick et Ausubel, 1995a. Per Larson, 1991. La consommation américaine d'acier par habitant était redescendue en 1990 au niveau qu'elle avait atteint aux alentours de 1880.

15 Weber, 2008, cité par l'Académie nationale des sciences, 2010.

16 L'analyse 2011 par le Carbon Trust des données de 2004 a conclu à 25 %, ce qui signifie que les émissions de carbone fossile étaient de 13,5 % plus élevées en termes de consommation que de production (Sinden, 2011).

américaine[17]. Entre 1997 et 2004, alors que le commerce s'intensifiait, en particulier avec des économies à forte intensité de carbone comme celle de la Chine, ces importations d'« énergie grise » semblent avoir davantage accru la part des États-Unis dans les émissions mondiales de carbone que les gains d'efficacité énergétique réalisés au niveau national ne l'ont fait baisser[18]. La délocalisation de la production industrielle pourrait donc devenir une source d'inquiétude plus grande encore, non seulement en ce qui concerne les emplois mais aussi le climat, à mesure que les États-Unis continueront à développer le secteur tertiaire de leur économie. L'analyse des répercussions sur la division internationale du travail, en matière de production mondiale de biens et de services, est complexe et pleine d'incertitudes[19]. C'est pourquoi nous avons limité notre analyse industrielle à la production intérieure américaine. Mais l'industrie ne connaît pas de frontières nationales. C'est le seul secteur qui puisse fournir un grand nombre de produits et de services depuis l'étranger. Si nous ne mettons pas en place les conditions nécessaires pour stimuler une production américaine propre, nous risquons d'exporter et non de supprimer l'utilisation des combustibles fossiles.

17 Si les produits sont fabriqués grâce à des méthodes plus gourmandes en énergie à l'étranger qu'aux États-Unis, comme c'est souvent le cas du fait des techniques chinoises actuelles, la délocalisation peut accroître la consommation d'énergie. Ainsi, Xu, Allenby et Chen, 2009, estiment que la fabrication par la Chine des produits destinés aux États-Unis a représenté, entre 2002 et 2007, de 12 à 17 % de la consommation énergétique chinoise.

18 Weber et Matthews, 2007, ne tiennent pas compte du combustible de soute qui peut représenter jusqu'à 10 %. Si on transfère l'« énergie grise » sur le bilan des États-Unis, on fait baisser le bilan de leurs partenaires commerciaux tels que la Chine.

19 Weber, 2008, passe en revue un grand nombre de ces incertitudes. D'autres sont d'ordre méthodologique : ainsi, Xu, Williams et Allenby, 2000, analysent l'énergie nécessaire pour assurer des moyens d'existence aux travailleurs chinois. Dans une analyse de l'énergie nette nécessaire, on n'en tient généralement pas compte, car les travailleurs devraient de toute façon disposer de moyens d'existence, qu'ils participent ou non aux exportations de marchandises vers les États-Unis.

Outre les avantages de l'évolution constante de l'efficacité énergétique, nous observerons également une nette baisse de la consommation d'énergie par le secteur industriel du simple fait de la suppression progressive du pétrole dans le secteur des transports. Si les voitures et les véhicules utilitaires légers n'ont plus besoin d'essence ni de diesel, les raffineurs industriels n'auront plus non plus besoin de brûler 1 500 TWh de combustibles fossiles par an pour les fabriquer. Et tandis que l'énergie tirée de la biomasse sera toujours nécessaire pour produire des carburants durables – il s'agit d'énergie de processus qui représente la majeure partie striée de la colonne J à la figure 4-2 –, l'effet net se traduira par l'économie de 1 030 TWh par an au total. La transformation du secteur des transports a donc des répercussions sur la consommation énergétique des autres secteurs et, en premier lieu, sur celui de l'industrie. Avec la moitié des voitures fonctionnant à l'hydrogène en 2050, l'autre moitié à l'électricité et l'ensemble des camions et des avions utilisant les agrocarburants, les opérations de raffinage pourront abandonner leurs 76 % de combustibles fossiles pour adopter la biomasse à 84 %. On peut imaginer à l'inverse qu'un plus grand nombre de voitures fonctionneront à l'électricité, tandis que les camions et les avions utiliseront l'hydrogène, ce qui réduira davantage encore la quantité d'énergie de processus. De plus, un grand nombre d'agrocarburants de dernière génération, comme les algocarburants qui doivent être produits mais réclament peu ou pas de traitement, ne nécessiteront pas de telles étapes industrielles gourmandes en énergie.

Ainsi, la restructuration de l'industrie[20], les tendances favorables en matière d'efficacité énergétique et l'élimination presque totale du raffinage du pétrole à destination des transports auront pour effet net de stabiliser, ou presque, la consommation de combustibles fossiles de l'industrie américaine sur les quarante prochaines années tout en multipliant par deux, ou presque, la production industrielle.

20 Notre analyse prend également en compte l'adoption des fibres de carbone pour les voitures ultralégères (chapitre 2) et la forte augmentation de la production photovoltaïque et éolienne (chapitre 5), mais leur effet net sur la consommation d'énergie de l'industrie est limité.

CONSIDÉRER L'INDUSTRIE À TRAVERS LE PRISME DE L'EFFICACITÉ ÉNERGÉTIQUE

La société Dow Chemical utilise une quantité phénoménale d'énergie pour fabriquer, entre autres, des millions de tonnes de plastiques ou des bardeaux photovoltaïques. Elle a besoin d'une puissance électrique supérieure à plus de 3,7 GW, soit l'équivalent de trois grandes centrales nucléaires, et brûle plus de pétrole que les Pays-Bas. Résultat : même les petites améliorations en matière d'efficacité énergétique ont de grosses répercussions sur le résultat financier. Voilà pourquoi Dow Chemical traque sans relâche les économies d'énergie. La société a pris des mesures simples comme le remplacement des fours de craquage d'éthylène de sa raffinerie de Freeport, dans le Texas, par des unités plus efficaces sur le plan énergétique, mais elle a aussi pris des mesures compliquées comme la mise au point à Anvers d'un procédé entièrement nouveau de fabrication de l'oxyde de propylène (la matière première des plastiques en polyuréthane) qui consomme 35 % d'énergie en moins[21].

Grâce à des milliers de projets comme ceux-ci, Dow Chemical a réussi à réduire l'intensité énergétique de ses procédés de plus de 38 % entre 1990 et 2005, dopant à la fois son rendement énergétique et ses profits. La société a calculé qu'elle avait économisé 9,4 milliards de dollars entre 1994 et 2010 grâce à des mesures de rendement énergétique qui lui ont coûté 1 milliard. En 2008, lorsque les prix de l'énergie ont flambé, cette situation lui a permis d'acquérir un avantage décisif en matière de coûts sur des concurrents moins efficaces.

L'efficacité énergétique s'est révélée être une stratégie commerciale si positive pour Dow Chemical que la société cible à présent une nouvelle baisse de 25 % de son intensité énergétique d'ici 2015. Et en février 2011, les dirigeants ont annoncé un investissement de 100 millions de dollars dans toute une série d'efforts en matière d'efficacité énergétique. Ces projets que finance la société « offrent des rendements financiers exceptionnels », a affirmé Doug May, vice-président de Dow Chemical chargé de l'énergie et du changement climatique.

---

21 Dow, 2009.

Dow Chemical est loin d'être la seule société à mettre l'accent sur l'efficacité énergétique. Autre pionnier dans ce domaine : le conglomérat industriel United Technologies. En travaillant sur la consommation d'énergie, il est parvenu à réduire de 45 % son intensité énergétique sur l'ensemble de la société entre 2003 et 2007 et ses émissions de gaz à effet de serre de 62 % entre 2006 et 2010 (tandis que les ventes augmentaient de 13 %, les bénéfices par action de 28 % et les dividendes par action de 67 %[22]). Prenons enfin l'exemple de 3M, cette entreprise innovante qui se cache derrière toutes sortes de produits astucieux, depuis les films protecteurs jusqu'aux Post-it. En mettant sur pied un programme qui récompense les équipes ayant sensiblement amélioré l'efficacité énergétique, 3M a augmenté cette dernière de 22 %, économisant plus de 100 millions de dollars entre 2005 et 2009[23].

Et dans le même temps, 3M a enregistré des profits cumulés dépassant les 20 milliards de dollars, si bien que ses programmes d'efficacité énergétique ne représentent toujours qu'une petite fraction (environ 0,1 %) de l'investissement total. Cet écart signifie que l'entreprise n'a, pour l'instant, fait que gratter la surface des économies possibles. Mais à l'instar d'autres sociétés, l'entreprise poursuit sur sa lancée et découvre qu'elle peut non seulement économiser plus d'énergie, mais aussi mettre au point et vendre de nouvelles technologies qui permettront d'en économiser davantage encore.

Comprendre les leviers de l'efficacité énergétique

Alors, que se cache-t-il derrière cette apparente magie de l'efficacité énergétique chez Dow Chemical, 3M et d'autres acteurs du secteur industriel ? L'efficacité énergétique, bien que s'adressant à une multitude de procédés et de produits industriels, peut en réalité se résumer à une seule et unique recette (qui n'est que rarement suivie dans son intégralité) qui devrait

22 United Technologies Corporation, 2010.

23 Ministère américain de l'Énergie, 2010d.

représenter le précepte de tous les dirigeants d'entreprise, de leurs responsables de la conception et de l'exploitation et des investisseurs qui gèrent les stocks. Cette recette est la suivante : commencer par réduire l'énergie nécessaire pour faire fonctionner les procédés fondamentaux. Ensuite, réduire les pertes des systèmes qui distribuent les services énergétiques au sein de l'installation. Puis, améliorer l'efficacité énergétique d'appareils tels que les moteurs et les chaudières qui transforment l'énergie en services utiles. Enfin, trouver un usage à l'énergie désormais inutilisée.

Levier 1 : réduire l'énergie nécessaire pour faire fonctionner les procédés fondamentaux

L'une des plus grandes difficultés dans la fabrication de produits chimiques et de médicaments réside dans le fait que de nombreuses réactions sont délicates à obtenir. En effet, si les réactifs ne sont pas parfaitement mélangés, ou si la pression, la température ou le minutage laissent un tant soit peu à désirer, plusieurs autres réactions vont également se produire et donner naissance à des sous-produits non voulus. C'est pour cela que certains procédés chimiques délicats ne produisent qu'entre 2 et 20 % de produit voulu et que les rendements des usines pharmaceutiques ne dépassent parfois pas 1 %. Il faut alors consacrer de grandes quantités d'énergie et de capitaux – concernant souvent la majeure partie de l'usine – pour séparer les produits purs utiles des impuretés. Mais les « microréacteurs[24] » modulaires, pas plus grands qu'une carte de crédit, dont les minuscules canaux et chambres permettent un contrôle précis des conditions de réaction, peuvent fabriquer des produits quasi purs plus rapidement, pour un coût moindre, de façon beaucoup plus sûre, en nécessitant bien moins d'énergie et en produisant nettement moins de déchets. Empilés par centaines ou par milliers[25], ils permettent des réactions chimiques très précises qui rendent superflues nombre des étapes

---

24 Fletcher *et al.*, 2002, fournissent une première synthèse utile. Ce domaine connaît une évolution très rapide et les microréacteurs modulaires sont déjà commercialisés, mais peu de résultats sont publiés du fait de l'avantage que cette avancée peut représenter si les résultats restent exclusifs.

25 Tucker, 2009.

de séparation ultérieures. Ils permettent aussi de réaliser des conversions chimiques multi-étapes sans récupération intermédiaire, exactement comme dans une cellule vivante, « ce qui réduit considérablement le temps et les coûts d'exploitation ainsi que la consommation de produits chimiques auxiliaires et la consommation d'énergie[26] ». Même l'oléfine, le produit chimique ayant le volume le plus important, pourrait être produite à moindre coût par les microréacteurs[27]. Et, chose étonnante, les distillateurs et les reformeurs d'hydrogène[28] « décentralisés » fabriqués en série, qui sont de petites versions de dispositifs généralement imposants, pourraient être moins chers et plus efficaces sur le plan énergétique que ceux qui sont centralisés.

Dans de nombreuses industries, les membranes qui ne laissent passer que certaines molécules peuvent remplacer la distillation « brutale » qui réclame environ 3 % de toute l'énergie aux États-Unis pour la purification du pétrole et des produits chimiques. Cependant, lorsque la distillation *s'impose* véritablement, elle peut être améliorée. Il arrive en effet que les molécules de produits expédiées par une raffinerie aient été portées à ébullition et recondensées 15 à 20 fois. Pourquoi ? Tout d'abord parce que la plupart des opérateurs ne suivent pas la qualité des produits de façon continue mais seulement ponctuellement, si bien qu'entre deux mesures, ils procèdent en aveugle. Ils doivent à nouveau distiller le produit pour qu'il atteigne un niveau de pureté au-delà de ce qui est nécessaire afin d'être sûrs qu'il respecte les spécifications. Cette « surdistillation » consomme souvent entre 30 et 50 % d'énergie en plus par rapport à un procédé suivi en continu. Ensuite, les usines de traitement contrôlent généralement les flux et les conditions de réaction à partir de mesures effectuées *antérieurement* au lieu de se servir d'algorithmes qui anticipent et optimisent ce qui est *sur le point* de se produire. Cette démarche nuit au contrôle de la qualité, gaspille des matériaux et des capacités et rend nécessaires des

26 Bruggink, Schoevaart et Kieboom, 2003.

27 Wirth, 2008.

28 Cette proposition est étayée par l'entreprise du Dr Sandy Thomas, H2Gen : l'intégration thermique plus étroite de ses reformeurs à la station de ravitaillement compense leur échelle géométrique défavorable (Thomas, 2004-2010).

traitements supplémentaires pour restaurer la qualité de la production. La solution ? Ajouter des capteurs et des contrôles pour s'assurer que les processus se déroulent en permanence de façon optimale. Il faut faire les choses correctement, les faire une fois, puis s'arrêter.

Ce principe ne peut fonctionner qu'à condition que les opérateurs voient et comprennent ce qu'ils font. Ainsi, dans une grande usine asiatique de fabrication de disques durs, les opérateurs de salles blanches ne se sont mis à faire économiser des millions à leur entreprise que lorsque le code couleur vert et rouge de la jauge de chute de pression qui indiquait que les filtres devaient être changés a été remplacé par des indications du type « centimes par commande » ou « profits de mille dollars par an ». Dans une autre usine, le simple fait d'apposer une étiquette sur les interrupteurs a entraîné des économies de 30 000 dollars la première année. Les rapides progrès accomplis par les capteurs, les ordinateurs et l'affichage de graphiques en couleur permettent de mettre l'intelligence des opérateurs au service des procédés, ce qui donne des résultats spectaculaires.

Les équipements de haute technicité sont souvent aussi inefficaces que désuets. La modernisation d'un laboratoire du California Institute of Technology (Caltech) a ainsi permis d'économiser 50 à 60 % de l'énergie consommée jusque-là par ses équipements, parmi lesquels des spectromètres de masse, ce qui est typique des équipements de la plupart des laboratoires industriels. De simples améliorations comme l'installation de commandes de gestion de l'alimentation et de pompes à vide deux fois plus efficaces sur le plan énergétique, ainsi que l'utilisation de l'eau refroidie du bâtiment plutôt que celle de mini-refroidisseurs ont été bien accueillies par les fabricants à qui on n'avait, jusque-là, jamais demandé d'améliorer leur efficacité énergétique[29]. Quant aux 750 000 hottes d'évacuation des fumées des laboratoires de chimie et de biotechnologie, elles gaspillent entre 50 et 75 % des factures d'électricité qui s'élèvent à 3 milliards de dollars par an. Chacune d'elles

29 Burns, 2011.

consomme en effet autant d'énergie que trois maisons[30]. Les modernisations sont amorties en deux à cinq ans, ou même sur-le-champ, dans les nouveaux laboratoires lorsqu'elles s'accompagnent de commandes de détection qui réduisent le flux lorsque l'air est pur[31]. Même les hottes inefficaces sur le plan énergétique consomment beaucoup moins d'énergie quand elles sont éteintes. Mais le mieux est encore de ne pas utiliser de hotte du tout et de concevoir un procédé dépourvu de toxicité.

Levier 2 : réduire les pertes des systèmes qui distribuent les services énergétiques au sein de l'installation

On tire souvent d'importantes économies de simples améliorations techniques ou d'entretiens comme l'isolation des conduites, la maintenance des purgeurs de vapeur et des filtres à air, le réglage des facteurs de puissance ou l'installation adéquate des pompes et des ventilateurs afin que les fluides entrent et sortent sans problème. En fait, certaines des économies les plus conséquentes mais les moins visibles ne viennent pas des appareils apparents mais des tuyaux, conduites et autres câbles qui les relient les uns aux autres.

Qui, par exemple, a déjà songé à économiser les quelques pour cent d'électricité perdus dans les câblages des usines et des bâtiments ? C'est pourtant ce que fait la Copper Development Association (CDA), car elle veut vendre davantage de cuivre. Elle a publié dans les années 1990 de nouvelles directives sur la grosseur des câbles. Les anciennes, que tout le monde suivaient et que la majorité des personnes continuent à suivre, n'étaient destinées qu'à prévenir les incendies. Celles de la CDA ont pour but de faire économiser de l'argent. Dans un circuit d'éclairage de bureaux classique datant de 1996, le remplacement de chaque gros câble a permis d'enregistrer un bénéfice annuel

30 Mills et Sartor, 2005.

31 Rumsey, 2011 ; propos illustré par l'exemple d'un laboratoire pédagogique de 16 000 m² que son entreprise a conçu pour Cal Poly, à San Luis Obispo, où le système de détection a permis de réduire la ventilation de 30 à 40 % avec la même qualité de l'air à l'intérieur, voire une qualité supérieure, de réduire la taille du système de chauffage, de ventilation et de climatisation, et ainsi d'économiser environ 15 à 20 % de l'ensemble de l'énergie consommée par le laboratoire et ce, pour un coût total inférieur.

après impôt d'environ 169 %. Le Japon souhaite aujourd'hui adopter une norme similaire et l'imposer au niveau international. L'industrie et les fournisseurs d'énergie américains continuent à perdre environ 1 milliard de dollars par an en achetant des transformateurs électriques inefficaces sur le plan énergétique car trop pauvres en cuivre et pourvus de fer de mauvaise qualité[32].

Il suffit parfois de tendre l'oreille pour repérer les pertes dans un système de distribution de l'énergie. Si un visiteur au cours d'un week-end croit entendre un compresseur d'air fonctionner alors qu'il n'y a personne d'autre dans le bâtiment, c'est qu'il y a probablement une fuite d'air comprimé. Les fuites s'additionnent les unes aux autres. L'air comprimé sert à beaucoup de choses et consomme 9 % de l'électricité industrielle américaine. Il fait tourner des appareils comme les tournevis pneumatiques, actionne les vieilles commandes pneumatiques de l'ère prénumérique et sèche des produits comme les circuits imprimés, entre autres usages. La fabrication et la distribution de l'air comprimé n'affichent pourtant qu'un rendement énergétique de 10 %[33], si bien qu'elles reviennent très cher et qu'il vaudrait mieux s'en passer. La simple réparation de systèmes à air comprimé permet généralement d'économiser jusqu'à la moitié de leur consommation d'énergie et le coût est amorti en six mois[34]. Lorsque la société Modern Forge of Tennessee a réduit sa consommation totale d'électricité de 8 % en optimisant ses équipements à air comprimé, le coût s'est révélé inférieur à zéro, car elle a pu éviter d'acheter un nouveau compresseur[35].

Levier 3 : améliorer l'efficacité énergétique d'appareils tels que les moteurs et les chaudières qui transforment l'énergie en services utiles

L'industrie américaine utilise plus de 13 millions[36] de moteurs pour faire

32 Howe, 1993.

33 Ministère américain de l'Énergie, 2003.

34 Agence américaine pour la protection de l'environnement, 1998.

35 Galitsky et Worrell, 2008.

36 Scheihing, 2009.

tourner ses foreuses, refroidisseurs, broyeurs, mélangeurs, souffleurs, ainsi qu'un nombre incalculable d'autres types d'équipements. Les moteurs engloutissent 60 % de toute l'électricité consommée par ce secteur. Au bout de deux ou trois semaines, un moteur qui tourne constamment consomme une quantité d'électricité qui revient plus cher que le moteur lui-même. Un moteur de 100 CV coûtant environ 10 000 dollars peut brûler en vingt ans une quantité d'électricité équivalant à un demi-million de dollars. Une grosse usine peut facilement compter plusieurs centaines de moteurs de ce type. La hausse d'un petit point de pourcentage de l'efficacité énergétique d'un moteur équivaut à plus de 60 dollars en valeur actuelle par cheval-vapeur. Il n'est donc pas étonnant qu'on puisse économiser des quantités considérables d'argent et d'énergie en choisissant des moteurs très efficaces sur le plan énergétique et en arrêtant ceux dont on ne se sert pas. Grâce à son exigeant système de gestion énergétique, la société japonaise Mori Seiki Company désactive ainsi les fonctions non utilisées de ses machines-outils ; elle aurait réduit la puissance utilisée d'environ 80 % et économisé 40 % même en période de fonctionnement normal[37].

Cependant, peu de chefs d'entreprise sont sensibilisés à cette question, car les moteurs sont rarement équipés d'un compteur affichant en temps réel les paramètres financiers. Il peut donc arriver qu'ils ne se contentent pas de les faire fonctionner quand ils en ont besoin et ne se limitent pas à la puissance strictement nécessaire. Le simple ajout de commandes de régulation à un moteur à vitesse variable peut souvent réduire sa consommation d'énergie de 15 à 30 %, si ce n'est plus. On obtient en outre des gains supplémentaires en choisissant les moteurs les plus efficaces sur le plan énergétique. Chose étonnante, le prix marchand 2010 en Amérique du Nord du type de moteur le plus courant était totalement décorrélé de son efficacité énergétique jusqu'à 100 CV au moins et n'en tenait que vaguement compte à 400 CV[38]. Un acheteur astucieux peut donc payer un moteur à haut rendement énergétique moins

37 E Source, 2002.

38 McCoy, 2011.

cher que certains autres moteurs moins économes, ce qui lui permet d'économiser de l'argent en amont, d'avoir un moteur dont la durée et la qualité de vie seront meilleures et d'économiser près de 20 000 dollars d'électricité en valeur actuelle pour un moteur de 250 CV. En outre, les progrès accomplis par les moteurs en matière d'efficacité énergétique placent sans cesse la barre plus haut : les modèles 2011 les plus récents affichent deux à trois points de pourcentage de plus que les numéros un de l'efficacité énergétique en 2010[39]. Certains sont même moins chers, car du fait de leur compacité, ils nécessitent moins de cuivre et de fer[40].

Il en va de même avec les pompes et les ventilateurs, les deux plus gros utilisateurs de la puissance des moteurs. Les pompes européennes[41] et nord-américaines affichent des écarts d'efficacité énergétique de 6 points de pourcentage pour les plus grosses et de 15 à 20 points et plus pour les plus petites. Et lorsqu'on examine les ventilateurs les plus efficaces sur le plan énergétique d'une gamme présentant déjà en elle-même un haut rendement énergétique, on observe des écarts de 4 à 10 points de pourcentage[42], selon une enquête américaine réalisée en 1996. La plupart des acheteurs partent du principe qu'une meilleure efficacité énergétique coûte plus cher et que le jeu n'en vaut pas la chandelle, mais ces deux affirmations seront sans doute démenties par quiconque fait ses achats avec attention[43]. Soit on croit en Dieu, soit on se fie aux chiffres.

39 McCoy, 2010.

40 Desroches et Garbesi, 2011.

41 Europump, 2003.

42 Elliott *et al.*, 2002, fig. 7-1.

43 Selon une étude suédoise menée à la fin des années 1980, la qualité des nouvelles pompes industrielles était en moyenne supérieure de 3 à 5 % à celles qui étaient déjà sur le marché et la qualité des meilleures des nouvelles pompes était supérieure de 3 à 10 %., mais les chercheurs qui ont examiné une taille en particulier ont trouvé un modèle affichant un gain de 8 points pour un prix équivalent voire inférieur (avec l'aimable autorisation de Larson et Nilsson, 1990, fig. 7). On pourrait aussi mentionner les pompes spécialisées comme les pompes d'égout d'ITT Flygt, qui permettent souvent d'économiser 40 à 50 %, car elles sont non obturables et autonettoyantes (Flygt, 2008).

Il est possible d'obtenir des gains d'efficacité énergétique similaires avec les autres dispositifs convertisseurs d'énergie comme les fours, les compresseurs, les refroidisseurs, les souffleurs et les chaudières. Le Super Boiler du Gaz Technology Institute et de Cleaver-Brook est ainsi deux fois moins volumineux et deux fois moins lourd que les chaudières à tubes de fumée actuelles, dont la plupart datent des années 1960, et 20 % plus efficace sur le plan énergétique. Mais quel que soit leur rendement énergétique en fonctionnement constant, la plupart des chaudières sont dépourvues de commandes intelligentes. Un grand nombre de petites chaudières utilisent 25 à 45 % de leur combustible uniquement pour démarrer, pour chauffer afin de fournir une grande quantité de chaleur en peu de temps, et enfin pour s'arrêter, et ainsi de suite ; ceci est dû au fait que leurs commandes, trop simples, ne tiennent pas compte de la charge et ne font que fournir de la température. Les commandes intelligentes détectent les véritables charges et y adaptent la chaudière. L'une des chaudières du Jordan Hall de la Butler University a ainsi réduit son nombre de cycles de six par heure à deux par jour. L'amortissement de ce type de commandes, qui permettent généralement d'économiser 20 à 50 % de combustible, intervient au bout de quelques mois à quelques années[44].

Levier 4 : trouver un usage à l'énergie inutilisée

Les installations industrielles produisent des quantités astronomiques de chaleur résiduelle, de surpression et de sous-produits inutiles qui ont nécessité de l'énergie et de l'argent. En outre, elles doivent souvent utiliser de l'énergie supplémentaire pour refroidir et traiter des flux de chaleur résiduelle avant d'être autorisées à s'en débarrasser. Les billettes d'acier chaudes sont souvent déplacées si loin pour être laminées qu'il faut alors les chauffer à nouveau. Dans une usine d'affinage des métaux, les matériaux étaient chauffés à 1 200 °C, tirés à l'eau, puis séchés avec de l'air chauffé à l'électricité, et le processus était souvent réitéré une ou deux fois, car les opérateurs n'avaient pas encore appris à maintenir au chaud ce qui était chaud et au sec ce qui était sec. Cela a vite été chose faite.

44 Sator, Krepchin et Horsey, 2010.

Comme nous l'avons dit plus haut, l'une des utilisations les plus valorisantes des déchets est l'exploitation des énormes quantités de chaleur résiduelle produites pour générer de l'électricité. Aux États-Unis, les centrales transforment 33 % du combustible en électricité et 66 % en chaleur, laquelle est généralement perdue, ce qui gaspille une quantité d'énergie supérieure à celle qu'utilise un pays comme le Japon pour l'ensemble de ses besoins. Ceci est dû à l'absence d'utilisation productive de cette chaleur dans les environs et aux vieilles habitudes américaines (dont ne s'encombrent pas la plupart des concurrents étrangers) qui encouragent ou rendent obligatoires les centrales ne produisant que de l'électricité. Mais l'industrie a besoin de quantités considérables de chaleur. Produire en même temps de l'électricité et de la chaleur dans les usines – ce qu'on appelle la production combinée de chaleur et d'électricité (PCCE) – peut multiplier par deux et plus l'efficacité énergétique, économisant de l'énergie et de l'argent et réduisant les émissions. C'est une pratique courante en Europe. Si on multipliait par trois la capacité américaine de PCCE pour la porter à 240 GW, on réduirait de 12 % la totalité des émissions de CO_2 du pays[45]. De nombreuses usines pourraient en outre vendre de la chaleur à basse température – une fonction pour laquelle les fournisseurs d'énergie ne sont soumis à aucune réglementation – à d'autres usines ou à des bâtiments géographiquement accessibles, ce qui, là encore, est une pratique courante en Europe, mais qui ne figure pas dans notre analyse. Cela permettrait d'économiser environ 30 % de l'énergie industrielle américaine ou 11 % de l'énergie totale[46].

L'intérêt de ces quatre leviers est non seulement qu'ils rendent possible n'importe quel gain d'efficacité énergétique ou presque (et montrent la voie vers d'autres auxquels nous n'avons pas songé jusqu'ici), mais aussi qu'ils se renforcent mutuellement. Ainsi, si vous réduisez la quantité de chauffage à vapeur nécessaire pour produire une réaction chimique, vous réduisez également les pertes lors de l'acheminement de la vapeur destinée à chauffer la

45 Oak Ridge National Lab, 2008.

46 Groscurth et Kümmel, 1989.

réaction et vous pourrez utiliser une chaudière plus petite, moins chère et plus efficace sur le plan énergétique. Et si vous parvenez à récupérer une partie de cette chaleur, cela accroît encore vos gains d'efficacité énergétique.

En outre, le rendement énergétique déclenche d'autres avantages non énergétiques, comme c'est le cas dans les bâtiments. Selon Ernst Worrell, professeur à l'université d'Utrecht, le fait de prendre en compte la valeur non énergétique de 47 mesures de modernisation destinées à économiser l'énergie dans le secteur de la sidérurgie *multiplie par deux* les économies rentables en rendant peu coûteuses 11 mesures supplémentaires. Il a trouvé 76 autres études de cas d'avantages non énergétiques dont 52 étaient monétisés et divisaient par plus de deux la période de remboursement[47]. Si l'industrie comptabilisait ces avantages annexes, elle serait bien plus adepte de l'efficacité énergétique ; il s'agit là d'une autre source d'économies que nous avons prudemment exclue de notre analyse, mis à part dans une section ultérieure où nous analysons une partie des perspectives qu'offre la conception par approche globale.

Ainsi, en tirant profit de ces quatre principes fondamentaux, des sociétés comme Dow Chemical et 3M ont enregistré de grands progrès dans la production d'une même tonne de produit à partir d'une quantité moindre d'énergie. Il reste cependant d'autres gains à ajouter.

Les technologies d'efficacité énergétique émergentes

De nouvelles technologies continuent à faire leur apparition dans le paysage industriel. Elles augmentent le potentiel de l'efficacité énergétique au-delà de son niveau plancher établi par l'Agence américaine pour l'information sur l'énergie (AIE), mais leur mise en œuvre nécessitera de l'attention et des précautions. Les scientifiques du Lawrence Berkeley National Laboratory

47 Worrell, Laitner et Michael, 2003 ; Worrell, Price et Martin, 2001. Ainsi, lorsque la Greenville Tube Corporation a fait la démonstration de nouveaux systèmes d'entraînement dans le cadre du programme Motor Challenge du ministère américain de l'Énergie, l'efficacité énergétique a grimpé de 30 %, mais la productivité a elle aussi augmenté, de 15 %, tandis que les rebuts diminuaient de 15 %, ce qui a ramené la période de remboursement à cinq mois (Romm, 1997).

(LBNL)[48] ont évalué un vaste portefeuille de technologies émergentes qui vont des chaudières superefficaces sur le plan énergétique au séchage aidé par ultrasons en passant par de nouvelles électrodes pour les procédés électrochimiques.

D'ici 2050, ces technologies émergentes devraient réduire la consommation énergétique annuelle de l'industrie de 680 TWh (fig. 4-2, colonne H). Parallèlement à leur adoption, nous faisons l'hypothèse que l'innovation va continuer à les améliorer, à les affiner et à les remplacer par d'autres, et que leur adoption va ainsi se poursuivre. Nous avons vu dans le chapitre 3 que les technologies économes en énergie savent depuis des siècles renouveler les sources d'efficacité énergétique avant qu'elles ne soient taries et nous estimons qu'il en va de même pour l'industrie.

La Californie a par exemple évalué en 2006[49] le potentiel d'économies d'électricité de ses industries et l'a estimé à 5,5 TWh/an. Lors d'une réévaluation[50] pratiquée en 2008, ce potentiel technique était monté à 5,6 TWh/an, bien que 1,9 TWh/an ait déjà été économisé[51]. De même, les 26 Industrial Assessment Centers du ministère américain de l'Énergie proposent depuis 1976 aux installations répondant aux critères requis d'effectuer une enquête gratuite sur l'énergie industrielle[52]. En 2006, l'évaluation[53] de deux périodes

48 Le Lawrence Berkeley National Laboratory, anciennement appelé Lawrence Berkeley Laboratory et souvent abrégé en Berkeley Lab, est le laboratoire national numéro un en matière d'efficacité énergétique ; il collabore avec d'autres laboratoires nationaux spécialisés dans certains aspects du rendement énergétique.

49 KEMA, Inc., 2006.

50 Itron, Inc. et KEMA, Inc., 2008.

51 California Public Utilities Commission, 2010.

52 Des étudiants et enseignants de 26 universités se rendent dans des usines de fabrication de petite et moyenne taille et étudient les possibilités d'économies d'énergie, d'augmentation de la productivité et de réduction des déchets et de la pollution. Entre 1976 et 2010, ce programme a permis aux fabricants d'économiser plus de 700 millions de dollars, il a créé ou maintenu plus de 1,5 million d'emplois dans l'industrie manufacturière américaine et formé des bataillons entiers d'étudiants au génie énergétique.

53 Shipley et Elliott, 2006.

distinctes de cinq ans a montré que les économies d'énergie par recommandation émise avaient augmenté de 9 % entre 1985 et 2005 alors que l'intensité énergétique de l'industrie avait chuté de 7 % dans le même temps[54]. Le délai d'amortissement moyen lié aux recommandations émises avait lui aussi augmenté, mais ne passant que de 3,2 à 5,2 mois (soit un taux de rendement interne de 230 %).

Au-delà de la cogénération

Développer la production combinée de chaleur et d'électricité (PCCE) au-delà des prévisions officielles constitue une autre opportunité de taille. Les projections de l'AIE font passer la PCCE de 78 GW en 2010 à 123 GW en 2050, mais nous estimons que l'industrie pourrait atteindre les 187 GW de façon rentable, ce qui serait suffisant pour remplacer près de 60 % de l'électricité américaine produite grâce au charbon en 2010[55]. Dans la plupart des cas, la PCCE brûle du gaz naturel ou des déchets sur site.

Il faut également prendre en compte les décharges, les cheminées et les effluents liquides, qui regorgent de TWh potentiels : en extrayant des électrons de chaleurs ou de pressions relativement faibles, il est possible de produire davantage d'électricité. Ainsi, la plupart des systèmes avec chaudière industrielle fournissent de la vapeur à différentes pressions pour différents procédés en produisant cette dernière aux pressions les plus élevées qui sont demandées, puis en se débarrassant de l'énergie en trop au moyen de régulateurs de pression. Une simple turbine à contrepression pourrait convertir la pression en trop en électricité et être amortie en quelques années.

Certaines de ces solutions sont d'ores et déjà exploitées. Ainsi, les usines de pâte à papier parviennent souvent à satisfaire une grande partie voire tous leurs besoins en électricité et en vapeur à partir de leurs déchets de biomasse.

54 Agence américaine pour l'information sur l'énergie, 1997, et 2006b ; US Census Bureau, 2005.

55 Agence américaine pour l'information sur l'énergie, 2011b.

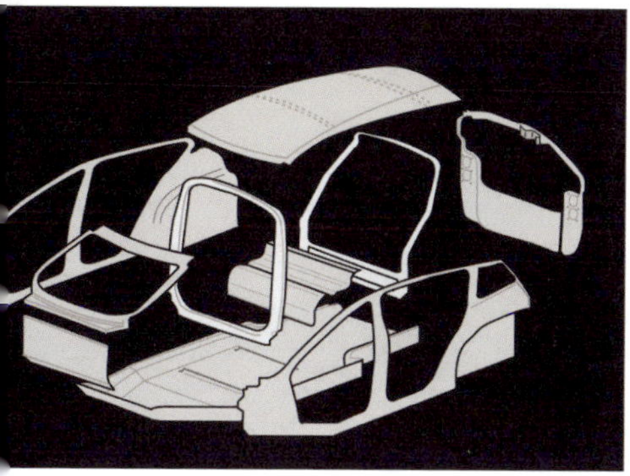

FIG. 2-4

Schéma de la caisse ultralégère en composites de fibres de carbone du SUV Hypercar (2000), inspirée par les cellules d'avion (à gauche), suspendue à des anneaux et non assemblée à partir d'un arbre tubulaire, et maquette grandeur nature du modèle virtuel complet (à droite). Il a remporté le World Technology Award en 2003.

FIG. 2-5

Le concept-car 2007 1/X de Toyota : un monocoque hybride rechargeable de quatre places en fibres de carbone qui consomme moitié moins de carburant et pèse un tiers du poids d'une Prius aussi spacieuse. Il ne pèse que 420 kg (et n'en pèserait que 400 s'il s'agissait d'un hybride ordinaire) et consommerait environ 2,18 l/100 km en cycle de test européen. Son moteur de secours tous carburants d'un demi-litre est placé sous un des sièges arrière.

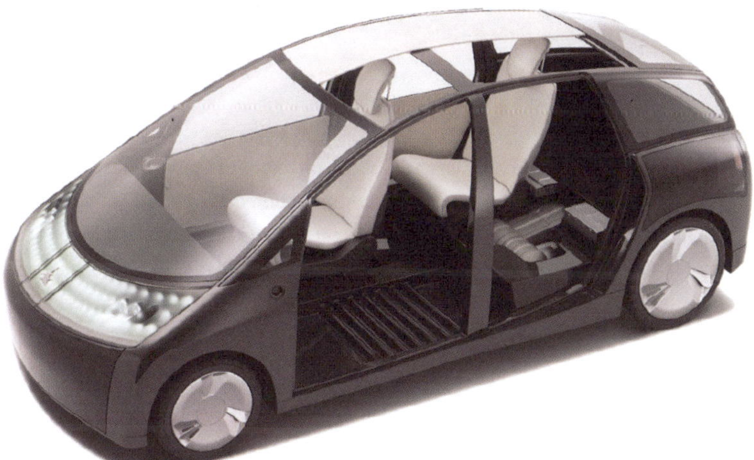

FIG. 2-6

Le concept-car XL1 de Volkswagen (2011) : un hybride rechargeable de deux places en fibres de carbone affichant une consommation d'1,02 l/100 km en équivalent essence. Son moteur diesel 0,8 l de 48 CV est couplé à un moteur électrique de 27 CV et son coefficient de traînée atteint le chiffre record de 0,186. Sa vitesse de pointe est de 160 km/h, il passe de 0 à 100 km/h en 11,9 secondes, ne pèse que 795 kg et devrait entrer en production limitée en 2013.

FIG. 2-9

Version préliminaire datant de juillet 2011 de l'i3 de BMW (baptisée au départ Megacity), une voiture électrique à accumulateur en carbone et aluminium ; sa production en série a été annoncée en 2010 pour 2013, soit la même année que la XL-1 de Volkswagen (fig. 2-6). Pesant 1,2 tonne, cette citadine quatre places 3 ou 5 portes avec plancher plat est agile, compacte, claire et spacieuse. Son autonomie est d'environ 160 km sans l'aide d'un « Range Extender », un moteur à essence si petit qu'il se place le long du moteur de traction au-dessus du train arrière. Ce moteur électrique de 170 chevaux et 250 Nm de couple disponibles dès le démarrage passe de 0 à 100 km/h en 7,9 secondes, rivalisant avec une BMW 120i, même si le véhicule est réglé pour ne pas dépasser les 160 km/h. La cellule passagers en fibres de carbone, dotée de panneaux plastiques extérieurs remplaçables, résiste mieux aux chocs et dure plus longtemps que si elle était en acier pour une masse inférieure de moitié. La production de départ est fixée à 30 000 véhicules par an, mais peut rapidement être augmentée.

FIG. 2-10

Bright Automotive, entreprise créée en 2009 par le RMI et ayant conclu un partenariat stratégique avec General Motors en 2010, a présenté en 2009 un prototype roulant de cette fourgonnette commerciale utilitaire/de service/de livraison, la Bright IDEA, qui affiche une économie de carburant 3 à 12 fois supérieure selon le cycle de conduite. Elle embarque 5 m^3 de chargement, deux passagers et un siège avant rabattable et transformable en bureau ; elle a une autonomie de 48 km avec son seul bloc électrique et de 700 km au total, et consomme 2,35 l/100 km pour un trajet quotidien de 80 km en ville. Ce segment automobile représente 7 % des ventes américaines d'automobiles, mais consomme environ 20 % du carburant.

Fig. 2-16 ***ci-dessus***

Le Daimler Innovation Truck (en haut) et le Radiance de Renault (en bas) illustrent les progrès accomplis en aérodynamique ; à signaler en outre le carénage, les panneaux de dessous de caisse et les caméras latérales en remplacement des rétroviseurs.

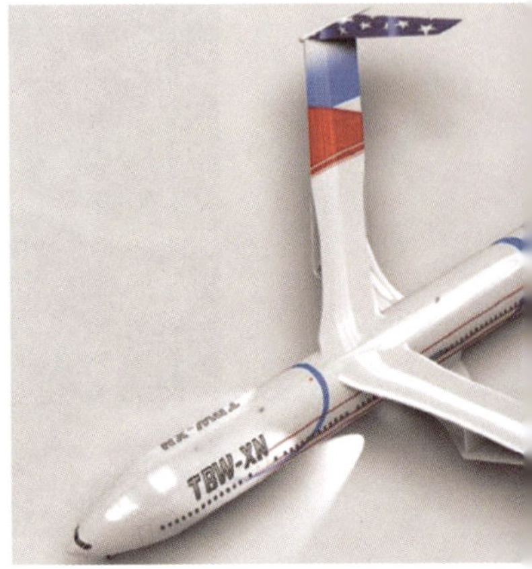

Fig. 2-20 ***ci-dessus***

De gauche à droite : le SUGAR Volt de Boeing avec système de propulsion hybride à batterie électrique et turbine à gaz et ailes haubanées, qui permet 70 % d'économies de carburant ; le concept d'aile de la NASA avec simple réacteur arrière incorporé, qui permet 60 à 80 % d'économies ; l'aile volante à fuselage intégré (*Blended Wing Body* ou BWB) de la Série H du MIT avec propulsion en couche limite à contrôle actif, qui permet 59 % d'économies.

Fig. 2-22 ***ci-contre***

Quatre projets de plateformes militaires dotées d'un rendement énergétique et d'une efficacité de combat exceptionnels (voir chapitre 2), de haut en bas dans le sens des aiguilles d'une montre.

A

B

D
4 CREW SPECIAL OP
ARMORED PATROL
6 WHEEL DRIVE
FOX CONCEPT
CONCEPT VEHICLE
CARGO TRANSPORT MODE
V22 OSPREY COMPATIBLE

C
U.S. ARMY

Fig. 2-27

Cette affiche bien connue intitulée *Ruimte gebruik* (« Utilisation de l'espace »), que l'on doit à l'Association des cyclistes néerlandais (www.fietsersbond.nl/english-info), nous rappelle que nos choix en matière de mobilité ne sont pas qu'une question de pétrole : ils façonnent l'ensemble de nos modes de vie. Aux Pays-Bas, les bicyclettes sont plus nombreuses que les voitures le matin aux heures de pointe, et vont plus vite. Après l'introduction de l'ambitieux concept de l'Hypercar, l'article du RMI, paru en 1995 dans *Atlantic* et intitulé « *Reinventing the Wheels* » (« Réinventer la roue »), stipulait : « Aurons-nous aussi la sagesse de bâtir une société dans laquelle il fasse bon conduire, construite autour des individus et non des voitures ? Là est toute la question. Car comme le disait T. S. Eliot : "Mille policiers faisant la circulation ne peuvent nous dire pourquoi nous sommes là ni où nous allons." »

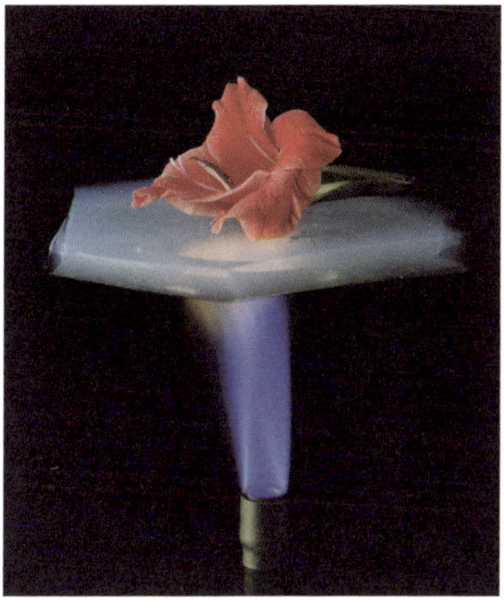

Fig. 3-9 ***à gauche***

Ce chalumeau n'abîme par la fleur grâce aux impressionnantes propriétés isolantes des aérogels.

Fig. 3-10

La technologie DELO autorise un éclairage et un affichage numérique à haute efficacité énergétique. La société Samsung espère vendre à elle seule 600 millions d'écrans OLED à matrice active en 2015 (Rose, 2010). Le nouveau téléviseur XEL-1 OLED de Sony présente un contraste de 1 000 000 pour un, un temps de réaction de l'image extrêmement rapide, aucun rétroéclairage, une épaisseur de 3 mm (sans le support) et un angle de confort de vision de 178°.

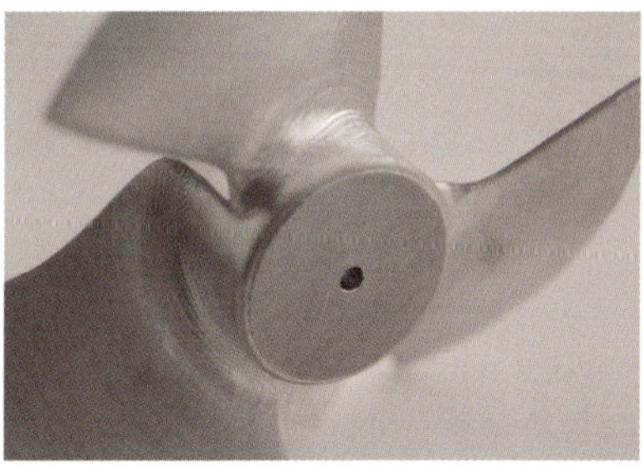

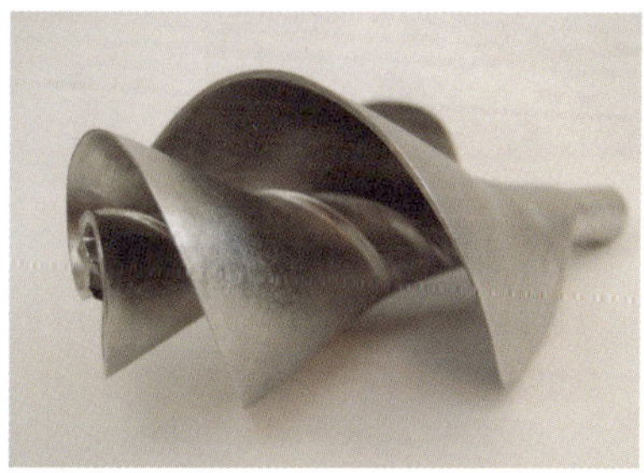

Fig. 3-11

Le ventilateur de réfrigérateur à rotor en spirale (Fibonacci ; à gauche) et le rotor de pompe de PAX Scientific (à droite) sont beaucoup plus efficaces que les composants de forme classique.

Fig. 3-12

Malgré leur centre de traitement de données, les nouveaux locaux du National Renewable Energy Laboratory (NREL) ont une consommation énergétique inférieure de moitié à la normale ou des deux tiers par rapport à la moyenne des immeubles de bureaux américains, et toute leur électricité est solaire grâce aux installations situées sur le toit. Sur cette photo, on voit les fenêtres de la façade sud de l'immeuble ; l'air de ventilation extérieur est préchauffé de façon passive par des capteurs solaires (une technologie mise au point par le NREL).

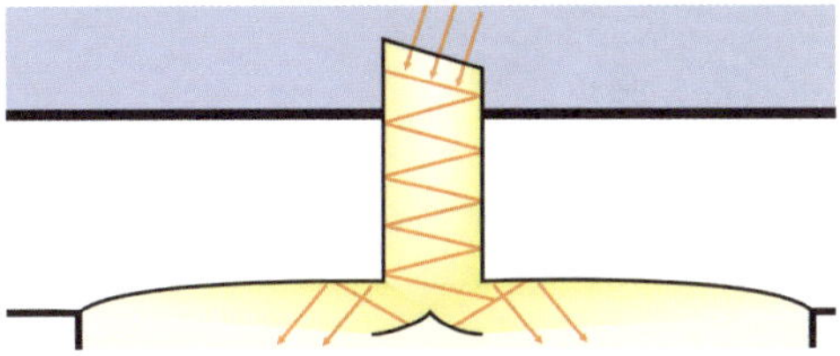

Fig. 3-13

Ce supermarché de Foxboro, dans le Massachusetts, diffuse la lumière du jour (même par temps couvert) ; celle-ci pénètre par une claire-voie située sur le toit et rencontre un réflecteur en tôle perforée qui en renvoie la majeure partie vers un plafond arrondi. Employés et clients préférant la lumière naturelle, ces derniers s'attardent dans les rayons, ce qui entraîne des ventes plus élevées que la moyenne.

Fig. 4-9

Système de pompage conçu par Eng Lock Lee permettant d'économiser 69 % de l'énergie pour un coût inférieur au précédent. On notera les coudes peu nombreux et peu marqués, les tuyaux volumineux, leur disposition en diagonale, le raccordement en Y et, conséquence du prix élevé du terrain à Singapour, l'empilement vertical des tuyaux. Cette disposition est tout sauf classique, c'est pour cela qu'elle permet d'économiser de l'énergie et de l'argent.

FIG. 5-20 b

Un nombre sensiblement plus important de transmissions est nécessaire pour le *Renouveau* afin de relier les régions les plus riches en énergies renouvelables et les centres de répartition[1].

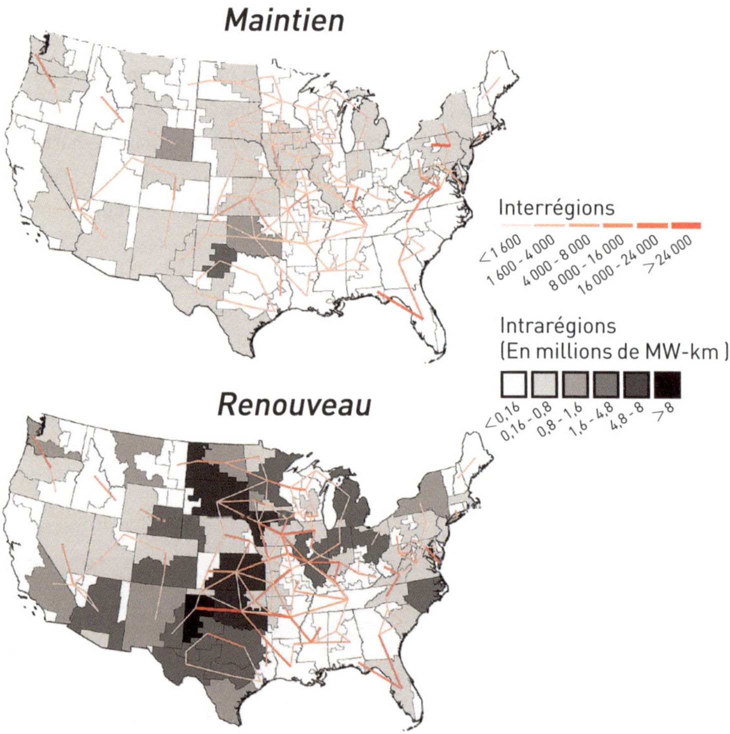

1 Analyse du RMI d'après la modélisation ReEDS.

En outre, on compte aux États-Unis un nombre croissant d'entreprises qui mettent au point des technologies destinées à capturer davantage de cette précieuse énergie. Alphabet Energy, une jeune entreprise basée à Berkeley, en Californie, travaille par exemple sur la prochaine génération d'appareils thermoélectriques à semi-conducteurs produisant de l'électricité directement à partir de la chaleur résiduelle.

Le Pacific Northwest National Laboratory (PNNL) estime[56] qu'au total, plus d'un térawattheure d'énergie perdue est potentiellement récupérable, ce qui équivaut à plus de 5 milliards de dollars en valeur actuelle. L'analyse des techniques de PCCE d'après le LBNL[57] nous montre qu'environ 580 TWh/an d'électricité, soit 1 730 TWh de combustible primaire par an, peuvent être techniquement et économiquement récupérés à partir de la chaleur et de la pression résiduelles. En exploitant en profondeur ce potentiel ainsi que la PCCE d'ici 2050, nous pourrions économiser 700 TWh de plus par an par rapport aux hypothèses de l'AIE ou du LBNL (fig. 4-2, colonne I).

Ces gains sont considérables, mais la route est semée d'embûches : limitations technologiques, obstacles réglementaires et ambivalence de la plupart des entreprises à l'égard de la PCCE (la production d'électricité n'est pas leur principale compétence). C'est pourquoi l'ampleur du potentiel non exploité n'a rien de surprenant. Il est cependant possible de saisir toutes ces chances, ce que de nombreux concurrents étrangers ont d'ailleurs déjà fait. Le ministère américain de l'Énergie consacre près d'un quart du budget de son Industrial Technologies Program (ITP) à la production d'énergie décentralisée et à la PCCE[58] et enregistre des succès encourageants à la fois en matière d'application et d'amélioration des technologies comme celles des moteurs ou des microturbines.

Mais l'État n'est pas le seul acteur à soutenir ces développements. En 2000, un groupe constitué d'entreprises et de parties prenantes spécialisées dans la PCCE s'est en effet fixé l'objectif ambitieux de multiplier par deux

---

56 Viswanathan, Davies et Holbery, 2006.

57 Bailey et Worrell, 2005.

58 Gemmer *et al.*, 2010.

la capacité de PCCE installée aux États-Unis avant 2010. Objectif atteint à 95 %. Nous estimons que le secteur peut multiplier par trois ou presque la capacité de PCCE au cours des quarante prochaines années. Notre modèle fait l'hypothèse que les obstacles disparaîtront sur la durée, comme nous le verrons à la fin de ce chapitre.

Associer tous les leviers : la conception par approche globale

Cependant, comme nous l'avons déjà laissé entendre, l'efficacité énergétique recèle bien d'autres atouts. La vraie magie opère, et avec elle, tout le potentiel du scénario Réinventer le feu appliqué à l'industrie s'exprime, lorsqu'on actionne deux ou plus des quatre leviers dans le bon ordre et qu'on les relie grâce à la conception par approche globale.

Prenons l'exemple d'un centre de traitement de données alimenté en électricité par une centrale thermique classique (fig. 4-7). Les deux tiers du combustible de la centrale ne parviennent même pas jusqu'au compteur électrique du centre de données et finissent sous forme de chaleur résiduelle. La moitié de l'électricité que la centrale produit est utilisée pour faire tourner les refroidisseurs et les installations d'alimentation en électricité du centre de traitement de données. Sur la quantité d'énergie résiduelle parvenant jusqu'aux équipements qui intéressent les clients, à savoir les serveurs, la moitié est perdue dans des alimentations électriques inefficaces sur le plan énergétique et dans les milliers de ventilateurs qui éloignent la chaleur (en grande partie superflue) des cartes mères et la diffusent dans la pièce. Et la majeure partie de l'énergie qui atteint les puces ne fait pas tourner d'applications, car la majorité des serveurs sont la plupart du temps à l'arrêt, si bien que l'ensemble des ressources informatiques est le plus souvent sous-utilisé. Pire encore, l'essentiel des calculs exécute des tâches (*threads*) et des processus qui ne sont pas réellement nécessaires et leurs résultats sont donc susceptibles d'alimenter des processus industriels inefficaces sur le plan énergétique. En fin de compte, 1 % seulement du combustible de départ de la centrale crée véritablement de la valeur pour le consommateur.

FIG. 4-7 – Inefficacité énergétique dans un centre de traitement de données classique

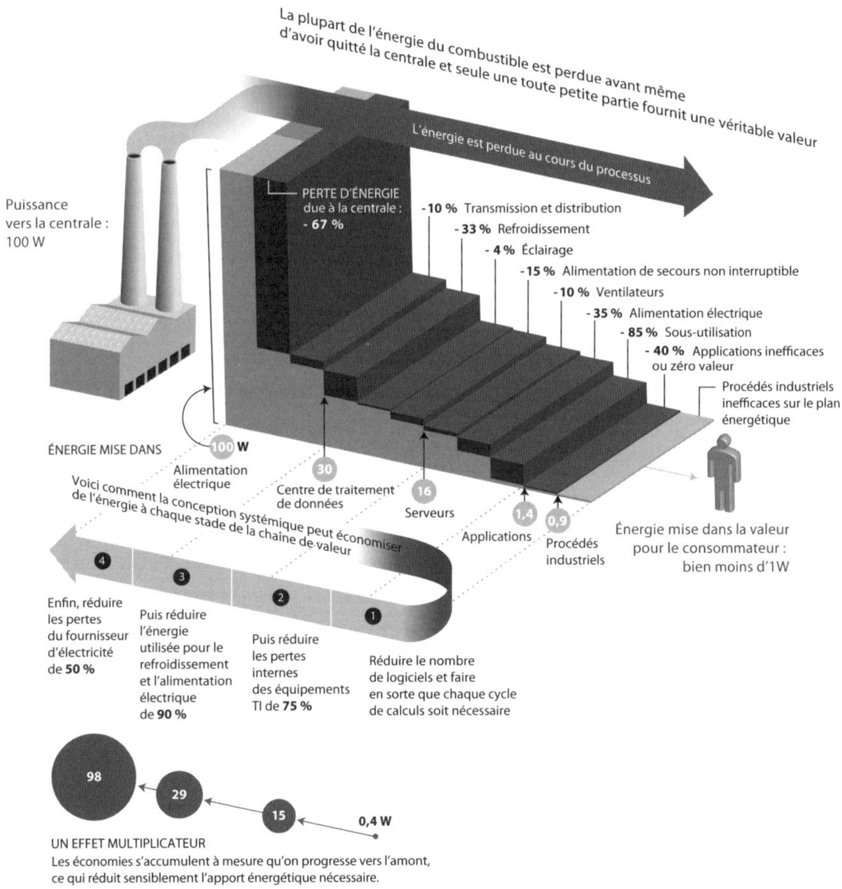

En lançant les économies en aval, il est possible de multiplier par 10 voire par 100 les économies d'énergie en amont, à la centrale.

Actionnons à présent les leviers et commençons par la partie droite de la flèche gris clair. Nous réduisons tout d'abord l'informatique nécessaire en écrivant un code succinct, élégamment compilé, de façon à ce que chaque cycle informatique soit nécessaire et voulu. Ensuite, nous choisissons des serveurs qui sont environ quatre fois plus efficaces sur le plan énergétique mais qui ne coûtent pas plus cher. Ils nécessitent peu de refroidissement et de puissance et, dans les deux cas, il existe des moyens bien plus efficaces d'en fournir. Enfin, les pertes du fournisseur d'électricité peuvent être réduites d'environ 50 % en remplaçant à la fois la centrale et l'alimentation électrique de secours non interruptible par une pile à combustible sur site ultrafiable avec chaleur et refroidissement comme sous-produits. En démarrant à droite et en réalisant des économies dans le sens inverse du flux énergétique, les petites économies se multiplient et se transforment en économies d'énergie et de capital de plus en plus importantes à mesure qu'on progresse vers la gauche.

Tel est l'effet multiplicateur de la conception par approche globale, qui peut être appliquée à n'importe quel type de conception industrielle. Prenons par exemple les systèmes de pompage avec leurs enchevêtrements de pompes et de moteurs qu'on trouve aussi bien dans les raffineries que dans les usines de pâte à papier ou de fabrication de gadgets. Le simple fait d'installer des moteurs plus efficaces sur le plan énergétique constitue une petite étape vers l'amélioration du rendement de ces installations… mais en fait, ce n'est pas par là qu'il faut commencer. Tout d'abord, afin de réduire la taille du moteur et de l'utiliser de façon plus efficace, il faut commencer plus en aval en s'occupant du système que le moteur actionne. La moitié de la puissance des moteurs industriels sert à faire fonctionner des pompes et des ventilateurs et dans les deux cas, les notions de physique et les perspectives d'économies sont les mêmes.

En 1997, l'ingénieur en chef d'Interface Nederland, Jan Schilham, grand amateur de football et d'efficacité énergétique tout à la fois, a repensé la conception d'un système de pompage destiné à faire circuler un fluide chauffant à travers une toute nouvelle usine de tapis située à Shanghai. Cette entreprise européenne, numéro un dans ce domaine d'ingénierie, avait conçu le système de pompage pour qu'il ait une puissance totale de 95 CV. Jan Schilham l'a repensé pour qu'il n'utilise pas plus de 13 CV. Il a coûté moins cher à construire et a pris moins de place, son installation et sa maintenance ont été simplifiées et il a donné de meilleurs résultats[59].

Comment s'y est-il pris ? En bousculant ses structures mentales dans deux domaines.

Tout d'abord, il a utilisé de gros tuyaux et de petites pompes et non l'inverse. En effet, plus le tuyau est petit, plus il faut d'énergie pour faire circuler le fluide à l'intérieur. L'augmentation du coût d'un tuyau plus volumineux correspond approximativement au carré de l'augmentation de son diamètre. Le frottement, en revanche, diminue presque comme la puissance cinq de son diamètre, et il en va de même avec la taille et donc avec le coût en capital des pompes, moteurs, inverseurs et autres alimentations électriques au prix élevé.

Ensuite, Jan Schilham a commencé par concevoir la disposition des tuyaux, puis il a ajouté les équipements que ces tuyaux relient. En temps normal, on procède dans l'ordre inverse, ce qui fait que les équipements connectés sont souvent loin, obstrués par d'autres objets, placés à la mauvaise hauteur et mal orientés. Résultat : les canalisations enregistrent des frottements trois à six fois plus importants que si le dispositif était plus linéaire. Des tuyaux larges, courts et droits entraînent infiniment moins de frottement que les tuyaux fins, longs et courbés.

Ce concept lui avait été inspiré par des leçons reçues du RMI et émanant du génie singapourien de l'ingénierie, Eng Lock Lee, un homme réservé, protecteur et un rien espiègle. Lee avait posé cette question simple mais décisive : pourquoi, lorsqu'une pompe principale doit être reliée à une pompe de secours, les canalisations entre elles sont-elles disposées de telle sorte que le fluide doive passer par deux angles droits, plusieurs raccordements et généralement deux ou trois valves, le tout entraînant des frottements consommateurs d'énergie ? Pourquoi ne pas concevoir une installation sans coude ni valve ou avec une seule valve ? (voir fig. 4-8.)

59 Chan-Lizardo *et al.*, 2011.

FIG. 4-8 – Conception d'une canalisation efficace sur le plan énergétique

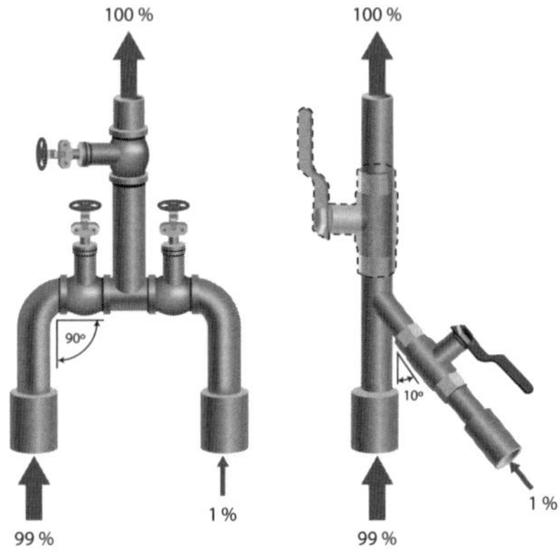

Les dispositifs multiples alimentant un tuyau sont en général, mais de façon injustifiée, disposés à angle droit [à gauche] et non selon une géométrie qui réduit au maximum les frottements et les coûts [à droite].

Parce qu'il s'agit d'une vieille habitude liée à ce qui était auparavant facile à dessiner. Les installateurs de tuyauteries sont eux aussi adeptes de l'approche classique à angles droits, car ils sont payés à l'heure, ils font des profits sur les tuyaux et les raccordements supplémentaires et ce n'est pas eux qui payent votre facture d'électricité ni vos équipements de pompage plus volumineux. Ces coudes à angle droit augmentent cependant le frottement et donc les coûts en électricité et nécessitent des équipements de pompage plus volumineux et plus chers pour compenser le frottement superflu. De nos jours, les dessins sont réalisés sur ordinateur si bien que les angles droits ne s'imposent en aucune façon. Grâce à ses tuyaux larges et courts, marqués par quelques légers coudes, Jan Schilham a pu apporter des améliorations spectaculaires à l'usine de tapis. Et lorsque Lee a récemment repensé les canalisations pour une usine de biotechnologies de Singapour, il a réussi à économiser 69 % de l'énergie de pompage pour un coût en capital inférieur (fig. 4-9, voir cahier central).

Ces techniques peuvent même être modernisées de façon rentable. L'ingénieur Peter Rumsey, disciple de Lee, a changé l'agencement des canalisations dans la boucle de pompage de l'eau d'un condensateur pour un musée de sa ville natale d'Oakland, en Californie. Il a ainsi supprimé quinze pompes qui ne gaspilleront plus d'énergie ni de temps de maintenance. Le système utilise à présent 75 % d'énergie de pompage en moins et cette nouvelle conception devrait être amortie en un à deux mois. Et, bien sûr, plus le bâtiment a un rendement énergétique élevé, moins il a besoin de refroidissement (si tant est qu'il en ait besoin), et moins l'eau du condensateur devra donc être pompée.

En multipliant toutes ces économies au niveau de l'utilisation finale et du système, on peut quasiment se passer d'énergie en début d'installation. Cette excellente méthode, consistant à tirer systématiquement parti de l'efficacité énergétique radicale de n'importe quel système complexe, peut être appliquée à tout dispositif ou presque utilisant de l'énergie, de l'eau ou d'autres ressources. Ainsi, chaque unité de frottement ou de flux économisée dans une tuyauterie ou un système de canalisations permet d'économiser environ 10 unités de combustible, d'émissions et de coût à la centrale (fig. 4-10). Cela est dû au fait que les pertes, qui sont multipliées par un facteur 10 lors de l'envoi du flux de combustible de la centrale vers les canalisations, se transforment en des *économies* multipliées elles aussi par un facteur 10. En lançant les économies d'énergie en aval, cela permet aussi d'avoir progressivement des composants en amont plus petits, plus simples et moins coûteux, or c'est ce qui permet d'économiser le plus de coûts en capital. Ainsi, une unité de flux ou de frottement en moins en aval réduit de 2,5 unités la taille du moteur et si, dans la plupart des cas, un moteur plus efficace sur le plan énergétique ne coûte pas plus cher, sa taille est en revanche un facteur important dans son prix. C'est le même principe que celui exposé par la figure 4-7 et son centre de traitement de données. Cela renvoie aussi au chapitre 2 et aux économies de carburant au niveau du réservoir qui sont multipliées par 7 lorsqu'on économise l'énergie au niveau des roues d'un véhicule, car cela permet de réduire la taille du groupe motopropulseur et de compenser le coût de l'allégement du véhicule. C'est enfin la même idée que dans le chapitre 3 où les économies de capitaux réalisées, grâce à des systèmes mécaniques plus petits, permettaient de financer les superfenêtres qui contribuent à réduire les charges des bâtiments. Quel que soit le système, *il faut commencer par économiser en aval.*

FIG. 4-10 – Inefficacité énergétique des systèmes de pompage classiques

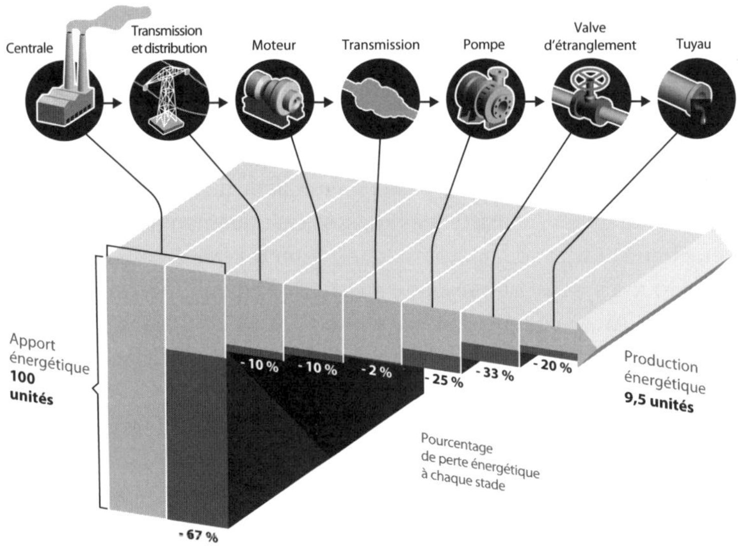

Lorsqu'on lance les économies énergétiques en aval au niveau de l'utilisation finale – en prenant ici l'exemple du flux d'un tuyau dans un système de pompage –, on transforme les pertes qui s'accumulent (de gauche à droite) en économies qui s'accumulent (de droite à gauche), en termes d'énergie et de capital tout à la fois.

Peut-on dès lors appliquer la même logique à la conception de procédés industriels de base et non pas uniquement aux canalisations et aux systèmes de pompage gigantesques des usines industrielles ? Oui, et il s'agit du prochain grand défi de la conception par approche globale. Les perspectives sont étonnamment riches, car un grand nombre d'usines de traitement imposantes ont été conçues lorsque l'énergie était bon marché, si bien que les motivations économiques en faveur d'une plus grande efficacité énergétique se sont accentuées au rythme de l'augmentation des coûts énergétiques. Malheureusement, peu de directeurs d'usines ont eu le temps de se pencher sur les progrès réalisés, si bien que ces possibilités ne sont pas encore exploitées.

Le Centre of Material and Process Synthesis, dirigé par les professeurs David Glasser et Diane Hildebrandt et dépendant de l'université sud-africaine du Witwatersrand, a constaté que chaque *étape* séparée des procédés d'ingénierie chimique produit du CO_2, contrairement aux *procédés* intégrés. Forte de cette remarque, l'équipe a conçu des procédés destinés à transformer le gaz naturel en combustible liquide qui, au lieu de produire plus de CO_2, n'en produit pas du tout. Elle a ensuite construit une usine pilote modulaire de liquéfaction du charbon à Baoji, en Chine, pour faire la démonstration de sa technique[60].

Les récentes conceptions par approche globale de diverses usines industrielles par le RMI et ses partenaires ont engendré, grâce à la modernisation de ces dernières, des économies d'énergie de 30 à 60 % avec remboursement en quelques années et, dans le cas de bâtiments neufs, des économies d'énergie de 40 à 90 % avec, le plus souvent, un coût en capital inférieur. Il reste à démontrer dans quelle mesure ces avancées peuvent s'appliquer à d'autres cas de figure, car ceux-ci présentent tous des variables différentes. Mais les exemples suivants laissent entrevoir d'importantes perspectives :

- Un centre de traitement de données d'Electronic Data Systems (aujourd'hui HP), datant de 2009, consomme, en moins par rapport à la normale, 73 % d'électricité non destinée aux TI et 98 % d'énergie pour le refroidissement et le pompage, tout en multipliant par trois le traitement informatique par watt et ce, pour un coût en capital normal ; mais en exploitant l'intégralité du potentiel, il aurait été possible d'économiser environ 95 % de l'électricité et la moitié du coût en capital[61].

---

60 Glasser *et al.*, 2009.

61 Enterprise Lane, 2010.

• L'usine de fabrication de circuits intégrés de Texas Instruments établie à Richardson, au Texas, a réduit la consommation énergétique des systèmes de ses installations (à ne pas confondre avec ses outils, qui sont ses équipements de fabrication de puces) de 38 %, son énergie totale de 20 %, sa consommation d'eau de plus de 35 % et son coût en capital de 30 %, soit 230 millions de dollars[62], ce qui a permis de la construire au Texas et non en Asie. L'usine suivante construite par Texas Instruments a franchi un pas supplémentaire en éliminant par sa conception le besoin de refroidisseurs à basse température grâce à l'utilisation d'agents desséchants pour assécher l'air extérieur.

• Une modernisation en cours sur le plus grand complexe d'extraction de platine au monde devrait permettre d'économiser environ 43 % de l'énergie avec un remboursement en deux ou trois ans.

• Des ateliers de conception réalisés avec Shell ont permis de mettre au point des modernisations schématiques destinées à la raffinerie du groupe qui affiche le meilleur rendement énergétique, son usine de liquéfaction du GNL numéro deux au monde, et à une plateforme pétrolière en mer du Nord ; ces modernisations devraient permettre d'économiser respectivement 42 % et 40 %, voire plus, de la consommation d'énergie, les opérations étant amorties en quelques années ; parallèlement, la conception innovante d'une usine de liquéfaction du gaz naturel, d'une valeur de 5 milliards de dollars, devrait entraîner plus de 50 % d'économies d'énergie et environ 20 % d'économies sur le coût en capital.

Ces exemples sont la preuve que les usines sur mesure ont beaucoup à gagner de la conception par approche globale. Mais quelles sont les économies possibles à travers le secteur industriel ? Notre analyse part du principe, contrairement à plusieurs exemples mentionnés ci-dessus, que l'industrie a une telle capacité à optimiser les procédés thermiques que seuls les systèmes électriques auxiliaires peuvent véritablement profiter de la conception par approche

62 Westbrook, 2011.

globale. Par prudence, nous n'appliquons donc cette dernière qu'aux systèmes d'entraînement électrique (voir l'encadré « La modernisation rentable d'un moteur industriel *avant* qu'il ne tombe en panne ») et à leur utilisation la plus courante : le déplacement des fluides. En nous appuyant sur des études de cas et des publications d'analyses détaillées de ces systèmes d'entraînement et de traitement des fluides[63], nous espérons jusqu'à 325 TWh d'efficacité énergétique supplémentaire en 2050, à quoi il faut ajouter les importants bénéfices économiques nets (et en particulier la réduction du coût en capital). D'après notre expérience de terrain, il devrait s'agir d'une sous-estimation.

LA MODERNISATION RENTABLE D'UN MOTEUR INDUSTRIEL AVANT *QU'IL NE TOMBE EN PANNE*

On considère généralement que la modernisation immédiate d'un moteur à induction standard en service pour en faire un modèle d'efficacité énergétique, sans attendre qu'il grille, est amortie en six à dix ans, soit trop lentement. Cependant, un grand nombre de moteurs américains sont tellement surdimensionnés que la moitié ne dépasse probablement pas 60 % et le tiers, 50 % de leur pleine charge. À cause de leur taille excessive, il arrive qu'ils ne soient pas à la hauteur de leur notation sur le plan de l'efficacité énergétique et qu'ils entraînent plus de gaspillage en faisant fonctionner trop vite ventilateurs et pompes[64] ; il est donc souvent possible de les remplacer par des modèles plus petits et moins chers. En calibrant correctement la taille du nouveau moteur, on peut donc ramener le délai moyen d'amortissement d'une modernisation immédiate à environ trois ans, voire moins. Si l'on tient compte en outre de la durée de vie plus longue du nouveau moteur (il fonctionne à une température moins élevée, ce qui diminue de moitié l'énergie qui le chauffe au lieu de le faire tourner, et il

63 E Source, 1999 ; Lovins, 1989. Voir également Elliott *et al.*, 2002. Notre analyse élimine un double comptage potentiel au sein des tranches d'efficacité énergétiques précédentes selon l'AIE et le LBNL.

64 Howe et Shepard, 1993. Par prudence, notre analyse de 1989 n'avait pas pris ce paramètre en compte, mais il est important, car l'énergie des pompes et des ventilateurs augmente avec le cube de la vitesse.

arrive aussi qu'il soit équipé de paliers de meilleure qualité), cela rend la modernisation immédiate encore plus rentable étant donné que les arrêts entraînent généralement des pertes de production très coûteuses.
En outre, un moteur neuf permet d'éviter toute augmentation des pertes magnétiques qui seraient dues à une mauvaise réparation de l'ancien moteur ; il s'agit là d'une pratique répandue qui, selon les mesures effectuées par General Electric, coûtaient auparavant aux États-Unis de 1 à 3 milliards de dollars par an, ce qui est probablement toujours le cas. Ceci, ainsi que le dimensionnement adéquat d'un moteur engendre des économies directes d'électricité qui sont à peu près deux fois plus importantes que ce qu'on pourrait attendre d'un moteur neuf mieux noté sur le plan énergétique. Un moteur à haut rendement énergétique possède un meilleur facteur de puissance et une plus grande tolérance sur les harmoniques (donc un meilleur fonctionnement à différentes vitesses). Il procure donc une demi-douzaine de gros avantages opérationnels (plus dix autres de moindre importance), mais il ne nécessite de dépenses qu'une seule et unique fois.

De nombreux avantages sont dépendants les uns des autres. Ainsi, il n'y a pas que l'efficacité énergétique qui dépend d'autres améliorations permettant d'économiser l'énergie, il y a aussi la durée de vie d'un moteur : la réduction des déséquilibres de tension, l'amélioration de l'alignement des arbres et des techniques de lubrification, la réduction des charges en porte-à-faux (traction latérale) sur l'arbre (par exemple en remplaçant les courroies trapézoïdales par des courroies dentées synchrones basse tension, non extensibles), et l'amélioration de l'aménagement interne comme le fait de ne pas laisser les moteurs au soleil ou à proximité de tuyaux à vapeur ou encore le fait de ne pas les recouvrir de multiples couches de peinture. Le type de moteur, sa durée de vie, sa taille, ses commandes, son entretien, ainsi que tous les éléments électriques et mécaniques qui lui sont associés sont en forte interaction. Certaines de ces interactions sont défavorables, mais la plupart améliorent la puissance de l'ensemble et en réduisent le coût davantage que si l'on ne prenait que quelques mesures isolées, comme le préconisent la plupart des analyses.

DANS QUELLE MESURE LA PRODUCTIVITÉ DE L'INDUSTRIE PEUT-ELLE AUGMENTER ?

Résumons : le fait d'adopter des technologies d'efficacité énergétique avantageuses ne figurant pas dans les projections de l'AIE[65] peut réduire de 680 TWh (7,5 %) la consommation énergétique de l'industrie d'ici 2050. Si l'on ajoute la récupération rentable de la chaleur résiduelle au rythme du renouvellement des équipements, on économise 705 TWh supplémentaires (7,9 %). En tout, la demande énergétique de l'industrie américaine peut chuter de 8,6 %, passant de 7 200 TWh d'énergie primaire en 2010 à 6 600 en 2050, parallèlement à une croissance de la production industrielle de 84 %. L'énergie résiduelle proviendra en outre de sources bien différentes.

- La part des combustibles fossiles, que ce soit en tant que combustible direct ou qu'électricité achetée (qui est à l'heure actuelle produite à 70 % grâce aux combustibles fossiles) passera de 81 % de l'énergie industrielle en 2010 à 53 % en 2050.

- La consommation d'électricité achetée chutera de 75 % par rapport à son niveau actuel grâce à une meilleure efficacité énergétique et au net essor de la cogénération.

- La part de la biomasse dans le bouquet d'énergies primaires de l'industrie passera de 8 % en 2010 à 45 % en 2050. Elle sera avant tout destinée à l'énergie de processus (et non utilisée comme matière de base) afin de produire[66]

65 Martin *et al.*, 2000 ; Xu, Slaa et J. Sathaye, 2010.

66 Notre estimation élevée de la part de l'énergie de processus destinée aux agrocarburants est prudente, car elle s'appuie sur la conception standard des usines maïs-éthanol par le National Renewable Energy Laboratory (NREL). Cependant, lors d'un atelier industriel réunissant en 2007 le RMI et le NREL, il est apparu qu'en repensant la conception de la meilleure usine de rafle-éthanol du NREL, il serait possible d'économiser environ 50 % de sa chaleur, 60 % de son électricité et 30 % de son coût en capital tout en augmentant son rendement. En outre, un grand nombre d'agrocarburants avancés comme les algocarburants nécessiteront sans doute moins voire pas de traitement.

les agrocarburants pour les camions et les avions (fig. 2-19 et fig. 2-21) et à la mobilité industrielle, depuis les bulldozers jusqu'aux chariots de levage en passant par les conteneurs et les moissonneuses-batteuses[67].

• Les projections de l'AIE, extrapolées à 2050, suggèrent que le gaz naturel coûtera environ moitié moins cher que le pétrole, si bien qu'une grande partie du pétrole résiduel brûlé pour obtenir de la chaleur industrielle devrait être remplacée par le gaz naturel d'ici là[68].

• Le charbon et le gaz naturel résiduels donnent également de la chaleur industrielle et peuvent être remplacés par la récupération de chaleur de la PCCE, le biogaz, les agrocarburants, la biomasse, les déchets, la chaleur solaire ou l'électricité. Ces substitutions sont techniquement possibles avec les technologies actuelles. Certaines sont d'ores et déjà rentables et se feront naturellement. Les autres auront peut-être besoin d'une incitation extérieure. Nous reviendrons plus loin sur la façon dont cette commutation de combustible peut se dérouler.

Les conclusions que nous tirons nous semblent solides et peu susceptibles d'être affectées par l'effet « rebond ».

> *PRENDRE EN COMPTE L'EFFET REBOND*
>
> ***À l'instar des autres secteurs de l'économie, l'industrie dispose d'innombrables possibilités d'utiliser l'énergie de façon plus productive ; il se peut également, du moins en principe, que différentes formes d'effets « rebonds » annulent une partie de ces économies d'énergie à travers, entre autres,***

67 Partout où les agrocarburants ne pourront pas remplacer le pétrole dans la mobilité industrielle, il sera possible d'utiliser le gaz naturel, l'électricité ou l'hydrogène. Certains camions d'exploitations minières ont déjà commencé à remplacer le diesel par le GNL (InfoMine – Mining Equipment and Supplier News, 2010).

68 Agence américaine pour l'information sur l'énergie, 2010c.

la réaffectation de l'argent et l'élasticité des prix. Les effets rebonds sont particulièrement mal compris et mesurés dans l'industrie et reposent largement sur des modèles macroéconomiques théoriques qui font débat.
Prenons l'exemple d'un fabricant de téléphones portables qui économise l'énergie de son usine. Réinvestira-t-il ces économies pour économiser davantage afin de consolider les succès qu'il a déjà enregistrés, ou achètera-t-il un nouveau four très gourmand en énergie ? Vendra-t-il davantage de téléphones (du fait qu'ils coûtent légèrement moins cher) et choisira-t-il d'étendre son usine et d'accroître sa consommation d'énergie pour fabriquer encore plus de téléphones (mais économisant éventuellement de l'énergie nette, car un concurrent affichant un rendement énergétique moins bon vend, à ce moment-là, moins de téléphones) ? Ces décisions changeront-elles un tant soit peu les prix énergétiques ? Rendront-elles les téléphones portables si peu chers qu'ils créeront et captureront de nouveaux marchés ?
Les rebonds énergétiques sont susceptibles d'être maîtrisés grâce à un certain nombre de phénomènes classiques. Tout d'abord, étant donné que l'énergie ne représente généralement que quelques points de pourcentage du coût de fabrication total, le fait d'économiser une partie de ces points n'est guère susceptible de faire sensiblement baisser le prix des produits ni de stimuler fortement les ventes. La réaffectation des dollars économisés, que ce soit en direction des dirigeants, des actionnaires ou des clients, ne risque pas non plus de doper la consommation énergétique, car seuls 6 à 8 % d'un dollar de PIB servent en moyenne à acheter de l'énergie. En outre, l'industrie ne produit que ce qu'elle peut vendre. Il se peut que l'innovation, l'effet nouveauté, le marketing, etc., augmentent sensiblement les ventes, mais un procédé de fabrication ayant un meilleur rendement énergétique reste un moteur indirect et sans grand pouvoir.
Les mesures des effets rebonds sont peu nombreuses, surtout dans le secteur industriel. Des études officielles réalisées en 2000[69] *et 2007*[70] *ont constaté*

69 Greening, Greene et Difiglio, 2000.

70 Sorrell, 2007.

une telle confusion dans la littérature économique qu'aucune conclusion significative n'a pu être tirée. Ainsi, bien que l'effet rebond ne soit pas nul, il semble limité et peu susceptible de faire matériellement baisser les économies d'énergie industrielle. Certains observateurs affirment l'inverse en s'appuyant sur des modèles théoriques, mais ils ont jusqu'ici été incapables de démontrer le bien-fondé physique de ces modèles. On peut raisonnablement estimer que d'importants effets rebonds dans l'industrie sont davantage le produit de modélisations que de phénomènes réels et observables.

Traiter le problème des combustibles fossiles résiduels

Si, au cours des quarante prochaines années, la plupart des entreprises industrielles acquièrent la même détermination que celle dont font preuve les pionniers d'aujourd'hui lorsqu'ils exploitent l'efficacité énergétique et mettent en œuvre la PCCE et la récupération de la chaleur résiduelle, et si les nouvelles technologies sont adoptées ne serait-ce qu'au même rythme que celui observé pour les précédentes, alors, en 2050, l'industrie américaine aura augmenté sa production d'environ 84 % à partir de 9 % d'énergie et de 41 % de combustibles fossiles primaires en moins. Ce résultat sera certes rentable selon la réglementation existante et les prix actuels et projetés, ne nécessitant aucune percée technologique décisive ni disposition réglementaire, mais l'adoption de ces technologies constitue un défi ; la récompense à la clé devrait cependant suffire à mobiliser l'attention et les efforts requis.

L'industrie américaine continuera néanmoins à consommer des quantités considérables de combustibles fossiles, dont du gaz naturel à hauteur de 77 %. Avons-nous la possibilité de remplacer davantage encore de combustibles fossiles et sommes-nous assez motivés pour cela ? Nous estimons que oui pour trois raisons. Tout d'abord, dans un monde où la concurrence va s'intensifier tandis que les ressources naturelles vont coûter de plus en plus cher, les marchés récompenseront ceux qui parviendront le mieux à gérer les coûts ; or l'énergie représente un coût industriel crucial et gérable. Ensuite, le fait d'atténuer, voire d'éviter la volatilité des prix et les potentielles interruptions d'approvisionnement, réduit le risque commercial. Enfin, la lutte active contre les risques climatiques, conformément au traité de Rio signé par le président George H. W. Bush en 1992 et ratifié par le Sénat, impose une décarbonisation d'environ 80 % de l'ensemble de l'économie dont on serait très loin avec une réduction de 41 % des combustibles fossiles dans l'industrie.

Fort heureusement, si les incitations sont bien ciblées, l'innovation devrait nous permettre d'y arriver. Il existe en particulier d'autres solutions à portée de main pour réduire davantage notre dépendance vis-à-vis des combustibles fossiles. Certaines notions de base de physique et de chimie (voir ci-dessous, l'encadré « Réduire la consommation d'énergie, mais jusqu'où ? ») montrent que nous sommes encore loin d'avoir atteint le fond du réservoir d'innovations.

Pour y parvenir, il faut adopter la commutation de combustible et des approches innovantes, et réduire notre consommation de matériaux vierges. Cependant, les solutions que nous exposons ici rencontrent toutes des obstacles techniques, logistiques ou économiques qui freinent leur adoption à grande échelle. Pour y remédier et pour que ces solutions soient choisies par le plus grand nombre, ou rapidement, ou les deux, il faudra sans doute avoir recours à des initiatives politiques.

RÉDUIRE LA CONSOMMATION D'ÉNERGIE, MAIS JUSQU'OÙ ?

Dans le flou énergétique industriel qui est le nôtre, nous pouvons nous rapprocher bien davantage du niveau de consommation plancher en nous posant cette question toute simple : quel est le minimum énergétique requis pour produire une billette d'acier, une rame de papier ou encore les milliers d'autres produits dont notre civilisation a besoin ? Une petite partie seulement de ce que l'industrie utilise aujourd'hui. Par rapport aux procédés théoriquement parfaits, l'efficacité énergétique de l'économie américaine n'est que d'environ 13 %[71], celle de l'économie mondiale, d'environ 10 %[72].

71 Ayres et Ayres, 2009.

72 Ertesvag, 2001.

Même les procédés industriels affichant le plus haut rendement énergétique actuel consomment deux à trois fois l'énergie théoriquement nécessaire[73]*. Le potentiel d'économies énergétiques (fig. 4-11) est donc colossal. Comment expliquer cette situation ? Par des modes opératoires à des températures ou des pressions souvent plus élevées que nécessaire. Par l'utilisation d'une énergie de haute qualité quand une énergie basse qualité ferait l'affaire, comme le fait de chauffer une pièce à l'aide d'un chauffage à résistance électrique, ce qui consomme 100 % de la quantité d'énergie mais seulement 6 % de sa qualité. La plupart des usines procèdent ainsi pour un grand nombre de leurs procédés industriels.*

Bien entendu, des chercheurs passionnés s'évertuent depuis longtemps, et avec beaucoup de succès, à tendre vers ce minimum. Au cours du XXe *siècle, les industriels ont divisé par près de huit l'intensité énergétique de la fabrication de l'ammoniaque et celle de la production intégrée de fer et d'acier par plus de trois (quatre pour le meilleur four)*[74]*. Nous pensons que l'industrie va poursuivre sur sa lancée à mesure qu'elle va actionner toujours davantage les quatre leviers dont nous avons parlé plus haut.*

Et pourtant, malgré les progrès accomplis jusqu'ici, nous continuons à utiliser trop d'énergie dans des proportions considérables. Certes, il n'est ni pratique, ni rentable d'atteindre le minimum énergétique absolu requis pour fabriquer des produits. Mais la figure 4-11 montre que certains écarts sont synonymes de fructueux potentiels et, selon une équipe de Cambridge qui a démontré qu'il était possible d'économiser environ 85 % de l'énergie mondiale, il semble raisonnable d'estimer que nous pourrions faire la moitié du chemin en direction de la perfection théorique[75]*. D'autres ont déclaré qu'au cours des dix à vingt prochaines années au moins, des gains d'efficacité énergétique dépassant les 5 % par an « peuvent êtres obtenus et pourraient réduire de moitié en cinquante ans la consommation*

73 Cullen, Allwood et Borgstein, 2011.

74 Ayres, Ayres et Warr, 2003.

75 Cullen, Allwood et Borgstein, 2011.

énergétique totale en valeur absolue des pays industrialisés[76]». Il reste ardu de quantifier l'impact des progrès à venir ; comme disait le physicien Niels Bohr : « Il est très difficile de faire des prévisions, surtout en ce qui concerne l'avenir. » Mais nous pensons que les progrès techniques incessants permettront d'aller au-delà de nos projections en matière de consommation d'énergie pour 2050. Sans compter que nous n'avons pas pris en considération certaines perspectives révolutionnaires, comme la transformation non pas des procédés industriels, mais de leurs applications.

FIG. 4-11 –Potentiel de réduction de l'intensité énergétique des sous-secteurs industriels américains affichant l'intensité énergétique la plus élevée, 2010

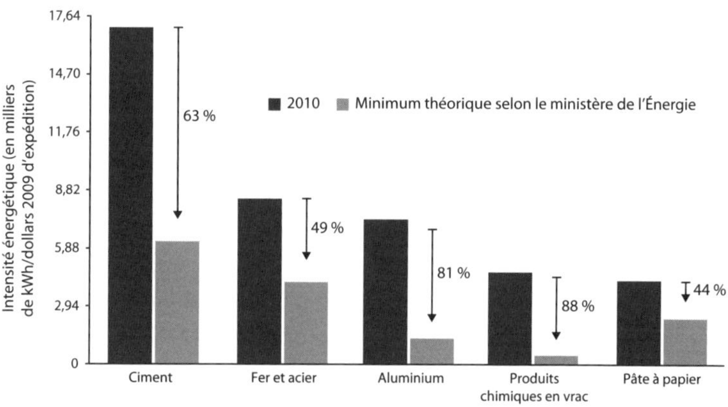

Les colonnes de gauche montrent les projections de consommation d'énergie fournie pour fabriquer un dollar de produit dans différents secteurs en 2010. Les colonnes de droite indiquent le minimum énergétique théoriquement requis. L'analyse du secteur des produits chimiques en vrac ne porte que sur 44 produits dont la fabrication nécessite environ 60 % de l'énergie des industries chimiques[77].

76 Blok, 2004.

77 Choate, 2003 ; ministère américain de l'Énergie, 2004, 2007, 2006b (voir aussi 2006a) ; Institute of Paper Science and Technology, 2006.

La commutation de combustible

Les économies réalisées d'ici 2050 grâce à l'efficacité énergétique et à la conception par approche globale permettront à l'industrie de se passer de pétrole (à l'exception de petites quantités non encore remplacées à cause d'une rotation insuffisante des stocks), d'abandonner presque entièrement le charbon et d'économiser 8 % du gaz naturel industriel. La commutation de combustible semble donc être le moyen tout trouvé d'éradiquer un peu plus encore les combustibles fossiles de l'industrie. Ce secteur substitue d'ailleurs constamment un combustible à un autre (voir l'encadré « Histoire récente de la commutation de combustible ») en réponse à des prix relatifs ou à des pénuries, et il cherche à réduire les coûts et les risques liés à tous les combustibles en achetant des solutions d'efficacité énergétique lorsqu'elle est moins chère.

HISTOIRE RÉCENTE DE LA COMMUTATION DE COMBUSTIBLE

Les chocs pétroliers des années 1970 ont fait s'envoler les prix du pétrole par rapport à ceux du charbon et du gaz naturel, ce qui a quasiment fait disparaître les combustibles à base de pétrole dans les secteurs industriels autres que celui des transports et dans la production d'électricité, mis à part dans les usines chimiques et pétrochimiques et dans les raffineries qui brûlaient leurs propres déchets d'hydrocarbures. Suite au Clean Air Act de 1970, le gaz naturel est devenu le seul combustible fossile suffisamment propre pour être utilisé dans de nombreuses applications industrielles et particulièrement dans les usines de petite taille. Les usines gourmandes en énergie comme les aciéries, les cimenteries, les fonderies de cuivre et les usines de pâte à papier ont soit persisté dans le charbon grâce à des installations héritées de père en fils et isolées géographiquement, soit elles ont fermé et la production s'est faite ailleurs. L'industrie a profité du fait qu'à l'époque de cette transition, le gaz naturel en Amérique du Nord était avant tout un sous-produit de la production de pétrole brut et restait relativement bon marché ; le seul coût matériel qu'elle a dû consentir a donc été l'achat de gazoducs et la modernisation des brûleurs.

L'industrie électrique a mis plus longtemps à passer au gaz naturel, laissant une plus grande quantité de ce combustible au reste du secteur, car le Powerplant and Industrial Fuel Use Act de 1978 a interdit la construction de nouvelles centrales au gaz naturel. Cela a conforté les fournisseurs d'énergie dans leur lenteur naturelle, eux qui bénéficient d'un monopole réglementé, à passer du charbon et du nucléaire à la PCCE au gaz ou aux centrales à cycle mixte quand ces solutions ont pris le dessus. Mais lorsque l'interdiction légale des centrales au gaz naturel a été levée en 1987 et que la transition des fournisseurs d'énergie s'est accélérée dans les années 1990, les prix du gaz naturel ont commencé à grimper, ralentissant l'adoption de ce combustible par l'industrie lourde. Ce n'est qu'aux alentours de 2010, lorsque s'est dessinée la perspective de prix moins élevés et plus stables, soutenue par une production massive de gaz de schiste, que le gaz naturel est redevenu un combustible à privilégier sur le long terme pour les fournisseurs d'énergie et l'industrie.

Mettre un terme à l'addiction au charbon bon marché

Les 205 TWh résiduels de charbon en 2050 fourniront de la chaleur aux industries de l'acier[78] et du ciment. Aucune des deux n'a en réalité *besoin* de charbon pour produire de la chaleur, celle-ci pouvant venir du gaz naturel, du biogaz, des agrocarburants, des déchets industriels, de la chaleur solaire ou de l'électricité, mais elles continuent à le privilégier, car il est meilleur marché. Cependant, à mesure que les complexes sidérurgiques chinois, indiens, coréens et brésiliens font monter les prix pour la production de charbon métallurgique à basse teneur en soufre, très recherché, le gaz naturel commence à remplacer le charbon comme source de chaleur. Une tonne d'acier produite grâce au procédé au gaz de fer obtenu par réduction directe (DRI) consomme 30 % d'énergie en moins que les procédés classiques au charbon[79]. L'avantage économique de ce procédé ne séduit pas que le Qatar et ses abondantes

78 Rappel : nous n'incluons pas l'utilisation du charbon en tant que réactif chimique (agent réducteur), car il s'agit là d'une matière de base et non d'un combustible.

79 Agence internationale de l'énergie, 2007.

ressources en gaz naturel bon marché : Nucor[80], entreprise sidérurgique états-unienne de premier plan, a récemment annoncé qu'elle allait construire la première usine de grande ampleur utilisant le procédé au fer obtenu par réduction directe aux États-Unis près de La Nouvelle-Orléans afin d'exploiter les importantes quantités de gaz du golfe du Mexique. Le fait que cette nouvelle aciérie, fonctionnant au gaz, entre en concurrence avec les vieilles usines au charbon augure bien du succès futur de ce combustible. Parallèlement, les prix à long terme du gaz naturel aux États-Unis se sont assagis, tandis que l'entrée en vigueur, longtemps repoussée, des lois environnementales des années 1970 fait grimper les prix du charbon.

La substitution du charbon par le gaz pour la chaleur industrielle n'est plus une démarche exceptionnelle : même en Afrique du Sud, pays riche en charbon, Mondi a remplacé ses chaudières au charbon par des cogénérateurs à turbine à gaz dans une usine de pâte à papier. Les chaudières à gaz coûtent moins cher à construire et affichent souvent un meilleur rendement énergétique et une plus grande fiabilité que les chaudières au charbon. Les derniers véritables bastions du charbon sont donc les vieilles cimenteries dont les coûts d'exploitation sont dus pour près d'un tiers à l'énergie[81], 90 % de cette dernière servant à produire de la chaleur[82] pour maintenir les fours à environ 1 370 °C. D'après les projections de l'AIE concernant le prix des combustibles, l'abandon par les cimenteries américaines du charbon au profit du gaz naturel multiplierait par deux le coût du combustible, d'ici le milieu de la prochaine décennie, et ferait grimper le prix du ciment de 30 %, ce qui est inenvisageable. Mais au cours des dix dernières années, de gros cimentiers comme Holcim ont remplacé 12 % de leur combustion au charbon par des combustibles alternatifs récupérés auprès d'autres industries, vieux pneus ou déchets de solvants, car ils étaient tous moins chers que le charbon et permettaient à l'entreprise de gérer les risques réglementaires et de soigner sa réputation. L'industrie du

80 Smith, T., 2011.

81 LaFarge, 2010.

82 Energetics Incorporated, 2006.

ciment possède un avantage unique en matière d'écologie industrielle : la flexibilité des fours permet d'utiliser toutes sortes de combustibles, y compris les déchets industriels dont il est difficile de se débarrasser. Il existe même une usine en Allemagne dont 75 % du combustible sont constitués de déchets et qui a demandé un permis pour faire passer ce chiffre à 100 %[83]. Ce qui empêche Holcim de passer d'une moyenne de 12 à 100 % de combustibles alternatifs est la disponibilité des déchets. Les réglementations qui imposent un ordre de gestion des déchets, afin de donner la priorité à la meilleure valorisation de ces derniers, contribuent à les détourner des décharges au profit des fours des cimenteries. En outre, en mettant à contribution tout à la fois les incinérateurs municipaux de déchets solides (qui font leur apparition un peu partout en Chine) et les fours des cimenteries, on parvient à résoudre le problème des émissions de dioxine – puisque le ciment capture le chlore des déchets plastiques. Une telle usine intégrée peut également faire de la cogénération pour produire de l'électricité[84].

Assurer la transition depuis le gaz naturel

Le remplacement du gaz naturel va également s'imposer à mesure que son prix va augmenter, surtout si le carbone finit par être tarifé. Deux solutions s'imposent : remplacer la chaleur par de l'électricité émanant de plus en plus d'énergies renouvelables, directement ou par l'intermédiaire de pompes à chaleur, et utiliser la chaleur industrielle solaire.

L'utilisation directe de l'électricité pour la production de chaleur

L'électricité étant la forme d'énergie qui présente la plus grande qualité, elle peut en principe remplacer la chaleur à n'importe quelle température. Dans la pratique, cela coûterait beaucoup plus cher que de brûler des combustibles fossiles, car les pertes de conversion et la forte intensité capitalistique des centrales et des réseaux rendent l'électricité plus chère par kWh que les combustibles

83 Holcim AG, 2010.

84 Lee *et al.*, 2007.

fossiles. Celle-ci est néanmoins utilisée dans des applications de niche de plus en plus variées, car elle produit instantanément de la chaleur, avec précision et intensité, et sans engendrer de contamination chimique. L'industrie des semi-conducteurs utilise ainsi quasi exclusivement la chaleur électrique pour faire fondre et façonner le silicium et pour les procédés réalisés en salle blanche. Mais la chaleur d'origine électrique sert désormais aussi pour des applications importantes où l'utilisation directe des combustibles a longtemps prévalu.

L'industrie de l'aluminium utilise des fours à réverbères géants pour faire fondre l'aluminium obtenu à partir de l'alumine. Ces fours ont généralement une efficacité énergétique inférieure à 30 % – ce qui n'est guère étonnant vu que, lorsqu'on se sert de ce procédé, c'est un peu comme si on essayait de faire bouillir de l'eau en tenant un chalumeau au-dessus de la surface afin qu'une partie de la chaleur irradie vers le fond. Mais il est aujourd'hui possible de plonger directement dans l'aluminium liquide des dispositifs de chauffage électriques protégés de la corrosion par un revêtement en céramique. Ce procédé, baptisé « fusion isotherme », porte le rendement énergétique à 97 %. Il donne en outre un métal de meilleure qualité, divise par six les pertes de produit par oxydation, engendre 80 % de pollution atmosphérique en moins, utilise 80 % de surface au sol en moins (ce qui rend sa modernisation possible) et affiche un potentiel d'économies d'énergie de 50 à 75 %, soit 5,6 TWh par an, s'il est adopté à 60 % par les États-Unis[85]. Ce modèle économique est séduisant, car même si l'électricité coûte quatre à sept fois plus cher que le charbon ou le gaz naturel par kWh (selon les prix de 2010), une fonderie classique économiserait 1 million de dollars par an du fait des gains d'efficacité énergétique – auxquels il faudrait ajouter d'importants avantages non énergétiques.

Les installations industrielles entièrement ou majoritairement électriques rejetteraient beaucoup moins de pollution atmosphérique, voire aucune pollution par leurs cheminées, diffuseraient moins de chaleur sur des écosystèmes fragiles et fabriqueraient des produits de meilleure qualité à partir d'une quantité moindre de ressources. Étant donné que s'ajoutent à

85 Criscione, 2011 ; ministère américain de l'Énergie, 2008a ; Apogee Technology, Inc., 2010 ; Foundry Management & Technology, 2008.

ces avantages la précision et le contrôle que permet l'électricité, il se peut que des industriels visionnaires, ayant des impératifs particuliers à respecter pour leurs procédés, décident de passer à la chaleur électrique ; et ils le feront non pas en dépit du coût de l'électricité, mais du fait de la valeur de cette dernière.

Les pompes à chaleur

Dans les procédés courants nécessitant uniquement de grandes quantités de chaleur, l'électricité peut souvent être plus compétitive que les combustibles fossiles grâce à l'utilisation de pompes à chaleur électriques qui recyclent et « amplifient » la chaleur résiduelle ou la chaleur ambiante présentes dans l'air, l'eau ou la terre. On utilise déjà de petites pompes à chaleur pour chauffer et refroidir les habitations et faire fonctionner les réfrigérateurs : elles déplacent la chaleur d'un endroit à un autre et la concentrent. Dans l'industrie, les grandes pompes à chaleur peuvent au moins multiplier par trois l'efficacité du chauffage électrique. Avec, à la clé, des économies de combustible, un coût probablement moindre, une réduction de la pollution atmosphérique et une baisse du coût d'élimination de la chaleur non voulue. Aujourd'hui, les pompes à chaleur industrielles sont utilisées pour certains procédés et dans certaines usines lorsque l'électricité est bon marché, comparée aux combustibles, et lorsqu'il est possible de récupérer de la chaleur résiduelle dans le processus de production (voir l'encadré « La recompression mécanique de la vapeur réduit de 89 % la consommation énergétique due à l'évaporation »).

LA RECOMPRESSION MÉCANIQUE DE LA VAPEUR RÉDUIT DE 89 % LA CONSOMMATION ÉNERGÉTIQUE DUE À L'ÉVAPORATION

Pour fabriquer du concentré de tomates, il faut faire passer la quantité de solides de 5 à 33 %, en supprimant l'eau par évaporation. Dans la Central Valley, en Californie, cette simple technique brûle 3 TWh de gaz naturel par an afin de traiter 12 millions de tonnes de tomates (soit un tiers de l'approvisionnement mondial[86]). La majeure partie finit sous forme de

86 Heschong Mahone Group, 2007.

vapeur dégradée qu'une pompe à chaleur équipée d'un système de recompression mécanique de la vapeur peut enrichir pour qu'elle soit réutilisée. Le producteur de concentré de tomates Ingomar a ainsi profité du fait qu'il modernisait une de ses installations pour l'équiper d'un tel système. La recompression de la vapeur d'eau perdue augmente suffisamment la chaleur de cette dernière pour qu'elle chauffe les tomates. Le simple ajout de 32 Wh par kilo d'eau évaporée permet d'évaporer un autre kilo. Grâce à ce procédé, 89 % d'énergie ont pu être économisés par rapport à une autre solution plus compliquée qui aurait nécessité encore plus d'énergie afin de refroidir la vapeur perdue avant de la rejeter dans l'environnement.

Dans la plupart des applications classiques actuelles, la production d'un kWh à partir d'une pompe à chaleur électrique coûte à peu près autant que la récupération de ce kWh dans une centrale de cogénération industrielle au gaz. La production d'un kWh de vapeur par combustion du charbon coûte moitié moins cher que les deux techniques précédentes, mais cette marge diminuera à mesure que les pompes à chaleur feront des progrès ou que le charbon deviendra plus cher (volontairement ou non) comparativement au gaz. Les atouts du charbon par rapport au gaz ont d'ores et déjà disparu dans la production d'électricité aux États-Unis (voir chapitre 5) et s'estompent dans ses quelques applications résiduelles dans l'industrie lourde. La tarification du carbone, ou toute autre réglementation relative aux émissions de CO_2, réduirait davantage encore ses atouts.

La chaleur industrielle solaire

Les systèmes thermiques solaires à concentration font beaucoup parler d'eux du fait de leur capacité à générer de l'électricité à partir de la vapeur solaire. Il existe cependant une autre application de cette technologie qui suscite moins d'enthousiasme mais qui est quasiment compétitive[87] aujourd'hui :

87 Pour des dépenses en capital de 4 $ par watt, un facteur de charge de 0,26, une efficacité énergétique en conversion électrique de 20 à 30 %, une efficacité énergétique d'échangeur de chaleur de 95 %, 30 % de crédits d'impôt pour investissement, 3 % de coûts de fonctionnement et de maintenance et une durée

les systèmes solaires thermiques pour la production de chaleur industrielle. Le remplacement de l'étape de la conversion électrique, dont le rendement énergétique est de 20 à 30 %, par un échangeur de chaleur efficace à 95 % afin de fournir directement de la chaleur industrielle plutôt que de l'électricité permet d'obtenir plus de trois fois plus d'énergie pour un coût en capital équivalent. Le marché n'en est pour l'instant qu'à ses balbutiements puisque seuls quelques systèmes ont été installés aux États-Unis, mais à mesure que le coût en capital va baisser, que la technique va gagner en expérience et que les prix du gaz naturel vont avoir tendance à remonter, l'offre compétitive de la chaleur solaire va s'étoffer ; il s'agit là d'une perspective de migration pour les entreprises de solaire à concentration étant donné que le photovoltaïque, de moins en moins cher, empiète sur leur marché. En fait, lorsqu'on prend en compte la volatilité des prix du gaz naturel[88], il faut ajouter 6,8 $/MWh au prix apparent de ce combustible fossile (sur les cinq prochaines années seulement) si on veut le comparer de façon juste avec la chaleur solaire qui n'utilise pas de combustible et jouit donc de prix stables une fois installée. Cela place d'ores et déjà certains générateurs de vapeur solaire dans la course.

Frito-Lay profite déjà des avantages de la chaleur industrielle solaire. En 2008, l'entreprise a installé un système thermique de 2,4 MW pour fournir 20 bars de vapeur à sa chaîne de fabrication de SunChips. Grâce à ce système, Frito-Lay a pu s'épargner la production de 4,4 GWh/an[89] de chaleur à partir du gaz naturel et a lancé ce slogan : « Nos SunChips sont dorées au soleil. »

Malgré les avantages qu'il présente pour des entreprises comme Frito-Lay et pour la récupération assistée du pétrole, le thermique solaire ne pourra fournir toute la chaleur dont l'industrie a besoin. Les opérations en continu

---

de vie du système de vingt ans. Le coût moyen est alors de 17,9 à 26,9 $ par MWh.

88 À un horizon de un ou cinq ans, l'ordre lié (le prix de stellages vendus simultanément) au 2 mai 2011 pour le prix de gros du gaz naturel du Henry Hub était respectivement de 1,03 $ et de 2,15 $ (chiffres tirés de Munger, 2011). Sur un marché parfait, c'est la somme qu'il faudrait verser à un trader zéro profit pour qu'il endosse le risque de prix et vous vende le gaz à un prix constant, ne le rendant ainsi pas plus risqué que la vapeur solaire.

89 SunChips, 2011.

nécessiteraient de puiser de la chaleur solaire stockée – les centrales solaires à concentration investissent normalement dans une capacité de stockage de chaleur à haute température de plusieurs heures – ou, en l'absence de stockage, de brûler des combustibles la nuit, ce qui ne permettrait d'économiser le gaz naturel qu'en journée. Les capteurs solaires prennent en outre de la place : ceux de Frito-Lay occupent plus d'un demi-hectare. On pourrait installer certains systèmes sur le toit des usines pour remédier à ce problème, mais cela accroîtrait les coûts structuraux. Et même si certaines technologies ne nécessitent pas autant d'apport solaire que les techniques à concentration, toutes donnent de meilleurs résultats sous les climats ensoleillés. Malgré ces inconvénients, l'industrie sera séduite par le fait que le thermique solaire soit sans émission et qu'il garantisse des prix stables pour produire de la chaleur. Nous restons néanmoins prudents en constatant que le rythme d'adoption de la production solaire de chaleur semble fortement dépendre du coût en capital et de l'évolution des prix du gaz naturel, et faisons l'hypothèse pour notre analyse qu'il n'y aura *aucune* production solaire de chaleur en 2050 ni même de cogénération solaire de chaleur industrielle et d'électricité, ce qui serait l'étape suivante logique. Mais les deux sont néanmoins probables et réduiront davantage.

Les approches innovantes

À moyen terme, la commutation de combustible peut être accompagnée ou remplacée par des approches innovantes pour réduire la demande sous-jacente de production industrielle. En voici deux exemples.

La nouvelle conception des procédés

Environ 12 % de l'énergie industrielle servent à sécher les textiles, la peinture des voitures et bien d'autres matériaux, et utilisent d'imposants fours au gaz ou à infrarouge[90]. Mais est-il vraiment nécessaire de chauffer l'intégralité de la

90 Mujumdar, 2006.

carrosserie simplement pour sécher la peinture ? Il existe une méthode beaucoup plus efficace sur le plan énergétique : les faisceaux d'électrons dirigés sur le solvant de la peinture et ne chauffant que ce dernier. Une étuve de cuisson classique pour automobiles consomme entre 0,9 et 1,5 MWh. Avec les faisceaux à électrons, cette consommation chute et se situe entre 11,8 et 23,5 kWh, soit une baisse spectaculaire de 98 %. Cette technologie coûte certes plus cher que les fours, mais l'amortissement peut être rapide grâce aux économies d'énergie.

De même, les faisceaux à électrons peuvent stériliser les conteneurs de nourriture ou de boisson ou les produits médicaux, supprimant le besoin de chaleur, de produits chimiques et d'eau destinée au rinçage. Cette technologie fait en outre de rapides progrès : une unité de faisceaux électroniques équipée de grosses pompes à vide et d'une alimentation électrique à haut voltage faisait auparavant la taille d'un bus scolaire. Aujourd'hui, le râtelier (rack) constitué du matériel électronique et de l'émetteur miniature, conçu pour s'intégrer dans les équipements actuels et pour fournir de la chaleur aux endroits précis où elle est nécessaire, rentrerait sans problème dans le réservoir à essence du même bus[91].

Prenons aussi l'exemple du malaxage, qui consomme plusieurs points de pourcentage d'électricité industrielle. Dans un grand nombre de réacteurs chimiques, des palettes tournent pour mélanger les réactifs. Des réactifs visqueux sont mélangés dans des conduits délibérément équipés d'obstacles afin de produire un écoulement turbulent. Ces deux méthodes sont gourmandes en énergie. Une équipe australienne a donc inventé une grosse conduite, dépourvue d'obstructions et équipée de fentes, qui tourne à l'intérieur d'une conduite lisse. Ce « mélangeur rotatif à arc » crée un mouvement automalaxant qui mélange aussi bien, sinon mieux, en consommant 80 à 96 % d'énergie en moins[92] et qui peut homogénéiser la température avec une réduction de 60 à 80 % du chauffage[93].

91 Greenberg, 2010.

92 Metcalfe *et al.*, 2006.

93 Lester, Rudman et Metcalfe, 2009.

Étant donné que la plupart des industries fonctionnent à partir de la chaleur, les échangeurs qui la font passer de flux chauds vers des flux plus froids sont très répandus. Le simple fait de créer des ondulations dans les tubes de métal des échangeurs entraîne la formation de petits tourbillons qui, dans une raffinerie pilote, ont augmenté le flux de chaleur de 50 à 60 % tout en réduisant la chute de pression (et donc l'énergie nécessaire au pompage) de 30 à 40 %[94].

Bien que l'éclairage ne consomme que 4 % de l'électricité industrielle, il est particulièrement inefficace non seulement en termes de rendement énergétique mais aussi de productivité du travail, car sa conception n'a jamais fait partie des préoccupations industrielles classiques. Prenons l'exemple des chaînes de montage automobiles éclairées de chaque côté par 250 mètres de rangées de tubes fluorescents obliques. Les ouvriers voient essentiellement des lumières vives, des ombres ou des reflets, mais pas ce qu'ils font. Maintenant, suspendons un réflecteur en métal blanc ou en tissu au-dessus de la chaîne de montage et dirigeons l'éclairage vers le haut : cet éclairage indirect permet alors aux ouvriers d'y voir correctement, ce qui améliore la qualité de leur travail et réduit leur fatigue. Dans les usines ou les entrepôts équipés d'un éclairage classique au plafond, il faut remplacer les lampes à décharge à haute intensité, qui éclairent avant tout les endroits qui n'ont pas à l'être, par des réseaux de diodes électroluminescentes (DEL) intelligentes orientées de façon précise et auto-adaptatives proposés par des entreprises comme Digital Lumens ; cet éclairage permet d'y voir mieux et on peut économiser jusqu'à 90 % d'énergie.

Des procédés toujours plus intelligents font leur apparition pour chauffer, façonner et traiter les matériaux en consommant moins d'énergie (voir l'encadré « La nouvelle conception des procédés permet d'économiser 30 % de l'énergie d'une usine de polyéthylène »). Mais au fait, pourquoi continuer à utiliser des méthodes archaïques ? N'existe-t-il pas une meilleure façon de fabriquer ce dont nous avons besoin ?

94 Ministère américain de l'Énergie, 2010e.

LA NOUVELLE CONCEPTION DES PROCÉDÉS PERMET D'ÉCONOMISER 30 % DE L'ÉNERGIE D'UNE USINE DE POLYÉTHYLÈNE

Même avec des équipements classiques, repenser la conception de procédés peut s'avérer très bénéfique. Felipe Tavares, fondateur d'Intratec Solutions LLC, à Houston, s'est aperçu qu'une importante réaction dans une usine de polyéthylène nécessitait une toute petite quantité d'« inhibiteur », 0,02 % seulement du cycle de fabrication, pour être stoppée au bon moment. Mais cet inhibiteur devait être dissous dans un solvant cancérigène et toxique pour être efficace. Le solvant devait ensuite être éliminé par distillation, ce qui nécessitait 70 % de l'énergie totale consommée par l'usine[95].
Felipe Tavares a donc conçu une solution astucieuse. Il a remplacé l'inhibiteur et son solvant par une substance chimique plus sûre, tout aussi efficace sur le plan énergétique et qui ne nécessitait pas de solvant, étant soluble dans la solution chimique. Le processus de purification s'en est trouvé grandement simplifié et réclame 35 % de chaleur en moins. L'introduction de cette solution a permis en définitive de réduire la consommation énergétique totale de l'usine de plus de 30 %. Le montant de ces économies ? Dans une des usines, elles se sont élevées à 0,88 TWh par an[96].

Le biomimétisme : un aperçu de l'art du possible dans le monde naturel
Ernie Robertson, pionnier des énergies renouvelables originaire de Winnipeg et aujourd'hui décédé, aimait à dire qu'il existe trois façons de faire du calcaire un matériau de structure. La première consiste à le couper en blocs ; c'est beau, mais rébarbatif. La deuxième consiste à le chauffer à 1 370 °C pour en faire du ciment portland ; efficace, mais grossier. La troisième consiste à le pulvériser et à le donner à manger aux poules. Plusieurs heures plus tard, la matière refait surface sous forme d'une coquille d'œuf plus solide que le

95 Ziemlewski, 2010.

96 American Institute of Chemical Engineers, 2010. Ces deux exemples ainsi que le mélangeur rotatif à arc ont reçu un prix lors du concours 10xE de l'AIChE qui a eu lieu en 2010.

ciment portland. Si nous étions aussi astucieux que les poules, nous maîtriserions cette technologie sophistiquée à basse température. Et si nous étions aussi intelligents que les palourdes et les huîtres, nous pourrions même réaliser la même opération plus lentement à 4 °C, ou transformer l'eau de mer froide en microstructures aussi impressionnantes que la coquille interne de l'ormeau, dont les loutres ne peuvent venir à bout et qui est plus dure que la céramique dont est constitué le cône avant des missiles modernes[97].

Les concepts du vivant ont été peaufinés au gré de 3,8 milliards d'années d'évolution et de tests rigoureux. Ceux qui n'ont pas passé ces tests (sans doute 99 % d'entre eux) ont été recalés par le Fabricant. Le 1 % qui a survécu est riche d'enseignements sur la façon dont les choses doivent être fabriquées, fonctionnent et s'intègrent dans le reste.

La géniale inventivité de la nature a d'ores et déjà donné naissance aux canes à ultrasons pour aveugles, inspirées des chauves-souris, aux auvents de tentes qui recueillent la rosée à la manière des coléoptères du désert du Namib et aux peintures autonettoyantes copiées sur les feuilles de lotus. Les disques de film plastique de la taille de la paume d'une main, bénéficiant d'une technologie sans adhésif inspirée des doigts des pattes des geckos, permettent aux dalles de moquette Interface d'être déplacées et posées sous forme de rouleaux, mais chacune d'elles peut être séparée du reste et son film plastique, retiré. Elles affichent toutes le magnifique motif fractal des feuilles jonchant le sol d'une forêt, ce qui dissimule leurs bords. Leur installation est donc plus facile (puisqu'il n'y a plus à se préoccuper des raccords de couleur ou de motifs) et leur remplacement, plus économique (on peut ne changer qu'une seule dalle à la fois).

Imaginons maintenant qu'un jour, nous fabriquerons des piles solaires semblables aux feuilles des arbres ou de la colle sous-marine ressemblant à celle qu'utilisent les moules. Ou bien que nous réaliserons des fibres pare-balles comme les araignées fabriquent de la soie, c'est-à-dire dans des conditions respectueuses de l'environnement – dans leur ventre et à partir de mouches digérées. Nous pourrions peut-être aussi fabriquer des fibres

97 Benyus, 2002.

de cellulose à partir d'enzymes bactériennes, à la manière des colibris qui se servent de sucre et de la lumière du soleil pour bâtir leurs nids. Peut-être deviendrons-nous un jour aussi intelligents que les forêts. Un nombre croissant d'entreprises commencent à mieux appréhender l'intérêt de ces phénomènes et conçoivent leurs produits avec l'aide d'un biologiste.

Derrière cette révolution conceptuelle imitant la vie ou « biomimétique » se trouve Janine Benyus, spécialiste des ressources naturelles et auteur d'ouvrages sur la nature[98]. Elle vit dans les montagnes Rocheuses du Montana, observe intensément ce qui l'entoure et donne des conférences passionnantes. En réorganisant la littérature biologique autour de la fonction et non plus de l'organisme, elle nous apprend quel organisme possède la solution à un problème conceptuel donné, comment l'imiter et quels sont les chercheurs qui s'en inspirent. Avec ses collègues de la Biomimicry Guild et du Biomimicry Institute, elle aide le monde de l'artificiel à fonctionner comme le monde naturel et en harmonie avec lui. Le biomimétisme et la conception par approche globale constituent les deux prochaines révolutions conceptuelles d'envergure. Chacune, séparément, est importante, mais ensemble, elles transformeront notre industrie et refaçonneront le monde.

La frugalité élégante : dématérialiation et réutilisation

Nous avons pu constater jusqu'ici l'extraordinaire potentiel d'innovations en matière d'efficacité énergétique et d'énergies renouvelables. Mais comme pour les véhicules et les bâtiments, ce serait une grave erreur de ne prendre en compte que la technologie. Pourquoi fabriquons-nous autant de produits ? Une production moins importante accompagnée d'une utilisation plus intelligente pourrait-elle accomplir la même tâche pour un coût moins élevé ?

Positionnons-nous un peu plus en aval, et avant d'essayer de comprendre *comment* fabriquer un produit, demandons-nous *pourquoi* nous le fabriquons. L'industrie fabrique des produits en grande quantité. Au niveau mondial, elle

98 Lovins, 2007.

produit aujourd'hui quatre fois le tonnage des principaux matériaux d'ingénierie – métaux, plastiques, ciment – d'il y a cinquante ans, et ce chiffre devrait doubler d'ici quarante ans[99], malgré une baisse de 26 % de la quantité de matière utilisée par dollar de PIB mondial entre 1980 et 2007. Les économies d'un grand nombre de pays ont mûri, si bien que les dépenses se tournent davantage vers les secteurs à faible intensité de matière comme l'électronique[100], le divertissement et les services médicaux, financiers et récréatifs[101]. Et pourtant, le triptyque « extraction-fabrication-consommation » fait toujours des ravages. Par quoi se traduit-il ?

Par des déchets, essentiellement. L'économie américaine extrait, déplace, traite et utilise plus de vingt fois le poids moyen d'un habitant par personne et par jour (sans compter l'eau)[102]. De ce flux pris à la planète à des fins industrielles, environ 83 % sont extraits et le reste est cultivé pour donner de la nourriture et des fibres. Sur ce total, 93 % sont perdus dans l'extraction et la fabrication sous forme de morts-terrains, de stériles miniers, de rebuts ou de pertes dues au procédé. Par la suite, 86 % des produits fabriqués sont jetés après une unique utilisation ou sans même avoir été utilisés : il s'agit des produits de consommation éphémères. Seul 1 % du matériau d'origine qui a été extrait finit réellement dans des biens durables et sur ce pourcentage, seuls 2 % sont recyclés. Voilà pourquoi en tout, seul 0,02 % du flux de masse extraite au départ retourne à la nature sous forme de compost ou à l'industrie en tant que « nutriment technique » servant au recyclage ou à la fabrication de nouveaux produits. Les 99,98 % restants, dont la majeure partie est toxique, ne sont que purs déchets. Difficile de trouver un système plus générateur de déchets, ou un plus grand vivier de perspectives économiques, à la surface de la Terre.

99 Allwood *et al.*, 2011.

100 En dépit de l'intensité de matière des circuits intégrés qui, il y a dix ans, consommaient par unité environ 1,7 kg de combustibles fossiles et de substances chimiques, 32 kg d'eau et 0,7 kg de gaz séparés (Williams, Ayres et Heller, 2002). Les usines modernes de fabrication des circuits intégrés ont un rendement énergétique bien meilleur et certaines recyclent près de 99 % de leur eau.

101 Material Flows, 2011.

102 Wernick et Ausubel, 1995b.

Certaines des plus grosses économies de matière peuvent venir de sous-produits gratuits dérivés d'améliorations, comme nous l'avons déjà vu. Le fait de regrouper géographiquement les lieux d'habitation, de travail, de consommation et de divertissement peut permettre de consommer quatre fois moins de bois, cinq fois moins de tuyaux de cuivre, quinze fois moins d'asphalte ou de béton pour les routes et soixante-dix fois moins d'eau (pompée et traitée par des installations qui utilisent de l'énergie industrielle et sont faites de béton et d'acier)[103]. Il n'y a donc rien d'étonnant à ce que l'étalement urbain fasse grimper le coût en infrastructures et que le mouvement du nouvel urbanisme les réduise. Il faut ensuite penser aux implications sur les véhicules : la baisse de 46 à 84 % de la conduite, évoquée dans le chapitre 2, pourrait signifier (bien que nous ne soyons pas partis ici de cette hypothèse) moins d'automobiles et donc moins de tonnes de matière pour les fabriquer et construire les infrastructures nécessaires.

Au milieu de tout cet ensemble de matériaux industriels et de produits finis, la dématérialisation réduirait davantage encore les flux de matière. Nous pouvons développer des concepts qui excluent les déchets lors de l'extraction et de la fabrication, recapturer les ressources perdues durant ces deux étapes et fabriquer des produits qui durent plus longtemps, puis les récupérer,les réparer, les refabriquer et les recycler. Exclure les déchets et la toxicité lors de la conception et augmenter de façon drastique l'efficacité énergétique de l'utilisation des ressources permettrait d'obtenir davantage de service par kilo de matière. Dans un monde où la fabrication de produits est une activité économique à faibles marges, nous avons tout à gagner dans la sophistication de concepts et de procédés qui fournissent plus de services de meilleure qualité pendant plus longtemps mais à partir de moins de matière. Et un modèle économique reposant sur des solutions peut bénéficier aux producteurs comme aux consommateurs – à la manière de Dow Chemical qui loue à ses clients un service dissolvant plutôt que de leur vendre un produit[104].

103 Holtzclaw, 2004, cité par Goldstein, 2010, p. 125-26. Goldstein mentionne également un parcours 300 fois plus court pour le courrier. La comparaison porte entre une agglomération suburbaine et un développement urbain dense avec maisons de trois étages.

104 Hawken, Lovins et Lovins, 1999.

Chaque aspect de notre vie quotidienne présente des possibilités similaires de multiplication des économies de matière : il suffit d'alléger notre mode de vie, de le rendre plus intelligent et de boucler le cycle des matériaux. Voici quelques exemples :

Le recyclage

Les produits en aluminium, en verre, en acier, en plastique et en papier sont déjà passés par les processus à forte intensité énergétique que sont l'extraction, la séparation et la transformation chimique. On peut les remettre en service plutôt que de lancer à nouveau tout le processus de production, ce qui économise de l'argent, de l'énergie et des ressources, tout en réduisant les émissions. L'aluminium, tout particulièrement, nécessite 95 % d'énergie en moins pour son recyclage que pour sa fabrication, et pourtant l'Amérique continue à en jeter des quantités telles qu'elle pourrait reconstruire l'intégralité de sa flotte aérienne commerciale au bout de quelques mois. En Suède, en revanche, les canettes en aluminium et les bouteilles en PET (téréphthalate de polyéthylène) doivent être à 90 % recyclées sous peine d'être interdites.

Le taux de recyclage de la plupart des matériaux est désespérément faible aux États-Unis. Il pourrait être porté au niveau de celui du Japon, qui a réduit son intensité de matière de 40 % en tout juste onze ans après le choc pétrolier de 1973, ou de ceux de l'Autriche ou de l'Allemagne qui recyclent ou mettent au compost respectivement 70 % et 66 % de leurs déchets, ce qui est sans doute un record mondial[105]. Dans un grand nombre de pays européens et de plus en plus au Japon, la loi oblige les fabricants à endosser la responsabilité à vie de leurs produits, si bien qu'ils ont tout intérêt à ce qu'ils soient faciles à réparer, à réutiliser, à refabriquer ou à recycler. Cette responsabilité qui incombe aux producteurs fait donc de ces produits bien conçus non pas un fardeau qui serait lié à leur élimination mais une source de valeur lucrative et, de ce fait, un avantage concurrentiel.

La fabrication de l'acier du début à la fin illustre bien la nécessité pour la sidérurgie de réduire au maximum ses déchets. Le recyclage de cet alliage

105 Eurostat, 2011.

dans une structure donnée réclame en effet un tiers seulement de l'énergie qu'il faut pour en produire à partir du minerai et n'émet qu'un quart du CO_2. La sidérurgie récupère déjà 65 % de l'acier disponible pour le recycler. D'autres industries pourraient suivre cet exemple. Le recyclage des appareils électroniques pourrait être une véritable mine d'or[106] puisqu'ils sont 60 à 70 fois plus riches que les minerais d'or.

Le recyclage implique un changement de pratiques mais aussi de mentalités. En 1988, Hanns Fischer et Conrad Hans Eugster, professeurs à l'université de Zurich, ont décidé de repenser leur cours de chimie élémentaire en laboratoire qui datait de 1971. Chaque année, les étudiants transformaient 8 000 dollars de réactifs purs et simples en 16 000 dollars de coût de traitement de matières dangereuses. Le cours enseignait donc une approche linéaire et dépassée. Les professeurs ont repensé certains exercices en laboratoire pour apprendre à leurs élèves comment rendre aux déchets toxiques leur statut de réactifs purs et simples de départ, ce qui permettait d'économiser des coûts aux deux bouts du cycle. Les étudiants se sont portés volontaires le week-end et durant les vacances pour récupérer les réactifs, ce qui était beaucoup plus amusant que de les gâcher, et en trois ans, la demande de traitement des déchets a dépassé de loin l'offre. Depuis, les déchets ne représentent que 1 % du niveau de départ. Les coûts d'exploitation nets ont chuté de 130 dollars par étudiant et par an[107]. Et ces étudiants sont très recherchés, car ce mode de pensée « cyclique » qu'ils ont appris pourrait contribuer à sauver l'industrie chimique en écartant d'emblée de toute conception l'idée même de déchet pour ne créer que de la valeur.

La refabrication

Lorsqu'un produit est recyclé, le matériau usé est généralement fondu pour prendre une forme intermédiaire avant d'être réutilisé dans d'autres produits. Cela économise beaucoup d'énergie, mais pas autant que la réparation ou la

106 Hageluken et Corti, 2010.

107 Fischer, 1997 ; Hawken, Lovins et Lovins, 1999, ch. 4, note 27. Nous remercions Claude Fussler, qui travaillait alors chez Dow, pour cet exemple.

remise à neuf qui réutilisent le produit tel quel, comme lorsqu'on prend les poutres en acier d'un immeuble démoli pour les utiliser dans un immeuble neuf. Ne pas faire fondre une matière ni la reprofiler économise de l'énergie et de l'argent[108]. De façon générale, un grand nombre de produits – et plus particulièrement ceux qui sont faits de métaux durables – sont jetés lorsque leur style est dépassé, qu'ils sont cassés ou remplacés. On jette rarement les réfrigérateurs parce que leur structure en acier est trop usée. Alors pourquoi ne pas les refabriquer au moyen d'éléments mis à jour ?

C'est déjà le cas dans certaines entreprises. Une usine, d'ailleurs éclairée par la lumière du jour et détenue par Herman Miller, le deuxième plus grand fabricant américain de meubles, restaure à neuf tous les types de meubles qu'elle a fabriqués. Son concurrent numéro un, Steelcase, rivalise avec des recycleurs indépendants pour savoir qui reprendra cette lucrative activité. IBM refabrique ses ordinateurs, Kodak ses appareils photos « jetables », Xerox ses photocopieurs et leurs cartouches (la marque espère que son photocopieur « zéro déchet » va permettre d'économiser 1 milliard de dollars sur le long terme). Le ministère américain de la Défense est le plus gros refabricant du monde : ses bombardiers géants B-52, qui datent de la guerre froide et sont deux fois plus vieux que leur équipage, sont toujours en service, et leur cellule vieille d'un demi-siècle est sans cesse remise à neuf grâce à des éléments et des technologies dernier cri. La division films de DuPont, qui avait quasiment déposé le bilan, a réussi à redevenir un acteur clé notamment en récupérant auprès de ses clients des films polyester usagés pour une valeur de plus d'un milliard de dollars par an ; elle les a ensuite amincis et rendus plus résistants. Ils coûtent donc moins cher à fabriquer mais se vendent à un meilleur prix. Les chimistes avisés de DuPont estiment pouvoir continuer « indéfiniment » sur cette voie du « fabriquer plus » avec moins.

Réduire les déchets de procédé

Vous vous souvenez qu'il faut entamer les économies en aval, n'est-ce pas ? Les constructeurs automobiles et les fondeurs de métaux achètent souvent deux fois plus de métal que ce qui finit dans leurs produits et les constructeurs

108 Allwood, 2009.

de cellules d'avions en achètent dix à vingt fois plus. En éliminant ce gaspillage dès la conception, on s'épargne toutes les étapes en amont jusqu'à la mine, qui sont gourmandes en énergie et en capital. Auparavant, Pratt & Whitney perdaient par usinage 90 % de leurs coûteux lingots pour façonner les aubes de turbine. Ils ont remédié à ce gaspillage en demandant à leurs fournisseurs de couler ces alliages exotiques pour leur donner la forme d'aubes. Les structures en fibres de carbone peuvent aujourd'hui être fabriquées avec moins de 10 % de rebuts (réutilisables) et avec des trous directement moulés à l'intérieur – ce qui n'entraîne aucun déchet – et non pas percés après coup. Des formes et des concepts plus intelligents permettent d'économiser plusieurs points de pourcentage d'acier et de béton dans une poutre. Mais au fait, pourquoi utiliser une poutre ? L'Allemand Michael Schlaich, véritable magicien des structures, a réussi à diviser par huit à dix la masse structurelle du stade de Stuttgart, et de bien d'autres stades par la suite, pour un coût en capitaux inférieur et en obtenant une résistance accrue simplement en remplaçant la compression par la tension dans son travail de conception[109].

L'avènement de la fabrication additive

Une nouvelle avancée technologique, qui a longtemps tenu de la science-fiction, est aujourd'hui bien réelle : la fabrication assistée par ordinateur fait son apparition, vingt-cinq ans après la publication assistée par ordinateur. Il vous suffit d'imaginer, de dessiner sur un écran et de cliquer sur « Impression ». Finies, les usines immenses et bruyantes qui soustraient la majeure partie d'un gros morceau de matière pour lui donner la forme que vous voulez. Des appareils bien plus petits peuvent aujourd'hui façonner les mêmes produits en procédant par couches aussi fines que du papier, de la même façon que les imprimantes à jet d'encre font apparaître des mots sur une feuille. Cette fabrication additive, qui n'utilise que ce dont elle a besoin, peut créer des produits de meilleure qualité avec jusqu'à 90 % de matière en moins[110].

109 Bögle et Cachola Schmal, 2005.

110 Knowles, 2011.

Un MakerBot de la taille d'un four à micro-ondes coûte moins de 1 000 dollars et peut « imprimer » en plastique 3D n'importe quelle forme de la taille d'une main, voire plus petite, en quelques minutes. Cet appareil grand public peut même fabriquer en une fois et sans assemblage des produits impossibles à réaliser selon les méthodes traditionnelles : un bateau dans une bouteille, des engrenages ou des échangeurs de chaleur imbriqués superefficaces. Cela devient un jeu d'enfant ! Le contrôle numérique sur chaque détail ouvre la voie à la personnalisation de masse. Les clients peuvent devenir des cocréateurs, échanger librement des concepts et même se faire concurrence.

Les « fabricateurs numériques » industriels démarrent autour de 5 000 dollars (mais leur prix baisse rapidement) et peuvent imprimer un objet complexe et de grande taille – une moto ou un moteur à piston d'avion en taille réelle avec hélice – avec un tel réalisme qu'il faut s'approcher pour se rendre compte qu'il s'agit de plastique. Ils peuvent concurrencer le moulage par injection d'environ un millier de produits. D'ici peu, un élément compliqué en plastique destiné à réparer votre voiture pourra être fabriqué sur place, directement chez le concessionnaire, et n'aura donc plus besoin d'être expédié depuis une lointaine usine. Conséquence : un service plus rapide et de meilleure qualité qui vous fournit uniquement ce dont vous avez besoin quand vous en avez besoin, un coût inférieur, un gain de temps atteignant souvent les 50 à 80 % et une grosse économie d'énergie.

Non contents d'imprimer des oreilles en silicone et des membres artificiels, les fabricateurs numériques pourraient bientôt imprimer également vos propres cellules dans des organes tels que la vessie, les reins et même le cœur. Selon *The Economist*, les fabricateurs numériques 3D de base « coûtent aujourd'hui moins cher qu'une imprimante laser en 1985 » et, en s'opposant au principe des économies d'échelle, « ils pourraient avoir un impact aussi décisif dans le monde que celui de la naissance des usines… De la même façon que personne ne pouvait prédire l'impact de la machine à vapeur en 1750 ni celui de l'imprimerie en 1450 ou du transistor en 1950, il est impossible de prévoir l'impact à long terme de l'impression en 3D[111] ».

111 *The Economist*, 2011a.

La fabrication additive pourrait au bout du compte être pratiquée à l'échelle de l'atome pour l'« assemblage moléculaire[112] ». Nous savons que cela fonctionne, car c'est de cette façon que le vivant transforme la lumière en feuille et que le lait maternel fait grandir les bébés. À terme, la fabrication se fera aussi dans ce domaine, car tout ce qui existe est reproductible. Les marchés s'évertuent à exploiter les déchets. Ce serait donc terrible de les gaspiller.

TRANSFORMER LA JUNGLE INDUSTRIELLE

L'étude menée par McKinsey & Company sur les perspectives d'efficacité énergétique montre que les industries américaines pourraient dès à présent économiser 1 500 TWh par an de façon rentable[113]. Alors pourquoi ne le font-elles pas ? Si les perspectives d'efficacité énergétique et d'économies sont si séduisantes, pourquoi un grand nombre d'entreprises attirées par les profits n'utilisent-elles pas leur énergie de façon à économiser de l'argent ?

Les obstacles à l'efficacité énergétique radicale

Le premier obstacle, et le plus important, vient du fait que de nombreuses entreprises ont des capacités de gestion et des connaissances limitées en matière d'efficacité énergétique (un domaine rarement perçu comme une compétence essentielle). Cela n'a rien d'étonnant, car les prix énergétiques sont restés si bas pendant si longtemps que l'efficacité énergétique était souvent le cadet des soucis des directeurs exécutifs. Comme l'a déclaré le PDG d'une entreprise figurant dans le classement « Fortune 100 » au milieu des années 1990 : « L'énergie, ce n'est pas vraiment ce qui me passionne, car cela ne représente que quelques pour cent du coût de mes activités. » Mais ce chef d'entreprise, un rien dédaigneux, avait oublié de faire un calcul tout simple :

---

112 Drexler, 1987.

113 McKinsey & Company, 2009a, 2009b, 2010b.

si un responsable énergie qui venait de réduire le coût énergétique annuel de son usine de 38 $\$/m^2$ avait réalisé la même opération à l'échelle de l'entreprise tout entière – quelque 8 millions de m^2 –, les recettes nettes de l'entreprise auraient augmenté de 56 % cette année-là. Lorsque ce raisonnement a été énoncé, l'ingénieur en question a reçu une promotion immédiate et a généralisé cette bonne pratique à l'ensemble de l'entreprise. Mais pour de nombreux directeurs exécutifs, le déclic n'a pas encore eu lieu.

Ce manque d'intérêt et de compétences en interne nuit au nombre de bonnes idées dont peuvent bénéficier un projet, un concept et les processus décisionnels, et il nuit aussi à la probabilité que quiconque mette ces idées en avant. Cela se traduit souvent par de la négligence. Une célèbre entreprise qui n'avait plus besoin de vapeur depuis des années continuait ainsi à faire tourner une énorme chaudière, employant pour cela des opérateurs spécialisés 24 heures sur 24, dans le seul but de chauffer des conduites de distribution (dont beaucoup n'étaient pas isolées et fuyaient) de peur qu'elles n'échappent au cyclage thermique ; personne n'avait fermé l'ancien système pourtant voué à ne plus jamais servir. Et souvent, le manque d'efficacité énergétique est révélateur d'une absence d'amélioration continue. Beaucoup d'entreprises construisent toujours leurs usines selon le même mode linéaire classique (nécessité, conception, construction, répétition) et non en observant une boucle d'apprentissage – nécessité, conception, construction, *prise de mesures, analyse, amélioration,* répétition si bien qu'elles ne s'améliorent jamais.

Ensuite, les entreprises disposent d'un capital limité. Dans la course aux budgets, les investissements nécessaires pour garantir la qualité des produits et conserver les autorisations d'exploitation (en se pliant aux obligations en matière de sécurité, d'environnement et de travail, par exemple) ont la priorité. La plupart des entreprises répartissent le capital entre les différents départements, si bien qu'il est impossible de répartir les investissements les plus rentables pour l'ensemble de l'entreprise entre services ; certains dépasseraient le budget d'investissement prévu par le vice-président, tandis que d'autres départements protesteraient de n'avoir rien reçu[114]. C'est pourquoi

114 Goldstein, 2010, 122-23.

seuls les projets optionnels au sein de chaque département sont lancés, en commençant par les plus rentables et jusqu'à ce que le capital disponible soit épuisé. Les projets qui remportent la course à l'investissement en dollars sont généralement ceux qui dopent le rendement – pour lesquels l'efficacité énergétique n'est que rarement prise en compte – et qui sont amortis rapidement, le plus souvent en quelques mois ou en un an ou deux tout au plus. Peu d'entreprises aujourd'hui réalisent tous ces projets, mais quand bien même elles les accompliraient, elles laisseraient forcément de côté un grand nombre de projets d'efficacité énergétique rentables mais n'ayant des retombées que sur le long terme, trompant ainsi les actionnaires. La plupart des directeurs exécutifs n'empruntent pas non plus de sommes d'argent sur lesquelles ils pourraient faire un joli bénéfice grâce à l'efficacité énergétique par peur de violer les ratios financiers fixés par les analystes sectoriels de Wall Street. Et si les responsables énergie ne parviennent même pas à obtenir les fonds pour leurs projets gagnants auxquels ils ont longuement réfléchi, pourquoi s'embêteraient-ils à trouver d'autres solutions ?

En outre, la plupart des industries américaines à forte intensité énergétique sont mûres et se développent lentement, ce qui laisse peu de place à de nouvelles installations à haut rendement énergétique, si bien que même si les solutions et les compétences sont là, il est rare que la décision d'investir soit prise. Dans les industries marquées par des hausses et des baisses d'activité comme celle des semi-conducteurs, le temps manque pour concevoir correctement les nouvelles usines : les concepteurs sont soit trop occupés à finir la prochaine usine, soit trop déstabilisés par la récession pour percevoir l'occasion en or qui s'offre à eux de l'emporter sur leurs concurrents lorsque l'économie ira mieux.

Le troisième obstacle vient du fait que les taux de rentabilité exigés par les entreprises pour justifier les investissements dans des usines vieillissantes sont étonnamment élevés. Le monde industriel est volatil et personne n'est vraiment capable de dire ce que va donner un investissement à long terme. Il se peut qu'une usine soit fermée par un nouveau propriétaire, qu'une nouvelle source d'énergie soit mise au point, comme les gaz de schiste, et qu'elle fasse chuter les prix, ou bien il peut y avoir des inquiétudes au sujet de la faculté de futurs directeurs à faire fonctionner et à entretenir correctement des systèmes auxquels ils ne sont pas habitués. Il n'y a rien d'étonnant à ce que les responsables dans l'industrie exigent que les investissements dans l'efficacité énergétique soient vite amortis. Les entreprises sont soumises à une pression constante de la part des investisseurs et des actionnaires pour que les retours sur investissement soient maximisés. Ces investisseurs veulent obtenir des bénéfices plus rapides et prendre moins de risques que ce que peuvent garantir au départ un grand nombre de techniques d'efficacité énergétique naissantes, donc brassant encore de faibles volumes.

C'est pourquoi le gouvernement et les consortiums industriels ont un rôle décisif à jouer pour aider au développement des technologies d'efficacité énergétique, en faire la démonstration, réduire les risques qu'elles comportent et baisser leur coût. Ils peuvent également répandre la bonne parole de l'efficacité énergétique et contribuer à identifier des solutions rentables auprès d'entreprises qui n'ont pas le temps de le faire elles-mêmes. Ainsi, l'Industrial Technologies Program du ministère américain de l'Énergie a-t-il permis jusqu'à présent à ses participants d'économiser en cumulé 2 700 TWh d'énergie (soit environ la consommation annuelle de la Californie), ce qui équivaut à 65 milliards de dollars ; en 2008, il a en effet soutenu 118 technologies d'efficacité énergétique éprouvées et 104 nouvelles, et il était sur le point d'en commercialiser 135 autres[115].

Les actions à mener

La mise en œuvre de l'efficacité énergétique est donc tout sauf aisée, mais il ne s'agit pas pour autant de prestidigitation et la récompense est de taille. L'industrie y gagnerait plus de 500 milliards de dollars en valeur actuelle nette 2010 avec des économies brutes 3,4 fois plus élevées que le coût consenti pour devenir efficace sur le plan énergétique. Il faut ajouter à cela des gains directs et indirects de plus grande valeur encore en termes de qualité et de rendement,

115 Ministère américain de l'Énergie, 2010e.

d'autres avantages non énergétiques et, bien sûr, une compétitivité au niveau mondial. En outre, une bonne gestion de l'énergie est essentielle pour une bonne gestion tout court. Les projets de gestion énergétique permettent non seulement d'économiser de l'énergie et des coûts, mais aussi de mieux comprendre les processus et de stimuler l'innovation sur un large front en montrant la voie vers des rendements plus élevés pour des coûts moindres.

Pour réaliser des économies d'énergie importantes et rentables, il faut non seulement des personnes enthousiastes et des compétences, mais aussi une persévérance sans faille. Certains dirigeants appliquent des méthodes innovantes pour stimuler le progrès dans leur entreprise. Ainsi, Ken Nelson, spécialiste de l'efficacité énergétique, a-t-il mis en place une forme de concours pour inciter des employés à dénicher des possibilités d'économies. Résultat : il a épargné des centaines de millions de dollars de dépenses à son employeur, Dow USA (voir l'encadré « Concours entre ouvriers : importantes récompenses à la clé »). Mais les tactiques diffèrent selon les cultures.

CONCOURS ENTRE OUVRIERS : IMPORTANTES RÉCOMPENSES À LA CLÉ

Ken Nelson est un ingénieur astucieux, sympathique et discret, qui était auparavant responsable de l'efficacité énergétique chez Dow USA. Pendant douze ans, il a organisé un concours entre les 2 400 employés de la division de Louisiane de l'entreprise, sans jamais dépasser le niveau des chefs d'ateliers. Ce concours avait pour but d'élire des projets qui économisaient l'énergie ou réduisaient les déchets, étaient amortis en un an et (au départ) coûtaient moins de 200 000 dollars. Après 936 projets approuvés et près de 900 mises en œuvre, dont il a été démontré par audit qu'ils atteignaient précisément ces économies, le bénéfice sur le résultat financier était stupéfiant : 110 millions de dollars économisés par an avec un bénéfice annuel de 204 % (le tout sur une année ou presque), et les bénéfices comme les économies continuaient à augmenter. C'était comme si chaque somme de 100 000 dollars que l'entreprise gagnait renfermait une somme équivalent au double.

La première année, le concours s'est traduit par 27 projets qui ont coûté au total 1,7 million de dollars avec un retour sur investissement moyen de 173 %. Beaucoup ont alors estimé que les possibilités les plus faciles à exploiter étaient taries. Ils se trompaient. L'année suivante, 32 projets ayant coûté 2,2 millions de dollars affichaient un retour sur investissement moyen de 340 %. Tirant rapidement les premiers enseignements de cette expérience, Ken Nelson a alors modifié les règles du jeu de façon à supprimer le plafond initial de 200 000 dollars que ne devaient pas dépasser les projets (avec des résultats aussi lucratifs, pourquoi ne pas voir plus grand ?) et à inclure des projets qui allaient stimuler la production. En 1989, 64 projets coûtant 7,5 millions de dollars ont permis d'économiser 37 millions de dollars la première année et autant les années suivantes, pour un retour sur investissement de 470 % (le meilleur résultat à ce jour). Même en 1992, soit dix ans après le lancement du concours et près de 700 projets plus tard, les 109 projets gagnants ont engendré en moyenne un retour sur investissement de 305 %, et en 1993, le retour sur investissement moyen des 140 projets était de 298 %. Comme à l'accoutumée, les ingénieurs ont appris les nouvelles astuces plus vite qu'ils n'ont épuisé les anciennes.

Cette manne tombée du ciel a été recueillie par des employés ordinaires, qui n'ont pas reçu pour autant de récompense particulière, si ce n'est la reconnaissance de leurs pairs ; ils n'ont pas entrepris cette démarche suite à une intervention du directeur exécutif, mais parce que ce dernier n'était pas au courant et ne pouvait donc les gêner. Bien que mesurés et documentés de très près par Ken Nelson, ces gains ajoutés au résultat financier de Dow USA ne sont pas le fruit de théories de gestion compliquées, de cercles de qualité, de processus d'autonomisation, de réflexions de comités ni d'autres considérations managériales. Ils viennent au contraire d'une démarche concrète menée auprès des ouvriers, qui a permis de transformer leur ingéniosité volontaire en gains financiers et en un apprentissage continu[116].

116 Nelson, 1998.

Anita Burke, par exemple, a fait passer une raffinerie de Texaco du statut de pire à celui de meilleure entreprise environnementale du pays. Un jour, son patron ayant refusé de financer un projet hautement rentable concernant les stations-services au motif que les bénéfices allaient s'accumuler sur un autre compte, elle a brûlé un billet de 20 dollars devant lui. « Éteignez-moi ça ! a-t-il crié. On ne brûle pas l'argent ! » Elle lui a alors calmement expliqué que son refus d'investir était responsable d'un gâchis bien supérieur. Et elle a obtenu les fonds.

À son niveau, Paul Rak, président de VeriForm Inc., fabricant canadien d'acier, est lui aussi un pionnier de l'efficacité énergétique. Il a dépensé 46 000 dollars entre 2006 et 2008 pour améliorer l'éclairage de son usine, automatiser le chauffage et faire fonctionner ses outils de manière plus efficace. Ses économies d'électricité de 58 % et de gaz naturel de 90 % lui ont permis de réduire sa facture énergétique d'environ 90 000 dollars, soit un retour sur investissement annuel de presque 200 %. Certains amortissements ont été très rapides puisqu'ils sont intervenus au bout d'une semaine et demie, et ce n'était là qu'un début[117] !

Qu'ont donc en commun des pionniers comme Ken Nelson, Anita Burke et Paul Rak ? Du cran, de la créativité et de la persévérance. Mais pour réduire véritablement la colossale consommation énergétique de l'industrie, il faudra consolider ces succès et les généraliser. Pour cela, nous recommandons aux responsables industriels de mener des actions sur plusieurs fronts à la fois. D'abord et avant tout, il faut sensibiliser ses employés et leur donner envie d'agir. C'est souvent lorsque la base prend conscience des problèmes énergétiques et y prête attention qu'on parvient le mieux à s'attaquer à un problème aussi diffus que celui de la gestion de l'énergie. Les ouvriers ont généralement des idées intéressantes sur les possibilités d'économies d'énergie dans leur usine et s'ils savent qu'ils seront reconnus (voire gratifiés) pour leurs initiatives et non sanctionnés pour avoir ébranlé le statu quo, le virus de l'efficacité énergétique peut prendre très rapidement. Il faut pour cela mettre

117 Green Manufacturer, 2010.

en place une structure de gestion de l'énergie digne de ce nom, récompenser ce qui va dans la bonne direction et créer une culture de l'autonomisation et de la curiosité.

Ensuite, les dirigeants d'entreprise doivent s'attaquer aux obstacles qui barrent la route de l'efficacité énergétique et qui peuvent être décourageants par leur ampleur, autoriser (voire obliger) les projets à entrer en concurrence entre les départements et regarder au-delà des profits trimestriels. Les entreprises industrielles qui envisagent d'être présentes sur le long terme doivent adapter leurs objectifs à court terme et franchir les obstacles pour y parvenir. Cela signifie qu'elles doivent régulièrement fournir des capitaux ou un financement aux projets afin de profiter des bénéfices à long terme, énergétiques ou non. C'est ainsi qu'une culture de l'efficacité énergétique comme celle de Dow Chemical a pu s'enraciner durablement au même titre que la sécurité et la qualité.

Enfin, il est indispensable que les dirigeants d'entreprise travaillent en tandem avec les fournisseurs d'énergie locaux. Il faut découpler les profits de ces derniers des ventes d'énergie et leur accorder une petite part de ce qu'ils contribuent à économiser pour leur permettre de cautionner et d'accélérer la démarche d'efficacité énergétique de leurs clients (voir chapitre 5). Les fournisseurs d'énergie ne doivent pas pénaliser l'industrie avec des réglementations paralysantes sur l'interconnexion ni avec le coût de la PCCE ou d'autres techniques permettant de produire de l'électricité sur site avec un meilleur rendement énergétique que celui de leurs centrales ne générant que de l'électricité. Les dirigeants d'entreprise doivent rechercher au sein de leurs structures les améliorations en matière d'efficacité énergétique, mais dans le cas de la PCCE, ils devront travailler avec les fournisseurs d'énergie afin de mettre en place un réseau gagnant.

CONCLUSION : LA COMPÉTITIVITÉ GRÂCE À UNE PRODUCTIVITÉ ÉNERGÉTIQUE RADICALE

Entre les opportunités déjà exploitables sur le plan technologique, logistique et économique et celles qui le deviendront au cours des quarante prochaines années, nous disposons des technologies existantes et émergentes pour éloigner puis, à terme, supprimer les combustibles fossiles du secteur industriel. Il nous faudra pour y parvenir adopter un état d'esprit différent qui soit plus proche des principes fonctionnels et de l'approche à long terme d'une forêt tropicale que d'un opérateur de tronçonneuse.

La clé de la survie, à la fois pour les forêts tropicales et pour les entreprises industrielles, est la résilience, c'est-à-dire la capacité à résister dans les moments difficiles et à se développer dans les périodes fastes en tirant les leçons du stress ressenti pour s'adapter toujours mieux. Et la frugalité résistante est un élément essentiel de cette résilience. Dans l'industrie, l'efficacité énergétique est décisive si l'on veut survivre aux récessions, et les entreprises affichant les meilleurs rendements énergétiques renouent plus vite avec la croissance tout en souffrant moins de la concurrence pour trouver des clients et des ressources rares. Les arbres ne fabriquent pas de sous-produits qui pourraient nuire à leur écosystème ; au contraire, ils entretiennent la riche biodiversité qui les entoure et sont entretenus par elle. Voilà bien un enseignement, dont l'industrie devrait s'inspirer, si nous voulons créer un système qui dure et profiter des essais et erreurs par lesquels les arbres géants des temps immémoriaux ont dû passer durant plusieurs centaines de millions d'années.

Une partie des pressions évolutives que nous pouvons exercer sur l'industrie pour qu'elle soit plus solide, plus résiliente et davantage en harmonie avec l'écosystème, dont la bonne santé lui est vitale, s'imposent d'elles-mêmes. Il faut supprimer les subventions aux combustibles, rendre obligatoire la responsabilité des producteurs sur l'ensemble du cycle de vie des produits, permettre et encourager la récupération et la réutilisation de la chaleur résiduelle – ce qui comprend toutes les formes de cogénération –, supprimer les distorsions qui favorisent les matériaux vierges au détriment des matériaux recyclés, permettre aux entreprises de déduire du revenu imposable les investissements qui leur font économiser de l'énergie plutôt que de devoir les financer, et attribuer une tarification appropriée au rejet de produits dans les biens communs, qu'il s'agisse de substances peu ragoûtantes dans nos cours d'eau, de détritus dans nos décharges, de suie dans nos poumons ou de carbone dans notre atmosphère.

Ce type de stimuli délibérés et systématiques en faveur de l'innovation et de l'adoption de l'efficacité énergétique président depuis longtemps à la compétitivité de pays comme l'Allemagne et le Japon. Leurs prix énergétiques élevés et leur réglementation environnementale stricte ont affûté leur efficacité énergétique, contribué à réduire les soins de santé et la dépendance à l'égard des ressources, amélioré la transparence et les marges de manœuvre de leur économie et accéléré l'adoption par le plus grand nombre de l'efficacité énergétique. Les États-Unis sont à la traîne dans ce domaine, freinés par des signaux de prix délibérément faux, par les subventions et par d'autres mesures politiques partisanes qui handicapent l'économie tout entière. Or, cette Amérique qui s'accroche à des combustibles artificiellement bon marché éprouve des difficultés à concurrencer des pays dans lesquels les prix, plus conformes à la réalité, ont exigé davantage d'efforts ayant conduit à des gains plus élevés.

FIG. 4-12 – Projection de la baisse de consommation de combustibles par le secteur industriel américain, 2010-2050

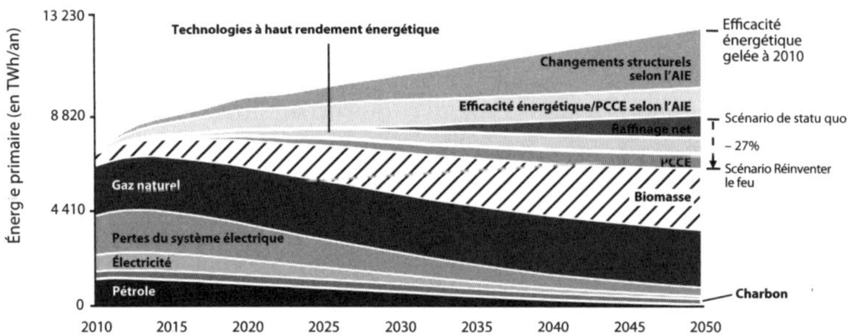

Les gains d'efficacité énergétique diviseront par deux la consommation d'énergie primaire de l'industrie et les besoins résiduels en énergie ne seront pas satisfaits par les combustibles fossiles. Les gains dus à la conception par approche globale, limités, pourraient faire passer les économies de 27 à 30 %[118].

118 Analyse du RMI d'après des données de l'Agence américaine pour l'information sur l'énergie, 2010b, l'Académie nationale des sciences, 2010, Xu, Slaa et Sathaye, 2010, Martin *et al.*, 2000, et Bailey et Worrell, 2005.

Ne nous voilons pas la face. Multiplier par deux la productivité énergétique de l'industrie en 2050 nécessitera un engagement et une attention soutenus, mais aussi des mesures, de la curiosité, des prises de risque calculées, des incitations homogènes, une communication claire, de la persévérance, du courage, de la diplomatie, un soupçon de ruse et éventuellement une pointe de mise en scène et de charisme. Il faudra aussi actionner vigoureusement les quatre leviers que nous avons évoqués, exploiter la conception par approche globale et peut-être commencer à obtenir davantage de travail à partir de moins de matière.

Et même après cela, les entreprises auront très certainement besoin que les politiques leur tendent la main à travers de nouvelles mesures leur permettant de se passer entièrement des combustibles fossiles. Le charbon, le pétrole et le gaz naturel continueront à paraître relativement bon marché tant que leur prix n'inclura pas les coûts sociaux qu'ils nous imposent. Et, ce qui est encore plus grave, l'incertitude persistante au sujet des réglementations et des prix à venir freine l'industrie dans ses décisions d'investissements. Or pour accélérer les investissements, il faut modifier la réglementation.

L'objectif général est clair et réalisable. Nous pouvons réduire de façon radicale la quantité d'énergie que consomme l'industrie et faire en sorte que les entreprises se passent de charbon, de pétrole et, à terme, de gaz naturel.

Les améliorations à apporter à l'efficacité énergétique de l'industrie et la commutation de combustible, que nous appelons de nos vœux, représentent un vaste chantier. Et elles coûtent de l'argent. Nous avons calculé que pour y parvenir, l'industrie devra investir environ 283 milliards de dollars en valeur actuelle 2010. Ce n'est pas une mince affaire pour un secteur qui compte chacun de ses sous et ne fait d'investissements de capitaux que lorsque c'est nécessaire. Mais pour les entreprises qui sont prêtes à parier sur l'avenir, la récompense sera colossale. Les technologies, dont la rentabilité est prouvée et qui ont un rendement réel d'au moins 12 % par an, pourraient rapporter à elles seules plus de 665 milliards de dollars en valeur actuelle nette (fig. 4-13). Et si le prix des combustibles fossiles dépasse les prévisions du gouvernement, ce rendement pourrait être meilleur encore.

FIG. 4-13 – Valeur des économies dans l'industrie américaine, 2010-2050

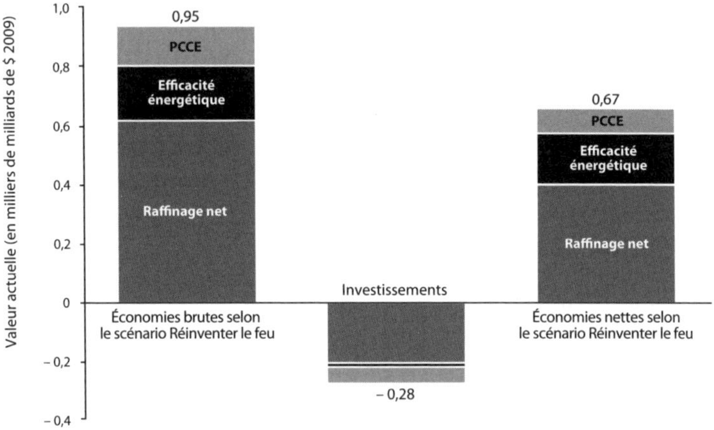

Investissements requis et potentiel d'économies relatifs à l'efficacité énergétique dans l'industrie américaine[119]. Ces économies proviennent uniquement des quatre leviers classiques et des évaluations du Lawrence Berkeley National Laboratory en matière de technologies et non de la conception par approche globale.

Cette progression vers une efficacité énergétique maximale s'appuie sur les trois concepts introduits au début de ce chapitre : l'investissement, l'innovation et l'incitation.

Investir dans les usines et dans les personnes qui y travaillent. Afin de tirer le meilleur parti des quatre leviers, les entreprises devront moderniser leurs installations en y introduisant des concepts et des procédés à haut rendement énergétique et, ce faisant, elles devront aussi former les nombreux employés qui sont prêts à se mettre au travail pour économiser l'énergie et apporter de l'argent à leur entreprise. Elles devront en outre leur donner davantage d'autonomie. Depuis les démarches à court terme (apprendre à

119 *Ibid.*

quantifier la consommation d'énergie dans une usine ou rechercher les toutes dernières technologies d'efficacité énergétique) jusqu'aux investissements à plus longue échéance (financer la R&D afin de commercialiser de nouveaux procédés ou bien construire et équiper une structure de gestion de l'énergie pour identifier les foyers d'inefficacité énergétique, comme l'a fait Ken Nelson), il existe quantité de façons d'investir de l'argent pour en économiser. Un grand nombre d'entre elles ne coûtent sans doute pas cher du tout en amont. Et surtout si l'on exploite la conception par approche globale, ces démarches ne doivent guère demander plus qu'un investissement en temps et qu'une approche des déchets en tant que source inépuisable de profits.

Innover pour garantir la compétitivité à long terme.
Les entreprises sont connues pour leur faculté à développer de nouveaux marchés. Elles constituent sans doute les entités les plus flexibles au monde et leur faculté à innover doit être entretenue, renforcée et exploitée. Il y a innovation lorsque les conditions l'exigent et alimentent le développement de la structure. Avec l'avènement d'une nouvelle ère énergétique, les entreprises seront contraintes d'innover pour rester compétitives. Ainsi, si le coût du combustible augmente, l'industrie devra satisfaire une partie de ses besoins en chaleur industrielle grâce à la commutation de combustible : électrification ou chaleur solaire, par exemple. À mesure que les matières premières deviendront plus rares et plus chères, les entrepreneurs réduiront la quantité de déchets mis en décharge grâce à de nouveaux modèles économiques moins producteurs de déchets et fournissant des services plutôt que des produits. Avec un soutien financier suffisant de la R&D (de la part des universités, des gouvernements et du secteur privé lui-même), les entreprises pourront étendre l'échelle de procédés innovants qui viendront appuyer la productivité et la compétitivité sans faille de l'industrie américaine. Les enjeux sont nombreux derrière les choix des chefs d'entreprise qui assureront la rentabilité à long terme et un solide avenir à l'industrie.

Inciter à des comportements adéquats.
L'innovation ne vient pas de nulle part. Afin de rompre le lien entre essor de l'industrie et dépendance continue à l'égard des combustibles fossiles

polluants, les gouvernements doivent autoriser et stimuler une concurrence totale et saine entre les combustibles fossiles, les sources d'approvisionnement concurrentes (comme les énergies renouvelables ou l'électrification) et une consommation plus productive de l'énergie, le tout devant être tarifé de façon juste. Le fait d'adopter une réglementation appropriée ne dispense pas de devoir mener des réformes managériales et culturelles, mais cela permet d'accélérer ces dernières, de les renforcer et de les appuyer. Conscients de l'aspect à double tranchant qu'une réglementation excessive et que ses conséquences non souhaitées peuvent avoir, nous ne recommandons pas de série de mesures particulière à privilégier. Cependant, les incertitudes au sujet des politiques à venir freinent les investissements dans les industries de demain et cela ne peut continuer. Un train de mesures, propres au secteur industriel, pourrait inclure une obligation de responsabilité « du berceau au berceau » (*cradle-to-cradle*) vis-à-vis des produits, des coûts de mise en décharge plus élevés, l'imputation des investissements en faveur de l'efficacité énergétique sur les coûts d'exploitation, le financement de la R&D, des programmes de démonstration ou un financement pour les premiers utilisateurs afin de réduire les risques, un prix plancher pour les combustibles, ou encore le même type de tarification du carbone, à l'échelle de l'ensemble de l'économie, que celui qui garantit déjà un avantage compétitif à nos concurrents. Quelles que soient les mesures et les réglementations, elles doivent s'accompagner de décisions transparentes, cohérentes et à long terme que l'industrie puisse planifier sur plusieurs décennies. Ce n'est qu'à cette condition qu'elles pourront débloquer les investissements et lancer les entreprises dans une nouvelle course – à la découverte de nos trésors cachés.

L'un des pionniers dans ce domaine, Ray C. Anderson, le fondateur d'Interface, a eu une révélation en 1994. Son entreprise utilisait alors des quantités astronomiques de pétrole pour fabriquer deux milliards et demi de kilos de moquettes qui, après une brève utilisation, finissaient dans des décharges pour y pourrir lentement. Brillant ingénieur diplômé de Georgia Tech, entrepreneur, ex-quart-arrière [*quaterback*, poste offensif au football américain, N. d. T.] et dirigeant commercial surdoué, Ray Anderson a alors entrepris de remédier à cette situation en mettant en adéquation son travail et ce qu'il enseignait au catéchisme au sujet de la tâche qui incombe à l'homme de protéger la nature au côté du Créateur. Seize ans plus tard, plus de 100 000 tonnes de moquette avaient échappé à la décharge : elles avaient été refabriquées et recyclées, et l'énergie qui avait servi à leur fabrication avait été récupérée. Huit des neuf usines d'Interface fonctionnaient à partir d'une électricité issue à 100 % de sources renouvelables, et 40 % des matières premières nécessaires à la production étaient biologiques ou recyclées. L'énergie consommée par unité de produit avait diminué de 43 %, les émissions de gaz à effet de serre en valeur absolue avaient été réduites de 35 %, la mise en décharge avait baissé de 82 % et la consommation d'eau, de 82 % également. Les coûts relatifs aux déchets étaient inférieurs de 42 %, ce qui avait permis d'économiser 438 millions de dollars. La « Mission Zéro » de l'entreprise était donc sur les bons rails afin d'atteindre l'objectif visionnaire qu'elle s'était fixé pour 2020 : « Ne rien prendre, ne rien gaspiller, n'engendrer aucune nuisance, et obtenir d'excellents résultats en faisant le bien aux dépens non pas de la Terre, mais de concurrents moins réactifs[120]. »

Anderson estimait que ces mesures avaient permis à son entreprise de faire l'économie de coûts énergétiques importants, mais aussi d'acquérir des parts de marché. Et que ce soit au niveau de ses usines, de sa flotte de camions ou de ses installateurs, Interface jouit désormais de la plus grande indépendance qui soit dans ce secteur vis-à-vis du pétrole et de ses cours volatils[121].

---

120 Anderson, 1999, 2009.

121 Lorsque le secteur de la construction commerciale, le principal marché d'Interface, s'est effondré en 2008-2009, la société a survécu et s'est même développée, car ses clients, conscients que ses produits correspondaient à leurs besoins et à leurs valeurs, lui sont restés fidèles. En outre, Interface emploie en matière de conception de véritables génies qui s'inspirent du biomimétisme et développent depuis des années des produits et des modèles économiques de location de services qui pourraient, à terme, réduire de 97 % – voire de 99,9 % avec un recyclage final – la quantité de matière requise chaque année pour réaliser une belle pose de moquette (Hawken, Lovins et Lovins, 1999, p. 139-141).

Comme chez Interface, la transformation de l'industrie américaine devra s'inspirer d'une vision précise et se poursuivre par un dur labeur qui consistera à repenser les procédés fondamentaux et à corriger la réglementation. Ainsi, nous pourrons tous économiser l'énergie, multiplier les richesses et protéger notre habitat. Nous n'avons rien d'autre à perdre que des déchets.

TABLEAU 4-1. Synthèse des recommandations aux acteurs clés du secteur de l'industrie

	SANS REGRETS	OPPORTUNISTE	INNOVANT
CLIENTS	Adoptez les produits sans déchets, réduisez, réutilisez, refabriquez et recyclez. Demandez des analyses de cycle de vie à vos fournisseurs.	Testez les modèles économiques de prestations de services plutôt que d'acheter des produits. Concevez l'utilisation de vos produits au plus juste afin de n'acheter que ce dont vous avez réellement besoin.	Aidez aux décisions d'achat en déterminant leur impact en termes de combustibles fossiles. Passez de l'achat de produits à la location de services.
PROPRIÉTAIRES ET DIRECTEURS D'USINES	Mesurez la consommation d'énergie de l'usine/des procédés. Optimisez la performance actuelle de l'usine/des procédés et généralisez la mise en œuvre de la pensée dite « sans gaspillage » (« *lean* »).	Mettez en place une structure de gestion de l'énergie constamment actualisée. Traduisez les économies d'énergie par des systèmes de récompenses.	Financez la R&D pour commercialiser les avancées en matière d'efficacité énergétique et d'énergies renouvelables (procédés et technologie). Lancez une stratégie à long terme dans vos installations existantes et nouvelles.

	SANS REGRETS	OPPORTUNISTE	INNOVANT
PROPRIÉTAIRES ET DIRECTEURS D'USINES (suite)	Recherchez les technologies efficaces sur le plan énergétique. Testez les analyses de cycle de vie. Formez vos employés à la gestion de l'énergie et faites en sorte que chacun s'en sente responsable en permanence. Investissez dans du personnel spécialisé dans l'efficacité énergétique et donnez-lui de l'autonomie. Prônez la baisse de la consommation énergétique et l'élimination progressive des combustibles fossiles auprès de vos clients.	Développez un capital intellectuel centré autour de l'efficacité énergétique et des énergies renouvelables. Réduisez le nombre d'obstacles aux projets d'efficacité énergétique (afin qu'ils représentent un coût en capital le plus marginal possible) et faites en sorte que ces projets entrent en concurrence à travers toute l'entreprise et non au sein de chaque département afin que ces perspectives rentables soient sérieusement financées. Nouez des partenariats avec des fournisseurs e produits sur des innovations d'efficacité énergétique.	Utilisez systématiquement la conception par approche globale et le biomimétisme dans l'ensemble de l'entreprise. Optez pour les modèles économiques de prestations de services aux dépens de la vente ou de l'achat de produits. Nouez des partenariats avec les gouvernements et les fournisseurs d'énergie pour optimiser la réglementation en matière d'efficacité énergétique, de PCCE et d'énergies renouvelables et exploitez au maximum la demande. Ne tenez pas compte de vos concurrents : tracez votre propre voie en les laissant loin derrière.

	SANS REGRETS	OPPORTUNISTE	INNOVANT
PROPRIÉTAIRES ET DIRECTEURS D'USINES (suite)	Sensibilisez vos clients aux possibilités d'efficacité énergétique.	Testez les modèles économiques de prestations de services plutôt que d'acheter ou de vendre des produits. Faites l'expérience de la conception par approche globale et du biomimétisme. Anticipez la réglementation/tarification relative au carbone.	
GOUVERNEMENTS ET ONG	Renseignez-vous sur l'efficacité énergétique et l'indépendance vis-à-vis des combustibles fossiles de vos concurrents. Sensibilisez et formez à la compétitivité.	Faites mieux que vos concurrents. Soyez clairs dans votre politique carbone pour réduire les incertitudes et les risques en matière d'investissements.	Internalisez tous les coûts dans le prix des combustibles. Supprimez les subventions aux combustibles fossiles ; à terme, supprimez toutes les subventions au secteur énergétique.

	SANS REGRETS	OPPORTUNISTE	INNOVANT
GOUVERNEMENTS ET ONG (suite)	Supprimez les barrières à l'efficacité énergétique, à la PCCE, à la récupération et à la revente de la chaleur résiduelle et à la génération sur site auxquelles sont confrontés les fournisseurs d'énergie. Financez la R&D pour commercialiser les technologies prometteuses et améliorer les connaissances élémentaires.	Exigez une responsabilité des fabricants vis-à-vis de tout le cycle de vie de leurs produits. Faites en sorte que le traitement fiscal et comptable considère les investissements permettant d'économiser l'énergie comme coûts d'exploitation et non comme des actifs capitalisés. Faites en sorte que les fournisseurs d'énergie puissent investir dans l'efficacité énergétique et soutenir la production décentralisée et en soient correctement récompensés.	Étendez le soutien aux énergies renouvelables, à la récupération de la chaleur résiduelle et à la chaleur solaire.

FIG. 5-

L'ÉLECTRICITÉ :

LA PROSPÉRITÉ AUTREMENT

GRANDES LIGNES DU CHAPITRE

L'OBJECTIF. Éliminer de façon rentable les combustibles fossiles du système électrique américain. Pour cela, produire au moins 80 % de l'électricité états-unienne à partir de sources d'énergie renouvelables d'ici 2050, puis augmenter cette proportion (éventuellement jusqu'à 100 %) tout en améliorant la sécurité, la fiabilité, la résilience et la santé publique.

LES AVANTAGES POUR LES ENTREPRISES. Les énergies renouvelables sont de plus en plus compétitives par rapport aux méthodes de génération classiques. Elles permettent en outre de gérer les risques financiers, d'échapper à la volatilité des prix des combustibles fossiles et d'atténuer la pollution. Avec la production modulaire locale, elles constituent un marché en plein essor ouvert à de nombreux concurrents et non pas uniquement aux fournisseurs d'électricité.

LE RÉSULTAT FINANCIER. Au départ, le coût en capital serait plus élevé que la poursuite du scénario de statu quo, mais il est compensé (voire dépassé) par les économies de combustibles et l'investissement est intéressant, car il réduit d'importants risques, voire il permet d'y échapper.

LES SECTEURS QUI PEUVENT EN BÉNÉFICIER. Des perspectives commerciales lucratives peuvent s'offrir aux fournisseurs d'électricité et de TI (technologies de l'information, revendeurs de ressources, fournisseurs de technologies de génération et de gestion de l'électricité et autres innovateurs. Les clients bénéficieront quant à eux de coûts et de risques mieux gérés et d'un plus large choix.

LES MESURES POLITIQUES APPROPRIÉES. Des modifications réglementaires du modèle économique des fournisseurs d'électricité, une harmonisation des incitations pour soutenir l'efficacité énergétique et la réactivité de la demande, une coopération régionale en matière de fonctionnement et de planification des systèmes et des incitations à investir dans les nouvelles technologies.

On ne change pas les choses en combattant la réalité, mais en construisant un nouveau modèle qui rend l'actuel obsolète.

Buckminster Fuller (1895-1983)

Juste au sud des montagnes Wasatch, dans l'Utah, se trouve un peuplement de trembles considérés comme les plus vieux organismes vivants sur la planète. Ils se développent à cet endroit depuis plus de 80 000 ans, soit avant que les premiers hommes ne quittent l'Afrique. Les 47 000 arbres partagent tous le même ADN et sont unis et approvisionnés par un seul et même système radiculaire souterrain, qui peut acheminer de l'eau et des substances nutritives de part et d'autre du peuplement[1]. Les racines situées près des abondantes sources d'eau approvisionnent les arbres des zones plus sèches, tandis que celles qui ont accès aux nutriments vitaux renvoient la pareille. Ce réseau souterrain permet à ces arbres de survivre depuis des milliers d'années aux sécheresses et aux inondations, aux épisodes de chaleur et aux vagues de froid.

De nos jours, l'électricité, et, avec elle, les systèmes numériques d'information et de communication qu'elle rend possibles et dont elle a besoin constituent un système radiculaire vital à notre économie. L'électricité est devenue le tissu conjonctif de l'ère de l'information. Chaque transmission d'information ou presque dans notre vie quotidienne se fait aujourd'hui, en temps réel, au moyen de l'électronique. En 2000, 75 % de l'ensemble des informations stockées par les sociétés humaines à travers le monde l'étaient sous forme analogique : documents papier, photos, livres, bandes magnétiques, films radiographiques. En 2007, 94 % de ces informations étaient stockées sur des supports électroniques numériques[2].

1 Grant et Mitton, 2010, 40.

2 Hilbert et Lopez, 2011, 60-65.

L'électricité ne se contente pas d'animer les entrepôts de la connaissance humaine, elle rend également possibles la communication et le contrôle et elle fournit de l'énergie avec précision à des milliards de mécanismes au sein de l'économie. Elle est étonnamment polyvalente : elle est le vecteur d'une énergie productible à partir de n'importe quelle source primaire ou presque, à n'importe quelle distance ou presque de son utilisation finale, et elle peut fournir cette énergie à n'importe quel produit ou service ou presque. L'électricité est propre, efficace sur le plan énergétique, précise et souple, ce qui permet d'être sûr que les systèmes des grandes infrastructures, parmi lesquels ceux des communications, des bâtiments, de l'industrie et même des transports vont continuer à l'adopter en tant que source d'approvisionnement énergétique de premier choix.

Pour assurer notre approvisionnement en électricité, nous avons construit un réseau qui couvre tous les États-Unis et qui est un peu l'équivalent, en beaucoup plus étendu, du peuplement de trembles de l'Utah. Il s'agit d'un maillage complexe de 400 000 kilomètres de lignes à haute tension reliées à plus de 5 000 installations de production d'électricité[3]. Ce réseau atteint chaque habitation et chaque entreprise ou presque dans le pays, depuis les cabanes perdues dans les forêts du Missouri et de l'Arkansas jusqu'aux copropriétés chic de Manhattan en passant par les usines automobiles du Tennessee et les gratte-ciel de San Francisco. Il recharge nos téléphones portables, éclaire nos bureaux et nos stades de base-ball et alimente nos fondeurs d'aluminium et nos centres de données. Il représente, comme l'a déclaré la National Academy of Engineering, le plus grand accomplissement d'ingénierie du XXe siècle[4].

L'électricité a beau d'ores et déjà jouer un rôle crucial et être omniprésente, elle est néanmoins prête à prendre une importance plus grande encore afin de permettre aux secteurs des transports, du bâtiment et de l'industrie, décrits par ailleurs dans cet ouvrage, d'effectuer leur transition. Si nous voulons réinventer le feu qui brûle au sein de l'économie américaine, il faut que

3 Agence américaine pour l'information sur l'énergie, 2000.

4 Constable et Somerville, 2003.

notre système électrique accélère cette transition déjà en cours afin de se tourner davantage vers les énergies renouvelables, de se diversifier, d'être décentralisé, résilient et centré sur le client. C'est ainsi que nous améliorerons la souplesse physique, opérationnelle et décisionnelle dont nous avons besoin pour prospérer dans un monde qui change si vite.

IMAGINER LE SYSTÈME ÉLECTRIQUE DE DEMAIN

Comme nous l'avons vu dans les chapitres 3 et 4, l'augmentation spectaculaire de l'efficacité énergétique des secteurs du bâtiment et de l'industrie maintiendra la demande générale d'électricité à son niveau actuel, voire la fera baisser, alors même que nous passerons aux véhicules électriques. Nous pouvons également continuer à remplacer la plupart de nos centrales à combustibles fossiles vieillissantes par des énergies renouvelables à travers tous les États-Unis. La modélisation approfondie du système électrique américain montre que nous pouvons capturer et intégrer assez d'énergies renouvelables pour satisfaire 80 % et plus de nos besoins en électricité en 2050. Ces sources renouvelables fournissent des électrons non seulement depuis des régions riches en énergie comme le Dakota du Nord et le Dakota du Sud, où le vent souffle fort, et le Sud-Ouest du pays, très ensoleillé, mais aussi depuis des installations de génération d'électricité de diverses tailles et situées à proximité des consommateurs, ce qui réduit le besoin de transport sur de longues distances.

L'intégration des technologies de l'information au sein du système électrique permet d'avoir un réseau plus intelligent et une plus grande transparence des prix, fait baisser les coûts de gestion de ce système et améliore sa coordination. Un système électrique riche en informations se traduit en outre par une gamme d'offres bien plus étendue au sein de laquelle les fournisseurs de services classiques et nouveaux peuvent piocher afin de proposer des paquets énergétiques pour tous les goûts et à toutes les bourses. Et en rendant possibles des programmes de production plus restreints, plus faciles à calibrer et moins longs à mettre en place, ce changement de sources d'électricité et d'échelle de la production peut permettre aux fournisseurs d'énergie et aux marchés financiers de mieux gérer leurs risques financiers liés aux actifs, de plus en plus préoccupants.

Ce système électrique plus interactif, mieux informé et en constante évolution n'est pas centralisé et ne fonctionne donc pas du haut vers le bas. Au contraire, il peut tout autant évoluer de bas en haut grâce à des innovations et à une concurrence radicalement élargies, accrues et accélérées. Cette concurrence n'est pas limitée aux seuls États-Unis : le coût des technologies naissantes de production d'électricité, qui mûrissent rapidement, est nettement tiré vers le bas par les marchés internationaux et notamment par la production et les investissements intensifs de la Chine, aujourd'hui leader dans cinq technologies renouvelables et qui entend bien le devenir pour toutes.

La transformation du secteur de l'électricité aura de profondes répercussions sur les entreprises et leurs clients, ainsi que sur la compétitivité de l'économie américaine. Tout d'abord, ce secteur pourrait nécessiter des investissements à hauteur de 3 500 milliards de dollars au cours des quarante prochaines années pour le remplacement des infrastructures vieillissantes[5]. Le marché mondial va se développer de façon spectaculaire à mesure que les pays émergents vont assister au développement de leur PIB et de leur électrification. Mais *la manière* dont le système va évoluer n'est pas figée d'avance : il est possible d'en décider à partir d'un nombre déjà important et croissant de solutions. Les pays qui sauront le mieux s'adapter à cette transition pourront vendre leurs technologies et leurs services dans le monde entier, acquérant ainsi un avantage concurrentiel sur les autres.

COMMENT NOUS AVONS MODÉLISÉ NOS SCÉNARIOS EN MATIÈRE D'ÉLECTRICITÉ

Afin d'évaluer les implications des diverses voies que peut emprunter à l'avenir le secteur américain de l'électricité, le RMI a développé et analysé quatre scénarios ou « cas de figure » en partant d'hypothèses différentes

5 Analyse par le RMI de l'investissement de capitaux non actualisé dans le système électrique américain entre 2010 et 2050 selon le cas de figure du Maintien.

sur la façon dont l'électricité peut être générée, fournie et consommée entre 2010 et 2050 (fig. 5-2). Nous avons analysé les performances du système électrique américain à travers deux modèles. Tout d'abord, grâce à notre propre modèle de répartition de l'électricité, nous avons calculé le coût que représente la satisfaction de la demande horaire d'électricité sur une année entière en répartissant le bouquet énergétique fiable le moins cher dans les différents portefeuilles. Ensuite, nous avons déterminé le coût total et la performance de tous les cas de figure dans chacune des sept régions américaines à l'aide du modèle Regional Energy Deployment System (ReEDS) du National Renewable Energy Laboratory, un outil évolué qui simule l'extension de la capacité électrique américaine et l'utilisation de cette capacité pour la génération et la transmission de l'électricité ; cet outil a recours à des hypothèses simplificatrices afin d'équilibrer l'offre et la demande sur un laps de temps d'une heure[6] (pour plus de détails : www.reinventingfire.com).

6 Une évaluation précise de la fiabilité du système électrique en 2050 à travers l'ensemble des États américains contigus à partir d'une production issue à 80 % de sources renouvelables n'est pas possible avec les outils et les modèles actuels. Les modèles utilisés pour cet ouvrage ont recours à des hypothèses simplificatrices afin d'équilibrer l'offre et la demande sur un laps de temps d'une heure en prenant en compte les contraintes du système de transmission. De plus amples travaux s'imposent cependant pour vérifier la fiabilité du système sur des laps de temps plus courts et au niveau des réseaux de distribution. L'autorité de contrôle de la fiabilité du système électrique pour l'Amérique du Nord, le North American Electric Reliability Council (NERC), définit la fiabilité du système comme « la capacité à satisfaire les besoins en électricité de l'utilisateur final même lorsque des dysfonctionnements inattendus d'équipements ou lorsque d'autres facteurs réduisent la quantité d'électricité disponible ». Le NERC établit des normes de fiabilité afin d'assurer un niveau suffisant de ressources (devant fournir au consommateur un approvisionnement continu en électricité) et de garantir la sécurité (c'est-à-dire la capacité à pouvoir faire face à des perturbations soudaines et inattendues du système électrique). La fiabilité de ce dernier doit être mesurée depuis différentes perspectives qui couvrent des échelles de temps allant de la planification à long terme à l'exploitation en temps réel. Une analyse exhaustive de cette fiabilité nécessiterait d'importantes démarches supplémentaires parmi lesquelles des analyses de l'adéquation du système, une modélisation haute résolution de la production, des analyses de la circulation de l'énergie, des études sur la stabilité du système et des analyses de contingence.

Nous avons évalué chacun des cas de figure selon cinq critères :

- **Faisabilité technique :** *les ressources disponibles sont-elles suffisantes, les technologies existent-elles sur le plan commercial et l'augmentation de l'échelle qui s'impose est-elle réaliste ?*
- **Faisabilité budgétaire :** *quel est le coût par rapport au scénario de statu quo ?*
- **Fiabilité :** *le système peut-il être exploité de façon fiable ? À quel point est-il vulnérable aux dysfonctionnements naturels ou délibérés, et peut-il s'en remettre rapidement ?*
- **Responsabilité environnementale :** *le cas de figure réduit-il au maximum les impacts sanitaires et environnementaux ?*
- **Admissibilité publique :** *le cas de figure pourrait-il voir le jour dans des conditions politiques réalistes ?*

Les quatre cas de figure que nous avons analysés et comparés sont les suivants :

- **Le maintien** *fait l'hypothèse que le système de demain ressemblera beaucoup à celui d'aujourd'hui en termes de demande et d'offre de bouquet énergétique.*
- **La migration** *fait l'hypothèse que le fait d'anticiper la législation destinée à réduire les émissions de gaz à effet de serre nous fera mettre l'accent sur le nucléaire et sur les centrales au charbon nouveau modèle équipées d'installations de captage et de stockage du carbone (CSC) aux dépens de la production classique à partir des combustibles fossiles.*
- **Le renouveau** *étudie comment les énergies renouvelables comme le solaire, l'éolien, la géothermie, la biomasse et l'hydroélectricité peuvent fournir 80 % de l'électricité américaine.*
- **La transformation** *démarre là où le renouveau s'arrête. Elle a recours à des ressources à différentes échelles mais inclut davantage de génération décentralisée grâce aux systèmes solaires pour toitures, à la PCCE, aux piles à combustible et au petit éolien.*

FIG. 5-2

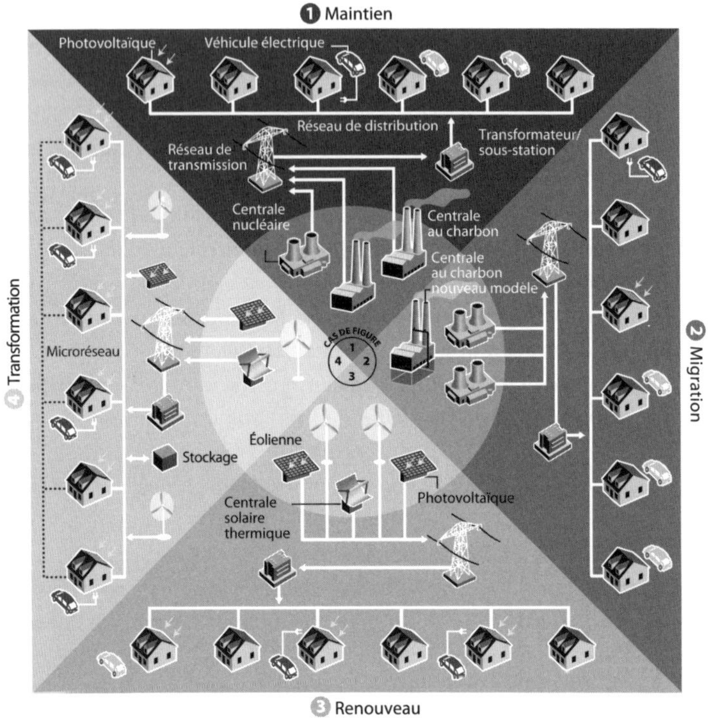

Nos quatre cas de figure soulignent les principales différences de production, d'acheminement et de consommation de l'électricité à l'avenir.

Ensuite, la hausse de l'utilisation de l'électricité et la présence accrue des technologies numériques dans un grand nombre de secteurs signifient qu'une part plus importante de l'économie dépendra de la fiabilité et de la qualité de l'offre d'électricité. Les marchés, les transactions, les chaînes d'approvisionnement et les différents types d'exploitation nécessiteront tous une alimentation stable en électrons. Les risques économiques seront donc plus grands en cas de rupture d'approvisionnement de quelque ampleur que ce soit, depuis les coupures de courant locales affectant un bâtiment ou un campus universitaire jusqu'aux pannes régionales. De la même façon que la crise financière internationale a pris beaucoup d'individus au dépourvu, les entreprises pourraient être étonnées de la vulnérabilité d'un réseau électrique complexe et hautement interconnecté. Le passage à des sources d'électricité plus décentralisées associé à un contrôle, un stockage et une gestion de la puissance embarqués dans les dispositifs pourrait atténuer ces risques.

Enfin, le choix dont disposera le consommateur d'électricité s'étoffera considérablement, faisant naître à la fois plus de perspectives mais aussi plus de risques pour les entreprises, exactement comme cela s'est produit dans les télécommunications. Non seulement les fournisseurs d'énergie et les autres prestataires classiques proposeront une gamme plus étendue de services et de structures de tarification, mais les possibilités de génération, de stockage et de gestion sur site de l'électricité se multiplieront rapidement. Un nombre croissant de consommateurs produiront en fait eux-mêmes leur électricité. Ces « prosommateurs » pourront acheter, vendre et stocker de l'électricité en fonction de leurs propres besoins et des signaux économiques émanant du réseau.

Dans ce chapitre, nous explorons les voies possibles pour une transformation du système électrique américain. Nous commençons par préparer le terrain en décrivant quel serait l'avenir selon un scénario de statu quo et quelles sont les principales forces aujourd'hui à l'œuvre qui nous en éloignent. Puis nous examinons trois scénarios alternatifs possibles ainsi que leur coût et leurs avantages du point de vue économique, environnemental et sociétal. Forts de ces évaluations, nous préconisons la voie à suivre et identifions les différentes étapes nous permettant d'exploiter les tendances naissantes afin de réinventer le feu qui alimente le secteur électrique.

TERMINOLOGIE DU SECTEUR DE L'ÉLECTRICITÉ

La **puissance** *est l'intensité avec laquelle l'énergie est transmise. Elle se mesure en watts (W), kilowatts (1 kW = 1 000 W), mégawatts (1 MW = un million de W), gigawatts (1 GW = un milliard de W) et térawatts (1 TW = un millier de milliard de W). La quantité maximale de puissance qu'un* *générateur peut produire est sa capacité. Ainsi, la* **capacité** *d'un réacteur nucléaire tourne généralement autour d'un GW tandis que celle d'un panneau photovoltaïque classique (PV) est d'environ 200 W.*

*L'***énergie** *est la capacité à effectuer un travail. L'énergie électrique se mesure en kilowattheures (kWh). On la calcule en multipliant l'intensité avec laquelle elle est transmise (la puissance) par la durée pendant laquelle elle est transmise. Ainsi, si une lampe fluorescente compacte fournit 13 W de puissance pendant 75 heures, elle consomme environ un kWh d'énergie électrique. La* **charge** *est la quantité totale d'énergie demandée par un ou tous les consommateurs d'un système électrique, en moyenne ou à un moment donné.*

Les **ressources côté offre** *génèrent de l'électricité. Lorsqu'elles sont* **centralisées,** *il s'agit d'unités de grande taille, souvent de l'ordre du GW en termes de puissance, qui sont reliées au système de transmission à* **haute tension.** *(La tension est semblable à la pression dans un tuyau d'eau, tandis que le courant s'apparente au débit de l'eau.) Les ressources d'approvisionnement peuvent aussi être* **décentralisées** *: il s'agit alors d'unités plus petites ou de groupes d'unités raccordés au système de distribution à basse tension. Les générateurs ont tous un* **taux de charge** *: il s'agit de la quantité d'électricité qu'ils génèrent sur une année, divisée par la quantité qu'ils généreraient s'ils fonctionnaient à leur puissance nominale totale chaque jour de l'année. Les générateurs sont parfois arrêtés volontairement, généralement pour des besoins de maintenance* **(indisponibilités programmées),** *mais ces arrêts peuvent aussi survenir de façon inattendue* **(indisponibilités fortuites).** *Le reste du temps, ils sont* **disponibles** *et leur production, quand elle existe, doit être* **répartie.**

Les **ressources côté demande** *aident les clients à consommer moins d'électricité ou à la consommer à des moments plus favorables économiquement pour obtenir le service souhaité. Elles regroupent l'***efficacité énergétique** *et la réponse de la demande. Il y a efficacité énergétique quand on utilise moins d'électricité de façon plus productive pour fournir des services identiques, voire plus importants, et de qualité égale, voire supérieure. L'efficacité énergétique s'obtient grâce à des technologies intelligentes qui produisent* *plus à partir de moins ; elle n'est pas synonyme de privation, d'inconfort ni de restrictions. La* **réponse de la demande** *est une modification volontaire des modes de consommation des clients en réaction à l'évolution du prix de l'électricité au fil du temps, à des incitations financières ou à des signaux de pénurie ou d'abondance ; elle permet à la fois aux clients et aux fournisseurs d'économiser de l'argent*[7]*. Dans notre modélisation, nous n'avons pris en compte que les méthodes discrètes de modification des réponses de la demande, c'est-à-dire celles dont le client n'a pas conscience.*

Le **réseau** *est l'infrastructure qui conduit l'électricité du générateur jusqu'au consommateur. Il inclut le* **système de transmission**, *c'est-à-dire les grands pylônes en acier reliés entre eux par des lignes à haute tension qui transportent l'électricité sur de longues distances et qui sont raccordées à des transformateurs ou des commutateurs spéciaux. À mesure que l'électricité approche du consommateur, les transformateurs, généralement installés à des* **sous-stations**, *en réduisent la tension pour qu'elle puisse alimenter le* **système de distribution** *basse tension (ce sont les poteaux et les fils qu'on voit le long des routes et qui peuvent aussi être enfouis sous terre). Pour finir, elle est transformée en tension composée, mesurée à l'aide d'un compteur et fournie au consommateur. L'ensemble de ces installations constitue le réseau.*

Le terme « **réseau intelligent** *» signifie beaucoup de choses pour bien des gens, mais nous l'utilisons pour décrire les centaines de technologies et d'applications qui permettent aux fournisseurs d'électricité et aux clients d'accéder à des niveaux de communication, d'information et de commande nouveaux. Ainsi, les* **compteurs intelligents** *et leurs infrastructures associées peuvent envoyer des signaux de prix aux utilisateurs, ce qui permet à ces derniers d'adapter leur consommation pour économiser de l'argent. Le réseau intelligent permet aussi de remédier à une contrainte de toujours du réseau classique : les lignes de transmission peuvent en effet traiter la circulation de l'énergie dans les deux sens, contrairement aux lignes de distribution, du fait de leur équipement protecteur conçu pour une*

7 Ministère américain de l'Énergie, 2006c.

circulation dans un seul sens – soit depuis les générateurs centraux jusqu'aux usagers. Un système de distribution intelligente transforme cette structure arborescente en une « toile » qui peut traiter la circulation de l'énergie avec souplesse, dans tous les sens.

Un **fournisseur** *génère, transmet et vend de l'électricité (et éventuellement du gaz naturel). Il existe de nombreux types de fournisseurs en fonction de qui est propriétaire et/ou des services proposés. Les* **entreprises d'électricité indépendantes,** *les* **coopératives** *et les* **entreprises d'électricité publiques** *n'ont pas les mêmes structures de propriété : les actionnaires détiennent les premières, les consommateurs détiennent les deuxièmes et les autorités fédérales, des États ou locales sont propriétaires des entreprises publiques. Les fournisseurs d'énergie, intégrés verticalement, assurent toutes les tâches, depuis la génération d'électricité jusqu'à la transmission et la distribution pour la vente au détail. Dans certains États états-uniens, ces tâches sont séparées : une* **société de production** *ne fait que générer de l'électricité à destination d'un marché de gros géré de façon indépendante, une* **entreprise de transport** *est propriétaire des lignes de transmission et une* **entreprise de distribution** *détient les équipements nécessaires, signe les contrats avec les fournisseurs d'énergie et avec les entreprises de transport pour l'approvisionnement en gros, et vend l'électricité aux particuliers.*

LE *MAINTIEN* OU LE FLOU DU SCÉNARIO DE STATU QUO

L'avenir le plus facile à imaginer pour le secteur électrique américain est sans doute celui qui ressemble à la situation actuelle, c'est-à-dire qui s'inspire très largement du passé, comme le montre le cas de figure du *Maintien* (voir l'encadré). Notre système actuel a derrière lui cent vingt ans d'expérience et il est rompu à l'interaction complexe entre les lois de la physique, les principes d'une ingénierie prudente, l'évolution de la technologie et celle de la situation économique et de la réglementation. Au sein de ces paramètres physiques et institutionnels, les fournisseurs d'électricité ont montré leur capacité à bâtir un système complexe, fournissant une électricité fiable au moindre coût.

CAS DE FIGURE 1 : LE MAINTIEN

Dans notre premier cas de figure, celui du Maintien, *le système se développe conformément à ce qu'il est aujourd'hui en termes de technologies côté demande et côté offre. Le réseau intelligent et la réponse de la demande sont majoritairement absents. La plupart des fournisseurs continuent à être pénalisés financièrement quand ils aident les consommateurs à utiliser l'électricité de façon plus efficace sur le plan énergétique, si bien qu'ils s'abstiennent. Dans un tel scénario, le charbon et le gaz naturel contribueraient à produire 71 % de l'électricité américaine en 2050, contre 67 % en 2010. Sur le coût total en valeur actuelle de l'approvisionnement en électricité aux États-Unis entre 2010 et 2050, près de la moitié serait consacrée à l'achat de combustible.*

FIG. 5-3 – *Maintien*

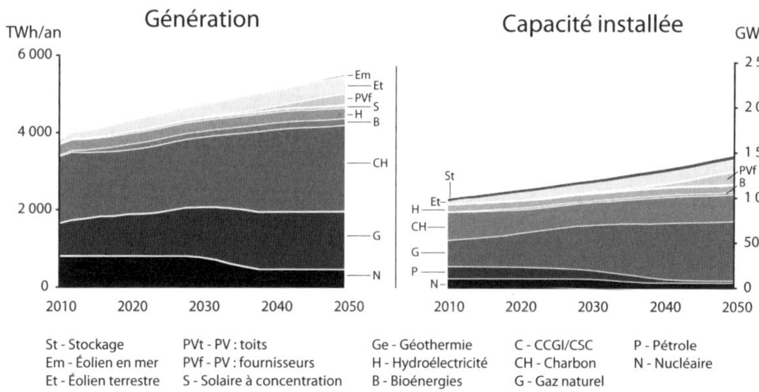

Grâce au modèle ReEDS, le *Maintien* tente de reproduire le portefeuille prévu dans l'*Annual Energy Outlook 2010* de l'AIE, en utilisant les hypothèses relatives au scénario de référence de l'Agence extrapolées à 2050[8].

8 Analyse du RMI d'après la modélisation ReEDS.

FIG. 5-4 – *Maintien* : coût en valeur actuelle

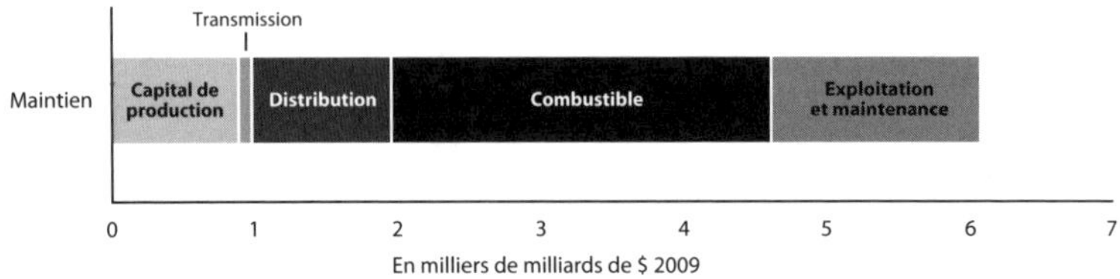

Le coût de l'électricité sur les quarante prochaines années en valeur actuelle 2010 s'élève à environ 6 000 milliards de dollars, la moitié ou presque étant consacrée à la fonction combustible. Le deuxième poste revient à l'exploitation et à la maintenance[9].

En 2010, près de 86 % de l'électricité américaine étaient générés dans de grosses centrales à partir du charbon, du gaz naturel et de l'uranium[10], puis expédiés souvent sur plusieurs centaines de kilomètres via les lignes à haute tension pour rejoindre des lignes à basse tension et, en définitive, parvenir jusqu'au consommateur. Le fonctionnement de ce système a nécessité 976 millions de tonnes de charbon et 200 milliards de m^3 de gaz naturel, causant la production de 2271 millions de tonnes de CO_2, soit 40 % des émissions américaines de carbone fossile cette année-là[11]. En moyenne, les deux tiers de ce combustible primaire (près de la moitié dans les centrales les plus efficaces sur le plan énergétique) sont éliminés en tant que chaleur résiduelle ou utilisés en interne avant que l'électricité ne quitte la centrale.

Aux États-Unis et dans la plupart des pays du globe, le secteur électrique est très majoritairement réglementé. Des commissions publiques contrôlent

9 *Ibid.*

10 Agence américaine pour l'information sur l'énergie, 2011d.

11 *Ibid*, 2011b.

les entreprises d'électricité indépendantes qui assurent environ les trois quarts de la consommation nationale[12]. La Federal Energy Regulatory Commission (FERC) contrôle le commerce électrique en gros et inter-États et les lignes à haute tension inter-États. La réglementation dicte pour une grande part l'évolution du marché et, de ce fait, le comportement des acteurs du secteur privé. Aux États-Unis, environ 70 % des clients sont approvisionnés par des fournisseurs intégrés verticalement et contrôlés par des commissions de service public, tandis que certains marchés sont fournis par des entreprises d'électricité publiques ou laissent les particuliers choisir entre des fournisseurs concurrents[13]. Les instances réglementaires qui contrôlent la majeure partie de cette industrie exigent des fournisseurs d'électricité qu'ils proposent un service adéquat à tous leurs clients et, en échange, elles les autorisent à récupérer une part raisonnable des coûts et à bénéficier d'un taux de rentabilité appréciable. Il revient aux régulateurs publics élus ou nommés, qui disposent d'une marge de manœuvre considérable dans le cadre des lois des États ou fédérales, de répartir équitablement les bénéfices et les coûts entre les clients et les actionnaires et de faire en sorte que les fournisseurs d'électricité se montrent prudents en matière d'investissements et d'exploitation.

Conséquence : le secteur électrique fait figure de havre financier, dépourvu toutefois de toute imagination. Du point de vue du régulateur et du client, la cohérence et la fiabilité sont les maîtres-mots. Aucun des deux n'apprécie les surprises qui prennent la forme de hausse des prix (mais les baisses sont acceptées). Dans un tel environnement, les avancées progressives l'emportent sur l'innovation, le risque est à éviter à tout prix et la défense du statu quo devient la norme. Standard & Poor's a écrit à ce sujet : « Un niveau de risque peu élevé [associé à] un environnement hautement réglementé se traduit par une rentabilité et un rendement des capitaux inférieurs à ceux de la plupart des autres secteurs industriels. Sur un marché réglementé, le niveau et la marge de rentabilité dépendent souvent de la tolérance réglementaire,

12 Electric Energy Market Comptetition Task Force, 2005.

13 Agence américaine pour l'information sur l'énergie, 2007.

tandis que l'efficacité énergétique et la croissance des revenus sont reléguées au rang de paramètres secondaires[14]. »

Cette structure réglementaire récompense la constitution d'un solide socle d'actifs et les hausses de ventes d'électricité. Les fournisseurs – on peut les comprendre – évitent les stratégies qui font courir un risque aux intérêts financiers de leurs actionnaires. Cette structure a bien fonctionné durant les périodes d'augmentation régulière de la demande et de développement par les centrales de leurs économies d'échelle. Si ces conditions ne changeaient pas et si aucun risque majeur ne survenait, la satisfaction de nos besoins futurs en électricité au moyen des combustibles fossiles, ce que préconise le cas de figure du *Maintien*, présenterait l'avantage de faire appel à des technologies mûres qui ont fait leurs preuves et utilisent des combustibles domestiques en apparence abondants (le charbon et le gaz naturel), du moins jusqu'en 2050.

Mais l'avenir n'est pas le passé et les tendances actuelles montrent que le scénario de statu quo n'est pas possible. Le système électrique doit faire face à une concordance de changements – d'aucuns diraient qu'il s'agit d'une véritable déferlante – parmi lesquels l'évolution de la technologie, les problèmes de fiabilité et les préoccupations en matière de sécurité nationale (les pannes d'électricité prolongées sont tout aussi graves que les interruptions d'approvisionnement en pétrole) et les questions environnementales qui, ensemble, nous offrent certaines des perspectives les plus importantes en matière d'innovation et d'investissement depuis que cette industrie a démarré, il y a un siècle.

Examinons quelques défis que notre cas de figure de maintien du statu quo aurait à relever au cours des quarante prochaines années.

LES RAISONS DE LA SITUATION ACTUELLE

L'essor de l'industrie électrique à la fin du XIXe et au début du XXe a façonné sa structure institutionnelle actuelle. Elle a effectué un premier bond dans son évolution à la suite d'un débat, désormais légendaire, entre les deux

14 Standard & Poor's, 2008.

géants de l'industrie qu'étaient Thomas Edison et George Westinghouse. Dans les années 1890, en effet, les deux hommes s'opposaient avec rage au sujet de la meilleure méthode de transmission de l'électricité : courant continu (CC) ou courant alternatif (CA). Edison prônait le CC qui, à l'époque, ne pouvait être transporté qu'au niveau local sans entraîner de grosses pertes électriques. Depuis, les semi-conducteurs de grande puissance ont remédié à cette contrainte, si bien qu'aujourd'hui, les lignes à haute tension à CC peuvent concurrencer le CA sur de longues distances ; mais dans les années 1890, cette donnée a obligé Edison à mettre en place un système très décentralisé dans lequel les centrales étaient proches des clients. Westinghouse était partisan du CA que l'on pouvait facilement faire passer à des tensions élevées pour qu'il transporte l'électricité sur de longues distances avec des pertes minimes, mais tous les générateurs devaient être parfaitement synchrones sous peine de causer des dégâts les uns aux autres. La solution de Westinghouse a fini par l'emporter, jetant les bases de l'architecture centralisée qui prévaut dans notre système électrique à CA actuel[15].

Le deuxième bond accompli par ce secteur s'est produit quelques années après seulement, ancrant le modèle économique qui prévaut aujourd'hui encore. Au début du XXe *siècle, de nombreux fournisseurs d'électricité étaient en concurrence pour la construction d'infrastructures de production et de distribution dans les villes du monde entier. Un grand nombre de villes américaines cherchaient à faire baisser les prix et à fournir un service de qualité en octroyant des franchises non exclusives afin de tirer profit de la « main invisible » d'Adam Smith et d'instaurer la concurrence entre les fournisseurs d'électricité. Cependant, étant donné que les entreprises*

15 Ironie de l'histoire, il se pourrait qu'Edison finisse quand même par avoir le dernier mot : maintenant que la plupart des charges des immeubles, qui utilisent la majeure partie de notre électricité, fonctionnent ou peuvent fonctionner sur CC, un mouvement est en train de naître en faveur de la distribution du CC basse tension à l'intérieur et même à l'extérieur des bâtiments, ce qui supprimerait les coûts et les pertes des alimentations individuelles en CC de nos lampes, de nos appareils électroniques et de nos moteurs. Les centres de données les plus efficaces actuellement sur le plan énergétique et la plupart des centres de commutation téléphonique sont déjà sur CC.

investissaient et se faisaient concurrence pour les mêmes clients, il est arrivé que des installations et des câblages aient été effectués en double, ce qui faisait grimper les coûts fixes. En fait, par unité d'énergie fournie, le système électrique a toujours affiché une intensité capitalistique 10 à 100 fois plus élevée que celle des systèmes classiques au pétrole ou au gaz qui ont majoritairement présidé à l'édification de nos économies modernes[16]*. Cette intensité capitalistique ainsi que les incertitudes en matière d'investissement ont commencé à représenter un sérieux défi pour les acteurs du marché qui cherchaient à assurer leurs capitaux et à atteindre un rendement énergétique élevé.*

Étant donné la nature de ces investissements et la baisse des coûts par kWh produit, l'électricité a alors été déclarée « monopole naturel[17] *» et la réglementation a dû jouer le rôle qui revient à la concurrence sur un marché libre : « Contrôle de l'accès, fixation des prix, prescription de la qualité et conditions du service*[18]*. » Résultat : la question n'était plus* doit-on *réglementer le secteur électrique mais* comment *le réglementer.*

Étant donné que les différentes sources d'électricité passent outre les frontières des villes, des États et des régions pour se retrouver ensemble dans le réseau, le gouvernement fédéral américain a proposé plusieurs solutions de réglementation. Si la Commerce Clause de la Constitution américaine donne au gouvernement fédéral le pouvoir de réglementer le commerce entre les États, le 10e *amendement octroie à chaque État la possibilité de réglementer à son propre niveau. Entre-temps, plusieurs municipalités avaient pris les choses en main et racheté les infrastructures électriques présentes sur leur commune afin de gérer le système elles-mêmes. Aujourd'hui, elles contrôlent 10 % des systèmes électriques du pays*[19]*.*

---

16 Lovins *et al.*, 2002.

17 Il est une anomalie qui n'est pas pour plaire aux puristes de l'économie : 17 villes américaines environ possèdent deux types de systèmes de distribution détenus par des fournisseurs concurrents privés et publics. Les lumières restent allumées et les prix semblent plus bas.

18 Kahn, 1988.

19 Agence américaine pour l'information sur l'énergie, 2011e.

Certaines d'entre elles poursuivent leurs menaces de rachat à mesure que les franchises de monopole des entreprises d'électricité indépendantes expirent. Conscient de l'imminence de la réglementation et de la menace de rachat subie par les fournisseurs d'électricité, Samuel Insull, le successeur de Thomas Edison, a alors encouragé l'industrie à faire pression pour que soient mises en place des commissions de service public qui jouent le rôle d'autorités de contrôle principales du secteur. La première commission a vu le jour en 1907 et d'autres ont rapidement suivi. Tous les États à l'exception du Nebraska (où tous les fournisseurs sont publics) en ont une. On ne soulignera jamais assez l'impact de cette structure institutionnelle. Comme l'a fait remarquer l'historien de l'électricité Richard Hirsh, le fait de légitimer les fournisseurs d'électricité en tant qu'entreprises bénéficiant d'un monopole naturel sans concurrence « leur [a] permis de poursuivre une croissance continue et de se consolider sans provoquer l'indignation du public ni [dans la plupart des cas] être rachetés par des municipalités ». Ce monopole légalisé « [a] effacé les craintes des investisseurs quant à la perte par les fournisseurs d'électricité de leur position dominante sur le marché » et réduit la concurrence en matière de capitaux, ainsi que le coût des fonds nécessaires[20].

20 Hirsh, 1999.

Une demande stagnante ou en baisse

Contrairement à ce qui s'est passé durant les décennies précédentes, on ne peut plus compter sur l'augmentation de la demande pour accroître les revenus. Si la demande américaine d'électricité a connu une hausse tous les ans (à l'exception de quatre années) depuis 1949, le rythme de cette augmentation a ralenti, lentement mais sûrement, si bien que l'AIE ne prévoit qu'un petit point de pourcentage de taux de croissance annuel jusqu'en 2035[21]. La mise en œuvre réussie de l'efficacité énergétique dans le bâtiment et l'industrie, dont nous avons parlé précédemment, pourrait faire descendre ce taux à -1 % et le maintenir à ce niveau. L'électrification des véhicules représente certes une nouvelle source de demande, mais elle ne compensera que partiellement les projections de gains d'efficacité énergétique (fig. 5-5). Certains fournisseurs d'énergie ont montré qu'ils pouvaient mettre en place de solides programmes d'efficacité énergétique[22], et ils ne sont pas les seuls acteurs du marché à pouvoir le faire.

---

21 Agence américaine pour l'information sur l'énergie, 2010b.

22 Ainsi, en 1990, New England Electric System s'est emparé en deux mois de 90 % du marché de rénovation pilote d'un petit client commercial. La même année, PG&E a signé en trois mois à hauteur de 25 % de son marché de bâtiments commerciaux neufs pour un programme d'amélioration de la conception, ce qui représente 150 % de son objectif de l'année ; la société a alors rehaussé son objectif pour 1991… et l'a atteint au bout des neuf premiers jours de janvier. Les fournisseurs d'énergie, depuis la tentaculaire Bonneville Power Administration jusqu'à PG&E en passant par le fournisseur de la minuscule municipalité d'Osage (Iowa), ont montré qu'ils pouvaient capturer entre 70 et 90 % de micromarchés d'efficacité énergétique – qu'il s'agisse de pommes de douche efficaces ou de rénovations de grande ampleur avec superisolation comme dans le projet Hood River – en seulement un an ou deux.

FIG. 5-5 – Évolution passée et à venir du taux de croissance annuel de la consommation américaine d'électricité

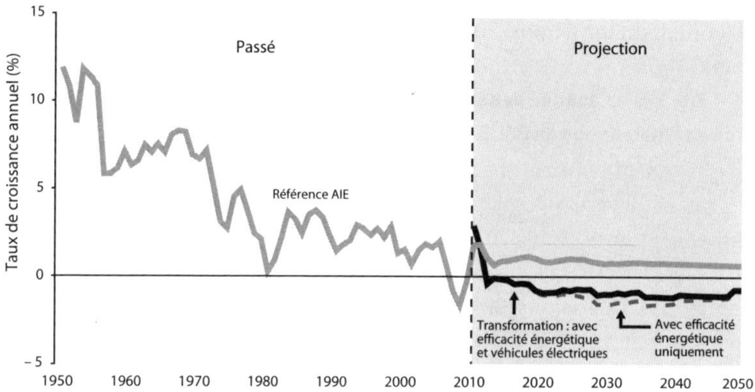

Le taux de croissance de la demande américaine d'électricité baisse de façon quasi continue depuis soixante ans et, avec les gains d'efficacité énergétique décrits dans les chapitres 3 et 4, il sera négatif malgré un léger sursaut lié aux véhicules électriques décrits dans le chapitre 2[23].

Des infrastructures vieillissantes

Même si la demande va vraisemblablement se stabiliser ou baisser, il continuera néanmoins à être nécessaire de construire de nouvelles installations de production, car les centrales et les infrastructures américaines sont vieilles et obsolètes. Aux États-Unis, plus de 70 % des centrales au charbon, soit la moitié de la capacité charbonnière du pays, ont plus de trente ans, et 33 % dépassent les quarante ans[24]. S'il reste possible financièrement de toutes les

23 Agence américaine pour l'information sur l'énergie, 2010f.

24 Eggers, 2010.

entretenir et de les faire fonctionner jusqu'à ce qu'elles aient soixante ans, c'est-à-dire le double de leur durée de vie comptable normale, 94 % des installations charbonnières actuelles auront néanmoins été mises à la retraite d'ici 2050 du fait de leur âge (fig. 5-6).

FIG. 5-6 – Capacité des centrales américaines au charbon selon l'âge de l'installation en 2008

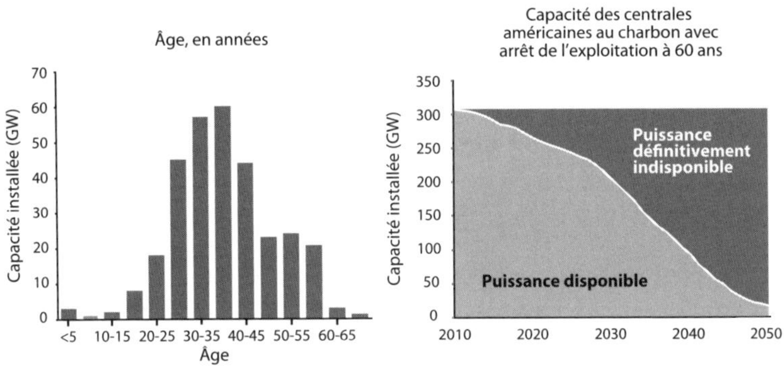

Les centrales américaines au charbon sont vieillissantes et à moins d'allonger nettement leur durée de vie, l'exploitation de la plupart d'entre elles devrait être arrêtée d'ici 2050[25]. La capacité affichée correspond à un état nominal, mais la capacité réelle peut baisser lorsque l'eau de refroidissement est anormalement chaude.

En outre, les centrales au charbon, de même que toutes les centrales à cycle de vapeur, ont depuis longtemps dépassé le stade des économies d'échelle. Elles ont arrêté de progresser en matière d'efficacité énergétique dans les années 1960, de se développer en taille dans les années 1970, d'être moins coûteuses dans les années 1980 et d'être achetées dans les années 1990 lorsque le nombre de commandes aux États-Unis est retombé au niveau de

25 Agence américaine pour l'information sur l'énergie, 2010g.

l'époque victorienne[26]. Nées de la production en masse des moteurs d'avion, les centrales combinées au gaz, beaucoup plus efficaces sur le plan énergétique, se sont emparées d'une grande partie du marché dans les années 1990 et aujourd'hui, comme nous allons le voir, les énergies renouvelables modulaires affichant des volumes de production encore plus élevés exploitent des avantages similaires.

Des contraintes environnementales

Les impacts environnementaux et sanitaires vont vraisemblablement jouer un rôle de plus en plus important dans les décisions relatives au secteur électrique. Dans le cas de figure du *Maintien*, qui suit la voie classique, la croissance attendue devrait faire grimper les émissions de carbone du secteur électrique de 38 % d'ici 2050, soit un niveau supérieur de 600 % à celui que les États-Unis devraient respecter s'ils adoptaient les objectifs mondiaux de réduction de 80 % des émissions d'ici 2050 par rapport à celles de 2000[27]. Si l'avenir de la législation américaine en matière de changement climatique demeure incertain, il serait prudent de parer aux risques au cas où les États-Unis finiraient par fixer une tarification du carbone, ce qu'ont déjà fait tous les pays de l'OCDE ou presque. En 2007, plus de 20 PDG, parmi les 500 entreprises américaines affichant le plus gros chiffre d'affaires, ont publiquement reconnu leurs émissions de dioxyde de carbone (CO_2) et décidé d'apporter leur contribution à la lutte contre le changement climatique. Ils ont alors fondé l'US Climate Action Partnership (USCAP) et fait pression en faveur d'une législation fédérale sur le carbone[28]. Même la Chine a fixé un plafond à ses futures émissions de carbone dans son douzième plan quinquennal rendu public en 2011. Dans le cas de figure du *Maintien*, une tarification de

---

26 Lovins *et al*, 2002.

27 Gupta, Tirpak et Burger, 2007.

28 US Climate Action Partnership, 2009.

la tonne de CO_2 comprise entre 30 et 100 dollars augmenterait le prix moyen de l'électricité de 0,01 à 0,05 $/kWh (soit d'environ 10 à 30 %) en 2050.

Au-delà du changement climatique, la probabilité de restrictions environnementales à venir dues à des problèmes de santé publique expose la production au charbon à des risques et à des coûts importants, voire prohibitifs. Selon l'Académie nationale des sciences, chaque année, le préjudice sanitaire annuel dû au dioxyde de soufre, aux oxydes d'azote et aux particules résultant de la combustion du charbon s'élevait au total en 2005 à 68 milliards de dollars aux États-Unis[29], ce qui n'inclut *ni* les dégâts sur les écosystèmes *ni* les effets sur la santé de certains autres polluants atmosphériques comme le mercure[30]. Des estimations indépendantes réalisées en 2010 par la Clean Air Task Force ont révélé que la pollution atmosphérique due aux centrales au charbon était responsable de plus de 13 000 décès prématurés par an aux États-Unis, ce qui augmente les coûts en matière de soins de santé de 100 milliards de dollars par an[31].

La plupart des centrales au charbon, antérieures aux lois environnementales de l'ère Nixon destinées à réguler les émissions de ces polluants atmosphériques nuisibles, ne peuvent donc s'y conformer. En 2010, la moitié des centrales américaines au charbon étaient dépourvues de filtre pour éliminer le dioxyde de soufre, 57 % n'avaient pas de réducteur d'oxyde d'azote et 96 % n'étaient équipées d'aucun contrôle moderne des particules et des émissions de mercure[32]. Le simple fait de respecter la réglementation imminente de l'Agence américaine pour la protection de l'environnement sur le mercure, les oxydes d'azote et l'oxyde de soufre pourrait coûter 120 milliards

29 Académie nationale des sciences, 2009.

30 *Ibid.*

31 Schneider et Banks, 2010.

32 À titre de comparaison, en 2008, plus de 95 % des centrales chinoises au charbon possédaient un précipitateur électrostatique ; en 2009, 71 % (460 GW) avaient installé une désulfuration des gaz de combustion ; quant aux émissions de soufre par kWh, elles sont sans doute inférieures en Chine à celles des États-Unis depuis 2008 (Wang, 2011).

de dollars[33] et ce coût serait supporté de façon disproportionnée par les centrales les plus vieilles et les plus polluantes[34]. Au total, une dizaine de réglementations sont en cours d'élaboration afin de faire respecter des lois longtemps repoussées ou ignorées. Toutes ou presque vont augmenter le coût de l'extraction et de la combustion du charbon. Selon le Brattle Group, c'est plus de 50 GW de production charbonnière qui pourraient être arrêtés plutôt que d'entraîner des coûts de modernisation[35]. C'est d'ores et déjà ce qui se produit. Ainsi, en 2009, Progress Energy a choisi de mettre au rebut 11 générateurs au charbon et de construire des installations au gaz d'une valeur de 1,5 milliard de dollars plutôt que de verser près de 2 milliards de dollars pour faire nettoyer ses centrales au charbon[36].

Dans les décennies à venir, un autre problème susceptible de s'aggraver et pouvant limiter la génération d'électricité à partir des combustibles fossiles est la raréfaction de l'eau. Toutes les heures, une centrale au charbon d'un GW brûle 500 tonnes de charbon, mais prélève également 90 millions de litres d'eau et évapore près de 4 millions de litres d'eau de refroidissement[37]. Les experts estiment que la raréfaction de l'eau devrait limiter la production d'électricité d'ici 2025 dans dix États en situation de stress hydrique, dont la Californie, la Floride et le Texas[38], et cela pourrait s'aggraver avec le changement climatique. À l'heure actuelle, 49 % de toute l'eau puisée aux États-Unis servent à refroidir les centrales thermiques ; sur ces 49 %, environ 2,5 % s'évaporent, ce qui représente près de la moitié de toute l'évapotranspiration domestique et commerciale[39]. Le cas de figure du *Maintien* augmenterait les prélèvements de 30 %, les faisant passer d'à peine plus de 7 600 milliards de

33 Wang, 2011 ; North American Electric Reliability Corporation, 2010a.

34 Chupka *et al.*, 2008 ; North American Electric Reliability Corporation, 2010b.

35 Celebi *et al.*, 2010.

36 Krauss, 2010.

37 Shuster, 2009.

38 Wilbanks, 2009, 45-80.

39 Kenny *et al.*, 2009 ; Torcellini *et al.*, 2003.

litres en 2010 à près de 11 400 milliards de litres en 2050. Un grand nombre de juridictions commencent à faire payer ce privilège aux marchés, longtemps resté libre d'accès et gratuit. Et en 2010, la Californie a limité à un le nombre de refroidissements à l'eau de mer, si bien qu'un quart des installations de l'État doivent soit se rééquiper, soit réduire leur puissance, soit arrêter de fonctionner d'ici 2022[40].

Il est peu probable que ces centrales mises à la retraite soient remplacées par d'autres du même type : Wall Street répugne de plus en plus à les financer. Selon Kevin Parker, directeur international de la gestion des actifs à la Deutsche Bank, « les centrales [au charbon] sont vouées à disparaître. Les banques ne veulent plus les financer et les compagnies d'assurance refusent de les assurer. L'Agence américaine pour la protection de l'environnement en a après elles et financièrement, ce n'est pas rentable de les nettoyer[41] ». En 2010, des centrales au charbon totalisant une puissance de 6 GW, dont la construction avait commencé bien des années plus tôt, ont été mises en exploitation, aucune nouvelle centrale n'a démarré, 38 projets de centrales au charbon ont été abandonnés et 48 ont été suspendus[42]. Même le plus gros consommateur américain de charbon, le géant American Electric Power, prévoit d'utiliser le gaz naturel pour toute nouvelle production d'électricité[43]. L'AIE ne prévoit que 10 GW de nouvelles centrales au charbon d'ici 2035[44] et entre 2005 et 2010, le charbon a perdu 25 % de ses parts de services électriques au profit du gaz, de l'efficacité énergétique et des énergies renouvelables.

40 California State Water Resources Control Board, 2011a et 2011b ; California Energy Commission, 2010.

41 Mufson, 2011.

42 *Ibid.*

43 *Ibid.*

44 Agence américaine pour l'information sur l'énergie, 2010b.

QUELLE QUANTITÉ DE CHARBON PEUT-ON ENCORE EXTRAIRE DE FAÇON ÉCONOMIQUE ?

Les réserves de charbon que les États-Unis possèdent sur leur sol, considérées depuis toujours comme allant de soi, ne font plus l'unanimité. Il y a certes assez de charbon dans le sol américain pour répondre pendant plus de cinq siècles à nos besoins au rythme actuel de notre consommation, mais on estime qu'un quart seulement de ce charbon est économiquement récupérable[45]*. Cette estimation pourrait même se révéler optimiste. On pensait jusqu'ici que le terrain houiller de Gillette qui, situé dans le Powder River Basin du Wyoming, fournit près de la moitié de ce combustible au pays, contenait plus de 200 milliards de tonnes de charbon. Mais comme l'a expliqué le* Wall Street Journal *en 2009, l'US Geological Survey a revu à la baisse, de 94 %, la quantité de ressources récupérables, si bien qu'il n'en resterait qu'un peu plus de 10 milliards de tonnes*[46]*. Dave Rutledge, professeur à Caltech, prévoit quant à lui un important déclassement de tous les bassins miniers du pays. Il estime qu'il n'y a plus que pour soixante ans de quantités de charbon économiquement récupérables au rythme actuel de la consommation états-unienne*[47]*.*

Des changements technologiques au niveau mondial

Comme on pouvait s'y attendre, les inquiétudes au sujet du changement climatique, de la pollution et de la volatilité du prix des combustibles ont poussé les pays du monde entier à encourager la demande de technologies liées aux énergies renouvelables au moyen d'investissements dans la R&D, d'incitations fiscales, de subventions et de réglementations. Ces mesures ont

45 Conseil mondial de l'Énergie, 2010.

46 Luppens *et al.*, 2008.

47 Rutledge, 2010, 23-24.

fait naître de nouvelles technologies qui non seulement résolvent un grand nombre des problèmes posés par les vieilles centrales à combustibles fossiles, mais sont aussi très concurrentielles sur le plan économique.

Trente-deux États américains[48] possèdent des normes de portefeuille d'énergies renouvelables (RPS) qui exigent que 775 TWh/an soient produits à partir de ces dernières d'ici 2020 et 900 TWh/an, soit environ 20 % des projections de demande d'électricité, d'ici 2030[49]. En partie du fait de ces mesures, la capacité de l'éolien a augmenté aux États-Unis de 1 300 % au cours des dix dernières années et la capacité du solaire, de 8 800 %[50]. Ces évolutions, dont certaines ont démarré sur le sol américain, ont récemment pris davantage d'ampleur encore à l'étranger. La moitié de la capacité totale de production d'électricité de la planète entre 2008 et 2010 venait d'énergies renouvelables. Début 2011, plus de 118 pays avaient pris des mesures politiques rendant ces énergies obligatoires ou les encourageant fortement, contre 55 début 2005[51]. Le marché des énergies renouvelables est aujourd'hui immense, mondial et dominé par les pays en développement, et cette situation ne va faire que s'accentuer. La croissance démographique et économique à travers le monde, et plus particulièrement dans les pays en développement, entraîne un rapide essor des infrastructures électriques. D'ici 2035, les projections officielles estiment que la Chine et l'Inde vont à elles deux ajouter deux fois plus de capacité de production nouvelle que les États-Unis et l'Europe réunis, ce qui continuera à développer le marché des énergies renouvelables[52].

Conséquence de tout cela, le développement technologique sera alimenté par des changements et des innovations qui surviendront au moins autant *en dehors* des États-Unis qu'*à l'intérieur* des frontières américaines.

---

48 Database of State Incentives for Renewables and Efficiency (DSIRE), 2010.

49 Analyse du RMI d'après la Database of State Incentives for Renewables and Efficiency (DSIRE), 2010, et l'Agence américaine pour l'information sur l'énergie, 2009.

50 Wiser et Bolinger, 2010 ; Sherwood, 2010.

51 Renewable Energy Policy Network for the 21st Century, 2011.

52 Agence américaine pour l'information sur l'énergie, 2010b.

À mesure que l'expérience, l'augmentation de l'échelle et les innovations technologiques continueront à faire baisser les prix sur un marché mondial férocement concurrentiel (fig. 5-7), le fait d'être compétitif accélérera l'adoption des nouvelles technologies. C'est d'ores et déjà en train de se produire à une vitesse étonnante, comme nous le verrons avec notre cas de figure du *Renouveau.*

FIG. 5-7 – Tendances en matière de coûts d'investissement de l'éolien et du PV

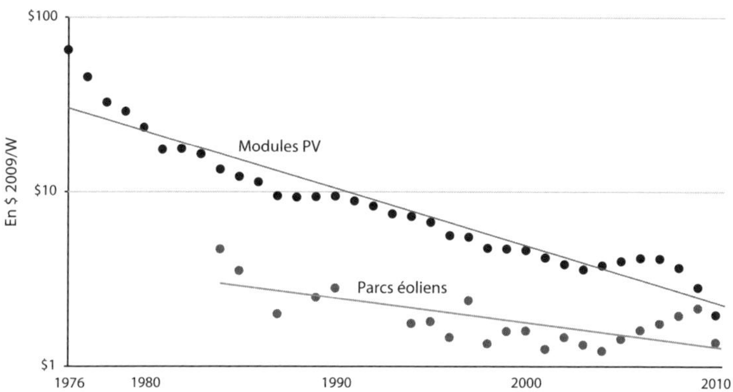

Les technologies d'énergies renouvelables ont majoritairement suivi les courbes d'expérience de réduction des coûts, à l'instar des centrales fonctionnant aux combustibles fossiles et de centaines de produits manufacturés. La récente explosion des coûts de l'éolien et du PV était due à un goulet d'étranglement temporaire lorsque l'offre tentait de répondre à une demande qui grimpait en flèche ; cette explosion des coûts est désormais derrière nous[53].

Les progrès de la technologie ne se limitent pas à l'*approvisionnement* en électricité ni à son efficacité énergétique lors de son utilisation finale. Les technologies de l'information ont apporté des innovations remarquables sur

53 Earth Policy Institute, 2007 ; Wiser et Bolinger, 2010, 2011 ; Mints, 2010 ; Liebreich, 2010.

la façon dont l'électricité peut être suivie, contrôlée et fournie. Non seulement ces technologies de « réseau intelligent » rendent ce dernier plus fiable et plus sûr, mais elles le rendent aussi plus efficace sur le plan énergétique, réduisant en premier lieu la quantité de puissance produite nécessaire.

Dans le même temps, la concurrence introduite à la suite de la vaste restructuration du secteur de l'électricité dans les années 1990 a permis à un grand nombre d'acteurs nouveaux de pénétrer ce marché. Les perspectives sont encore plus importantes pour les entreprises et les clients qui peuvent réaliser des investissements non réglementés dans l'efficacité énergétique et les énergies renouvelables locales. Certaines sociétés proposent des produits hautement innovants. Les fournisseurs de technologies de l'information infiltrent rapidement le marché de l'électricité avec des produits qui améliorent très nettement le niveau des informations qui parviennent aux clients et aux fournisseurs d'électricité et permettent une communication avancée entre les clients, les fournisseurs et même les dispositifs qui se servent de l'énergie.

Ainsi, même si pour quelque raison que ce soit, nous voulions soutenir l'approche actuelle qui nous est familière, l'innovation nous pousserait sans répit vers l'avant et vers un nouveau monde.

De nouveaux problèmes de sécurité

Enfin, la fiabilité et la résilience du système électrique sont en train de prendre toujours plus d'importance et de valeur. En août 2003, des lignes électriques dans l'Ohio, surchargées par l'arrêt d'un réacteur dans une centrale nucléaire mal entretenue, se sont affaissées dans des branches d'arbres qui avaient été insuffisamment taillées, déclenchant une série de pannes qui ont provoqué l'extinction des lumières sur 24 000 km^2 depuis Toronto jusqu'à New York. 50 millions de personnes ont été privées d'électricité. Cette panne générale a entraîné la fermeture de 13 aéroports, la suppression de 5 à 14 milliards de dollars d'activité économique en production, salaires, denrées alimentaires et services d'urgences perdus, ainsi que d'autres coûts. Parmi les entreprises interrogées, 24 % ont perdu plus de 58 000 dollars par heure et 4 %, dans le secteur automobile, le raffinage, la sidérurgie et la pétrochimie, entre autres, ont perdu plus de 1,2 million de dollars par heure[54].

Cette panne générale, ainsi que d'autres incidents similaires survenus en 1965, 1977 et 1996[55], montre bien à quel point les entreprises sont susceptibles de perdre des millions de dollars[56] même lorsque l'électricité n'est coupée que durant quelques minutes. Les chercheurs du Laurence Berkeley National Laboratory estiment que l'ensemble des pannes coûtent chaque année aux entreprises et aux particuliers américains jusqu'à 160 milliards de dollars[57]. Pourquoi ? Parce que les systèmes technologiques interdépendants qui sont imbriqués les uns dans les autres dans notre économie – les communications, la finance, le pétrole et le gaz (il n'existe pas une pompe de station-service fonctionnant sans électricité), l'eau, le traitement des eaux usées et le contrôle du trafic aérien et terrestre – ont tous besoin d'être approvisionnés en continu en électricité.

Nous devons au professionnalisme et au dévouement du personnel du secteur électrique que ces pannes régionales restent un phénomène rare qui ne se produit qu'une fois tous les dix ans environ. Mais les perturbations du réseau se multiplient[58] et l'émergence de risques de pannes d'ampleur et de durée bien plus importantes nous met face à des défis que nous ne pourrons relever en nous en tenant au paradigme conceptuel qui a contribué à créer ce réseau. Tout scénario électrique dépendant des fragiles ramifications aériennes du réseau de transmission et ne pouvant protéger les centres de demande des perturbations du réseau est porteur de risques pour la sécurité nationale.

---

54 Bindewald, 2004 ; Electricity Consumers Resource Council (ELCON), 2004.

55 Burns, Potter et Witkind-Davis, 2004, p. II-15.

56 Bindewald, 2004 ; Electricity Consumers Resource Council (ELCON), 2004.

57 LaCommare, Eto et Hamachi, 2004.

58 *Ibid.*

En fait, les fragilités du système de transmission actuel, identifiées pour la première fois en 1981 concernant le Pentagone[59], sont toujours d'actualité (fig. 5-8). En 2009, des agences de sécurité et fournisseurs d'électricité américains se sont associés aux ministères de l'Énergie et de la Défense afin de simuler une attaque du réseau électrique. Au cours de cette simulation (*wargame*), les attaquants ont détruit des transformateurs à très haute tension dans deux sous-stations, plongeant toute une ville dans le noir. Ils ont ensuite menacé de faire la même chose avec dix autres villes au cours des six heures suivantes si leurs exigences n'étaient pas satisfaites. Des forces d'intervention ont alors déferlé pour tenter de protéger 2 000 transformateurs à très haute tension dans le pays. Six heures plus tard, le groupe d'attaquants a finalement choisi de s'en prendre aux systèmes de contrôle et de communication et a privé un important fournisseur d'électricité de 36 GW. Il a menacé de réitérer cinq heures plus tard, mais le temps a manqué pour protéger les systèmes de contrôle. Fin de la partie[60]. Notons en outre que les menaces n'émanent pas forcément de personnes physiques : le réseau n'est toujours pas protégé contre les forts orages géomagnétiques qui, s'ils sont de l'intensité de celui de 1921, pourraient plonger dans le noir 130 millions de personnes et coûter entre 1 000 et 2 000 milliards de dollars par an pendant quatre à dix ans[61].

59 Lovins et Lovins, 1982.

60 Pugh, 2010.

61 Conseil national de la recherche, 2008 ; Fountain, 2010.

FIG. 5-8 – Ampleur qualitative et probabilité des menaces sur la sécurité

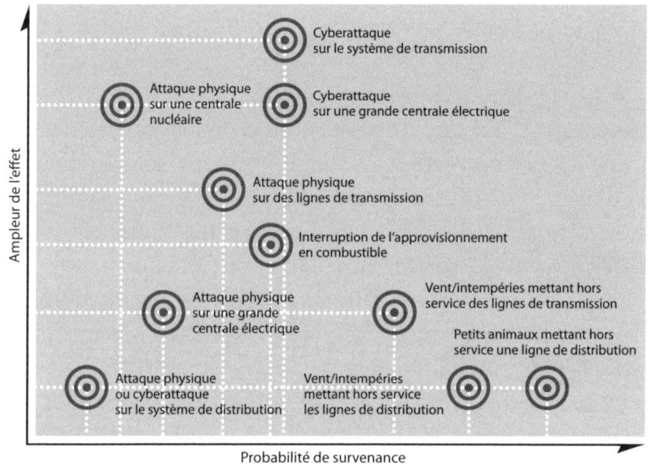

Les nombreuses menaces pesant sur la sécurité et la fiabilité du réseau varient énormément en probabilité et en criticité.

Les cyberattaques ont été ajoutées à la liste des menaces pour la sécurité lorsqu'un grand nombre de contrôles du réseau sont passés sur Internet sans que des précautions suffisantes aient été prises. L'Idaho National Laboratory, le Defense Science Board et plusieurs experts industriels ont identifié des vulnérabilités qui permettraient à des cyberattaquants éloignés et anonymes de détruire instantanément des turbines et des générateurs très coûteux ; ils pourraient même en détruire un grand nombre simultanément. Le remplacement de tels outils prendrait des années et nous rendrait dépendants d'une poignée de fabricants étrangers dont la capacité de réserve est limitée. Chez les fournisseurs d'électricité, les professionnels de la sécurité des TI qui ont été interrogés en 2009 disaient tous devoir faire face à environ 150 cyberattaques « graves » par semaine[62]. Les cyberattaques à l'étranger avaient déjà plongé

62 LogLogic Inc., 2009.

des villes dans le noir et le directeur de la National Intelligence déclarait, dans son Annual Threat Assessment of the Intelligence Community de 2009, que les attaques devenaient « plus sophistiquées, ciblées et graves ». Ce type de menace est déjà utilisé dans des guerres secrètes : le virus Stuxnet avait ciblé en 2010 les usines d'enrichissement d'uranium en Iran.

Plusieurs caractéristiques inhérentes au système électrique lui confèrent à la fois une fiabilité normale et une fragilité inquiétante. Commençons par préciser qu'une centrale thermique de très grande taille peut perdre un milliard de watts en un clin d'œil et sans prévenir, et cela peut durer des semaines ou des mois. Il en va de même – la perte peut même être pire – pour une grosse ligne de transmission. C'est pour cette raison qu'on demande aux fournisseurs d'électricité d'avoir assez de capacité en réserve pour compenser les pertes de la ressource la plus importante du système. En fait, 98 à 99 % des pannes se produisent au niveau du réseau de transmission et de distribution – plus de 90 % étant dues aux conditions météorologiques, à des dysfonctionnements des équipements ou à de petits animaux[63]. Et étant donné que le « réseau idiot » actuel n'offre aucune visibilité au-delà des sous-stations, les fournisseurs d'électricité ignorent souvent qu'il y a une panne dans le réseau de distribution local jusqu'à ce que quelqu'un les appelle pour se plaindre. S'il est vrai que ces perturbations en apparence simples et locales ne provoquent la plupart du temps que de petites pannes, elles peuvent toutefois être responsables de défaillances en cascade du réseau, aux conséquences bien plus graves.

Enfin, lorsque le réseau tombe en panne, il faut généralement du temps pour le remettre en état. Il doit être minutieusement réassemblé pour éviter les pannes futures et un équilibre délicat doit être trouvé entre l'offre et la demande à chaque fois qu'un segment est mis sous tension. Malheureusement, il faut souvent jusqu'à une journée pour faire démarrer une grosse unité de génération thermique, et la plupart d'entre elles ont besoin de la puissance du réseau pour cela. Il est particulièrement difficile de faire redémarrer les centrales nucléaires qui ont été brutalement arrêtées, si bien que lorsque neuf réacteurs en parfait état de marche l'ont été en 2003, à des fins de protection

63 Analyse du RMI d'après des données de la North American Electric Reliability Corporation, 2011.

lors de la panne intervenue dans le nord-est du pays, il a fallu deux semaines pour qu'ils retrouvent leur pleine puissance[64].

Les risques de l'inaction

Si les prévisions concernant l'avenir du secteur électrique sont pleines d'incertitudes, il semble cependant hautement improbable qu'*aucun* de ces nombreux phénomènes ne se produise. Nous voyons en effet déjà des nuages apparaître à l'horizon. Jusqu'ici, l'attention des médias et de l'industrie s'est essentiellement portée sur la menace du changement climatique et d'une législation sur le carbone, et les débats sur les aspects scientifiques du changement climatique ont éclipsé les discussions constructives sur les moyens rentables de l'atténuer. Alors, pourquoi les PDG qui ont fondé l'US Climate Action Partnership ont-ils fait pression pour une législation sur le climat ? Parce qu'en tant que personnes avisées, ils ont implicitement admis qu'une fois que les dés sont jetés, il n'y a plus que trois possibilités : espérer que la partie n'aura pas lieu, attendre le prochain coup de dés ou prendre part au jeu en les jetant soi-même. Si vous faites partie des plus gros émetteurs du pays, il importe peu que vous estimiez ou non que l'activité humaine est responsable du changement climatique. Ce qui importe, c'est de savoir si vous pensez que vos émissions risquent d'être contrôlées ou taxées. Si c'est le cas, les incertitudes du cas de figure du *Maintien* à cet égard font courir des risques et imposent des coûts à vos propriétaires et à vos clients. Alors, puisqu'il faut déjà naviguer entre un grand nombre de risques au sein du système électrique, le fait d'écarter celui du carbone semble constituer une première et prudente mesure, que le cas de figure de la *Migration* adopte grâce à toutes sortes de moyens largement reconnus.

64 Analyse du RMI d'après des données de la Commission nationale de réglementation nucléaire, 2011a. Les données du North American Electric Reliability Council montrent qu'entre 2002 et 2009, les réacteurs américains ont enregistré en moyenne 0,55 arrêt soudain non planifié de ce type par an (arrêt d'urgence), mais certaines centrales en ont subi plus de deux par an.

LA *MIGRATION* OU L'APPROCHE CLASSIQUE POUR UNE ÉLECTRICITÉ « DÉBARRASSÉE DU CARBONE »

Dans la quête de solutions au changement climatique et à la pollution, le nucléaire et le « charbon propre » (par le captage et le stockage du carbone des centrales) recueillent de nombreux suffrages. L'approche paraît simple : on arrête définitivement l'exploitation des vieilles centrales émettrices de carbone, on construit davantage de centrales nucléaires et on investit dans de nouvelles technologies de captage et de stockage – sûr et permanent – du carbone (CSC) émis par les nouvelles centrales au charbon et même par celles au gaz. Cette approche est remarquable en ce sens qu'elle peut résoudre les problèmes climatiques liés à la production d'électricité tout en appuyant et non en sabotant un grand nombre d'institutions séculaires du secteur de l'électricité. Elle soutient le modèle économique actuel des fournisseurs d'électricité, renforce le rôle traditionnel des autorités nationales de régulation et va même jusqu'à protéger l'industrie houillère et le transport ferroviaire du charbon. Dans la sphère politique comme dans celle des fournisseurs, on se montre naturellement très enthousiaste à l'idée que les États-Unis s'engagent sur cette voie. Le tableau a de quoi séduire : nous pourrions nous passer du carbone sans pour autant déclencher de changements spectaculaires dans un système qui nous sert si bien depuis plus d'un siècle. Pourquoi s'en priver ?

L'avenir basé sur le nucléaire et le CSC du cas de figure de la *Migration* s'appuierait sur des paradigmes réglementaires, institutionnels et opérationnels connus. Mais dans quelle mesure peut-on véritablement mettre l'accent sur le nucléaire et le CSC pour décarboniser le système électrique ? Le nucléaire est déjà un gros fournisseur d'électricité aux États-Unis : 20 %[65] de cette dernière venaient en 2010 des 104 centrales du pays[66]. Il n'existe en revanche pas d'usine de CSC à l'échelle commerciale et on ne compte que quatre projets de démonstration (un aux États-Unis et trois à l'étranger) qui piègent sous terre

65 Agence américaine pour l'information sur l'énergie, 2010d.

66 Commission nationale de réglementation nucléaire, 2011b.

les émissions de carbone des centrales au charbon[67]. Et si l'ampleur totale de l'investissement n'est pas inenvisageable, le degré de risque financier concentré dans un petit nombre de projets importants et complexes pourrait faire de l'aspect financier un obstacle. C'est ce qui s'est produit jusqu'ici avec ce qui est considéré comme la plus mature des deux composantes du cas de figure de la *Migration* : l'augmentation de la production nucléaire.

CAS DE FIGURE 2 : LA MIGRATION

Ce cas de figure part du principe que l'anticipation de la législation en matière d'émissions de gaz à effet de serre entraînera la baisse de la production classique d'électricité à partir des combustibles fossiles au profit du nucléaire et de nouvelles centrales équipées de technologies de captage et de stockage du carbone (CSC), cette évolution étant motivée par les avantages que représentent la réglementation et les modèles économiques actuels. Elle impliquerait une montée en puissance grâce à la construction de près de trois centrales nucléaires et de neuf centrales au charbon équipées du CSC par an pendant les quarante prochaines années pour un coût total, en valeur actuelle, de 6 500 milliards de dollars. Les émissions de carbone du secteur électrique chuteraient de 64 % d'ici 2050. L'augmentation de la production nucléaire nécessiterait une capacité plus importante de stockage des déchets de haute activité, c'est-à-dire environ deux fois plus élevée que celle des installations de Yucca Mountain, dans le Nevada, aujourd'hui abandonnées.

Les objectifs de réduction des émissions de carbone entraîneraient en outre une utilisation partielle de l'efficacité énergétique et des énergies renouvelables ; les fournisseurs réglementés et leurs actionnaires auraient à cet égard des intérêts divergents, car les investissements dans de volumineuses centrales qui présentent une forte intensité capitalistique et un long délai de démarrage demanderaient un amortissement du capital garanti, ce qui irait dans le sens des incitations actuelles à vendre davantage d'énergie.

67 Massachusetts Institute of Technology, 2011.

L'approvisionnement en électricité, l'architecture du système et l'exploitation resteraient semblables à ce qu'ils sont aujourd'hui et il y aurait un déploiement limité du réseau intelligent.

FIG. 5-9 – *Migration*

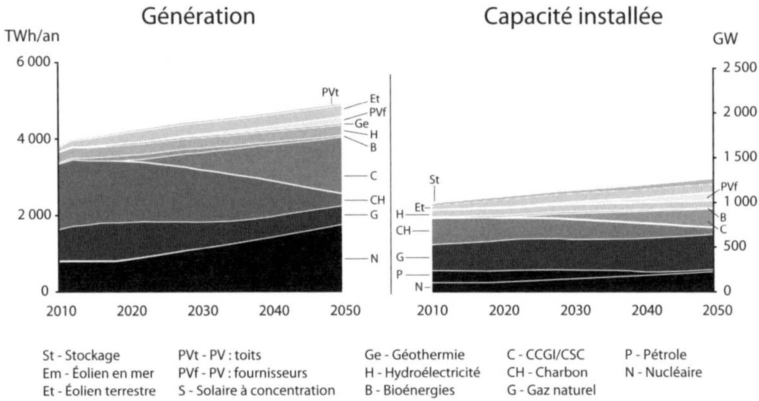

La *Migration* protège des risques carbone grâce à de nouvelles centrales nucléaires et au « charbon propre », c'est-à-dire à des centrales au charbon avec cycle combiné à gazéification intégrée et captage et stockage du carbone (CCGI/CSC). Comme le *Maintien*, le cas de figure de la *Migration* n'améliore que modérément l'efficacité énergétique au stade de l'utilisation finale, c'est pourquoi la consommation d'électricité continue à augmenter, quoique lentement[68].

68 Analyse du RMI d'après la modélisation ReEDS.

FIG. 5-10 – *Migration* : coût en valeur actuelle

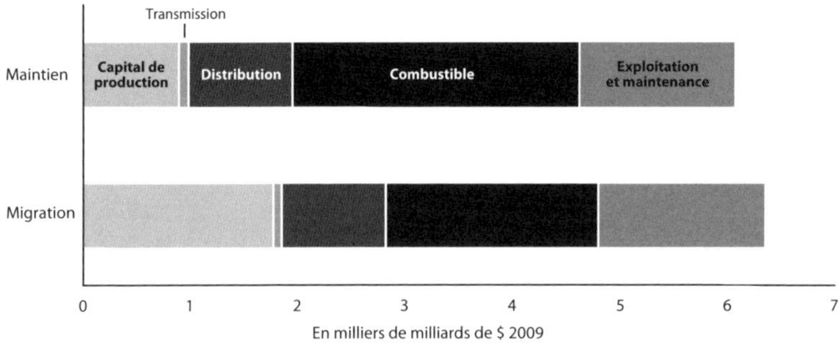

Le coût de l'électricité, en valeur actuelle, jusqu'en 2050 est légèrement plus élevé qu'avec le *Maintien* ; le coût en capital est deux fois plus important, mais le coût en combustible est inférieur[69].

Le problème du financement de l'énergie nucléaire

Durant les trois années qui ont suivi le mois d'août 2005, à une époque où le nucléaire jouissait du soutien politique le plus fort et des marchés financiers les plus solides de l'histoire, aucun des 34 projets de construction états-uniens n'a réussi à lever de financements privés malgré des subventions fédérales égalant ou dépassant les coûts de construction[70]. Le verdict du marché est le même à l'étranger. Sur les 64 centrales nucléaires en construction en 2011 dans le monde, toutes appartiennent à des systèmes énergétiques à planification centrale dirigés avant tout par les autorités, qui puisent dans l'argent public[71].

69 *Ibid.*

70 Koplow, 2010 ; Lovins, 2010c.

71 Agence internationale de l'énergie atomique, 2011.

Pourquoi le nucléaire américain se montre-t-il incapable d'attirer les capitaux privés ? Parce que les antécédents du secteur ne donnent pas aux investisseurs la confiance nécessaire pour qu'ils parient des milliards. Entre le début des années 1960 et 1978, lorsque la période faste s'est arrêtée, soit un an avant l'accident de Three Mile Island, les fournisseurs d'énergie américains ont mené un ambitieux programme de constructions de centrales nucléaires. Mais sur les 253 commandes de réacteurs passées, 60 % ont été abandonnées suite à une multiplication par trois des coûts estimés (fig. 5-11) ou se sont soldées par une fermeture prématurée, les réacteurs étant de mauvaise qualité[72]. Les dépassements de budget, qui se sont élevés à des centaines de milliards de dollars, étaient dus à des facteurs interdépendants comme l'évolution rapide de la réglementation en matière de sécurité, des conceptions non normalisées et défaillantes, des problèmes de gestion de projets aussi imposants et complexes et une situation financière devenue difficile à mesure que la demande baissait et que les prix s'envolaient[73]. Le déclassement de la dette des fournisseurs engagés, touchant 40 des 48 émissions, correspondait à un abaissement moyen de quatre crans[74].

72 Lochbaum, 2008.

73 Koomey et Hultman, 2007.

74 Moddy's Investors Service, 2009.

FIG. 5-11 – Coût en capital « du jour au lendemain » des réacteurs à eau pressurisée américains

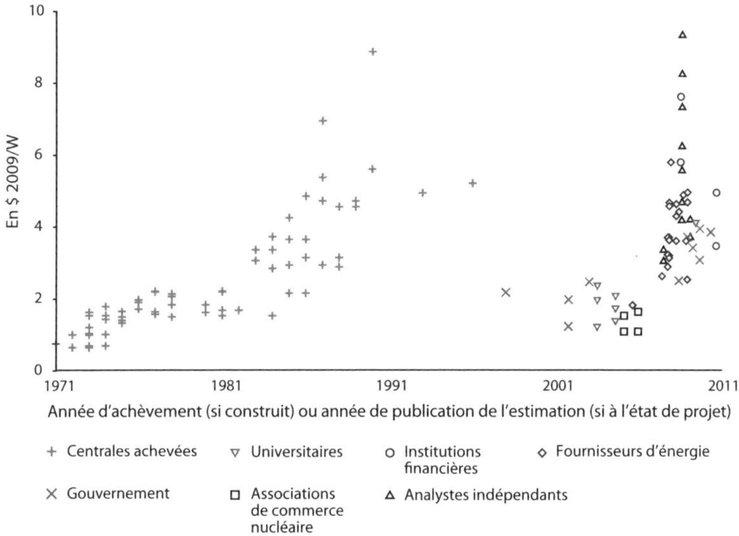

Le coût en capital « du jour au lendemain » (*overnight capital cost*) des réacteurs à eau pressurisée américains (le type le plus courant sur le marché mondial) est de plus en plus élevé et non l'inverse[75]. (Le coût « du jour au lendemain » correspond à ce que coûterait la construction de la centrale si elle était effectuée en une journée. En réalité, le coût d'un projet est près de deux fois plus élevé, car il inclut le financement et l'indexation réelle durant la construction.) La hausse entre 2007 et 2009 reflète le décalage entre les premières offres promotionnelles des vendeurs et les offres véritables qui font courir un risque à ces derniers sur tout ou partie des dépassements de coûts. Projections analysées par Molly M. Ward (RMI, 2010) selon la méthode du professeur Mark Cooper (Vermont Law School).

75 Koomey et Hultman, 2007.

De récents exemples à travers le monde montrent que ce phénomène n'est pas l'apanage des États-Unis. AREVA, le premier constructeur nucléaire mondial, a vu ses deux derniers projets échouer, ses parts de marché chuter de 71 % en quatre ans et sa directrice être remerciée. La construction du 3e réacteur de la centrale d'Olkiluoto, en Finlande, nécessite au moins deux fois plus de temps et d'argent qu'estimé au départ et on ne sait toujours pas avec précision quand elle sera achevée. EDF, l'opérateur nucléaire le plus expérimenté au monde, enregistre des retards similaires avec son EPR de Flamanville dont la construction a démarré en France en 2007 : à la mi-2011, il avait quatre ans de retard et dépassait le budget de 2,6 milliards de dollars[76].

Les coûts élevés et risqués de la construction de centrales nucléaires pourraient être supportés sur le court terme s'il était prouvé qu'un programme de grande ampleur contribuerait à les faire baisser. Mais aucun pays n'a, à ce jour, fait la démonstration de courbes d'expérience significatives ou durables en matière de coûts du nucléaire installé. Ainsi, lorsque le Dr Arnulf Grüber, de l'Institut international pour l'analyse des systèmes appliqués, a examiné de près les coûts officiels du programme nucléaire français, unique en son genre par son ampleur[77], il s'est aperçu que le coût en capital ne baissait pas avec l'expérience. Au contraire : plus on construisait de centrales, plus les coûts augmentaient. En France, entre 1974 et 1990, les constructions ont vu leur coût en capital réel par kW être multiplié par 2,4, et les durées de réalisation, bien qu'inférieures de 30 % à celles des États-Unis, ont presque doublé.

Conscients du défi financier que représente l'énergie nucléaire, les décideurs essaient d'attirer les capitaux privés aux moyens d'incitations comme les emprunts bénéficiant d'une garantie fédérale. Celle-ci réduit le coût de l'emprunt en garantissant le principal du détenteur de dette et remplace les prêteurs privés par un financement public direct. Dans le budget de l'exercice fiscal 2012 du ministère américain de l'Énergie, 34 milliards de dollars étaient prévus en garanties d'emprunts pour la construction de centrales nucléaires,

76 Schneider, Froggatt et Thomas, 2011 ; Härkönen, 2011 ; World Nuclear News, 2011.

77 Grübler, 2009 et 2010.

soit trois fois plus qu'en 2005[78]. Mais le programme a généré des engagements conditionnels d'à peine 7,9 milliards de dollars pour garantir deux réacteurs en Géorgie[79]. Un promoteur de Caroline du Nord espère, par exemple, parvenir à un accord plus favorable sur le marché privé. Deux autres projets n'ont pas pu voir le jour, car les propriétaires ont refusé de payer les sommes fixées par le ministère de l'Énergie qui, comme le veut la loi, sont destinées à dédommager les contribuables pour le risque pris. Le ministère espère trouver d'autres candidats, mais les rares acteurs qui étaient prêts à prendre le risque de fournir les 20 % non garantis du coût de leur projet l'ont déjà fait, d'une certaine manière[80].

Pour épargner ce risque résiduel aux actionnaires, les fournisseurs d'électricité dotés d'ambitions nucléaires ont fait pression auprès des législateurs publics et des commissions de service public afin d'obtenir l'autorisation de faire payer les clients pour « travaux de construction en cours » avant que la centrale n'entre en service. Quelques-uns ont accepté. Les unités jumelles de Georgia Power ont ainsi obtenu des garanties d'emprunt fédérales, un financement bon marché (en partie via des fonds de relance) de la part des partenaires majoritaires des entreprises d'électricité publiques, et elles ont touché de l'argent pour travaux de construction en cours. Mais la Georgia Public Service Commission, aiguillonnée par la réaction des consommateurs (notamment celle des grosses industries) face à la hausse des prix et aux rendements élevés que Georgia Power cherchait à obtenir pour améliorer ses notations en baisse, a alors voulu que les clients ne soient pas touchés par les dépassements de budget ; le fournisseur a refusé, ce qui a compromis l'avenir

78 Imprimerie du gouvernement, 2011.

79 Ministère américain de l'Énergie, 2011a ; Wald, 2011a. Deux milliards de dollars ont par ailleurs été garantis pour AREVA, détenue à 93 % par l'État, pour la construction d'une usine d'enrichissement d'uranium concurrente des usines américaines. Les garanties d'emprunt du projet de Géorgie sont soumises à l'autorisation de la Commission nationale de réglementation nucléaire, repoussée, pour l'instant, pour des questions de sécurité.

80 Wald, 2011a ; Wald, 2011b ; Lovins, 2010c.

du projet[81]. De la même façon, le PDG de Duke Energy a déclaré que si le corps législatif de Caroline du Nord refusait les contributions pour travaux de construction en cours, cela reviendrait « à dire non aux projets nucléaires dans cet État[82] ». Suivant les recommandations des autorités de régulation[83], le corps législatif a repoussé l'étude du dossier[84]. Conclusion : protéger les investisseurs aux frais du consommateur s'avère difficile, même pour les fournisseurs d'électricité qui exercent une forte influence politique.

Les répercussions de Fukushima

Les marchés financiers mettaient déjà en péril la renaissance du nucléaire lorsque, en mars 2011, un tremblement de terre de magnitude 9 suivi d'un tsunami ont ravagé la côte nord-est du Japon, provoquant l'accident nucléaire le plus grave depuis Tchernobyl. Cette catastrophe naturelle a fondu trois et détruit quatre des six réacteurs de Fukushima Daiichi, endommagé les autres et entraîné l'évacuation de près de 100 000 personnes[85]. Au moment où nous écrivions ces pages, c'est-à-dire six mois plus tard, les réacteurs étaient loin d'être stabilisés, le confinement de leurs rejets radioactifs restait tout sauf garanti, leur infortuné propriétaire, Tokyo Electric Power Company (TEPCO), venait d'annoncer une perte initiale de 14 milliards de dollars – et les dépenses ne faisaient que commencer puisque TEPCO va devoir nettoyer et verser des dédommagements pendant des années[86].

Telles des répliques sismiques, l'effet Fukushima s'est alors répercuté dans le monde entier. En quelques semaines, la Commission nationale de

81 Henry, 2011.

82 Sturgis, 2011.

83 Downey, 2011.

84 Murawski, 2011.

85 Smith, M., 2011.

86 Reuters, 2011b ; Tabuchi, 2011.

réglementation nucléaire a lancé un rapide passage en revue des centrales et en a programmé un plus approfondi pour déterminer si les 104 réacteurs américains, dont six sont identiques et 17 très semblables à ceux de Fukushima, nécessitaient des améliorations en matière de sécurité ou de procédures[87]. Chaque jour, la presse faisait état de troublantes similitudes entre les faiblesses des réglementations japonaises et américaines en matière de sécurité. On s'est aperçu qu'un cinquième des réacteurs de la planète étaient construits sur des zones sismiques importantes. NRG Energy a abandonné un projet de construction de deux réacteurs au Texas, d'une valeur de 10 milliards de dollars (censé être en partie financé par TEPCO), et a annoncé une perte d'un demi-milliard de dollars[88]. La Chine a suspendu toute nouvelle construction et toute acceptation de projet, le temps de procéder au passage en revue de ses centrales[89]. L'Allemagne a décidé de surseoir à toute extension d'autorisation de centrales et a fermé huit réacteurs ; en mai 2011, la chancelière conservatrice a annoncé la sortie de son pays du nucléaire (qui lui fournissait 23 % de son électricité) en l'espace de dix ans et le passage le plus rapide possible à l'efficacité énergétique et aux énergies renouvelables[90]. La veille, le Premier ministre du Japon (où le nucléaire assurait 30 % de la production d'électricité avant Fukushima) avait annulé la construction des 14 réacteurs prévus et annoncé une refonte de la politique énergétique à laquelle allaient s'ajouter deux piliers : l'efficacité énergétique et les énergies renouvelables, comme

87 Commission nationale de réglementation nucléaire, 2011c.

88 O'Grady, 2011.

89 Buckley, 2011.

90 Dempsey, 2011 ; Kraemer, 2011. La chancelière Angela Merkel veut « mettre un terme à l'utilisation de l'énergie nucléaire et entrer le plus vite possible dans l'ère des énergies renouvelables » ; 85 % des Allemands interrogés souhaitent la même chose et à l'heure où nous écrivons, aucun parti politique ne s'y oppose. La mise à l'arrêt initiale de près de 9 GW n'a eu aucune conséquence matérielle sur les prix de l'électricité, sur la fiabilité de l'approvisionnement ni sur les importations d'électricité (Töpfer, 2011). On peut raisonnablement parier sur le fait que la multiplication par deux de la part des énergies renouvelables (aujourd'hui de 17 %) dans la production d'électricité va permettre à la stratégie de développement économique du pays, centrée sur les PME, de se poursuivre ; elle va éviter aux Allemands d'acheter du gaz russe et leur procurer des emplois.

en Allemagne[91]. Il a ajouté peu de temps après : « Notre pays va s'employer à faire des énergies renouvelables la pierre angulaire de son approvisionnement énergétique », afin de donner l'impulsion à des réformes structurelles touchant l'ensemble de l'économie[92]. L'homme le plus riche du pays a alors proposé de construire assez de fermes solaires pour remplacer TEPCO et annoncé qu'il avait le soutien d'au moins 36 préfectures sur 47[93]. De son côté, la Suisse[94] a accéléré sa sortie du nucléaire et Siemens, aujourd'hui leader dans le gaz, l'éolien et le solaire, a lui aussi annoncé qu'il arrêtait ce type de production[95]. Quant aux Italiens, ils ont voté à près de 95 % contre une reprise du nucléaire[96]. Et l'effet domino n'est peut-être pas terminé…

La tragédie japonaise a également ravivé la lancinante question du stockage des déchets nucléaires. Une grande partie de la radioactivité émise à Fukushima venait en effet du combustible usé stocké au-dessus des réacteurs qui a été surchauffé ou brûlé. Comme au Japon, la majeure partie du combustible usé américain est stocké sur site à proximité des différents réacteurs, car il n'existe pas encore de centre de stockage permanent ni de processus crédible pour déterminer le lieu où il pourrait être implanté. Selon certains experts, ces piscines de stockage du combustible usé pourraient représenter un danger plus important encore que les réacteurs en eux-mêmes ; le retraitement de ce combustible ne ferait qu'accroître les coûts et les risques[97].

---

91 Fackler, 2011.

92 Tabuchi, 2011b.

93 Yasu, 2011.

94 Mijuk et Germann, 2011.

95 Kanter, 2009.

96 *The Economist*, 2011b.

97 Alvarez et *al.*, 2003, 1-51 et 213-23 ; Beyea, Lyman et von Hippel, 2004 ; Conseil national de la recherche, 2005.

Quoi qu'il en soit, le nucléaire avait été dépassé sur le marché bien avant Fukushima, de la même façon que les commandes américaines s'étaient effondrées, faute de financement, un an avant Three Mile Island. Son coût et les risques encourus n'attirent tout simplement pas les investisseurs qui ont voté avec leurs dollars.

Le « charbon propre » à l'épreuve du marché

À l'instar de l'énergie nucléaire, le captage et stockage du carbone (CSC) pourrait être utilisé pour supprimer les émissions de carbone, mais il pose lui aussi certains problèmes du fait de son coût élevé et de son efficacité mal connue, ce qui freine son accès aux capitaux. Comme son nom l'indique, le CSC est une technologie qui permet d'extraire le dioxyde de carbone des effluents gazeux des centrales utilisant les combustibles fossiles et de le stocker définitivement pour empêcher qu'il ne s'échappe dans l'atmosphère.

LE CAPTAGE ET STOCKAGE DU CARBONE (CSC)

Le captage et stockage du carbone (CSC) est un processus en trois étapes. On commence par isoler et capter les gaz à effet de serre qui s'échappent naturellement des cheminées d'une centrale, puis on transporte le gaz compressé ou liquéfié dans des conduites, et enfin on le stocke définitivement sous terre, généralement à une profondeur importante. Les promoteurs espèrent trouver des moyens rentables de créer de la valeur (peut-être sous forme de substituts du ciment ou de matériaux de construction) à partir des quantités colossales de CO_2 qui pourraient être captées, mais pour l'instant, le CSC ne représente rien d'autre qu'un coût supplémentaire et improductif que les fournisseurs d'énergie devraient supporter en vue des futures restrictions ou taxes sur les émissions de carbone.

On peut ajouter le CSC aux centrales au charbon existantes, mais le plus souvent (comme c'est le cas dans ce chapitre), il va de pair avec le cycle combiné à gazéification intégrée (CCGI), un type de centrale au charbon *plus efficace sur le plan énergétique. Une centrale CCGI commence par brûler le charbon afin d'obtenir un gaz riche en hydrogène qui alimente une centrale à cycle combiné comme s'il s'agissait de gaz naturel. À lui tout seul, le CCGI ne réduit pas de façon spectaculaire les émissions de CO_2. Cependant, si on lui associe le CSC, on peut supprimer le CO_2 avant la combustion, ce qui facilite le captage et améliore son rendement énergétique. Mais même en pareil cas, le captage de l'intégralité du CO_2 consomme jusqu'à 30 % de l'énergie de la centrale, un « prix à payer » que les ingénieurs espèrent abaisser à 15 %*[98]*.*

L'un des premiers projets pilotes au monde de CSC entièrement intégré est entré en exploitation en 2009 sur une centrale au charbon de 1 300 MW gérée par American Electric Power (AEP), en Virginie-Occidentale. Le carbone est capté sur une infime portion expérimentale – environ 1,5 % – des effluents gazeux et envoyé à 2,5 km sous terre. À l'échelle industrielle, ce procédé augmenterait de 80 % le coût de l'électricité générée par la centrale[99]*.*

AEP avait envisagé de franchir une nouvelle étape en 2014 en construisant et exploitant une solution de CSC entièrement intégrée qui aurait capté 240 MW ou 18 % des effluents gazeux pour un coût estimé de 668 millions de dollars. Mais en juillet 2011, la société a suspendu le projet malgré une subvention de 50 % du ministère de l'Énergie, les deux commissions de service public lui ayant dit que les clients de leur État n'avaient pas à payer à eux seuls les 334 millions restants. En l'absence de politique climatique fédérale, l'investissement n'était pas rentable[100]*.*

Ces coûteux procédés utilisent des réactions chimiques pour capter le CO_2, une tâche titanesque étant donné qu'une centrale au charbon de 1 GW produit environ un quart de tonne de CO_2 par seconde. Mais il existe un procédé plus simple, non chimique, financé à l'origine par Shell, dont il a été

98 Biello, 2009.

99 *Ibid.*

100 American Electric Power, 2011 ; Wald et Broder, 2011.

fait la démonstration à l'université technique d'Eindhoven, aux Pays-Bas[101]*, et qui devrait bientôt être présenté et commercialisé à plus grande échelle.*

Le transport du CO_2 capté est relativement simple et bien maîtrisé, mais son captage et son stockage sont des procédés complexes qui n'ont été que peu testés à l'échelle d'une centrale au charbon classique. La démonstration en a été faite à l'échelle pilote mais pas à l'échelle industrielle, ce qui nécessiterait de multiplier la première par 6 à 10[102]. Un mauvais stockage pourrait entraîner d'importantes fuites de carbone dans l'atmosphère. En outre, des questions de taille concernant la gouvernance du stockage et les dispositions réglementaires restent en suspens. Comment l'opérateur pourra-t-il obtenir les droits géologiques partout où le CO_2 migrera sous nos pieds ? Qui sera responsable de la gestion des sites sur plusieurs siècles afin de s'assurer que le CO_2 ne s'échappe pas ? Et à qui imputer la faute s'il s'échappe ?

Ces incertitudes rendent le financement privé des projets pilotes ou des premiers projets du genre à l'échelle industrielle difficile à trouver. Le gouvernement américain s'est lancé en octroyant près de 1,5 milliard de dollars de subvention afin de financer le CSC dans six centrales au charbon, actuelles et nouvelles, de 60 à 400 MW[103]. Des projets du même type sont en préparation ailleurs dans le monde. S'ils sont concluants, des milliards de dollars de capitaux privés seront nécessaires pour ajouter le CSC aux nouvelles centrales au

---

101 Theunissen *et al.*, 2011 ; Brouwers et Kemenade, 2010 ; van Benthum *et al.*, 2010 ; Willems *et al.*, 2010. La dilatation et le refroidissement du gaz de combustion provoque la condensation du CO_2 en fines gouttelettes qui peuvent être séparées mécaniquement. Le dispositif, compact, est facilement intégrable et, à grande échelle, on estime qu'il devrait coûter dix fois moins cher que le procédé chimique, ce qui réduirait le coût total du CSC des deux tiers. Si ce procédé est concluant, il pourrait permettre de moderniser les vieilles usines au charbon, notamment celles qui sont en Chine ; il se pourrait cependant que ce procédé accroisse trop les coûts pour que l'exploitation d'un grand nombre de centrales continue à se justifier et il ne rendrait certainement pas rentable la construction de nouvelles unités. Il pourrait néanmoins permettre de nettoyer de grosses usines industrielles ou des générateurs au gaz qui auraient pris de la valeur suite à l'entrée en vigueur de limitations strictes et durables sur le carbone.

102 Herzog, 2010.

103 National Energy Technology Laboratory, 2011.

charbon. Et pour que l'impact sur le climat soit significatif, il faudra consentir des investissements de taille bien avant que les incertitudes fondamentales ne soient levées.

Les risques au-delà du carbone

Malgré les avantages en matière de carbone promis par ce cas de figure de la *Migration*, l'intensification du nucléaire et du CSC ne remédie en rien aux autres problèmes critiques rencontrés par l'industrie relatifs au combustible, à la sécurité, à la stabilité financière et, par-dessus tout, à la concurrence. Les entreprises qui font des paris à hauteur de plusieurs milliards de dollars sur plusieurs dizaines d'années doivent être conscientes qu'elles reposent sur une faille sismique active. Et si la principale menace ne venait pas de la réglementation sur le carbone, mais de technologies fracassantes comme l'éolien vendu 0,03 $/kWh à la mi-2011 ou le solaire tarifé en dessous de l'électricité au détail, qui attirent davantage de clients vers la génération décentralisée ? Et si les innovations en matière d'efficacité énergétique au stade de l'utilisation finale, de valeur, de marketing et de systèmes d'acheminement transformaient la croissance de la demande en une absence durable de cette même demande ? Ne faudrait-il pas avoir moins peur des décideurs politiques de Washington que d'une nouvelle génération de consommateurs avertis qui ne lisent pas de revues spécialisées dans la politique ou l'industrie mais paient leurs factures en temps réel via Internet et sont rivés à Facebook et Twitter ?

En outre, le fait de mettre de grandes quantités d'actifs sous terre incite fortement à s'assurer des revenus afin de récupérer les coûts en capital qui sont colossaux. Un déploiement plus rapide des ressources côté demande et des ressources renouvelables à petite échelle de la part des clients ou de tierces parties pourrait menacer la sécurité financière de fournisseurs d'énergie qui ont mis beaucoup de fonds dans des projets utilisant le charbon ou le nucléaire. C'est l'image même du fournisseur d'énergie en tant qu'investisseur-sauveur qui pourrait s'en trouver écornée. Une demande stagnante ou en baisse, des prix à la hausse et des investissements non productifs destinés à moderniser ou à nettoyer de vieilles installations sont autant de facteurs qui restreignent la sphère de stabilité financière des fournisseurs d'énergie. La construction de centrales imposantes, lentes et coûteuses pourrait réduire encore cette sphère et éventuellement déclencher une « spirale infernale » avec hausse des prix et chute de la demande, comme celle dont ont souffert de nombreux fournisseurs d'énergie dans les années 1980.

Non seulement l'énergie nucléaire et le « charbon propre » n'attirent pas les investisseurs, mais ils sont dépourvus de cette flexibilité d'exploitation[104] qui leur permettrait d'intégrer les énergies renouvelables qui rejoignent déjà le réseau. Étant donné que les générateurs éoliens et solaires sont les moins coûteux à exploiter du fait de leur coût nul en combustible, la part croissante qu'ils prennent dans l'approvisionnement se traduit par une diminution du temps de fonctionnement des générateurs à combustibles fossiles – ce qui fait baisser les prix de gros et les profits de ces centrales. En Allemagne, le développement du solaire a réduit le nombre d'heures d'exploitation des centrales à combustibles fossiles, faisant donc baisser le coût en combustible, ce qui a réduit le prix de gros de l'électricité de 4 à 16 $/MWh. (Sur quatre journées, en 2010, le surplus d'énergie éolienne a même fait passer le prix de gros en dessous de zéro[105].) Des études réalisées au Danemark, en Belgique, en Irlande et au Texas confirment que les investissements dans l'éolien réduisent les prix de gros moyens du marché[106]. Ce phénomène bénéficie aux consommateurs, mais réduit les recettes et les profits des générateurs existants.

Ainsi, si le fait de réduire le risque carbone en effectuant peu de changements sur des institutions et des modèles économiques qui nous sont familiers peut être séduisant, les coûts et les risques encourus paraissent élevés.

---

104 Les centrales nucléaires californiennes, contrairement aux centrales françaises, ne s'arrêtent pas de fonctionner quand d'autres moyens de production sont moins chers ; elles doivent au contraire continuer et distribuer l'électricité avant l'éolien, ce qui pénalise les opérateurs de cette énergie renouvelable moins chère.

105 Töpfer, 2011.

106 Pöyry, 2010 ; Redpoint Energy, 2011 ; Nicholson, Rogers et Porter, 2010 ; Bode et Groscurth, 2010 ; Tirpak, 2010.

Quelle alternative avons-nous ? Le rapide essor du marché des énergies renouvelables aux États-Unis et ailleurs dans le monde nous incite à prendre en compte la capacité de ces ressources à satisfaire nos besoins futurs en électricité.

L'idée n'est pas nouvelle. En 1952, la Commission Paley avait prédit une pénurie de pétrole dans les années 1970 et recommandé au président Truman de s'orienter massivement vers les énergies renouvelables[107]. À ce sujet, Thomas Edison avait déclaré à Henry Ford, dès 1931 :

> ***Nous sommes tels des métayers abattant les clôtures autour de nos maisons pour trouver du combustible, alors que nous devrions utiliser les ressources inépuisables de la nature : le solaire, le vent, les marées... Je miserais volontiers mon argent sur le soleil. Quelle source d'énergie ! J'espère que nous n'attendrons pas de manquer de pétrole ni de charbon pour l'exploiter***[108].

Lui non plus n'a pas été entendu. Aujourd'hui, le message n'émane plus de sages du temps jadis, mais du marché actuel, et il est devenu beaucoup trop pressant pour qu'on n'en tienne pas compte. Comme l'a écrit l'Agence internationale de l'énergie en 2010 : « Une profonde modification de la façon dont nous générons l'électricité est à portée de main... nous entrons dans une période de bouleversements[109]. » Des bouleversements qui vont nous faire passer des centrales à combustibles fossiles centralisées et utilisatrices de vapeur aux sources d'énergie renouvelable décentralisées. Selon l'AIE, ces dernières « devront jouer un rôle clé dans la transition de la planète vers une voie énergétique plus sûre, plus fiable et plus durable ». Nos deux prochains cas de figure explorent cette voie.

107 Paley, 1952 ; Makhijani et Saleska, 1999.

108 Newton, 1989, p. 31.

109 Agence internationale de l'énergie, 2010a, p. 8-9.

LE *RENOUVEAU* OU L'EXPLOITATION DES RESSOURCES ÉNERGÉTIQUES INÉPUISABLES DE LA NATURE

Le Texas s'est fait une réputation dans bien des domaines, au fil de son long et légendaire parcours d'« État à l'étoile unique ». Les Texans sont connus pour leur farouche indépendance, ce qui leur a valu de choisir le slogan suivant pour une campagne de lutte contre les déchets : « *Don't mess with Texas.* » [N. d. T. : qui signifie à la fois « Faut pas embêter les Texans » et « Au Texas, on ne jette pas ses ordures n'importe où »] Les gisements de pétrole et de gaz de l'État, qui ont fait le bonheur des entrepreneurs au XXe siècle, ont constitué la principale réserve des États-Unis pendant la majeure partie du siècle. Et ce n'est pas simplement la superficie ou le statut de l'État qui font dire avec esprit à ses habitants que « tout est plus grand au Texas », car si cet État était un pays, il aurait la 14e économie de la planète[110].

Mais le Texas est également en train d'acquérir une autre réputation : celle de leader américain du développement des énergies renouvelables motivé par le profit. En 2010, il avait installé en moyenne trois fois plus d'éolien que n'importe quel autre État, ce qui assurait 8 % de sa production d'électricité et lui faisait dépasser son objectif de 2025[111]. Sa puissance éolienne installée d'environ 10 000 MW le place au 6e rang mondial après les pays que sont la Chine, le reste des États-Unis, l'Allemagne, l'Espagne et l'Inde[112]. C'est d'autant plus impressionnant qu'il y a moins de vingt ans, le Texas n'avait aucun projet d'éolien commercial et produisait moins d'énergie à partir de sources renouvelables par personne que les autres États.

---

110 EconPost, 2011.

111 Wiser et Bolinger, 2010, 2011.

112 *Ibid.*

CAS DE FIGURE 3 : LE RENOUVEAU

Notre cas de figure du Renouveau *examine un avenir dans lequel les énergies renouvelables telles que le solaire, l'éolien, la géothermie, la biomasse et la petite hydroélectricité (plus les grandes installations existantes) fournissent au moins 80 % de l'électricité en 2050 aux Américains. Une production plus soutenue à partir de sources intermittentes – éolien et solaire photovoltaïque (PVs) – augmente l'importance de la demande réactive des particuliers et des entreprises, si bien que ces sources se développent plus vite. Ces clients utilisent des réseaux proches de chez eux pour réagir automatiquement et sans entrave aux signaux de prix envoyés par les dispositifs de communication à double sens du réseau intelligent. L'efficacité énergétique devient plus facile à exploiter, car les consommateurs reçoivent davantage d'informations sur leur consommation, peuvent réagir aux signaux de prix et profiter du confort des nouvelles technologies. L'augmentation de l'efficacité énergétique annule la croissance de la demande d'électricité, ce qui pousse un grand nombre de régulateurs et de fournisseurs d'énergie à remédier au modèle économique déclinant du développement à tout prix par des réformes réglementaires et de nouvelles propositions de valeur.*

FIG. 5-12 – *Renouveau*

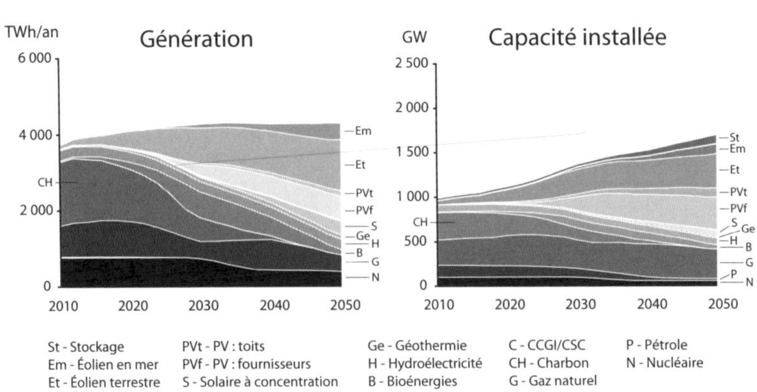

Le cas de figure du *Renouveau* stabilise la consommation d'électricité grâce à l'adoption massive de l'efficacité énergétique, mais la capacité installée croît sensiblement, car de nombreuses énergies renouvelables ont un taux de charge moins élevé[113].

FIG. 5-13 – *Renouveau* : coût en valeur actuelle

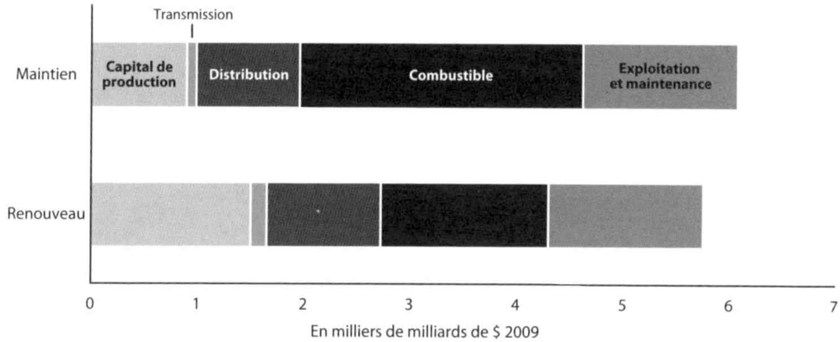

Le coût de l'électricité en valeur actuelle 2010 selon le cas de figure du *Renouveau* est légèrement inférieur à celui du *Maintien*, en partie du fait d'une adoption plus large de l'efficacité énergétique ; l'incertitude est un peu plus élevée, car on table sur une poursuite de la baisse des coûts technologiques, mais on est beaucoup moins dépendant du combustible et de ses prix fluctuants[114].

113 Analyse du RMI d'après la modélisation ReEDS. Les éoliennes bien situées atteignent généralement un taux de charge compris entre 35 et 45 % (les meilleures pouvant dépasser les 50 %), mais les fournisseurs d'énergie refusent de prendre une partie de la production et leur rapide essor fait qu'un grand nombre d'éoliennes neuves ne fonctionnent qu'une partie de l'année, c'est pourquoi la moyenne mondiale en 2008 était de 26 %. Le PV américain atteint en moyenne 17 % sans poursuiteur monoaxial (système destiné aux régions ensoleillées) et 30 % avec poursuiteur. Sur une année météorologique moyenne, le taux de charge récent des énergies renouvelables dans le monde, excepté le gros hydraulique, était d'environ 40 %, mais il atteignait environ 60 % avec la géothermie, le petit hydraulique et la combustion de biomasse et de déchets réunis. Ces derniers, comme la cogénération (avec environ 83 %), ont un taux de charge assez régulier. La « microénergie », c'est-à-dire la cogénération plus les énergies renouvelables moins le gros hydraulique, tourne en moyenne autour de 66 %. Les centrales nucléaires américaines ont récemment atteint une moyenne de 90 %. La moyenne mondiale du nucléaire telle que calculée par l'AIEA, 79 % en 2009, ne tenait pas compte des 44 centrales qui arrivent en dessous de 50 %, dont 13 % ont produit 0 %.

114 Analyse du RMI d'après la modélisation ReEDS.

Si le coût des principales technologies poursuit sa baisse le long de la courbe d'expérience comme il est prévu, le passage à une production d'électricité à 80 % issue d'énergies renouvelables nécessiterait le double de l'investissement en capital *du* Maintien *(ou, si le coût des énergies renouvelables reste à son niveau de 2010, le* Renouveau *pourrait coûter 7 300 milliards de dollars). Cet investissement plus élevé est cependant compensé par un coût du* combustible *inférieur, si bien que le coût de l'électricité sur les quarante prochaines années pourrait être inférieur à celui du* Maintien.

Comment expliquer cette ascension fulgurante de la production d'électricité à partir d'énergies renouvelables ? Les Texans se sont-ils soudainement convertis à l'écologie ? Pas exactement. Comme le rappelle Jim Suydam, attaché de presse du Texas General Land Office : « Ici, tout ce qui compte, c'est de gagner de l'argent[115]. » Voilà bien une affirmation étonnante au sujet d'une industrie considérée comme s'adressant à un marché de niche pendant la majeure partie du siècle dernier. S'il s'agit de gagner de l'argent facilement, pourquoi tous les États ne se ruent-il pas vers cette prétendue mine d'or ? Quelle est la recette magique du Texas ?

Elle se compose de plusieurs ingrédients. Le premier va de soi : ce sont les abondantes ressources renouvelables. Depuis la côte du golfe du Mexique jusqu'à la région du nord-ouest, le Texas possède plus du double du potentiel éolien terrestre du second État le plus venté, le Kansas[116], et un potentiel solaire supérieur à celui de la Californie[117]. Mais si l'accès aux ressources est un paramètre clé, il n'est qu'un des éléments de l'équation. Le rapide essor de l'industrie éolienne texane est autant lié à la politique de l'État, à ses entreprises et à sa culture qui, ensemble, font en sorte que le Texas puisse

115 *Popular Mechanics*, 2010.

116 Analyse du RMI d'après les sources suivantes : National Renewable Energy Laboratory, 2010b, et ministère américain de l'Énergie, 2008b.

117 Analyse du RMI d'après les sources suivantes : National Renewable Energy Laboratory, 2011a, Navigant Consulting, 2008, US Census Bureau, 2001, Mehos, Kabel et Smithers, 2009, et Paidipati et *al.*, 2008.

exploiter ses ressources renouvelables de façon efficace, qu'aux ressources en elles-mêmes. L'expérience texane permet en fait de mesurer les perspectives et les défis qui se présenteraient au reste du pays s'il décidait d'accélérer le développement des énergies renouvelables, ce que préconise notre cas de figure du *Renouveau*.

Des ressources renouvelables abondantes

Certes, le Texas dispose d'abondantes ressources renouvelables, mais qu'en est-il du reste du pays ? Y en a-t-il suffisamment pour satisfaire les besoins en électricité du pays tout entier ? On dit souvent que si une surface de 21 000 km^2 était recouverte de panneaux solaires et de centrales à concentration, elle pourrait produire la quantité d'électricité dont les États-Unis ont besoin chaque année[118]. Mais ce n'est pas tout. Selon des études du National Renewable Energy Laboratory (NREL) et du ministère américain de l'Énergie, les États-Unis ont la chance d'avoir du vent, de la biomasse, de l'eau, du soleil et de la vapeur naturelle en quantités importantes et un peu partout sur le territoire. Pour peu que les sites ventés soient bien choisis et que les terrains soient disponibles, l'éolien terrestre pourrait à lui seul générer 9,5 fois plus d'électricité que ce que les Américains ont consommé en 2010[119]. En tout, ces ressources renouvelables pourraient générer 75 000 TWh/an d'électricité[120]

118 Turner, 1999, 687, corrigé en fonction de la croissance économique et des PV modernes qui sont presque deux fois plus efficaces sur le plan énergétique que ce qu'a estimé Turner.

119 National Renewable Energy Laboratory et AWS True Wind, 2010 ; Agence américaine pour l'information sur l'énergie, 2011b. L'évaluation du NREL calcule le potentiel de vent sur les terres disponibles (une fois ôtées les restrictions foncières) des 48 États situés au sud du Canada pour un moyeu haut de 80 m. Les éoliennes présentent généralement un moyeu à 100 m de hauteur, ce qui leur permet d'offrir plus de prise au vent.

120 Concernant le solaire, nous nous appuyons de façon prudente sur les toitures résidentielles et commerciales existantes pour le PV décentralisé et sur 1 % de surface terrestre pour le PV centralisé. La surface de toitures disponibles prend en compte les évaluations en matière d'ombrage, de solidité structurelle et d'orientation ; le taux de charge serait de 15 à 22 %.

à l'aide des technologies actuelles commercialement viables, soit plus de vingt fois la consommation nationale totale en 2010.

L'Amérique dispose donc de toute évidence de ressources renouvelables abondantes et variées. Mais peuvent-elles être exploitées de façon rentable, l'énergie peut-elle être acheminée de façon fiable et le fonctionnement du système électrique classique peut-il être adapté à ces ressources fondamentalement différentes ? Ces difficultés sont réelles, mais pas insurmontables. On s'y attaque déjà dans les salles de commande, les salles de réunion et les laboratoires du pays et du reste du monde.

Les coûts au-delà du point de basculement

Les technologies liées aux énergies renouvelables affichent généralement des coûts en capital plus élevés que ceux des centrales à combustibles fossiles, mais leur combustible est gratuit, le prix de l'énergie est fixé pour des dizaines d'années et leur coût d'investissement est en baisse. La figure 5-7 montrait la baisse du coût de l'éolien et du PV au fil du temps, baisse stimulée par – et qui, à son tour, stimulera – l'augmentation rapide de la capacité et de la production aux États-Unis et à l'étranger. La poursuite rapide et substantielle de la baisse des coûts sera décisive pour faire perdurer la croissance (voir fig. 5-14). Les technologies solaires – le PV comme le solaire à concentration – et l'éolien littoral sont prêts à afficher de grosses baisses, conformément à ce qui s'est passé jusqu'ici et aux possibilités de réduction des coûts qu'ils offrent et qui sont aujourd'hui reconnues (voir l'encadré « Les réductions de coût des énergies renouvelables : c'est possible »). Plusieurs technologies d'énergies renouvelables prometteuses mais non encore commercialisées – la géothermie avancée, l'éolien offshore en eau profonde, l'énergie des vagues et l'énergie marémotrice – présentent des incertitudes beaucoup plus importantes en matière de coûts à venir, si bien que nous avons choisi d'être prudents et de les exclure de notre analyse, tout comme le nouveau petit hydraulique, faute de données fiables. Quant aux technologies matures en matière d'énergies renouvelables, comme la combustion de la biomasse et des déchets, la géothermie conventionnelle et l'hydraulique, elles seront sans doute nombreuses à n'enregistrer qu'une amélioration modeste de leur coût et de leurs performances.

FIG. 5-14 – Projection des coûts de systèmes installés

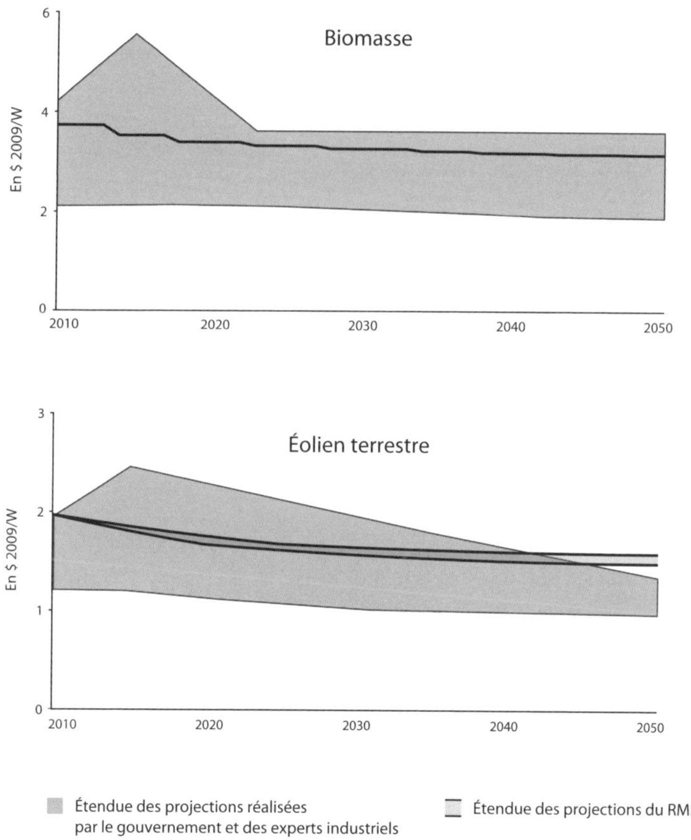

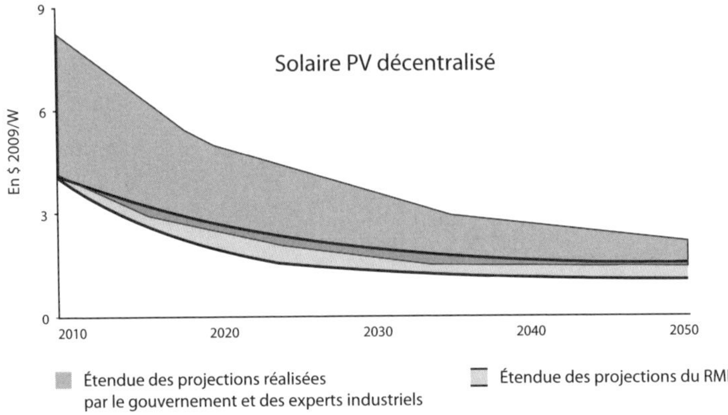

Loin d'être théoriques, les trajectoires à venir de réduction des coûts s'appuient sur l'observation des gains réalisés jusqu'ici et sur l'évaluation de leviers concrets qui peuvent stimuler une baisse continue. Mi-2011, les prix sur le marché de l'éolien et du PV étaient déjà inférieurs aux projections prudentes présentées ici, ce qui reflète l'explosion des prix de la fig. 5-7, qui se répercute déjà sur la chaîne d'approvisionnement ; certains projets éoliens en 2011 coûtaient moins de 1,5 $/W. Nos coûts du PV s'inscrivent dans le cadre d'autres projections, ou légèrement en dessous afin de refléter les dernières données du marché[121].

LES RÉDUCTIONS DE COÛT DES ÉNERGIES RENOUVELABLES : C'EST POSSIBLE

L'industrie du photovoltaïque offre l'un des exemples les plus parlants de baisse ininterrompue des coûts. Depuis les années 1970, chaque multiplication par dix de la production de modules au silicium cristallin a fait

121 Les « autres projections » ont été réalisées par différents experts dont le National Renewable Energy Laboratory et l'Electric Power Research Institute, et sont détaillées dans Tidball et *al.*, 2010. Les prix de l'éolien 2010-11 sont actualisés d'après Wiser et Bolinger, 2011.

baisser de 50 % le coût de la production[122]*. En 2011, le tarif de la vente en gros de ces modules est inférieur à 1,4 dollar par watt, ce qui représente une baisse par rapport au prix 2009 des modules haut de gamme qui se vendaient 2,5 dollars par watt*[123]*. Un grand réseau d'installation*[124] *évoquait en avril 2011 des prix de gros tournant autour de 1 dollar pour la mi-2012. En mai 2011, le directeur de la recherche au niveau international chez GE affirmait que le PV « pourrait être moins cher que l'électricité produite à partir de combustibles fossiles et de réacteurs nucléaires dans les trois à cinq ans grâce aux innovations*[125] *». Venant confirmer ce phénomène, des entreprises d'électricité californiennes détenues par les actionnaires avaient signé un contrat en mai 2011 pour 8,6 GW de PV neuf, dont 4,4 GW étaient moins chers que l'énergie chez les concurrents (tirée d'une centrale à gaz neuve pour cycle combiné), mais l'installation doit être réalisée entre 2012 et 2017 pour intervenir avant la construction d'une centrale à gaz. On attend en outre environ 45 GW d'offres PV supplémentaires lors des ventes aux enchères de l'État, dont un grand nombre à des tarifs réseau compétitifs*[126]*. Ces spectaculaires baisses de coût sont le fruit tout à la fois de l'amélioration des procédés de fabrication, des économies d'échelle et des avancées technologiques qui font qu'il est aujourd'hui possible de produire des cellules solaires plus efficaces sur le plan énergétique à partir d'une quantité moindre de matière et d'obtenir des produits moins sensibles à la température ainsi qu'à l'angle et à l'intensité du rayonnement solaire. Ces tendances devraient se poursuivre. La plupart des fabricants de PV reprennent la technologie et les équipements du secteur des circuits intégrés, très avancé et hyperconcurrentiel. Les transistors sont ainsi*

122 Analyse par le RMI de la courbe d'expérience.

123 Kanellos, 2011 ; Mints, 2010 ; Dinwoodie, 2011.

124 Hidary, 2011. Il s'agit du réseau sambaenergy.com, doté de plus de 110 installations solaires dans des bâtiments commerciaux.

125 Wingfield, 2011.

126 Dinwoodie et Shugar, 2011.

devenus 100 millions de fois moins chers au cours des quarante dernières années et le prix des panneaux photovoltaïques est 10 000 fois moins élevé qu'il y a cinquante-cinq ans. De nos jours, une entreprise de PV dynamique peut fabriquer 1 à 3 GW de modules par an et construire plusieurs installations identiques en un an ou deux. Dans le monde, 17 GW de PV ont été ajoutés en 2010 et fin 2011, ce sont 50 GW supplémentaires que la planète devait vraisemblablement être capable de produire chaque année[127]. *Il n'y a pas de raison pour que cette industrie ne se développe pas dans les mêmes proportions que celle des circuits intégrés, voire la dépasse et fournisse une part importante de l'électricité mondiale en 2050. Des parcs photovoltaïques de plusieurs GW sont déjà prévus dans les déserts chinois et ont été proposés en Afrique du Nord ; quant à la Californie, au rythme où elle progresse, elle pourrait être alimentée à hauteur de 20 % par le solaire dès 2020. Parallèlement, un flux constant de nouvelles technologies solaires ne laisse aucun répit aux investisseurs : elles ont recours au silicium sous différentes formes et à un nombre étonnant d'autres matériaux et structures. First Solar, qui produit des modules pour un coût (et non un prix) de 0,72 $/W[128], commercialise une technologie de production rapide, sobre en matériaux et à couche mince. D'autres méthodes à couche mince, matériaux à haut rendement énergétique, dispositifs à concentration et applications intégrées aux matériaux de construction (aujourd'hui répandues en Europe et au Japon) devraient eux aussi entraîner d'importantes réductions des coûts. Ce sont des appareils d'un genre totalement nouveau qui sont inventés[129]. Avant même que ces technologies novatrices n'atteignent le marché, le prix des systèmes PV installés a commencé à baisser (de moitié depuis 1995, un tiers de cette baisse étant intervenue depuis 2008[130]) au point que ce sont souvent les coûts sans module qui sont aujourd'hui pris en compte en*

127 Kann, 2011.

128 First Solar, 2010.

129 Schwede et *al.*, 2010.

130 Mints, 2010.

matière de projets de PV commerciaux. Heureusement, ce coût d'installation et fournitures est également susceptible d'enregistrer de fortes baisses (voir fig. 5-15[131]). Grâce à une électronique de puissance plus intelligente et plus petite, à des technologies et des procédés d'installation rationalisés et à des développements de projets qui tirent profit de capitaux à faibles risques et d'une plus grande sensibilisation du consommateur, le coût va diminuer à mesure que le marché va mûrir. Parallèlement aux innovations orientées autour du client et aux innovations financières, des conceptions de systèmes packagés offrent des gains potentiels, car elles ne nécessitent pas d'ingénierie électrique spécifique au site. Ainsi, certaines entreprises utilisent le module en lui-même en tant que structure de support tout en satisfaisant les exigences de mise à la terre électrique sans éléments supplémentaires[132]. Cela permet de supprimer certaines composantes d'installation et de réduire la complexité du dispositif.

D'autres énergies renouvelables innovent elles aussi rapidement. Entre 1999 et 2009, le diamètre du rotor des éoliennes américaines a augmenté de 69 % et la hauteur du moyeu de 39 %, tandis que l'amélioration des composantes, du fonctionnement et de l'emplacement permettait elle aussi d'accroître la production[133]. En 2010, Siemens a lancé des turbines sans réducteur de 3 MW dotée de 25 % de puissance en plus, mais moins lourdes, nécessitant moins de maintenance, composées de moitié moins d'éléments et d'une nacelle pouvant être transportée par des véhicules standard[134] ; en 2010, 18 % des éoliennes de la planète étaient dépourvues de réducteur. Mais le meilleur reste sans doute à venir : des ensembles de rotors plus petits et recouverts afin de capturer le vent sur une plus large surface, tels que ceux développés par FloDesign, pourraient considérablement réduire le coût par kWh. Les pales sans soudure en composites de carbone

131 Bony, Newman et Doig, 2010.

132 ZepSolar, 2011.

133 Wiser et Bolinger, 2010.

134 Terra Magnetica, 2010.

se déformant en une fraction de seconde optimisent l'aérodynamisme à chaque rafale de vent et réduisent la charge, ce qui permet d'utiliser des pales plus longues qui augmentent la capture de l'énergie de 10 à 15 %, d'accroître la capacité de 20 à 45 % et de réduire le coût de l'énergie de 5 à 9 %[135]*. Le concept AeroCam de BroadStar Wind Systems parvient à faire tenir une plus grande surface de pale dans un plus petit système à placer au bord du toit des immeubles commerciaux, ce qui permet de générer de l'électricité en occupant deux à trois moins d'espace pour un coût inférieur de moitié, tout en protégeant les panneaux photovoltaïques de la force d'entraînement du vent – un facteur qui accroît leur coup de montage*[136]*. Il s'agit là d'un des nombreux concepts nouveaux adaptés au milieu urbain et aux vitesses de vents modérées.*

Les projets de géothermie exploitant la chaleur de la roche en profondeur pourraient bénéficier de nouveaux concepts de terrain qui ont recours à des échangeurs de chaleur de fond (une innovation de Geothermic Solutions), à un forage moins coûteux pour atteindre la source de chaleur et à une complétion plus poussée des puits afin d'entrer en contact avec la chaleur et de l'exploiter. Foro Energy exploite les progrès en matière de lasers de puissance pour faire des économies conséquentes lors du forage de la roche cristalline ultradure et améliorer le flux dans la complétion novatrice des puits[137]*. Grâce à l'exploitation des ressources en eau chaude peu profondes, l'Allemagne connaît aujourd'hui un secteur géothermique en plein essor qui, d'après le directeur de l'association professionnelle de ce secteur, « pourrait satisfaire plus de 600 fois les besoins des Allemands en électricité*[138]* » malgré l'absence totale de ressources géothermiques volcaniques. Notre analyse du* **Renouveau** *ne table pas sur ces importantes*

135 Kota, 2011. L'amortissement se fait en deux ans, ce qui ne tient pas compte de la valeur apportée par la baisse de la charge subie par les pales et le multiplicateur.

136 Marsh, 2009.

137 Moxley, 2011.

138 Burgermeister, 2008.

innovations, qui nous confortent néanmoins dans l'idée que nos courbes d'expérience, basées sur les meilleures données de l'industrie et des laboratoires nationaux, sont crédibles eu égard aux technologies qu'elles incluent et prudentes en ce qu'elles passent sous silence les nombreuses autres technologies qui apparaissent à un rythme soutenu.

FIG. 5-15 – Stratégie de réduction du coût du solaire PV placé au sol

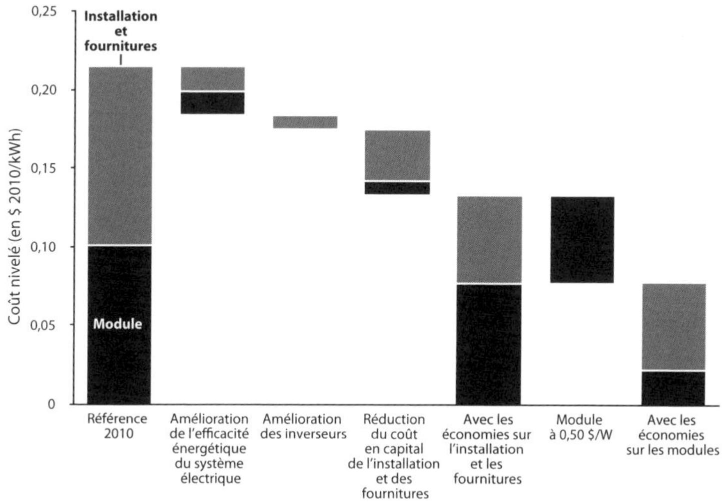

Si le coût des modules solaires PV baisse de façon régulière, ce n'est pas le cas du coût d'installation et fournitures, mais celui-ci pourrait également baisser, de moitié environ, si les nombreux leviers présentés ici sont actionnés de façon énergique, comme cela commence à être le cas[139].

La transition vers les énergies renouvelables doit en outre aller au-delà de la prise en compte des seuls coûts bruts. La mise à la retraite précoce de vieilles centrales peut en effet être synonyme d'une dépréciation d'actifs ainsi

139 Bony, Newman et Doig, 2010.

que de remplacements intervenant plus tôt que prévu. Les recettes peuvent également changer si les centrales nucléaires ou au charbon sont mises à la retraite ou fonctionnent au ralenti, suite à leur remplacement par les énergies renouvelables. Mais cela libère des installations existantes utilisant des combustibles fossiles, et notamment les centrales au gaz au fonctionnement plus souple, qui peuvent alors venir en appui au système, à mesure que les énergies renouvelables, à la production intermittente, sont davantage utilisées. Dans notre analyse, d'ici 2050, la capacité distribuable diminue beaucoup moins que la production effective à mesure que les vieilles centrales ne sont plus exploitées comme des générateurs classiques mais comme des réserves souples, voire sont fermées mais restent prêtes à une remise en service si des événements extraordinaires venaient à interrompre la production par les autres ressources. Il se peut que cette transition nécessite une nouvelle réglementation afin que le capital puisse être récupéré d'une façon qui soit adaptée à la valeur à long terme de ces ressources.

Laisser les lumières allumées

Le coût traditionnellement plus élevé des technologies liées aux énergies renouvelables n'explique pas à lui tout seul le scepticisme des fournisseurs d'énergie à l'égard de l'usage de ces technologies à grande échelle. Ces derniers se demandent notamment si les sources d'énergie renouvelables ne sont pas trop peu fiables et trop aléatoires pour que nos économies modernes puissent laisser les lumières allumées et les usines fonctionner. Les parcs éoliens et les panneaux solaires ne peuvent pas générer d'électricité lorsque le vent tombe ou que le soleil disparaît ; leur production est donc tributaire des conditions météorologiques (fig. 5-16).

FIG. 5-16 – Production intermittente d'énergie à partir de sources renouvelables (par heure)

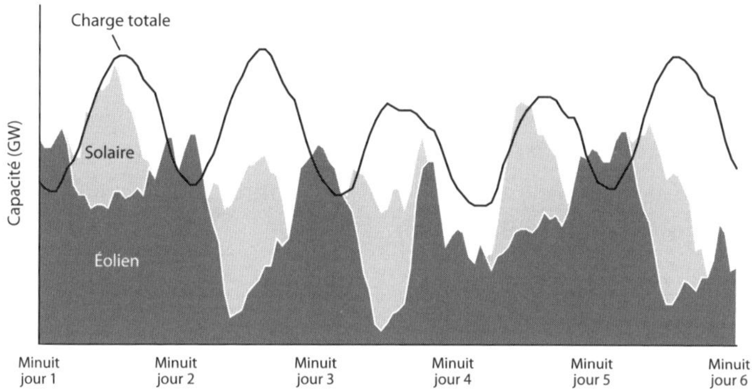

La production éolienne et solaire fluctue tout au long de la journée, comme on le voit sur ce schéma inspiré de données réelles[140].

Les opérateurs du réseau qui, depuis plus d'un demi-siècle, s'appuient essentiellement sur des centrales imposantes et contrôlables, sont déconcertés par l'éolien et le solaire pour deux raisons distinctes : leur intermittence et leur caractère aléatoire. Ils sont intermittents, car leur production fluctue tout au long de la journée et échappe au contrôle des opérateurs du réseau, et ils sont aléatoires, car on ne peut prévoir avec une totale précision ce que sera la production à un moment précis. Beaucoup sont donc convaincus que les énergies renouvelables ne pourront jamais fournir de façon fiable plus de quelques points de pourcentage de puissance au réseau. Faire passer leur contribution à 50 %, et *a fortiori* à 80 %, relève donc pour eux de la lubie.

140 Analyse du RMI et graphique stylisé adaptés des sources suivantes : Electric Reliability Council of Texas, 2004, GE Energy, 2010 et National Renewable Energy Laboratory, 2011a.

Mais les opérateurs du réseau ont en réalité acquis une expérience considérable en étant déjà exposés à l'intermittence et à l'incertitude. Depuis un siècle, ils sont en effet confrontés à une demande qui évolue en permanence tout au long de la journée. En outre, toutes les centrales tombent de temps en temps en panne : les centrales à combustibles fossiles sont ainsi à l'arrêt 14 % du temps suite aux pannes inattendues de certains équipements (responsables de 6 à 8 % des mises à l'arrêt définitives) ou à des maintenances programmées[141]. Pour gérer ces sources d'intermittence et d'incertitude, les opérateurs du réseau ont recours à la diversification, à la flexibilité et parfois au stockage. Tous trois sont expliqués ci-après.

LE FONCTIONNEMENT D'UN SYSTÈME ÉLECTRIQUE

L'électricité est le seul « vecteur d'énergie » important qui, pour l'instant, ne peut ni être accumulé ni être stocké facilement et pour un coût raisonnable. Elle doit donc être générée et utilisée simultanément ; c'est le produit périssable par excellence qui dépend d'un système de production en « juste à temps ». Cela signifie que les opérateurs spécialisés ont toujours dû jongler dans la coordination, la programmation et la gestion du réseau pour accélérer ou au contraire ralentir la production d'immenses générateurs afin de s'adapter en permanence à l'ampleur et au rythme de la demande d'électricité. Tout ce qui est connecté au réseau doit fonctionner en synchronisation dans un concert de qualité de fréquence et de tension. Trop ou trop peu de quelque chose, et le système tombe en panne.

Chaque jour, des millions de clients appuient sur des interrupteurs, font sécher leurs vêtements, allument des hauts fourneaux ou accélèrent des chaînes de fabrication. Les différents rythmes de ces demandes individuelles forment des configurations générales appelées « profils de charge » qui changent selon les heures, les jours, les saisons et les années (fig. 5-17). Les opérateurs du système arrivent en général à planifier ces configurations de façon assez précise, mais ils sont inévitablement confrontés à des

141 North American Electric Reliability Corporation, 2010c.

événements inattendus, si bien qu'ils doivent garder de la puissance en réserve pour pouvoir la mobiliser en quelques minutes voire moins.

FIG. 5-17 – Consommation d'électricité par utilisation finale (par heure)

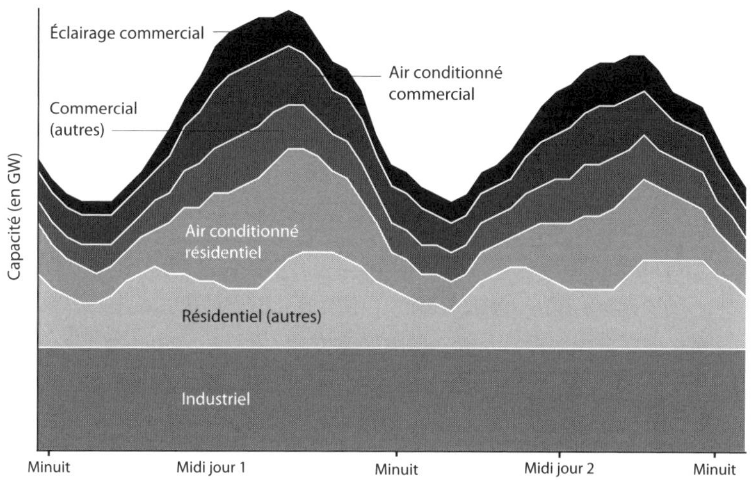

Les courbes de profil de charge traduisent les différents rythmes des charges individuelles enregistrés par un important fournisseur d'électricité sur un territoire entier. Les courbes sont plus accidentées et variables lorsqu'on détaille davantage les paramètres temps et espace[142].

Pour satisfaire cette demande constamment changeante, les opérateurs utilisent d'abord les générateurs aux coûts d'exploitation les plus bas, ceux qu'on appelle couramment les centrales « de base », car elles servent à satisfaire la demande agrégée continue la plus basse qui soit attendue.

142 Analyse du RMI.

Ces centrales de base sont généralement de gros générateurs de vapeur nucléaires ou fonctionnant au charbon, qui coûtent cher à construire mais dont l'exploitation ne revient qu'à quelques centimes par kilowattheure, et qui affichent un meilleur rendement énergétique en production constante et élevée. Lorsque la demande augmente modérément, on l'appelle alors la « demande d'appui », les opérateurs ont recours à des générateurs aux coûts d'exploitation plus élevés, et quand la demande atteint un pic, ils utilisent les générateurs les plus chers qui sont généralement des turbines à combustion. Ces générateurs sont souples, ils peuvent démarrer rapidement et accroître ou diminuer la production d'électricité en fonction des fluctuations de la demande. Aux heures les plus chaudes de l'année, lorsque la charge liée à l'air conditionné met la capacité des fournisseurs d'électricité à rude épreuve, la production des centrales les moins efficaces sur le plan énergétique peut atteindre 800 dollars par MWh et plus[143] *(soit neuf fois le prix de détail moyen de l'électricité aux États-Unis en 2008)*[144]*, et le coût peut grimper jusqu'à plusieurs milliers de dollars le MWh – prix de l'électricité* fournie *aux clients –, en période de pointe, sur certaines portions congestionnées du système de distribution*[145]*.*

Un mélange de centrales de base, de centrales d'appui et de centrales de pointe permet d'optimiser le coût de l'approvisionnement sur l'ensemble de l'année (fig. 5-18). Ainsi, le coût de production d'un kilowattheure supplémentaire change tout au long de la journée, augmentant lorsque la demande horaire fait de même. Ces coûts fluctuants ne se répercutent généralement pas sur les clients qui ont un prix constant à payer sur leurs factures, prix déterminé par le fournisseur d'électricité en fonction des coûts de production moyens, de l'amortissement du capital, des frais généraux et des profits.

143 Analyse du RMI d'après des données de l'Agence américaine pour l'information sur l'énergie, 2010h et 2011e.

144 Agence américaine pour l'information sur l'énergie, 2010.

145 Swisher et Orans, 1995

FIG. 5-18 – Génération d'électricité par type de ressource (par heure)

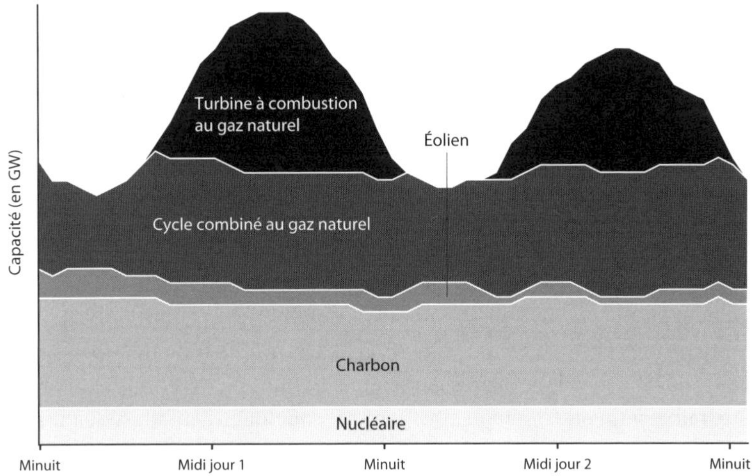

L'approvisionnement en électricité est réalisé au moyen de différentes ressources de production, dans l'ordre croissant de leur coût d'exploitation, afin de s'adapter à la demande quelle que soit l'heure[146].

Le système électrique tire parti des variations de l'offre comme de celles de la demande. La diversité de la demande signifie que les décisions de chacun – allumer la lumière ou faire tourner le lave-vaisselle – fusionnent pour donner des profils de charge lissés que les fournisseurs d'électricité ont appris à prévoir avec assez de précision. De la même façon, la diversité de l'offre a pour conséquence que le réseau ne s'appuie pas sur une seule mais sur un grand nombre de centrales qui fonctionnent de concert. La production d'un *générateur* en particulier importe peu, c'est la fiabilité du *système* dans son ensemble qui compte. De même qu'un portefeuille d'actions diversifié donne

146 Analyse du RMI.

des bénéfices plus lissés et plus faciles à prévoir, un portefeuille constitué de nombreuses centrales qui tombent en panne à des moments différents et pour des raisons différentes permet un approvisionnement en électricité plus fiable et prévisible. C'est cet effet portefeuille qui a conduit le président de la Federal Energy Regulatory Commission (FERC), Jon Wellinghoff, à déclarer à l'US Energy Association : « Les gens disent qu'ils veulent des centrales qui garantissent une production minimale. C'est comme s'ils disaient que pour avoir plus de puissance informatique, il leur faut des unités centrales de traitement. Nous n'en avons pas besoin puisque nous avons chacun notre ordinateur[147]. »

Ce principe de la diversité peut grandement faciliter l'intégration des énergies renouvelables intermittentes. La production éolienne et PV[148] peut en effet être lissée en reliant entre elles des énergies renouvelables de différentes zones et de différents types via des lignes de transmission afin d'envoyer ou de recevoir de la puissance sur des zones plus étendues. Le vent peut être faible à un endroit mais souffler fort à quelques centaines de kilomètres de là, et si le vent est faible, il se peut qu'il y ait du soleil. Des sites savamment diversifiés peuvent réduire de moitié la variabilité du vent[149]. Et d'autres types d'énergies renouvelables – le petit et le gros hydraulique, la combustion de la biomasse et des déchets, la géothermie et le solaire thermique avec stockage de chaleur – peuvent également être répartis.

Les opérateurs ont eux aussi besoin de souplesse. Les générateurs flexibles incluent des centrales à la production rapidement modulable comme les turbines hydrauliques et à combustion de pointe qui peuvent rapidement modifier leur production à la hausse pour répondre à la demande[150]. Ces mêmes

---

147 Straub et Behr, 2009.

148 Il ne peut s'agir du solaire dans son ensemble puisque les centrales solaires thermodynamiques à concentration disposent généralement de plusieurs heures de stockage thermique qui leur permettent de fonctionner jusqu'aux heures de pointe du soir. L'une d'elles a même fonctionné en continu plusieurs jours d'affilée.

149 Palmintier, Hansen et Levine, 2008.

150 En mai 2011, GE a lancé une turbine à gaz à montée en puissance rapide qui peut passer de l'arrêt à sa pleine puissance de 510 MW en seulement 10 minutes, soit deux fois plus vite que son concurrent

unités polyvalentes, capables à tout moment de se substituer aux grosses centrales ou aux lignes électriques en cas de problème, peuvent également compenser les fluctuations de l'éolien et du solaire. En outre, les fournisseurs d'énergie gardent toujours au moins 15 % de capacité supplémentaire en réserve[151]. Cela fait partie du coût de l'intégration réussie de grosses centrales et de lignes électriques classiques. Les énergies renouvelables engagent elles aussi ce type de coûts, mais ils sont à peu près comparables et peuvent même être inférieurs, car un portefeuille constitué de plusieurs petites unités de différents types risque moins de perdre autant de capacité de façon inattendue et simultanée, et ces unités peuvent être plus proches des utilisateurs.

De nombreux responsables d'installations énergétiques prennent peu à peu conscience qu'ils jouissent d'ores et déjà d'une plus grande flexibilité avec leurs systèmes actuels qu'ils ne le pensaient. Mais cette flexibilité ne se limite pas à mettre en marche ou à éteindre les centrales, ce qui peut revenir cher. Les fournisseurs peuvent également coopérer avec d'autres afin de partager leurs stocks modulables. Ils peuvent planifier la production de puissance toutes les cinq minutes et non plus toutes les heures et sur des « zones d'ajustement » plus étendues. Et ils peuvent intégrer les prévisions météorologiques dans l'exploitation du réseau afin d'être mieux préparés aux épisodes nuageux ou sans vent.

Rendre la puissance plus flexible

Une nouvelle source de flexibilité pourrait venir de la demande elle-même. Jusqu'ici, on a considéré que la demande des consommateurs, notamment ceux des zones résidentielles, était relativement non modulable, prévisible en partie seulement et non réactive. Quand les consommateurs branchent leur ordinateur ou leur réfrigérateur, ils savent qu'ils auront du courant, et dans la

---

le plus direct. Elle est conçue spécialement pour venir en complément des énergies renouvelables intermittentes.

151 North American Electric Reliability Corporation, 2010b.

plupart des cas, le seul choix qu'ils aient est de brancher ou pas un appareil électrique. Ils ne peuvent pas choisir d'utiliser l'électricité quand elle est le moins chère, par exemple, étant donné que la majorité des ménages et des entreprises payent l'électricité au même prix quel que soit le moment où ils en consomment et même si le coût de l'approvisionnement supporté par le fournisseur d'électricité peut être plusieurs dizaines de fois plus élevé au cours d'une journée[152]. Pour la plupart des personnes, consommer de l'électricité, c'est un peu comme acheter les premiers modèles de Ford T : on peut avoir n'importe quelle couleur à partir du moment où c'est du noir.

Mais cette consommation passive de l'électricité est sur le point de subir un changement radical. Les progrès accomplis en matière de technologies de l'information (TI) et de technologies relatives au réseau intelligent, qui associent TI et réseau électrique, permettent un contrôle bidirectionnel, une décentralisation des informations, une communication à double sens, des informations omniprésentes et en temps réel sur les tarifs et une réponse de la demande. Ces nouvelles technologies permettent d'apporter plus de valeur aux consommateurs et aux fournisseurs, anciens comme nouveaux. Ainsi, les contrôles automatiques peuvent répondre de façon imperceptible aux signaux de prix en adaptant le mode d'utilisation d'un appareil, ce qui permet aux consommateurs de réduire leurs dépenses sans rencontrer de problème ni devoir faire de compromis, à l'instar de ce qui s'est produit avec les DAB (distributeurs automatiques de billets) et Internet dans le secteur bancaire.

Cet avènement de la demande réactive s'appuie sur les programmes d'approvisionnement énergétique classique qui rétribuent les clients importants pour qu'ils réduisent leur demande afin de faire baisser la puissance de pointe appelée du système quelques heures par an seulement. Ces programmes sont des outils extrêmement précieux qui permettent de répondre de façon rentable aux besoins qui équilibrent le réseau en période de stress du système. L'expérience menée au Texas montre comment ces réponses de la demande pourraient prendre de l'importance à l'avenir. L'opérateur du réseau de cet État, l'Electric Reliability Council of Texas (ERCOT), gère en effet un programme

152 Kim et Powell, 2010.

volontaire de réponse de la demande, le Loads Acting as Resources (LaaRs). Le 28 février 2008, ERCOT a détecté un important déséquilibre entre l'offre et la demande dû à une hausse imprévue de cette dernière associée à une diminution de la production énergétique de plusieurs centrales classiques et à une baisse de l'éolien (responsable de 5 % du déséquilibre et prévue avec précision). Ce phénomène a déclenché une réaction d'urgence qui a activé le système LaaRs, ajoutant quelque 1 100 MW de ressources en dix minutes. Mis à part les participants au programme LaaRs, aucun autre client n'a vu sa fourniture d'électricité interrompue et l'équilibre du système a été rétabli[153].

Suite à cette expérience, les sociétés qui proposent des ressources côté demande de plus en plus sophistiquées ont gagné des clients. Dans les habitations et les bâtiments commerciaux apparaissent des affichages digitaux du prix de l'électricité à l'instant *t* afin que les habitants puissent décider s'ils veulent faire sécher leurs vêtements ou attendre pour économiser quelques centimes. Les tarifs différenciés dans le temps peuvent changer plusieurs fois par jour et les tarifs en temps réel évoluent toutes les heures pour informer du changement de coût du service. En 2009, 169 fournisseurs d'électricité allant de PG&E à PPL Electric ont mis en œuvre les tarifs horaires et 19 ont eu recours à la tarification en temps réel afin de stimuler la réponse de la demande[154]. Cette même année, plus d'un million de clients de zones résidentielles à travers le pays ont pris part à des programmes de tarification différenciée dans le temps[155]. L'ensemble de ces ressources côté demande peut apporter de la souplesse au réseau et les opérateurs peuvent s'en servir pour intégrer les énergies renouvelables intermittentes, gérant ainsi un réseau constamment dynamique.

153 ERCOT, 2008.

154 Federal Energy Regulatory Commission, 2011a.

155 *Ibid.*

Faire appel au stockage

La flexibilité peut aussi venir du stockage de l'électricité. Il existe déjà certains systèmes de stockage d'énergie en bloc comme le pompage hydroélectrique de 21 GW[156] ou l'air comprimé stocké dans des cavités[157]. La société American Electric Power a fait la démonstration de l'îlotage – répondre à des besoins locaux par des sources locales, les deux étant coupés du réseau environnant – au moyen du stockage décentralisé ; elle s'est fixé comme objectif d'installer jusqu'à 1 GW, ce qui était au départ motivé par des raisons classiques comme la réduction des pointes de charge aux sous-stations pour allonger la durée de vie des transformateurs, mais l'entreprise souhaite aussi faciliter la voie aux énergies renouvelables décentralisées et aux groupements énergétiques automobiles[158]. Le stockage de la puissance de milliers de voitures électriques en charge pourrait devenir rentable en une dizaine d'années seulement. Si les chercheurs et les entrepreneurs parviennent à rendre le stockage de l'électricité bon marché, notre avenir avec les énergies renouvelables s'en trouvera facilité. Cependant, contrairement à ce qui est couramment admis, l'absence de stockage bon marché ne constitue pas un obstacle majeur à un avenir fait d'énergies renouvelables, car, comme nous l'avons vu, la flexibilité requise peut venir de différentes sources.

156 Agence américaine pour l'information sur l'énergie, 2010b. Le pompage utilise de la puissance bon marché en dehors des heures de pointe, c'est-à-dire généralement la nuit, pour pomper l'eau vers le haut dans un bassin surélevé et la réinjecter afin qu'elle passe dans une turbine et produise une quantité de puissance inférieure de 25 % (mais d'une bien plus grande valeur) aux heures de pointe.

157 Succar et Williams, 2008. En juin 2011, on comptait une unité de stockage d'air comprimé aux États-Unis, à McIntosh, dans l'Alabama, d'une puissance de 110 MW de stockage. Deux autres installations au moins sont en cours de développement, dont celle de FirstEnergy, de 2,7 GW, à Norton dans l'Ohio, et un projet pilote de 150 MW dans l'État de New York qui utilise une ancienne cavité saline (Business Wire, 2011 ; Messenger Post, 2010).

158 American Electric Power, 2007.

Orchestrer la symphonie

L'association entre la diversification des énergies renouvelables intermittentes selon leur type et leur localisation, la prévision de leurs fluctuations et leur intégration aux énergies renouvelables distribuables, aux générateurs souples à combustibles fossiles et à la réponse de la demande peut représenter une stratégie très efficace et créer un système électrique capable de répondre aux besoins de façon fiable. La figure 5-19 montre comment cette stratégie peut s'articuler dans la pratique. Tout d'abord, l'efficacité énergétique réduit la demande totale qui doit être satisfaite et fait baisser le pic de façon disproportionnée. Dans cet exemple, le vent qui souffle surtout la nuit et le soleil qui connaît un rayonnement maximal à midi fournissent la majorité de l'électricité, mais à eux deux, ils n'épousent pas totalement le profil de charge. Des sources de production flexibles allant des véhicules hybrides rechargeables au stockage d'air comprimé centralisé sont utilisées pour combler les manques : on prend de la puissance quand il y en a en trop pour l'injecter quand elle manque. L'ensemble de ces ressources peut répondre aux charges horaires et réduire au maximum la quantité d'électricité tirée des énergies renouvelables qui serait « répandue », c'est-à-dire disponible mais non nécessaire.

FIG. 5-19 – *Renouveau* : fonctionnement horaire

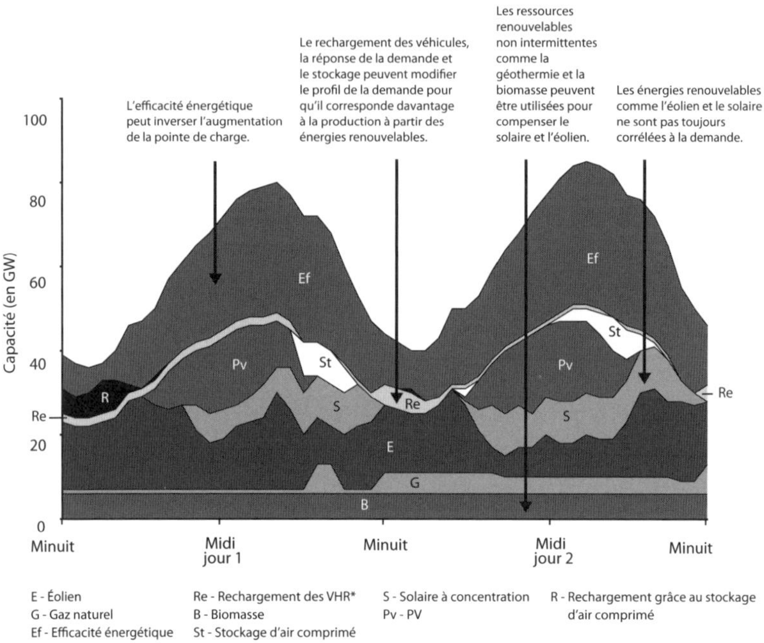

*Véhicules hybrides rechargeables

Ce graphique reprend de véritables données relatives aux énergies renouvelables et fait des projections des profils de charge en 2050. Dans le cas présent, les énergies renouvelables diversifiées peuvent sans difficulté satisfaire 80 % des besoins annuels en électricité en orchestrant les sources de flexibilité qui vont du stockage en bloc (là où il est justifié) à la réponse de la demande, en passant par les véhicules électriques[159].

159 Analyse du RMI et graphique stylisé adaptés des sources suivantes : Electric Reliability Council of Texas, 2004, GE Energy, 2010, et National Renewable Energy Laboratory, 2011a.

L'intégration de quantités toujours plus grandes de ressources renouvelables fait l'objet de démonstrations concluantes à travers le monde. En 2009, huit experts américains et trois européens ont écrit, dans un article publié par une revue spécialisée pour ingénieurs du secteur électrique, qu'ils ne voyaient pas « de limite technique crédible et sérieuse à la quantité d'éolien qui peut être intégrée par les réseaux électriques[160] ». Aucune des deux cents et quelques études internationales ni des études officielles consacrées aux régions est et ouest des États-Unis[161], pas plus que l'Agence internationale de l'énergie[162], n'ont identifié de véritables barrières financières ou techniques empêchant d'intégrer jusqu'à 30 % d'énergies renouvelables intermittentes au réseau, et dans certaines études, ce chiffre est plus élevé encore[163].

Entre-temps, un approvisionnement, à hauteur de 20 à 50 % et plus, en électricité tirée de sources renouvelables a déjà été mis en œuvre dans plusieurs pays européens, dans un contexte de réseau électrique intégré, il est vrai. En 2010, quatre Länder allemands représentant une population de 10 millions d'habitants avaient recours à l'éolien pour 43 à 52 % de leurs besoins annuels en électricité[164]. Le Danemark n'était pas loin derrière avec 22 % de son électricité fournis par le vent en 2010 (26 % sur une année ventée moyenne[165]). La région espagnole d'Estrémadure assure, quant à elle, jusqu'à 25 % de son approvisionnement en électricité grâce au solaire et le pays tout entier satisfait 16 % de ses besoins à l'aide de l'éolien[166]. Et rien qu'entre 2005 et 2010, le Portugal est passé de 17 à 45 % d'électricité tirée de sources renouvelables[167].

---

160 Skea *et al.*, 2008.

161 EnerNex, 2011 ; GE Energy, 2010.

162 Agence internationale de l'énergie, 2011.

163 Gross, 2006 ; Skea *et al.*, 2008. D'autres conclusions sont analysées dans Lovins *et al.*, 2002, 172-200.

164 Molly, 2010.

165 Danish Energy Agency, 2009 ; Renewable Energy Policy Network for the 21st Century, 2011.

166 Red Eléctrica de España, 2010.

167 Rosenthal, 2010c. Durant la même période, les États-Unis passaient de 9,2 à 10,5 %.

La Minnkota Power Cooperative, le premier fournisseur américain d'éolien en 2009, a réalisé 38 % de ses ventes de détail grâce à ce type d'énergie[168].

Atteindre et dépasser ces niveaux nécessite certains changements, non pas dans la nature physique du fonctionnement du réseau, mais dans les stratégies, les réglementations et les procédures dont les opérateurs se servent pour le gérer. Il s'agit là d'un grand défi institutionnel.

Le blues des lignes à haute tension

Des problèmes physiques de même ampleur menacent de se poser à l'extérieur des salles de commande. Le principal risque pour un système qui s'appuie avant tout sur les énergies renouvelables à grande échelle tient à l'infrastructure en elle-même qui relie ces ressources, c'est-à-dire à leur transmission sur de grandes superficies. Certaines des régions les plus adaptées à l'éolien se situent dans les Grandes Plaines, peu peuplées, et en mer, tandis que les plus grandes sources d'énergie solaire se trouvent dans les déserts du Sud-Ouest. Pour exploiter ces ressources et les acheminer jusqu'aux centres de répartition côtiers, il faudrait construire de nouvelles lignes de transmission. Comme nous l'avons vu, la transmission permet la diversification géographique et facilite l'équilibrage du système, car l'intermittence est lissée sur des surfaces plus étendues. La question cruciale est de déterminer de quelle quantité de lignes de transmission nous aurions besoin. Notre analyse montre qu'avec le scénario du *Renouveau*, il faudrait, d'ici 2050, 187 millions de MW-km de nouvelles lignes de transmission à haute tension, ce qui coûterait environ 166 milliards de dollars (fig. 5-20 ; voir également cahier central). (Le *Maintien* et la *Migration* nécessitent eux aussi plus de transmission, mais à peu près 58 % de moins que le *Renouveau*.)

168 Wiser et Bolinger, 2010c.

FIG. 5-20 a

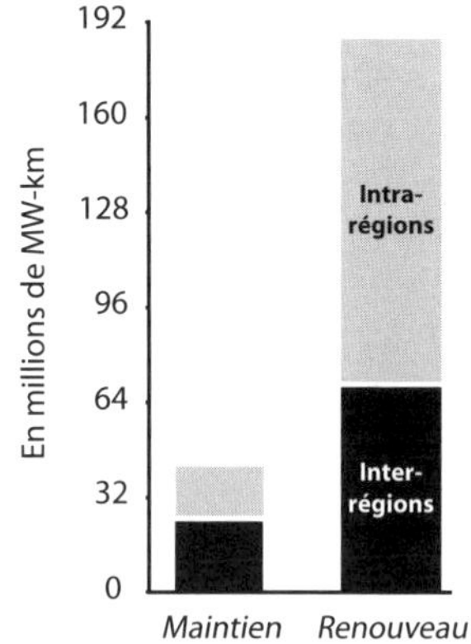

Le défi est de taille. Il faut du temps et de la persévérance pour déterminer l'emplacement des projets de lignes de transmission traversant les frontières entre fournisseurs d'énergie ou entre États, et pour les faire accepter. Le fait que la transmission doive relier les régions les plus riches en énergies renouvelables et les centres de répartition éloignés n'est pas sans risque, car les projets de lignes de transmission sont lents et difficiles à situer et à faire accepter, ce qui occasionne déjà des problèmes de part et d'autre du pays.

L'un des moyens d'atténuer ces risques consiste à développer la coopération et les partenariats régionaux et fédéraux en matière de planification, de localisation des sites, de financement, de construction et de gestion des nouvelles transmissions. Autre solution, encore insuffisamment analysée : déterminer dans quelle mesure l'efficacité énergétique, la réponse de la demande et la production locale pourraient libérer de la capacité sur les lignes actuelles ou rendre inutile la mise en place de lignes supplémentaires, sans que cela revienne plus cher que d'en construire de nouvelles. Grâce à ces lignes disponibles, des ressources plus proches (comme l'éolien des Grands Lacs plutôt que celui du Dakota du Nord et du Dakota du Sud à destination de la partie nord du Midwest) pourraient être moins coûteuses que des ressources de meilleure qualité situées plus loin et nécessitant donc de nouvelles lignes. Enfin, des dispositions innovantes pourraient soulager certaines lignes de transmission : c'est le cas du réseau de transmission sous-marin reliant les États de NewYork et deVirginie, annoncé par Google et Good Energies[169], ou des réseaux que l'Europe projette de construire en mer du Nord et en Méditerranée[170].

Y sommes-nous déjà ?

Ce cas de figure du *Renouveau* offre donc beaucoup d'atouts. Les ressources renouvelables sont présentes en assez grand nombre pour générer 80 % de l'électricité américaine pour un coût rentable à partir de sources centralisées, le tout avec un équilibrage offre-demande important du fait de portefeuilles d'approvisionnement diversifiés dans chaque région (fig. 5-21).

FIG. 5-21 – *Renouveau :* portefeuilles de production par région en 2050

Chaque région américaine dispose d'un fort potentiel en électricité tirée de ressources renouvelables. La composition de ce potentiel varie beaucoup d'une région à l'autre et certaines, comme le Sud-Ouest et le Centre-Nord, ont d'importants surplus comparés aux charges plausibles, si bien que ces derniers peuvent être exportés vers des régions moins riches en ressources renouvelables. Ces graphiques, représentant les portefeuilles de ressources d'un scénario constitué à 80 % d'énergies renouvelables centralisées – celui de notre cas de figure du *Renouveau* –, montrent que l'utilisation des ressources renouvelables varie énormément selon la localisation géographique[171].

169 Wald, 2010.

170 Jha, 2010 ; Global Transmission Report, 2010.

171 Analyse du RMI d'après la modélisation ReEDS.

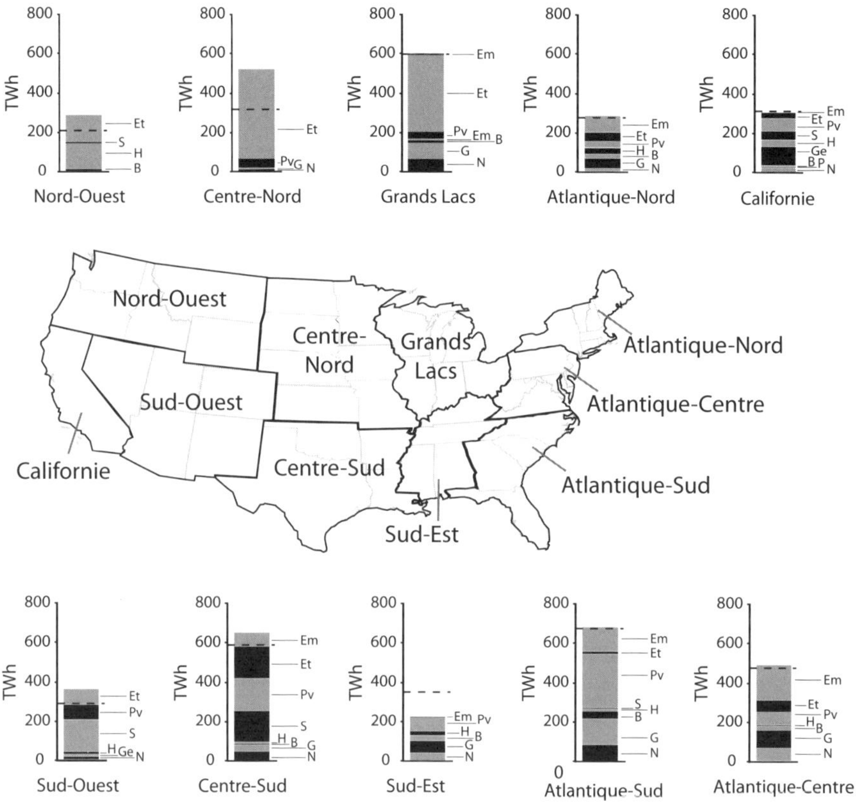

- - - - Demande

Em - Éolien en mer
Et - Éolien terrestre
Pv - PV
S - Solaire à concentration

H - Hydroélectricité
Ge - Géothermie
B - Biomasse
G - Gaz naturel

CH - Charbon
P - Pétrole
N - Nucléaire

L'application de ce cas de figure nous épargnerait essentiellement les risques que nous fait courir le charbon en matière de diminution des ressources, de logistique, de santé, d'environnement et de climat. Les infrastructures associées sont modulaires, majoritairement fabriquées en masse et plus rapides à bâtir que les grosses centrales au charbon ou nucléaires, ce qui mobilise moins de capital sur de plus courtes périodes et offre davantage de marge de manœuvre pour réagir aux changements. Cela réduit en outre le risque financier pour les fournisseurs d'énergie et les investisseurs. Si la poursuite des études et des expérimentations reste nécessaire, les résultats des expériences en cours à travers le monde et des modélisations poussées nous apportent la preuve que les énergies renouvelables centralisées peuvent être intégrées de façon efficace et fiable au réseau, y compris dans des proportions élevées, moyennant de nouvelles réglementations et l'exploitation des acquis de l'expérience.

Le cas de figure du *Renouveau* présente cependant un certain nombre de difficultés qui donnent à réfléchir. Tout d'abord, la localisation et la construction des lignes de transmission continueront à poser problème partout dans le pays. Ensuite, un système où dominent les énergies renouvelables centralisées présente les mêmes risques en matière de sécurité et de fiabilité que le *Maintien* et la *Migration,* du fait d'un réseau majoritairement centralisé et de transmissions fragiles. Enfin, les conditions opérationnelles et technologiques nécessaires à un avenir fait d'énergies renouvelables centralisées repoussent les frontières du secteur électrique en mettant le pouvoir du choix et du contrôle entre les mains des clients.

Plusieurs tendances – l'essor des énergies renouvelables modulaires, l'innovation rapide en matière de technologies de réseau intelligent et l'importance prise par la flexibilité sur le réseau – créent de nouvelles possibilités qui se répercutent de part et d'autre du compteur électrique du client. Prenons par exemple le marché des énergies renouvelables. La hausse rapide de la demande mondiale de technologies en matière d'électricité tirée de sources renouvelables, à destination essentiellement des installations à grande échelle, va étoffer l'expérience cumulée et accélérer l'adoption de ces technologies, ce qui bénéficiera non seulement aux applications centralisées mais aussi à celles à plus petite échelle. Après tout, un champ de panneaux photovoltaïques centralisés est constitué des mêmes modules que les panneaux destinés aux toits des maisons. Cela signifie que *l'essor du marché des énergies renouvelables centralisées va entraîner une réduction des coûts de la production locale.* Et si un réseau intelligent peut faciliter l'intégration d'énergies renouvelables centralisées intermittentes, il stimule dans le même temps la génération d'électricité par les clients et la réponse de la demande. Le *consommateur* va donc devenir un *prosommateur* qui disposera d'un plus grand nombre de moyens d'économiser de l'énergie et de l'argent, mais aussi d'en générer.

Le fonctionnement actuel, unique et descendant, pourrait à l'avenir se transformer en une approche mieux dosée, très diversifiée et davantage centrée autour du client, ce qui accélérerait le passage de marchés réglementés à des marchés énergétiques plus concurrentiels et ouverts. La *chaîne de valeur* linéaire du secteur électrique, vieille d'un siècle, pourrait évoluer en un *réseau de valeur* complexe au sein duquel les fonctions traditionnelles s'estomperaient, érodant la réglementation classique établie en fonction du coût du service et le modèle économique du « monopole naturel ».

Le système électrique américain pourrait en fait être dirigé vers un point de basculement qui bouleverserait le cœur même du modèle économique classique du fournisseur d'électricité. Le résultat serait-il fonctionnel, sûr, fiable et économiquement abordable ? Si les meilleurs experts actuels ne possèdent pas encore les réponses précises à ces questions, nous pouvons décrire ce nouvel univers révolutionnaire dans ses grandes lignes, en développant certains exemples précis.

LA *TRANSFORMATION* OU LE CHANGEMENT RADICAL D'ÉCHELLE

Il est une idée contagieuse qui fait rapidement son chemin dans le monde de l'électricité : les centrales n'ont pas nécessairement besoin d'être volumineuses et, dans bien des cas, leur taille doit être adaptée à l'usage qu'on en fait[172].

172 Lovins, 2009 ; Hansen et Lovins, 2010.

« Nous restreignons l'usage de mots comme contagion ou infection au domaine médical... mais les idées peuvent être contagieuses exactement comme les virus... Que se passe-t-il quand on examine une idée contagieuse au microscope[173] ? » s'interroge Malcom Gladwell. Notre quatrième cas de figure, celui de la *Transformation,* nous aidera à répondre à cette question.

Ce type de changement révolutionnaire ne se produit généralement pas du haut vers le bas ; c'est au contraire un processus ascendant qui part de la base. Un grand nombre de signaux naissent sur les bases militaires, dans les centres de données, sur les campus universitaires et dans les lotissements à mesure que les clients prennent davantage contrôle de la qualité et du coût de l'électricité. Voici quelques exemples :

- Il peut sembler impossible de trouver l'espace nécessaire à une ferme solaire au cœur du quartier d'affaires de Chicago, mais cela ne l'est que si on cherche des terrains vacants. La Willis Tower de Chicago et ses 108 étages étudie actuellement la possibilité de devenir la plus grande ferme solaire verticale du pays, avec une capacité allant jusqu'à 2 MW fournis par Pythagoras Solar. À terre, une telle puissance s'étalerait sur cinq hectares. En plus des panneaux PV et solaires situés sur le toit et destinés à chauffer l'eau, les fenêtres exposées au sud seront remplacées par du verre photovoltaïque qui préserve la vue, protège de la chaleur et de l'intensité lumineuse et fabrique de l'électricité. Ces interventions en matière d'efficacité énergétique, ainsi que la production solaire réduiront la consommation d'électricité de 80 %[174].

- Étant donné les lois fédérales américaines et les réglementations touchant les fournisseurs d'énergie, il est généralement difficile voire impossible pour quiconque, à l'exception des fournisseurs réglementés, de vendre de l'énergie générée sur un site à un acheteur situé sur

173 Gladwell, 2011.

174 Mick, 2011.

un autre site. Dans le New Jersey, cependant, les régulateurs fédéraux ont donné leur accord à un programme pilote autorisant les promoteurs d'une ferme solaire à construire celle-ci sur une ancienne décharge afin de vendre de l'électricité aux particuliers et aux professionnels habitant dans la zone de réhabilitation. Cette ferme solaire de 6,5 MW, dotée de 24 600 modules, couvrira une surface d'environ 18 hectares à Stafford Township. L'électricité sera acheminée vers 216 appartements, neuf bâtiments municipaux, un magasin Target et 23 000 m^2 de nouveaux magasins de détail[175].

• Un lotissement d'habitations superefficaces sur le plan énergétique et financièrement abordables situées à Sacramento, en Californie, sera le premier à utiliser un microréseau commercial privé pour gérer et distribuer de façon intelligente la production et les stocks d'électricité solaire à 34 habitations individuelles. Le projet, baptisé « 2500 R Street », entend atteindre une consommation nette d'énergie nulle, chaque maison ne générant pas plus d'énergie propre qu'elle n'en consomme. Grâce à la technologie de réseau intelligent de Sunverge Energy, le fournisseur pourra gérer la production et le stockage de manière individuelle ou groupée, ce qui améliorera la transmission et la distribution, différera l'investissement en capital, augmentera la fiabilité du réseau et réduira les émissions de gaz à effet de serre[176].

• À l'autre bout de la ville, le siège social du Sacramento Municipal Utility District (SMUD) met en place un autre type de microréseau. Trois systèmes modulaires de production combinée de chaleur et d'électricité (PCCE), générant chacun 100 kW, fourniront une partie des besoins du siège social en électricité, refroidissement et eau chaude tout au long de l'année. Les unités peuvent fonctionner de façon normale conjointement

175 Gregor, 2011.

176 Sunverge Energy, 2011.

avec le réseau, mais en cas de panne, elles peuvent se déconnecter en douceur et continuer à fonctionner « isolément » et à fournir de l'énergie à une partie seulement du siège. La reconnexion au réseau se fait elle aussi en douceur. Grâce à la réutilisation de la chaleur résiduelle, ce microréseau sera plus de deux fois plus efficace sur le plan énergétique qu'une centrale classique[177].

CAS DE FIGURE 4 : LA TRANSFORMATION

L'ensemble des tendances du cas de figure du Renouveau *fournit la base et la dynamique grâce auxquelles il est possible de dépasser l'architecture de réseau centralisée établie à l'époque d'Edison pour aller vers la* Transformation *: les ressources sont produites à différentes échelles mais une part plus importante de l'approvisionnement vient de sources décentralisées comme le solaire pour toitures, la PCCE, les piles à combustible et le petit éolien. Le réseau exploite la diversité géographique et technologique des énergies renouvelables comme avec le cas de figure du* Renouveau, *mais nécessite moitié moins de transmission (qui présente des incertitudes non encore totalement modélisées en matière de distribution), car la production décentralisée se fait chez les clients ou non loin. Ces minicentrales pourraient permettre au réseau d'être divisé en microréseaux interconnectés qui seraient autonomes en cas de besoin, feraient donc mieux face aux pannes du réseau et s'en remettraient plus vite. Nous avons analysé ce cas de figure à l'aide des graphiques ci-contre :*

177 Tecogen, 2011.

FIG. 5-22 – *Transformation*

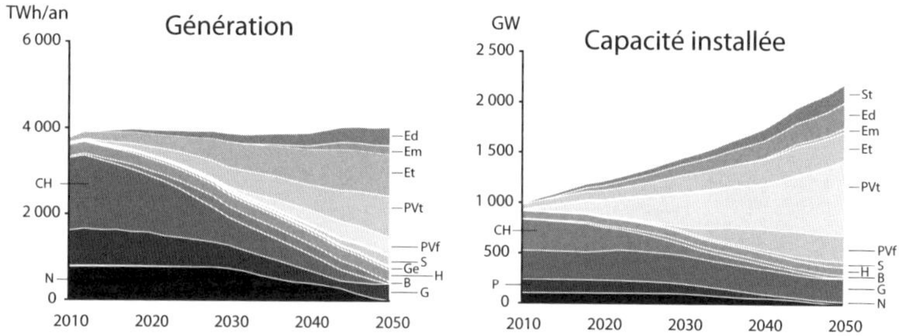

St - Stockage
Ed - Éolien décentralisé
Em - Éolien en mer
Et - Éolien terrestre
PVt - PV : toits
PVf - PV : fournisseurs
S - Solaire à concentration
Ge - Géothermie
H - Hydroélectricité
B - Bioénergies
C - CCGI/CSC
CH - Charbon
G - Gaz naturel
P - Pétrole
N - Nucléaire

Une efficacité énergétique très poussée (fig. 5-23) réduit les charges électriques dans le cas de figure de la *Transformation,* mais la capacité installée croît sensiblement à cause du taux de charge plus faible de certaines énergies renouvelables. Cette croissance (ainsi que la consommation de gaz naturel) pourraient être freinée si la PCCE dans les bâtiments était elle aussi modélisée ; par prudence, elle ne l'est que dans l'industrie[178].

178 Analyse du RMI d'après la modélisation ReEDS.

FIG. 5-23 – Besoins en production électrique aux États-Unis par type d'utilisation, 2050

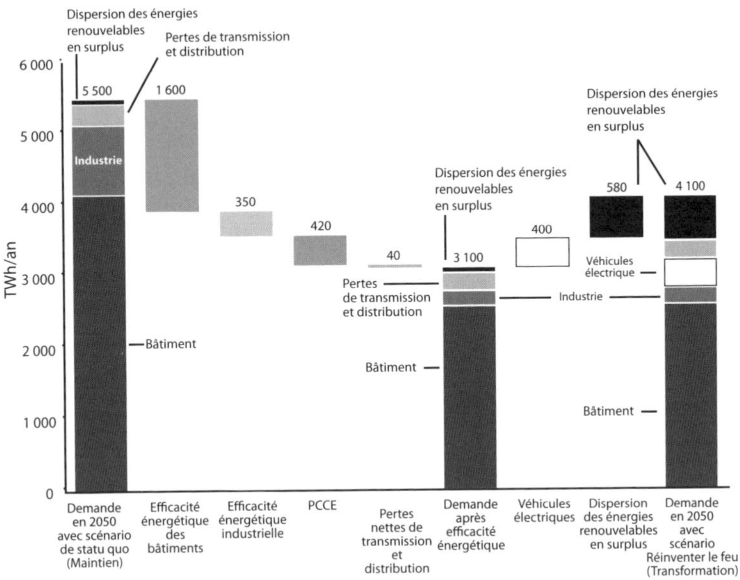

Par leurs actions, les clients peuvent préparer le secteur électrique à la transformation de l'approvisionnement. L'efficacité énergétique au stade de l'utilisation finale, examinée pour les bâtiments et l'industrie dans les chapitres 3 et 4, peut réduire les besoins classiques de production. L'adoption à grande échelle de la cogénération peut également avoir le même effet. Les véhicules électriques consomment davantage d'électricité, mais cela reste inférieur aux économies réalisées ailleurs. La consommation totale chute de 25 %. Par prudence, les économies liées à la conception par approche globale *ne figurent pas* ici[179].

179 *Ibid.*

FIG. 5-24 – *Transformation* : coût en valeur actuelle

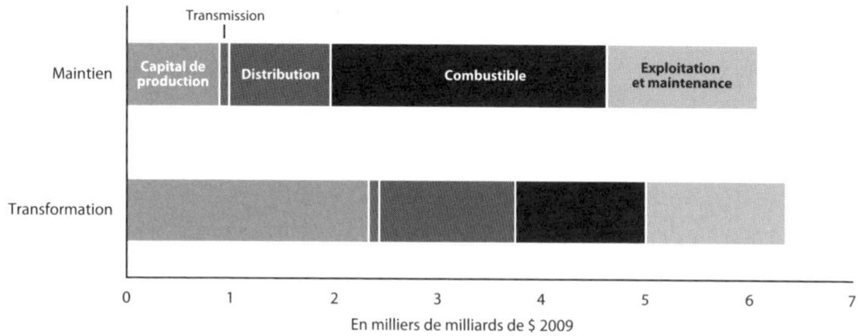

Le coût de la *Transformation* en valeur actuelle 2010 est légèrement supérieur à celui du *Maintien* ; l'incertitude portant sur le coût en capital est cependant quelque peu supérieure (car dépendante de la poursuite de la baisse des coûts technologiques), mais elle est compensée en partie par l'absence d'incertitude concernant des coûts en combustible nettement moins élevés[180]. Les aspects financiers changent cependant la donne.

Qu'ont tous ces exemples en commun ? Ils traduisent le potentiel d'une transition en profondeur qui nous ferait passer d'une approche centralisée descendante à une approche locale associant génération décentralisée, dispositifs de demande intelligents et infrastructures numériques. À la base de ce changement se trouve le marché décentralisé de production d'électricité qui capture une part grandissante de la nouvelle capacité de production. Aiguillonné par des politiques allant des aides fiscales à l'investissement, aux États-Unis, aux tarifs de rachat, en Allemagne, en passant par les ventes aux enchères, encore moins coûteuses, au Brésil, le marché mondial de la production décentralisée a enregistré une croissance de 91 % pour la seule année 2010 et atteint les 60 milliards de dollars[181]. Ces dix dernières années, la

180 *Ibid.*

181 Morales, 2011.

microénergie – c'est-à-dire la PCCE plus les énergies renouvelables moins le gros hydraulique – et le nucléaire ont à tout le moins interverti leurs positions respectives dans la production mondiale d'électricité, et en 2008, la microénergie représentait environ 90 % de la production mondiale supplémentaire d'électricité[182]. Et le marché potentiel est important. Le simple fait d'installer des panneaux PV plats sur le toit de maisons américaines bien orientées pourrait permettre de produire assez d'électricité pour satisfaire un tiers de la demande annuelle d'électricité aux États-Unis[183]. En outre, la baisse des coûts (fig. 5-25) va entraîner un développement considérable des marchés tant en ce qui concerne les ressources centralisées que les systèmes décentralisés qui utilisent un grand nombre de composantes identiques.

FIG. 5-25

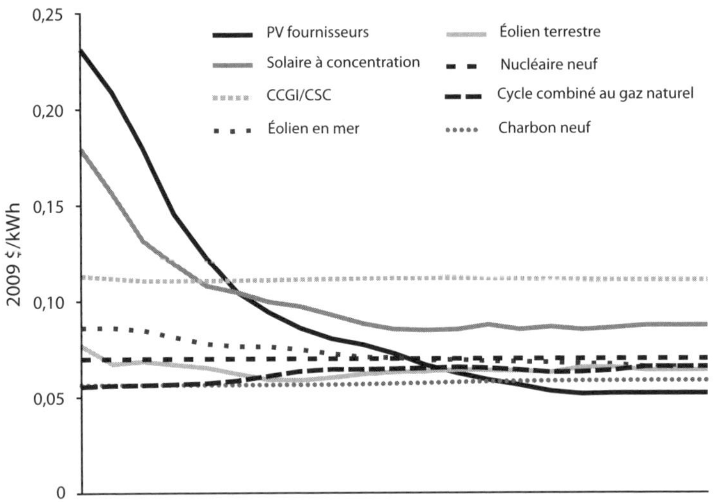

182 Analyse du Rocky Mountain Institute d'après le RMI, 2010.

183 Denholm et Margolis, 2008. Corrigé d'après le module affichant la meilleure efficacité énergétique en 2011 sur le marché : 19,8 % (contre 13,5 % auparavant).

Nos coûts nivelés de l'électricité produite à partir de sources renouvelables semblent, au début, dépasser ceux des sources non renouvelables, mais les énergies renouvelables l'emportent sur la durée grâce à la baisse de leur coût en capital. Le coût des sources renouvelables présenté ici exclut les crédits d'impôt et autres subventions du même type, tandis que le coût lié au combustible et au financement des énergies non renouvelables inclut de façon implicite un grand nombre de subventions complexes. En outre, ces comparaisons sous-estiment la compétitivité des énergies renouvelables en ne prenant pas en compte leur prix constant, les pertes et les coûts au stade de la distribution pour les ressources décentralisées ni d'autres « avantages dus à cette décentralisation »[184].

La décentralisation des opérations du réseau

L'évolution vers un futur plus décentralisé concerne tout autant le réseau que les technologies de production d'électricité. Un usage plus généralisé des énergies renouvelables intermittentes créera de la demande en faveur d'une plus grande flexibilité afin de mieux suivre les fluctuations de l'offre et de la demande. En réaction, les réseaux intelligents et les systèmes de contrôle avancés endosseront une plus grande part de la responsabilité en matière d'équilibrage à mesure que les bâtiments, les usines et les foyers répondront automatiquement aux besoins du système.

---

184 Analyse du RMI d'après la modélisation ReEDS. Ces coûts sont le résultat de modélisations et donnent des valeurs composites approximatives pour chacun des quatre cas de figure. Les coûts directs de construction, de financement, d'interconnexion et d'exploitation sont inclus (ainsi que les goulets d'étranglement et les contraintes liés à la croissance, les coûts administratifs et les multiplicateurs régionaux ; par exemple, le coût de l'éolien terrestre augmente à mesure que des sites moins favorables sont exploités). Les coûts et les pertes du réseau, la dispersion des énergies renouvelables en surplus et les réserves sont exclus. Tous les coûts sont nivelés sur vingt ans selon un coût moyen pondéré du capital (CMPC) de 5,7 %/an. Les marchés de capitaux feraient eux une différence nette entre la durée de vie économique escomptée des technologies et leur risque financier. De nouvelles installations nucléaires américaines ont reçu d'importantes subventions financières qui ne sont pas présentées ici de façon explicite. Pour de plus amples informations, notamment sur les courbes d'expérience (certaines figurent sur la figure 5-14), consulter le Knowledge Center sur www.reinventingfire.com.

À l'heure actuelle, les réseaux électriques sont gérés par des « répartiteurs », c'est-à-dire des professionnels, assis dans des salles remplies de tableaux et de boutons, qui contrôlent l'expédition d'électrons depuis de gigantesques centrales vers des millions de consommateurs. Mais avec la technologie des réseaux intelligents, la coordination décentralisée pourrait apporter cette même opérabilité au niveau du système que celle qui nécessitait un contrôle descendant. Cela se traduirait par le passage d'un système planifié au niveau central à un système basé sur le marché, qui peut se réguler et se stabiliser à travers des millions de puces en conversation numérique, de la même façon que les écosystèmes gèrent leurs flux compliqués de nutriments, d'énergie et de signaux en l'absence de tout gestionnaire ou que le prix de nombreux produits n'est pas fixé par un individu tout-puissant mais par le ballet quotidien de l'offre et de la demande.

Imaginons un immeuble de bureaux doté d'un budget électrique. Lorsque les appareils fonctionnent, ils communiquent avec un gestionnaire informatisé qui examine le degré de priorité des nouvelles demandes, les compare à d'autres charges au sein de l'immeuble et prend en compte la température et le point de réglage du climatiseur. Puis il décide de la façon dont il doit jongler entre les charges ou même entre les générateurs sur site et les dispositifs de stockage afin de répondre à la nouvelle demande tout en restant dans les limites du budget. S'il s'avère nécessaire de dépasser le budget, le gérant réclame un approvisionnement supplémentaire de la part du réseau. Tout ce processus décisionnel complexe pourrait se produire en souplesse dans les coulisses. Certains entrepreneurs ambitieux créent et déploient d'ores et déjà ce type de systèmes.

LES RESSOURCES DÉCENTRALISÉES : DÉFINITIONS

Lorsque nous employons le terme « décentralisé », nous faisons référence à plusieurs caractéristiques distinctes d'une ressource électrique, toutes étant importantes pour diverses raisons. « Décentralisé » signifie généralement dispersé géographiquement et connecté au système de distribution plutôt qu'au système de transmission ; les ressources sont donc plus proches des

consommateurs, permettant d'économiser des coûts d'utilisation du réseau et de réduire les pertes et les pannes. Mais les ressources « décentralisées » sont également souvent modulaires, c'est-à-dire divisées en petits éléments similaires pouvant être reliés les uns aux autres. Les technologies modulaires sont économiques grâce à leur production en série et à leur courbe d'expérience rapide et non à leur échelle à l'unité, et elles améliorent la fiabilité de l'approvisionnement en remplaçant de grosses unités vulnérables par un portefeuille diversifié de petites unités peu susceptibles de tomber en panne toutes en même temps. Enfin, dans certains contextes, les ressources « décentralisées » sont limitées et se chiffrent en kilowatts ou en mégawatts, contrairement aux centrales nucléaires et au charbon dont la production est évaluée en centaines ou milliers de mégawatts. Cette échelle plus petite peut générer des économies financières, car elle permet de mieux coller à la plupart des besoins : au milieu des années 1990, les trois quarts des charges résidentielles et commerciales américaines n'excédaient pas respectivement environ 1,5 kW et 12 kW.

Les ressources décentralisées, dans tout ou partie des acceptions du terme, peuvent inclure une grande variété de technologies, dont l'efficacité énergétique au stade de l'utilisation finale, la réponse de la demande et les ressources côté offre, que nous avons déjà définies. Les ressources décentralisées les plus importantes sont :

Le stockage : *il regroupe tout, depuis les batteries individuelles (comme celles qu'on trouve dans des milliers de voitures électriques rechargeables, celles qui sont utilisées par les centres de traitement de données pour améliorer la fiabilité de l'alimentation électrique ou même celles des ordinateurs et téléphones portables), jusqu'à des dispositifs plus exotiques comme les supercondensateurs et les boucles supraconductrices.*

La production décentralisée : *si on inclut généralement la PCCE fonctionnant au gaz naturel ou à la chaleur résiduelle, nous nous attachons ici à des formes renouvelables comme le photovoltaïque pour toitures, le petit éolien affichant des performances élevées, le petit hydraulique, la cogénération au gaz de décharge, au biogaz, aux déchets ou à la chaleur solaire, et peut-être d'autres encore que nous ne soupçonnons pas.*

Les microréseaux : *il s'agit de sous-ensembles du réseau qui ont assez de capacité de génération et de stockage et assez d'intelligence pour fonctionner indépendamment du réseau principal si celui-ci tombe en panne, mais qui, en temps normal, collaborent avec lui sous forme d'échanges.*

La transition vers un réseau granulaire

L'intelligence décentralisée peut en outre nous mener vers un réseau plus granulaire. Étant donné que la production décentralisée s'effectue localement, l'offre de services électriques de base ne dépend pas du réseau principal. Avec 98 à 99 % des pannes survenant au niveau de la transmission et surtout de la distribution[185], la génération décentralisée dispose d'un potentiel colossal d'amélioration de la fiabilité. Pour ce faire, il faut que les générateurs décentralisés soient autorisés à « s'îloter », c'est-à-dire à travailler avec ou sans le réseau. Cette capacité à s'îloter doit constituer le choix par défaut afin que les ressources décentralisées rendent le réseau résilient. Une révision en cours de la norme IEEE 1547 autorise ce type d'îlotage planifié[186].

À mesure que l'adoption de la production décentralisée et des ressources côté demande se généralise et que les communications intelligentes s'améliorent, l'agrégation de ces ressources en vue de l'exploitation de leur diversité technologique pourrait constituer l'étape suivante. Les générateurs décentralisés individuels, qu'ils puisent dans des ressources intermittentes ou non, pourraient avoir du mal à faire face aux rapides fluctuations de l'offre, tandis que les agrégats y résisteraient mieux. L'un des modèles possibles est le microréseau, un petit sous-ensemble du réseau électrique qui a assez de capacité de génération et de stockage et d'intelligence pour fonctionner de façon fiable indépendamment du réseau principal. Imaginons un ensemble d'immeubles de bureaux (ou un quartier) où chaque bâtiment est non

185 Analyse du RMI d'après des données de la North American Electric Reliability Corporation, 2011.

186 Institute of Electrical and Electronics Engineers, 2011.

seulement relié directement au réseau mais aussi aux autres bâtiments (fig. 5-26). De la même façon qu'on peut diversifier un portefeuille financier avec une demi-douzaine d'actions seulement, il est possible de diversifier les charges (et les approvisionnements sur site de différents types) en reliant entre eux un nombre étonnamment réduit de clients proches géographiquement.

FIG. 5-26 – Microréseau

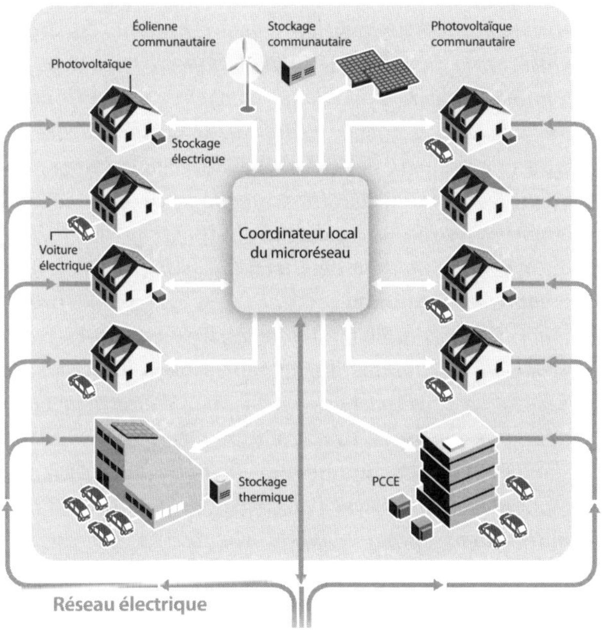

Un microréseau intelligent relie entre eux des ensembles diversifiés de ressources côté demande et côté offre. Il travaille en interconnexion avec le réseau principal, mais peut s'îloter si nécessaire. Le stockage communautaire décentralisé peut être encore plus intéressant que le stockage par foyer. Certains dispositifs de stockage ressemblent à un transformateur de quartier monté sur un socle, tandis que d'autres sont installés sur un camion.

LA VALEUR CACHÉE DES RESSOURCES DÉCENTRALISÉES

Si les technologies de production décentralisée d'électricité à partir de sources renouvelables comme le PV et le petit éolien sont plus chères que l'alternative centralisée, les économies liées à la production en série et la baisse des coûts dues aux énergies renouvelables centralisées feront passer le coût des ressources décentralisées de nettement plus élevé à légèrement plus élevé que celui des ressources centralisées. Mais ce n'est pas tout, car ces deux types de ressources se font concurrence dans des circonstances très différentes. Étant donné que les installations de ressources décentralisées sont de taille inférieure et qu'elles peuvent être construites plus rapidement et situées à proximité plus immédiate de la demande, elles apportent des avantages et présentent des réductions de coûts qui ne sont pas comptabilisés dans les coûts de production, ou que ces derniers ne reflètent pas[187]*. Premièrement, les ressources décentralisées permettent d'éviter les pertes liées à l'acheminement de l'électricité. Les pertes totales du réseau au niveau national sont en moyenne de 6 à 7 %*[188]*, mais elles peuvent atteindre 14 %*[189] *par certaines après-midi chaudes. Il est encore plus important d'éviter les coûts de distribution, car ils représentent la dépense de capital la plus élevée pour la plupart des fournisseurs d'électricité.Deuxièmement, les générateurs sur site ne concurrencent pas les ventes en gros d'électricité à haute tension sur le réseau principal, contrairement aux grosses centrales ; ils concurrencent l'électricité de détail basse tension, beaucoup plus coûteuse, produite par les clients. Les générateurs thermiques sur site tels que les minicentrales de PCCE ou les piles à combustible (ou encore les panneaux PV équipés de dispositifs de capture de la chaleur) réutilisent souvent la chaleur résiduelle à proximité, remplaçant le combustible et les équipements nécessaires.*

187 Lovins *et al.*, 2002.

188 ABB, 2007.

189 Lovins *et al.*, 2002.

Troisièmement, grâce à leurs délais de construction réduits et à la petite taille de leurs unités, les ressources décentralisées permettent aux fournisseurs de réduire le risque financier en construisant de la capacité par tranche. Les fournisseurs s'adaptent alors mieux aux fluctuations de la demande des clients et peuvent augmenter ou diminuer les investissements à mesure qu'ils obtiennent des informations sur cette demande. Il faut en revanche plusieurs années pour construire les centrales au charbon ou nucléaires, sans aucune possibilité d'ajustement des investissements qui permettraient de préserver leur valeur, et leur production est justifiée par des prévisions qui s'efforcent d'y voir clair, avec plusieurs décennies d'avance, dans le brouillard énergétique. Le risque financier moins élevé inhérent aux petites unités rapides à construire peut multiplier leur valeur. Quatrièmement, les ressources décentralisées peuvent être stratégiquement déployées à travers le système de distribution, ce qui permet de localiser les zones de congestion à coût élevé et de retarder les investissements en matière de distribution. Avec l'évolution du système, ces ressources pourraient même être déplacées pour fournir une valeur maximale. Cinquièmement, les énergies renouvelables et les ressources côté demande offrent une protection gratuite contre la volatilité des prix du gaz naturel. Sixièmement et dernièrement, comme nous le verrons plus loin, certaines ressources décentralisées peuvent fournir des services auxiliaires tels qu'une réserve tournante (les générateurs continuent à tourner à leur vitesse d'exploitation mais sans charge, si bien qu'ils sont prêts à se connecter instantanément pour satisfaire des besoins non prévus).

Bien sûr, certaines de ces ressources occasionnent des coûts supplémentaires. Ainsi, de grandes proportions de ressources décentralisées risquent d'ajouter plus de coûts de distribution qu'elles ne permettent d'en éviter ou d'en différer. À l'instar des coûts d'approvisionnement évités, ces coûts et avantages ne sont pas non plus représentés dans notre analyse, car ils sont propres à chaque site et chaque technologie. Dans l'ensemble, nous estimons qu'en comptabilisant ces avantages à l'aide des outils classiques de l'économie financière et de l'ingénierie électrique, il serait possible d'améliorer nettement le profil des coûts et des risques de la Transformation.

À bien des égards, un microréseau porte bien son nom puisqu'il s'agit de la reproduction miniature du réseau principal. Et s'il ne présente pas certains des avantages en matière d'échelle et de diversité d'un réseau plus étendu, il améliore la fiabilité de l'approvisionnement de plusieurs façons. Étant donné que les microréseaux peuvent être isolés du système principal, les clients locaux continuent à bénéficier d'électricité en cas de charge critique tant qu'il y a des ressources locales pour en fournir, et ce même lorsque le réseau régional tombe en panne. Et comme des microréseaux de petite taille peuvent être intégrés au sein de microréseaux plus étendus, le système bénéficie de tous les avantages de la diversité à grande échelle tout en ayant la possibilité de s'îloter à différents niveaux.

Un microréseau est généralement moins fiable étant donné son échelle, et ses ressources peuvent être indisponibles 10 % du temps. Mais, connectés l'un à l'autre, un réseau central et un microréseau peuvent réduire la durée des pannes à trente minutes par an en moyenne[190]. Cela signifie qu'une ligne de transmission qui s'est effondrée suite à une tempête de verglas ne causera plus forcément de pannes générales en cascade sur de grandes superficies. Et si les pannes de deux heures peuvent sembler peu graves à de nombreux propriétaires, elles peuvent l'être pour les entreprises qui perdent parfois des millions de dollars en une heure quand elles sont privées d'électricité[191].

On compte au minimum vingt expérimentations importantes de microréseaux dans le monde[192], dont plusieurs aux États-Unis, et les résultats sont encourageants. Prenons par exemple l'université de Californie à San Diego. Alors qu'un grand nombre d'universités sont toujours alimentées par de vieilles centrales au charbon, ce campus reçoit 82 % de son électricité d'une unité de trigénération sur site au gaz (refroidissement, chauffage et électricité) d'une part, qui couvre 95 % des besoins de refroidissement et de chauffage avec un amortissement sur cinq ans, et de plus d'un mégawatt de PV d'autre

190 Electric Power Research Institute, 2007.

191 Bindewald, 2004 ; Electricity Consumers Resource Council (ELCON), 2004.

192 Lidula et Rajapakse, 2011.

part – dont la production est prévue avec précision par un système dernier cri de suivi météorologique qui suit la formation des nuages sur 65 km². S'ajoute à ces deux types de générateurs une pile à combustible à effluents gazeux de 3 MW. Le microréseau intelligent de 42 MW de ce campus est également équipé d'un réservoir de 14 millions de litres qui stocke de l'eau fraîche, si bien que l'usine de trigénération peut fonctionner en continu (et avec un maximum d'efficacité énergétique : 66 % en moyenne) et n'a pas à augmenter ou à baisser sa production pour répondre à la demande. La qualité et la fiabilité de l'électricité se sont améliorées. Lorsque des incendies ont mis hors service les turbines de pointe du fournisseur d'électricité local, le campus a pu, en une demi-heure, passer d'une demande de 4 MW à une fourniture de 2 MW. Et, grâce à un système intégré de gestion de la production et de la demande bâti par les entreprises Power Analytics et Viridity Energy, spécialisées dans les réseaux intelligents, l'université peut contrôler la demande comme l'offre, réduisant les coûts et augmentant la fiabilité[193].

L'EXPLOITATION DANS UN ENVIRONNEMENT DÉCENTRALISÉ : L'EXEMPLE DU DANEMARK

En seulement vingt ans, le système électrique danois a abandonné ses quelques centrales de production à grande échelle au profit d'un système intégré en deux parties dont plus de la moitié est alimentée par des milliers de sources décentralisées, composées essentiellement d'éoliennes et de centrales de production combinée de chaleur et d'électricité (PCCE)[194]. Généralement, les sources de production décentralisées, et plus particulièrement les sources renouvelables, créent des « circulations d'énergie fortuites » qui sont le pire cauchemar des méthodes classiques descendantes

193 Washom, 2009 ; Reitenbach, 2010.

194 Lund, 2011 ; Danish Energy Agency, 2010 ; van der Vleuten et Raven, 2006. Plus de 60 % des foyers danois acheminent la chaleur depuis une unité centrale (chauffage urbain) et plus de 80 % de cette chaleur est un produit résiduel de la production d'électricité. Les secteurs danois de l'électricité et du chauffage rejettent 42 % de carbone en moins par dollar de PIB que le secteur américain.

de répartition des ressources de production. Pour un ingénieur formé à ces méthodes, cela donne un système ingérable voué à déclencher des pannes d'électricité. Mais pour les ingénieurs qui développent les nouveaux systèmes de contrôle du réseau danois, l'importance croissante prise par les ressources décentralisées est une incitation à la création d'un nouveau paradigme selon lequel le réseau existant est divisé en « cellules » de contrôle îlotables.
Au lieu d'accélérer les grosses centrales pour soutenir le réseau, le système danois – équipé en 2010 pour un approvisionnement issu à hauteur de 36 % d'énergies renouvelables par une année de vent moyenne – se sert de systèmes de mesure et de contrôle en temps réel reliés grâce aux infrastructures de télécommunication existantes afin de contrôler les ressources décentralisées. Ce contrôle, appelé « cellulaire », agrège les ressources décentralisées sous forme de blocs d'approvisionnement qui se comportent comme de grosses centrales virtuelles, ce qui leur permet de fournir des services de soutien au réseau. Par leur conception, ces blocs de génération qui soutiennent le réseau principal peuvent s'en isoler, résistant ainsi aux grosses perturbations du système. Dans le même temps, les mécanismes du marché, aidés par les communications numériques et le retour en temps réel, déterminent les moyens les moins coûteux de produire de l'électricité et de fournir des services de soutien au réseau[195].

Les défis de l'innovation

L'analyse des paramètres économiques d'une transformation en profondeur des infrastructures du réseau est une tâche à la fois nouvelle et vaste. Le coût des programmes pilotes de réseau intelligent s'échelonne entre 0,8 et 610 millions de dollars[196] selon, entre autres, le niveau de technologie déployée,

195 Lund, 2011.

196 Ministère américain de l'Énergie, 2011b.

le vendeur et l'emplacement. Au-delà du réseau intelligent en lui-même, la Galvin Electricity Initiative estime que le coût annuel de la mise en œuvre et de la modernisation des microréseaux s'élèverait à environ 200 dollars par consommateur : ce calcul comprend l'achat d'équipements de communication intégrés, de dispositifs automatiques de détection et de mesure et de compteurs et interrupteurs intelligents, mais pas de technologies de génération. Quant aux bénéfices annuels, ils totaliseraient environ 870 dollars[197]. Nous avons cependant encore besoin de données supplémentaires émanant d'expériences concrètes.

Autre défi : le rejet potentiel par le grand public. La société PG&E, l'un des leaders états-uniens en matière de déploiement de réseaux intelligents, s'est heurtée à une résistance considérable de la part des consommateurs qui s'inquiètent avant tout des rayonnements électromagnétiques émis par les compteurs intelligents. Plusieurs instances gouvernementales locales, dont celles des comtés de Santa Cruz et de Marin, ont interdit tout déploiement à venir de tels réseaux[198]. Ailleurs dans le pays, la proposition de réseau intelligent de Baltimore Gas and Electric a été rejetée par crainte que les familles et les personnes âgées ne sachent pas réagir aux signaux de prix dynamiques[199]. Ces exemples sont précieux, car ils nous rappellent que même des innovations technologiques simples doivent être soigneusement conçues et bénéficier d'un fort soutien des actionnaires pour gagner les faveurs du grand public.

En outre, avoir davantage de choix signifie aussi courir plus de risques pour les consommateurs, car en payant les prix en temps réel, il se peut que leur facture augmente dans les cas où ils ne peuvent faire autrement que de consommer de l'électricité en période de pointe. Une autre question importante se pose également : les clients veulent-ils réellement avoir plus de choix ? Certains foyers et certains directeurs de PME peuvent ne pas être intéressés par un système plus réactif dominé par la technologie ou refuser

---

197 Galvin Electricity Initiative, 2010.

198 Barringer, 2011.

199 Cho, 2010.

que ce qu'ils considèrent comme une technologie « à la Big Brother » soit installée chez eux. Quant aux incitations financières que proposent les fournisseurs afin de réduire ou de déplacer la demande, il arrive qu'elles ne soient pas assez intéressantes pour les clients, l'électricité représentant un petit poste de dépense pour la plupart d'entre eux. Il existe en outre un certain nombre d'obstacles concrets à la transition : beaucoup de consommateurs à l'heure actuelle n'ont toujours pas le droit de vendre leur électricité aux fournisseurs (en tout ou partie) ni de faire fonctionner leur propre microréseau. Et si la production décentralisée, la réponse de la demande et les microréseaux sont tous susceptibles d'améliorer la fiabilité, surtout s'ils sont utilisés conjointement, la dépendance accrue du cas de figure de la *Transformation* à l'égard du réseau intelligent et des TI augmente les cybermenaces. Un niveau élevé de sécurité doit donc être intégré dès le départ.

L'ARMÉE ADOPTE LES MICRORÉSEAUX

Consciente des vulnérabilités du réseau, une commission du Defense Science Board codirigée par le Dr James R. Schlesinger, ex-secrétaire d'État à l'Énergie et à la Défense, a recommandé que le Pentagone mette un terme à la dépendance de ses installations militaires à l'égard du réseau électrique commercial et se tourne vers la production sur site ou géographiquement proche, de préférence à partir d'énergies renouvelables, sur des microréseaux isolables[200]. On s'est alors aperçu qu'environ 90 % des 584 bases militaires américaines installées sur la partie continentale des États-Unis pouvaient opérer ce basculement, souvent avantageux sur le plan économique. Le ministère de la Défense[201] a donc entamé sa transition vers la résilience. À l'heure actuelle, neuf bases militaires conçoivent et mettent en œuvre des microréseaux et six autres devraient faire de même dans le cadre du programme Smart Power Infrastructure Demonstration

200 Defense Science Board, 2008 ; US Government Accountability Office, 2009.

201 Torres et Hightower, 2010 ; Ka'iliwai et Jost, 2009.

for Energy Reliability and Security (SPIDERS) du ministère de la Défense. Ce dernier est déjà le premier acheteur mondial d'énergies renouvelables et il a décidé d'augmenter ses achats pour ses bases opérationnelles avancées ; celles-ci disposent en effet de systèmes d'alimentation dont le rendement est de 10 % et qui brûlent du combustible dont l'acheminement cause un nombre incalculable de morts et coûte jusqu'à une centaine de dollars par litre. À présent, le ministère de la Défense peut également donner le ton pour que le pays tout entier adopte les microréseaux résilients, et c'est ce qu'il fait[202]*. Mais cela soulève une question en ce qui concerne les utilisateurs non militaires : si l'armée s'inquiète de la fiabilité du réseau d'alimentation pour ses installations, que penser de la sécurité de notre économie nationale qui s'appuie sur le même système ? Ne devrions-nous pas envisager une solution structurelle similaire ?*

Des futurs divers pour tous les goûts

Malgré ces difficultés, le cas de figure de la *Transformation* possède le potentiel nécessaire pour atténuer un grand nombre de risques inhérents aux autres scénarios. En outre, ses ressources plus modulaires peuvent convenir à différents types de besoins des consommateurs et s'adapter rapidement et en douceur au changement. Si la génération sur site et les microréseaux peuvent être la solution pour certains clients ou certaines communautés, d'autres peuvent choisir d'installer des panneaux PV sur leur toit mais de rester connectés au réseau centralisé uniquement. D'autres encore peuvent ne pas faire le choix de la génération décentralisée, mais se servir de commandes automatisées pour réagir sans effort aux signaux de prix en temps réel envoyés par le fournisseur.

Il faut continuer à améliorer techniquement et à tester certaines des technologies qui pourraient instaurer un avenir plus décentralisé. Les nombreuses

202 Torres et Hightower, 2010 ; Stockton, 2011.

technologies et infrastructures concurrentes actuellement à l'étude peuvent entraîner le système dans un grand nombre de directions différentes, ce qui n'est pas une mauvaise chose : la concurrence est le moteur de l'innovation et de l'amélioration. Mais cela signifie que la société et les entreprises devront faire des paris en connaissance de cause, apprendre vite et faire preuve d'adaptabilité. Au milieu de cette incroyable variété de coûts, de risques et de solutions, comment choisir ?

QUATRE CAS DE FIGURE, UNE ORIENTATION GÉNÉRALE

Afin de contribuer à l'élaboration d'un cadre pour l'avenir de l'électricité américaine, nous présentons et analysons quatre futurs sous forme de graphiques (fig. 5-27). Avec le *Maintien,* le bouquet de sources d'approvisionnement ressemble à celui d'aujourd'hui. Avec la *Migration,* la structure du système reste majoritairement inchangée, mais une transition progressive se fait vers des sources sans carbone comme le nucléaire et le « charbon propre ». Avec le *Renouveau,* le but de la transition est d'arriver à 80 % d'énergies renouvelables essentiellement à base d'éolien, de solaire, de géothermie et de biomasse à l'échelle commerciale, et à des ressources flexibles côté offre et côté demande afin d'intégrer les énergies renouvelables intermittentes. Avec la *Transformation,* enfin, le système est bâti à partir de la charge et progresse en amont, il réduit la charge en vrac grâce à l'efficacité énergétique et aux ressources décentralisées et il permet à toutes les ressources, à quelque échelle que ce soit, de se faire une juste concurrence.

FIG. 5-27a – Consommation d'électricité en 2050 par cas de figure

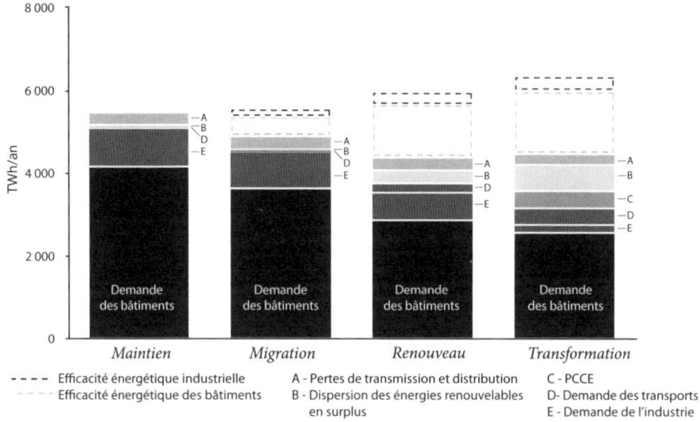

La capacité et l'énergie des quatre cas sont différentes du fait de leur bouquet de technologies et de l'impact sur la fiabilité. La demande de services électriques ne change pas, mais les rendements énergétiques différents modifient la quantité[203].

FIG. 5-27b – Capacité installée en 2050 par cas de figure

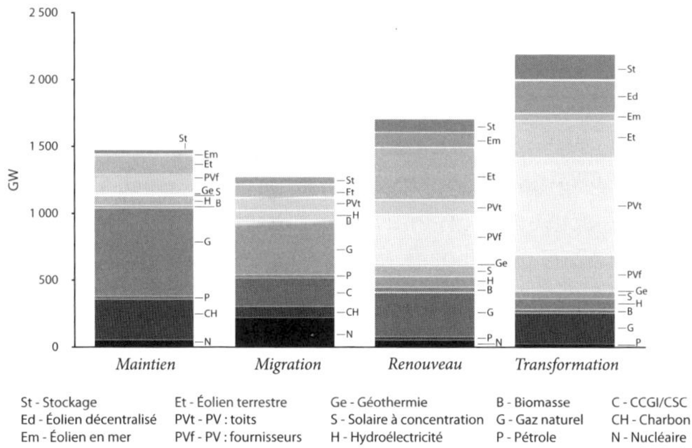

203 Analyse du RMI d'après la modélisation ReEDS.

FIG. 5-27c – Production en 2050 par cas de figure

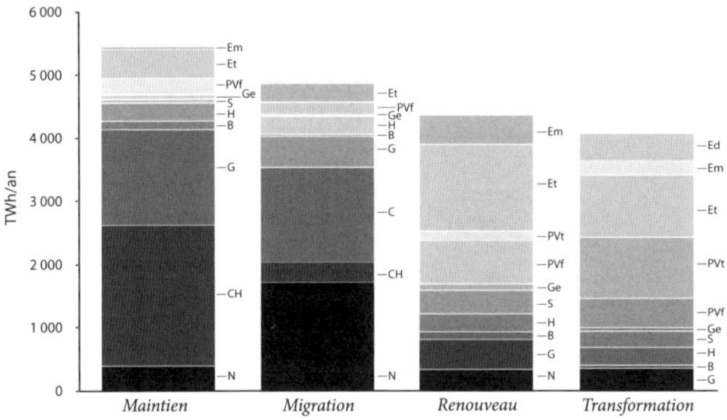

Ed - Éolien décentralisé
Em - Éolien en mer
Et - Éolien terrestre
PVt - PV : toits
PVf - PV : fournisseurs
Ge - Géothermie
S - Solaire à concentration
H - Hydroélectricité
B - Biomasse
G - Gaz naturel
P - Pétrole
C - CCGI/CSC
CH - Charbon
N - Nucléaire

Nous avons certes modélisé quatre cas de figure, mais il existe en réalité une infinité de solutions possibles, alors comment décider des mesures à prendre ? Nous nous sommes servis de six grands critères pour évaluer le succès des cas de figure : la faisabilité budgétaire, la faisabilité technique, la sécurité, la fiabilité, la responsabilité environnementale et la santé publique et l'admissibilité publique. Notre évaluation en fonction de ces critères nous conduit à penser que la meilleure voie à suivre consiste à procéder à la *Transformation* du système électrique en une combinaison d'énergies centralisées et décentralisées, avec une large part accordée à l'efficacité énergétique et à la demande réactive, le tout étant rendu possible par des communications améliorées et un réseau intelligent. Examinons les raisons de ce choix.

La faisabilité budgétaire.

Malgré une grande diversité de sources de production, le coût en valeur actuelle ne varie que de 12 % entre les quatre cas de figure (fig. 5-28). Le coût élevé en capital du nucléaire et du « charbon propre » fait grimper le coût de la *Migration* ; le besoin de capacités supplémentaires et le coût plus élevé en capital des ressources renouvelables décentralisées font grimper le coût de la *Transformation* ; et, à des degrés divers, ces coûts supplémentaires en capital sont compensés par les économies de combustible. S'il est impossible de faire des prévisions détaillées, les technologies de la *Transformation* restent cependant plus susceptibles de favoriser à la fois une baisse régulière des coûts et des innovations radicales. En outre, on augmente considérablement la valeur de ce cas de figure en prenant en compte le moindre risque financier engendré par les ressources décentralisées.

FIG. 5-28 – Coût en valeur 2010 par cas de figure

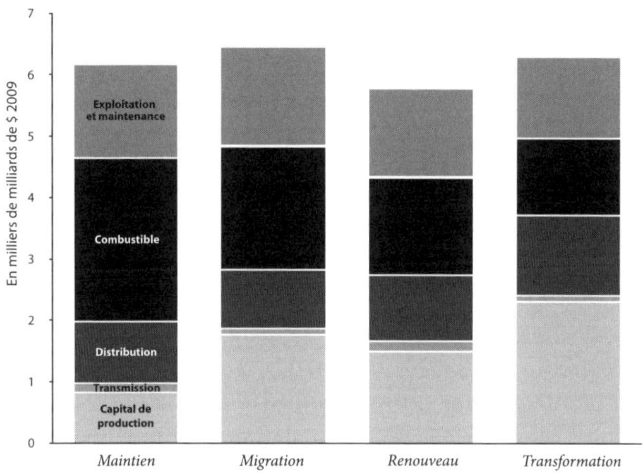

Le coût total du système en valeur 2010 subit des variations allant jusqu'à 12 % selon les cas de figure, mais une prévision est par nature fausse et ces estimations comportent d'importantes incertitudes[204].

Bien sûr, le coût total du système ne fait pas tout. Tandis que les cas de figure du *Maintien* et de la *Migration* s'appuient sur des investissements de taille, le *Renouveau* et la *Transformation* ont recours à des technologies limitées et modulaires qui peuvent rapidement être mises en œuvre afin de suivre la

204 *Ibid* ; Renewable Energy Policy Network for the 21st Century, 2011.

charge de plus près, ce qui réduit les risques financiers pris par les fournisseurs et, au bout du compte, ceux pris par les consommateurs. L'abandon du combustible au profit de l'investissement, à mesure qu'on progresse dans les cas de figure, fait de ce dernier le principal moteur des coûts, ce qui réduit le risque lié au prix du combustible. Une conclusion décisive s'impose donc : *le choix entre ces différents scénarios pour l'avenir doit se faire bien moins en fonction des coûts, qui sont peu ou prou similaires et demeurent incertains, qu'en fonction des risques, dont la nature, la gravité et la gestion diffèrent profondément.*

La faisabilité technique.
Aucun problème de taille ne rend l'un de ces cas de figure totalement exclu. Le développement de la technologie est important dans les quatre cas de figure et notamment dans ceux de la *Migration* et de la *Transformation,* qui reposent tous deux sur des technologies qui n'ont pas encore fait leurs preuves à l'échelle commerciale. Des expériences concrètes menées aux États-Unis et à l'étranger ont cependant démontré que les technologies côté demande et côté offre fonctionnent dans le cas de figure de la *Transformation*. Elles ont même déjà donné naissance à une importante activité économique mondiale. En 2010, en effet, les énergies renouvelables (mis à part le gros hydraulique) ont bénéficié de 151 milliards de dollars d'investissements, elles ont ajouté environ 60 MW de capacité et atteint 388 GW de capacité installée totale, dépassant de peu la capacité nucléaire mondiale[205].

La sécurité. Aucun scénario ne dépend matériellement du pétrole qui, dans l'économie américaine actuelle, représente moins de 1 % de l'électricité (et moins de 5 % à travers le monde)[206]. Le *Maintien* et la *Migration* sont très

205 Pew Charitable Trusts, 2011.

206 Les derniers endroits qui utilisent encore le pétrole pour générer de l'électricité aux États-Unis sont généralement ceux équipés de systèmes diesel isolés, comme c'est le cas à Hawaii. Les fournisseurs de cet État peuvent cependant bénéficier aujourd'hui de l'efficacité énergétique et des énergies renouvelables qui y sont rapidement déployées pour remédier à cette dépendance. D'une façon générale, les besoins résiduels de n'importe quel moteur ou générateur peuvent être satisfaits pour un coût raisonnable par les énergies renouvelables, les agrocarburants ou les deux. En 2050, ce problème aura sans doute été réglé

dépendants du charbon et de l'uranium et tous les cas de figure s'appuient sur le gaz naturel (bien que pour des motifs différents). Chacun de ces combustibles pose des problèmes de sécurité différents qui sont généralement beaucoup moins préoccupants avec le *Renouveau* et la *Transformation*. Les technologies liées aux combustibles fossiles, au nucléaire et aux énergies renouvelables sont toutes sujettes à des phénomènes extrêmes, mais les énergies renouvelables subissent généralement des pannes plus en douceur surtout lorsqu'elles sont décentralisées. Les quatre cas de figure dépendent du réseau de transmission (bien que dans une moindre mesure pour la *Transformation*) avec ses vulnérabilités physiques qui restent inévitables même après que les nœuds clés ont été renforcés et la cybersécurité, assurée. Seule la *Transformation*, grâce à la possibilité qu'elle a de contourner les pannes du réseau, présente une architecture beaucoup plus résiliente. Plus les générateurs seront décentralisés et les ressources, granulaires et îlotables, plus les pannes en cascade et à grande échelle du réseau, aujourd'hui quasiment inévitables, pourront devenir pour ainsi dire exclues, et plus le réseau sur lequel repose la puissance économique et militaire des États-Unis sera résistant[207].

La fiabilité.

Le système électrique actuel est généralement fiable, mais nous n'avons pas de preuve que le *Renouveau* ou la *Transformation* ne pourraient pas l'être aussi (fig. 5-29). Tous deux nécessiteraient qu'on pousse plus loin la sophistication des contrôles, des prévisions et des ressources de flexibilité côté demande. Cela dit, on enregistre tous les mois de nouvelles avancées en matière de gestion des énergies renouvelables intermittentes et chaque année, des records sont battus en ce qui concerne la part d'électricité produite par ces technologies : on est déjà passé d'un cinquième à plus de la moitié dans certaines régions. L'avenir s'annonce donc bien. Les ressources décentralisées du cas de figure de la *Transformation* peuvent elles aussi, en principe, réduire

depuis longtemps. En revanche, les véhicules électriques vont engendrer d'importantes *économies de pétrole*, comme nous l'avons vu dans le chapitre 2.

207 Un exemple impressionnant dans un contexte très différent nous est livré par Lovins, 2010d.

les pannes en contournant partiellement ou totalement le réseau d'où elles partent presque toutes et en fournissant un approvisionnement local de soutien afin de répondre aux besoins les plus urgents en cas de panne.

FIG. 5-29 – Exploitation horaire par cas de figure

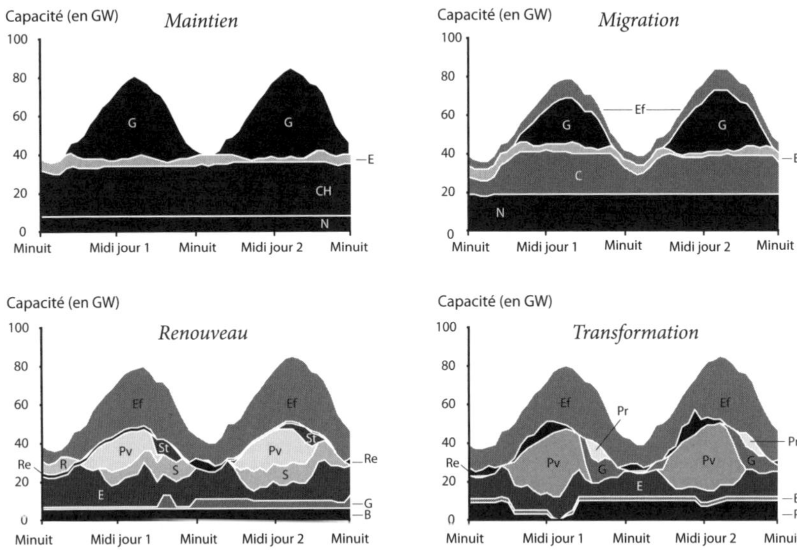

E - Éolien
G - Gaz naturel
Ef - Efficacité énergétique
N - Nucléaire
Re - Rechargement des VHR*
B - Biomasse
St - Stockage d'air comprimé
CH - Charbon
S - Solaire à concentration
Pe - PCCE
Pr - Production des VHR*
C - CCGI/CSC
R - Rechargement grâce au stockage d'air comprimé
Pv - PV

*Véhicules hybrides rechargeables

Les simulations horaires indiquent qu'il est possible sur le plan opérationnel de parvenir à un équilibre offre-demande dans tous les cas de figure[208].

208 Analyse du RMI et graphique stylisé adaptés des sources suivantes : Electric Reliability Council of Texas, 2004, GE Energy, 2010, et National Renewable Energy Laboratory, 2011a.

La responsabilité environnementale et la santé publique.
Seuls le *Renouveau* et la *Transformation* ont un effet sur l'ensemble des questions d'environnement et de santé publique. Si le cas de figure du *Maintien* peut sembler confortable par son aspect familier, il ne lutte en aucun cas contre les risques majeurs que sont le changement climatique, la dégradation de l'environnement et les dégâts sur la santé publique qui, de l'avis de plus en plus général, imposent des coûts privés et sociaux importants. Si la *Migration* atténue le risque carbone, elle accroît dans le même temps la demande d'eau et la production de déchets nucléaires, des impacts dont la suppression quasi totale constitue l'un des avantages des énergies renouvelables et de la production décentralisée.

L'adhésion publique.
L'efficacité énergétique et les énergies renouvelables jouissent depuis plusieurs dizaines d'années d'un fort soutien des États-uniens et des utilisateurs à travers le monde (bien qu'il y ait des exceptions locales). Les architectures décentralisées qui attribuent souvent les bénéfices énergétiques et leurs effets connexes aux mêmes personnes au même moment, et non à des personnes à l'autre bout de la ligne électrique ou aux générations futures, réduisent les injustices et les conflits potentiels liés aux localisations et créent le plus souvent des emplois intéressants au sein des communautés. Cependant, un approvisionnement énergétique mieux dosé et plus local transforme une réalité éloignée et abstraite en choix concrets et immédiats, conférant une responsabilité plus importante à l'information des citoyens et aux débats communautaires animés. Ceux d'entre nous qui ont un penchant pour la liberté estimeront que cela donnera sans doute de meilleurs résultats, mais le processus n'est ni simple, ni clairement défini, ni prévisible : il porte en lui toute la vitalité brouillonne d'une véritable démocratie. Pour des choix aussi fondamentaux que ceux portant sur l'énergie, c'est ainsi que cela doit fonctionner. À l'inverse, s'ils ne sont pas conçus dans un souci d'équité, les compteurs intelligents et la tarification dynamique pourraient désavantager ceux qui ne sont pas bien équipés pour s'en servir et faire naître des inquiétudes quant au respect de la vie privée.

Le *Maintien* d'un scénario de statu quo ne garantit pas d'obtenir des résultats de statu quo. Il exposerait les États-Unis à des risques financiers, aggraverait le changement climatique et d'autres problèmes liés à la santé, à la sécurité et à l'environnement, et augmenterait les risques de panne générale. Atténuer les risques climatiques en procédant à une *Migration* vers le nucléaire et le « charbon propre » réduirait peut-être les dangers liés au carbone, mais ne serait d'aucune utilité vis-à-vis des besoins des consommateurs, en rapide évolution, ni vis-à-vis des changements d'offre de valeur des fournisseurs d'électricité ; les risques techniques et financiers seraient en outre encore plus élevés qu'avec le *Maintien*.

À l'inverse, le fait de tendre vers un avenir dominé par un *Renouveau* énergétique à grande échelle permet de suivre au plus près les développements technologiques actuels et les tendances en matière de coûts, et réduit les émissions de carbone, sans pour autant ajouter les incertitudes techniques et financières propres à l'énergie nucléaire et au captage du carbone. Tandis que ce cas de figure se déploie sous nos yeux et doit être soutenu, nous percevons pourtant plusieurs inconvénients, dont la difficulté à installer des transmissions suffisantes et la vulnérabilité du système à la moindre perturbation, quand bien même il ne s'agirait que d'un simple coup de fusil. La *Transformation* peut en revanche nous procurer les avantages d'un cas de figure centré autour des énergies renouvelables tout en multipliant les choix pour les consommateurs, les perspectives pour les entreprises et les innovations. À mesure que ce système différent évoluera, le marché pourra orienter le bouquet de technologies et d'échelles vers les solutions les plus rentables et les moins risquées.

Un cocktail de tous ces cas de figure : l'assurance de l'échec

Certains estiment que nous n'avons pas besoin de choisir et que nous devrions suivre ces quatre voies à parts égales. L'idée la plus communément admise aujourd'hui, au sein de l'industrie électrique comme à Washington, est que le meilleur moyen de se diriger vers un futur propre et abordable dans le secteur électrique américain consiste à adopter *toutes* les solutions d'approvisionnement pauvres en carbone qui sont à notre disposition : le nucléaire, le « charbon propre », le gaz naturel et les énergies renouvelables. Nous ne sommes pas d'accord. Il est certes aisé de bâtir des scénarios « cocktail », mais aucun n'a encore prouvé qu'il était utile et encore moins souhaitable. Ils sont même à éviter pour plusieurs raisons.

Premièrement, les centrales thermiques sont trop peu souples pour s'accommoder correctement des énergies renouvelables intermittentes : leur prix et leurs profits dégringolent à mesure que les énergies renouvelables gagnent des parts de marché. Deuxièmement, si les ressources peuvent se faire une concurrence raisonnable à n'importe quelle échelle, une partie voire l'essentiel des transmissions mises en place dans une approche centralisée du futur réseau pourraient vite devenir superflues. Troisièmement, des investissements importants, lents à concrétiser et coûteux peuvent nuire à la stabilité financière des divers fournisseurs d'électricité, tandis que des investissements plus limités, plus rapides et plus granulaires peuvent au contraire l'améliorer. La concurrence entre ces deux types d'investissements pourrait inciter ceux qui tentent de récupérer les fonds des premiers à s'opposer aux seconds, ce qui menacerait la stabilité financière des propriétaires de grosses centrales. Quatrièmement, un avenir bâti autour des énergies renouvelables nécessite des structures réglementaires et des modèles économiques très différents, *a fortiori* si ces énergies sont décentralisées. Enfin, les coûts d'approvisionnement sont liés à l'échelle du déploiement, c'est pourquoi les systèmes PV installés en Allemagne en 2010 ont affiché un coût inférieur de 56 à 67 % aux systèmes américains comparables, alors qu'il s'agit des mêmes modules et des mêmes technologies à des prix identiques sur le marché mondial[209].

Les fournisseurs et les politiques ont tendance à favoriser soit un avenir fait d'efficacité énergétique et d'énergies renouvelables, soit un avenir fait de charbon et de nucléaire, mais jamais les deux à la fois, car chaque scénario s'accompagne de ses propres institutions, habitudes culturelles,

209 Renewables International, 2011. Certains rapports indiquent un même écart de prix pour l'éolien en 2010.

perceptions, mesures et systèmes politiques. En Europe et aux États-Unis, la dépendance vis-à-vis d'une production centrale n'est pas compatible avec les performances de l'efficacité énergétique et des énergies renouvelables, car celle-là étouffe celle-ci à coups de budgets finis et d'espaces politiques[210]. Pour que le secteur électrique américain exploite au mieux les ressources décentralisées et rende possible la transition dans les transports, le bâtiment et l'industrie, décrite dans les chapitres 2 à 4, une stratégie bien ciblée s'impose. L'association de scénarios fondamentalement différents par absence de choix d'une stratégie unique et efficace ne fera que créer une situation totalement brouillonne, dérouter les individus, gaspiller des ressources et nous faire perdre du temps. Or le temps est ce qu'il y a de plus précieux.

COMMENT TENDRE VERS NOTRE OBJECTIF ?

La transformation du secteur américain de l'électricité afin qu'il puisse tirer le meilleur parti possible des avantages des ressources décentralisées et renouvelables, conformément aux lignes directrices que nous avons définies, nécessitera des changements en profondeur qui toucheront à peu près tout, depuis les technologies utilisées pour générer de l'électricité jusqu'à la gestion du réseau. Certains de ces changements, comme l'amélioration continue du coût et des performances de l'éolien et du solaire, seront inexorablement guidés par les forces de la concurrence économique mondiale. Mais l'ampleur avec laquelle les États-Unis parviendront à intégrer ces ressources de façon fiable et efficace sur le plan énergétique dépendra avant tout du « code de la route » qui déterminera le fonctionnement de ce système électrique fortement réglementé.

La progression peut être grandement accélérée ou ralentie par la réglementation et les statuts, qui créent des règles du jeu justes ou au contraire totalement biaisées. Étant donné qu'un grand nombre de règles et de politiques se décident au niveau des États, le pays devra parvenir à un certain degré d'harmonisation et de coordination entre les politiques des États et les politiques fédérales s'il veut mettre en place d'importants changements ;

210 Cooper, 2010.

il devra le faire parallèlement au développement de normes industrielles et techniques en matière de communications et d'électronique de puissance, qui facilitent les solutions prêtes à l'emploi, et de principes de conception comme l'îlotabilité partout où c'est possible.

Dans les années à venir, les acteurs du public comme du privé devront changer les règles du jeu du secteur électrique américain de façon à :

- Ouvrir le marché à de nouveaux acteurs ;
- Harmoniser les modèles économiques des fournisseurs d'électricité ;
- Coordonner les marchés de l'électricité et les opérations du système.

Dans chacun de ces domaines, d'importants changements déjà en cours aux États-Unis et ailleurs pourraient accélérer le développement des ressources décentralisées et renouvelables, comme nous allons le voir.

Ouvrir le marché à de nouveaux acteurs

Aux États-Unis, les trois quarts ou presque[211] des installations solaires commerciales et 85 % des projets éoliens ont été construits par des entités indépendantes. C'est en grande partie dû au fait que ces dernières sont davantage parvenues à réaliser des économies de production en série et à développer des compétences autour des technologies liées aux énergies renouvelables, qui diffèrent grandement de celles de leurs concurrents spécialisés dans les combustibles fossiles[212]. Ces entités indépendantes regroupent des géants comme NextEra Energy Resources, filiale de NextEra Energy Inc. et premier producteur d'électricité à partir d'énergies renouvelables en Amérique du Nord[213], mais aussi d'ambitieuses start-up telles que Cogenra Solar, dont les panneaux PV fournissent à la fois

211 Maslin, 2009.

212 Wiser et Bolinger, 2010.

213 NextEra Energy Resources, 2010.

de l'électricité et de l'eau chaude[214]. La start-up Clarian Power, basée à Seattle dans l'État de Washington, propose même un système de panneaux solaires innovant qui contourne entièrement les connexions normalement établies avec le réseau du fournisseur. Il suffit de brancher chez soi le câble du système PV et de la « SmartBox » qui l'accompagne dans n'importe quelle prise murale, et les micro-onduleurs font alors passer l'électricité des panneaux solaires à l'ensemble des éclairages et des appareils de la maison en se servant uniquement des câblages existants[215]. Certaines entreprises étonnent par leurs innovations. SolarCity, SunRun, Sungevity, SunPower et un nombre croissant de concurrents proposent des panneaux PV pour toiture sans versement d'argent, ce qui évite que le client soit rebuté par le prix[216]. Aujourd'hui, les consommateurs peuvent se rendre sur le site internet d'un nombre croissant de prestataires de services ou de fournisseurs d'informations indépendants et se voir proposer une offre pour l'installation de panneaux solaires sur leur toit ; dans certains États, ils peuvent même obtenir un dispositif contre une somme d'argent faible ou nulle, comme lorsqu'on souscrit un abonnement de téléphonie portable sans avoir rien à payer. Grâce à des images satellites des habitations, à des bases de données sur les tarifs des fournisseurs et à des informations sur les programmes incitatifs et les crédits d'impôt, les entreprises peuvent, en quelques heures ou quelques jours, faire une estimation détaillée ou même une offre complète pour la vente ou la location de systèmes solaires PV. Dans certains cas, lorsqu'un toit ne se prête pas à l'installation de panneaux solaires, il peut être proposé au client de prendre part à un programme « solaire communautaire » non loin de chez lui ; il bénéfi cie alors des mêmes avantages, auxquels il faut ajouter des économies d'échelle en matière d'installation et un entretien par des professionnels. D'une façon ou d'une autre, donc, les consommateurs ont de plus en plus la possibilité de devenir des prosommateurs. Et la rentabilité de l'électricité tirée d'énergies renouvelables augmente nettement lorsque la production s'accompagne d'investissements

214 Cogenra, 2011.

215 Wesoff, 2011.

216 SolarCity, 2011 ; SunRun, 2010 ; Sungevity, 2011 ; SunPower, 2011.

côté demande[217], ce que les entrepreneurs commencent à faire à différentes échelles. L'exemple du Texas illustre bien l'importance de la mise en place de règles et de mesures appropriées mettant en concordance les incitations financières, les compétences technologiques et les inclinations sociétales. En 1999, cet État a constitué l'un des premiers portefeuilles d'énergies renouvelables du pays, dans le cadre de la loi qui visait à restructurer son industrie électrique. Ce portefeuille exigeait que l'ensemble des fournisseurs d'électricité texans aient installé 2 880 MW d'énergies renouvelables pour 2009. La loi autorisait les fournisseurs à acheter et à vendre des crédits d'électricité produite à partir de sources renouvelables pour pouvoir atteindre l'objectif avec une meilleure rentabilité. Selon Jim Marston, directeur régional du bureau texan du Fonds pour la défense de l'environnement : « Les fournisseurs ont dit que cela ne marcherait pas et coûterait des sommes astronomiques. » Non seulement ils ont atteint leur objectif en 2005, soit bien plus tôt que prévu, mais cette loi a véritablement donné naissance à une industrie des énergies renouvelables au Texas. Et lorsque les législateurs texans ont voulu placer la barre plus haut en 2005 et faire passer le portefeuille à 5 880 MW pour 2015 et à 10 000 MW pour 2025, ils ont rencontré peu de résistance. Selon Jim Marston, même si « les fournisseurs ont rué des quatre fers la première fois qu'on a voté la loi… en 2005, ils n'ont pas fait la moindre réclamation, car ils savaient que cela allait leur faire gagner de l'argent[218] ».

217 Cela s'est vérifié en 2001-2002 à la prison de Santa Rita, dans le comté californien d'Alameda. Le bâtiment a d'abord réduit la demande de 0,7 MW grâce à l'efficacité énergétique, économisant 1 GWh/an, puis 1,5 hectare (1,18 MW) de panneaux PV pour toiture a été mis en place, donnant une production de 1,5 GWh/an. La gestion de la prison en vue de la réduction des pointes de charge a permis de vendre de l'énergie solaire à PG&E lors des chaudes après-midis pour un prix très intéressant. Cet investissement de 9 millions de dollars, ramené à 4 millions grâce aux subventions de l'État, devait rapporter 10,3 % de TRI en permettant d'économiser 15 millions de dollars sur vingt-cinq ans selon le prix de l'électricité en 2002, qui par la suite a grimpé. Le prix du PV et de l'efficacité énergétique s'étant effondré depuis, la rentabilité serait plus grande encore aujourd'hui.

218 Austin Energy avait auparavant démontré que l'« énergie verte » se vendait à un prix élevé lorsque le prix du gaz était bas, mais faisait moins bien que l'« énergie brune » dans le cas contraire. De façon plus générale, un portefeuille d'électricité peu cher devrait comporter une large part d'énergies renouvelables, de la même façon qu'un portefeuille financier doit inclure des investissements tels que des obligations du Trésor : la partie sans risque du portefeuille améliore la performance risque/récompense de l'ensemble (Lovins *et al.*, 2002).

Une industrie est également en train de naître autour de la gestion et de l'utilisation de l'électricité et fournit au client des ressources côté demande et des solutions de réseau intelligent. Des entreprises privées comme EnerNOC et Comverge installent et gèrent ainsi des équipements qui permettent aux consommateurs de réduire leur puissance de pointe (et leur facture d'électricité). Ces entreprises regroupent ensuite ces économies avec celles d'autres clients et vendent cette réponse de la demande, agrégée à grande échelle à un fournisseur ou à un marché. L'opération est lucrative. EnerNOC est aujourd'hui une société publique affichant 280 millions de dollars de recettes pour 2010 et 5,3 GW de demande qu'elle peut gérer grâce à 3 800 clients sur 8 600 sites différents[219].

PJM Interconnection, une entreprise de transmission régionale de la région Atlantique-centre, utilise un marché affichant des signaux de prix clairs pour satisfaire ses besoins en électricité au moindre coût. Le marché PJM autorise la réponse de la demande à travers l'agrégation, par des entreprises comme EnerNOC, de la flexibilité de charge de clients individuels, afin d'enchérir comme une grosse centrale le ferait. Sur les offres gagnantes faites par PJM lors des ventes aux enchères pour 2014-2015, plus de 9 % étaient des ressources côté demande et 68 % de la nouvelle capacité disponible venaient de ressources renouvelables et de ressources côté demande[220].

Les nouveaux systèmes de contrôle et d'alimentation peuvent fournir différents niveaux de qualité et de fiabilité en fonction des utilisations finales. Votre serveur web peut ainsi bénéficier d'une alimentation plus fiable que votre chauffe-eau (qui peut être arrêté pendant quinze minutes sans que vous vous en rendiez compte), et les casernes de pompiers peuvent avoir la priorité sur les pompes de piscines. Les services automatisés de gestion de l'énergie proposés aux bâtiments par des entreprises telles que Viridity Energy prennent d'autant plus de valeur qu'ils peuvent intégrer en douceur la demande, la génération et le stockage sur site, et les interconnexions.

219 EnerNOC Inc., 2011.

220 PJM News, 2011.

La réussite de ces entreprises naissantes dépendra en partie de la réglementation mise en place par les régulateurs, les décideurs politiques et les fournisseurs, qui déterminera comment les ressources décentralisées et la production à partir d'énergies renouvelables peuvent être reliées au réseau et à quelles conditions. Si nous voulons effectuer avec succès notre transition vers un avenir reposant avant tout sur les ressources renouvelables et décentralisées, nous devrons recourir à des règles transparentes, justes et non discriminatoires qui garantiront la sécurité et la fiabilité du réseau tout en réduisant au maximum les obstacles pour accéder à ce dernier. Ces règles du jeu sont d'une importance capitale pour les paramètres économiques d'un projet et pour l'ampleur de la concurrence.

Concernant la production à petite échelle à partir d'énergies renouvelables, les règles les plus importantes sont celles fixées par l'État et les autorités locales et par les fournisseurs. Selon le Public Utility Regulatory Policies Act (PURPA) de 1978, les États déterminent les politiques à suivre dans deux domaines touchant la production décentralisée : les procédures d'interconnexion et la facturation nette. Non seulement les mesures visant à rationaliser les procédures d'interconnexion protègent la stabilité et la sécurité du réseau, mais elles contribuent à lever les barrières au développement des énergies renouvelables localisées chez les clients et aux autres formes de génération décentralisée. Un grand nombre d'États ont déjà mis en œuvre des procédures rationalisées et accélérées. En continuant à faire évoluer et à diffuser les meilleures pratiques dans la conception et la mise en œuvre de ces mesures, on favorisera le développement des ressources décentralisées et renouvelables.

La réglementation en matière de facturation nette détermine à quelles conditions les générateurs décentralisés peuvent « faire tourner le compteur à l'envers », c'est-à-dire vendre de l'électricité au réseau. Là encore, les détails sont d'une importance capitale et peuvent déterminer si le marché de la production décentralisée sera prospère ou au contraire amorphe. Quarante-trois États avaient déjà mis en place des programmes de facturation nette fin 2010, mais la qualité de ces programmes est très variable[221].

221 Network for New Energy Choices, 2010.

Ces avancées en apparence modestes vers un renforcement des normes techniques et des protocoles de communication sont précieuses. Grâce aux normes de dispositifs « prêts à l'emploi », les équipements certifiés peuvent être installés au terme d'analyses ou d'autorisations accélérées, voire en l'absence d'autorisation. Ces normes suppriment les démarches classiques imposées aux installateurs de technologies décentralisées qui sont tenus de prouver, souvent au moyen d'études d'ingénierie au coût prohibitif, que leurs équipements sont sûrs, correctement configurés et ne peuvent nuire au réseau. Du côté des fournisseurs, la distribution doit être sécurisée, omnidirectionnelle et compatible avec des microréseaux îlotables. Les générateurs des consommateurs doivent en effet pouvoir être îlotés en toute sécurité par défaut.

Les autorités locales jouent également un rôle décisif en déterminant la réglementation sur les ressources décentralisées à petite échelle, et notamment en définissant les procédures d'octroi de permis et d'inspections relatives aux systèmes solaires pour toitures. Cette réglementation et ces procédures influent nettement sur le coût des installations solaires[222].

Enfin, concernant les énergies renouvelables à grande échelle, c'est la réglementation élaborée par les régulateurs fédéraux et étatiques et généralement interprétée et mise en œuvre par les fournisseurs d'électricité qui est la plus cruciale. Les procédures d'interconnexion et les règles d'accès au réseau sont particulièrement importantes. Nul doute qu'à mesure que la part des énergies renouvelables dans la production d'électricité va augmenter, des questions vont se poser quant à l'accès au réseau, aux priorités à accorder, à la tarification des « services auxiliaires » rendus par les générateurs et à la façon dont les coûts de transmission et de stockage du réseau, entre autres, seront répartis entre les générateurs.

222 Bony, Newman et Doig, 2010.

Harmoniser les modèles économiques des fournisseurs

Il est possible d'accélérer la transition vers un système électrique reposant essentiellement sur des ressources renouvelables et décentralisées et affichant une bien meilleure efficacité énergétique au stade de l'utilisation finale. Il faut, pour cela, modifier au niveau des États la réglementation qui touche les fournisseurs d'électricité afin de les autoriser à adopter de nouvelles méthodes pour gagner de l'argent. Cela multiplierait les possibilités qu'ils ont de créer de la valeur pour leurs clients et de s'impliquer pleinement dans toutes sortes de nouveaux secteurs économiques en plein essor, qu'il s'agisse des services d'efficacité énergétique ou du développement des ressources décentralisées pour les consommateurs.

Une première et importante mesure consisterait à favoriser l'adoption de politiques qui cessent de dissuader les fournisseurs de fournir de l'efficacité énergétique et des ressources décentralisées à leurs clients. Au cours de la décennie qui vient de s'écouler, une dizaine d'États ainsi que le District de Columbia ont modifié l'ancienne réglementation en « découplant » les recettes des fournisseurs d'électricité de leurs ventes ; les fournisseurs ne sont donc plus récompensés quand ils vendent plus d'électricité ni pénalisés quand ils en vendent moins[223]. Cela nécessite d'ajuster régulièrement les prix à la hausse ou à la baisse en fonction des ventes effectives, de façon à ce que les revenus du fournisseur ne soient ni supérieurs ni inférieurs à ce que le régulateur autorise. Des dizaines de fournisseurs ayant procédé à ce découplage ces dix dernières années constatent que l'ajustement des prix est généralement inférieur à 2 dollars par mois pour les clients des zones résidentielles, que la charge soit élevée ou basse, et qu'il s'annule avec le temps. Mais l'impact du découplage sur la motivation, le comportement et l'état d'esprit des fournisseurs est très prononcé.

Cependant, le découplage ne va pas assez loin, car il ne permet pas de récompenser les fournisseurs qui achètent de l'efficacité énergétique bon marché plutôt que de construire de nouvelles et coûteuses unités de génération. Certains États expérimentent donc une nouvelle mesure capitale : les

223 Pew Center on Global Climate Change, 2011b.

économies partagées. Elles permettent aux fournisseurs de conserver sous forme de profits additionnels une petite partie, généralement 10 %, des économies obtenues grâce à l'efficacité énergétique à laquelle ils ont contribué[224].

Le fait de récompenser les fournisseurs lorsqu'ils font baisser les factures d'électricité et non lorsqu'ils vendent davantage d'énergie permet d'aligner leurs intérêts sur ceux des clients et sur les objectifs d'ordre plus général de la société. Les choix et les performances des fournisseurs peuvent s'en trouver profondément changés. La Californie montre l'exemple en matière de nouveaux modèles réglementaires. Les régulateurs autorisent en effet les économies partagées à augmenter (jusqu'à 12 %) en fonction du succès rencontré, et les fournisseurs doivent verser des pénalités s'ils n'atteignent pas au moins 65 % de leurs objectifs d'efficacité énergétique[225]. En juillet 2011, une campagne nationale menée par le National Resources Defense Council et soutenue par l'Edison Electric Institute et l'American Gas Association avait fait accepter, à des degrés divers, le découplage et les économies partagées à 14 États pour l'électricité[226] et à 21 pour le gaz, et 8 autres États étaient sur le point d'en faire autant[227].

Ensuite, au lieu de considérer la production décentralisée comme une menace concurrentielle, les fournisseurs doivent l'envisager comme un atout qu'ils peuvent financer, posséder et exploiter eux-mêmes chez le client. C'est ce qu'ont fait PG&E, Idaho Power et d'autres fournisseurs avec plusieurs terrains à bâtir éloignés de tout où il revient moins cher de construire

---

224 Une approche alternative consiste à considérer l'argent que les fournisseurs investissent pour réduire la consommation d'électricité de leurs clients comme un investissement de capitaux qui peut être inclus dans la base tarifaire pour augmenter les revenus. C'est une opération gagnant-gagnant pour les fournisseurs et les clients puisqu'il revient généralement moins cher de réduire suffisamment la consommation d'électricité pour rendre superflue la construction d'une nouvelle centrale. Cependant, ces investissements, se répercutant sur la base tarifaire, ne récompensent pas les fournisseurs pour l'effet désiré – l'économie d'électricité et d'argent – mais pour avoir dépensé de l'argent. En outre, ils ne découplent pas les revenus des ventes et peuvent ne pas contribuer à la bonne santé du fournisseur, du fait de la réglementation.

225 *The Economist*, 2008.

226 American Council for an Energy-Efficient Economy, 2011.

227 American Gas Association, 2010 ; NRDC, 2011.

des générateurs sur site que de prolonger les lignes à haute tension[228]. À la mi-2010, une dizaine de fournisseurs importants avaient déposé des dossiers en vue d'installer 1,1 GW de PV décentralisé sur des sites ordinaires et non éloignés[229], finançant leurs projets de façon normale en répercutant leur contribution sur la base tarifaire de l'électricité. Cela ouvre d'immenses perspectives aux coopératives électriques rurales des États-Unis qui risquent bientôt de devoir faire face à des réinvestissements de plusieurs milliers de milliards de dollars pour l'installation de lignes à haute tension.

Les fournisseurs et autres acteurs capables de se placer sur le devant de la scène, de repenser leurs relations avec leurs clients et de prendre l'initiative de changements d'envergure pourront gagner davantage d'argent en prenant moins de risques et fournir des services de meilleure qualité pour un coût inférieur – chose qu'ils n'auraient jamais imaginée possible. On pourrait même mettre en place un modèle économique entièrement nouveau : se positionnant comme un fournisseur de services internet, le fournisseur d'électricité pourrait fonctionner en « *open source* » pour quantité de générateurs et d'entreprises, leur permettant de faire parvenir leur électricité et leurs services, comme la réponse de la demande, aux clients sur le réseau du fournisseur. Des réformes réglementaires innovantes et de nouvelles politiques de tarification seraient nécessaires pour qu'un tel modèle fonctionne, mais ce type d'approche est déjà à l'œuvre dans certaines régions d'Europe et en Nouvelle-Zélande.

Les fournisseurs sont aujourd'hui confrontés à la concurrence d'entrepreneurs qu'ils ne peuvent pas contrôler. Les monopoles de franchise actuels ne garantissent pas des revenus ininterrompus, car les consommateurs ne sont pas obligés d'acheter l'électricité du réseau. Ils s'aperçoivent petit à petit que les négawatts (les watts économisés) sont souvent moins chers que les mégawatts, et voudront donc acheter moins d'électrons utilisés de façon plus productive – la question étant de savoir qui va leur vendre un tel bouquet.

228 Patel, 2006.

229 Frantzis, 2010, p. 15.

Les mêmes possibilités de contournement existent également côté offre, mais ont un coût considérablement plus élevé pour la plupart des consommateurs. Il est en effet possible de mettre sur pied un « service fournisseur virtuel », vendable sans l'autorisation du fournisseur ni du régulateur, à partir de ressources décentralisées côté offre et côté demande, de TI et de télécommunications, d'une installation et d'un entretien éprouvés, avec garanties et assurance en matière de fiabilité, de certificats ou de crédits verts à revendre et de nouvelles offres de valeur concernant la sécurité et la stabilité des prix. Si ce type de services de marché libre, non réglementés, est correctement mis en place et achetable en toute confiance, cela peut représenter une solution intéressante dans les années à venir pour un nombre encore restreint mais croissant de consommateurs.

Le rattachement au réseau et la relation avec le fournisseur resteront sans doute la voie privilégiée par la plupart des consommateurs, dans un avenir proche. Elle présente l'avantage de créer un système qui tire parti de la diversité côté offre et côté demande et de la gestion des risques grâce à un portefeuille de ressources diversifié. Mais les fournisseurs devront surveiller les autres prestataires de services dont le portefeuille de technologies et de solutions va continuer à s'étoffer.

Coordonner les marchés et les opérations du système

Un système électrique faisant la part bien plus belle aux ressources renouvelables et décentralisées fonctionnerait assez différemment de notre système actuel. Les niveaux de commande décentralisée et d'intelligence seraient plus élevés, si bien que la gestion opérationnelle dépendrait moins de commandes et de contrôles hiérarchiques que de réponses décentralisées à des signaux indiquant l'état du système. Il se pourrait qu'à l'avenir, les systèmes solaires pour toitures et les parcs éoliens contribuent automatiquement à corriger les fluctuations de tension des lignes de transmission et de distribution, que les véhicules électriques sachent à quel moment charger et décharger leur batterie et que les régulateurs des microréseaux gèrent les ressources locales en fonction de signaux de prix dynamiques envoyés par le réseau.

Pour que tout ceci puisse se produire, il faut :
- Des marchés d'électricité efficaces, concurrentiels et transparents ;
- La diffusion de signaux de prix évolutifs auprès des particuliers ;
- Des communications sûres et fiables permettant les interactions entre les différents niveaux du système, depuis les dispositifs d'utilisation finale jusqu'aux microréseaux et depuis les centrales virtuelles jusqu'au réseau à haute tension et aux marchés de gros d'électricité.

À mesure que la part des énergies renouvelables dans la production d'électricité va augmenter, la transparence et la compétitivité des marchés de gros d'électricité vont jouer un rôle déterminant à la fois en matière de gestion des ressources à court terme au sein du système et de visibilité quant aux perspectives économiques pour de nouveaux investissements. En associant de près ces marchés aux opérations, les forces en présence pourront relever une grande partie des défis les plus épineux portant sur la façon dont il est possible d'intégrer une part importante d'énergies renouvelables tout en conservant un système fiable. Le fait de renouveler la programmation de l'approvisionnement en électricité au bout de quelques minutes, et non une fois par heure, et sur une zone plus étendue donc permettant un meilleur équilibrage – les marchés deviennent alors plus rapides et plus vastes – améliore la flexibilité de l'ensemble du système. Cette programmation « subhoraire » est désormais utilisée dans l'Est du pays (à l'exception du Sud-Est), au Texas et en Californie, et devrait être mise en place dans la région sud-ouest en 2013 et 2014[230]. En outre, ces marchés permettent aux ressources côté demande, parmi lesquelles la réponse de la demande, de se faire concurrence directement pour répondre aux besoins de souplesse du système. Cette compétition commence à s'exercer dans des conditions plus justes. En 2011, l'ordonnance 745 de la FERC[231] a imposé que la réponse de la demande soit rétribuée à hauteur de sa véritable valeur et une réglementation a été proposée privilégiant les services

230 Ministère américain de l'Énergie, 2011c.

231 Federal Energy Regulatory Commission, 2011b ; St John, 2011.

auxiliaires rapides plutôt que lents. La FERC va peut-être poursuivre en accordant à l'efficacité énergétique au stade de l'utilisation finale la parité parfaite sur les marchés, lui permettant de surenchérir sur l'offre dans nombre des 37 États où ce n'est pas encore possible.

Avec des ressources décentralisées davantage présentes dans le système, des prix évolutifs au niveau de la vente de détail faciliteront l'utilisation optimale de ces actifs. Si de nombreux fournisseurs affichent déjà de tels prix, l'adoption à grande échelle de la tarification dynamique – soutenue et rendue possible par des communications et des contrôles avancés – sera décisive si nous voulons que les ressources décentralisées jouent un rôle important dans la flexibilité nécessaire à la gestion du système.

Enfin, il est une réforme de poids que les PDG des sociétés d'approvisionnement en électricité pourraient engager et qui consisterait à bouleverser le fonctionnement de leur entreprise en planifiant depuis la distribution vers la production et non l'inverse. Trois expériences menées en Amérique du Nord[232] ont montré que lorsque les fournisseurs d'électricité orientent avec précision leurs investissements côté demande en direction des utilisations finales et des quartiers où ils peuvent différer ou éviter des investissements de distribution imminents (leur plus grosse charge capitalistique), ils fournissent le même service avec seulement environ un dixième de l'investissement. Pour les investisseurs et les directeurs financiers anxieux, c'est toujours une bonne nouvelle.

CONCLUSION : LA VOIE À SUIVRE

Nous avons donc étudié de près différentes cartes présentant les possibles paysages du futur secteur américain de l'électricité. Si certaines zones n'ont plus de secret pour nous, d'autres sont estampillées *terra incognita* ou encore « espace dangereux ». Au vu de ce que nous savons et de ce que nous ignorons, la meilleure solution selon nous est un bouquet d'énergies centralisées et décentralisées intégrées par des communications et des contrôles avancés qui orchestrent sans risque et en temps réel, ou presque, les ressources côté

232 Chez PG&E et Ontario Hydro, deux entreprises dirigées par John C. Fox (ex-président du RMI).

offre et côté demande et utilisent les microréseaux îlotables pour assurer la résilience du système. Cette solution permettra aux États-Unis de prendre la tête d'une nouvelle vague d'avancées et de déploiements technologiques sur les marchés mondiaux.

La transformation à venir du secteur électrique sera complexe et sans doute désordonnée. La convergence de l'électricité et de l'information, toutes deux marquées par de rapides innovations, fait se heurter les technologies et les modèles économiques du XXIe siècle avec les cultures et les institutions du XXe et même du XIXe siècle – qui sont prisonnières de structures réglementaires et de lois ne correspondant plus aux besoins actuels, en constante évolution.

Si nous ne pouvons pas prévoir, au-delà d'un futur immédiat, des événements ni des relations de cause à effet sans précédent, nous sommes prêts à parier que les phénomènes qui assombrissent d'ores et déjà l'horizon vont rapidement se multiplier. Pour faire aujourd'hui des choix intelligents, nous avons besoin d'avoir une vision à long terme et de pouvoir changer d'itinéraire à mesure que nous avançons.

De la même façon que les décisions prises durant les premières heures de l'électricité ont façonné notre système actuel, les investissements que nous faisons aujourd'hui en matière d'installations et d'architecture du système influeront sur notre capacité ultérieure à saisir notre chance et à gérer les risques. Fort heureusement, les facteurs technologiques et physiques qui ont modelé le système électrique actuel appartiennent pour beaucoup au passé : la technologie est en effet venue multiplier et améliorer juste à temps les choix qui s'offraient à nous pour que nous nous épargnions de graves problèmes. Les rapides innovations associées à l'urgence, pour la société, de réduire sa consommation de combustibles fossiles ont créé l'occasion rêvée de réinventer le système électrique, pour le plus grand bonheur des entreprises astucieuses et réactives.

Plusieurs enseignements et actions à mener se dégagent de notre exploration. Tout d'abord, pour accomplir la transformation du secteur électrique que nous décrivons ici et permettre aux transformations présentées dans les autres chapitres d'avoir lieu, il ne s'agit pas de choisir la bonne technologie de production parmi le charbon, le nucléaire, les énergies renouvelables et d'autres solutions. Il s'agit de choisir le *système* qui saura le mieux exploiter toute la gamme des solutions côté offre et côté demande, de façon intégrée et pour le coût le plus faible possible. L'intégration relève de la compétence d'un grand cuisinier et non de celle d'un client d'épicerie. Et, dans le secteur électrique comme en cuisine, la meilleure recette ne consiste pas à mélanger le plus grand nombre d'ingrédients possible, mais à parvenir à une association délicate et harmonieuse entre les seuls ingrédients qui s'imposent.

Les centrales au charbon ou nucléaires de plusieurs milliards de dollars ne cohabitent pas bien avec de grandes quantités d'énergies renouvelables intermittentes et souvent décentralisées. Les compléments les plus souhaitables de ces dernières, ceux dont la flexibilité peut permettre au système de fonctionner le plus économiquement possible, se trouvent côté demande. L'intégration du chargement (et du déchargement) des véhicules électriques dans le système est un paramètre décisif de la solution à apporter. L'efficacité énergétique avancée, les technologies de réponse de la demande et la puissance des systèmes de communication et de contrôle basés sur les microréseaux constituent également des éléments cruciaux, en particulier lorsqu'ils sont associés les uns aux autres. Certaines solutions qui ont pu sembler nécessaires, telles que le stockage à grande échelle de l'électricité par grosses quantités, ne le sont en fait peut-être pas. D'autres, autrefois écartées, comme le PV décentralisé, pourraient s'avérer précieuses, voire vitales.

Deuxième enseignement : les défis économiques et techniques sont bien moins importants que les changements institutionnels requis. Les modèles économiques et les structures réglementaires des fournisseurs d'électricité devront être réformés afin d'assainir les règles du jeu entre les investissements dans les solutions côté offre et côté demande, entre les énergies non renouvelables et renouvelables et entre les options centralisées et décentralisées. Un grand nombre d'acteurs privés et publics appartenant à des instances de juridiction différentes, mais se recoupant souvent, devront élaborer de nouvelles règles et adopter de nouvelles attitudes. La réalisation de ces changements institutionnels nécessitera de la persévérance, de la patience et du savoir-faire. L'opiniâtreté est toujours gagnante.

Enfin, le moteur du changement est en grande partie entre les mains des consommateurs. Ce sont eux qui décideront ou non d'adopter les nouvelles technologies, de faire des choix avisés et de changer de comportement, et qui imprimeront le rythme. Les analyses économiques classiques ne peuvent décrire ni prévoir entièrement ce type de changements. L'économie comportementale portant sur l'adoption des technologies pourra apporter sa contribution aux démarches de marketing, mais les consommateurs sont complexes et surprenants et, à l'image des médias sociaux, de brusques évolutions mêlant idées, comportements et technologies peuvent transformer le paysage concurrentiel.

Leonard S. Hyman, qui a longtemps dirigé le Merrill Lynch's Utility Research Group, avait prédit ces turbulences en 1993. Il avait en effet écrit dans *The Electricity Journal* : « L'avenir sera fait de métamorphoses, de convergences et de désintégrations. Il y aura des plaies, des pertes, des gains et de la confusion. Tout cela est sûr et certain. Rien d'autre ne l'est. » Ce changement tumultueux s'accélère à présent. La rigidité et la fidélité aveugle aux vieilles habitudes seront perdantes face à la souplesse et à l'adaptabilité.

La maîtrise du feu par les hommes s'est faite à une échelle minuscule, il y a des millions d'années de cela, au sein d'individus, de familles et de tribus. Aujourd'hui, la forte imbrication de l'économie mondiale et des réseaux sociaux a accéléré comme jamais la diffusion d'idées, de technologies, de concepts et de systèmes nouveaux. Les germes de la révolution à venir, du feu nouveau, sont encore confinés, mais ils se développent et s'étendent. Les solutions innovantes apportées à certains de nos plus grands défis font déjà leurs preuves à travers le monde. Notre tâche est d'identifier et de développer ces solutions et de les faire cohabiter en toute harmonie. L'avenir de l'électricité nous appartient.

TABLEAU 5-1. Synthèse des recommandations aux acteurs clés du secteur de l'électricité

	SANS REGRETS	OPPORTUNISTE	INNOVANT
CONSOMMATEURS INDIVIDUELS	Soyez responsables de votre mode de consommation. Prenez part aux programmes existants.	Renseignez-vous sur les ressources décentralisées qui pourraient vous convenir. Évaluez votre faculté à fournir une réponse de la demande. Préparez vos habitations au réseau intelligent et à la réponse de la demande. Isolez les circuits critiques lorsque vous recâblez/modernisez une habitation et préparez-la à la production décentralisée.	Faites valoir votre faculté à effectuer des facturations nettes, à posséder et à gérer des moyens de production décentralisés et des microréseaux îlotables, et à acheter différents niveaux de fiabilité. Installez votre propre efficacité énergétique et vos énergies renouvelables, idéalement sans avance d'argent.

	SANS REGRETS	OPPORTUNISTE	INNOVANT
ENTREPRISES AUTRES QUE LES FOURNISSEURS (suite)	Appréhendez le marché des ressources décentralisées et d'autres technologies. Continuez à innover en développant de nouvelles technologies et en réduisant le coût de celles qui existent.	Nouez des partenariats afin d'explorer de nouveaux modèles économiques intégratifs au sein d'anciennes chaînes de valeur. Considérez l'îlotabilité comme un facteur de résilience important. Isolez les circuits électriques critiques, physiquement ou virtuellement. Recherchez des modes d'approvisionnement résilients.	Soutenez les réformes réglementaires (en commençant par le découplage et les économies partagées) et un meilleur accès aux marchés. Installez des solutions d'amélioration de l'efficacité énergétique et de génération sur site.
FOURNISSEURS D'ÉLECTRICITÉ		Maximisez la flexibilité du réseau pour faciliter l'intégration des énergies renouvelables.	Repensez la relation-client et recherchez de nouveaux modèles économiques.

	SANS REGRETS	OPPORTUNISTE	INNOVANT
FOURNISSEURS D'ÉLECTRICITÉ (suite)	Protégez-vous intégralement et immédiatement des cyberattaques, des attaques physiques et des orages géomagnétiques. Explorez la valeur de la flexibilité opérationnelle et les solutions qu'elle offre à votre système. Maîtrisez les ressources côté demande et renforcez vos capacités. Étoffez en permanence vos connaissances des technologies liées aux énergies renouvelables décentralisées.	Investissez aujourd'hui pour acquérir de l'expérience en matière de ressources renouvelables et décentralisées. Investissez dans le réseau intelligent en veillant à la sécurité et au respect de la vie privée. Proposez une tarification horaire. Formez des alliances et cherchez du soutien pour la mise en place de réformes réglementaires rapides afin d'harmoniser les incitations des investisseurs et celles des clients.	Envisagez l'« *open source* » pour les nouveaux venus. Faites démarrer la planification des ressources au stade de la distribution. Éliminez les obstacles à l'îlotage et aux microréseaux et déployez les deux. Proposez une tarification en temps réel. Prônez une concurrence pleine et entière entre les solutions côté demande et côté offre. Mettez en place la transparence des prix et de l'information.

	SANS REGRETS	OPPORTUNISTE	INNOVANT
FOURNISSEURS D'ÉLECTRICITÉ (suite)	Effectuez un test de résistance de votre planification financière en cas de demande stagnante ou en baisse. Protégez et consolidez la liberté de choix. Instituez le découplage et les économies partagées.	Passez à une programmation subhoraire et à des zones d'équilibrage plus étendues.	
RÉGULATEURS	Autorisez une facturation nette équitable des ressources décentralisées. Soutenez l'investissement dans la R&D.	Effectuez des planifications au niveau régional.	Explorez la transformation des marchés, y compris leur implication plus large et le transfert de l'énergie vers les marchés de capacités. Autorisez les fournisseurs à proposer des services aux consommateurs.

	SANS REGRETS	OPPORTUNISTE	INNOVANT
RÉGULATEURS (suite)	Recherchez une entière symétrie de mesures entre les ressources côté offre et côté demande, qu'elles soient importantes ou non, et quels que soient la technologie, le type ou le propriétaire. Insistez pour que les fournisseurs protègent rapidement et intégralement leurs principaux actifs contre les cyberattaques, les attaques physiques et les orages géomagnétiques.	Garantissez un accès équitable à la transmission et mettez en concurrence les nouvelles installations de transmission avec l'efficacité énergétique, la réponse de la demande et la production décentralisée ; récompensez l'utilisation de ces ressources qui libère de la capacité de transmission. Renforcez les normes et les protocoles de communication sécurisés, flexibles et interopérables. Autorisez les acteurs autres que les fournisseurs à îloter les charges et à faire fonctionner les microréseaux.	Faites de l'interconnexion prête à l'emploi et de l'îlotabilité des choix de conception par défaut. Expérimentez les microréseaux maillés et étudiez comment les soutenir au mieux.

	SANS REGRETS	OPPORTUNISTE	INNOVANT
RÉGULATEURS (suite)		Éliminez progressivement les subventions ou supprimez leur effet sur les décisions en introduisant la tarification fictive. Autorisez les fournisseurs à investir prudemment dans des technologies plus risquées. Autorisez les fournisseurs à investir dans l'efficacité énergétique et la production décentralisée, à y apporter leur soutien et à en tirer des revenus.	

FIG. 6

DES CHOIX MULTIPLES

POUR UN AVENIR UNIQUE

Les arguments en faveur d'un changement marginal et progressif ne sont pas convaincants. Pas à notre époque. L'avenir n'est pas linéaire. L'histoire a toujours été rythmée par des étincelles qui ont embrasé le statu quo.

Peter Bijur (PDG de Texaco)
allocution lors du Conseil mondial de l'Énergie,
Houston, 14 septembre 1998

Depuis le charbon, qui a permis aux puissantes machines à vapeur de la révolution industrielle de tourner, jusqu'au pétrole foré dans le puits d'Edwin Drake et de ses nombreux successeurs, devenu depuis la composante vitale des transports et du commerce, en passant par le gaz naturel qui a supplanté le charbon aux États-Unis, les combustibles fossiles ont transformé la civilisation humaine. On leur doit nos métropoles et nos vastes banlieues boisées, nos gigantesques exploitations agricoles et nos interminables circuits de transfert d'eau, nos avions à réaction et nos autoroutes grouillantes de voitures, ainsi que la profusion de biens bon marché expédiés chaque jour de part et d'autre de la planète. L'ingéniosité et l'ambition des hommes étant ce qu'elles sont, l'industrialisation et le progrès économique auraient quand même vu le jour sans les combustibles fossiles[1], mais l'évolution de l'industrie et de l'histoire humaine aurait été tout autre, centrée sans doute autour de cultures différentes[2] et probablement plus lente et plus chaotique.

Et pourtant, le rapide essor de notre économie, sous perfusion de combustibles fossiles, fait payer un tribut de plus en plus lourd à notre santé et à notre sécurité. Comme nous l'avons vu, notre système énergétique ne

1 Butti et Perlin (1980) racontent comment, depuis les habitations troglodytes du Nord de la Chine jusqu'aux villages anasazis du Sud-Ouest de l'Amérique du Nord en passant par les constructions de la Grèce et de la Rome antiques, les tours de refroidissement perses et les tentes bédouines en peau de chèvre, les hommes maîtrisent depuis des milliers d'années les structures passives et confortables. L'industrie de la Nouvelle-Angleterre du XVIIIe siècle et les mines d'argent d'Aspen se sont développées grâce à l'énergie hydroélectrique et au bois de feu. L'eau en Floride était en grande partie chauffée par l'énergie solaire avant de l'être par le gaz naturel. Henry Ford a construit des voitures fonctionnant aux agrocarburants grâce aux graines de soja. Le photovoltaïque a été inventé en 1839, l'année même où la première démonstration de pile à combustible a été réalisée. Ma grand-mère conduisait une de ces voitures électriques qui, au début du XXe siècle aux États-Unis, étaient plus répandues que les voitures à essence. Jusqu'à récemment, les combustibles fossiles n'ont en réalité fait qu'interrompre et que perturber à plusieurs reprises le développement et l'utilisation d'énergies renouvelables sophistiquées.

2 Jared Diamond a expliqué en 1999 comment les circonstances locales ont conduit certaines civilisations à prospérer et d'autres à s'éteindre, alors que toutes étaient peuplées d'êtres humains aux capacités similaires. Sous la plume d'un tel auteur, une « histoire virtuelle » de la façon dont l'humanité aurait évolué sans les combustibles fossiles pourrait faire un livre passionnant.

fait qu'exacerber ce que les stratèges militaires résument sous le nom de volatilité, incertitude, complexité et ambiguïté au lieu de nous en protéger. C'est vrai pour notre pays, mais aussi pour le reste du monde. Comme l'a exprimé Thomas Friedman : « Le monde est pris dans une dangereuse boucle de rétroaction : l'augmentation du prix du pétrole et des perturbations climatiques provoque une hausse du cours des denrées alimentaires, qui elle-même entraîne davantage d'instabilité qui, à son tour, fait grimper le prix du pétrole. Cette boucle, partout, ébranle les fondements de la politique[3]. »

Fort heureusement, nous ne sommes pas condamnés au châtiment éternel, contrairement à Prométhée lorsqu'il a dérobé le feu aux hommes. La baisse de la part accordée au feu ancien, celui des combustibles fossiles, n'est pas non plus synonyme de retour au Moyen Âge. Nous pouvons au contraire bâtir un monde plus sûr, plus fort et libéré des combustibles fossiles en puisant dans une ressource infiniment plus précieuse que les hydrocarbures. Car le véritable moteur de l'Amérique et de la civilisation moderne est bien l'innovation et l'ingéniosité.

Ce livre nous a conviés à un voyage à travers les innombrables possibilités offertes par l'innovation sous toutes ses formes. Nous avons vu comment les constructeurs automobiles et leurs fournisseurs réalisent des voitures électriques ultralégères, comment les bâtiments, grâce aux superfenêtres et à la conception par approche globale, peuvent cesser d'être des gouffres énergétiques pour devenir économes, comment les usines parviennent à fabriquer des produits avec infiniment moins d'énergie et comment des géants de l'électricité et de petits entrepreneurs conçoivent de nouveaux réseaux et d'astucieux moyens de savoir quand le prochain bus va passer.

Même si nous ne sommes qu'aux balbutiements de cette transformation vers un monde libéré des combustibles fossiles et même si cette transformation ne peut être possible que si nous y consacrons toutes nos facultés et toute notre volonté, elle nous laisse déjà entrevoir de vastes perspectives économiques et menace les industries encroûtées. Qui, par exemple, sera le Microsoft qui rendra la demande d'électricité flexible ? La microénergie continuera-t-elle

3 Friedman, 2011.

à pousser vers la sortie les conceptions vieilles d'un siècle de nos centrales ? Les insurgés poursuivront-ils leur harcèlement des fournisseurs en place ? Les compagnies pétrolières disparaîtront-elles du paysage à l'image des fabricants de fouets pour carrioles ou des pêcheurs de baleines, ou deviendront-elles des acteurs clés de l'énergie propre et des agrocarburants ? Alors que se met en branle la plus grande transition de notre histoire industrielle, l'Amérique en prendra-t-elle la tête ou restera-t-elle à la traîne, condamnée à laisser passer sa chance par un état d'esprit dépassé et de mauvais choix politiques ?

Nous n'avons pas les réponses à toutes ces questions et nous ne pouvons pas non plus prévoir les innovations dont nous n'osons pas encore rêver mais dont le grondement, au lointain, se fait de plus en plus net. Comme toujours lors de transformations technologiques et sociales, l'avenir peut être très différent de ce que nous concevons aujourd'hui. Nous restons cependant convaincus que le fait de transformer le système énergétique grâce au scénario Réinventer le feu renforcera l'économie, fera baisser la température à la surface du globe et nous donnera un monde plus sûr et plus agréable à vivre.

Même si notre boule de cristal est parcourue de quelques nuages, essayons d'aller à la rencontre de cet avenir qui serait le nôtre si nous suivions les voies préconisées par cet ouvrage et voyons s'il serait conforme à nos ambitieux objectifs. Projetons-nous quarante années en avant, un matin, en Amérique.

NOUS SOMMES EN 2050

Le café a la même odeur et la vue qu'offre une des fenêtres sur un quartier tranquille est à peu près identique. Mais notre maison est si bien conçue et si bien isolée qu'elle n'a pas besoin de chauffage central. Les appareils électriques et les gadgets n'absorbent qu'une petite fraction de l'énergie que leurs prédécesseurs consommaient lors de la première décennie du XXIe siècle. La maison n'accuse plus de hausses ni de chutes de température et peut se passer des équipements mécaniques d'hier, bruyants et coûteux. Délestée de ces complications obsolètes, elle a coûté légèrement moins cher à construire que l'ancienne, inefficace sur le plan énergétique. Même si les individus payent aujourd'hui plus cher pour se loger à proximité de leurs destinations de tous les jours, ils dépensent beaucoup moins en énergie et en déplacements domicile-travail, si bien que dans l'ensemble, le logement est devenu un poste moins important qu'en 2011 dans le budget de chacun.

En outre, notre maison nous rapporte quelques modestes revenus. Au lieu de payer plus de 100 dollars par mois de facture énergétique, nous obtenons un crédit mensuel grâce à l'électricité excédentaire produite par nos panneaux solaires situés sur le toit, aux électrons que notre fournisseur de service Intergrid nous rachète sur la batterie de notre voiture électrique afin de répondre aux rares pics de demande, et grâce au système intelligent qui coordonne automatiquement le chargement de la voiture et certains services électriques proposés par la maison, afin de consommer, d'acheter ou de vendre l'électricité aux moments les plus opportuns – ces moments lui étant indiqués en temps réel par des prix évolutifs. Et lorsque, l'année dernière, une tempête de verglas particulièrement violente a démoli les lignes à haute tension inter-États, les lumières sont restées allumées, car le microréseau communautaire s'est instantanément îloté, a fonctionné de façon autonome, puis s'est reconnecté en douceur lorsque les lignes ont été réparées. Les pannes générales appartiennent désormais au passé.

Bien que notre voiture électrique soit trois fois moins lourde, légèrement moins coûteuse à l'achat et beaucoup moins onéreuse au quotidien que les véhicules d'il y a quarante ans, elle est plus sûre, plus nerveuse, tout aussi spacieuse et même plus luxueuse ; c'est le fruit d'une concurrence féroce entre les matières premières et entre les méthodes de fabrication, de propulsion et de conception. Mais comme nous avons organisé la communauté autour des individus et non des voitures, nous conduisons beaucoup moins, car les lieux où nous vivons, travaillons, nous divertissons et faisons nos courses sont presque tous à une distance qu'on peut facilement parcourir à pied. Certaines des vieilles banlieues tentaculaires ont survécu, car les véhicules électriques ont rendu les déplacements domicile-travail moins coûteux, mais la plupart ont été scindées en petites collectivités polyvalentes entourées de nouveaux parcs et de nouvelles fermes. Nous sommes nombreux à nous procurer la majorité de nos aliments chez des agriculteurs de notre connaissance dans un rayon de quinze kilomètres… et c'est bien meilleur !

J'appartiens à cette minorité de gens qui ont encore leur propre véhicule. La plupart de nos voisins et nos deux enfants adolescents sont en effet abonnés à un service de mobilité qui leur offre un accès plus facile et moins coûteux à une large gamme de moyens de transport... quand ils ont besoin de se déplacer. Aujourd'hui, la téléprésence portative a fait de tels progrès qu'on n'est plus obligé de se déplacer pour voir quelqu'un, et quand on choisit de le faire, on dispose pour cela de moyens toujours plus nombreux et agréables.

À côté du véhicule électrique que nous possédons, mes solutions de mobilité physique incluent le roadster électrique grâce au programme d'autopartage auquel j'appartiens, le taxi, collectif ou non, le métro ultraléger qui est à deux minutes de marche ou la connexion à un réseau social pour trouver des personnes qui vont dans la même direction que moi. Mais je vois à l'instant sur mon smartphone que le bus silencieux à pile à combustible va bientôt passer au coin de la rue, il faut donc que je m'en aille. Je vais en profiter pour travailler à bord grâce à la connexion gratuite, puis j'emprunterai une bicyclette hybride pour finir le trajet jusqu'à mon travail, un trajet court mais jalonné de côtes.

Une fois dans le bus, d'autres différences sautent aux yeux. Les routes sont beaucoup moins encombrées qu'en 2011. Les anciennes règles de zonage, qui avaient abouti à une répartition des logements en fonction des niveaux de revenus, entraînant isolement et dispersion et nécessitant l'achat d'une voiture coûteuse pour se déplacer, sont supprimées depuis longtemps. L'étalement urbain n'est plus subventionné : ce sont les promoteurs immobiliers qui paient les coûts qu'ils imposent en matière d'infrastructures et de services publics. Moins de camions empruntent l'autoroute. Les stations-services proposent des agrocarburants et de l'hydrogène, en complément des bornes de chargement intelligentes pour voitures électriques, présentes partout. L'air est pur et tonifiant. Le ronflement des moteurs a laissé la place au chant des oiseaux. Les décès dus aux accidents de la route, qui constituaient naguère un problème de santé public aussi préoccupant que le cancer du sein, sont devenus rares et les blessures sont généralement légères.

Les véhicules en fibres de carbone d'aujourd'hui ne rouillent plus. Ils souffrent parfois de petits accrochages, mais il est rare que leur carrosserie ultrarésistante soit endommagée et ils n'ont quasiment pas besoin d'entretien. L'époque me paraît loin où les véhicules devaient être alimentés par une vingtaine de liquides et de produits ; aujourd'hui, ils n'ont besoin que de liquide lave-glace. Grâce aux télédiagnostics et aux téléréglages en arrière-plan, on n'entend presque plus jamais parler de pannes. Un service de dépannage mobile vient chez vous en camionnette faire les rares réparations qui s'imposent. Le constructeur comme le vendeur d'applications certifié proposent des téléchargements pour tout ce qui est réglages, qu'il s'agisse de la suspension ou du type d'affichage, car les fonctionnalités des voitures sont toutes informatisées.

À l'échelle de l'Amérique, ces changements signifient que les carburants liquides pour voitures ne représentent plus que 1 à 2 % de leur niveau de 2011, et tous les vieux tacots ou presque qui en ont encore besoin fonctionnent aux agrocarburants avancés. Les vieilles voitures de collection au revêtement métal rutilant, toujours aussi gourmandes en essence ou en diesel, se ravitaillent lors des rallyes auprès de camions-citernes envoyés par des entreprises chimiques spécialisées. Dans les années 2040, l'Amérique a même exporté de petites quantités de pétrole, mais les pays sont si nombreux à avoir économisé et remplacé ce combustible que ce dernier se retrouve aujourd'hui dans la situation de l'huile de baleine après l'invention de la lampe électrique : il n'est plus qu'une curiosité quasiment invendable.

Les troupes américaines n'ont plus besoin de protéger les réserves de pétrole et elles se réjouissent que ce combustible ne donne plus lieu à des combats. Le monde reste dangereux, mais moins qu'avant : les missions militaires ont essentiellement trait à l'aide humanitaire, aux secours en cas de catastrophe et surtout à la prévention des conflits, qui est devenue aussi habituelle que la prévention des incendies. La plupart des exportateurs de pétrole s'adaptent à des économies plus diversifiées et à des sociétés souvent plus ouvertes. Les vieilles querelles énergétiques qui jetaient des étincelles sur la poudrière moyen-orientale ont été résolues ou n'ont plus autant d'importance pour le reste du monde, et nous nous servons de ce que nous avons appris en matière de solutions énergétiques pour résoudre le problème de l'eau. Les pétrodollars restent aux États-Unis et sont consacrés à l'éducation, à la santé et au financement de la R&D – sur laquelle l'Amérique s'appuie pour effectuer son grand retour dans le secteur de l'innovation.

En 2050, les employés se rendent à leur bureau trois ou quatre jours par semaine en moyenne (et pratiquent autrement le télétravail) et leurs locaux ont changé. Mon espace de travail baigne dans une chaude lumière naturelle qui est filtrée par des arbres et qui nourrit de verdoyants jardins intérieurs. Il n'y a pas de système de ventilation bruyant, mais au contraire un air frais qui circule naturellement et en abondance, et les fenêtres sont toutes ouvrables. Comme la majorité des bâtiments, le nôtre réalise des exportations nettes d'électricité grâce à son toit et à ses murs solaires. L'hôpital local, dont les besoins énergétiques sont plus élevés malgré son efficacité, tire l'intégralité de son air conditionné, de son eau chaude et de son électricité d'une unité de cogénération fonctionnant grâce au biogaz de l'ancienne décharge. De tels aménagements dans plus d'une centaine de millions de bâtiments ont réduit de près de 75 % la consommation énergétique de ce secteur par rapport à 2011, et la baisse continue.

De nouvelles industries ont fait leur apparition tandis que d'autres, plus anciennes, ont décliné. Rien que dans le quartier où je travaille, le concepteur de plateformes pétrolières a disparu et a été remplacé par une société de maintenance d'éoliennes. L'entreprise de géophysique ne cherche plus de gisements de pétrole mais des points chauds géothermiques. Le loueur de voiture est devenu une agence en faveur de la mobilité. Une série de nouvelles entreprises gèrent la demande énergétique, installent des systèmes d'isolation dans les maisons de quartiers défavorisés en centre-ville et veillent au bon état du réseau électrique. Certaines proposent de la fabrication sur site : il peut s'agir de grille-pain ou de gadgets sur commande et sur mesure à des prix dignes d'une production en série (puisque désormais, il ne coûte pas plus cher de fabriquer une seule unité qu'un million), mais aussi de chaussures et de vêtements parfaitement taillés, fabriqués en un quart d'heure à partir de vos mensurations saisies sur ordinateur.

Lorsque la transition vers un monde sans combustible fossile a véritablement démarré, à partir de la deuxième décennie du siècle, les fabricants de certains dispositifs importants comme les modules solaires étaient essentiellement chinois. Mais quand l'Amérique s'y est vraiment mise, soutenant les forces en présence sur le marché afin d'accélérer la transition, sa puissante capacité d'innovation s'est mise en branle. Les chercheurs ont conçu des panneaux solaires toujours plus efficaces sur le plan énergétique à partir de méthodes toujours moins chères. Boîtes quantiques, plasmons, nanoantennes, peintures solaires et autres merveilles ont d'abord multiplié par trois puis par quatre le rendement énergétique des produits leaders sur le marché en 2011, rendement qui se limitait, cela fait aujourd'hui sourire, à 20 %. L'électronique de puissance, les contrôles intelligents et même le stockage sont tous intégrés non seulement dans les modules solaires mais aussi dans les piles à combustibles enroulables ou dans les deux à la fois. Résultat : les États-Unis sont redevenus un fournisseur de premier plan au niveau mondial et les autres pays marchent sur leurs traces.

Nous travaillons en outre différemment. Nous continuons à utiliser les liaisons aériennes pour aller à la rencontre de nos clients et de nos vendeurs, mais nous prenons les nouveaux avions de ligne superefficaces dépourvus de fuselage et alimentés par les algocarburants qui dominent le marché depuis les années 2020. À partir du moment où la relation est établie et scellée autour d'un bon repas – les relations humaines revêtent toujours la même importance – les accords suivants se font par téléprésence, ce qui économise du temps et de l'argent et préserve nos vies de famille.

Partout aux États-Unis, on capture et on réutilise plusieurs fois la chaleur résiduelle des procédés industriels (elle sert aussi à produire de l'électricité) jusqu'à ce qu'elle soit trop faible pour être exploitée. Des conduites plus larges et plus courtes dessinent de douces courbes entre les rares pièces des microréacteurs et d'autres équipements industriels compacts. Les procédés chimiques imitent ceux de la nature et s'appuient sur des réactions complexes entre un petit nombre d'éléments courants, réactions catalysées par les enzymes à température ambiante. La fabrication est aujourd'hui plus réactive, plus souple et plus locale. Les fabricants dont les produits ou les procédés n'imitent pas la nature ont généralement disparu de la circulation, tout comme ceux qui n'ont pas compris que concevoir des produits en fonction de leur valeur à long terme et non en respectant une obsolescence programmée leur procurerait un avantage concurrentiel. En outre, notre économie prospère grâce au tiers seulement des matériaux vierges qu'elle utilisait auparavant.

Les unités de cogénération fonctionnent toutes à partir de déchets ou de gaz naturel, ce dernier étant de moins en moins utilisé à mesure que son prix augmente et que l'efficacité énergétique et la chaleur industrielle solaire reviennent moins cher. On fait également venir de loin de l'électricité produite à partir d'énergies renouvelables lorsqu'elle est moins coûteuse, mais elle est de plus en plus acheminée localement, le plus souvent depuis de simples bâtiments qui en utilisent la majeure partie. Grâce à leurs coquilles solaires et à leurs composants encore plus efficaces sur le plan énergétique, les bâtiments dont la consommation nette d'énergie est nulle se sont emparés du marché de la construction dans les années 2020 et exportent beaucoup plus d'électricité qu'ils n'en consomment. Guidés par la magie invisible de myriades de puces et d'agents logiciels, échangeant en silence des messages numériques qui traitent de valeur et de substitution, les générateurs majoritairement décentralisés et les demandes qu'ils satisfont se livrent à un ballet continu d'échanges d'énergie qui nivellent les charges et assurent une valeur maximale de part et d'autre de l'Intergrid. Les vieux bâtiments « idiots » qui ne peuvent pas participer ne valent plus grand-chose.

Ainsi, en 2050, l'Amérique dans laquelle je vis ne consomme plus de pétrole. On ne peut en acheter là où l'on recharge sa voiture, ni là où l'on fait le plein. Certains camions fonctionnent au gaz naturel, mais les agrocarburants sont désormais moins chers. Les derniers morceaux de charbon utilisés pour la chaleur industrielle vont progressivement disparaître. L'ultime centrale au charbon a été transformée en un musée de l'industrie en 2036 et la dernière centrale nucléaire va être arrêtée cette année. La consommation de gaz naturel a reculé d'un tiers depuis 2011. Ce combustible a d'abord remplacé le charbon pour la production d'électricité, puis il est devenu compétitif en tant que ressource de flexibilité. Mais ce combustible de transition fort utile, qui a pourtant pris le dessus sur ses détracteurs dans les années 2010 grâce à l'adoption de normes strictes de prudence et de transparence en matière d'exploitation, entame finalement un lent déclin, l'efficacité énergétique et les énergies renouvelables récupérant les derniers marchés qu'il lui reste.

Bien qu'on estime aujourd'hui que les réserves peuvent durer jusqu'en 2100 au moins, elles devraient s'amenuiser et atteindre un niveau proche de zéro bien avant cela ; il faut donc réserver le gaz naturel à des usages particuliers ou l'utiliser comme matière de base chimique, même si une certaine capacité de production à partir de ce combustible sera conservée en tant que « réserve active », inutilisée en temps normal mais pouvant l'être en cas d'urgence – comme lors des rares éruptions volcaniques qui assombrissent le ciel.

Nous avons donc tranquillement réinventé le feu, pas à pas. Autrefois, nous aurions été une curiosité[4], mais aujourd'hui, nous sommes devenus la norme. Nous avons bâti une structure d'appui invisible mais omniprésente, aussi vitale que l'air que nous respirons.

COMMENT APPLIQUER EN DOUCEUR LE SCÉNARIO RÉINVENTER LE FEU ?

Cette description de l'avenir en 2050 est radicalement différente des projections du scénario de statu quo. Mais la transition nous semblera beaucoup plus lente lorsqu'elle se mettra en marche et un grand nombre d'aspects profondément ancrés dans nos vies disparaîtront à mesure que nous réinventerons le feu. Nous aurons du combustible, mais nous n'aurons plus peur, enfin. Nos expérimentations sur le climat mondial cesseront en grande partie. Les plateformes de forage n'exploseront plus et les pétroliers ne provoqueront plus de marée noire. Les familles ne pleureront plus la mort des leurs dans les mines de charbon, on n'abîmera plus le sommet des montagnes et il n'y

4 Quelques exemples : entre 1997 et 2007, les 4 300 habitants de l'île de Samsø, au Danemark, ont réduit de 140 % leurs émissions de carbone – l'île est devenue un exportateur net d'énergies renouvelables – en grande partie grâce à des investissements locaux et coopératifs (Edin Energy, 2011) ; entre 1991 et 2010, les 80 000 habitants de Kristianstad, en Suède (où est fabriquée la vodka Absolut), ont abandonné les combustibles fossiles pour l'ensemble de leurs besoins en chauffage au profit de la biomasse et des déchets locaux en surplus (Rosenthal, 2010b) ; Växsjö et plusieurs autres municipalités suédoises ont pour objectif de supprimer la consommation de combustibles fossiles ; le village millénaire de Jühnde, en Allemagne, a opté pour une usine de PCCE au biogaz (Harsch, 2010 ; Babits, 2010) ; d'autres villages allemands et des inventeurs américains se sont lancé le défi d'abandonner le plus rapidement possible les combustibles fossiles (Deutsche Welle, 2008).

aura plus ni mercure ni suie dans l'atmosphère. Finies les guerres au sujet du pétrole. Finies les hémorragies de pétrodollars à destination, bien souvent, de comptes ennemis. La diplomatie du pétrole cédera la place à la diplomatie tout court. Les pannes d'électricité seront locales, courtes et rares. L'énergie pourra donc nous aider à faire notre travail sans nous conduire à notre perte.

La figure 6-2 montre comment éliminer progressivement les combustibles fossiles : le pétrole et le charbon d'ici 2050 et le reste du gaz naturel par la suite (voir l'encadré « Le gaz naturel : perspectives d'avenir pour un combustible de transition polyvalent »). Et lorsque les ressources seront abondantes, inoffensives et bon marché, nous n'aurons plus à craindre que l'énergie ou que la civilisation qui en dépend ne disparaisse. L'énergie ne sera plus synonyme de peur ou de finitude, mais d'harmonie, enfin !

L'avenir que nous dessinons est-il réaliste ? Examinons comment il s'accommode des exigences les plus classiques en matière de système énergétique durable.

FIG. 6-2 – Consommation d'énergie de l'économie américaine, 2010-2050

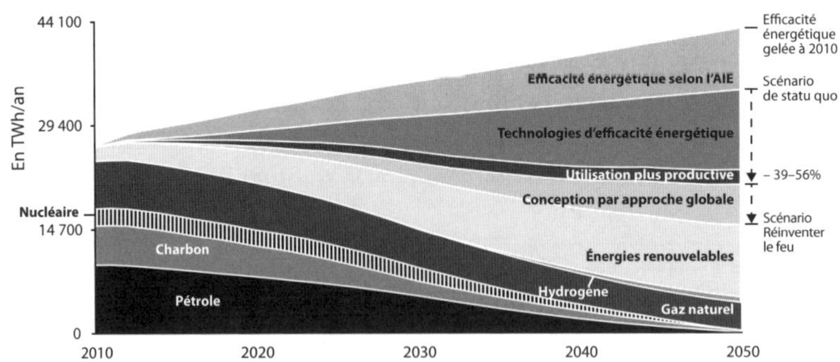

La voie tracée dans cet ouvrage pourrait avantageusement éliminer de façon progressive le pétrole, le charbon et le nucléaire d'ici 2050. La consommation de gaz naturel en 2050 serait inférieure de 14 à 36 % à celle de 2010 suivant le niveau de conception par approche globale, de nul à élevé (la fourchette serait ramenée de 9 à 30 % si tous les poids lourds fonctionnaient au gaz naturel). Si l'hydrogène qui figure ici est entièrement reformé à partir du gaz naturel, il proviendra pour moitié du gaz et pour moitié de la vapeur[5].

LE GAZ NATUREL : PERSPECTIVES D'AVENIR POUR UN COMBUSTIBLE DE TRANSITION POLYVALENT

Le gaz naturel est une source d'énergie abondante aux États-Unis (11 % seulement de la consommation de 2010 ont été importés) et ce phénomène ne fait que s'accentuer. Il est généralement moins nocif que le pétrole ou le charbon. Il n'émet pour ainsi dire pas de soufre ni de particules métalliques, on peut contrôler sa combustion pour qu'il rejette peu d'oxydes d'azote (NO_X) et par unité d'énergie contenue, il émet environ 29 % de carbone en moins que le pétrole et 43 % en moins que le charbon. En tant que carburant destiné au transport, il émet à peu près 20 à 30 % de carbone en moins que le pétrole sur son cycle de vie.
Aux États-Unis, le gaz naturel est principalement transporté à travers le vaste réseau de gazoducs souterrains qui, s'il est bien entretenu, ne présente pas de risque. Les infrastructures gazières doivent être protégées, mais elles sont moins vulnérables que celles du charbon et surtout du pétrole[6].
Les forages liés au gaz naturel classique ont à peu près les mêmes impacts locaux que ceux liés au pétrole (certains gisements contiennent les deux). Cependant, les puits de gaz se tarissent assez rapidement[7], si bien qu'il faut

5 Analyse du RMI.

6 Les infrastructures gazières partagent certaines vulnérabilités avec le pétrole en ce qui concerne les pipelines et le système de contrôle, et des problèmes de restauration peuvent survenir lorsque l'interruption de l'approvisionnement fait suffisamment chuter la pression de la distribution de détail pour que les veilleuses s'éteignent. Voir Lovins et Lovins, 1982, chapitre 9.

7 En 2009, aux États-Unis, un puits de gaz naturel affichait en moyenne une productivité inférieure de 76 % à son pic de production de 1971. Les États-Unis comptaient près de deux fois plus de puits productifs en 2010 qu'en 1990 pour une production supérieure de 21 % seulement. Mais la courbe d'expérience est rapide : les entreprises de service ont divisé par deux leur temps de forage par puits entre 2009 et 2011.

sans cesse en forer de nouveaux. Le plus gros problème posé par le forage aujourd'hui est dû à une nouvelle ressource de plus en plus exploitée : le gaz de schiste. Sa production a été multipliée par 14 aux États-Unis au cours des dix dernières années et atteint aujourd'hui environ un quart de la production totale. Le gaz de schiste représente un tiers des ressources américaines en gaz et c'est à lui qu'on doit pour une grande part la récente augmentation des réserves américaines techniquement exploitables. Les projections de l'AIE estiment que le gaz de schiste compensera la baisse des autres approvisionnements domestiques et pourra répondre à une légère hausse de la demande, éliminant par là même la quasi-totalité des importations américaines de gaz d'ici 2035[8]. Les ressources en gaz de schiste sont également très importantes à l'étranger. Leur extraction pourrait durablement décorréler le prix du gaz de celui du pétrole à travers le monde (ils sont toujours liés contractuellement en Europe et au Japon) et permettre à l'Europe de ne plus être dépendante du gaz russe.

L'extraction nécessite de forer horizontalement à travers de gigantesques bassins de schiste imperméable, puis d'injecter à plusieurs reprises de l'eau à forte pression afin de casser la roche et de libérer de minuscule bulles de gaz[9]. (La plupart des forages de puits de gaz naturel classique ont eux aussi recours à cette technique de « fracturation » développée dans les années 1940, mais avec une intensité moindre.) Si l'opération est mal réalisée, l'eau rejetée peut contaminer les nappes souterraines ou les eaux de surface, mais ce n'est pas systématique et on a trouvé des substituts inoffensifs aux anciens additifs toxiques à l'image de la glycérine pour le gazole. Les puits doivent également être achevés avec soin pour éviter les fuites de méthane. Plusieurs opérateurs se sont ouvertement mal conduits et plusieurs régulateurs n'ont pas été à la hauteur, ce qui fait que la fracturation

8 Newell, 2011.

9 Ou du pétrole sur le nouveau et vaste gisement d'Eagle Ford, au Texas (Krauss, 2011). Un grand nombre de puits de gaz de schiste produisent non seulement du gaz et des liquides de gaz naturel, mais aussi une importante quantité de pétrole brut léger qui améliore nettement l'aspect financier des opérations (Emerson, 2011).

est devenue un sujet controversé y compris dans des zones se prêtant aux forages comme le Texas et l'Ouest du Colorado. (La France, qui a des intérêts nucléaires à protéger, a totalement interdit cette pratique.) L'industrie états-unienne doit donc non seulement se racheter une conduite, mais aussi apporter la preuve qu'une production de gaz effectuée dans les règles peut être économiquement viable[10] après une baisse de production initiale souvent importante, et elle doit démontrer que la fracturation ne risque pas de déclencher de petits séismes qui pourraient endommager de vieux bâtiments dans l'Est du pays.
Il va probablement falloir une dizaine d'années pour apaiser la controverse sur la fracturation, former à nouveau les opérateurs négligents et mettre en place une réglementation stable qui suscite la confiance du grand public. Selon une étude réalisée en 2010 par le MIT[11], les impacts environnementaux sont « gérables mais compliqués... Il est essentiel que les entreprises, petites et grandes, suivent les meilleures pratiques de l'industrie, que l'approvisionnement en eau et l'élimination de celle-ci soient coordonnés au niveau régional et que les méthodes soient améliorées concernant le recyclage des fluides de fracturation ». Certaines incertitudes demeurent sur la façon dont ces recommandations seront suivies, sur la prétendue productibilité de l'activité et sur son coût à long terme. On envisage en outre d'utiliser certains schistes fracturés pour former la couche de roche sous laquelle on séquestrerait le carbone.

Nous pouvons être rassurés par le fait que l'efficacité énergétique et les énergies renouvelables pourront progressivement réduire les besoins en gaz naturel et qu'il existe des solutions à base de biomasse qui ne nécessitent pas de forage[12]. La transition énergétique décrite ici peut donc tirer

10 Pour les lecteurs sceptiques, se reporter à Berman, 2009, et Urbina, 2011a, 2011b. L'industrie dément.

11 Massachusetts Institute of Technology, 2010.

12 Le méthane, principal composant du gaz naturel, est produit en continu par les organismes vivants qui se nourrissent de la biomasse. Le secteur des transports aura abandonné les combustibles fossiles en 2050 en ne consommant que la moitié des 3 528 TWh d'approvisionnement américain en matières

parti des extractions de gaz de schiste sans pour autant en être dépendante. Alors, combien le gaz naturel coûtera-t-il ? Après une forte augmentation puis une forte baisse, les prix se sont stabilisés en 2010 autour de 14 dollars par MWh (ou par 28 m^3 ou par gigajoule), ce qui équivalait à 23 dollars le baril. C'était quatre fois moins que le cours mondial du pétrole, ce qui constitue un record historique. Au printemps 2011, les prix ont retrouvé leur niveau de 2000 et leur volatilité s'était grandement réduite. Le gaz est aujourd'hui un produit concurrent qui a sa propre tarification en Amérique du Nord[13]. Les analystes indépendants s'attendent à un prix s'échelonnant entre 14 et 24 dollars jusqu'en 2020 au moins et l'AIE table, elle, sur 24 dollars pour le gaz naturel américain en 2035, soit 10 dollars en dessous des prévisions qu'elle avait faites deux ans plus tôt[14]. À des prix aussi bas, le gaz naturel fait figure de référence importante dans le pays en ce qui concerne les combustibles pauvres en carbone et restera un concurrent

---

de base d'origine biologique non comestibles, principalement des résidus agricoles et forestiers, des cultures énergétiques qui ne prennent pas la place des cultures vivrières et des déchets municipaux (voir la section « Puiser dans les agrocarburants » du chapitre 2). L'autre moitié pourrait soit être consacrée à des microbes émetteurs de méthane dans des fermenteurs industriels, soit être convertie thermochimiquement puis enrichie pour présenter une qualité propre à la distribution et placée dans les infrastructures gazières existantes afin de compléter et de diversifier l'approvisionnement américain en gaz naturel. Ce « biométhane » intensifierait la concurrence entre les sources de gaz naturel et constituerait un rempart contre les incertitudes environnementales et réglementaires.

13 40 % environ du gaz naturel de la planète sont toujours soumis à un prix réglementé et 35 % à un prix contractuel indexé sur celui du pétrole (Emerson, 2011). La principale contribution du gaz de schiste aux cours mondiaux du gaz pourrait être de faire évoluer ces régimes tarifaires artificiels vers une tarification axée sur le marché, particulièrement en Europe et au Japon.

14 Le Massachusetts Institute of Technology a estimé en 2010 que le prix de gros du gaz naturel américain sur le long terme serait compris entre 20 et 27 $ (par MWh, 28 m3 ou gigajoule, tous revenant à peu près au même) selon la tournure que prendra la conjoncture. Le gaz converti à partir de la biomasse pourrait coûter entre 24 et 40 $ selon la taille de l'installation de conversion et le type de matière de base (selon une analyse du RMI d'après des données de Chen et *al.*, 2010, et d'Electrigaz, 2010). Plus de la moitié des réserves terrestres classiques afficheraient un prix inférieur à 14 $ et 80 % du gaz de schiste et du méthane émis par les couches de charbon pourraient être en dessous de 20 $; certains des gisements de gaz de schiste les moins coûteux pourraient même faire mieux que les différents types de gaz conventionnel plus chers, même si la majeure partie du gaz de schiste se vendrait au-dessus des faibles prix enregistrés en 2011 concernant le gaz.

sérieux pour les énergies renouvelables dépourvues de carbone, même si la volatilité des cours réduit son écart avec ces dernières d'au moins 7 dollars. Il n'en demeure pas moins que les incertitudes liées à la durabilité et aux impacts du gaz de schiste nous recommandent d'utiliser ce combustible avec parcimonie. Cette attitude s'impose quoi qu'il arrive, car l'efficacité énergétique affiche généralement un coût inférieur à n'importe quel type de gaz, et cela permet en outre d'éviter les externalités.

Le scénario Réinventer le feu est-il économiquement et technologiquement viable ?

Une affirmation rythme depuis toujours l'histoire longue et mouvementée des technologies énergétiques : une nouvelle technologie énergétique ne peut sauver le monde que si elle est le fruit d'une découverte capitale. Mais notre analyse, qui concorde avec de nombreuses études officielles et indépendantes[15], montre que le scénario Réinventer le feu est d'ores et déjà

15 Par exemple Jacobson et Delucchi, 2011, et Delucchi et Jacobson, 2011. La feuille de route pour 2050 de l'European Climate Foundation a montré en 2010 « qu'en développant des technologies déjà commercialisées ou au stade ultime de leur élaboration, l'Europe pourrait réduire les émissions de gaz à effet de serre de 80 % d'ici 2050 par rapport à leur niveau de 1990 tout en fournissant la même fiabilité que celle du système actuel » pour des coûts en électricité « comparables » (European Climate Foundation, 2010). L'European Renewable Energy Council a pour sa part démontré en 2010 qu'il était possible d'atteindre 96 % d'énergies renouvelables en Europe d'ici 2050 avec un investissement de 4 000 milliards de dollars (European Renewable Energy Council, 2010). Selon une étude réalisée en juillet 2010 par l'Agence fédérale allemande pour l'environnement (UBA), qui regroupe plusieurs équipes de recherche, un système énergétique national reposant à 100 % sur les énergies renouvelables est possible avec les technologies existantes (ForschungsVerbund Erneuerbare Energien, 2010). Des scénarios similaires ont été produits pour la Nouvelle-Zélande et les États-Unis (Sovacool et Watts, 2009). Un rapport britannique rédigé en 2010 a cartographié la capacité du pays à satisfaire plus de six fois ses besoins en électricité grâce à ses ressources offshore, ce qui ferait de la Grande-Bretagne un exportateur net d'énergie avec un amortissement sur six ans (Offshore Valuation Group, 2010). Une importante entreprise britannique de conseil en ingénierie estime que le pays pourrait réduire de 80 % ses émissions de gaz à effet de serre d'ici 2050 (Parsons Brinckerhoff, 2009). En 2006, la Suède a adopté (jusqu'au changement de gouvernement) une stratégie visant à éradiquer la consommation de pétrole d'ici 2020 (Swedish Government Commission on Oil Independence, 2006). Et dans son World Energy

viable et qu'il ne fait nullement appel aux miracles ni à la magie, mais à la mise en pratique réfléchie de ce qui a déjà fait ses preuves. Notre analyse ne repose pas sur des percées technologiques ni sur des inventions. Et bien que notre scénario inclue certains progrès technologiques s'appuyant sur des courbes d'expérience dynamiques, notamment en ce qui concerne les fibres de carbone, les batteries et les technologies liées aux énergies renouvelables, les progrès de plus en plus rapides enregistrés par les sciences matérielles et biologiques montrent que nos hypothèses sont raisonnables.

Afin d'être prudents sur le plan économique, nous n'avons pris en compte que les technologies en matière d'efficacité énergétique et d'énergies renouvelables qui peuvent attirer les investissements au vu des pratiques et des critères économiques actuels. Nous n'avons pas fait appel à des dispositifs économiques particuliers tels que les taux d'escompte peu élevés, les emprunts gouvernementaux garantis, les allègements fiscaux ou les déductions pour amortissement. La plupart des solutions d'efficacité énergétique fonctionnent dès aujourd'hui, et si les énergies renouvelables et les véhicules électriques révolutionnaires + ne sont pas encore concurrentiels avec les combustibles fossiles, ils le deviendront grâce aux économies d'échelle et à la progression normale de l'innovation. La seule politique de relance que nous avons proposée pour surmonter l'obstacle initial du taux d'escompte, à savoir l'écotaxe pour les nouvelles voitures, devrait être temporaire et sans incidence sur les recettes. Des politiques identiques pourraient être mises en place dans d'autres secteurs, mais par souci de prudence, notre analyse n'en prévoit pas. À la place, comme pour les poids lourds, nous avons suggéré de nouveaux produits financiers que les professionnels pourraient proposer. Nous avons mentionné l'éventualité de garanties d'emprunt fédérales sécurisées pour accélérer l'achat de nouveaux avions superefficaces, mais nous n'avons pas fait l'hypothèse qu'elles seraient mises en place.

Outlook 2010, l'Agence internationale de l'énergie estime qu'un scénario à 450 ppm de CO_2 au niveau mondial est viable. Bien entendu, des études officielles ont confirmé l'existence de scénarios similaires ou meilleurs pour les États-Unis ; ainsi, les études réalisées par les cinq laboratoires nationaux en 1990 (Solar Energy Research Institute, 1990) et en 1997 (Brown et Levine, eds., 1997).

Néanmoins, du fait du nombre de barrières autres qu'économiques et technologiques que nous avons mentionnées tout au long de cet ouvrage et que nous résumons ci-dessous, les technologies liées à l'efficacité énergétique et aux énergies renouvelables ne sont pas encore adoptées aussi vite que le voudrait le scénario Réinventer le feu présenté figure 6-2. Nous allons donc devoir accélérer considérablement leur mise en œuvre et leur adoption si nous voulons mettre en place ce scénario. Nous avons exposé les politiques requises pour que ces nouvelles technologies soient développées et adoptées ainsi que les moyens de les appliquer malgré l'inertie fédérale ; il s'agit notamment de tirer parti de la diversité de nos États et de nos régions pour en faire un laboratoire efficace.

Ces « accélérateurs » de politique seront nécessaires pour débloquer et stimuler le potentiel de transformation de chaque secteur. Ainsi, étant donné les investissements requis en matière de nouvelles chaînes d'approvisionnement, il est peu probable qu'en l'absence d'écotaxe, les voitures révolutionnaires + dominent le marché d'ici 2050, en tout cas celles des constructeurs américains. Les coûts liés à un niveau d'information élevé, aux diagnostics et aux transactions rendent eux aussi le réaménagement de nos bâtiments peu probable si on ne généralise ni ne dynamise les normes et les formations énergétiques. Le renouvellement et l'amélioration des actifs industriels iraient plus vite si la responsabilité des fabricants sur l'ensemble du cycle de vie de leurs produits était instaurée, une responsabilité qui stimule déjà la conception en cycle fermé chez les concurrents. Enfin, le découplage et les économies partagées pourraient doper les investissements d'efficacité énergétique des fournisseurs.

Le scénario Réinventer le feu nuira-t-il à l'économie ?

La réponse est à coup sûr non. Selon notre analyse, en libérant les États-Unis des combustibles fossiles grâce à des investissements systématiques dans l'efficacité énergétique et les énergies renouvelables, on stimule au contraire l'économie et on crée davantage de richesse pour un nombre nettement plus grand d'acteurs.

Commençons par rappeler que l'économie américaine gaspille chaque année plus de 500 milliards de dollars d'énergie. L'efficacité énergétique rentable peut remettre une grande partie de cet argent dans le circuit. Si on y ajoute l'abandon des combustibles fossiles au profit des énergies renouvelables, on économise 9 500 milliards de dollars bruts (fig. 6-3). Bien entendu, ces économies ne sont pas gratuites. Selon le scénario Réinventer le feu, cela nécessitera 4 500 milliards de dollars supplémentaires sous forme d'investissements de capitaux par rapport au scénario de statu quo, soit une économie nette de 5 000 milliards de dollars.

FIG. 6-3 – Valeur des économies d'énergie américaines, 2010-2050

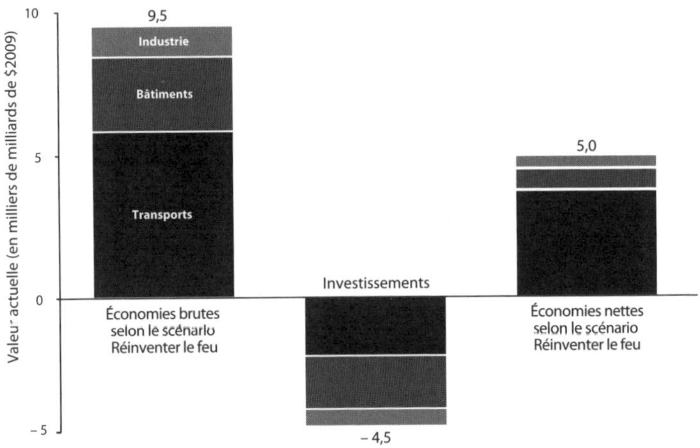

Exprimée en valeur actuelle 2010 selon un taux d'escompte de 3 % par an, la stratégie exposée dans les chapitres 2 à 6 nécessiterait 4 500 milliards de dollars d'investissements cumulatifs supplémentaires (par rapport au statu quo), mais rapporterait 9 500 milliards de dollars en économies de combustible ; la richesse nette cumulée créée s'élèverait donc à 5 000 milliards de dollars . On exclut ici la conception par approche globale et les bénéfices non énergétiques[16].

16 Analyse du RMI.

Quelque 5 000 milliards d'économies sur quarante ans peuvent paraître négligeables au vu d'une économie qui pèse 15 000 milliards de dollars par an, mais ce n'est pas exactement l'effondrement économique que certains experts annoncent.

Alors, qui est perdant et qui est gagnant dans cette loterie de plusieurs milliers de milliards de dollars ? Le scénario Réinventer le feu repose sur l'investissement des entreprises de chaque secteur aux conditions du marché une fois que les règles leur seront devenues favorables ou qu'elles seront à tout le moins neutres.

L'assainissement et la recapitalisation pourront s'avérer nécessaires dans les secteurs où l'investissement est réellement perturbateur – comme celui des carrosseries de voitures en fibres de carbone, des réseaux intelligents ou de certains projets immobiliers novateurs. Mais des méthodes de financement plus classiques devraient suffire pour les évolutions plus progressives comme celles des commandes dans les bâtiments, des équipements de PCCE et des infrastructures pour agrocarburants. Dans l'ensemble, pour peu que les politiques et le cadre réglementaire adéquats soient en place, nous comptons sur le fait que les investissements du scénario Réinventer le feu seront réalisés par les entreprises et que les retours seront proportionnels aux normes de leurs secteurs respectifs.

Les économies de combustible ne bénéficient cependant pas toutes aux entreprises. Les constructeurs automobiles, par exemple, enregistreront un retour sur investissement proportionnel à leur secteur pour la vente de véhicules révolutionnaires +, mais ce seront les conducteurs qui économiseront le pétrole et surtout les conducteurs individuels. C'est pourquoi, lorsque nous avons agrégé les économies, nous avons utilisé un taux d'escompte peu élevé de 3 % pour calculer leur valeur actuelle. Cela se justifie également par le fait que l'abandon du pétrole et du charbon présente un intérêt stratégique pour la société tout entière : il permet d'éviter des investissements colossaux en capitaux[17], d'avoir un délai de récupération plus rapide pour les réinvestissements,

17 Le New Policies Scenario 2010 de l'Agence internationale de l'énergie indique pour la période 2010-2035 des investissements mondiaux en approvisionnement énergétique équivalents à environ un sixième

de suivre des courbes d'expérience plus rapides et ainsi d'augmenter les économies de capital, de stabiliser les prix, de localiser la production énergétique (donc d'éviter de gros investissements d'acheminement), de dépenser et de réinvestir les dollars énergétiques économisés (ce qui est tout aussi stimulant que de réduire une taxe envahissante et régressive appliquée à l'ensemble de la société), de renforcer son avantage concurrentiel international et sa balance commerciale, d'avoir une population en meilleure santé[18] et donc des coûts de soins de santé en baisse, d'enregistrer des coûts en matière de sécurité intérieure et de défense en baisse[19], d'éviter les coûts liés à des accidents de grande ampleur et de réduire les risques climatiques. Certains de ces gains, ainsi que les coûts énergétiques économisés par le gouvernement pourraient réduire directement ou indirectement les déficits budgétaires fédéraux.

Quelle sera l'influence du scénario Réinventer le feu sur l'emploi ?

Les emplois sont ce qu'il y a de plus important ; ils sont le moyen tangible grâce auquel un grand nombre d'individus feront l'expérience de la transition

---

de la formation nette de capital fixe au niveau international. Mais dans le même temps, les tendances mondiales semblent inclure une hausse des besoins en investissements dans d'autres secteurs, des économies en baisse, et donc des taux d'intérêt plus élevés ; c'est pourquoi les politiques énergétiques de statu quo déclencheraient et aggraveraient une crise mondiale des capitaux (McKinsey Global Institute, 2010). Ce phénomène se vérifierait d'autant plus dans les pays affichant une croissance rapide, comme la Chine, ou possédant de vieux équipements, comme les États-Unis.

18 Grâce, entre autres, à un air extérieur et intérieur plus sain, à des eaux et des terres moins polluées, à des communautés plus habitables où les déplacements peuvent davantage se faire à pied ou à bicyclette et à un mode de vie moins centré autour de la voiture et moins stressant.

19 Sur la durée, les mesures d'efficacité énergétique en matière de carburant, résumées dans le chapitre 2, pourraient éviter au ministère américain de la Défense de devoir mobiliser un grand nombre de divisions autour de la logistique et de la protection du combustible et lui feraient économiser des dizaines de milliards de dollars par an tout en renforçant ses capacités militaires. On trouvera une estimation à ce propos dans *Winning the Oil Endgame* (Lovins et *al.*, 2004) à la page 267, mais les estimations actuelles concernant les économies sont à la fois plus importantes et plus empiriques.

au-delà des combustibles fossiles et en tireront les bénéfices. Selon notre analyse, l'impact net sur l'emploi devrait être dans le pire des cas neutre, mais plus probablement notablement positif. Si le comptage des emplois reste complexe et incertain – ces derniers dépendent moins d'évolutions entre des secteurs à plus ou moins forte intensité d'emploi que des politiques fiscales et monétaires du pays –, certaines conclusions encourageantes se dessinent.

Le scénario Réinventer le feu crée des emplois directs de deux façons : grâce à l'efficacité énergétique (il faut des personnes pour isoler les habitations) et à la commutation des combustibles (il faut là aussi des personnes pour construire et faire fonctionner les éoliennes). Sur un plan moins tangible, l'argent qui aurait servi à des dépenses énergétiques est désormais disponible pour être dépensé dans l'économie en général, ce qui peut stimuler davantage encore la croissance de l'emploi. Enfin, l'effet le plus important, mais le moins garanti et le plus difficile à quantifier, est lié aux créations d'emplois induites par une production industrielle plus compétitive, par une part potentiellement plus importante du marché mondial des véhicules et par une économie nationale plus concurrentielle. Les industries liées aux combustibles fossiles (qui vont de l'extraction du combustible et du raffinage à la production d'électricité) perdront des emplois, mais heureusement, elles présentent une très faible intensité de main d'œuvre, tandis que l'efficacité énergétique et les énergies renouvelables ont une intensité en travail supérieure à la moyenne. Les créations d'emplois devraient donc dépasser les licenciements.

Secteur par secteur, la diminution des coûts énergétiques et de la volatilité des prix devrait entraîner des créations nettes d'emplois dans le bâtiment et l'industrie, bien qu'en quantité limitée. On compte aujourd'hui environ un million d'emplois directs et indirects dans le seul secteur de l'efficacité énergétique des bâtiments[20]. Dans le secteur des transports et dans celui de l'électricité, le bilan devrait être à peu près nul.

20 Ehrhardt-Martinez, Donnelly et Laitner, 2010. Le Lawrence Berkeley National Laboratory estime que 380 000 personnes ont été directement embauchées dans le secteur des services d'efficacité énergétique en 2008 (ce qui n'inclut pas les fabricants et les distributeurs de produits) et que ce chiffre pourrait doubler voire quadrupler d'ici 2020. Voir également Goldman et *al.*, 2010.

Dans les transports, étant donné que les Américains auront besoin de conduire près de deux fois moins pour avoir accès aux mêmes lieux et que les véhicules seront bien plus simples et fiables, il est difficile d'imaginer un scénario dans lequel les emplois liés à l'automobile ne diminueront pas, notamment dans les secteurs des pièces détachées, de l'entretien et de la réparation. (L'évolution du secteur de la construction automobile et de sa chaîne d'approvisionnement dépendra des gains ou des pertes de parts de marché des constructeurs américains.) Mais dans le même temps, la hausse de la demande de transports publics devrait fournir environ un demi-million d'emplois urbains stables à revenus moyens. En outre, la fabrication des agrocarburants de deuxième et troisième génération pour les poids lourds et l'aérospatiale devrait nécessiter 300 000 emplois, soit plus que le nombre actuellement nécessaire dans l'industrie pétrolière pour répondre à la demande totale de carburant de mobilité. Les deux tiers des employés dans les agrocarburants seraient occupés à faire pousser des cultures sur des exploitations agricoles, à gérer les forêts et à transporter la biomasse vers des bioraffineries situées non loin (ou inversement dans le cas d'unités portables), ce qui apporterait un soutien économique aux zones rurales en déclin. Enfin, grâce à la très faible intensité de main d'œuvre de l'industrie pétrolière, les milliards de dollars économisés chaque année à la pompe par les Américains d'ici 2050 pourront être réinvestis ailleurs au sein d'une économie à plus forte intensité de main d'œuvre, ce qui devrait entraîner la création d'un demi-million à un million d'emplois.

Dans les secteurs du bâtiment et de l'industrie, l'efficacité énergétique créera des emplois pour les installateurs, les concepteurs, les auditeurs et les fabricants qui fourniront cette efficacité énergétique, leur salaire provenant de leurs investissements en la matière. En 2010, on comptait aux États-Unis davantage d'installateurs de systèmes d'isolation (environ 112 000 fournisseurs, à plein temps, d'efficacité énergétique pour la maison[21]) et de systèmes

21 Goldman et al., 2010.

fonctionnant aux énergies renouvelables (plus de 100 000[22] à plein temps pour le solaire et l'éolien et ce chiffre croît rapidement) que de mineurs de charbon (87 000 et leur nombre diminue[23]).

C'est dans le secteur électrique que le débat public sur les emplois verts est le plus animé. Le paramètre à retenir est que les énergies renouvelables emploient davantage de personnes par kWh que les combustibles fossiles. Le secteur charbonnier (extraction, transport et combustion) a beau produire près de la moitié de l'électricité américaine, il ne fournit directement que 0,125 % des emplois aux États-Unis. L'éolien emploie d'ores et déjà plus de personnes[24]. Le choix d'un mode radicalement différent de génération d'électricité permet de créer environ deux fois plus d'emplois que le maintien du mode de production classique. Les États-Unis peuvent déjà observer comment les importantes créations d'emplois dans l'énergie propre soutiennent des économies de pays comme l'Allemagne et le Danemark[25]. Et parmi les emplois nouveaux dans l'électricité, le bâtiment et l'industrie, un grand nombre ne sont pas réservés aux spécialistes actuels, mais sont aussi accessibles à des employés moins qualifiés, aux revenus moins élevés, qui sont formés à l'isolation des maisons, à l'installation d'énergies renouvelables et à d'autres fonctions du même type.

Nul doute que les secteurs des énergies renouvelables, en pleine maturation, créeront des emplois, mais il est rassurant de constater que sur les

---

22 En 2010, les États-Unis totalisaient environ 5 000 entreprises d'installations solaires comptant chacune en moyenne huit employés ; il faut ajouter à cela la fabrication, le suivi, etc., pour le solaire comme pour l'éolien. Les associations professionnelles solaires et éoliennes (la Solar Energy Industries Association et l'American Wind Energy Association) annoncent respectivement 93 000 et 85 000 emplois, mais certains sont à temps partiel. Le total estimé de 100 000 emplois-équivalent temps plein est tiré de Hidary, 2011.

23 SourceWatch, 2011.

24 Bode, 2010.

25 Danish Wind Energy Association, 2011. Grâce principalement à la bonne santé de ses exportations d'équipements d'énergies renouvelables, l'Allemagne compte aujourd'hui davantage d'emplois qu'avant la crise financière, tandis que les éoliennes représentaient, en 2010, 8,5 % de l'ensemble des exportations danoises.

nouveaux emplois américains les plus récents dans l'éolien et le solaire, on en compte jusqu'à 80 % dans la fabrication et la R&D, deux secteurs qui payent généralement bien. Même si l'installation va perdre des emplois à mesure qu'elle va gagner en efficacité énergétique, elle se fera obligatoirement au niveau local. Dans le bâtiment et l'industrie, les fournisseurs d'efficacité énergétique qui sont principalement de petites entreprises proposent eux aussi des services d'installation, ce qui permet à ces nouveaux emplois de résister à la délocalisation. Les formations sur le tas sont généralement suffisantes pour les travailleurs plus âgés (particulièrement nombreux dans la construction), tandis que les perspectives se multiplient pour les ouvriers du bâtiment plus jeunes et moins expérimentés.

Que dire des travailleurs qui vont perdre leur emploi au cours de la transition ? La reconversion des emplois charbonniers en emplois dans les énergies propres ne suffira probablement pas, et les communautés charbonnières des Appalaches, inquiètes, ont droit à une transition juste. Mais la masse salariale des mineurs de charbon, qui s'élève à environ 5 milliards de dollars par an, ne représente qu'un tout petit pour cent de la facture énergétique du pays, soit beaucoup moins que ce que les gains d'efficacité énergétique permettent automatiquement d'économiser sur une année normale, ce qui laisse de la place pour l'élaboration de solutions justes. Les politiques climatiques menacent beaucoup moins l'emploi des mineurs que les compagnies charbonnières elles-mêmes – qui ont divisé par deux le nombre d'emplois depuis 1983 alors que la production augmentait de 37 %[26].

Mais, bien sûr, il n'y a pas que le nombre d'emplois qui importe, il y a aussi leur qualité. Là encore, les prévisions sont encourageantes. Nous escomptons une répartition plus large des emplois, des compétences et des salaires au sein de la main-d'œuvre, grâce en partie à une hausse de la fabrication sur le territoire (97 % des emplois créés aux États-Unis depuis 1990 n'émanaient pas du secteur de la fabrication, ce qui réduisait les exportations et polarisait les salaires). Les emplois devraient être plus stables et moins susceptibles d'être délocalisés. Les perspectives seront plus nombreuses pour les entrepreneurs,

26 National Mining Association, 2010.

les petites entreprises, les communautés rurales et, étant donné que toute communauté a besoin d'efficacité énergétique, les régions et les populations laissées-pour-compte. L'efficacité énergétique peut notamment bénéficier aux communautés pauvres, car les dollars énergétiques qui les ont autrefois désertées peuvent être remis en circulation et soutenir l'emploi local et les agents multiplicateurs[27].

Quelle sera l'influence du scénario Réinventer le feu sur le changement climatique ?

Vous n'avez pas besoin de souscrire au consensus scientifique international sur la réalité et la gravité des risques liés au changement climatique pour approuver la thèse de ce livre et suivre ses recommandations. Nous avons souligné tout au long de cet ouvrage les nombreux avantages en matière d'économie, de sécurité et d'environnement que présente l'abandon des combustibles fossiles. Mais si vous êtes d'accord pour dire que ce dernier permet de gagner de l'argent, vous devriez également être d'accord pour protéger le climat en utilisant l'énergie de façon à économiser de l'argent – puisque cela coûte moins cher d'économiser des combustibles que d'en acheter. La protection du climat n'est donc pas coûteuse mais rentable, ce qui est toujours agréable à entendre.

Comme nous l'avons déjà vu, le scénario Réinventer le feu permet d'économiser plusieurs milliers de milliards de dollars nets tout en réduisant les émissions américaines de CO_2 de plus de 80 % par rapport à leur niveau de 2000. C'est légèrement mieux que les objectifs internationaux (fig. 6-4) destinés à prévenir un changement climatique « dangereux » et exposés en 1992 dans la convention-cadre des Nations unies sur les changements climatiques de Rio, signée par les États-Unis.

27 Kinsley, 1997.

FIG. 6-4 – Réduction des émissions de CO_2 dues aux combustibles fossiles avec le scénario Réinventer le feu

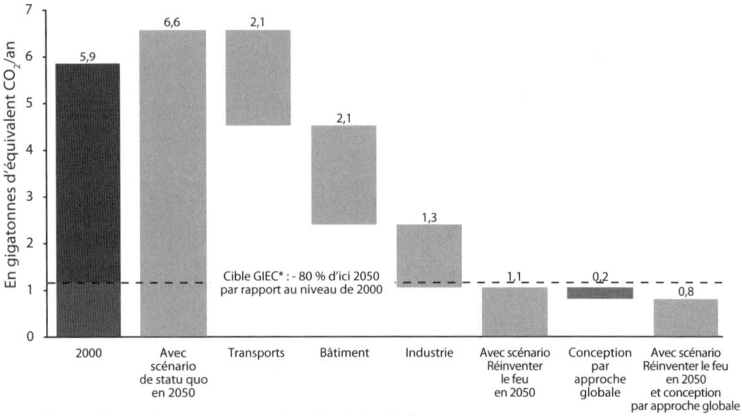

*Groupe d'experts intergouvernemental sur l'évolution du climat

Les économies d'énergie et les changements de modes d'approvisionnement exposés dans les chapitres précédents peuvent réduire les émissions américaines de CO_2 dues aux combustibles fossiles de plus de 80 % par rapport à leur niveau de 2000, ce qui correspond à la baisse nominale requise pour contenir les concentrations de CO_2 atmosphérique en deçà de 450 ppm. (En 2011, le niveau véritable était de 390 ppm, les concentrations ayant récemment augmenté d'environ 2 ppm par an ; elles se situent déjà aux alentours de 450 ppm lorsqu'on inclut les effets des autres gaz à l'état de traces.) Avec l'année de référence utilisée auparavant, 1990 au lieu de 2000, les résultats sont équivalents ; la légère différence, 5 ppm tout au plus, serait plus que compensée par la réduction des émissions de CO_2 indépendantes des combustibles fossiles[28].

28 Analyse du RMI.

En décembre 2009, la conférence de Copenhague sur le changement climatique a montré une fois de plus à quel point la tarification du carbone et l'objectif d'une collaboration internationale sont difficiles à atteindre lorsque les décideurs, les experts et la plupart des citoyens *partent de l'hypothèse* que la protection du climat coûte cher. Les chapitres 2 à 5 nous ont montré que cette hypothèse est fausse. Lorsque les débats s'orientent autour des créations de richesse, des emplois et des avantages concurrentiels, ils s'adoucissent au point que les résistances peuvent parfois fondre plus vite que les glaciers.

Depuis la conférence de Kyoto de 1997, quatres grandes erreurs d'appréciation caractérisent la plupart des démarches destinées à nous protéger des risques climatiques : partir du principe que les solutions, au moins dans leur majorité, seraient coûteuses et non rentables ; insister pour qu'elles soient motivées par des préoccupations relatives au climat plutôt qu'à la sécurité, au profit ou au développement économique ; estimer que ces solutions nécessiteraient un accord international[29] ; et considérer que les entreprises américaines ne pourraient rien faire ou presque tant qu'une tarification du carbone ne serait pas établie. La protection du climat change de cap à mesure que nous prenons conscience de ces erreurs. Elle dépendra désormais davantage de pays et d'entreprises que de traités et d'organismes internationaux, du secteur privé et de la société civile que des gouvernements, de pays en développement dynamiques que de pays industrialisés matures, et de grandes lignes économiques centrées autour de l'efficacité énergétique et de l'énergie propre que d'une éventuelle tarification à venir du carbone dont la probabilité reste inconnue (mais pas nulle), tout comme le montant. (À ces avantages énergétiques viendront s'ajouter les économies de carbone et de gaz à l'état de traces que l'on devra à l'agriculture biologique, que ce soit à travers la polyculture

29 Le dixième plan quinquennal chinois s'est appuyé sur un bond technologique pour faire de l'efficacité énergétique sa toute première priorité afin d'assurer le développement du pays, non pas parce qu'un traité l'imposait, mais parce que les dirigeants chinois ont su se rendre compte que c'était le seul moyen pour la Chine de se développer. À l'inverse, le traité de protection du climat le plus efficace à ce jour est le Protocole de Montréal dont l'objectif premier, largement atteint, était de protéger l'ozone stratosphérique.

pérenne[30], la réforme de l'élevage bovin[31] ou de nouvelles méthodes de restauration des forêts tropicales humides dévastées et de leurs communautés appauvries[32] qui réduisent les colossales émissions de gaz à effet de serre de pays comme l'Indonésie et produisent d'abondantes quantités d'agrocarburants[33]. En résumé, et bien que ce ne soit pas le propos de cet ouvrage, il y a autant d'avantages à réduire les émissions de gaz à effet de serre d'origine fossile que non fossile.)

Réaliser ces changements énergétiques et obtenir la nécessaire baisse des émissions qui l'accompagne, le tout en peu de temps, n'est pas une démarche aisée. Mais c'est tout aussi faisable que l'a été la baisse de 5,2 % par an de l'intensité pétrolière états-unienne entre 1977 et 1985. Aujourd'hui, étant donné les prévisions classiques en matière de croissance économique et de décarbonisation, la réduction de 3 à 4 % de l'intensité *énergétique* mondiale

---

30 Lynd, 2006.

31 La modification de l'alimentation pour animaux afin que celle des hommes soit efficace sur le plan énergétique permettrait même de remplacer 100 % de l'essence américaine (Dale et *al.*, 2009). Il faut ajouter à cela d'autres réformes utiles comme le fait d'abandonner les parcs d'engraissement au profit des bovins élevés en liberté ou de remplacer partiellement le bœuf par la volaille.

32 Le remarquable travail du Dr Willie Smits, de la Masarang Foundation, a fait ses preuves dans six communautés indonésiennes et des centaines d'autres souhaitent en bénéficier. Parmi les 1 400 essences d'arbres et plus qu'il utilise pour restaurer les forêts tropicales ravagées figure le palmier à sucre (*Arenga pinnata*), qui peut s'utiliser de plus de soixante manières différentes : sucre diététique, bois et fibres d'une résistance inégalée, propriétés médicinales, combustible, aliment, entre autres. Sa sève a un rendement 6 à 12 fois supérieur à celui de la canne à sucre, il est extrêmement résistant et nécessite peu d'intrants. Il fournit 20 à 50 fois plus d'emplois que les plantations de palmiers à huile et a besoin d'une forêt diversifiée (et non de monoculture) pour s'épanouir ; il n'offre donc aucun intérêt pour les industriels de la monoculture, mais répond parfaitement aux besoins économiques et écologiques d'une grande partie de l'Asie du Sud-Est. Des démarches similaires de restauration écologique et économique intégrée ont été entreprises avec succès à Las Gaviotas, dans l'Est colombien (Weisman, 1998) et sur le plateau de Lœss en Chine (Liu, 2011).

33 Le Dr Willie Smits a conçu et testé une usine de traitement à l'échelle d'un village (il en crée actuellement une version miniature sous forme de conteneurs largables depuis le ciel) qui fournit plus de vingt produits de valeur à partir du seul palmier à sucre ; il s'agit entre autres d'un éthanol (pour un usage local et pour l'exportation) compétitif avec celui du Brésil, qui, lui, est produit à partir de la canne à sucre ; en l'adaptant à la majeure partie des régions tropicales de la planète, cet éthanol pourrait remplacer la totalité de la production mondiale de pétrole.

(la quantité d'énergie primaire utilisée par dollar de PIB réel), et non de 1 % seulement comme par le passé, pourrait plus que compenser la croissance nette du carbone et rapidement atténuer les dégâts futurs sur le climat. Ce scénario paraît possible. Les États-Unis enregistrent depuis longtemps des réductions d'intensité annuelle de 2 à 4 % qui ne sont le fruit ni d'un objectif national ni d'un effort concerté, tandis que la Chine a dépassé les 5 % pendant vingt-cinq ans jusqu'en 2001 et a atteint 4-5 % ces dernières années. Certaines entreprises affichent même une baisse comprise entre 6 et 16 %. Pourquoi serait-il donc difficile d'atteindre 3 à 4 %, surtout dans la mesure où l'essentiel de la croissance se produit dans des pays comme la Chine et l'Inde, qui ont des infrastructures à construire et peuvent donc les concevoir avec un rendement énergétique élevé, sans avoir, contrairement à nous, à les adapter après coup ? Et pourquoi cela reviendrait-il cher étant donné que toutes les personnes ou presque qui se lancent dans l'efficacité énergétique s'enrichissent ?

Les efforts soutenus sont payants. En se référant aux chiffres antérieurs à la crise financière de la fin des années 2000 pour éviter les distorsions, on note qu'entre 1990 et 2006, la Californie a réduit de 30 % ses émissions de gaz à effet de serre par dollar de PIB. Entre 1980 et 2006, le Danemark a fait baisser son intensité énergétique de 39 % et son intensité de carbone de 50 %, a porté à 28 % et 75 % la part de son électricité produite respectivement à partir des énergies renouvelables et des microénergies, et a mis en place une industrie des énergies renouvelables de classe internationale[34]. Le pays s'est désormais fixé pour objectif 100 % d'énergies renouvelables afin d'améliorer son économie et sa sécurité.

Alors, impossible ? Henry Ford disait : « Tout ce qui vaut la peine et qui va dans le bon sens n'est jamais impossible. » Et il ajoutait : « Que vous pensiez en être capable ou incapable, vous avez dans les deux cas raison. »

34 Ministère danois du Climat et de l'Énergie, 2009.

Le scénario Réinventer le feu nuira-t-il à la compétitivité et à la puissance de notre pays au niveau international ?

Il est une idée qui, curieusement, a la vie dure, selon laquelle le meilleur moyen pour un pays de s'en sortir dans la compétition internationale soit de maintenir les prix énergétiques bas. Selon ce principe, si les prix grimpaient aux États-Unis, ce qui pourrait être le cas lors de l'abandon progressif des combustibles fossiles (les factures énergétiques seraient cependant moins élevées, car nous utiliserions l'énergie avec plus d'efficacité), les entreprises s'enfuiraient vers des contrées où l'énergie est moins chère. Or c'est faux[35]. Si c'était vrai, l'Amérique, actuelle capitale mondiale des politiques prônant l'énergie bon marché[36], n'aurait aucun mal à faire mieux que des pays comme l'Allemagne ou le Japon où l'énergie coûte depuis longtemps plus de deux fois plus cher. Les faits montrent que les tarifs énergétiques plus élevés de ces pays (notamment leurs taxes sur le carburant) ont rendu leur économie plus efficace, plus productive et plus innovante et ont même donné lieu à des modes d'implantation plus intelligents. L'étude menée par Shell dans vingt pays a ainsi montré que les Européens conduisent plus de deux fois moins par habitant du fait de leur mode d'occupation du sol qui a été façonné par des tarifs énergétiques plus élevés[37]. Bien entendu, ces derniers ont beau être

35 C'est le prix de l'électricité qui serait le plus sensible à une potentielle tarification du carbone et pourtant, en 2009, les factures d'électricité n'ont représenté en moyenne que 1,04 % de la valeur des expéditions industrielles américaines ; les chiffres allaient de 0,5 % pour le pétrole, le charbon et les sous-secteurs des équipements de transport à près de 3 % pour les métaux de première fusion (Edison Electric Institute, 2009, 116). Même si on apportait un changement de taille à un si faible coût des facteurs, les usines ne seraient pour ainsi dire pas tentées d'aller à l'étranger, pas plus que les entreprises européennes ou japonaises n'ont émigré aux États-Unis pour faire baisser leur facture d'électricité ; au lieu de cela, elles ont économisé davantage d'électricité, sont restées dans leur pays et ont prospéré. Les personnes qui affirment que la hausse des tarifs de l'électricité obligerait les entreprises à partir à l'étranger sont souvent celles qui ajoutent dans la même phrase que si elles ont économisé si peu d'électricité, c'est parce qu'elle représente un coût des facteurs négligeable.

36 À l'exception de pays où l'énergie est encore meilleur marché, comme l'Arabie saoudite ou le Venezuela, mais vers lesquels les entreprises américaines sont généralement peu enclines à s'enfuir.

37 Shell International, 2011.

importants, ils ne font pas tout, et la capacité à réagir aux prix joue un rôle plus crucial encore[38].

Le scénario Réinventer le feu puise dans la plus grande force de l'Amérique : sa formidable machine à innover qui n'a jamais fait défaut au pays jusqu'ici. Souvenons-nous, par exemple, des oiseaux de mauvais augure qui annonçaient le déclin de la compétitivité américaine, à la fin des années 1980, lorsque le Japon semblait voué à régner sans partage sur la fabrication des magnétoscopes, baladeurs et autres produits du même type. C'est alors qu'Internet est arrivé avec ses immenses perspectives commerciales et soudain, les États-Unis sont redevenus numéro un dans le monde.

Une fois que les forces du marché, aidées par des mesures politiques judicieuses, se seront clairement alignées sur l'efficacité énergétique et l'énergie propre, les milliers de milliards de gains déclencheront une nouvelle vague d'innovations. À l'instar de ce qui s'est passé lors de l'adoption de réglementations environnementales axées sur le marché, les gains coûteront moins cher que prévu (voir l'encadré « L'efficacité de la concurrence et du commerce »). Et les solutions innovantes qui en résulteront, inventées et mises au point aux États-Unis, contribueront à faire de ce pays le numéro un mondial des nouvelles technologies d'efficacité énergétique. En outre, les politiques d'échanges internationaux de permis d'émission, axées sur le marché, permettront aux entreprises américaines d'être les premières à acheter

38 C'est ainsi que la société DuPont de Nemours s'est aperçue dans les années 1990 que ses usines chimiques européennes, bien que payant depuis longtemps des tarifs énergétiques deux fois plus élevés que ceux des usines américaines, n'affichaient pas un meilleur rendement énergétique, car elles étaient toutes conçues et construites de la même façon. Entre 1990 et 1996, les habitants de Seattle ont payé le kilowattheure moitié moins cher que ceux de Chicago. Mais ils ont diminué leur consommation d'électricité 3 640 fois plus vite et réduit leur pointe de charge 12 fois plus vite que les habitants de Chicago (Lovins et Lovins, 1997), avant tout parce que le fournisseur d'électricité de Seattle, City Light, les a aidés à faire des économies tandis que celui de Chicago, Commonwealth Edison, a encouragé une consommation plus soutenue (afin de préserver ses revenus et ses profits, toujours à cause du même effet pervers de l'incitation réglementaire). Les individus et les entreprises peuvent donc économiser de l'énergie plus rapidement s'ils ont toute latitude pour réagir à un signal de prix faible que s'ils n'ont que peu de latitude pour réagir à un signal de prix fort. Cela signifie que pour faire sauter un grand nombre de barrières, on peut encourager de soudaines économies d'énergie même si les tarifs énergétiques restent bas, et contribuer ainsi à ce qu'ils ne remontent pas.

des réductions d'émissions aux pays en développement lorsqu'elles sont le moins chères. Cette souplesse fera grimper leurs profits tout en accélérant le développement économique mondial.

L'EFFICACITÉ DE LA CONCURRENCE ET DU COMMERCE

Un étrange paradoxe se cache derrière le débat sur le climat : pourquoi les personnes favorables aux marchés concurrentiels dans certains contextes sont-elles les mêmes qui y sont opposées lorsqu'il s'agit de réduire la consommation de combustibles fossiles ? Les marchés sont pourtant efficaces. Souvenons-nous du débat en 1990 autour du système de plafonnement et d'échange destiné à réduire les émissions de dioxyde de soufre, responsable des pluies acides. Les défenseurs de l'environnement estimaient que les réductions allaient coûter environ 350 dollars la tonne. Les modèles économiques du gouvernement en étaient eux à une fourchette comprise entre 500 et 750 dollars. Quant à l'industrie, elle affirmait que le coût serait de 1 000 à 1 500 dollars la tonne. Tous se sont trompés, car le marché a trouvé des moyens astucieux, bon marché et inattendus de réduire les émissions (y compris en faisant venir plus de charbon à basse teneur en soufre de l'ouest du pays). Le marché d'échange de droits d'émission de dioxyde de soufre a ouvert en 1992 à environ 250 dollars la tonne. En 1995, la tonne ne valait plus que 130 dollars et en 1996, elle était tombée à 66 dollars.
Les émissions ont chuté de 60 % et cela s'est fait plus vite que ce qui était demandé grâce à des incitations simples à l'intention des meilleurs élèves. Les bénéfices se sont élevés à un total environ quarante fois supérieur aux coûts. Dépassant les espérances des législateurs pour la plupart républicains qui avaient conçu ce marché d'échange de droits d'émission, le génie de la libre entreprise a trouvé une méthode dont le coût a été inférieur de plus de 20 milliards de dollars par an à ce qu'il aurait été avec une réglementation fondée sur la contrainte. Nous pourrions reproduire ce phénomène si nous nous servions de la concurrence pour économiser le plus de carbone possible en dépensant le moins possible, comme le fait désormais l'Europe avec plus de 10 000 usines industrielles. Un double

bonus environnemental pourrait même voir le jour pour les entreprises : nous satisferions également de façon automatique et rentable à la majorité des nouvelles normes draconiennes en matière d'ozone et de particules fines grâce à cette même baisse de la combustion qui protège le climat et allège notre facture énergétique.

Les avantages pour les États-Unis dépassent de loin la sphère économique. En s'engageant de façon soutenue dans l'abandon des combustibles fossiles, l'Amérique viendrait appuyer de façon intangible mais certaine son statut de pays prépondérant. À l'heure actuelle, le pays essuie de violentes critiques au sujet de son refus de montrer la voie en matière de réduction des émissions, lui qui est le deuxième émetteur mondial de gaz à effet de serre. Il est également contraint d'entretenir de bonnes relations diplomatiques avec des gouvernements parfois peu recommandables ou franchement hostiles pour la simple raison qu'il a besoin de pétrole. Nous sommes esclaves de sources d'énergie démodées et sommes dans une situation similaire à celle de la Grande-Bretagne en 1807 lorsque la formidable source d'énergie bon marché de l'époque, les esclaves, faisait tourner 25 % de l'économie – un chiffre beaucoup trop élevé pour qu'on y trouve alors à redire. Et pourtant, les antiabolitionnistes ont eu tort non seulement sur le plan moral mais aussi économique : l'abolition de l'esclavage a en effet donné un énorme coup de pouce à l'économie britannique[39].

Le scénario Réinventer le feu résoudrait ce dilemme éthique, contribuant ainsi à restaurer l'autorité morale et le statut de l'Amérique. Pour l'emporter dans les combats actuels et en éviter d'autres, nous devons nous en remettre aux valeurs qui nous sont fidèles : liberté, démocratie, justice, libre entreprise, transparence, diversité, tolérance et humilité. Nous devons nous efforcer de bâtir le type de société qui suscite admiration et émulation et avec laquelle

39 Comme l'a expliqué lord Puttnam lors du débat sur le climat à la Chambre des lords, en 2007 (Hansard, 2007), l'abolition de l'esclavage a retiré « une colossale entrave... [qui avait empêché] le développement de structures commerciales plus efficaces, et elle a donné naissance à une génération de nouvelles formes de richesses et de réussites » à mesure que l'économie britannique, libérée de ce « boulet et de ces chaînes métaphoriques », s'est développée.

les autres pays ont envie de travailler. Quelle meilleure façon pour incarner la morale et dynamiser nos propres aspirations que de guider la planète vers l'avenir plus propre et plus sûr que cet ouvrage décrit ?

Quelle sera l'influence du scénario Réinventer le feu sur la sécurité nationale ?

Il est facile de comprendre comment, en mettant fin à notre dépendance vis-à-vis du pétrole, nous pouvons rendre notre pays plus sûr et plus fort[40]. Comme l'a fait remarquer R. James Woolsey, ex-directeur de la CIA, les nations se faisaient autrefois la guerre à cause du sel, mais la réfrigération l'a rendu obsolète pour la conservation de la nourriture. Et aujourd'hui, nous ne nous demandons plus si nous allons trouver du sel sur la table, nous ne concluons pas d'alliance malsaine avec des pays producteurs de sel et nous ne consacrons pas des milliers de milliards de dollars en présence militaire à la protection de régions du monde possédant des réserves de sel. Si nous renoncions clairement au pétrole, ce produit cesserait d'être une rareté pour devenir obsolète et il ne s'agirait plus d'or noir mais d'une simple boue sans valeur. Le cartel du pétrole se retrouverait sans pouvoir, ce qui apaiserait les tensions et les instabilités internationales.

Les rivalités autour du pétrole, en particulier avec un géant comme la Chine, sont sources de problèmes inutiles et couteux. Imaginez le choc et la stupeur si l'Amérique se comportait vis-à-vis des exportateurs du Moyen-Orient comme s'ils n'avaient pas de pétrole et ne donnait aucune raison au reste du monde de penser que ses actions puissent être motivées par le pétrole[41] !

40 Lovins, 2006 ; Brown et Sovacool, 2010. Ce qu'est réellement la sécurité énergétique et comment la garantir sont des questions plus complexes qu'il n'y paraît.

41 L'Amérique entretient aujourd'hui des relations normales avec des pays dont elle était autrefois cruellement dépendante : la Norvège pour la mâture dans les années 1820, différentes îles insulaires du Pacifique pour le charbon destiné aux navires il y a un siècle et l'Asie du Sud-Est pour le caoutchouc des années 1920 aux années 1940.

L'abandon du pétrole aurait toutes sortes de répercussions positives. Comble de l'ironie, ce combustible est en partie responsable de notre inquiétude actuelle au sujet de la prolifération nucléaire qui, de l'avis général, constitue la menace la plus sérieuse pour notre sécurité. Le développement de la puissance nucléaire dans les années 1970 et 1980 s'explique en effet essentiellement par notre volonté de remplacer les centrales au fuel. Au bout du compte, cela a facilité et permis de maquiller[42] le véritable supermarché clandestin de plans d'armes nucléaires du réseau d'A. Q. Khan, financé grâce aux ventes de pétrole. Les États-Unis ont envahi l'Irak, pays riche en pétrole, sur la base de l'existence prétendue d'armes de destruction massive financées par l'argent du pétrole. Ils ont essayé, sans succès, d'acheter le programme nucléaire nord-coréen avec du pétrole et ils n'ont pas réussi non plus à stopper le programme iranien de fabrication d'une bombe nucléaire, car l'Iran pouvait facilement bloquer les livraisons de pétrole dans le détroit d'Ormuz.

Dans le même temps, l'armée américaine prend conscience que le remplacement du pétrole par l'efficacité énergétique et les énergies renouvelables pour ses opérations permet de protéger les soldats, de gagner des guerres et d'en éviter d'autres. Et, comme nous l'avons vu, en supprimant l'utilisation de pétrole produit aux États-Unis mêmes, on se protège des chocs de prix qui font trébucher l'économie et de la présence d'infrastructures fragiles sur le territoire.

Il paraît donc évident que la fin de la dépendance du pays vis-à-vis du pétrole apportera d'énormes avantages en matière de sécurité nationale. Mais pourquoi ne pas continuer à utiliser le charbon et le gaz naturel ? Après tout, ce sont deux ressources intérieures abondantes et le gaz naturel affiche en outre une empreinte carbone moins élevée.

L'arrêt de la consommation de pétrole n'assure qu'un semblant de sécurité. Pour que notre sécurité énergétique soit véritablement garantie, nous devons cesser de recourir à un réseau rendu vulnérable par ses usines centralisées et ses milliers de kilomètres de lignes de transmission. Même les centrales au charbon qui sont normalement fiables ne sont pas à l'abri de pannes de grande ampleur : le dysfonctionnement des voies et des ponts peut

42 Lovins, 2010e ; Lovins, Lovins et Ross, 1980.

par exemple bloquer les grands corridors ferroviaires, tandis que les vagues de froid peuvent rendre le charbon intransportable ou imbrûlable. En plus d'être sujet à des pannes onéreuses, ce système offre aussi un grand nombre de cibles tentantes.

Le scénario Réinventer le feu réduira-t-il à néant les entreprises productrices de combustibles fossiles ?

Probablement pas, mais elles devront évoluer, car elles sont assaillies de tous côtés par des vagues d'innovations radicales.

Prenons le pétrole, qui pourrait être devenu totalement obsolète en 2050[43]. Les compagnies pétrolières se sont presque toutes diversifiées. Un grand nombre ont opté ou optent actuellement pour le gaz naturel ou les énergies renouvelables. Mais généralement, environ deux tiers de leur valeur de fonds propres viennent de leurs réserves d'hydrocarbures. Cette valeur pourrait s'effondrer si nous arrêtons de consommer du pétrole ; or on observe

---

43 Nous avons vu dans le chapitre 2 comment le pétrole peut devenir inutile dans les transports grâce aux véhicules à haut rendement énergétique, à l'usage plus productif qui est fait d'eux et à un bouquet modulable d'électricité, d'hydrogène (généralement produit à partir du gaz naturel avec les techniques actuelles, mais possiblement à partir d'énergies renouvelables avec les technologies à venir), d'agrocarburants avancés et éventuellement de gaz naturel. Un tel scénario coûtera plusieurs milliers de milliards de dollars nets de moins que la poursuite de la combustion du pétrole selon le scénario de statu quo. Dans les bâtiments, le chapitre 3 a montré que le chiffre des projections de consommation de pétrole pour 2050 – 0,04 million de barils par jour soit un recul de 96 % par rapport à 2010 – pourrait facilement être ramené à zéro : tous les fours chauffés au mazout auront disparu d'ici là. Ils peuvent être remplacés par n'importe quel mélange d'efficacité énergétique, de chaleur solaire passive et active, de bois (généralement sous forme de granulés), de déchets et d'électricité. C'est ainsi que le Danemark a divisé par six sa consommation domestique de fioul ces trente dernières années. (De très petites quantités de GPL, coproduit avec le gaz naturel et utilisé le reste du temps comme matière de base, pourraient être utilisées dans les cas particulièrement complexes, mais ne devraient pas être nécessaires.) Et dans l'industrie, le chapitre 4 nous a démontré que l'efficacité énergétique, le gaz naturel et une petite quantité de chaleur industrielle solaire offraient des solutions de remplacement tout à fait suffisantes. (Le pétrole est d'ores et déjà moins utilisé pour la chaleur industrielle que comme matière de base, car en tant que combustible, il est bien moins compétitif que le gaz naturel.) Toutes ces substitutions sont très rentables et le resteraient même si les coûts cachés de l'achat et de la combustion du pétrole (chapitre 1) étaient nuls.

déjà des signaux forts indiquant que la *demande* de pétrole atteint aujourd'hui un pic. En octobre 2009, la Deutsche Bank estimait à travers ses prévisions que le pic de consommation *mondiale* de pétrole serait atteint aux alentours de 2016, puis que cette consommation tomberait en 2030 à un niveau inférieur de 40 % aux prévisions classiques ou de 8 % au niveau de 2009[44] – du simple fait des véhicules électriques – et elle concluait : « Nous pensons que la chute de la demande marquera la fin de l'ère du pétrole. »

L'industrie pétrolière se retrouve donc face à ce que l'économiste Joseph Schumpeter a appelé « la destruction créatrice », c'est-à-dire un brusque changement qui survient lorsque des entreprises totalement nouvelles en remplacent d'anciennes. Les entreprises pétrolières ne contrôlent plus leur destin[45]. Parmi les grands groupes, beaucoup sentent l'évolution venir depuis plus d'une décennie et ont diversifié leurs activités et leur portefeuille d'options en conséquence. Shell, par exemple, est d'ores et déjà numéro un mondial de la distribution d'agrocarburants. L'industrie pétrolière peut également utiliser sa maîtrise des forages et des réservoirs pour exploiter des techniques avancées de géothermie et pour proposer des services de séquestration du carbone – dont le rendement, pour être satisfaisant, devra représenter plusieurs fois l'actuel métrage cubique annuel du pétrole.

44 Deutsche Bank, 2009.

45 Le secteur pétrolier présente un fort potentiel de hausse, mais à l'instar de l'aéronautique et de la construction automobile, il est désavantagé par certains aspects fondamentaux. C'est un secteur à très forte intensité de capital avec des délais de concrétisation de l'ordre de la décennie, il est géologiquement et technologiquement risqué (comme l'a montré l'explosion de Macondo en 2010) et n'est propriétaire que d'environ 6 % de ses réserves de ressources naturelles (l'État possède le reste et peut confisquer ou taxer les sources résiduelles). C'est un secteur qui a souvent mauvaise presse, sensible aux interférences politiques et totalement à la merci de révolutions qu'il ne peut contrôler en matière de technologies automobiles. C'est un preneur de prix sur un marché des matières premières volatil dont les liquidités se concentrent de plus en plus dans une des régions les moins stables du monde politiquement et qui est actuellement le théâtre de multiples révolutions. Tous les ingrédients pour se faire des cheveux blancs sont donc réunis ! Ces aspects expliquent qu'un grand nombre de stratèges industriels cherchent depuis les années 1970 une reconversion en douceur pour l'après-pétrole, comme le montrent les planifications de scénarios souvent visionnaires du Groupe Royal Dutch Shell. Celles de 2001 et 2011 (Shell International, 2011) sont particulièrement intéressantes.

Cependant, les perspectives les plus importantes pour l'industrie pétrolière se trouvent peut-être dans le marché potentiel de l'hydrogène – un marché que ces entreprises connaissent bien et peuvent servir grâce à leurs détaillants. L'hydrogène seul pourrait rapporter plus d'argent aux détenteurs d'hydrocarbures dans un monde qui, à terme, n'achètera plus de pétrole : en effet, l'hydrogène pourrait valoir davantage sans carbone qu'avec, même si personne ne verse d'argent pour qu'il n'y ait pas de carbone dans l'atmosphère. Les propriétaires ont peut-être davantage à gagner en *enlevant* l'hydrogène de leurs hydrocarbures dans un reformeur qu'en en *ajoutant* à leurs hydrocarbures dans les raffineries. Cela s'explique par le fait que le très bon rendement énergétique des piles à combustible des véhicules et celui, encore meilleur, des cogénérateurs fixes donnent plus de valeur à l'hydrogène qu'aux hydrocarbures par unité de service d'utilisation finale fourni.

Le passage à l'hydrogène ne devrait pas accroître de façon significative la consommation totale de gaz naturel aux États-Unis et pourrait même la faire baisser selon GM[46], mais l'hydrogène devrait permettre de dégager des marges plus importantes que l'essence. En se rapprochant de l'hydrogène,

---

46 La valeur de tous les hydrocarbures devrait augmenter à mesure que les utilisations finales de l'hydrogène se multiplieront et que la prime de marché s'appliquera à l'hydrogène. L'interaction des applications à piles à combustible dans les bâtiments, les usines et les véhicules modifiera du tout au tout la façon dont la valeur de la mobilité, de la puissance et de la chaleur sera fournie et monétisée. La transition vers l'hydrogène constitue donc une pièce importante du puzzle pétrolier. Elle peut étoffer le portefeuille de solutions destinées à remplacer le pétrole dans les transports, permettre une meilleure exploitation des actifs et des compétences des entreprises pétrolières, offrir une flexibilité totale en matière d'énergie primaire et une mobilité non nocive pour le climat, augmenter la polyvalence des automobiles qui deviendront des centrales sur roues à longue durée de vie et ainsi accélérer et approfondir l'adoption des sources d'électricité renouvelables, améliorer la résilience électrique et contribuer à préserver le secteur de la construction automobile dont la bonne santé de l'industrie pétrolière est dépendante. Ces changements peuvent également entretenir ou améliorer la valeur des gisements de gaz (pleins ou vides), des pipelines, des installations de stockage et d'autres infrastructures d'activités médianes, de certains reformeurs du méthane à la vapeur, de magasins de détail et de marques plus ou moins haut de gamme et des compétences techniques et organisationnelles des compagnies pétrolières. De la même façon que les raffineries sont devenues des centres intégrés qui convertissent l'énergie et les molécules le long de l'ensemble de la chaîne de valeur du pétrole, du gaz, de l'électricité et de la chimie, les entreprises pétrolières devront reconsidérer tous leurs actifs à l'aune de la montée en puissance de l'hydrogène, des agrocarburants, de la chimie verte et de la mobilité électrique.

des agrocarburants et de la chimie « verte », les compagnies pétrolières pourraient continuer à utiliser une partie de leurs raffineries, pipelines, installations de stockage et autres infrastructures. Leur impressionnant savoir-faire technique, la diversité de leurs infrastructures, leur connaissance du marché, leurs bilans et leurs trésoreries solides, leurs marques internationales, leurs relations-clients et leur personnel compétent peuvent les aider à relever toutes sortes de nouveaux défis et à l'emporter. Mais elles devront apprendre à réaliser un grand nombre de petites tâches, et non plus simplement un petit nombre de grandes, être aussi adroites en matière d'efficacité énergétique et d'électricité que de combustible et sans doute s'aligner davantage sur les consommateurs en proposant des services de location (en matière d'accès et de mobilité) plutôt qu'en vendant des produits.

Nombre d'investissements classiques que font les compagnies pétrolières, notamment en matière d'exploration et de production à haut risque dans les régions pionnières, paraissent peu judicieux aujourd'hui. Comme lors de n'importe quelle période marquée par des perturbations, les entreprises ne peuvent réussir qu'en diversifiant leurs options, en étant réactives et en acquérant au moment opportun les capacités nécessaires pour être concurrentielles dans leur nouvel environnement. À cet égard, au moins, de nombreuses compagnies pétrolières semblent avoir acquis une longueur d'avance sur leurs homologues de l'industrie charbonnière, plus vieille et plus ancrée dans les traditions, qui ont déjà perdu la partie face au gaz naturel pour la production d'électricité et pourraient être entièrement remplacés par les énergies renouvelables et le gaz aux États-Unis d'ici 2050. Les propriétaires de charbon doivent soit migrer vers une autre activité, soit trouver un moyen d'utiliser le charbon non pas en tant que combustible pour chaudière de faible valeur et à grand volume mais comme réactif et réducteur de grande valeur et à faible volume. Il semblerait que certains aient entrepris ce cheminement.

L'Amérique aura-t-elle des partenaires dans la mise en œuvre du scénario Réinventer le feu ou les autres pays réduiront-ils ses efforts à néant ?

Certains craignent que même si l'Amérique s'évertuait à abandonner les combustibles fossiles, ses efforts ne soient réduits à néant par des pays récalcitrants (au premier rang desquels la Chine). C'est exactement l'inverse qui se produirait. Tous les pays industrialisés *excepté,* à l'heure où nous écrivons cet ouvrage, les États-Unis et l'Australie, font partie commune sur ce sujet avec d'importants pays en développement. L'Europe[47] longtemps leader en la matière, vient d'être dépassée par la Chine.

Au XIXe siècle aux États-Unis, les innovateurs et les entreprises ont jeté les bases du système électrique actuel. Aujourd'hui, ce pays compte moins de 5 % de la population mondiale mais produit près d'un quart de l'électricité de la planète. En 2050, il n'en produira plus qu'un huitième voire moins, car des pays comme la Chine ou l'Inde auront poursuivi leur essor économique et l'électricité aura fini par alimenter le milliard et demi d'habitants qui en étaient encore privés. À elles seules, la Chine et l'Inde brûlent la moitié du charbon mondial, et en 2008, elles construisaient 75 % des nouvelles centrales au charbon de la planète. On estime que d'ici 2050, ces deux pays devraient dépenser 5 000 milliards de dollars pour installer à peu près le double de la capacité de génération ajoutée d'ici là par les États-Unis et l'Europe, mais cette nouvelle capacité sera en grande partie tirée d'énergies renouvelables. Les investissements asiatiques en énergies renouvelables ont dépassé ceux du

47 Les pays de l'UE ont pour objectif de satisfaire 20 % de leurs besoins en énergie primaire grâce aux énergies renouvelables d'ici 2020 (et d'accroître leur efficacité énergétique de 20 %), ce qui leur ferait économiser environ 50 milliards d'euros de coûts annuels en pétrole et en gaz ; ils pourraient dépasser cet objectif en coordonnant mieux les investissements (Reuters, 2011a). Entre 2000 et 2010, l'Europe a ajouté 111 GW de génération d'électricité à partir de sources renouvelables (74 GW d'éolien, 26 GW de PV, 3 GW de gros hydraulique et la même puissance d'agrocarburants, etc.) et 118 GW de génération à partir du gaz, tout en réduisant sa capacité de 8 GW pour le nucléaire, de 10 GW pour le charbon et de 13 GW pour le pétrole. Ces initiatives ne se limitent pas à l'UE : début 2010, plus de 100 pays s'étaient fixé des objectifs ou avaient adopté des politiques de soutien en matière d'énergies renouvelables contre 55 début 2005 (Renewable Energy Policy Network for the 21st Century, 2010).

continent américain en 2009 et ceux de l'Europe en 2010. L'Inde, qui investit davantage que le Japon et la Grande-Bretagne, est solidement installée dans le top 10 des pays pour les énergies renouvelables. Elle a multiplié par quatre ses objectifs en la matière et entend installer 20 GW de PV d'ici 2022[48], tout cela venant supplanter le charbon.

La Chine est passée devant les États-Unis pour ce qui est de la consommation d'énergie et d'électricité et des émissions de carbone, mais aussi en ce qui concerne l'efficacité énergétique de ses centrales au charbon, sa puissance éolienne et même sa politique climatique nationale. Elle met actuellement en œuvre le programme de décarbonisation de 770 milliards de dollars (3 000 milliards de CNY) qu'elle avait annoncé en 2010. Elle vise une nouvelle réduction, de 18 % cette fois, de son intensité énergétique et carbone d'ici 2015 (en plus de celle de 16 % à laquelle elle a procédé entre 2006 et 2010), elle a décidé de limiter sa capacité d'extraction du charbon à 3,8 GT pour 2015, elle est parvenue avec succès à réduire ses émissions de carbone, elle a adopté le système d'échange de permis d'émission axé sur le marché, ainsi que les taxes sur la consommation de ressources et les taxes environnementales, et elle a lancé une série d'une première dizaine d'échanges environnementaux. Contrairement aux États-Unis, la Chine fait en sorte que ses émissions de carbone connaissent un pic avant 2030[49] – ce qui s'impose si nous voulons une planète à 450 ppm, sa demande énergétique étant proche de la saturation[50].

Entre 2006 et 2010, la Chine a fermé 71 GW de centrales au charbon (inefficaces sur le plan énergétique) et a divisé par deux les extensions annuelles nettes de capacité charbonnière (les deux tiers émanaient entre 2005 et 2007 de projets illicites non autorisés par Pékin). En Chine, les coûts cachés du charbon représentent environ 7 % du PIB, sans compter la saturation du réseau ferroviaire qui retarde l'acheminement et donc l'exportation de produits de

48 Pew Charitable Trusts, 2011. Cependant, l'Inde a aussi prévu de multiplier par deux d'ici 2017 sa production au charbon de 2008.

49 Climate Group, 2011.

50 Zhou et *al.*, 2011.

valeur depuis les ports maritimes du Sud du pays. La pollution atmosphérique due au charbon ferait plus d'un million de morts par an en Chine. Les traditions et la bureaucratie liées à ce combustible sont encore très présentes dans ce pays, mais elles commencent à perdre du terrain. Les prix du charbon augmentent, les installations au charbon perdent de l'argent[51], la réglementation environnementale se durcit et l'énergie solaire chinoise devrait avoisiner le coût du charbon d'ici 2015[52]. La Chine projette en fait de s'appuyer sur les énergies renouvelables pour 33 à 39 % de sa capacité de production et 15 % de son électricité d'ici 2020[53]. Cette transition a déjà démarré : les extensions nettes de capacité en 2010 venaient à 59 % seulement du charbon, à 38 % des énergies renouvelables et à 2 % du nucléaire[54].

---

51 Xinhua, 2011.

52 Selon Bloomberg New Energy Finance, 2011, la poursuite de la baisse des prix en Chine pourrait ramener le coût d'un système commercial installé de PV au silicium cristallin à 1,12 $/W en 2015 contre 2,60 $ en 2010, avec des coûts d'installation et fournitures 40 % inférieurs au niveau mondial.

53 Renewable Energy Policy Network for the 21st Century, 2010 ; Magee, 2011.

54 195 GW d'énergies renouvelables doivent être ajoutés à la capacité actuelle de 1 600 GW d'ici 2015 et 520 à 630 GW supplémentaires entre 2010 et 2020. La formidable progression de la Chine dans ce secteur reflète des capacités industrielles hors-normes qui peuvent s'appuyer sur des politiques cohérentes, parmi lesquelles l'obligation de rachat de l'intégralité de la puissance produite à partir d'énergies renouvelables. (Les entreprises du réseau qui prennent du retard dans l'intégration de cette puissance doivent de toute façon payer et se voient infliger une pénalité de 100 %. L'entrée en vigueur de cette loi votée fin 2010 devrait intervenir courant 2011.) La Chine a dépassé en 2007 son objectif d'énergie éolienne pour 2010 et, en 2010, son objectif de départ pour 2020, en installant 19 GW (CWEA, 2011) sur les 40 GW de nouvelle puissance éolienne dans le monde. L'industrie éolienne chinoise pourra se féliciter d'avoir porté la capacité installée à 240 GW d'ici 2020 (ce qui équivaut à un dépassement de 60 % de l'objectif officiel ou à 13 fois la capacité du problématique (Wines, 2011) barrage des Trois-Gorges) et de produire 465 TWh/an, remplaçant ainsi 200 centrales au charbon (Global Times, 2011). Le potentiel pratique et rentable de l'éolien chinois est évalué de façon prudente au double de la consommation actuelle d'électricité (McElroy et *al.*, 2009). Le pays projette également d'installer des lignes interrégionales à ultra haute tension et d'autres types de transmission (d'une valeur de 77 milliards de dollars) compatibles avec la technologie de réseau intelligent. La Chine pourrait devenir le leader mondial des technologies de lignes à ultra haute tension et de stockage et elle a prévu d'investir dans le réseau à hauteur de 391 milliards de dollars entre 2011 et 2015 avec pour objectif déclaré de permettre un déploiement à grande échelle des énergies renouvelables.

En 2006, les énergies renouvelables chinoises autres que le gros hydraulique affichaient une capacité sept fois supérieure au nucléaire du pays et se développaient sept fois plus vite également ; depuis, le fossé s'est encore creusé[55].

En tout, la Chine a investi 54 milliards de dollars dans l'énergie propre en 2010, soit un investissement supérieur de 60 % à celui des États-Unis (de 139 % en tenant compte du PIB) et supérieur à l'ensemble des investissements mondiaux en énergie propre en 2004. Le pays a également augmenté les fonds alloués à la R&D, qui devraient s'élever à 2,2 % du PIB[56]. La Chine est aujourd'hui en tête des demandes de brevets en matière de technologies d'énergie propre[57], elle est le premier fabricant au monde de cinq technologies d'énergies renouvelables (éolien, photovoltaïque, petit hydraulique, biogaz et chauffe-eau solaires) et elle se rapproche du peloton de tête pour le reste. Les États-Unis faisant à nouveau des coupes claires dans leurs budgets de R&D[58], c'est de plus en plus la Chine et ses rivaux qui prendront les rênes du développement technologique.

Et des prix. La Chine a déjà provoqué une forte baisse des prix mondiaux du photovoltaïque entre 2009 et 2011 et commence à peser sur le secteur de l'éolien[59].

---

55 L'objectif nucléaire de l'avant-Fukushima, ambitieux mais non officiel, de 70 à 80 GW en 2020 est sans doute ramené à son niveau précédent, c'est-à-dire à 40 GW, les fortes ambitions nucléaires s'étant vraisemblablement calmées, les approbations en suspens et les travaux de préconstruction ayant cédé la place à des évaluations plus mesurées tenant davantage compte des précautions à prendre et des coûts – l'efficacité énergétique, les énergies renouvelables et l'industrie naissante du gaz naturel ayant poursuivi leur progression.

56 Sur les sept industries stratégiques émergentes visées par des investissements de grande ampleur dans le 12e plan quinquennal (il est question de 1 500 milliards de dollars), trois sont entièrement liées à l'énergie et deux partiellement.

57 Renewable Energy Policy Network for the 21st Century, 2010, 52.

58 AAAS, 2011 ; ministère américain de l'Énergie, 2011d. Parmi les manœuvres politiques touchant le budget FY2012 figure la baisse d'environ 22 % du budget de R&D en matière d'énergie appliquée du ministère de l'Énergie, alors que la moitié de l'année est déjà écoulée.

59 Bradsher, 2010.

Les dirigeants chinois sont en outre terrifiés à l'idée de tomber dans le piège de la dépendance au pétrole, si bien qu'ils inversent les politiques qui ont encouragé l'achat et l'utilisation de voitures. Leurs normes font des nouvelles voitures chinoises des véhicules étonnamment efficaces sur le plan énergétique ; ils apportent un soutien politique important aux véhicules électriques auxquels ils accordent un budget de 15 milliards de dollars et espèrent que 5 à 10 millions de véhicules électriques (sans compter les voiture hybrides classiques) seront en circulation d'ici 2020. C'est plus que nécessaire pour descendre la partie la plus abrupte de la courbe d'expérience et devenir un acteur de poids sur le marché mondial. Mais la Chine a beau être le plus gros marché automobile au monde, la motorisation par habitant est comparable à celle des États-Unis en 1915 et il ne semble pas judicieux de vouloir approcher le niveau américain actuel tout simplement parce que le pays n'a pas assez de place pour 600 millions de voitures[60]. Les consommateurs chinois, avisés, ont déjà réagi en achetant plus de 120 millions de bicyclettes électriques bon marché, à haut rendement énergétique, peu consommatrices d'espace et faciles à garer, ce qui a soudainement fait passer le marché mondial à 11 milliards de dollars par an[61]. On pourrait y voir le signe avant-coureur de perturbations pour le marché automobile.

---

60 La planète compte près d'un milliard de voitures, environ une pour sept habitants, et elle est moins douée en régulation des naissances de voitures que d'humains : ses habitants en veulent toujours plus. Même s'il y avait assez de carburant, d'air et d'argent pour toutes ces voitures, même si les conditions climatiques étaient favorables, la plupart des pays n'auraient pas assez de place – surtout depuis que la population urbaine est majoritaire dans le monde. Nous ne manquerions ni d'air ni de pétrole ni de bonnes conditions climatiques, mais de terres, de routes et de patience.

61 Goodman, 2010. En 2009, les Chinois ont acheté 9,4 millions de voitures et 21 millions de bicyclettes électriques valant chacune environ 300 $. Les deux tiers circulent dans Pékin, coincées entre 4,7 millions de voitures auxquelles 2 000 de plus viennent s'ajouter chaque jour. La Chine a presque triplé son nombre de voitures en trois ans et d'ici 2015, la circulation aux heures de pointe à Pékin devrait ralentir et passer de 24 à 14 km/h ; les vélos électriques deviendront donc presque aussi rapides, surtout sur les larges voies qui leur sont réservées. (Un grand nombre d'individus enlèvent le dispositif qui les limite à 20 km/h et les scooters électriques roulant à 50 et à 80 km/h sont très demandés.) Les vélos à pile à combustible font aussi leur apparition. Les bicyclettes hybrides se vendent par centaines de milliers chaque année aux États-Unis et le Japon en écoule 300 000 par an. Lorsqu'il travaillait chez GM, le spécialiste des véhicules électriques Frank Jamerson avait suggéré que la société donne gratuitement un vélo électrique par voiture vendue afin que les populations se familiarisent avec un véhicule qu'il faut recharger la nuit. Une excellente idée !

Les progrès accomplis par la Chine en matière d'efficacité énergétique sont moins visibles mais tout aussi importants que sa nouvelle position de leader sur le marché des énergies renouvelables. Entre 1980 et 2001, la baisse de son intensité énergétique a permis à la Chine de réduire d'environ 70 % l'augmentation de sa demande en énergie. Puis, en 2004, l'efficacité énergétique est devenue l'objectif stratégique numéro un. Des dirigeants comme Wen Jiabao ont compris que la Chine ne pouvait pas se permettre de se développer sans efficacité énergétique étant donné que l'approvisionnement énergétique requis engloutirait le budget d'investissement. Confronté à un résultat inférieur de 1 % à ses objectifs d'efficacité énergétique pour 2010, le gouvernement central a même fermé deux mille usines qui n'avaient pas atteint leur cible en matière d'économies d'énergie – un moyen garanti pour stimuler les autres – mais il est néanmoins resté légèrement en deçà de l'objectif et il préférerait ne pas avoir à recommencer. Grâce à ses perspectives à long terme en matière d'efficacité énergétique et d'énergies renouvelables, l'économie chinoise pourrait même se développer plus qu'elle ne le fait actuellement en n'utilisant pas plus d'énergie et en rejetant quatre fois moins de carbone[62].

Il est extrêmement difficile de mesurer toutes ces réussites et tous ces programmes impressionnants. L'urbanisation, le manque de développement rural et les subventions à l'électricité résidentielle constituent de gros problèmes. Le pays est sur le point de subir de graves pénuries d'eau et de terres agricoles et des pénuries de charbon se profilent à l'horizon[63]. Ce que Wen

---

62 La Chine affiche trois fois l'intensité énergétique et (en 2006) 11 fois l'intensité de carbone du Japon, pays qui pourrait pour multiplier par deux ou trois sa productivité énergétique et réduire de 70 % ses émissions de carbone par rapport à leur niveau de 1990 (2050 Japan Low-Carbon Society Scenario Team, 2007, 2009 ; Matsuoka, 2006), tout en fournissant les services énergétiques tels que projetés à 2050 avec une croissance de 1 à 2 %/an du PIB par habitant et sans utiliser la conception par approche globale. Le coût marginal direct estimé s'élèverait à environ 0,1 % du PIB de 2050. Les hypothèses techniques paraissent prudentes par rapport à celles des chapitres 2 à 5 de ce livre. Cette comparaison parie sur la convergence à long terme de la composition générale de la production économique.

63 Les pénuries de terres arables et d'eau que la Chine connaît depuis longtemps s'aggravent avec l'urbanisation (à Pékin, on puise désormais cinq fois plus profond pour trouver de l'eau qu'il y a dix ans), l'abondance, l'engouement pour la viande, les terres agricoles goudronnées pour que circulent les voitures et une grave désertification dans le nord-ouest (semblable au Dust Bowl américain) ;

Jiabao a qualifié en 2011 de « structure industrielle irrationnelle » va longtemps encore fausser la consommation énergétique[64]. Mais pour les technocrates qui dirigent la Chine – à eux tous, ils sont sans doute davantage rompus aux questions énergétiques que les dirigeants de n'importe quel autre pays –, la révolution qu'accomplit le pays grâce aux énergies renouvelables et à l'efficacité énergétique permettra de résoudre ces problèmes et d'améliorer le niveau de vie dans une Chine plus riche au sein d'un monde plus sûr.

---

les conditions sont donc propices à une forte dépendance du pays vis-à-vis de la production américaine de céréales. La Chine a déjà externalisé les quatre cinquièmes de sa production de soja, une culture à laquelle elle a donné naissance, ce qui entraîne une restructuration de l'agriculture sur le continent américain. Certains agronomes compétents craignent que la Chine ne finisse par être contrainte d'importer plus de céréales que les États-Unis ne peuvent en vendre sans procéder à une forte augmentation du prix des denrées alimentaires, traditionnellement bas, et que les États-Unis ne puissent refuser étant donné que la Chine finance leurs déficits et leurs importations de pétrole, et détient près de 1 000 milliards de dollars de la dette du Trésor américain. (Brown, 2011, propose une évaluation controversée mais préoccupante de l'interdépendance États-Unis/Chine qui est en train de naître en matière de produits alimentaires, d'eau et de finance.) Le changement climatique pourrait rendre cette interdépendance encore plus précaire et dangereuse à mesure que les glaciers de l'Himalaya fondent et apportent moins d'eau aux grands fleuves asiatiques, et que la sécheresse règne sur les régions céréalières d'un grand nombre de pays. Même au printemps 2011, les prix alimentaires qui dépassaient de 136 % ceux des années 1990 ont causé de terribles dégâts et entraîné une instabilité politique flagrante, y compris au Moyen-Orient.

64 En 2006, une brusque poussée des industries de matériaux de base à forte intensité énergétique, constituées en majorité de grandes entreprises publiques présentant des coûts de facteurs faussés, avait fini par créer un secteur industriel tentaculaire et inefficace sur le plan énergétique qui consommait 54 % de l'énergie nationale contre 39 % cinq ans plus tôt seulement. La Chine utilisait 60 % d'énergie en plus pour la sidérurgie que pour les ménages, elle en utilisait plus également pour les produits chimiques que pour les transports et pour l'aluminium que pour le secteur commercial (Rosen et Houser, 2006). Le 12e plan quinquennal revient à des investissements axés autour de la consommation. Mais l'augmentation du nombre de ménages mieux équipés va accentuer la charge électrique – on compte cinq fois plus de climatiseurs urbains qu'il y a dix ans – si bien que Pékin soutient les climatiseurs à haut rendement énergétique et la mise en place d'un réseau intelligent, et tente de rattraper son retard au sujet des normes et des pratiques du secteur du bâtiment en matière d'efficacité énergétique. (Un quart des investissements fixes visent l'immobilier en grande partie encore inefficace sur le plan énergétique.) L'urbanisation, le manque de développement rural et les subventions à l'électricité résidentielle restent des problèmes importants. Les politiques continuent à être davantage et mieux appliquées pour les nouvelles sources d'approvisionnement que pour une meilleure efficacité énergétique. La révolution que la Chine prépare grâce aux énergies renouvelables sera la bienvenue étant donné ce que vont être ses besoins intérieurs à mesure que 400 millions d'urbains et 900 millions de ruraux verront leur niveau de vie augmenter.

La maîtrise des énergies renouvelables est également synonyme d'exportations soutenues à mesure que la Chine continue à rattraper le peloton de tête en matière de technologies d'énergie propre.

Pour les États-Unis, deux leçons s'imposent au sujet de la Chine. La première, c'est que, comme avec tout autre partenaire indispensable fournissant des efforts colossaux pour résoudre des problèmes sans précédent, nous devons – chercheurs, chefs d'entreprise et décideurs politiques américains – nous engager de façon constructive et respectueuse aux côtés de la Chine, nous inspirer de sa démarche, nous efforcer de l'imiter et de faire mieux dans cette société si différente qui est la nôtre. Nos deux grands pays doivent réunir leurs meilleurs talents, partager leurs réussites et leurs échecs pour, ensemble, apprendre plus vite. Bien que des intérêts concurrents soient aussi en jeu, qui façonneront les gigantesques industries d'énergies renouvelables de demain, les intérêts partagés restent encore plus durables et vitaux.

La seconde leçon est plus dure à entendre. Si nous ne passons pas la vitesse supérieure sur le marché mondial, d'autres le feront. La Chine le fait déjà, l'Inde s'y prépare et la Corée du Sud et le Brésil ne sont pas loin derrière. Par le dynamisme de son secteur privé et sa puissante capacité d'innovation, l'Amérique a le potentiel pour rattraper les autres et même se placer en tête de la course pour profiter au maximum des plus formidables perspectives économiques de notre ère. Prendrons-nous conscience de ce potentiel ? Il en va de notre prospérité et de celle de la planète.

Le scénario Réinventer le feu nuira-t-il aux populations pauvres de la planète ?

Si l'Amérique se libère des combustibles fossiles, son économie se développera et nous pourrons nous féliciter d'avoir retrouvé notre statut de leader. Mais cela signifie-t-il que nous laisserons les sept autres milliards d'habitants de la planète, dont la majorité vivent dans des pays en développement, se débrouiller tant bien que mal avec ces mêmes combustibles qu'ils n'ont pas encore les moyens d'acheter ?

Bonne nouvelle : le scénario Réinventer le feu est un facteur de prospérité, notamment pour les populations démunies, il est totalement conforme à nos valeurs les plus chères et il peut être adapté à différentes cultures et conditions. Il met en outre à disposition une telle quantité de dollars auparavant consacrés à l'énergie qu'une toute petite fraction – quelque 40 milliards de dollars par an selon le Programme des Nations unies pour le développement – pourrait, en étant correctement réinvestie, fournir de l'eau salubre, des installations sanitaires, des soins de santé de base, des aliments, une scolarisation et un suivi en matière de contraception[65] à chaque homme, femme ou enfant défavorisé sur terre.

La meilleure preuve (il ne s'agit pas là d'une théorie séduisante de plus) nous est fournie par les résultats que certains pays en développement ont d'ores et déjà obtenus. À l'époque de la signature du Protocole de Kyoto, en 1997, ils supprimaient les subventions aux combustibles fossiles deux fois plus vite que les pays riches et économisaient le carbone là aussi deux fois plus vite environ que ce à quoi les pays développés s'étaient engagés ; en fait, ils économisaient probablement plus de carbone en valeur absolue que ce que les pays riches estimaient pouvoir faire. Les raisons de ces efforts étaient toutes *économiques* : ces pays accéléraient leur croissance et récoltaient tranquillement les bénéfices environnementaux qui tombaient. Et à l'heure actuelle, les pays en développement sont également propriétaires de la majorité des sources d'énergies renouvelables de la planète, là aussi pour de bonnes raisons économiques.

Certains affirment que seuls les individus et les pays riches peuvent accéder à l'efficacité énergétique. C'est exactement l'inverse. Les pays pauvres affichent généralement l'efficacité énergétique *la plus basse* qui soit : elle est en moyenne trois fois moins élevée que dans les pays riches. Ils sont prisonniers d'équipements à très mauvais rendement énergétique parmi lesquels des installations obsolètes reçues des pays riches. Les populations pauvres

65 Engleman, 2011 : « Si chaque naissance résultait d'une réelle volonté des femmes d'enfanter, le taux de fécondité tomberait immédiatement légèrement en dessous du taux de remplacement ; la population mondiale atteindrait un pic au bout de quelques décennies, puis elle baisserait. »

consomment peu d'énergie mais en gaspillent une plus grande partie, avec des répercussions économiques plus importantes : les 20 % les plus pauvres consacrent parfois 30 % et plus de leur revenu disponible à l'énergie, contre moins de 5 % pour le reste de la population[66].

Mais les pays pauvres sont aussi ceux qui ont le plus de *possibilités* de devenir efficaces sur le plan énergétique étant donné qu'ils ont des infrastructures à construire. Or cela coûte beaucoup moins cher de les construire correctement dès le départ que de les mettre à niveau par la suite. Et ce sont les pays pauvres qui ont le plus grand *besoin* d'efficacité énergétique, car les mauvais rendements expliquent en partie leur pauvreté. Ils sont prisonniers de mauvais rendements dans tous les secteurs, ce qui perpétue d'écrasantes dépenses en combustibles tant au niveau individuel que national. Les achats de pétrole expliquent en grande partie la dette des pays en développement. L'augmentation du coût des livraisons de combustible dans les zones rurales reculées accentue encore le poids qui pèse sur l'économie et fait prendre d'autant plus de valeur à l'efficacité énergétique.

En adoptant l'efficacité énergétique, le monde en développement libère une quantité colossale de capitaux[67]. La construction d'usines de fabrication de superfenêtres ou de DEL à haut rendement énergétique plutôt que celle de centrales et de réseaux pour fournir la même quantité accrue de froid et de lumière nécessite près de mille fois moins de capitaux[68] et ce coût en capital se

---

66 Clarke et Wallsten, 2002.

67 Ainsi, au Brésil, en 2005, une pomme de douche électrique classique (*chuveiro elétrico*) coûtant 20 réales brésiliens consommait des capacités hydrauliques et de réseau de pointe coûtant entre 1 800 et 3 000 réales brésiliens. En remplaçant ces *chuveiros* par des chauffe-eau solaires, au butane ou au gaz naturel (et en ajoutant un fusible permanent pour éviter de devoir tout réinstaller), on pourrait libérer au moins 8 GW de capacité de production nationale, soit l'équivalent de plusieurs années de croissance de la demande, pour un coût comparativement négligeable.

68 Gadgil et *al.*, 1991, 4-5. Un tel changement peut donc diviser par environ 10 000 les besoins en capitaux du secteur le plus gourmand en investissements, à savoir l'électricité, qui consomme généralement un quart du capital-développement dans le monde. Les premières économies d'une valeur avoisinant le millier de milliards de dollars pourraient venir de l'initiative Super-Efficient Equipment and Appliance Deployment (SEAD), approuvée en 2011 lors de la conférence ministérielle sur l'énergie propre qui s'est tenue à Abu Dhabi. Dans le cas où elle serait mise en œuvre dans sa totalité,

recycle environ dix fois plus vite. Le capital économisé peut alors être alloué à des besoins de développement criants dans des secteurs comme l'assainissement, la santé et la productivité agricole.

En outre, environ 1,6 milliard d'individus n'ont pas accès à l'électricité et un autre milliard n'a pas accès financièrement aux services énergétiques ou bien a accès à des services non fiables. En tout, 40 % de la population de la planète vit dans la pauvreté énergétique[69]. Résultat : un grand nombre de besoins essentiels ne sont pas satisfaits, les potentiels économiques ne sont pas exploités et les aspirations à l'instruction ne sont pas comblées. La construction de centrales thermiques classiques et de réseaux pour alimenter ceux qui n'ont pas d'approvisionnement électrique fiable ou pas d'approvisionnement du tout n'est pas la solution. Il s'agit une démarche lente et inabordable, et même si elle fonctionnait, elle serait synonyme de décennies de coûts d'usage inutiles, de dépendance aux combustibles et d'émissions de carbone.

Il serait plus rapide, moins coûteux et bien plus souhaitable pour les populations pauvres de la planète de sauter l'étape du modèle centralisé, qu'il s'agisse de la technologie ou de l'acheminement de l'énergie. C'est d'ailleurs déjà ce qui se produit. Un village indien est ainsi passé du pétrole[70] aux lampes

---

cette initiative pourrait permettre d'économiser d'ici 2030 1800 TWh/an, soit la production de 300 GW de centrales au charbon, plus 5 880 TWh/an d'énergie primaire et environ 150 milliards de dollars par an. L'initiative SEAD cible quatre catégories d'appareils (éclairage, réfrigération, climatisation et téléviseurs) qui consomment environ 60 % de l'électricité résidentielle, mais qui, pour la plupart, n'ont pas encore été fabriqués ou achetés. L'initiative s'adresse aux États-Unis, à l'UE, à la Chine et à l'Inde (qui représentent ensemble près des trois quarts de la consommation d'électricité liée à ces appareils) et aux quinze fabricants qui contrôlent les trois quarts du marché. Quatre entreprises fabriquent ainsi 60 % des téléviseurs de la planète et quinze produisent 75 % de l'électroménager (Phadke, 2011).

69 L'un des problèmes les plus récurrents est la cuisine. Un gros travail a été fait en matière de fours à plus haut rendement énergétique et solaires, mais rien ou presque n'a été entrepris pour déterminer comment appliquer jusqu'à cinq technologies éprouvées qui rendent les *récipients* deux à six fois plus efficaces sur le plan énergétique, sans déclencher les problèmes culturels qui peuvent accompagner les innovations apportées aux fours. Voir le chapitre 3, note 228, et Kelly Kettle, 2011, ainsi que certaines surfaces qui retiennent ou diffusent mieux la chaleur.

70 L'éclairage à combustible (il s'agit essentiellement du pétrole) est responsable d'importantes émissions de carbone, mais aussi de graves problèmes sanitaires et économiques (38 milliards de dollars par an) (Mills, 2005).

fluorescentes, l'éclairage a été multiplié par 19, l'apport énergétique a été divisé par 9 et les dépenses des ménages en éclairage ont diminué de moitié[71]. Toujours en Inde, où la politique solaire à grande échelle est moins favorable aux entrepreneurs qui fournissent les pauvres non rattachés au réseau, le Barefoot College de Sanjit « Bunker » Roy forme des grands-mères analphabètes à l'énergie solaire afin qu'elles puissent soutenir ce type d'énergie à leur retour dans leur village. Des initiatives comme le Lumina Project permettent de fournir des lampes DEL solaires à haut rendement énergétique à des millions d'Africains. Cette initiative, menée par des entreprises privées, a véritablement décollé lorsque les consommateurs se sont aperçus que l'éclairage solaire était moins cher que les lampes à pétrole. Elle permet aux filles d'apprendre à lire le soir et dégage de la trésorerie pour l'achat de moustiquaires, de systèmes d'irrigation goutte à goutte, d'eau salubre et d'autres outils essentiels pour sortir de la pauvreté.

Le général George Marshall a déclaré en 1947 : « Il ne peut y avoir de stabilité politique et de paix garantie sans sécurité économique. » La politique américaine devait donc être « dirigée non pas contre un pays ou une doctrine, mais contre la faim, la pauvreté, le désespoir et le chaos ». C'était vrai à l'époque et cela l'est encore plus aujourd'hui. Aucune arme ni aucun soldat ne peut nous protéger tant que nos semblables, par milliards, n'ont pas de quoi mener une vie digne de ce nom et ne peuvent raisonnablement envisager un avenir meilleur pour leurs enfants. Le scénario Réinventer le feu peut apporter sa pierre à l'édification d'un monde où d'autres ont une vie meilleure et où nous dormons tous mieux.

COMMENT DÉCROCHER LA RÉCOMPENSE EN 2050 ?

Une énigme jalonne cet ouvrage et pose cette question lancinante : si le scénario Réinventer le feu est si convaincant, si la récompense à la clé est si alléchante et si les technologies sont déjà disponibles, pourquoi ne compte-t-on pas davantage de sociétés, d'entrepreneurs, d'industries, d'agences gouvernementales et de particuliers au nombre des adeptes ?

71 Reddy, Williams et Johansson, 1997, 70.

Les obstacles au scénario

Ce n'est pas parce qu'il n'y a pas de récompense. Mais cette voie, qui vient à peine d'être tracée, est jonchée d'obstacles dont la liste est si longue qu'elle peut en être décourageante, déconcertante de complexité et paralysante par les choix qu'elle propose. On observe neuf obstacles principaux :

• ***La résistance active ou passive des acteurs actuels.*** La plupart des entreprises possèdent une base d'actifs consommateurs et générateurs d'énergie qui s'appuient sur les combustibles fossiles. L'abandon de ces derniers représente ou semble représenter un risque et un coût pour elles.

• ***L'économie et la technologie.*** Les obstacles économiques et technologiques s'estompent à mesure que de bonnes solutions en matière d'efficacité énergétique et d'énergies renouvelables sont mises sur le marché, mais des difficultés persistent dans certains secteurs.

• ***Les connaissances et la culture.*** L'énergie n'est pas une priorité dans la plupart des entreprises, donc nombreuses sont celles à qui il manque les connaissances, la volonté ou les compétences pour tourner le dos aux combustibles fossiles.

• ***Le financement.*** Les investissements énergétiques, qui présentent souvent des coûts initiaux élevés et des délais de récupération relativement longs, sont en concurrence avec d'autres, plus proches des grandes priorités des entreprises.

• ***La complexité de la chaîne de valeur.*** Les investissements énergétiques impliquent souvent de multiples parties sur de longues chaînes de valeur, avec parfois des motivations peu homogènes, et des coûts d'acheminement et des avantages qui reviennent à des parties différentes.

• ***Des propositions de valeur peu claires.*** L'énergie reste de l'énergie, qu'elle soit propre ou pas, si bien que la vente d'efficacité énergétique et d'énergies renouvelables à des consommateurs qui manquent de discernement peut être difficile.

• ***Le manque de leadership sur le long terme.*** La modification de la stratégie énergétique d'une entreprise, d'un État ou d'un pays tout entier nécessite une planification et une gestion sur plusieurs décennies, un laps de temps beaucoup plus long que les échéances financières et électorales.

• ***Les structures politiques et réglementaires.*** Certaines d'entre elles entravant la transformation énergétique, elles doivent être modifiées ou remplacées pour permettre cette transformation et l'accélérer.

• ***Les liens avec la politique partisane.*** Les tergiversations du Congrès ont par exemple énormément nui à quatre reprises à l'industrie éolienne et provoqué la disparition de tous les gros fabricants américains dans ce secteur à l'exception de GE ; cela explique que la Chine, le Danemark et l'Allemagne dominent aujourd'hui une industrie que Charles Brush, originaire de l'Ohio, a créée en 1888 – et ce n'est là qu'un des nombreux et tristes exemples de nuisances causées aux énergies renouvelables[72]. Il semblerait que les hommes politiques ne puissent pas résister à l'envie de réserver les politiques fiscales

72 Bell Labs a inventé le PV au silicium cristallin en 1954. Les États-Unis fabriquaient 45 % de la production mondiale en 1995, mais en 2010, ce chiffre était tombé à 6 % et la part de la Chine était de 60 % : les États-Unis n'ont capturé que 6 % de l'augmentation de la production entre 1995 et 2008. De la même façon, ce sont des Américains qui ont inventé la lampe fluorescente compacte (1976), les DEL (1962) et les pots catalytiques à triple action (1973), mais c'est aujourd'hui la Chine qui domine sur ces marchés. Alors que le soleil se lève à l'est, doit-il obligatoirement se coucher à l'ouest ? Les États-Unis devront lancer des signaux plus encourageants que ceux récemment envoyés pour retrouver leur position dominante : les investissements américains dans l'énergie propre, numéro un en 2008, ont régressé à la deuxième place en 2009, puis à la troisième en 2010 à cause des atermoiements politiques de Washington en matière d'environnement (Pew Charitable Trusts, 2011 ; Renewable Energy Policy Network for the 21st Century, 2010).

à court terme à d'autres domaines, même si cela doit gravement pénaliser certaines des industries de haute technologie américaines les plus dynamiques et les plus prospères.

Il ne sera pas facile de franchir ces obstacles. Cela nécessitera des formations, de l'innovation, des prises d'initiatives et des modifications des politiques et de la réglementation. Les entreprises, tous secteurs économiques confondus, devront ainsi systématiquement former leurs employés aux questions énergétiques et susciter des comportements qui les conduisent au-delà des combustibles fossiles. Les entrepreneurs avisés devront trouver des solutions qui réduisent au maximum les tracas et maximisent les avantages de l'efficacité énergétique et des énergies renouvelables. Quant aux États, ils devront contourner l'inertie fédérale.

Une conclusion importante s'impose cependant au-delà des détails : la transformation prônée par le scénario Réinventer le feu s'appuie sur des technologies qui ont fait leurs preuves sur le plan économique ou sont en très bonne voie pour le faire rapidement. *Le véritable obstacle, dès lors, est donc le rythme d'adoption trop lent et non l'inadéquation des technologies.*

La dynamique à suivre est simple : comme le montre la figure 6-5, les technologies nécessaires ne sont adoptées que lentement les quatre premières années, les entreprises préparant leurs connaissances, leur stratégie, leur capacité physique et leurs formations. Les technologies et les acteurs relativement matures du secteur électrique donnent le véritable coup d'envoi. Nous ne pensons pas que le secteur des transports vendra très rapidement de grandes quantités de véhicules révolutionnaires + et même en 2030, ces derniers ne domineront pas le marché ; mais à partir de 2050, c'est-à-dire d'ici trois rotations de stocks de quinze ans chacune, la tortue gagnera la course. Le vrai problème réside dans les secteurs à rotations lentes comme le bâtiment, l'industrie et l'électricité. Si ces secteurs n'atteignent pas un taux d'adoption d'environ 40 % d'ici 2030, ils auront du mal à rattraper leur retard.

FIG. 6-5 – Exemple de rotations des stocks dans les secteurs du scénario Réinventer le feu

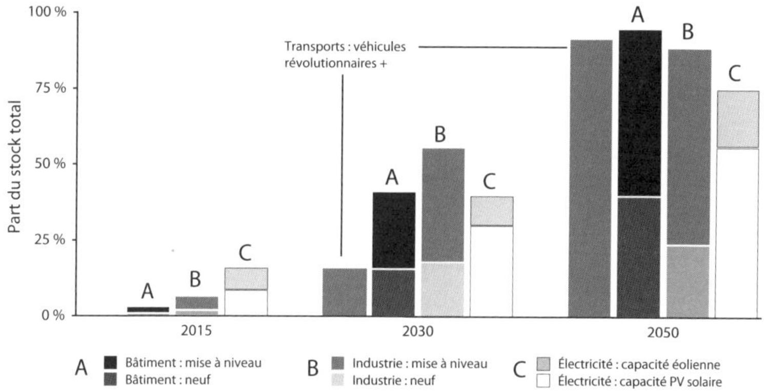

Chaque colonne montre quelle part du stock total de véhicules, de bâtiments, d'usines et de capacité de production aura effectué une rotation à l'année indiquée et atteint les niveaux d'efficacité énergétique ou d'approvisionnement en énergies renouvelables décrits dans les chapitres 2 à 5[73].

Alors, comment allumer un feu parmi des millions d'individus, des milliers d'entreprises et quantité d'agences gouvernementales afin de provoquer une accélération spectaculaire du rythme d'adoption de l'efficacité énergétique et des énergies renouvelables et de transformer notre système énergétique ?

Définir le concept

La réponse s'exprime tout d'abord à travers un puissant concept. Henry Ford n'aurait jamais révolutionné les transports sans cette affirmation saisissante de simplicité : « Je vais construire des voitures pour le plus grand nombre. »

73 Analyse du RMI.

John F. Kennedy a quant à lui déclaré : « Nous avons pris la décision d'aller sur la Lune. » Et le pays l'a fait.

Le concept du scénario Réinventer le feu est tout aussi révolutionnaire. Nous pouvons nous libérer du dangereux pacte que nous avons signé avec les combustibles fossiles et créer un monde plus sûr, plus efficace sur le plan énergétique et plus propre. Si nous ne gardons pas à l'esprit cet objectif clair, il y a peu de chances que le pays parvienne à mettre en place des solutions énergétiques décisives ou à éviter d'importants faux-pas. Il suffit de regarder la façon dont tous les présidents américains, depuis Richard Nixon, se sont juré de mettre un terme à la dépendance du pays vis-à-vis des importations de pétrole. Dans les faits, les importations nettes n'ont cessé d'augmenter qu'en 2005-2006 et en 2010, elles n'avaient diminué que de moitié alors que de solides progrès étaient en bonne voie.

Nous avons besoin d'une description claire de ce que doit être un avenir meilleur sur le plan énergétique, des avantages qu'il présente et des moyens de relever les défis que nous rencontrerons sur notre route. C'est cette description que cet ouvrage a tenté d'apporter. Nous ne devons pas être trop timides dans nos objectifs et élaborer un programme sur vingt ans alors que c'est tout le XXIe siècle qu'il doit englober. Mais nous ne devons pas non plus nous mettre d'œillères. Bill Joy, le génie de l'informatique qui a inventé Unix et Java, a coutume de dire : « Si vous n'arrivez pas à résoudre un problème, faites en sorte qu'il prenne de l'ampleur. » La plupart des individus essaient de simplifier les problèmes difficiles en les scindant et en les circonscrivant. Mais si ces problèmes semblent insolubles, c'est parce qu'il leur manque un espace conceptuel suffisamment grand pour intégrer les marges de manœuvre nécessaires ; la solution reste donc invisible, car elle se trouve au-delà des frontières du système. Comme nous l'avons vu, il est beaucoup plus simple de résoudre ensemble que séparément les problèmes liés aux voitures sans pétrole et à l'électricité produite à partir de sources renouvelables, par exemple. Les solutions énergétiques, pour être durables, requièrent une mise au point très nette mais un objectif grand-angle.

Prendre les rênes du changement

Une fois le concept défini, il faut prendre la direction des opérations. Si nos élus continuent à prendre des décisions en fonction de vents politiques contraires, si des intérêts particuliers continuent à bloquer des réformes utiles et si les capitaines d'industrie répugnent à faire preuve d'audace, alors nous aurons le système énergétique médiocre que nous méritons. Mais l'Amérique reste une terre de meneurs, qu'il s'agisse d'hommes politiques qui comprennent la nécessité d'un changement en profondeur, de directeurs exécutifs qui parient l'avenir de leur entreprise sur des produits risqués mais potentiellement révolutionnaires ou de régulateurs qui ont assez de cran pour s'attaquer à de puissants lobbys. Nous en appelons à ces dirigeants d'entreprise et à ces décideurs politiques pour qu'ils s'approprient le concept Réinventer le feu, qu'ils prennent les rênes de l'action et qu'ils la mènent à bien.

Nous avons vu précisément ce que ces meneurs doivent commencer par faire. Comme nous l'avons décrit dans cet ouvrage, les entreprises sont le moteur qui dispose de la puissance, de la vitesse, de la portée et de l'échelle nécessaires pour conduire la transformation énergétique. Mais pour que le pouvoir des entreprises s'exprime, il faut des mesures politiques qui autorisent et récompensent ce que nous voulons et non l'inverse. Nous devons aussi repenser notre système fiscal qui non seulement tient du baroque voire du rococo, mais qui est par essence mal orienté. Si nous taxions ce qui est mal, comme la pollution, et non ce qui est bien, comme les emplois et les revenus, ce que font déjà certains pays européens, nous pourrions dire adieu aux tonnes, litres et kilowattheures improductifs et embaucher davantage de personnes qui auraient alors plus de travail et des tâches plus intéressantes à accomplir.

Les chapitres précédents ont exposé les réformes et les incitations nécessaires. Il revient à présent aux leaders de ce pays, à quelque niveau que ce soit, de les mettre en place. Et lorsque nous disons « leaders », nous ne voulons pas seulement parler des législateurs, régulateurs, présidents, chefs tribaux, gouverneurs, maires, commissaires de comté et autres conseillers municipaux. Les chefs d'entreprise doivent comprendre que la formidable récompense promise restera hors de leur portée et de la nôtre tant que nous ne débloquerons pas la coordination et les démarches public-privé. Pour la première fois, ces deux secteurs peuvent obtenir ce qu'ils veulent : les hommes politiques peuvent gagner en crédibilité en faisant fi des frontières idéologiques et en obtenant de bons résultats, et les chefs d'entreprise peuvent créer de la valeur sur le long terme en poursuivant des intérêts privés au lieu d'être obligés, comme si souvent par le passé, de mener des actions contre nature sur le marché du fait de mandats gouvernementaux.

Une fois que ces incitations destinées à encourager des choix sensés existent, attention ! Car la puissante machine à innover américaine, que la *National Security Strategy* de 2010 a qualifiée de pilier de la puissance et de l'ascendant de notre pays, se mettra en marche. Non seulement elle lancera de nouvelles technologies sur le marché, mais modifiera notre conception de la consommation énergétique. Le plus spectaculaire sera la rencontre entre les TI et l'énergie : le système énergétique sera alors envahi par l'intelligence décentralisée, les capteurs et l'information en temps réel. L'énergie, enrichie par les TI, orchestrera le ballet des véhicules, des bâtiments, des usines et des sources d'électricité. Elle « fera passer chaque appareil individuel consommateur d'énergie du statut d'entité isolée à usage unique à celui d'atout du réseau, interconnecté et polyvalent, qui optimisera à terme l'efficacité énergétique de l'ensemble du système », pour reprendre les termes de Jon Wellinghoff, président de la FERC. Qui ajoute : « Une révolution est en marche qui va tout changer[74]. »

Nous savons à quoi nous voulons arriver et pour y parvenir, il nous faut relever six grands défis. Ensemble, nous devons :

- ***Transformer l'industrie automobile.***

  Les gouffres à essence doivent disparaître. Le monde plus propre, plus sûr et débarrassé du pétrole que nous voulons ainsi que la bonne santé du secteur automobile dépendent de la capacité de ce dernier à produire des véhicules bien plus sobres pour un coût à peu près identique et à prendre de vitesse leurs concurrents anciens et nouveaux.

74 Makower, 2011, commentaires.

• ***Réduire de façon drastique les distances que nous parcourons et la longueur, le poids et le volume des cargaisons tirées par nos camions.***
Cela ne signifie ni sacrifices, ni privations ni baisse de la vitalité de notre économie. Nous y parviendrons progressivement en repensant nos collectivités et nos entreprises de façon à augmenter le nombre de solutions proposées, à économiser du temps et de l'argent et à rendre la vie plus facile, plus saine et plus sûre.

• ***Construire des immeubles efficaces sur le plan énergétique et entamer une vaste mise à niveau des bâtiments existants.***
Un seul bâtiment à haut rendement énergétique change déjà la donne, alors si on le multiplie par 120 millions, on déclenche une véritable révolution. C'est une tâche colossale, bien sûr, qui nécessitera de former ou de recycler les architectes, mais aussi d'élaborer des codes de construction plus stricts et de trouver des solutions de financement inédites.

• ***Encourager et accélérer les économies d'énergie et la cogénération dans l'industrie.***
Toutes deux et, de plus en plus, l'approvisionnement sur site en chaleur et en électricité à partir de sources renouvelables sont indispensables pour qu'à l'avenir, le moteur de notre économie nationale reste compétitif et résilient.

• ***Continuer à faire baisser le coût de l'énergie renouvelable.***
L'éolien, le solaire et d'autres sources d'énergie renouvelable sont déjà en train de descendre le long de courbes d'expérience très décroissantes. Mais plus ils iront loin – et leur marge de progression est encore importante – plus nous pourrons rapidement réinventer le feu dans ce secteur avec les meilleurs résultats possible sur le plan de l'économie, de la sécurité et du climat.

• ***Modifier la réglementation et les modèles opératoires des fournisseurs d'énergie.***
Nous n'arriverons jamais à créer un avenir débarrassé des combustibles fossiles si les profits des fournisseurs dépendent de la quantité d'électricité

qu'ils vendent et si les sources d'énergie renouvelable ne peuvent alimenter le réseau en électricité. Les commissions de service public doivent modifier les règles pour permettre et récompenser l'adoption rapide des meilleures solutions (efficacité énergétique, PCCE et énergies renouvelables), fermer les usines obsolètes qui méritent une retraite paisible et ne pas imposer aux consommateurs les risques liés à des projets douteux dans lesquels les actionnaires refusent d'investir.

À condition que les rênes du projet soient solidement tenues, le scénario Réinventer le feu peut déclencher des vagues d'innovations et de créations d'entreprises inédites dans le secteur énergétique depuis plus d'un siècle. Nous espérons – en réalité, nous tablons sur ce fait – que ces vagues nous porterons bien plus loin que ce qu'indiquent les projections prudentes de notre analyse. Alors, nous pourrons prendre du recul et nous émerveiller des miracles accomplis par les sociétés et les entrepreneurs sur des marchés informés. Il y aura des échecs et des erreurs, des risques et des incertitudes. Les marchés sont imprévisibles, comme l'a constaté Deng Xiaoping lors de la colossale transition de son pays vers une économie de marché socialiste : « Nous traversons le fleuve en cherchant les pierres sous nos pieds[75]. » Mais le plus souvent, les marchés finissent par trouver le bon positionnement. Comme disait Churchill au sujet de la démocratie, les marchés sont le pire des systèmes que nous connaissons à l'exception de tous les autres.

ALLUMER LA NOUVELLE FLAMME

Le scénario Réinventer le feu ne se contente pas de faire la promesse à l'Amérique et à l'humanité de les libérer de leur dépendance vis-à-vis des combustibles fossiles, il nous promet également que nous allons réaliser ce rêve, qui est le nôtre depuis si longtemps, d'une énergie infinie pour notre pays et notre planète. La voie qu'il trace résout un grand nombre de nos problèmes les plus urgents, n'aggrave pas les autres, nous rend plus riches

75 Kahane, 2010, 120.

et plus heureux, nous offre plus de solutions et de perspectives et permet d'approvisionner les populations où qu'elles soient, en toute sécurité et en toute abondance, tant que les hommes seront présents sur cette terre.

Comment réaliser ce scénario ? Certes, nous avons écrit ce livre et nous pouvons faire des conférences, mais nous ne pourrons rien faire seuls. Nous avons besoin que la société mette tout son poids dans l'efficacité énergétique et les énergies renouvelables, ainsi que dans les changements conceptuels, stratégiques, technologiques et politiques à venir.

Nous lançons donc un appel à l'action, nous vous lançons un défi à tous, ouvriers sur votre chaîne de montage, patrons dans votre bureau, entrepreneurs dans votre garage, régulateurs sur la sellette, ingénieurs vous efforçant de fluidifier le trafic, concepteurs de voitures, propriétaires de ranch, grands-mères, membres du Congrès et, oui, aussi, président des États-Unis. À vous tous, vous incarnez l'espoir d'un monde où l'énergie cesserait d'être une source d'inquiétude, où elle ne serait plus synonyme de risque et de coûts, mais de récompense et de profits.

Nous pouvons donner vie à ce scénario grâce à vos idées, à votre détermination et à votre courage, et prendre enfin notre destin énergétique en main, en alimentant la civilisation de demain grâce aux inextinguibles sources de soleil, de vent, d'eau, de plantes et de chaleur de notre planète.

Il ne s'agit pas ici d'idées écologistes ou de gauche. C'est bien Rupert Murdoch et personne d'autre qui a récemment annoncé que sa News Corporation était devenue neutre en carbone et avait ainsi « économisé des millions de dollars[76] ». C'est bien son fils James qui a réclamé un programme énergétique bleu-rouge-vert basé sur la sécurité nationale, la puissance économique, la création d'emplois avec baisse des coûts à long terme, des collectivités plus propres et en meilleure santé et une concurrence qui l'emporte sur la réglementation[77]. Cette approche fonctionne tout aussi bien dans la très

76 Rudolf, 2011.

77 Murdoch, 2009.

conservatrice ville de Salina, au Kansas[78], dans les 11 États majoritairement républicains disposant de normes de portefeuilles d'énergies renouvelables pour la production d'électricité[79] que dans les États démocrates.

Et pour cause : l'approche fondamentale dont nous avons besoin en matière d'énergie n'est pas directive mais permissive. Nous devons autoriser et exiger tous les moyens possibles d'économiser ou de fournir de l'énergie afin de pouvoir rivaliser loyalement et à des prix justes, quels que soient le type d'énergie, sa technologie, sa taille, son emplacement ou son propriétaire. Quels partisans de la libre entreprise et de l'économie de marché n'y seraient pas favorables ? Pourquoi ne passons-nous pas à l'action ?

Au milieu de cette cacophonie énergétique, de ce tourbillon d'opinions et de priorités contradictoires, il nous paraît important de souligner ce fait simple : il suffit qu'ensemble, nous nous concentrions sur les résultats et non sur les motivations, car les démarches qui doivent être entreprises sont les mêmes que nous soyons individuellement plus attachés à la sécurité nationale, aux profits, aux emplois, au climat, à l'environnement ou à quoi que ce soit d'autre. Nous devons arrêter d'insister pour que les autres partagent nos *interrogations* divergentes et, ensemble, nous atteler aux *tâches* sur lesquelles nous nous accordons. Et si nous donnons tout pour les mener à bien, alors celles qui nous divisent deviendront peut-être superflues. Ensemble, nous pouvons redécouvrir la sagesse de ce proverbe africain : « Si tu veux aller vite, va seul ; si tu veux aller loin, fais-toi accompagner. »

De même que des motivations sous-jacentes partagées peuvent souder les différentes entités de notre pays si vaste et si hétéroclite, l'Amérique n'est pas seule dans cette transition mondiale. Il existe des individus intelligents et pleins de ressources partout, à tous les niveaux et dans toutes les sociétés, et ce système nerveux mondial qui est en train de se constituer aide les bonnes idées à se diffuser plus vite. Il y a aujourd'hui plus d'un milliard de transistors par habitant sur notre planète. Facebook compte plus d'utilisateurs que

78 Kaufman, 2010.

79 Usher, 2010.

l'Amérique n'a d'habitants. Des révolutions sont en marche sur Twitter et YouTube. Dans son ouvrage *Blessed Unrest*, Paul Hawken raconte l'étonnante naissance de millions d'associations citoyennes sans but lucratif à travers le monde ; nous assistons au plus grand mouvement social de l'histoire. Tandis que les institutions centrales se referment sur elles-mêmes et périclitent, une vitalité nouvelle se répand depuis la base jusqu'au sommet de la fleur en passant par la tige. La recherche d'une vie intelligente sur terre se poursuit et nombre de spécimens prometteurs font leur apparition un peu partout au moment même où on a le plus besoin d'eux.

Alors utilisons notre intelligence, ce formidable don fait aux humains qui n'a pour l'instant jamais fait défaut à notre espèce, pour répondre à la question suivante : décidons-nous de continuer sur la voie qui est la nôtre actuellement et qui mène à la stagnation économique, à l'accroissement des coûts, à la prise de risques non contrôlés, au chaos social et à un monde sans cesse plus dangereux, ou choisissons-nous de prendre un nouveau départ et de jeter les bases énergétiques d'un monde enfin débarrassé des déchets, du manque, de la guerre ?

Ce choix ne se présentera qu'une fois. Faisons le bon.

REMERCIEMENTS

Les recherches et les analyses de *Réinventer le feu*, par leur ampleur et leur profondeur, s'appuient nécessairement sur le travail de nombreuses personnes publié dans des milliers d'ouvrages, dont les principaux (environ 800) sont référencés en fin d'ouvrage. Cependant, une grande partie des connaissances dont nous avions besoin n'avait fait l'objet d'aucune publication. Certaines ont nécessité plus de trente ans de recherches et d'expériences que nous avons menées avec toutes sortes de partenaires dans les quatre secteurs décrits du chapitre 2 au chapitre 5. D'autres nous ont été apportées par un groupe hétéroclite de collègues à travers le monde qui ont accepté gracieusement de nous faire profiter de leur savoir et de leurs réseaux, de corriger nos erreurs et de nous accompagner sans relâche au fil de nos questionnements. L'équipe du Rocky Moutain Institute est profondément redevable à ces nombreux collaborateurs, y compris à ceux qui n'ont pas voulu être cités, et s'excuse par avance auprès de ceux qu'elle n'aurait malencontreusement pas mentionnés. Aucun d'eux, bien sûr, n'est responsable du contenu de cet ouvrage qui ne reflète que le point de vue de ses auteurs.

Le conseil de gestion du RMI a autorisé ce livre à voir le jour et a fourni de précieuses lignes directrices et critiques à différentes étapes des recherches et de l'écriture. L'existence de cet ouvrage doit beaucoup à ses conseils avisés et nous le remercions vivement pour son apport et son soutien, tous deux indispensables.

DONATEURS

Les recherches nécessitées par cet ouvrage – il s'agit de l'ouvrage le plus ambitieux en trente ans d'existence du RMI, un travail qui a mobilisé l'essentiel de notre équipe de professionnels pendant environ un an et demi – et la campagne de lancement ont pu être menées grâce à la philanthropie des personnes et organismes suivants : Alice et Fred Stanback, la Nationale

Postcode Loterij, la Robertson Foundation, le conseil de gestion du RMI, Rachel et Adam Albright, un anonyme (1), Foster et Coco Stanback, Reuben et Mindy Munger, Peter Boyer et Terry Gamble Boyer, Mary Caulkins et Karl Kister, l'Ayrshire Foundation, la Schmidt Family Foundation, le RMI National Solutions Council, la Sidney E. Frank Foundation, Tom Dinwoodie, la Caulkins Family Foundation, Eleanor N. Caulkins, George P. Caulkins III, Mary I. Caulkins, Maxwell Caulkins, John N. Caulkins, David I. Caulkins, Mac et Leslie McQuown, Sharman et David Altshuler, Pat et Ray C. Anderson, le Wiancko Family Advised Donor Fund of the Community Foundation of Jackson Hole, la Concordia Foundation, la Libra Foundation, l'Interface Environmental Foundation, Inc., Earth-Share, Markell Brooks, Craigslist, Inc., un anonyme (2), l'Arkay Foundation, la Bunting Family Foundation, Unifi, Inc., Amory B. et Judy Hill Lovins, Suzanne Farver et Clint Van Zee, l'Argosy Foundation, Sue et Jim Woolsey, la Pacific Gas & Electric Company, William Laney Thornton et Pasha Dritt Thornton, l'Arntz Family Foundation, l'« Anonymous » Trust, Arjun Gupta, la Moses Feldman Family Foundation, MAP Royalty, Inc., Richard D. Kaplan de l'AIA, la Moore Charitable Foundation, Sandra Pierson Endy, Judith et C. Frederick Buechner, David et Patricia Atkinson, la Peter H. and E. Lucille Gaass Kuyper Foundation, Chris Sawyer et Julie Ferguson Sawyer, Energy Future Holdings, Ralph Cavanagh, Family Capital Corp., Elaine et John French, et Martin et Margaret Zankel, sans oublier le précieux soutien d'un grand nombre d'autres donateurs. Qu'ils soient tous assurés de notre profonde reconnaissance.

Le Rocky Mountain Institute remercie vivement les experts cités ci-après (et bien d'autres personnes qui ont préféré rester anonymes) d'avoir généreusement accepté de réviser plusieurs ébauches de cet ouvrage ou de ses quatre principaux chapitres. Ce livre a grandement bénéficié de leurs différents points de vue et suggestions. Les erreurs qui pourraient demeurer ainsi que le contenu relèvent de la seule responsabilité des auteurs. Les réviseurs sont présentés par ordre alphabétique dans chaque domaine. Leur affectation actuelle n'est précisée que par souci d'identification et la mention de ces personnes n'est synonyme d'aucun soutien particulier.

LES RÉVISEURS

L'ensemble de l'ouvrage : Emily Grubert (université du Texas), Bill Joy (Kleiner Perkins Caufield & Byers), Dr Larry Keeley (Doblin, Inc.), Phil Klein (TEDxRainier), Jane et Bill Knapp, Katherine Lorenz (Mitchell Foundation), William F. Martin (Washington Policy and Analysis, Inc.), Reuben Munger (Bright Automotive), Dr Arthur H. Rosenfeld (université de Californie à Berkeley), l'équipe du Shift Project, Dr Paul Sullivan (université de Georgetown) et LTG Michael Vane (U.S. Army Training and Doctrine Command).

Les transports : Dr Stephen R. Brand (ConocoPhillips), Bill Browning, membre honoraire de l'AIA (Terrapin Bright Green), Dr Dennis Bushnell (NASA), John Casesa (Guggenheim Partners), Robin Chase (GoLoco), David R. Cramer (Fiberforge), Dr Mike Gallagher (Westport Innovations), Billy Glover (Boeing), Dr Christoph Grote (BMW), Dr David Hart (EPFL/Lausanne & Imperial College), Dr Nicholas Lutsey (université de Californie à Davis), Glenn Mercer (ex-partenaire et expert automobile chez McKinsey & Company, aujourd'hui consultant indépendant), Mike Ogburn (Clean Energy Economy for the Region), Clay Phillips (General Motors), Michael Roethe et ses collègues (North American Council for Freight Efficiency), Don Runkle (EcoMotors), Dr Roger Saillant (université Case Western), Mike Simpson (National Renewable Energy Laboratory), Bill White (ancien maire de Houston et ancien secrétaire adjoint à l'Énergie) et Steve Williams (Maverick Transportation).

Le bâtiment : Jamy Bacchus, ingénieur (Natural Resources Defense Council), Phil Bernstein, membre attaché à l'AIA (Autodesk AEC Solutions), Ralph Cavanagh, (Natural Resources Defense Council), Dr Henry Cisneros (CityView), Robert Clarke (Serious Energy), Hannah Granade (Advantix Systems), Ronald Herbst, ingénieur (Deutsche Bank AG), Donald Horn, de l'AIA (U.S. General Services Administration), Donna Hostick (Pacific Northwest National Laboratory), Dr Karl Knapp (MAP), Christian Kornevall (Conseil mondial des entreprises pour le développement durable), John A. "Skip" Laitner (American Council for an Energy-Efficiency Economy),

Anthony E. Malkin (Malkin Holdings), Steven Meyers (Rational Energy LLC), Natalie Mims (Southern Alliance for Clean Energy), Scott R. Muldavin, conseiller en biens immobiliers, consultant certifié en hypothèques et membre attaché à la RICS (Green Building Finance Consortium), Clay G. Nesler, ingénieur (Johnson Controls Inc.), Arah Schuur (Clinton Foundation), Gail Sturm (Pro Ten Realty Group), Terry Temescu (The Tanager Group), John Weale, ingénieur (Integral Group), R. Peter Wilcox, de l'AIA (Northwest Energy Efficiency Alliance).

L'industrie : Dr Mike Bertolucci (Interface), Dr Ron Brown (Agenda 2020 Technology Alliance), Kevin Fallon (Breosla LLC), Kenneth W. Nelson (DuPont Engineering Polymers Department), Ron Perkins, ingénieur (Supersymmetry USA, Inc.), James K. Rogers, ingénieur, CEM, CEA, Dan Trombley (American Council for an Energy-Efficient Economy), Cindy Voss, Paul Westbrook (Texas Instruments), Dr Tim Xu, ingénieur (Lawrence Berkeley National Laboratory).

L'électricité : Ralph Cavanagh (Natural Resources Defense Council), Thomas Dinwoodie (SunPower), Dr Andrew Ford (université d'État de Washington), TJ Glauthier (TJG Energy Associates), Dr Ray Gogel (Current Group), Michael Greene, ingénieur (ex-vice-président d'Energy Future Holdings), Keith Hay (Colorado Public Utilities Commission), David Ismay (Farella, Braun and Martel LLP), Koof Kalkstein (fondateur des pratiques énergétiques au Boston Consulting Group), Brendan Kirby, ingénieur (a travaillé pour l'Oak Ridge National Laboratory), Dr Karl Knapp (MAP), Reuben Munger (Bright Automotive), le capitaine Scott Pugh, retraité de la marine de guerre américaine (ministère américain de la Sécurité intérieure).

LES COLLABORATEURS TECHNIQUES

L'analyse par Josh Agenbroad de la production de combustibles fossiles sur le long terme (figure 1-3) – à laquelle nous avons procédé, car, à notre grande surprise, elle ne figurait pas dans la littérature – a été possible grâce aux précieux conseils du Pr Kjell Aleklett, du Dr Mikael Höök, de Jean Laherrère, du Pr Tadeusz Patzek et surtout du Pr David Rutledge. Notre analyse du coût économique de la dépendance au pétrole repose sur le travail novateur du

Dr David Greene et de ses collègues de l'Oak Ridge National Laboratory. Reuben Munger nous a aimablement communiqué les données sur la façon dont le marché détermine la volatilité des prix du pétrole et du gaz. Les nombreux mentors militaires qui travaillent avec nous depuis plusieurs dizaines d'années, qu'ils portent ou non l'uniforme, nous ont aidés à comprendre les enjeux pétroliers qui pèsent sur notre sécurité nationale. Les partenaires danois qui sont les nôtres, là aussi depuis plusieurs décennies, les Prs Niels Meyers et Jørgen Nørgård, ont clarifié les données concernant leur pays. L'essentiel des recherches approfondies menées au sujet de l'huile de baleine sont le fait de Jeff Bannon. Le Dr Lee Schipper, aujourd'hui décédé, le Dr Jonathan G. Koomey, Danny Cullenward, Steve Sorrell et le Dr James Barrett nous ont beaucoup aidés à mieux comprendre les effets rebond pour les chapitres consacrés aux transports, au bâtiment et à l'industrie. L'ensemble de cet ouvrage résonne des points de vue divers et éclairés du Dr Schipper et du Dr Koomey, ainsi que de ceux d'E. Kyle Datta.

Nos nombreux professeurs, clients et amis à travers le secteur automobile mondial depuis vingt ans ont contribué plus qu'ils ne l'imaginent au chapitre 2. Les connaissances encyclopédiques de Glenn Mercer en matière de ventilation des coûts des composants automobiles et de structures des coûts de fabrication, qu'il a généreusement accepté de partager, nous ont permis de réaliser une analyse économique et des modèles d'entreprise. John Casesa, Maryann Keller, le Dr David Cole et d'autres analystes chevronnés ont grandement contribué au fil des ans à notre compréhension du monde de l'économie, tout comme Clay Phillips, Derrick Kuzak, Sandy Munro, Alan Mulally, Bill Ford, le Dr Christoph Grote, Michael Brylawski, JB Straubel et nombre d'autres figures importantes du secteur automobile. Nos clients constructeurs automobiles et nos amis de la National Automobile Dealers Association ont été de merveilleux professeurs et partenaires. Nous sommes très reconnaissants envers Dave Cramer, le Dr Jon Fox-Rubin et leur équipe chez Fiberforge, ainsi que Dave Taggart et Burt Rutan pour leurs apports continus et passionnants en matière de composites avancés, auxquels se sont ajoutés ceux de Martin O'Connor et de bien d'autres. Carol et Eddie Sturman et Don Runkle nous ont éclairés au sujet des moteurs avancés, et Bill Joy, John Waters et

Mujeeb Izaz à propos des batteries. Le Dr Lee Schipper, Charles Komanoff, le Dr Mark Delucchi, le Dr David Greene, le Dr David Goldstein et le Dr John DeCicco ont compté parmi nos plus précieuses sources d'informations sur la politique énergétique. Le Dr Jon Hykawy, le Pr Paul Sullivan et Walter Benecki nous ont permis de mieux comprendre le marché des éléments terrestres rares et leur consommation. Yasushi Santoh nous a tenus informés de la situation au Japon. Nicholas Lutsey a partagé avec nous son travail sur l'allègement des voitures. L'ADEME, à Paris, nous a aimablement communiqué ses données concernant l'écotaxe, Laura Schewel nous a fait part des siennes en matière d'achats et de trafic et Anna Jaffe nous a renseignés sur les TI dans les transports. Notre analyse sur les poids lourds, qui s'appuie sur un travail antérieur du RMI effectué par Odd-Even Bustnes, Mike Obgurn, Hiroko Kawai et d'autres, a bénéficié des informations de nos partenaires du North American Council for Freight Efficiency, que le RMI a contribué à fonder en 2010, de celles de Jeff Byrne et de son équipe chez Walmart, ainsi que de celles de Jimmy Ray, Majora Carter, Tom Wieringa, Sharon Banks, John Gustafson et du Dr Mike Gallagher. Le Dr Dennis Bushnell, scientifique en chef à la NASA, et Billy Glover et Dave Daggett chez Boeing nous ont livré de précieuses informations sur les avions, le Pr Sridhar Kota a fait de même en nous parlant de ses surfaces transformables novatrices, et le Pr Jim Womack nous a éclairés sur les acheminements de point à point. Jigar Shah nous a parlé de la démarche d'efficacité énergétique de la Carbon War Room en matière de transports. Notre travail sur l'efficacité énergétique dans l'armée a été rendu possible par des centaines de collègues et d'informateurs de deux comités du Defense Science Board et notamment par Tom Morehouse (qui faisait partie du premier et a rapporté les conclusions du second), Scott Badenoch, Jim Woolsey, Chris DiPetto, VAE Denny McGinn (retraité de la marine de guerre), VA Phil Cullom (marine de guerre), Mike Aimone, Alun Roberts, Drexel Kleber, Drew Sloan et Ken Krieg (qui a suggéré de définir les deux nouveaux vecteurs stratégiques). Le Dr Sandy Thomas a été notre plus importante source d'informations pertinentes sur l'hydrogène. Nous avons eu de nombreux instructeurs en matière d'agrocarburants, dont Graham Williams, nos amis chez Shell et ailleurs dans l'industrie et le maître absolu des algues, le Dr Walter Adey.

Pour notre analyse des bâtiments, chapitre 3, Scott Muldavin, consultant certifié en hypothèques, conseiller en biens immobiliers et membre attaché à la RICS, nous a fait part de son savoir encyclopédique sur la façon dont l'efficacité énergétique influe sur la valeur dans l'immobilier commercial, et le Pr Roger Ulrich nous expliqué comment les bâtiments verts améliorent la santé des hommes et leurs performances. Greg Kats, Ron Herbst, ingénieur, Clay Nesler, ingénieur, Rob Watson et Rick Fedrizzi nous ont ouvert de nombreuses portes sur leurs univers analytiques et pratiques. Steven Meyers nous a fait part sans retenue de ses connaissances sur ce qui est nécessaire pour augmenter de façon rentable l'échelle de l'efficacité énergétique dans les bâtiments commerciaux. Les innovateurs technologiques, qu'il s'agisse du Dr Brandon Titianov, de Kevin Surace ou du Dr Steve Selkowitz en matière de vitrages, de Tsutomu Shimomura, de John Cage, de Nancy Clanton, ingénieur, membre attaché à l'IES, ou de Robert Sardinsky pour l'éclairage, du Dr Alan Meier ou de Dusko Maravic pour les appareils électriques ou bien d'Onno Koelman, de Jay Harman et de leurs collègues spécialisés dans les turbomachines chez PAX, nous ont tenus au courant des développements les plus étonnants. Le professeur et docteur Wolfgang Feist, sa collègue Katrin Klingenberg, de l'AIA, et les architectes Han Eek et Christer Nordström nous ont aidés à explorer les paramètres financiers des maisons passives. Les experts Paul Braese, ingénieur, Perry Bigelow, Ted Bakewell III, le docteur David Strong, ingénieur expert, membre attaché à la CIBSE et à l'EI et, dans le secteur commercial, Bill Browning, membre honoraire de l'AIA (qui, il y a longtemps, a donné l'impulsion aux travaux du RMI sur le bâtiment), et Bob Fox, de l'AIA, Gary Christensen, Tara Darrow, Elizabeth Heider et Rob Keller nous ont fait part de leurs parcours passionnants. Lee Scott et son équipe chez Walmart nous ont aidés à comprendre le cas des supermarchés. Norman Crowley nous a exposé avec brio le modèle économique de Crowley Carbon. Steve Jungerberg et Eric Walters nous ont expliqué le recyclage des entrepreneurs. Notre partenaire d'ingénierie mécanique préféré, Peter Rumsey, ingénieur, membre attaché à l'ASHRAE, et son équipe d'Integral Group ont inlassablement répondu à nos demandes de données, tout comme le professeur de Peter Rumsey qui est aussi le nôtre, Eng Lock Lee, à Singapour. Richard

G. Kidd IV, John Simpson, ingénieur, et plusieurs autres connaissances au gouvernement nous ont aidés à comprendre les défis et les réalisations qui leur sont propres. Robert H. Socolow et son groupe de Princeton nous fournissent depuis longtemps quantité d'informations. Nous devons une grande partie de notre travail sur les bâtiments à Greg Franta, membre attaché à l'AIA, éminent spécialiste du bâtiment au RMI, disparu trop tôt en 2009.

Pour l'industrie (chapitre 4), certains de nos partenaires de longue date tels qu'Eng Lock Lee, Frigyes Lestak, le Dr Gunnar Hofstadius, Paul Westbrook, le Dr Ernst Worrell, Michael Shepard, le Pr Thomas B. Johansson, le Dr David Goldstein, Anita Burke, Dale Hoenshell, Ken Nelson, Jim Clarkson, ingénieur, et James K. Rogers, ingénieur, CEM, CEA, ont généreusement partagé avec nous leurs données et leurs points de vue. Le Dr Tim Xu, ingénieur, nous a aidés à interpréter les analyses décisives de l'équipe de son laboratoire de Berkeley en matière d'efficacité énergétique. Gil McCoy et son équipe de l'État de Washington ont réalisé à notre intention une analyse moteur-coût. Plusieurs personnes ont gentiment accepté de nous faire part des dernières données en leur possession : le Dr Graham Sinden et le Pr Christopher Weber concernant l'énergie que renferme le commerce international ; Martha Moore, l'industrie chimique américaine ; Jay Stein, les hottes d'évacuation des fumées ; Philipp Schmidt-Pathmann, le recyclage en Europe ; le Dr Bernie Bulkin, le raffinage ; Lars Nilsson, les pompes ; le Pr Julian Allwood et son équipe de Cambridge, le rendement et les matériaux de procédé. Ray C. Anderson, aujourd'hui décédé, Jim Hartzfeld et le Dr Mike Bertolucci nous ont patiemment aidés à comprendre les avancées d'Interface en matière d'efficacité énergétique ; le Dr Levi Leathers, aujourd'hui décédé, le Dr Claude Fussler et Ken Nelson, celles de Dow ; le Dr Ron Brown, toute la complexité de l'efficacité énergétique dans la pâte à papier ; Ruksana Mirza, le Dr Luiz Carlos R. de Sousa et Bruno Fux, le défi que représente le remplacement du charbon dans les fours en ciment ; et le Pr Hanns Fischer, l'intégralité de son cours de chimie en laboratoire. Jonathan Knowles et ses collègues d'Autodesk, avec l'aimable autorisation de Carl Bass, directeur exécutif d'Autodesk et membre du conseil d'administration du RMI, nous ont aidés à cadrer et ont enrichi notre réflexion sur la fabrication additive.

Janine Benyus et son équipe constituent notre source d'inspiration sur le biomimétisme et le Dr Paul Anastas, sur la chimie verte. Nous avons apprécié le rôle prépondérant joué par le Pr Alan Fuchs lors du concours de l'AIChE où plusieurs solutions ont été proposées.

Notre analyse du secteur électrique (chapitre 5) s'appuie sur des dizaines d'années d'enseignements glanés auprès de nos partenaires. Trieu Mai et le Dr Walter Short ont conduit la modélisation de nos quatre cas à l'aide du modèle ReEDS du NREL, une composante essentielle de notre analyse, et nous ont apporté de précieuses réflexions sur la dynamique des réseaux. Bill Joy n'a cessé d'aiguiser notre réflexion en matière de technologies et d'analyse financière relatives aux énergies renouvelables. Michael Liebreich et son équipe de la Bloomberg New Energy Finance nous ont généreusement donné accès à leur unique base de données internationale sur la valeur des transactions des énergies renouvelables et le Dr Eric Martinot a fait de même avec les données tout aussi importantes du REN21 sur leur capacité. Le pionnier de l'énergie solaire et membre du conseil d'administration du RMI Thomas Dinwoodie ainsi que Shayle Kann (GTM Research) nous ont tenus informés de la rapide baisse du coût du solaire photovoltaïque et de la dynamique du marché du solaire. Jack Hidary et Aaron Zubaty nous ont éclairés sur la finance des énergies renouvelables. Joel Moxley nous a présenté la prometteuse technologie de forage géothermique de FORO et Lord Oxburgh, la technologie de capture du carbone de Shell/Eindhoven. Ralph Cavanagh, le Dr Peter Fox-Penner, Jon Wellinghoff, Jack Riggs, le Pr Michael Dworkin et Richard Cowart nous accompagnent depuis longtemps dans notre réflexion sur l'avenir des fournisseurs d'énergie et de leurs modèles économiques. J. Wayne Leonard nous a expliqué les besoins des consommateurs à faibles revenus et Dan Eggers et Kevin Parker ont évoqué avec nous les effets de la réglementation de l'Agence pour la protection de l'environnement concernant le charbon. Le Dr Ray Gogel, Rob Pratt et Graham Hodge nous ont fait part d'importantes conclusions sur l'avenir du réseau et sur le potentiel des microréseaux. Holger Kley nous a aidés à comprendre les opérations des microréseaux et le réseau danois. Ed Comer nous a apporté un retour décisif en matière d'intégration des énergies renouvelables, de sécurité du réseau et de construction d'un argumentaire convainquant. Le capitaine Scott Pugh (retraité de la marine de guerre américaine) nous a livré de précieuses perspectives sur la sécurité du réseau. Les Prs Mark Jacobson et Dan Kammen ont amélioré, entre autres, notre modèle de répartition du système électrique. Le Pr Andrew Ford a collaboré de près avec nous au développement d'un modèle de dynamique des systèmes concernant les investissements et le volet finance des fournisseurs d'énergie, tandis que Brad Tirpak nous a procuré des données et des éclairages financiers sur les fournisseurs. Le Dr Klaus Töpfer nous a aidés à comprendre la politique nucléaire allemande et Peter David Pedersen, le Pr Yoichi Kaya, Susumu Yoda et Takashi Kiuchi nous ont éclairés sur la politique nucléaire japonaise. Mycle Schneider, Peter Bradford, le Dr Victor Gilinsky, Robert Alvarez, le Pr Mark Cooper, le Pr Frank von Hippel et Jim Harding n'ont cessé de nous aider à comprendre les analyses et les données nucléaires. Le Dr Darrin Magee ainsi que le Dr Mark Levine et le Dr David Fridley se sont procurés des données difficiles à trouver sur la Chine pour les chapitres 5 et 6, tout comme Wang Shuxiao, Li Yuqi, Barbara Finamore et Yi Shenshen.

Le chapitre 6 emprunte le terme « *Intergrid* » à Jeremy Rifkin et s'appuie sur l'expertise en matière d'emploi du Dr Skip Laitner, sur le travail portant sur l'efficacité énergétique des appareils électriques du Dr Amol Phadke et de l'initiative SEAD, sur les innovations en matière d'éclairage de l'initiative Lumina du Dr Evan Mills, sur les données du Dr Sarah Emerson sur le gaz de schiste, sous-produit du pétrole brut, sur les connaissances de Robert A. Hefner III au sujet du gaz naturel, sur les enseignements stratégiques tirés de près de quarante années de discussions avec les planificateurs du groupe Shell, sur les avancées de l'équipe du Dr Wes Jackson, du Land Institute, en matière de polyculture pérenne, sur la restauration intégrée écologique et économique prônée par plusieurs experts reconnus (le Dr Willie Smits, Paolo Lugari et John Liu) et sur la contribution inspirée de Thomas L. Friedman, Adam Kahane et du Dr Eric Rasmussen.

Le titre de l'ouvrage vient d'une conservation avec la directrice exécutive du RMI, Marty Pickett. Je songeais à un titre comme « Désinventer le feu » et elle m'a dit : « Non, *Ré*inventer le feu ! ». Adopté.

Les professionnels accomplis qui entourent Margo Baldwin chez Chelsea Green Publishing, et notamment le responsable éditorial Joni Praded, la préparatrice de copie Nancy Ringer, la correctrice Eileen Clawson, l'indexeuse Margaret Holloway et la directrice de projet Patricia Stone, ont contribué à concrétiser notre travail à travers ce bel ouvrage, qui a bénéficié de la maquette étudiée de Maureen Fory. Les inondations et les coupures de courant causées par la tempête tropicale Irene dans le nord du Vermont ne sont même pas parvenues à entamer leur dévouement ni leur enthousiasme. Notre équipe au RMI leur est profondément reconnaissante à tous.

Enfin, ce travail n'aurait pu voir le jour sans le soutien inconditionnel de l'ensemble des membres du Rocky Mountain Institute et de leurs épouses/époux et partenaires, et par-dessus tout de celui de ma femme, Judy.

Amory B. Lovins

AU SUJET DES AUTEURS

Amory B. Lovins, physicien, cofondateur, président et scientifique en chef du RMI, a fait ses études à Harvard et à Oxford (où il a exercé en tant que professeur) et est l'auteur de trente ouvrages et de plus de quatre cent cinquante articles. Il a reçu les prix Blue Planet, Zayed, Volvo, Onassis, Nissan, Shingo et Mitchell, un prix de la MacArthur Foundation et de l'association Ashoka, les médailles Benjamin Franklin et Happold, onze doctorats *honoris causa*, le statut de membre honoraire de l'AIA et de membre de la RSA, celui de membre étranger de l'Académie royale des sciences de l'ingénieur de Suède, ainsi que les prix Heinz, Lindbergh, Right Livelihood (le prix Nobel alternatif), National Design et World Technology. Il est titulaire de dix chaires de professeur invité dont les plus récentes sont celle à la School of Engineering de Stanford et celle qu'il occupe actuellement à la Naval Postgraduate School. Il agit depuis près de quarante ans en tant que conseiller auprès d'instances gouvernementales (dont les ministères américains de l'Énergie et de la Défense) et auprès de grandes sociétés à travers le monde où ses interventions portent essentiellement sur les technologies énergétiques de pointe, l'efficacité énergétique des ressources, la stratégie, la sécurité et la conception par approche globale. En 2009, le magazine *Time* l'a fait figurer parmi les cent personnalités les plus influentes de l'année et le magazine *Foreign Policy*, parmi les cent principaux penseurs de la planète.

Robert « Hutch » Hutchinson est administrateur délégué des activités de recherche et de conseil du RMI, notamment en ce qui concerne le bâtiment et les transports. Consultant, directeur et partenaire du Boston Consulting Group pendant dix-huit ans, il a obtenu une licence en ingénierie mécanique et en mathématiques avec mention très honorable (université Vanderbilt), il a été Churchill Scholar (boursier) à Cambridge et a obtenu une maîtrise à

Stanford en ingénierie mécanique et en commerce (en tant qu'Arjay Miller Scholar). Il exerce comme consultant partout dans le monde, a lancé un fonds de capital-risque dans les technologies propres et a conduit des programmes pour le Pacific Northwest Lab du ministère américain de l'Énergie.

Stephen Doig, collaborateur émérite, a été directeur de programme au RMI de 2007 à 2011 où il a dirigé des travaux sur l'électricité, les collaborations industrielles et l'environnement du bâti. Il a joué un important rôle de conseiller sur le contenu et les messages clés tout au long de la rédaction de cet ouvrage. Avant de rejoindre le RMI, Stephen a occupé des postes décisionnels dans l'armée de l'air américaine et chez McKinsey & Company et a été professeur auxiliaire à la Wharton School of Business. Il a obtenu une licence de chimie au Dartmouth College, a passé un doctorat en chimie physique à l'université de Californie à Berkeley et a travaillé en tant que post-doctorant à la Mayo Clinic et à Caltech.

James Newcomb, directeur de programme au RMI, dirige la branche électricité de l'institut. Il est écrivain, consultant et concepteur de scénarios, et a vingt-cinq ans d'expérience de gestion d'organismes de recherches et de conseil de pointe. Avant de rejoindre le RMI, il a dirigé des groupes spécialisés dans l'analyse des marchés, des politiques et des impacts au Strategic Energy Analysis Center du National Renewable Energy Laboratory. Auparavant, il avait été directeur et cofondateur de Bio Economic Research Associates (bio-era), président et directeur exécutif fondateur d'E Source, une entreprise créée par essaimage à but lucratif dérivée du RMI, et il avait fondé et dirigé la branche gaz naturel chez Cambridge Energy Research Associates. M. Newcomb possède une licence d'économie de l'université de Harvard et une maîtrise d'énergie et de ressources de l'université de Californie à Berkeley.

Lionel Bony a occupé le poste de directeur du bureau du scientifique en chef au RMI où il a géré le projet Réinventer le feu, coordonné la stratégie de l'institut et dirigé les travaux sur le coût de l'installation et des fournitures du solaire photovoltaïque. Auparavant, il avait fondé la branche transports du RMI, s'intéressant particulièrement à l'efficacité énergétique et à l'électrification des plateformes. Avant de rejoindre le RMI en 2006, il avait travaillé chez L'Oréal en tant qu'analyste financier à Madrid et en tant que directeur de produits à Paris, et pour Conservation International en Bolivie. Il a obtenu un master en finance et en marketing à Sciences Po Paris et un MBA à la Harvard Business School. Il est retourné en France en septembre 2011 pour continuer à travailler dans le même secteur.

Voici, par ordre alphabétique, d'autres collaborateurs dont le rôle a été décisif :

Mathias Bell est consultant au RMI où il travaille sur l'efficacité énergétique dans les bâtiments et plus particulièrement sur la conception de programmes pour les fournisseurs d'énergie. Pour cet ouvrage, ses principales responsabilités ont été la modélisation et l'analyse économiques pour le secteur du bâtiment ainsi que l'étude des approches commerciales et politiques destinées à accélérer l'adoption de l'efficacité énergétique. Il est chercheur au sein de l'équipe Climate and Energy du World Resources Institute et conseille des entreprises et des institutions sur leur stratégie en matière d'énergie et de développement durable. Il a obtenu une licence en relations internationales avec spécialisation dans les études environnementales et technologiques au Carleton College.

Albert Chan est consultant pour les branches électricité et industrie du RMI et ses compétences portent tout particulièrement sur l'énergie solaire et l'efficacité énergétique dans l'industrie. Il a collaboré à l'analyse réalisée pour le chapitre de cet ouvrage consacré à l'industrie et a formulé des recommandations. Auparavant, il a travaillé chez SunPower où il a optimisé les procédés de fabrication et introduit la prochaine génération de modules solaires. Albert est diplômé de l'université Stanford où il a obtenu une licence et une maîtrise en sciences et ingénierie des matériaux, et il a occupé plusieurs postes de chercheur dans le photovoltaïque organique, les piles à combustible à oxyde solide et les fils supraconducteurs.

Nate Glasgow, ex-responsable au RMI, a dirigé les travaux de recherche sur les transports pour *Réinventer le feu*. Il est coauteur de l'ouvrage *Winning the Oil Endgame* (2004) du RMI et a supervisé la mise en œuvre des principes qui y sont exposés dans les secteurs de l'automobile, de l'aéronautique et des poids lourds. Avant de travailler au RMI, il avait été directeur de projet pour une entreprise de construction de la Napa Valley spécialisée dans l'efficacité énergétique et stagiaire de capital-risque spécialisé dans les technologies vertes pour le bâtiment. Il a obtenu un MBA et une licence en biologie humaine à l'université Stanford et une maîtrise d'économie à l'université de Californie à Santa Barbara. Il a été embauché chez SunEdison en avril 2011.

Lena Hansen a coécrit le chapitre sur l'électricité de *Réinventer le feu* et dirigé les analyses et les recherches sur ce secteur. Elle est l'une des responsables de la branche électricité du RMI où elle dirige des travaux sur la planification des ressources, la stratégie carbone, les ressources côté demande et l'intégration des énergies renouvelables intermittentes. Lena a obtenu une licence en astrophysique à l'université de Caroline du Nord à Chapel Hill et un master de gestion environnementale, mention énergie, en économie et politique à l'université Duke.

Virginia Lacy a coécrit et codirigé l'analyse destinée au chapitre sur l'électricité de *Réinventer le feu*. Consultante experte au RMI, elle conseille les fournisseurs d'énergie, les entreprises et les autorités publiques en matière de stratégie électrique, ce qui inclut l'intégration dans le réseau d'énergies renouvelables intermittentes, l'offre énergétique et les tendances des marchés de matières premières, ainsi que l'évaluation financière de l'efficacité énergétique et des sources d'énergie renouvelables. Elle était auparavant analyste dans une société spécialisée dans les investissements socialement responsables : elle y a étudié la performance environnementale de 1 500 entreprises sélectionnées par Standard and Poor's pour certains des plus grands investisseurs institutionnels américains. Elle a obtenu une licence en gouvernance à l'université de Virginie et un master en gestion environnementale à l'université Yale.

Eric Maurer est consultant au RMI où il participe à des projets de recherche et de conseil dans les secteurs de l'électricité et du bâtiment. Il a collaboré aux recherches et à la rédaction du chapitre sur l'électricité de *Réinventer le feu* et, après le départ de Lionel Bony, il a coordonné la production du projet après soumission. Eric a obtenu une licence en finance à l'université de Miami et un master en gestion environnementale à l'université Duke.

Jesse Morris est analyste dans la branche transports du RMI où il applique la conception par approche globale aux systèmes de transport en s'attachant à déterminer quand, où, pourquoi et de quelle façon nous avons besoin de véhicules. Il a coécrit le chapitre sur les transports de *Réinventer le feu* et en a dirigé les recherches. Il avait auparavant fait plusieurs stages dans des organisations environnementales à but non lucratif et travaillé dans le secteur privé pour un fabricant de panneaux photovoltaïques, après avoir obtenu une licence de politique environnementale internationale au Colorado College.

Greg Rucks est consultant au RMI où il travaille au développement et à la mise en œuvre de concepts à haut rendement énergétique pour les transports et l'industrie. Il a coécrit le chapitre sur les transports de *Réinventer le feu* et participé aux recherches et aux analyses qui le sous-tendent. Avant d'intégrer le RMI, Greg avait fait un stage en tant que bénévole au Ghana et travaillé chez Boeing sur l'optimisation structurelle et l'allègement du 787. Il est détenteur de deux licences : une d'anglais du Colorado College et une d'ingénierie mécanique de l'université Columbia.

Caroline (Fluhrer) Traube est une ancienne consultante experte au RMI où elle était spécialisée dans la conception à haut rendement énergétique des bâtiments, réalisant des modélisations énergétiques, des analyses de coût sur l'ensemble du cycle de vie et des certifications vertes pour des bâtiments neufs et existants, parmi lesquels l'Empire State Building et son projet de rénovation. Caroline a dirigé les recherches sur le secteur du bâtiment pour *Réinventer le feu*, identifiant les principaux leviers commerciaux et politiques qui permettent d'améliorer l'efficacité énergétique et d'étendre son échelle. Elle a obtenu une licence et un master en ingénierie à l'université Stanford.

Cet ouvrage s'est fortement appuyé sur le travail de deux modélisateurs du Rocky Mountain Institute :

Mark Dyson est un ancien analyste de la branche électricité du RMI. Il a contribué à développer et à appliquer des outils informatiques afin de modéliser les problèmes techniques et les implications commerciales liés à l'intégration des énergies renouvelables dans les systèmes électriques régionaux. Mark et l'équipe du RMI ont utilisé ces outils pour aider les fournisseurs d'énergie partenaires à mettre en place des stratégies pauvres en carbone et pour enrichir les recherches du RMI sur les futurs systèmes où domineront les énergies renouvelables. Mark a obtenu une licence en informatique et en géologie au Carleton College et a travaillé en tant que chercheur en géophysique à l'université Carleton et à celle de Harvard. Il a quitté le RMI à la mi-2011 pour entamer des études de troisième cycle au sein de l'Energy and Resources Group de l'université de Californie à Berkeley.

Mark Gately, analyste au RMI, est spécialisé dans la modélisation et l'analyse quantitatives. Il a dirigé le développement des modèles de *Réinventer le feu* pour l'automobile, le bâtiment et l'industrie, ainsi que l'intégration de l'ensemble des modèles à travers tous les secteurs. Il a obtenu un master en économie appliquée à l'université du Vermont et une licence d'informatique à l'université Cornell.

Cet ouvrage a également bénéficié des précieuses contributions de quatre consultants et conseillers extérieurs :

John Carey est auteur et rédacteur scientifique à son compte. De 1990 à 2010, il a occupé le poste de correspondant en chef au magazine *BusinessWeek*, traitant de tous les sujets depuis l'énergie et le réchauffement climatique jusqu'aux médicaments contre le cholestérol et au génome humain. Avant cela, John avait été rédacteur pour *The Scientist* et reporter à *Newsweek*. Ses articles lui ont valu des récompenses de la part de l'American Association for the Advancement of Science, du Wistar Institute et d'autres organismes. Il a également concouru jusqu'en finale pour le National Magazine Award. John a obtenu une licence de biochimie à l'université Yale, un master en biologie marine à l'University College of North Wales et un en écologie forestière à la Yale School of Forestry & Environmental Studies.

E. Kyle Datta, collaborateur émérite du RMI, est le partenaire principal de l'Ulupono Initiative, un organisme d'investissement social centré autour d'Hawaii qui a pour objectif d'améliorer la qualité de vie des insulaires en développant les énergies renouvelables, en augmentant la part d'aliments produits localement et en réduisant les déchets. Auparavant, Kyle avait été le directeur exécutif de l'US Biodiesel Group. Il a également été administrateur délégué de la recherche et du conseil au Rocky Mountain Institute et a coécrit deux ouvrages du RMI, *Winning the Oil Endgame* et *Small Is Profitable*. Il a été vice-président de Booz Allen Hamilton, a occupé le poste de gérant associé pour la branche énergie de l'entreprise à Singapour et de responsable à l'US Utility Practice. Kyle a obtenu un master en gestion publique et privée à la Yale School of Organization and Management et un autre en sciences environnementales de l'économie des ressources à la Yale School of Forestry & Environmental Studies.

Jason Denner a quatorze ans d'expérience professionnelle dans de nombreux secteurs de l'ingénierie industrielle et mécanique durable, parmi lesquels l'analyse et l'amélioration des équipements industriels, le développement de projets d'efficacité énergétique, l'approvisionnement énergétique décentralisé et l'offre d'énergies renouvelables, les opérations de production et la logistique en matière de distribution. Il se sert de son expérience pour diriger d'ambitieux projets d'efficacité énergétique pour des entreprises internationales spécialisées dans les aliments et les boissons, la fabrication, la pâte à papier, l'extraction minière, le pétrole et le gaz et la métallurgie. Jason a occupé précédemment le poste de directeur de l'ingénierie chez DOMANI Sustainability Consulting LLC et celui d'ingénieur de projet en chef pour le groupe recherche et conseil du Rocky Mountain Institute. Il conduit des projets visant à améliorer l'efficience en matière d'énergie et d'eau de nombreuses installations industrielles sur quatre continents.

Jonathan G. Koomey, collaborateur émérite du RMI (www.koomey.com), est professeur consultant à l'université Stanford. Il a travaillé pendant plus de vingt ans au Lawrence Berkeley National Laboratory et est professeur invité à l'université Yale et à l'université Stanford, ainsi qu'à l'université de Californie à Berkeley depuis l'automne 2011. Le Dr Koomey a obtenu une maîtrise et un doctorat en sciences au sein de l'Energy and Resources Group de l'université de Californie à Berkeley et une licence en histoire des sciences à l'université de Harvard. Il est l'auteur ou le coauteur de huit ouvrages et de plus de cent cinquante articles et rapports et est l'un des principaux experts internationaux en matière d'analyse économique de la réduction des gaz à effet de serre et d'effet des technologies de l'information sur la consommation des ressources. Son dernier livre écrit en solo est la seconde édition de *Turning Numbers into Knowledge: Mastering the Art of Problem Solving* (www.analyticspress.com).

Cet ouvrage a également bénéficié en interne des révisions et conseils avisés de deux figures importantes du RMI :

Brad Mushovic, vice-président du marketing et de la communication au RMI, s'occupe de la valorisation de la marque et de la clarté des messages à l'institut. Pendant cinq ans, il a été vice-président du marketing chez Outward Bound USA et a occupé des postes à responsabilité chez First Advantage SafeRent. Il a également acquis de l'expérience en marketing et en gestion de marque chez Qwest Communications et Proctor & Gamble où il a commencé en tant qu'ingénieur en procédés et directeur des exploitations. Il a obtenu une licence en ingénierie mécanique (avec mention très honorable) et un MBA avec mention très bien à l'université du Michigan. Il pratique l'escalade et la course cycliste en compétition.

Michael Potts, président et directeur exécutif du RMI, était un administrateur actif avant d'intégrer l'équipe de gestion du RMI début 2007, après plus de vingt-cinq ans en tant que cadre chargé du développement des technologies de pointe. Le poste commercial le plus récent qu'il ait occupé était celui de directeur exécutif d'American Fundware, qui a multiplié ses recettes par trois pendant son mandat et a produit la suite logicielle Fundware, une suite primée destinée aux organisations sans but lucratif et gouvernementales. AFW a été rachetée en 2002 par Intuit, le créateur de Quickbooks et de TurboTax. Auparavant, Michael Potts avait occupé des fonctions dans la vente, le marketing et la direction générale chez IBM, BancTec et Recognition International. Il a travaillé de nombreuses années à l'international et a été directeur général d'une filiale australienne. Il siège actuellement au conseil d'administration d'entreprises commerciales et d'associations sans but lucratif dans lesquelles il peut satisfaire sa passion de l'innovation et du développement spirituel.

Enfin, deux directeurs de sociétés spécialisées dans l'énergie ont gracieusement accepté d'écrire chacun un avant-propos pour cet ouvrage :

Marvin E. Odum est président de Shell Oil Company et directeur des activités Upstream du groupe. Il siège au comité directeur du Business Roundtable, de l'US Climate Action Partnership et de l'American Petroleum Institute. Il est en outre membre du conseil des doyens de la John F. Kennedy School of Government à l'université de Harvard et du groupe consultatif de la Cockrell School of Engineering à l'université du Texas à Austin. Il est également présent au conseil d'administration de plusieurs organisations de bienfaisance autour de Houston. Marvin E. Odum a obtenu une licence d'ingénierie mécanique à l'université du Texas et un master en gestion commerciale à l'université de Houston. Il a commencé sa carrière à Shell en tant qu'ingénieur en 1982 et a depuis grimpé progressivement dans la hiérarchie en occupant des postes dans les secteurs tant techniques que commerciaux de l'énergie.

John W. Rowe est président et directeur exécutif d'Exelon Corporation, une société de portefeuille de services énergétiques basée à Chicago. Exelon présente la plus importante capitalisation boursière de l'industrie électrique américaine. Ses détaillants affiliés servent 5,4 millions de consommateurs dans l'Illinois et en Pennsylvanie et sa filiale de production gère le plus vaste parc de centrales nucléaires de l'industrie énergétique américaine. John W. Rowe est le plus expérimenté des directeurs exécutifs de l'industrie énergétique américaine puisqu'il occupe ce type de postes depuis 1984 et il dirige Exelon depuis sa création en 2000. Il a auparavant été directeur exécutif au New England Electric System et à la Central Maine Power Company, conseiller juridique à la Consolidated Rail Corporation et partenaire du cabinet d'avocats Isham, Lincoln and Beale. John W. Rowe est l'ancien président du Nuclear Energy Institute et de l'Edison Electric Institute. Il est coprésident de la National Commission on Energy Policy, un organisme industriel et environnemental qui lutte contre le changement climatique. Il siège au conseil d'administration de Sunoco, de la Northern Trust Company et d'UChicago Argonne LLC, l'organe directeur de l'Argonne National Laboratory. En 2008 et 2009, John W. Rowe a été élu meilleur directeur exécutif d'une entreprise électrique aux États-Unis par Institutional Investor.

AU SUJET DU ROCKY MOUNTAIN INSTITUTE

Le Rocky Mountain Institute est un groupe de réflexion et d'action indépendant, actif et d'utilité publique, structuré comme une organisation sans but lucratif exonérée d'impôts. Il a été cofondé en 1982 par Amory B. Lovins qui en est aujourd'hui encore le très dynamique inspirateur principal, président et scientifique en chef. Ses dirigeants, son personnel composé de plus de 80 personnes et son conseil de gestion sont décrits sur le site Internet du RMI (www.rmi.org) qui présente également les nombreuses publications et nouvelles de l'institut.

Afin de concrétiser sa vision d'un monde prospère, verdoyant et sûr, pour tous et pour toujours, le RMI s'est fixé comme mission de promouvoir l'utilisation efficace et réparatrice des ressources. Il explique comment tirer bien plus d'avantages de l'énergie, de l'eau, des matières et d'autres ressources grâce à des conceptions, des technologies, des stratégies commerciales et des politiques publiques novatrices savamment combinées, rigoureusement appliquées et vigoureusement encouragées. Cette démarche se concrétise à travers trois grandes actions : la transformation des modes de conception, la suppression des barrières et la diffusion de l'innovation. La cible stratégique du RMI pour la période 2010-2015 s'exprime à travers le scénario Réinventer le feu qui consiste à cartographier la transition, orchestrée par les entreprises, du pétrole, du charbon et à terme du gaz naturel vers l'efficacité énergétique et les énergies renouvelables, ainsi qu'il est décrit dans cet ouvrage. Le RMI met également en œuvre cette transition à travers des initiatives ciblées et axées sur le marché dans les secteurs des transports, du bâtiment, de l'industrie et de l'électricité. L'institut a souvent recours dans ses travaux à la conception par approche globale et à la notion de « capitalisme naturel » (pour plus de détails sur ce concept, aller sur www.natcap.org).

Basé à Old Snowmass et à Boulder, dans le Colorado, le RMI travaille essentiellement aux États-Unis mais toujours dans un contexte et avec une portée d'ampleur internationale qui englobent soixante pays. Ses recherches et ses pratiques transdisciplinaires lui ont valu sa réputation d'organisme caractérisé par son intégrité, sa qualité, son originalité, son savoir, sa clarté et son efficacité.

Le RMI, ce sont des solutions et non des problèmes, des cas pratiques et non de la théorie, des transformations et non des approches progressives. L'institut n'est ni hostile, ni partisan, mais au contraire transidéologique, et il s'attache la collaboration de partenaires privés, publics et non gouvernementaux. Il est apolitique, n'exerce aucune pression et n'intente aucune action en justice.

Le RMI a lancé son entreprise sans but lucratif *via* onze modèles de revenus. Tous sont un succès, dix reposent sur le modèle de l'entreprise et tous ou presque sont toujours à l'œuvre. La méthode, hybride, consiste en premier lieu à financer l'innovation par des fonds philanthropiques afin de trouver des solutions nouvelles à des problèmes anciens et complexes. Ensuite, l'équipe plurielle de chercheurs/experts du RMI teste et affine ces concepts (et tire profit de l'investissement philanthropique pour générer des revenus qui financeront de nouvelles recherches) *via* des activités de conseil ciblées qui appuient la mission. En d'autres termes, les experts du RMI collaborent avec des partenaires compétents et motivés du secteur privé, généralement de grandes entreprises influentes, pour transformer ces concepts novateurs en acquisitions mutuelles de connaissances, en démonstrations pratiques, en compétences et en crédibilité pour l'entreprise, en cas d'école, en pression concurrentielle vectrice d'émulation et en applications à plus grande échelle par des partenaires efficaces. Ce modèle génère en moyenne 30 à 70 % des quelque 13 millions de dollars de revenus annuels du RMI et a, jusqu'à présent, donné naissance à cinq entreprises créées par essaimage (trois formelles et deux informelles) et à trois à but non lucratif.

LES AUTRES PUBLICATIONS
DU ROCKY MOUNTAIN INSTITUTE

Des centaines de publications sur toutes sortes de sujets, grand public ou très techniques, sont disponibles gratuitement sur le site Internet de l'institut : www.rmi.org. Certaines remontent à 1982, l'année de création du RMI, voire aux années 1970. Un moteur de recherche est disponible sur le site. Les versions papier et en ligne du *Solutions Journal* et la version en ligne de *Spark*, la lettre d'information, sont également disponibles sur le site. Les ouvrages précédents sont les suivants :

P. G. Hawken, A. B. Lovins et L. H. Lovins, *Natural Capitalism : comment réconcilier économie et environnement* (Scali, 2008) ; www.natcap.org.

A. B. Lovins, E. K. Datta, T. Feiler, K. R. Rábago, J. N. Swisher, A. Lehmann et K. Wicker, *Small Is Profitable: The Hidden Economic Benefits of Making Electrical Resources the Right Size* (RMI, 2002), livre de l'année selon *The Economist*, disponible sur www.smallisprofitable.org.

A. B. Lovins, E. K. Datta, O.-E. Bustnes, J. G. Koomey et N. J. Glasgow, *Winning the Oil Endgame: Innovation for Profits, Jobs, and Security* (RMI, 2004) ; www.rmi.org/WTOE.

A. B. Lovins et ed. C. W. Burns, *The Essential Amory Lovins* (Londres : Earthscan, juillet 2011) ; anthologie 1962-2010 ; www.earthscan.co.uk/?tabid=102749.

Comme il est précisé dans la partie intitulée « À propos de l'ouvrage », les notions techniques sur lesquelles repose ce livre et les initiatives sectorielles destinées à mettre sa thèse en pratique, figurent à l'adresse suivante : www.reinventingfire.com/rfknowledgecenter.

CRÉDITS PHOTOGRAPHIQUES

Nous remercions vivement les sources citées ci-après de nous avoir autorisés à reproduire leurs illustrations déposées.

CHAPITRE 1

Fig. 1-1, photo de Laurin Rinder/Shutterstock.com.

CHAPITRE 2

Fig. 2-1, photo de ricardoazoury/istockphoto.com ; fig. 2-4, photo et illustration avec l'aimable autorisation du RMI, remerciements à la Fiberforge Corporation ; fig. 2-5, illustration avec l'aimable autorisation de Toyota Motor Corporation ; fig. 2-6, illustration avec l'aimable autorisation de Volkswagen ; fig. 2-9, illustration avec l'aimable autorisation de BMW NA ; fig. 2-10, illustration avec l'aimable autorisation de Bright Automotive ; fig. 2-16, photos avec l'aimable autorisation de Daimler Trucks North America (gauche) et Renault Trucks (droite) ; fig. 2-20, photos avec l'aimable autorisation de la NASA et de The Boeing Company (2-20a), de la NASA et de la NIA (2-20b), et de la NASA, du Massachusetts Institute of Technology et d'Aurora Flight Sciences (2-20c) ; fig. 2-22, illustrations avec l'aimable autorisation de l'U.S. Air Force (2-22a), de Karem Aircraft (2-22b), de © U.S. Army (2-22c), de Badenoch LLC (2-22d) ; fig. 2-27, © Fietsersbond.

CHAPITRE 3

Fig. 3-1, photo de Doubleclicks, Inc./iStockphoto.com ; fig. 3-9, illustration avec l'aimable autorisation de la NASA/JPLCaltech. Reproduite avec l'autorisation de Merrilee Fellows (NASA Policy/Program Management), 4 avril 2011 ; fig. 3-10, illustration avec l'aimable autorisation de Sony Electronics Inc. ; fig. 3-11, reproduite avec l'autorisation de Kasey Arnold-Ince, 11 avril 2011. Copyright : PAX Scientific. Tous droits réservés ; fig. 3-12, reproduite avec l'autorisation de Heather Lammers, National Renewable Energy Laboratory, 16 mars 2011 ; fig. 3-13, illustration avec l'aimable autorisation du RMI.

CHAPITRE 4

Fig. 4-1, photo de Oknebulog/Dreamstime.com ; fig. 4-7, graphique de Stanford Kay Studio ; fig. 4-8, graphique de Stanford Kay Studio ; fig. 4-9, photo avec l'aimable autorisation d'Eng Lock Lee ; fig. 4-10, graphique de Stanford Kay Studio.

CHAPITRE 5

Fig. 5-1, photo de Fedorov Oleksiy/Shutterstock.com ; fig. 5-2, graphique de Stanford Kay Studio ; fig. 5-8, ministère américain de la Sécurité intérieure, concept de VA Jay M. Cohen (retraité de la marine de guerre américaine), avec l'aimable autorisation du capitaine Scott Pugh (retraité de la marine de guerre américaine) ; fig. 5-26, graphique de Stanford Kay Studio.

CHAPITRE 6

Fig. 6-1, photo de James Group Studios/istockphoto.com.

RÉFÉRENCES

2050 Japan Low-Carbon Society Scenario Team. 2007. *Japan Scenarios towards Low-Carbon Society (LCS): Feasibility Study for 70% CO_2 Emission Reduction by 2050 Below 1990 Level.* National Institute for Environmental Studies (NIES), université de Kyoto, février. http://2050.nies.go.jp/press/070215/file/20070215_report_e.pdf.

———. 2009. "Japan Roadmaps towards Low-Carbon Societies (LCSs)." http://2050.nies.go.jp/report/file/lcs_japan/20090814_japanroadmap_e.pdf.

AAAS. 2011. *AAAS Report XXXVI: Research and Development FY 2012.* AAAS. http://www.aaas.org/spp/rd/rdreport2012/tablelist.shtml.

ABB. 2007. *Energy Efficiency in the Power Grid.* ABB. http://tinyurl.com/yd2deqm.

Académie nationale des sciences. 2009. *Hidden Costs of Energy: Unpriced Consequences of Energy Production and Use.* Washington DC : The National Academies Press. http://www.nap.edu/catalog.php?record_id=12794.

———. 2010. *Real Prospects for Energy Efficiency in the United States.* Washington DC : The National Academies Press.

Adey, Walter. 2008–2009. Communication personnelle avec l'auteur.

Agence américaine pour la protection de l'environnement. 1998. *Role of Technology in Climate Change Policy.* EP 1.2:R 64. Washington DC : Agence américaine pour la protection de l'environnement, Atmospheric Pollution Prevention Division.

———. 2009. *Light-Duty Automotive Technology, Carbon Dioxide Emissions, and Fuel Economy Trends: 1975 through 2009.* Washington DC : Agence américaine pour la protection de l'environnement.

———. 2010a. *ENERGY STAR and Other Climate Protection Partnerships 2009 Annual Report.* Washington DC : Agence américaine pour la protection de l'environnement.

———. 2010b. *Light-Duty Automotive Technology, carbon Dioxide Emissions, and Fuel Economy Trends: 1975 Through 2010.* EPA-420-R-10-023. Novembre. http://www.epa.gov/oms/.

Agence américaine pour l'information sur l'énergie. 1997. "U.S. Manufacturing Energy Intensity, 1977 through 1991." In *Changes in Energy Intensity in the Manufacturing Sector 1985–1991.* Washington DC : Agence américaine pour l'information sur l'énergie. http://www.eia.gov/emeu/mecs/mecs91/intensity/mecs2g.html.

———. 1999. Commercial Building Energy Consumption Survey, 1999. Washington DC : Agence américaine pour l'information sur l'énergie. http://www.eia.doe.gov/emeu/cbecs/.

———. 2000. *The Changing Structure of the Electric Power Industry 2000: An Update.* Washington DC : Agence américaine pour l'information sur l'énergie, octobre. http://www.eia.gov/cneaf/electricity/chg_stru_update/update2000.pdf.

———. 2005. "MECS Definition of Nonfuel (Feedstock)." From the 2005 Manufacturing Energy Consumption Survey. Agence américaine pour l'information sur l'énergie. http://www.eia.doe.gov/emeu/mecs/mecs98/datatables/nonfueldef.html.

———. 2006a. "Energy Use in Commercial Buildings." From the 2003 Commercial Building Energy Consumption Survey. Washington DC : Agence américaine pour l'information sur l'énergie. http://www.eia.doe.gov/emeu/cbecs/cbecs2003/.

———. 2006b. "2006 Manufacturing Energy Consumption by Manufacturers—Data Tables." From the 2006 Manufacturing Energy Consumption Survey. Agence américaine pour l'information sur l'énergie. http://www.eia.doe.gov/emeu/mecs/mecs2006/2006tables.html.

———. 2007. *Electric Power Industry Overview.* Washington DC : Agence américaine pour l'information sur l'énergie. http://www.eia.gov/cneaf/electricity/page/prim2/toc2.html.

———. 2008a. "Consumption and Expenditures in U.S. Households." Data tables from the Residential Energy Consumption Survey. Washington DC : Agence américaine pour l'information sur l'énergie. http://www.eia.doe.gov/emeu/recs/historicaldata/historical_data80_02.html.

———. 2008b *International Energy Statistics.* Washington DC : Agence américaine pour l'information sur l'énergie. http://tonto.eia.doe.gov/cfapps/ipdbproject/IEDIndex3.cfm?tid=44&pid=44&aid=2.

———. 2008c. 2005 Residential Energy Consumption Survey. Washington DC : Agence américaine pour l'information sur l'énergie. http://205.254.135.24/emeu/recs/recs2005/hc2005_tables/detailed_tables2005.html.

———. 2009. "Retail Sales of Electricity by State by Sector by Provider, 1990–2009." Data from the *Electric Power Annual.* Washington DC : Agence américaine pour l'information sur l'énergie. http://www.eia.doe.gov/cneaf/electricity/epa/sales_state.xls.

———. 2010a. "Macroeconomic Indicators, Reference Case." From *Annual Energy Outlook 2010.* Washington DC : Agence américaine pour l'information sur l'énergie. http://www.eia.gov/oiaf/aeo/tablebrowser/#release=AEO2010&subject=14-AEO2010&table=18-AEO2010&region=0-0&cases=aeo2010r-d111809a.

———. 2010b. *Annual Energy Outlook 2010.* Avril. http://www.eia.gov/oiaf/aeo/pdf/0383%2810%.29.pdf.

———. 2010c. "Petroleum Product Prices, Early Release Reference." From *Annual Energy Outlook 2010.* Washington DC : Agence américaine pour l'information sur l'énergie. http://www.eia.doe.gov/oiaf/aeo/tablebrowser/#release=AEO2011&subject=0-AEO2011&table=12-AEO2011&region=0-0&cases=ref2011-d120810c.

———. 2010d. *Annual Energy Review 2009.* 19 août 2010. http://www.eia.doe.gov/aer/.

———. 2010e. Table 6.8, "Natural Gas Prices by Sector, 1967–2009." From *Annual Energy Review.* Washington DC : Agence américaine pour l'information sur l'énergie, 19 août. http://www.eia.doe.gov/totalenergy/data/annual/txt/ptb0608.html.

———. 2010f. Table 8.1, "Electricity Overview, 1949–2009." From *Annual Energy Review.* Washington DC : Agence américaine pour l'information sur l'énergie, 19 août. http://www.eia.gov/totalenergy/data/annual/txt/ptb0801.html.

———. 2010g. "Form EIA-860, Annual Electric Generator Report." http://www.eia.doe.gov/cneaf/electricity/page/capacity/existingunitsbs2008.xls.

———. 2010h. "Form EIA-923." *Electricity Data Files.* Agence américaine pour l'information sur l'énergie. http://www.eia.doe.gov/cneaf/electricity/page/eia906_920.html.

———. 2011a. *January 2011 Monthly Energy Review.* Agence américaine pour l'information sur l'énergie. http://www.eia.gov/totalenergy/reports.cfm.

———. 2011b. *March 2011 Monthly Energy Review.* Agence américaine pour l'information sur l'énergie. http://www.eia.gov/totalenergy/reports.cfm.

———. 2011c. "Existing Net Summer Capacity by Energy Source and Producer Type." From the *Electric Power Annual.* Washington DC : Agence américaine pour l'information sur l'énergie.

———. 2011d. Table 7.2b, "Electricity Net Generation: Electric Power Sector." From *April 2011 Monthly Energy Review.* Washington DC : Agence américaine pour l'information sur l'énergie. http://www.eia.gov/totalenergy/data/monthly/pdf/sec7_6.pdf.

———. 2011e. *Form EIA-860 Annual Electric Generator Report.* Agence américaine pour l'information sur l'énergie, 4 janvier. http://www.eia.doe.gov/cneaf/electricity/page/eia860.html.

Agence fédérale allemande de l'environnement (UBA). 2010. *Energieziel 2050: 100% Strom aus erneuerbaren Quellen.* http://www.uba.de/uba-info-medien/3997.html.

Agence internationale de l'énergie. 2007. *Tracking Industrial Energy Efficiency and CO_2 Emissions.* Paris : publication de l'OCDE.

———. 2010. *Sustainable Production of Second-Generation Biofuels.* Agence internationale de l'énergie, février. http://www.europeanclimate.org/documents/Power_trains_for_Europe.pdf.

———. 2010a. *World Energy Outlook.* www.worldenergyoutlook.org.

———. 2011. *Harnessing Variable Renewables—A Guide to the Balance Challenge.* http://iea.org/publications/freepublications/publication/Harnessing_Variable_Renewables2011.pdf.

Agence internationale de l'énergie atomique. 2011. "Power Reactor Information System." http://www.iaea.or.at/programmes/a2/.

Akbari, Hashem et A. Rosenfeld. 2008. *White Roofs Cool the World, Directly Offset CO_2 and Delay Global Warming.* Lawrence Berkeley National Laboratory, Heat Island Group, 10 novembre. http://coolcolors.lbl.gov/assets/docs/fact-sheets/Global-cooling-2pp.pdf.

Allwood, J. M. 2009. "Steel, Aluminium and Carbon Targets: Alternative Strategies for Meeting the 2050 Carbon Emission Targets." In *R'09 Twin World Congress: Resource Management and Technology for Material and Energy Efficiency, 14–16 September 2009, Davos, Switzerland.* Davos, Suisse : R'09 World Congress. http://publications.eng.cam.ac.uk/17014/.

Allwood, Julian M., Michael F. Ashby, Timothy G. Gutowski et Ernst Worrell. 2011. "Material Efficiency: A White Paper." *Resources, Conservation and Recycling* 55 (3): 362–381. doi:10.1016/j.resconrec.2010.11.002.

Alvarez, Robert, Jan Beyea, Klaus Janberg, Jungmin Kang, Ed Lyman, Allison Macfarlane, Gordon Thompson et Frank von Hippel. 2003. "Reducing the Hazards from Stored Spent Power-Reactor Fuel in the United States." *Science & Global Security* 11 (1): 1. http://www.informaworld.com/10.1080/08929880309006.

American Chemistry Council. 2010a. *Industry Fact Sheet.* American Chemistry Council. http://209.190.243.167/chemistry-industry-facts.

———. 2010b. *Guide to the Business of Chemistry. American Chemistry Council.* http://store.americanchemistry.com/detail.aspx?ID=261.

American Chemistry Council (personnel). 2011. Communication personnelle avec l'auteur, 4 mars.

American Council for an Energy-Efficient Economy. 2011. "Incentivizing Utility-Led Efficiency Programs: Lost Margin Recovery." http://www.aceee.org/sector/state-policy/toolkit/utility-programs/lost-margin-recovery.

American Electric Power. 2007. Communiqué de presse. Salle de rédaction, 11 septembre. http://www.aep.com/newsroom/newsreleases/?id=1397.

———. 2011. "AEP to Receive Funds From Global CCS Institute for Commercial Scale Carbon Dioxide Capture and Storage Project." Salle de rédaction, 16 février. http://www.aep.com/newsroom/newsreleases/?id=1673.

American Gas Association. 2010. "Revenue Decoupling Resources." http://www.aga.org/our-issues/RatesRegulatoryIssues/ratesregpolicy/Issues/Decoupling/Pages/default.aspx.

American Institute of Chemical Engineers. 2010. "10xE Challenge." http://www.aiche.org/Energy/GetInvolved/10xEChallenge.aspx.

American Physical Society and the Materials Research Society. 2011. *Energy Critical Elements: Securing Materials for Emerging Technologies.* College Park, MD: American Physical Society and the Materials Research Society.

Anderson, Ray C. 1999. *Mid-Course Correction: Toward a Sustainable Enterprise: The Interface Model.* Peregrinzilla Press.

——— 2009. *Confessions of a Radical Industrialist.* New York : St. Martin's Press.

Anderson, S. 2011. *Why We Need DOD Policy to Require Energy Efficient Expeditionary Structures.* Briefing à l'Army Science Board, avril 2011.

Apogee Technology, Inc. 2010. "Isothermal Melting." http://www.apogeetechinc.com/products/advanced-heating-2/isothermal-melting/.

Apte, J., D. Arasteh, et J. Huang. 2003. "Future Advanced Windows for Zero-Energy Homes." ASHRAE Transactions 109 (2).

Architecture 2030. 2011. "Architecture 2030: Adopters." http://architecture2030.org/2030_challenge/adopters.

Arezki, Rabah et Markus Bruckner. 2011. "Oil Rents, Corruption, and State Stability: Evidence from Panel Data Regressions." School of Economics Documents de travail 07/2011. Adelaide, Australia: University of Adelaide School of Economics (janvier). http://ideas.repec.org/p/adl/wpaper/2011-07.html.

Aspen Aerogels. 2011. Aspen Aerogels. http://www.aerogel.com.

Aspen Publishers. 2004. "An Illinois 'PassivHaus.'" *Energy Design Update* 24 (5).

Aster, Nick. 2010. "Deutsche Bank: The Payoff in Building Green." Triple Pundit, 20 avril. http://www.triplepundit.com/2010/04/deutsche-bank-green-building-leed/.

Attari, Shahzeen Z., Michael L. DeKay, Cliff I. Davidson et Wändi Bruine de Bruin. 2010. "Public Perceptions of Energy Consumption and Savings." *Proceedings of the National Academy of Sciences* 107 (37): 16054–59. doi:10.1073/pnas.1001509107. http://www.pnas.org/content/107/37/16054.abstract.

Ayres, R. U. et E. H. Ayres. 2009. *Crossing the Energy Divide: Moving from Fossil Fuel Dependence to a Clean-Energy Future.* 1re éd. Upper Saddle River, NJ: Pearson Prentice Hall.

Ayres, R. U., L. W. Ayres et Benjamin Warr. 2003. "Exergy, Power and Work in the U.S. Economy, 1990–1998. q." *Energy* 28 (3): 219–273. doi:10.1016/S0360-5442(02)00089-0.

Babits, Sadie. 2010. "Germany's Green Lead." *Boise Weekly,* 3 mars. http://www.boiseweekly.com/boise/umweltschutz/Content?oid=1507039.

Bailey, Owen et Ernst Worrell. 2005. *Clean Energy Technologies: A Preliminary Inventory of the Potential for Electricity Generation.* Lawrence Berkeley National Laboratory, avril. http://www.recycled-energy.com/_documents/news/LBNL_clean_energy.pdf.

Bakewell, Ted (Bakewell Corporation). 2011. Communication personnelle avec l'auteur, 9 février.

Ball, Christopher P. 2007. "Rethinking Hub versus Pointto-Point Competition: A Simple Circular Airline Model." *Journal of Business & Economic Studies* 13 (1).

Barrett, James. 2010. "Horse, Meet Water: Getting Efficiency to Market." *Great Energy Challenge* (blog pour *National Geographic*), 8 novembre. http://www.greatenergychallengeblog.com/blog/2010/11/08/horse-meet-water/.

Barringer, Felicity. 2011. "Smart Meters Draw Fire from Left and Right in California." *New York Times,* 30 janvier. http://www.nytimes.com/2011/01/31/science/earth/31meters.html.

Belko, John et A. O. Smith. 2008. *Novel Fan Design Offers Energy Savings to Refrigeration Market.* International Appliance Manufacturing. http://www.appliancedesign.com/AM/Home/Files/PDFs/30_AO%20Smith.pdf.

Belkraft. 2005. "Vacumatic Waterless Cookware." http://www.belkraft.com/Waterless_cookware.html.

Bell, Geoffrey. 2008. *Aerosol Ductwork Sealing in Laboratory Facilities.* Agence américaine pour la protection de l'environnement, 29 juillet.

Bendewald, Mike et Lindsay Franta. 2010. *Autodesk AEC Headquarters and Integrated Project Delivery: Factor Ten Engineering Case Study.* Snowmass, CO : Rocky Mountain Institute. http://www.rmi.org/rmi/Library%2F2010-16_AutodeskCaseStudy.

Benyus, Janine M. *Biomimétisme : quand la nature inspire des innovations durables.* Rue de l'échiquier, 2011.

Berman, Arthur. 2009. "Facts Are Stubborn Things." Posté sur le site Internet de l'Association for the Study of Peak Oil & Gas, 5 novembre. http://www.aspousa.org/index.php/2009/11/facts-are-stubborn-thingsarthur-e-berman-november-2009/.

Bernstein, Mark A., Robert J. Lempert, David S. Loughran et David S. Ortiz. 2000. *The Public Benefit of California's Investments in Energy Efficiency.* RAND Monograph Report 1212.0. Santa Monica, CA : RAND Corporation. http://www.rand.org/pubs/monograph_reports/MR1212z0.html.

BestLog. 2008. *IKEA: Increased Transport Efficiency by Product and Packaging Redesign.* Commission européenne. http://green4pl.com/blog/bestLog_best_practice_Ikea_transport_efficiency_redesign.pdf.

BetterBricks. 2006. *Banner Bank Building.* BetterBricks. http://www.betterbricks.com/sites/default/files/casestudies/pdf/betterbricks-case-study-banner-bank.pdf.

———. 2011. *PeaceHealth Commits to Energy Efficiency through SEMP.* BetterBricks. http://www.betterbricks.com/healthcare/peacehealth-commits-energyefficiency-through-semp.

Beyea, Jan, Ed Lyman et F. von Hippel. 2004. "Damages from a Major Release of 137Cs into the Atmosphere of the United States." *Science & Global Security* 12: 125–36.

Beyer, Dale. 2011. Communication personnelle avec l'auteur, 27-28 juin.

Biddle, Dr. Thomas B. (MBA Polymers). 2011. Communication personnelle avec l'auteur, 3 juillet.

Biello, David. 2009. "First Look at Carbon Capture and Storage in a West Virginia Coal-Fired Power Plant." Diaporama. Site Internet du *Scientific American*, 6 novembre. http://www.scientificamerican.com/article.cfm?id=first-look-at-carbon-capture-and-storage.

Bigelow, Perry. 2011. Communication personnelle avec l'auteur, 24 février.

Bindewald, G. 2004. *Transforming the Grid to Revolutionize Electric Power in North America.* Rapport à l'intention du ministère américain de l'Énergie, septembre.

Blok, Kornelis. 2004. "Improving Energy Efficiency by Five Percent and More per Year?" *Journal of Industrial Ecology* 8 (4): 87–99. doi:10.1162/1088198043630478.

Bloomberg New Energy Finance. 2011. "China Profits From Solar-Power Strategy as Europeans Backpedal." 14 février. http://bnef.com/News/43833.

Bockholt, Wendy et Matthew Kromer. 2009. *Assessment of Fuel Economy Technologies for Medium- and Heavy-Duty Vehicles.* TIAX LLC.

Bode, D. 2010. "Statement from Denise Bode, CEO American Wind Energy Association." American Wind Energy Association, 9 décembre. http://www.awea.org/newsroom/inthenews/release_120910.cfm.

Bode, S. et H. M. Groscurth. 2010. "The Impact of PV on the German Power Market." *Zeitschrift für Energiewirtschaft* 35 (2): 105–115. doi:10.1007/s12398-010-0041-x. http://www.springerlink.com/content/u8828j3182vw8n27/.

Boeman, Raymond G. et N. L. Johnson. 2002. *Development of a Cost Competitive, Composite Intensive, Body-in-White.* Publication 2002-01-1905. Oak Ridge National Laboratory. http://www.ornl.gov/~webworks/cppr/y2002/pres/113371.pdf.

Bögle, A. et P. Cachola Schmal, éds. 2005. *Leicht weit / Light Structures: Jörg Schlaich Rudolf Bergermann.* New York : Prestel.

Bonneville Power Administration. 1992. *Hood River Conservation Project.* Portland, OR: Bonneville Power Administration.

———. 2009. *Energy Efficiency Emerging Technologies (E3T) Overview.* Bonneville Power Administration. http://www.bpa.gov/energy/n/emerging_technology/index.cfm.

Bony, Lionel, Sam Newman et Stephen Doig. 2010. *Achieving Low-Cost Solar PV: Industry Workshop Recommendations for Near-Term Balance of System Cost Reductions.* Rocky Mountain Institute. http://www.rmi.org/rmi/Library/2010-19_BalanceOfSystemReport.

Bordoff, Jason et Pascal Noell. 2008. "The Impact of Pay-As-You-Drive Auto Insurance in California." Brookings Institution. http://www.brookings.edu/papers/2008/07_payd_california_bordoffnoel.aspx.

Bradsher, Keith. 2010. "To Conquer Wind Power, China Writes the Rules." *New York Times*, 14 décembre.

http://www.nytimes.com/2010/12/15/business/global/15chinawind.html.

Braese, Paul. 2011. Communication personnelle avec l'auteur, 21 mars.

British Petroleum. 2010a. *BP Statistical Review of World Energy*. British Petroleum. http://www.bp.com/liveassets/bp_internet/globalbp/globalbp_uk_english/reports_and_publications/statistical_energy_review_2008/STAGING/local_assets/2010_downloads/statistical_review_of_world_energy_full_report_2010.pdf.

———. 2010b. "BP and Verenium Announce Pivotal Biofuels Agreement." Communiqué de presse, 15 juillet. http://www.bp.com/genericarticle.do?categoryId=2012968&contentId=7063758.

Brouwers, B. et E. V. Kemenade. 2010. *Condensed Rotational Separation for CO_2 Capture in Coal Gasification Processes*. Eindhoven University of Technology.

Brown, Lester. 2011. "Can the United States Feed China?" Earth Policy Institute, 23 mars. http://www.earthpolicy.org/plan_b_updates?2011/update93.

Brown, M. A. et M. D. Levine, éds. 1997. *Scenarios of U.S. Carbon Reductions: Potential Impacts of Energy Technologies by 2010 and Beyond*. LBNL-40533. Interlaboratory Working Group on Energy-Efficient and Low-Carbon Technologies, Lawrence Berkeley National Laboratory, 25 septembre.

Brown, Marilyn A. et Benjamin K. Sovacool. 2010. "Competing Dimensions of Energy Security: An International Perspective." *Annual Review of Energy and the Environment* 35: 77–108.

Browning, Bill. 2011. Communication personnelle avec l'auteur, 14 février.

Bruggink, Alle, Rob Schoevaart et Tom Kieboom. 2003. "Concepts of Nature in Organic Synthesis: Cascade Catalysis and Multistep Conversions in Concert." *Organic Process Research & Development* 7 (5): 622–40. doi:10.1021/op0340311.

Buckley, Chris. 2011. "China Freezes Nuclear Approvals after Japan Crisis." Reuters, 16 mai. http://tinyurl.com/4bc76fl.

Bunch, David et David L. Greene. 2010. *Potential Design, Implementation, and Benefits of a Feebate Program for New Passenger Vehicles in California: Interim Statement of Research Findings*. University of California at Davis, Institute of Transportation Studies, avril. http://www.arb.ca.gov/research/apr/past/08-312main.pdf.

Burchell, Robert. 1998. *The Costs of Sprawl—Revisited*. Transit Cooperative Research Program. http://gulliver.trb.org/publications/tcrp/tcrp_rpt_39-a.pdf.

Bureau de la gestion publique et du budget des États-Unis. 2011. "Table 3.2—Outlays by Function and Subfunction: 1962–2016." Tableaux historiques. http://www.whitehouse.gov/omb/budget/historicals.

Burgermeister, Jane. 2008. "Geothermal Electricity Booming in Germany." RenewableEnergyWorld.com, 2 juin.

Burns, C. 2011. "Caltech's Lindo ı Robinson Laboratory to be First LEED Platinum Lab." *RMI Solutions Journal* 4 (2).

Burns, R. E., S. Potter et V. Witkind-Davis. 2004. "After the Lights Went Out." *Electricity Journal* 17 (1): 11–15.

Business Wire. 2000. "Whirlpool Corporation Endorses Landmark Agreement Among Appliance Manufacturers, Energy Advocates and Government; Agreement Will Save Consumers Billions." Business Wire, 23 mai.

———. 2011. "Fitch Affirms Ratings of FirstEnergy

Corp.; Revises Outlook to Stable." Business Wire, 27 mai. http://www.businesswire.com/news/home/20110527005626/enFitch-Affirms-Ratings-FirstEnergy-Corp.-Revises-Outlook.

Butti, Ken et John Perlin. 1980. *A Golden Thread: 2,500 Years of Solar Architecture and Technology.* 1re éd. New York : Cheshire Books / Van Nostrand Reinhold.

Cabot Corporation. 2011. "Cabot Aerogel: Aerogel for Insulation, Daylighting, Additives." http://www.cabot-corp.com/Aerogel.

Cairns, Sloman, Anable Newson, A. Kirkbride et P. Goodwin. 2004. *Smarter Choices—Changing the Way We Travel.* Londres, Royaume-Uni : The Robert Gordon University and Eco-Logica.

California Energy Commission. 2007. "2007 Integrated Energy Policy Report." http://www.energy.ca.gov/2007_energypolicy/.

California Energy Commission. 2010. *The Role of Aging and Once-Through-Cooled Power Plants in California—An Update.* CEC-200-2009-018. www.energy.ca.gov/2009publications/CEC-200-2009-018/CEC-200-2009-018.PDF.

California Public Utilities Commission. 2010. *Draft 2006–2008 Energy Efficiency Evaluation Report.* California Public Utilities Commission.

California State Water Resources Control Board. 2011. *Once-Through Cooling Policy Protects Marine Life and Insures Electric Grid Reliability.* California State Water Resources Control Board, 4 mai. California State Water Resources Control Board. 2011b. "Thermal Discharges—Cooling Water Intake Structures, Once-Through Cooling." 4 août. www.swrcb.ca.gov/water_issues/programs/ocean/cwa316/.

Callonnec, Gaël et Isabelle Sannié. 2009. *Evaluation of the Economic and Ecological Effects of the French 'Bonus Malus' for New Cars.* Agence de l'environnement et de la maîtrise de l'énergie (ADEME). http://www.eceee.org/conference_proceedings/eceee/2009/Panel_2/2.273/Paper/

Carbon Disclosure Project. 2011. *Water and Carbon Continue to Rise as Investment Issues.* Carbon Disclosure Project. https://www.cdproject.net/en-US/WhatWeDo/CDPNewsArticlePages/water-and-carbon-continue-to-rise-as-investment-issues.aspx.

Carbon War Room. 2011. "Shipping Efficiency." Shippingefficiency.org: Information For a More Efficient Market. http://www.shippingefficiency.org/.

Carey, John. 2009. "Wanted: A New Biz Model for Electric Power." *Bloomberg Businessweek,* 6 août.

Casillas, C. E. et D. M. Kammen. 2010. "The Energy-Poverty-Climate Nexus." *Science* 330 (6008): 1181. http://esmap.org/esmap/sites/esmap.org/files/1126PolicyForumD.pdf.

Celebi, Metin, Frank C. Graves, Gunjan Bathla et Lucas Bressan. 2010. Potential Coal Plant Retirements Under Emerging Environmental Regulations. The Brattle Group, Inc. 8 décembre. http://www.brattle.com/_documents/uploadlibrary/upload898.pdf.

Center for Clean Air Policy and Center for Neighborhood Technology. 2006. *High Speed Rail and Greenhouse Gas Emissions in the U.S.* Center for Clean Air Policy and Center for Neighborhood Technology. http://www.cnt.org/repository/HighSpeedRailEmissions.pdf.

Center for Neighborhood Technology. 2010. *Penny Wise, Pound Fuelish: New Measures of Housing + Transportation Affordability.* Center for Neighborhood Technology. http://www.cnt.org/repository/pwpf.pdf.

Chan-Lizardo, Kristine, Davis Lindsey, John Carey et Elliot Harry. 2011. *Big Pipes, Small Pumps: Interface, Inc. Factor Ten Engineering Case Study.* Rocky Mountain Institute. http://www.rmi.org/rmi/Library/2011-04_BigPipesSmallPumps.

Chan-Lizardo, Kristine, Amory Lovins, Laura Schewel et Mike Simpson. 2008. *Ultralight Vehicles: Non-Linear Correlations between Weight and Safety.* Rocky Mountain Institute. http://www.rmi.org/rmi/Library%2F2008-24_UltralightVehicles.

Chen, Patrick, Astrid Overholt, Brad Rutledge et Tomic Jasna. 2010. *Economic Assessment of Biogas and Biomethane Production from Manure.* CalStart, 20 mars.

Cheung, W. H, K. K. H Choy, D. C. W. Hui, J. F. Porter et G. Mckay. 2006. "Use of Municipal Solid Waste for Integrated Cement Production." *Developments in Chemical Engineering and Mineral Processing* 14 (1–2): 193–202. doi:10.1002/apj.5500140117. http://onlinelibrary.wiley.com/doi/10.1002/apj.5500140117/abstract.

Cho, Hanah. 2010. "BGE to Move Ahead with 'Smart Grid' Plan." *Baltimore Sun*, 16 août.

Choate, William T. 2003. *Energy and Emission Reduction Opportunities in the Cement Industry.* Columbia, MD : rapport de BCS, Inc. pour le ministère américain de l'Énergie. 29 décembre. http://www1.eere.energy.gov/industry/imf/pdfs/eeroci_dec03a.pdf.

Christensen, Gary. 2011. Communication personnelle avec l'auteur, 18 mars.

Chupka, Marc, Robert Earle, Peter Fox-Penner et Ryan Hledik. 2008. *Transforming America's Power Industry: The Investment Challenge 2010–2030.* Washington DC : The Edison Foundation.

City of Boulder. 2011. "SmartRegs: Smart Regulation for Sustainable Places." http://www.bouldercolorado.gov/index.php?option=com_content&task=view&id=13982&Itemid=22%29.

City of Fort Collins Utilities. 2004. *The Next Generation: Fossil Ridge High School.* City of Fort Collins Utilities. http://www.fcgov.com/utilities/img/site_specific/uploads/cs-fossilridge.pdf.

City of Sioux Falls Building Services. 2010. "ISO's Building Code Effectiveness Grading Schedule Results for Sioux Falls." City of Sioux Falls Building Services, 14 juin. http://www.siouxfalls.org/News/2010/June/14/iso_grading_results.

Clarke, G. R. G. et S. J. Wallsten. 2002. *Universal(ly Bad) Service: Providing Infrastructure Services to Rural and Poor Urban Consumers.* Development Research Group de la Banque mondiale. http://www-wds.worldbank.org/servlet/WDSContentServer/WDSP/IB/2002/08/23/000094946_02081004010494/Rendered/PDF/multi0page.pdf.

Climate Group. 2011. *Delivering Low Carbon Growth: A Guide to China's 12th Five Year Plan.* The Climate Group, mars.

ClimateWire. 2011. "Denmark Reveals a Plan to End Reliance on Fossil Fuels by 2050." ClimateWire, 25 février. http://www.eenews.net/cw/2011/02/25.

Cochran, Maura M. et Scott R. Muldavin. 2010. *Value Beyond Cost Savings: How to Underwrite Sustainable Properties.* The Counselors of Real Estate, 22 mars. http://www.greenbuildingfc.com/Home/ValueBeyondCostSavings.aspx.

Cogenra. 2011. "Solar Hot Water & Electricity in a Single Module." http://www.cogenra.com/

Commandement des forces interarmées américaines. 2010. *The Joint Operating Environment (JOE) 2010.* Commandement des forces interarmées américaines. http://tinyurl.com/3tpey9x.

Committee on Biobased Industrial Products, Conseil national de la recherche. 2000. *Biobased Industrial Products: Research and Commercialization Priorities.* Washington DC : The National Academies Press.

Congressional Budget Office. 2011. *Alternative Approaches to Funding Highways.* Congressional Budget Office, pub. n°. 4090, mars. http://thehill.com/images/stories/blogs/flooraction/Jan2011/cboreport.pdf.

Conseil mondial de l'énergie. 2010. *Survey of Energy Resources 2010.* Londres : Conseil mondial de l'énergie. http://www.worldenergy.org/publications/3040.asp.

Conseil national de la recherche. 2005. *Safety and Security of Commercial Spent Nuclear Fuel Storage.* Washington DC : The National Academies Press.

———. 2008. *Severe Space Weather Events—Understanding Societal and Economic Impacts: A Workshop Report.* Washington DC : The National Academies Press.

———. 2010. *Technologies and Approaches to Reducing the Fuel Consumption of Medium- and Heavy-Duty Vehicles.* Washington DC : The National Academies Press.

Constable, G.et B. Somerville. 2003. "Greatest Engineering Achievements of the 20th Century." National Academy of Engineering. http://www.great-achievements.org/.

Cooke, Stephanie. 2009. *In Mortal Hands: A Cautionary History of the Nuclear Age.* New York : Bloomsbury USA.
Cooney, Kevin. 2011. *Evaluation Report: OPower SMUD Pilot Year 2.* Navigant Consulting, Inc., 20 février. http://www.opower.com/LinkClick.aspx?fileticket=sSraBTDAtSA%3D&tabid=72.

Cooper, Mark. 2010. *Policy Challenges of Nuclear Reactor Construction, Cost Escalation and Crowding Out Alternatives.* Vermont Law School. http://www.vermont-law.edu/Documents/IEE/20100909_cooperStudy.pdf.

Cooper, Mark. 2011. *Rising Gasoline Prices and Record Household Expenditures: Will Policymakers Get Serious About Ending Our "Addiction to Oil" by Supporting a 60 Mile Per Gallon Fuel Economy Standard?* Fédération des consommateurs américains, 16 mai. http://www.consumerfed.org/pdfs/CFA-Auto-Standard-Report-May-16-2011.pdf.

Criscione, Peter. 2011. *Melting Away Energy Waste in Foundries.* E Source, 15 mars. http://www.esource.com/members/
TAS-RB-33/Research_Brief/EnergyWaste_Foundries.

Crowley, Norman. 2010. Communication personnelle avec l'auteur, 16 novembre.

Cullen, Jonathan M., Julian M. Allwood et Edward H. Borgstein. 2011. "Reducing Energy Demand: What Are the Practical Limits?" *Environmental Science & Technology* 45 (4): 1711–18. doi:10.1021/es102641n. http://dx.doi.org/10.1021/es102641n.

CWEA. 2011. *2010 China Statistics: Installed Capacity of Windpower. China Renewable Energy Society (Wind Division).* En chinois. CWEA. www.cwea.org.cn/upload/201210.pdf.

D&R International, Ltd. 2010. *2010 Buildings Energy Data Book.* Ministère américain de l'Énergie. http://buildingsdatabook.eren.doe.gov/docs/DataBooks/2010_BEDB.pdf.

Daggett, Dave (Boeing). 2003. Communication personnelle avec l'auteur, 29 août.

Dale, B. E., M. S. Allen, M. Laser et L. R. Lynd. 2009. "Protein Feed Coproduction in Biomass Conversion to Fuels and Chemicals." *Biofuels, Bioproducts, and Biorefining* 3: 219–30. doi: 10.1002/bbb.132.

Dale, Bruce E., Lee R. Lynd, Thomas L. Richard, Robert P. Anex, Mark S. Laser et Bryan D. Bals. 2009. *Reimagining Agriculture to Accommodate Large Scale Energy Production.* Présenté lors de la réunion annuelle de l'AIChE (Nashville), 10 novembre.

Danish Energy Agency. 2009. "Energy Statistics 2009." http://www.ens.dk/en-US/Info/FactsAndFigures/Energy_statistics_and_indicators/Annual%20Statistics/Documents/Tables2009.xls.

———. 2010. *Danish Energy Policy 1970–2010: Vision: 100% Independence of Fossil Fuels.* http://www.ens.dk/en-US/Info/news/Factsheet/Documents/DKEpol.pdf%20engelsk%20til%20web.pdf

Danish Energy Association. 2009. "Danish Electricity Supply '09 Statistical Survey." http://www.danishenergyassociation.com/~/media/Energi_i_tal/Statistik_09_UK.ppt.ashx.

Danish Ministry of Climate and Energy. 2009. "The Danish Example: The Way to an Energy Efficient and Energy Friendly Economy." http://www.kemin.dk/documents/publikationer%20html/the%20danish%20example/html/kap01.html.

Danish Wind Energy Association. 2011. "New All Time High Record in Exports." 4 avril. http://www.windpower.org/en/news/news.html#719.

Danmarks Statistik. 2010. *Statistical Yearbook 2010.* Danmarks Statistik. http://www.dst.dk/pukora/epub/upload/15198/15nuk.pdf.

Darrow, Tara. 2011. Communication personnelle avec l'auteur, 15 février.

Database of State Incentives for Renewables & Efficiency (DSIRE). 2010. "RPS Data Spreadsheet." http://www.dsireusa.org/rpsdata/index.cfm.

Database of State Incentives for Renewables & Efficiency (DSIRE). 2011. "PACE Financing." http://www.dsireusa.org/solar/solarpolicyguide/?id=26.

Defense Science Board. 2008. *More Fight—Less Fuel.* Defense Science Board. http://www.acq.osd.mil/dsb/reports/ADA477619.pdf.

Delucchi, M. A. et M. Z. Jacobson. 2011. "Providing All Global Energy with Wind, Water, and Solar Power, Part II: Reliability, System and Transmission Costs, and Policies." *Energy Policy* 39 (3): 1170–90.

Delucchi, Mark et Donald McCubbin. 2010. *External Costs of Transport in the U.S.* University of California at Davis Institute of Transportation Studies. http://www.its.ucdavis.edu/publications/2010/UCDITS-RP-10-10.pdf.

Dempsey, Judy. 2011. "Panel Urges Germany to Close Nuclear Plants by 2021." *New York Times*, 11 mai. http://www.nytimes.com/2011/05/12/business/energy-environment/12energy.html.

Denholm, Paul et Robert Margolis. 2008. *Impacts of Array Configuration on Land-Use Requirements for Large-Scale Photovoltaic Deployment in the United States.* National Renewable Energy Laboratory. http://www.nrel.gov/analysis/pdfs/42971.pdf.

Desroches, Louis-Benoit et Karina Garbesi. 2011. *Max Tech and Beyond.* Berkeley, CA : Lawrence Berkeley National Laboratory, 22 avril. http://ees.ead.lbl.gov/bibliography/max_tech_and_beyond.

Deutsche Bank. 2009. *The Peak Oil Market: Price Dynamics at the End of the Oil Age.* Deutsche Bank, 4 octobre. http://www.petrocapita.com/attachments/128_Deutsche%20Bank%20-%20The%20Peak%20Oil%20Market.pdf.

Deutsche Bank Corporate Real Estate & Services. 2011. *Greentowers: Setting a New Global Standard*

Transforming Deutsche Bank's Head Office into a Green Building. http://www.greenprintfoundation.org/Libraries/Public_Library_-_Case_Study_-_3/Deutsche_Bank_makes_sustainable_improvements_at_headquarters.sflb.ashx?download=true.

Deutsche Welle. 2008. "Eco-Village: A Bavarian Village Goes It Alone in Cooperation with Handelsblatt."

Diamond, Jared M. *De l'inégalité parmi les sociétés : essai sur l'homme et l'environnement dans l'histoire*. Folio, 2007.

Dinwoodie, Thomas. 2011. Communication personnelle avec l'auteur, 5 juin.

Dinwoodie, Thomas (directeur exécutif technique, SunPower) et Dan Shugar (directeur exécutif, Solaria). 2011. Communications personnelles avec les auteurs 5-6 juin.

Dow. 2009. "New BASF and Dow HPPO Plant in Antwerp Completes Start-Up Phase." News. http://www.dow.com/news/corporate/2009/20090305a.htm.

Downey, John. 2011. "N.C.'s Customer Advocate Now Opposes Nuclear Legislation." *Charlotte Business Journal*, 12 avril.

Drayton, B. et V. Budinich. 2010. "A New Alliance for Global Change." *Harvard Business Review* 88 (9): 56–64.

Drexler, Eric. *Engins de création : l'avènement des nanotechnologies*. Vuibert, 2005.

DuPont Danisco Cellulosic Ethanol LLC. 2010. "DDCE: DuPont Danisco Cellulosic Ethanol." http://www.ddce.com/.

E Source. 1999. *E Source Technology Atlas Series: Drivepower Atlas*. Boulder, CO : E Source.

———. 2002. *Industrial Machinery*. Boulder, CO : E Source.

———. 2011. "E Source Study Finds 85% of U.S. Consumers Want to Buy an Electric Vehicle." Communiqué de presse, 3 mai.

Earth Policy Institute. 2007. "World Average Photovoltaic Module Cost per Watt, 1975–2006." http://www.earthpolicy.org/datacenter/xls/indicator12_2007_7.xls.

The Economist. 2005. "A Survey of Oil: Oil in Troubled Waters." *The Economist*, 28 avril. http://www.economist.com/node/3884623.

———. 2008. "Energy Efficiency: The Elusive Negawatt." *The Economist*, 8 mai. http://www.economist.com/node/11326549.

———. 2010. "Power to the People." *The Economist*, 2 septembre. http://www.economist.com/node/16909923.

———. 2011a. "Print Me a Stradivarius." *The Economist*, 10 février. http://www.economist.com/node/18114327.

———. 2011b. "Another blow for Berlusconi." *The Economist*, 13 juin. http://www.economist.com/blogs/newsbook/2011/06/italys-referendums.

EconPost. 2011. "Texas Economy Ranking in the World." 3 février. http://econpost.com/texaseconomy/texas-economy-ranking-world.

Edin Energy. 2011. "Samsø, Denmark, Strives to Become a Carbon-Neutral Island." Edin Energy. http://www.edinenergy.org/samso.html.

Edison Electric Institute. 2009. *Statistical Yearbook of the Electric Power Industry*. Washington, DC : Edison Electric Institute.

Edlin, Aaron. 2002. "Per-Mile Premiums for Auto Insurance." Document de travail n° E02-318. University of California at Berkeley, 2 juin. http://repositories.cdlib.org/iber/econ/E02-318.

Edmonson, Amy et Faaiza Rashid. 2009. *Integrated Project Delivery at Autodesk, Inc.* Harvard Business School, 24 septembre. http://hbr.org/product/integrated-project-delivery-at-autodesk-inc-b/an/610017-PDF-ENG.

Edmunds. 2011. "New Cars, Used Cars, Car Reviews and Pricing." http://www.edmunds.com/.

Eek, Hans. 2011. Communications personnelles avec l'auteur, mars.

Efficiency Vermont. 2010. *Efficiency Vermont 2009 Annual Report.* Efficiency Vermont, novembre. http://www.efficiencyvermont.com/stella/filelib/FINAL2009AnnualReport.pdf.

Eggers, Dan. 2010. *Credit Suisse.* Intervention lors de l'Aspen Energy Forum à Aspen, Colorado, le 3 juillet.

Ehrhardt-Martinez, K., K. A. Donnelly et S. Laitner. 2010. *Advanced Metering Initiatives and Residential Feedback Programs: A Meta-Review for Household Electricity-Saving Opportunities.* American Council for an Energy-Efficient Economy, juin. http://www.aceee.org/research-report/e105.

Eichholtz, Piet, Nils Kok et John Quigley. 2010. *The Economics of Green Building.* Autopublié. http://nilskok.typepad.com/EKQ3/EKQ_Economics.pdf.

Electric Energy Market Competition Task Force. 2005. *Report to Congress on Competition in Wholesale and Retail Markets for Electric Energy Pursuant to Section 1815 of the Energy Policy Act of 2005.* Electric Energy Market Competition Task Force. http://www.ferc.gov/legal/fed-sta/ene-pol-act/epact-final-rpt.pdf.

Electric Power Research Institute. 2007. *The Galvin Path to Perfect Power: A Technical Assessment.* Galvin Electricity Initiative, janvier. http://www.galvinpower.org/sites/default/files/documents/Perfect_Power_Technical_Assessment.pdf.

Electric Reliability Council of Texas. 2004. "FERC Form n°. 714-ERCOT." http://www.ferc.gov/docs-filing/forms/form-714/data.asp.

Electricity Consumers Resource Council (ELCON). 2004. *The Economic Impacts of the August 2003 Blackout.* Washington DC : ELCON, 9 février. http://www.elcon.org/Documents/EconomicImpactsOfAugust2003Blackout.pdf.

Electrification Coalition. 2009. *Electrification Roadmap.* Electrification Coalition. http://www.electrificationcoalition.org/policy/electrification-roadmap.

———. 2010. *Fleet Electrification Roadmap: Revolutionizing Transportation and Achieving Energy Security.* Electrification Coalition. http://www.electrificationcoalition.org/reports/EC-Fleet-Roadmap-screen.pdf.

Electrigaz. 2010. "FAQ Biogaz." http://www.electrigaz.com/faq_fr.htm.

Eley Associates. 1996. *ACT2 Davis Residential Site EEM Impact Analysis.* Davis, CA : PG&E.

Elliott, RN, Michael Shepard, S. Greenberg, Gail Katz, Anibal T. De Almeida et Steven Nadel. 2002. *Energy-Efficient Motor Systems: A Handbook on Technology, Program, and Policy Opportunities.* 2e éd. Washington, DC : American Council for an Energy-Efficiency Economy.

Emerson, Sarah. 2011. Communication personnelle avec l'auteur, 7 juillet.

Empire State Building Company LLC. 2010. "Sustainability & Energy Efficiency." http://www.esb-

nyc.com/sustainability_energy_efficiency.asp.
Empire State Building Company LLC et Rocky Mountain Institute. 2009. *Empire State Building Case Study: Cost-Effective Greenhouse Gas Reductions via Whole-Building Retrofits: Process, Outcomes, and What Is Needed Next.* Empire State Building Company LLC et Rocky Mountain Institute. http://www.esbnyc.com/documents/sustainability/ESBOverviewDeck.pdf.

Energetics Incorporated. 2006. "Manufacturing Energy and Carbon Footprint: Cement." http://www1.eere.energy.gov/industry/rd/footprints.html.

Energi Styrelsen. 2009. *The Danish Example.* Energi Styrelsen. http://tinyurl.com/437vmxe.

EnerNex. 2011. *Eastern Wind Integration and Transmission Study.* Rapport à l'intention du National Renewable Energy Laboratory.

EnerNOC Inc. 2011. *Annual Report on Form 10-K for the Fiscal Year Ended December 31, 2010.* Boston, MA : EnerNOC.

Engemann, Kristie M., Kevin L. Kliesen et Michael T. Owyang. 2010. "Do Oil Shocks Drive Business Cycles? Some U.S. and International Evidence." Documents de travail n° 2010-007de la Banque de réserve fédérale de St. Louis. http://ideas.repec.org/p/fip/fedlwp/2010-007.html.

Engleman, Robert. 2011. "An End to Population Growth: Why Family Planning Is Key to a Sustainable Future." *Solutions* 2 (3).

ENR New York. 2009. "Skanska USA New York Office, Empire State Building." Décembre. http://newyork.construction.com/features/2009/1201_EmpireStateBuilding.asp.

Enterprise Lane. 2010. "ISG Data Centre Presentation." 17 février. http://www.youtube.com/watch?v=Qslyzdva780&feature=youtube_gdata_player.

Epstein, Paul R., Jonathan J. Buonocore, Kevin Eckerle, Michael Hendryx, Benjamin M. Stout III, Richard Heinberg, Richard W. Clapp, *et al.* 2011. "Full Cost Accounting for the Life Cycle of Coal." *Annals of the New York Academy of Sciences* 1219 (1): 73–98. doi:10.1111/j.1749-6632.2010.05890.x.

ERCOT. 2008. "ERCOT Demand Response Program Helps Restore Frequency Following Tuesday Evening Grid Event." Communiqué de presse, 27 février. http://www.oe.netl.doe.gov/docs/eads/ead022808.pdf.

Ertesvag, I. S. 2001. "Society Exergy Analysis: A Comparison of Different Societies." *Energy* 26: 253–70.

Eubank, Huston et William Browning. 2004. *Energy Performance Contracting for New Buildings.* Eley Associates. http://www.rmi.org/rmi/Library%2FD04-23_EnergyPerformanceNewBuildings.

European Climate Foundation. 2010. *Roadmap 2050: A Practical Guide to a Prosperous, Low Carbon Europe.* European Climate Foundation. http://www.roadmap2050.eu/.

European Photovoltaic Industry Association. 2011. *Global Market Outlook for Photovoltaics until 2015.*

European Renewable Energy Council. 2010. *Re-thinking 2050: A 100% Renewable Energy Vision for the European Union.* European Renewable Energy Council. http://www.rethinking2050.eu/.

Europump. 2003. "European Guide to Pump Efficiency for Single Stage Centrifugal Pumps." http://work.sitedirect.se/sites/europump/europump/index.php?show=226_SWE&&page_anchor=http://work.sitedirect.se/sites/europump/europump/p226/p226_swe.php.

Eurostat. 2011. "Le recyclage a représenté un quart de la quantité totale de déchets municipaux traités en 2009." *Eurostat Communiqué de presse*, 8 mars.

Exeter Associates, K. 2007. *Review of International Experience Integrating Variable Renewable Energy Generation*. Sacramento, CA : California Energy Commission.

Fackler, Martin. 2011. "Japan's Leader Cancels Plan for New Nuclear Plants." *New York Times*, 10 mai. http://www.nytimes.com/2011/05/11/world/asia/11japan.html.

Federal Energy Regulatory Commission. 2004. *Form n°. 714—Annual Electric Balancing Authority Area and Planning Area Report—ERCOT 2004*. Federal Energy Regulatory Commission.

———. 2011a. *Assessment of Demand Response and Advanced Metering*. Federal Energy Regulatory Commission.

———. 2011b. "FERC Approves Market-Based Demand Response Compensation Rule." Communiqué de presse, 15 mars.

Feist, Wolfgang. 2011. Communication personnelle avec l'auteur, mars.

Ferguson, Will. 2010. "Texas Wind Industry's Rapid Growth Creates New Challenges." *Texas Business Review* (University of Texas à Austin), février.

Fickling, David. 2011. "A Warning on Rare Earth Elements." *Wall Street Journal*, 6 mai. http://online.wsj.com/article/SB10001424052748703992704576304712512256774.html.

First Solar. 2010. *First Solar Corporate Overview*, 1er mars 2010. Tempe, Arizona: First Solar. http://files.shareholder.com/downloads/FSLR/1301877449x0x477649/205c17cb-c816-4045-949f-700e7c1a109f/FSLR_CorpOverview.pdf.

Fischer, Hanns. 1997. Communication personnelle avec l'auteur, 4 décembre.

Fletcher, Paul D. I., Stephen J. Haswell, Esteban Pombo-Villar, Brian H. Warrington, Paul Watts, Stephanie Y. F. Wong et Xunli Zhang. 2002. "Micro Reactors: Principles and Applications in Organic Synthesis." *Tetrahedron* 58 (24): 4735–57. doi:10.1016/S0040-4020(02)00432-5.

Flex Your Power. 2011. "Best Practice Guide: Adobe Systems Incorporated and Cushman & Wakefield." http://www.fypower.org/bpg/case_study.html.

Flygt. 2008. *N-Pumps 3153, 3171, 3202 & 3301: A New Generation of Submersible Wastewater Pumps*. Flygt. http://www.ittwww.com/n/1396800.pdf.

Foroohar, Kambiz. 2010. "Exxon $600 Million Algae Investment Makes Khosla See Pipe Dream." Bloomberg Markets Magazine, 3 juin.

ForschungsVerbund Erneuerbare Energien. 2010. *Energiekonzept 2050*. Juin. http://www.fvee.de/fileadmin/politik/kurzfassung_energiekonzept.pdf.

Foundry Management & Technology. 2008. "Isothermal Melting Research Now into New Stage." Posté sur le site Internet de *Foundry Management & Technology*, 3 janvier. http://www.foundrymag.com/frontpage/feature/77480/
isothermal_melting_research_now_into_new_stage.

Fountain, Henry. 2010. "Solar Storms Force Electric Utilities to Plan for the Worst." *New York Times*, 16 novembre. http://www.nytimes.com/2010/11/17/business/energy-environment/17GRID.html.

Frantzis, L. 2010. "Renewable Energy Global and Domestic Market Drivers." Présenté lors du Renewable Energy Finance Forum, New York, le 29 juin.

Freedom House. 2011. "Map of Freedom."

Friedman, Thomas L. 2010. "Their Moon Shot and Ours." *New York Times*. 25 septembre.

Friedman, Thomas L. 2011. "Washington vs. The Merciless." *New York Times*. 19 mars.

Froggatt, Antony et Glada Lahn. 2010. *Sustainable Energy Security: Strategic Risks and Opportunities for Business*. Chatham House, juin. http://www.chathamhouse.org.uk/publications/papers/view/-/id/891/.

Fuchs, Erica R. H., Frank R. Field, Richard Roth et Randolph E. Kirchain. 2008. "Strategic Materials Selection in the Automobile Body: Economic Opportunities for Polymer Composite Design." *Composites Science and Technology* 68 (9): 1989–2002. doi:10.1016/j.compscitech.2008.01.015.

Gadgil, A., A. H. Rosenfeld, D. Arasteh et E. Ward. 1991. "Advanced Lighting and Window Technologies for Reducing Electricity Consumption and Peak Demand: Overseas Manufacturing and Marketing Opportunities." In *Proceedings of the IEA/ENEL Conference on Advanced Technologies for Electric Demand-Side Management, April*. (Paris : publication de l'OCDE), 4–5.

Galitsky, C. et E. Worrell. 2008. *Energy Efficiency Improvement and Cost Saving Opportunities for the Vehicle Assembly Industry*. Lawrence Berkeley National Laboratory. http://ies.lbl.gov/drupal.files/ies.lbl.gov.sandbox/Vehicle%20Assembly_0.pdf.

Galvin Electricity Initiative. 2010. *The Value of Smart Distribution and Microgrids*. The Galvin Electricity Initiative, janvier. http://www.galvinpower.org/sites/default/files/ValuesRpt_Microgrids0113%20(2).pdf.
GE Energy. 2010. *Western Wind and Solar Integration Study*. Rapport préparé à l'intention du National Renewable Energy Laboratory.

Gemmer, Bob, Ted Bronson, John Cuttica et Tommi Makila. 2010. "US Department of Energy Pushes for CHP in Industry." *Cogeneration & On-site Power Production* 11 (5).

General Services Administration. 2010. *Federal Fleet Report, Fiscal Year 2009*. General Services Administration, 29 janvier.

Gladwell, Malcom. 2011. "What Is the Tipping Point?" http://www.gladwell.com/tippingpoint/index.html.

Glasser, D., Diane Hildebrandt, Brendon Hausberger, B. Patel et B. J. Glasser. 2009. "Systems Approach to Reducing Energy Usage and Carbon Dioxide Emissions." *AIChE Journal* 55 (9): 2202–2207. doi:10.1002/aic.12009.

Global Insight. 2006. *Four Corridor Case Studies of Short-Sea Shipping Services: Short-Sea Shipping Business Case Analysis*. Transportation Research Board. http://www.marad.dot.gov/documents/USDOT_-_Four_Corridors_Case_Study_(15-Aug-06).pdf.

Global Times. 2011. "China Dethrones U.S. as Largest Wind Power Installer." *Global Times*, 13 janvier. http://business.globaltimes.cn/industries/2011-01/612386.html.

Global Transmission Report. 2010. "France seeks to build transmission lines under Mediterranean." 28 mars. http://www.globaltransmission.info/archive.php?id=4110.

Gohring, Nancy. 2008. "Good Incentives Boost Data-Center Energy Efficiency." 9 juillet.

Gold, Rachel, Steven Nadel, J. A. Laitner et Andrew de Laski. 2011. *Appliance and Equipment Efficiency Standards: A Money Maker and Job Creator*. Washington DC : American Council for an Energy-Efficient Economy. http://www.aceee.org/research-report/a111.

Goldman, Charles, Merrian Fuller, Elizabeth Smart, Jane S. Peters *et al.* 2010. *Energy Efficiency Services Sector: Workforce Size and Expectations for Growth*. LBNL-3987E. Lawrence Berkeley National Laboratory, septembre.

Goldstein, D. B. 2010. *Invisible Energy: Strategies to Rescue the Economy and Save the Planet.* Pt. Richmond, CA : Bay Tree Publishing.

Goodman, J. David. 2010. "An Electric Boost for Bicylists," *New York Times*, 31 janvier.

Gossamer Ceiling Fans. 2008. "What Is So Special About These Fans?" http://www.gossamerwind.com/content/what-so-special-about-these-fans-0.

GPO. 2011. *Budget of the United States Government, Fiscal Year 2011.* GPOAccess (site Internet de l'imprimerie du gouvernement américain). http://www.gpoaccess.gov/usbudget/fy11/index.html.

Grant, M. et J. Mitton. 2010. "Case Study: The Glorious, Golden, and Gigantic Quaking Aspen." *Nature Education Knowledge* 1 (8): 40.

Green Manufacturer. 2010. "Manufacturer Finds Lighting Energy Efficiency Convenient, Truthfully." 1er mars. http://www.greenmanufacturer.net/article/facilities/manufacturer-finds-lighting-energy-efficiencyconvenient-truthfully.

Greenberg, D. 2010. "Pint-Size Electron Beams Portend Prodigious Savings." E Source, 21 décembre. http://www.esource.com/node/36659.

Greene, David L. 1990. "CAFE or Price? An Analysis of the Effects of Federal Fuel Econmoy Regulations adn Gasoline Price on New Car MPG », 1978-89. Energy J. 11(3)-37-57.

Greene, David L. 2010. "Measuring Energy Security: Can the United States Achieve Oil Independence?" *Energy Policy* 38 (4): 1614–21. doi:10.1016/j.enpol.2009.01.041.

Greene, David L. et Janet Hopson. 2010. "The Costs of Oil Dependence." Oak Ridge National Laboratory Vehicle Technology Program Fact of the Week, fact #632, 19 juillet. http://www1.eere.energy.gov/vehiclesandfuels/facts/m/2010_fotw632.html.

Greene, David L. et Paul N. Leiby. 2006. *The Oil Security Metrics Model: A Tool for Evaluating the Prospective Oil Security Benefits of DOE's Energy Efficiency and Renewable Energy R&D Programs.* Oak Ridge National Laboratory. http://www-cta.ornl.gov/cta/Publications/Reports/ORNL_TM_2006_505.pdf.

Greene, David L. et Nataliya Tishchishyna. 2000. *Costs of Oil Dependence: A 2000 Update.* Oak Ridge National Laboratory. http://www-cta.ornl.gov/cta/Publications/Reports/ORNL_TM_2000_152.pdf.

Greening, Lorna, David L. Greene et Carmen Difiglio. 2000. "Energy Efficiency and Consumption—The Rebound Effect—A Survey." *Energy Policy* 28 (6–7): 389–401. doi:10.1016/S0301-4215(00)00021-5.

Gregor, Alison. 2011. "Solar Farms Put Vacant Land to Work." *New York Times*, 22 mars. http://www.nytimes.com/2011/03/23/realestate/commercial/23solar.html.

Groscurth, H. M. et R. Kümmel. 1989. "The Cost of Energy Optimization: A Thermoeconomic Analysis of National Energy System." *Energy* 14 (11): 685–96. doi:10.1016/0360-5442(89)90002-9.

Gross, Robert. 2006. *The Costs and Impacts of Intermittency.* UK Energy Research Centre. http://www.ukerc.ac.uk/Downloads/PDF/06/0604Intermittency/0604IntermittencyReport.pdf.

Grübler, Arnulf. 2009. *An Assessment of the Costs of the French Nuclear PWR Program 1970–2000.* Laxenburg, Autriche : Institut international pour l'analyse des systèmes appliqués, 6 octobre. http://www.iiasa.ac.at/Admin/PUB/Documents/IR-09-036.pdf.

———. 2010. "The Costs of the French Nuclear Scale-Up: A Case of Negative Learning by Doing."

Energy Policy 38 (9): 5174–88. doi:10.1016/j.enpol.2010.05.003.

GTM Research. 2010. *Enterprise LED Lighting: Commercial and Industrial Market Trends, Opportunities & Leading Companies.* Greentech Research, 1er décembre. http://www.gtmresearch.com/report/enterprise-led-lighting.

Gupta, S., D. A. Tirpak et N. Burger. 2007. "Politiques publiques, instruments et accords de coopération." In *Bilan 2007 des changements climatiques : atténuation du changement climatique.* Contribution du Groupe de travail III au quatrième Rapport d'évaluation du Groupe d'experts intergouvernemental sur l'évolution du climat. GIEC, Genève, Suisse.

Hageluken, Christian et Christopher Corti. 2010. "Recycling of Gold from Electronics: Cost-Effective Use through 'Design for Recycling.'" *Gold Bulletin* 43 (3). http://cat.inist.fr/?aModele=afficheN&cpsidt=23966564.

Hansard. 2007. *Parliamentary Debates*, House of Lords. Column 1138, 27 novembre. http://www.publications.parliament.uk/pa/ld200708/ldhansrd/text/71127-0004.htm.

Hansen, Lena et Lovins. 2010. "Keeping the Lights on While Transforming Electric Utilities." *Rocky Mountain Institute Solutions Journal* 3 (1). http://www.rmi.org/rmi/Transforming+Electric+Utilities.

Härkönen, Jehki. 2011. "New problems in Olkiluoto." Greenpeace International. 21 juillet.

Harsch, John. 2009. *1,059-Year-Old German Village Has Created the Bioenergy Future.* Agri-Pulse Communications. http://www.agri-pulse.com/uploaded/20091014H9.pdf.

Hawken, Paul, Amory B. Lovins et L. Hunter Lovins. 1999. *Natural Capitalism – comment réconcilier économie et environnement.* Scali, 2008.

Henry, Ray. 2011. "Georgia Power Says No Deal on Nuclear Costs." *Bloomberg Businessweek*, 31 mars. http://www.businessweek.com/ap/financialnews/D9MA6FF80.htm.

Herman Miller. 2008. *The Attributes of Thermal Comfort.* Herman Miller. http://www.hermanmiller.com/MarketFacingTech/hmc/solution_essays/assets/se_Attributes_of_Thermal_Comfort.pdf.

Herzog, Howard. 2010. "Carbon Dioxide Capture and Storage." In *The Economics and Politics of Climate Change*, by Dieter Helm and Cameron Hepburn, éds. New York : Oxford University Press.

Heschong Mahone Group. 1999. *Daylighting in Schools: An Investigation into the Relationship between Daylighting and Human Performance.* Fair Oaks, CA : California Board for Energy Efficiency.

———. 2001. *Re-Analysis Report, Daylighting in Schools.* Fair Oaks, CA : California Board for Energy Efficiency.

———. 2003a. *Daylight and Retail Sales.* Fair Oaks, CA : California Board for Energy Efficiency.

———. 2003b. *Windows and Classrooms: A Study of Student Performance and the Indoor Environment.* Fair Oaks, CA : California Board for Energy Efficiency.

———. 2007. *Performance Study of a Mechanical Vapor Recompression (MVR) Evaporation System.* Emerging Technologies Coordinating Council, décembre.

Hidary, Jack. 2011. Communication personnelle avec l'auteur, 21 mai.

Higgs, Robert. 2010. "Defense Spending Is Much Greater than You Think." The Independent Institute *Beacon* (blog), 17 avril. http://blog.independent.org/2010/04/17/defense-spending-is-much-greater-thanyou-think/.

Hilbert, M. et P. López. 2011. "The World's Technological Capacity to Store, Communicate, and Compute Information." *Science* 332 (6025): 60.

Hirsh, R. 1999. *Power Loss: The Origins of Deregulation and Restructuring in the American Electric Utility System.* Cambridge, MA : MIT Press.

Holcim AG. 2010. "Pressemitteilung." http://www.holcim.de/de/kommunikation/pressemitteilungen/pressemitteilung/article/holcim-investiert-7-millionen-euro-in-den-standort-laegerdorf.html.

Holland Container. 2011. "Holland Container Innovations." http://www.hcinnovations.nl/.

Holtzclaw, John. 2004. "A Vision of Energy Efficiency." In *2004 ACEEE Summer Study on Energy Efficiency in Buildings.* Washington, DC: American Council for an Energy-Efficient Economy.

Howe, B. 1993. *Distribution Transformers: A Growing Energy Savings Opportunity.* Boulder, CO : E Source.

Howe, B., and M. Shepard. 1993. *Balancing Speed and Efficiency in Motor Selection.* Boulder, CO : E Source.

Hymel, Kent, Kenneth Small et Kurt Van Dender. 2010. "Induced Demand and Rebound Effects in Road Transport." *Transportation Research Part B* 44 (février): 1220–41.

Idaho Business Review. 2007. "Boise Developer Gary Christensen Plans Zero Net Energy Buildings." *Idaho Business Review*, 19 avril.

Indigo Development. 2003. "The Industrial Symbiosis at Kalundborg, Denmark." http://www.indigodev.com/Kal.html.

InfoMine—Mining Equipment and Supplier News. 2010. "First LNG Mining Truck in U.S.: GFS Corp. Converts CAT 777C to 60% Liquefied Natural Gas." Mining.com, Equipment and Suppliers, 28 octobre.

Institute for Electric Efficiency. 2010. *Changes in State Regulatory Frameworks for Utility Administered Energy Efficiency Programs.*

Institute of Electrical and Electronics Engineers. 2011. *IEEE Draft Guide for Design, Operation, and Integration of Distributed Resource Island Systems with Electric Power Systems.* Avril. IEEE. http://grouper.ieee.org/groups/scc21/1547.4/1547.4_index.html.

Institute of Paper Science and Technology at Georgia Institute of Technology. 2006. *Pulp and Paper Industry: Energy Bandwidth Study.* American Institute of Chemical Engineers. http://www1.eere.energy.gov/industry/forest/bandwidth.html.

Interface Engineering. 2009. *Engineering a Sustainable World: Design Process and Engineering Innovation for the Center for Health & Healing at Oregon Health & Science University.* Portland, OR: Interface Engineering.

Itron Inc. et KEMA Inc. 2008. *California Energy Efficiency Potential Study.* Pacific Gas & Electric Company. http://www.nwcouncil.org/dropbox/6th%20Plan%20Industrial/Industrial%20Conservation%20Data%20Catalogue/ISC%20Document%20Catalogue_Public%20Version-5%20June%202009/Documents/Tier%201/California_PotentialStudy_Vol1_May%202006.pdf.

Jacobson, Mark Z.et Mark A. Delucchi. 2011. "Providing All Global Energy with Wind, Water, and Solar Power, Part I: Technologies, Energy Resources, Quantities and

Areas of Infrastructure, and Materials." *Energy Policy* 39 (3) (mars): 1154–69.

Jha, Alok. 2010. "Sun, Wind and Wave-Powered: Europe Unites to Build Renewable Energy 'Supergrid'." 3 janvier. http://www.guardian.co.uk/environment/2010/jan/03/european-unites-renewable-energy-supergrid.

Johnson Controls. 2010. *2010 Energy Efficiency Indicator.* Institute for Building Efficiency. http://www.institutebe.com/Energy-Efficiency-Indicator/globalenergy-efficiency-indicator-results.aspx.

Jungerberg, Steven. 2010. Communication personnelle avec l'auteur, 15 décembre.

Kahane, Adam. 2010. *Power and Love: A Theory and Practice of Social Change.* 1re éd. San Francisco : Berrett-KoehlerPublishers.

Kahane, C. 2003. "Vehicle Weight, Fatality Risk, and Crash Compatibility of Model Year 1991–99 Passenger Cars and Light Trucks." National Highway Traffic Safety Administration Technical Report DOT HS 809 662. NHTSA, octobre. http://www.nhtsa.gov/cars/rules/regrev/evaluate/pdf/809662.pdf.

Kahn, Alfred E. 1988. "The Rationale of Regulation and the Proper Role of Economics." In *The Economics of Regulation: Principles and Institutions.* Cambridge, MA : MIT Press.

Ka'iliwai, George et Wade Jost. 2009. *SPIDERS: Energy Security JCTD Proposal.* Ministère américain de la Défense. http://www1.eere.energy.gov/femp/pdfs/fupwg_fall2009_jost.pdf.

Kanellos, Michael. 2009. "Starbucks Goes Bonkers for LED Lights." Greentech Enterprise, 12 novembre. http://www.greentechmedia.com/articles/read/starbucks-goes-bonkers-for-led-lights/.

———. 2011. "How to Drop Solar to $1 a Watt? Try Diamond Saws, Says Dick Swanson." Greentech Solar, 17 mars. http://www.greentechmedia.com/articles/readhow-to-drop-solar-to-1-a-watt- try-diamond-saws-says-dick-swanson.

Kann, Shayle (GTM Research). 2011. Communication personnelle avec l'auteur, 21 juin.

Kanter, James. 2009. "Siemens Pulls Out of Nuclear Venture with Areva." *New York Times*, 6 février. http://www.nytimes.com/2009/01/26/business/worldbusiness/26iht-26nuclear.19695526.html.

Kats, Greg. 2009. *Greening Our Built World: Costs, Benefits, and Strategies.* Washington DC : Island Press.

Kaufman, Leslie. 2010. "In Kansas, Climate Skeptics Embrace Cleaner Energy." *New York Times*, 18 octobre. http://www.nytimes.com/2010/10/19/science/earth/19fossil.html.

Keller, Rob (JCPenney). 2011. Communication personnelle avec l'auteur, 7 février.

Kelly Kettle. 2011. Kelly Kettle. http://en.wikipedia.org/wiki/Kelly_Kettle

KEMA, Inc. 2006. *California Industrial Existing Construction Energy Efficiency Potential Study.* Pacific Gas & Electric Company. http://tinyurl.com/3oyqpt5.

Kenny, J. F., N. L. Barber, S. S. Hutson, K. S. Linsey, J. K. Lovelace et M. A. Maupin. 2009. *Estimated Use of Water in the United States in 2005.* U.S. Geological Survey. http://pubs.usgs.gov/circ/1344/.

Kiatreungwattana, Kosol et Jimmy Salasovich. 2010. *Performance Based Design-Build Process Research Support Facility.* Golden, CO : National Renewable Energy Laboratory.

Kim, J. H. et W. B. Powell. 2010. "An Hourly Electricity Price Model, a Robust Trading Policy, and the Value of Storage, for Heavy Tailed Markets." Publication préliminaire soumise le 3 novembre. http://www.castlelab.princeton.edu/Papers/Kim-Heavy%20tailed%20pricing%20and%20storageNov042010.pdf.

Kinsley, Michael J. 1997. *Economic Renewal Guide: A Collaborative Process for Sustainable Community Development.* 3e éd. Snowmass, CO : Rocky Mountain Institute.

Klepeis, Neil E., W. C. Nelson, Wayne R. Ott et John P. Robinson. 2001. "The National Human Activity Pattern Survey: A Resource for Assessing Exposure to Environmental Pollutants." *Journal of Exposure Analysis and Environmental Epidemiology* 11: 231–52.

Klingenberg, Katrin. 2011. Communication personnelle avec l'auteur, 28 mars.

Knowles, Jonathan. 2011. Communication personnelle avec l'auteur et ses collègues, 25 avril.

Koelman, Onno. (PAX Scientific). 2011. Communication personnelle avec l'auteur, 25 mai.

Kolstad, Ivar, Arne Wiig et D. A. Williams. 2008. *Tackling Corruption in Oil Rich Countries: The Role of Transparency.* Chr. Michelsen Institute. http://www.cmi.no/publications/publication/?2938=tacklingcorruption-in-oil-rich-countries.

Koomey, J. et N. E. Hultman. 2007. "A Reactor-Level Analysis of Busbar Costs for US Nuclear Plants, 1970–2005." *Energy Policy* 35 (11): 5630–42.

Koplow, Doug. 2007. "Energy." In *Subsidy Reform and Sustainable Development: Political Economy Aspects.* Paris : publication de l'OCDE. http://www.earthtrack.net/files/uploaded_files/OECD_Reform2007.pdf.

———. 2010. *Nuclear Power in the United States: Still Not Viable without Subsidies.* Union of Concerned Scientists. http://www.ucsusa.org/nuclear_power/nuclear_power_and_global_warming/nuclear-power-subsidies-report.html.

Korosec, Kirsten. 2010. "Ethanol Love-In: Valero Energy Snaps Up Another Plant." BNET, 4 février. http://www.bnet.com/blog/clean-energy/ethanol-love-invalero-energy-snaps-up-another-plant/1150.

Kota, Sridhar. 2011. Communication personnelle avec l'auteur, 31 janvier. Krauss, Clifford. 2010. "Utilities Shift to Gas-Based Plants as Alternative to Coal." *New York Times*, 29 novembre.

———. 2011. "Oil in Shale Sets Off a Boom in Texas." *New York Times*, 27 mai.

Kraemer, R. Andreas. 2011. "The Nuclear Power Endgame in Germany." American Institute for Contemporary German Studies. www.aicgs.org/analysis/c/kraemer063011.aspx.

Kromer, Matthew, et John Heywood. 2007. *Electric Powertrains: Opportunities and Challenges in the U.S. Light-Duty Vehicle Fleet. Laboratory for Energy and the Environment.* http://web.mit.edu/sloan-autolab/research/beforeh2/files/kromer_electric_powertrains.pdf.

Krupnick, Alan. 2010. *Energy, Greenhouse Gas, and Economic Implications of Natural Gas Trucks.* Resources for the Future; National Energy Policy Institute. http://www.rff.org/RFF/Documents/RFF-BCK-Krupnick-NaturalGasTrucks.pdf.

Kuhn Rikon. 2011. "Durotherm Thermal Cookware. » http://www.kuhnrikon.com/products/duro/group.php3?id=3.

LaCommare, Kristina, Joseph Eto, et Kristina Hamachi. 2004. *Understanding the Cost of Power Interruptions to U.S. Electricity Consumers.* Lawrence Berkeley National Laboratory. http://certs.lbl.gov/pdf/55718.pdf.
LaFarge. 2010. *Annual Report Registration Document*

2010. Lafarge. http://www.lafarge.com/03222011-press_publication-2010_annual_report-fr.pdf.

Laherrère, Jean. 2010. Communication personnelle avec l'auteur, décembre.

Laitner, Skip (American Council for an Energy-Efficient Economy). 2011. Communication personnelle avec l'auteur, 3 mars.

Lanigan, Jack, John Zumerchik, Jean-Paul Rodrigue, Randall Guensler et Michael Rodgers. 2006. "Shared Intermodal Terminals and the Potential for Improving the Efficiency of Rail-Rail Interchange." Présenté lors du Transportation Research Board Committee on Intermodal Freight Terminal Design and Operations à l'occasion de la 86e réunion annuelle du Transportation Research Board, Washington DC, 21-25 janvier. http://people.hofstra.edu/Jean-paul_Rodrigue/downloads/TRB_JPR_2007.ppt.

Lankarani, Nazanin. 2011. "Generating the Unlikeliest of Heroes." *New York Times*, 18 avril.

Larson, Eric. D. 1991. *Trends in the Consumption of Energy-Intensive Basic Materials in Industrialized Countries and Implications for Developing Regions.* http://www.princeton.edu/pei/energy/publications/texts/Larson_91_Trends_Consumption_Basic_Materials.pdf.

Larson, Eric D. et Lars J. Nilsson. 1990. *A System-Oriented Assessment of Electricity Use and Efficiency in Pumping and Air-handling.* PU/CEES Report no. 253; Department of Environmental and Energy Systems Studies Report no. 1990:2. Lund, Suède: université de Lund, septembre. http://www.princeton.edu/pei/energy/publications/reports/No.253.pdf.

LaSalle Investment Management. 2010. *Investment Strategy Annual 2011.* LaSalle Investment Management.

Laustsen, Jens. 2008. *Energy Efficiency Requirements in Building Energy Codes, Energy Efficiency Policies for New Buildings.* Agence interntationale de l'énergie, mars. http://www.iea.org/publications/freepublications/publication/name,3780,en.html.

Lawrence Berkeley National Laboratory. 2011. "The Lumina Project." http://light.lbl.gov/.

LeClaire, Nicole. 2011. Communication personnelle avec l'auteur, 7 février.

Lee, V. K. C., K. C. M. Kwok, W. H. Cheung et G. McKay. 2007. "Operation of a Municipal Solid Waste Co Combustion Pilot Plant." *Asia Pacific Journal of Chemical Engineering* 2 (6): 631–39. doi:10.1002/apj.77.

Leonard, J. Wayne (Entergy). 2009. Communication personnelle avec l'auteur, 8 avril.

Lester, D. R., M. Rudman et G. Metcalfe. 2009. "Low Reynolds Number Scalar Transport Enhancement in Viscous and Non-Newtonian Fluids." *International Journal of Heat and Mass Transfer* 52 (3–4): 655–64. doi:10.1016/j.ijheatmasstransfer.2008.06.039.

Lidula, N. W. A. et A. D. Rajapakse. 2011. "Microgrids Research: A Review of Experimental Microgrids and Test Systems." *Renewable and Sustainable Energy Reviews* 15 (1): 186–202. doi:10.1016/j.rser.2010.09.041.

Liebreich, Michael. 2010. Communication personnelle avec l'auteur, 21 novembre.

Litman, Todd. 2005. "Pay-As-You-Drive Pricing and Insurance Regulatory Objectives." *Journal of Insurance Regulation* 23 (3). http://www.vtpi.org/jir_payd.pdf.

Liu, John. 2011. http://www.earthshope.org.

Lochbaum, David A. 2008. Témoignage devant le Select Committee on Energy Independence and Global

Warming, Chambre des représentants, États-Unis, 12 mars. http://www.ucsusa.org/assets/documents/nuclear_power/20080312-ucs-house-nuclear-climatetestimony.pdf.

Lockwood, Charles. 2009. "Building Retrofits." *Urban Land*, novembre/décembre. http://www.esbnyc.com/documents/sustainability/uli_building_retro_fits.pdf.

LogLogic Inc. 2009. *Securing U.S. Critical Infrastructure from Cyber Attacks*. LogLogic. http://www.businesswire.com/news/home/20090805005359/enLogLogic-Research-Uncovers-Cyber-Attacks-U.S.-Energy.

Long, Keith, Bradley Van Gosen, Nora Foley et Daniel Cordier. 2010. *The Principal Rare Earth Elements Deposits of the United States: A Summary of Domestic Deposits and a Global Perspective*. U.S. Geological Survey. http://pubs.usgs.gov/sir/2010/5220/downloads/SIR10-5220.pdf.

Loveday, Eric. 2011. "Report: BMW: 3 Uses Carbon Fiber to . . . Cut Costs?", 27 juillet.

Lovins, Amory B. 1989. *The State of the Art: Drivepower*. Snowmass, CO : Competitek.

———. 1992. *Energy-Efficient Buildings: Institutional Barriers and Opportunities*. E Source Strategic Issues Paper #2. Boulder, CO : E Source. http:/www.rmi.org/rmi/Library%2F1992-02_EnergyEfficientBuildingsBarriersOpportunities.

———. 1995. "The Super-Efficient Passive Building Frontier." *ASHRAE Journal* 37 (6): 79–81. http://www.rmi.org/rmi/Library/E95-28_SuperEfficientPassiveBuilding.

———. 2003. *Twenty Hydrogen Myths*. Snowmass, CO : Rocky Mountain Institute. http://www.rmi.org/rmi/Library%2FE03-05_TwentyHydrogenMyths.

———. 2005. "More Profit with Less Carbon." *Scientific American* 293 (3): 52–61. http://www.scientificamerican.com/article.cfm?id=more-profit-with-less-car.

———. 2006. "How Innovative Technologies, Business Strategies, and Policies Can Dramatically Enhance Energy Security and Prosperity." Témoignage sollicité devant l'U.S. Senate Committee on Energy and Natural Resources, 7 mars 2006. http://www.rmi.org/rmi/Library/E06-02_SenateEnergyTestimony.

———. 2007. "Janine Benyus: Heroes of the Environment." *Time Magazine*, 17 octobre 2007. http://www.time.com/time/specials/2007/article/0,28804,1663317_1663319_1669888,00.html.

———. 2009. "Does a Big Economy Need Big Power Plants?" Freakonomics (blog), 9 février. *New York Times*.

———. 2010a. "DOD's Energy Challenge as Strategic Opportunity." *Joint Force Quarterly* 57: 33–42.

———. 2010b. National Defense University Press: Letters to the Editor. http://www.ndu.edu/press/lovins.html.

———. 2010c. "Nuclear Socialism." *Weekly Standard*, 25 octobre. http://www.weeklystandard.com/articles/nuclear-socialism_508830.html.

———. 2010d. *Efficiency and Micropower for Reliable and Resilient Electricity Service: An Intriguing Case-Study from Cuba*. Snowmass, CO : Rocky Mountain Institute. http://www.rmi.org/rmi/Library/2010-23_CubaElectricity.

———. 2010e. "On Proliferation, Climate, and Oil: Solving for Pattern." *Foreign Policy*, 21 janvier. (version complète à l'adresse www.rmi.org/rmi/Library%2F2010-02_ProliferationOilClimatePattern).

Lovins, Amory B. et David Cramer. 2004. "Hypercars, Hydrogen, and the Automotive Transition." *International Journal of Vehicle Design* 35 (1): 50–85. http://www.rmi.org/rmi/Library/T04-01_HypercarsHydrogenAutomotiveTransition.

Lovins, Amory B., E. Kyle Datta, Odd-Even Bustnes, J. G. Koomey et Nathan J. Glasgow. 2004. *Winning the Oil Endgame*. Snowmass, CO : Rocky Mountain Institute. http://www.oilendgame.com.

Lovins, Amory B., E. K. Datta, J. Swisher, A. Lehmann, T. Feiler, K. R. Rábago et K. Wicker. 2002. *Small Is Profitable: The Hidden Economic Benefits of Making Electrical Resources the Right Size*. Snowmass, CO : Rocky Mountain Institute. http://www.smallisprofitable.org.

Lovins, Amory B. et A. Gadgil. 1991. "The Negawatt Revolution: Electric Efficiency and Asian Development." Publié dans sa version abrégée dans *Far Eastern Economic Review*, août. Version complète disponible à l'adresse http://old.rmi.org/images/PDFs/Energy/E91-23_NegawattRevolution.pdf.

Lovins, Amory B. et L. H. Lovins. 1982. *Brittle Power: Energy Strategy for National Security*. Andover, MA : Brick House Pub. Co. http://www.rmi.org/rmi/Library%2FS82-03_BrittlePowerEnergyStrategy.

———. 2001. "Fool's Gold in Alaska (version annotée)." *Foreign Affairs*, juillet/août. http://www.rmi.org/rmi/Library/E01-04_FoolsGoldAlaskaAnnotated.
Lovins, Amory B., L. H. Lovins. 1997. *Climate: Making Sense* and *Making Money*. Snowmass, CO : Rocky Mountain Institute. http://www.rmi.org/rmi/Library/C97-13_ClimateSenseMoney.

Lovins, Amory B., L. H. Lovins et L. Ross. 1980. "Nuclear Power and Nuclear Bombs." *Foreign Affairs* 58: 1137–77; 59: 172.

Lund, Per. 2011. "Running the Cell Controller Pilot Project as a Virtual Power Plant." Présenté lors de la 4th International Conference on Integration of Renewable and Distributed Energy Resources, Albuquerque, NM, 9 décembre.

Luppens, J. A, D. C Scott, J. E. Haacke, L. M. Osmonson, T. J. Rohrbacher et M. S. Ellis. 2008. *Assessment of Coal Geology, Resources, and Reserves in the Gillette Coalfield, Powder River Basin, Wyoming*. U.S. Geological Survey. http://pubs.usgs.gov/of/2008/1202/pdf/ofr2008-1202.pdf.

Lutsey, Nicholas P. 2010. "Review of technical literature and trends related to automobile massreduction technology." Institute of Transportation Studies. University of California à Davis. UCD-ITS-RR-10-10. http://escholarship.org/uc/item/9t04t94w.

Lynd, Lee. 2006. *Biomass Energy Systems of the Future*. 28 août. Présenté lors de la Growing the Bioeconomy Conference, Ames, IA, 28 août.

Magee, Darrin. 2011. Communication personnelle avec l'auteur, 13 mai.

Makhijani, Arjun et Scott Saleska. 1999. *The Nuclear Power Deception*. New York : Apex Press.

Makower, Joel. 2011. "The Emergence of VERGE." GreenBiz, 18 avril. http://www.greenbiz.com/blog/2011/04/18/emergence-verge/?src-int.

Malin, Nadav. 2010. "Non-Green Office Buildings Sacrifice 8% in Rent Revenues." BuildingGreen.com, 9 novembre. http://www.buildinggreen.com/auth/article.cfm/2010/11/9/Non-Green-Office-Buildings-Sacrifice-8-in-Rent-Revenues/.

Marsh, George. 2009. "Turbine Innovation at BWEA30." *Renewable Energy Focus*, janvier/février.

Martin, D. 2010. "A Steeper Learning Curve for PV." EXPO Solar, 30 juillet. http://www.exposolar.org/2012/eng/center/contents.asp?idx=94&page=5&search=&searchstring=&news_type=C.

Martin, N., E. Worrell, M. Ruth, L. Price, R. Elliott et A. Shipley. 2000. *Emerging Energy-Efficient Industrial Technologies*. Lawrence Berkeley National Laboratory. http://ies.lbl.gov/iespubs/46990.pdf.

Maslin, Thomas. 2009. "US Solar Market Continues Evolution." In *Emerging Energy Research Breakfast Briefing Solar Power International*. Anaheim, CA : North America Solar Power Advisory.

Massachusetts Institute of Technology. 2010. *The Future of Natural Gas: An Interdisciplinary MIT Study*. Massachusetts Institute of Technology. http://web.mit.edu/mitei/research/studies/naturalgas.html.

———. 2011. "Power Plant Carbon Dioxide Capture and Storage Projects." CCS Project Database. http://sequestration.mit.edu/tools/projects/index.html.

Material Flows. 2011. "Trends in Global Resource Extraction, GDP and Material Intensity 1980–2007." http://www.materialflows.net database, Sustainable Europe Research Institute.

Matsuoka, Yuzuru. 2006. "Modeling Activity to Support Japan: LCS Toward 2050." En japonais. http://www.nies.go.jp/gaiyo/media_kit/12.200606workshop/.../matsuoka.pdf.

Mayerowitz, Scott. 2009. "Austin Forces Home Sellers to Pay for Energy Audits." ABC News. http://abcnews.go.com/Business/Economy/story?id=7797595&page=1.

McCoy, Gilbert. 2010. "'Super Premium' Efficiency Motors Are Now Available." Washington State University Extension Energy Program. http://www.energy.wsu.edu/Documents/EEFactsheet-Motors-Dec22.pdf.

———. 2011. Communication personnelle avec l'auteur, 10 mars.

McElroy, M. B., X. Lu, C. P. Nielsen et Y. Wang. 2009. "Potential for Wind-Generated Electricity in China." *Science* 325 (5946): 1378. http://www.sciencemag.org/content/325/5946/1378.short.

McKinsey & Company. 2009a. *Unlocking Energy Efficiency in the US Economy*. McKinsey & Company. http://www.mckinsey.com/en/Client_Service/Electric_Power_and_Natural_Gas/Latest_thinking/Unlocking_energy_efficiency_in_the_US_economy.aspx.

———. 2009b. *Pathways to a Low-Carbon Economy*. McKinsey & Company, January. https://solutions.mckinsey.com/ClimateDesk/default.aspx.

———. 2010a. *A Portfolio of Power-Trains for Europe: A Fact-Based Analysis*. McKinsey & Company. http://www.europeanclimate.org/documents/Power_trains_for_Europe.pdf.

———. 2010b. *Energy Efficiency: A Compelling Global Resource*. McKinsey & Company,

McKinsey Global Institute. 2010. *Farewell to Cheap Capital? The Implications of Long-Term Shifts in Global Investment and Saving*. McKinsey Global Institute, décembre. http://www.mckinsey.com/insights/mgi/research/financial_markets/farewell_cheap_capital.

McNeill, John. 2011. "Global Environmental History in the Age of Fossil Fuels (1800–2007)." Mapping the World. http://www.cartografareilpresente.org/article254.html.

Mehos, M., D. Kabel et P. Smithers. 2009. "Planting the Seed: Greening the Grid with Concentrating Solar Power." *IEEE Power and Energy Magazine* 7 (mai/juin 2009).

Meier, A. 2011. Communication personnelle avec l'auteur, 19 mai.

Messenger Post. 2010. "NYSEG to Study Compressed Air Energy Storage." MPNnow.com, 6 décembre. http://www.mpnnow.com/business/x1817614900/NYSEG-to-study-compressed-air-energy-storage.

Metcalfe, Guy, M. Rudman, A. Brydon, L. J. W. Graham et R. Hamilton. 2006. "Composing Chaos: An Experimental and Numerical Study of an Open Duct Mixing Flow." *AIChE Journal* 52 (1): 9–28. doi:10.1002/aic.10640.

Meyers, Steve (Rational Energy). 2011. Communication personnelle avec l'auteur, février.

Mick, Jason. 2011. "Company Poised to Blanket Former Sears Tower with 2 MW of Solar Panels." DailyTech, Blogs, 22 mars. http://www.dailytech.com/Company+Poised+to+Blanket+Former+Sears+Tower+With+2+MW+of+Solar+Panels/article21194.htm.

Mijuk, Goran et Markus Germann. 2011. "Swiss To Exit Nuclear Power After Fukushima Disaster." 25 mai.

Millard-Ball, Adam et Lee Schipper. 2011. "Are We Reaching Peak Travel? Trends in Passenger Transport in Eight Industrialized Countries." *Transport Reviews* 31 (3): 357–78.

Mills, Evan. 2005. "The Specter of Fuel-Based Lighting." *Science* 308 (5726): 1263.

———. 2009. "Building Commissioning: A Golden Opportunity for Reducing Energy Costs and Greenhouse-Gas Emissions." Lawrence Berkeley National Laboratory. http://cx.lbl.gov/2009-assessment.html.

Mills, Evan et Dale Sartor. 2005. "Energy Use and Savings Potential for Laboratory Fume Hoods." *Energy* 30 (10): 1859–64. doi:10.1016/j. energy.2004.11.008.

Milne, G. et C. Reardon. 2008. *Your Home Technical Manual* 5.2 "Embodied Energy." Section 5.2 de *Your Home Technical Manual*, 4e éd. Commonwealth of Australia. http://www.yourhome.gov.au/technical/fs52.html.

Mims, Natalie et Heidi Hauenstein. 2008. *Feebates: A Legislative Option to Encourage Continuous Improvements to Automobile Efficiency.* Snowmass, CO : Rocky Mountain Institute. http://www.rmi.org/rmi/Library%2FT08-09_FeebatesLegislativeOption.

Ministère américain de la Défense. 2010. *Quadrennial Defense Review.* Washington DC : ministère américain de la Défense, 26 janvier. http://www.defense.gov/qdr/QDR%20as%20of%2026JAN10%200700.pdf.

Ministère américain de l'Énergie. 2003. *Improving Compressed Air System Performance: A Sourcebook for Industry.* Washington DC : ministère américain de l'Énergie.

———. 2004. *Steel Industry Energy Bandwidth Study.* Washington DC : ministère américain de l'Énergie.

———. 2006a. *Energy Bandwidth for Petroleum Refining Processes.* Washington DC : ministère américain de l'Énergie.

———. 2006b. *Chemical Bandwidth Study: Exergy Analysis: A Powerful Tool for Identifying Process Inefficiencies in the U.S. Chemical Industry.* Washington DC : ministère américain de l'Énergie.

———. 2006c. *Benefits of Demand Response in Electricity Markets and Recommendations for Achieving Them: A Report to the United States Congress Pursuant to Section 1252 of the Energy Policy Act of 2005.* Washington DC : ministère américain de l'Énergie. http://eetd.lbl.gov/ea/ems/reports/congress-1252d.pdf.

———. 2007. *U.S. Energy Requirements for Aluminum Production.* Washington DC : ministère américain de l'Énergie.

———. 2008a. "Isothermal Melting: Reaching for the Peak of Efficiency in Aluminum Melting Operations." *Energy Matters*, printemps 2008, une publication de l'Industrial Technologies Program du ministère américain de l'Énergie. http://www1.eere.energy.gov/industry/bestpractices/energymatters/archives/spring2008.html#a27.

———. 2008b. *20% Wind Energy by 2030.* Washington DC : ministère américain de l'Énergie.

———. 2010a. "Case Study: SMUD's Energy Efficient Remodel Demonstration Project." *Building America: Comprehensive Energy Retrofit: Efficient Solutions for Existing Home.* Ministère américain de l'Énergie. http://apps1.eere.energy.gov/buildings/publications/pdfs/building_america/ba_casestudy_smud_sacramento_hot-dry.pdf.

———. 2010b. *Solid-State Lighting Research and Development: Multi-Year Program Plan.* Washington DC : ministère américain de l'Énergie.

———. 2010c. *Program: Preliminary Determination Regarding Energy Efficiency Improvements in the Energy Standard for Buildings, Except Low-Rise Residential Buildings, ANSI/ASHRAE/IESNA Standard 90.1-2007.* Ministère américain de l'Énergie. http://federalregister.gov/a/2010-22060.

———. 2010d. *3M's Model Rewards and Recognition Program Engages Employees and Drives Energy Savings Efforts.* Washington DC : ministère américain de l'Énergie. http://www1.eere.energy.gov/industry/saveenergynow/pdfs/3m.pdf.

———. 2010e. *Impacts: Industrial Technologies Program: Summary of Program Results for CY 2008: Boosting the Productivity and Competitiveness of US Industry.* Washington DC : ministère américain de l'Énergie.

———. 2011a. *Our Projects: The Financing Force Behind America's Clean Energy Economy.* Washington DC : ministère américain de l'Énergie. https://lpo.energy.gov/?page_id=45.

———. 2011b. "Smart Grid Project Information." *SmartGrid.* Ministère américain de l'Énergie.

———. 2011c. *The Role of Electricity Market Design in Integrating Solar Generation.* Ministère américain de l'Énergie. http://www.nrel.gov/docs/fy11osti/50058.pdf.

———. 2011d. *Department of Energy FY 2012 Congressional Budget Request*, vol. 2. Washington DC : ministère américain de l'Énergie. http://www.cfo.doe.gov/budget/12budget/Content/Volume2.pdf.

Ministère fédéral de la Justice. 2009. *Energieausweis nach Energieeinsparverordnung* [décret allemand sur les économies d'énergie]. Section 16, Abs. 4.

Mints, Paula. 2010. *Photovoltaic Manufacturer Shipments, Capacity & Competitive Analysis 2009/2010.* Palo Alto, CA : Navigant Consulting.

Mitchell, William J., Chris E. Borroni-Bird et L. D. Burns. 2010. *Reinventing the Automobile: Personal Urban Mobility for the 21st Century.* Cambridge, MA : MIT Press.

Moody's Investors Service. 2009. *New Nuclear Generation: Ratings Pressure Increasing.* Moody's Investors Service, juin. http://tinyurl.com/3cbplsd.

Molly, J.P. 2010. "Status der Windenergienutzung in Deutschland—Stand 31.12.2010," p. 7, DEWI GmbH. www.dewi.de/dewi/fileadmin/pdf/publications/Statistics%20Pressemitteilungen/31.12.10/Foliensatz_2010.pdf.

Morales, Alex. 2011. "Low-Carbon Energy Investment Hit a Record $243 Billion in 2010, BNEF Says." Bloomberg, 11 janvier. http://www.bloomberg.com/news/2011-01-11/low-carbon-energy-investment-hit-a-record-243-billion-in-2010-bnef-says.html.

Moxley, Joel. 2011. Communication personnelle avec l'auteur, 11 février.

Mufson, Steven. 2011. "Coal's Burnout: Have Investors Moved On to Cleaner Energy Sources?" *Washington Post*, 1er janvier. http://www.washingtonpost.com/wp-dyn/content/article/2011/01/01/AR2011010102146.html.

Mujumdar, Arun S. 2006. *Handbook of Industrial Drying*. 3e éd. Boca Raton, FL : CRC Press.

Mullen, M. G. 2011. "From the Chairman." *Joint Force Quarterly* 60 (premier trimestre). http://www.ndu.edu/press/from-the-chairman-60.html.

Munger, Reuben. 2011. Communication personnelle avec l'auteur, 2 mai.

Murawski, John. 2011. "Utilities Won't Get Nuclear Cost Break This Year." *Charlotte Observer*, 4 mai. http://www.charlotteobserver.com/2011/05/04/2269975/utilities-wont-get-nuclear-cost.html#ixzz1Lyr4kGoR.
Murdoch, James. "Clean Energy Conservatives Can Embrace." 2009. *Washington Post*, 4 décembre. http://www.washingtonpost.com/wp-dyn/content/article/2009/12/03/AR2009120303698.html.

Nadel, Steven, et D. Goldstein. 1996. *Appliance and Equipment Efficiency Standards: History, Impacts, Current Status, and Future Directions*. Washington DC : American Council for an Energy-Efficient Economy, juin. http://www.aceee.org/sites/default/files/publications/researchreports/A963.pdf.

Nan Zhou, David Fridley, Michael McNeil, Nina Zheng, Jing Ke et Mark Levine. 2011. *China's Energy and Carbon Emissions Outlook to 2050*. LBNL-4472E. Lawrence Berkeley National Laboratory, avril. http://china.lbl.gov/publications
Energy-and-Carbon-Emissions-Outlook-of-China-in-2050.

NanoPore Inc. 2008. "NanoPore™ Thermal Insulation." http://www.nanopore.com/thermal.html.

National Association of Home Builders. 2006. *Housing Facts, Figures and Trends*. National Association of Home Builders. http://www.soflo.fau.edu/report/NAHBhousingfactsMarch2006.pdf.

National Energy Technology Laboratory. 2011. "Clean Coal Power Initiative (CCPI)." NETL, Coal & Power Systems, Major Demonstrations. http://www.netl.doe.gov/technologies/coalpower/cctc/ccpi/index.html.

National Gypsum. 2011. "ThermalCORE PCM Panel." http://www.thermalcore.info/ThermalCore.pdf.

National Mining Association. 2010. *Trends in U.S. Coal Mining 1923–2009*. National Mining Association. http://www.nma.org/pdf/c_trends_mining.pdf.

National Renewable Energy Laboratory. 2009. "NREL Sets the Bar for Office Building Energy Use." NREL Newsroom, 7 décembre. http://stuff.mit.edu/afs/athena/dept/cron/project/concrete-sustainability-hub/Single%20Family%20Residential/Presentations%20and%20Papers/From%20Sponsors/NREL-%20News%20Feature%20-%20NREL%20Sets%20the%20Bar%20for%20Office%20Building%20Energy%20Use.pdf.

———. 2010a. *Research Support Facility: A Model of Super Efficiency*. National Renewable Energy Laboratory. http://www.nrel.gov/docs/fy10osti/48943.pdf.

———. 2010b. *Wind Maps and Wind Resource Potential Estimates*. Ressources documentaires fournies par le programme Wind Powering America du National Renewable Energy Laboratory. http://www.windpoweringamerica.gov/windmaps/.

———. 2011a. *National Solar Radiation Data Base 1991–2005 Update*. National Renewable Energy Laboratory. http://rredc.nrel.gov/solar/old_data/nsrdb/1991-2005/.

———. 2011b. *Western Wind and Solar Integration Study 2004 Wind Data*. National Renewable Energy Laboratory. http://wind.nrel.gov/public/WWIS/.

National Renewable Energy Laboratory et AWS True Wind. 2010. *Estimates of Windy Land Area and Wind Energy Potential by State for Areas ≥30% Capacity Factor at 80m*. NREL et AWS True Wind, 4 février. http://www.windpoweringamerica.gov/pdfs/wind_maps/wind_potential_80m_30percent.pdf.

Navigant Consulting. 2008. *Florida Renewable Energy Potential Assessment*. Navigant Consulting. http://www.psc.state.fl.us/utilities/electricgas/RenewableEnergy/FL_Final_Report_2008_12_29.pdf.

———. 2010. *Energy Savings Potential of Solid-State Lighting in General Illumination Applications 2010 to 2030*. Washington DC : ministère américain de l'Énergie.

Nelson, K.E. 1998. "Finding Process Improvements: The Six Places to Look!" In *Proceedings from the Twentieth National Industrial Energy Technology Conference, Houston, TX, April 22–23, 1998*. Houston, TX. http://repository.tamu.edu/handle/1969.1/91180?show=full.

Network for New Energy Choices. 2010. *Freeing the Grid: Best Practices in State Net Metering Policies and Interconnection Procedures*. Network for New Energy Choices. http://www.newenergychoices.org/index.php?page=publications&sd=no.

Neubaurer, Max, Andrew deLaski, Marianne DiMascio et Steven Nadel. 2009. *Ka-Boom! The Power of Appliance Standards*. Report no. ASAP-7/ACEEE-A091. Washington DC : American Council for an Energy-Efficient Economy; Boston : Appliances Standards Awareness Project.

New York Times. 2010. "The Future of Cars." *New York Times*, 24 juin.

Newell, Richard. 2011. "The Long-Term Outlook for Natural Gas." Présenté lors de l'United States Energy Consultation, Washington DC, 2 février. http://www.eia.doe.gov/neic/speeches/newell_aeo_ng.pdf.

Newhouse, John. 2007. *Boeing versus Airbus: The Inside Story of the Greatest International Competition in Business*. New York : Knopf.

Newton, James. 1989. *Uncommon Friends: Life with Thomas Edison, Henry Ford, Harvey Firestone, Alexis Carrel, and Charles Lindbergh*. New York : Mariner Books.

NextEra Energy Resources. 2010. "NextEra Energy Resources Remains Nation's No. 1 Wind Energy Owner, According to New AWEA Report." 8 avril. http://www.nexteraenergyresources.com/news/contents/2010/040810a.shtml.

Nicholson, E., J. Rogers et K. Porter. 2010. *The Relationship between Wind Generation and Balancing-Energy Market Prices in ERCOT: 2007–2009*. U.S. National Renewable Energy Laboratory. http://www.nrel.gov/docs/fy11osti/49415.pdf.

Norfolk Southern. 2009. "Batteries Are Included: Norfolk Southern Unveils Experimental Electric Locomotive." Communiqué de presse, 28 septembre. http://www.nscorp.com/nscportal/nscorp/Media/News%20Releases/2009/batteries.html.

Norris, Guy et Mark Wagner. 2009. *Boeing 787 Dreamliner*. Minneapolis, MN: Zenith Press.

North American Electric Reliability Corporation. 2010a. *2010 Special Reliability Scenario Assessment: Resource Adequacy Impacts of Potential U.S. Environmental Regulations*. North American Electric Reliability Corporation, octobre. http://www.nerc.com/files/EPA_Scenario_Final.pdf.

———. 2010b. *2010 Long-Term Reliability Assessment*. North American Electric Reliability Corporation. Octobre. http://www.nerc.com/files/2010%20LTRA.pdf.

———. 2010c. *2005–2009 Generating Unit Statistical Brochure—All Units Reporting*. North American lectric Reliability Corporation. http://www.nerc.com/page.php?cid=4l43l47.

———. 2011. *System Disturbance Reports*. North American Electric Reliability Corporation. http://www.nerc.com/page.php?cid=5l66.

Northeast States Center for a Clean Air Future, International Council on Clean Transportation, Southwest Research Institute et TIAX. 2009. *Reducing Heavy-Duty Long Haul Combination Truck Fuel Consumption and CO_2 Emissions*. Boston : NESCCF ; Washington DC et San Francisco : ICCT. Northwest Energy Efficiency Alliance. 2009. *CFL Update*. Northwest Energy Efficiency Alliance, 5 novembre.

Northwest Power and Conservation Council. 2010a. "Energy Efficiency in the Future: The Sixth Northwest Power Plan" et "Northwest Energy Efficiency Achievements 1980–2008." http://www.nwcouncil.org/library/2010/2010-08.htm.

———. 2010b. *Sixth Northwest Power Plan*. Northwest Power and Conservation Council. http://www.nwcouncil.org/energy/powerplan/6/default.htm.

Norton, Paul. 2010. "Utility Data Analysis: Program Evaluation and Tools Improvement." Présenté chez Affordable Comfort, Inc., Austin, TX, 21 avril, au nom du National Renewable Energy Laboratory.

Novak, Shonda. 2010. "Impact of Home Energy Audit Rule Less Than Expected." *American Statesman* (Austin, TX), 16 juillet. http://www.statesman.com/business/impact-of-home-energy-audit-rule-less-than-807664.html.

NRDC. 2011. "Gas and Electric Decoupling in the US" map set. Juillet. San Francisco : Natural Resources Defense Council.

Nuveco AG. 2011. "The New Generation of Cooking." L'article n'est plus accessible en ligne.

Oak Ridge National Lab (ORNL). 2008. *Combined Heat and Power: Effective Energy Solutions for a Sustainable Future*. Oak Ridge National Laboratory, 1er décembre. http://www1.eere.energy.gov/industry/distributedenergy/pdfs/chp_report_12-08.pdf.

Offshore Valuation Group. 2010. *The Offshore Valuation*. Y Plas, Machynlleth, Wales: Public Interest Research Centre. http://www.offshorevaluation.org/downloads/offshore_vaulation_full.pdf.

Ogburn, Michael, Laurie Ramroth et Amory Lovins. 2008. *Transformational Trucks: Determining the Energy Efficiency Limits of a Class-8 Tractor-Trailer*. Snowmass, CO : Rocky Mountain Institute, juillet. http://www.rmi.org/rmi/Library/T08-08_Transformational TrucksEnergyEfficiency.

O'Grady, Eileen. 2011. "NRG Energy Abandons Texas Nuclear Expansion Plan." Reuters, 19 avril. http://www.reuters.com/article/2011/04/19/us-nuclear-nrg-idUSTRE73I7E620110419.

OMPI. 1999. "(WO/1999/020165) Contenant de cuisson performant." *PatentScope* de l'Organisation mondiale de la propriété intellectuelle, base de données des demandes de brevets. http://www.wipo.int/pctdb/fr/wo.jsp?WO=1999020165.

Online Code Environment and Advocacy Network. 2011a. *Code Status: Commercial.* Online Code Environment and Advocacy Network. http://bcap-ocean.org/code-status-commercial.

———. 2011b. *Code Status: Residential.* Online Code Environment and Advocacy Network. http://bcapocean.org/code-status-residential.

Oregon DOT. 2007. *Oregon's Mileage Fee Concept and Road User Fee Pilot Program.* Oregon Department of Transportation. http://www.oregon.gov/ODOT/HWY/RUFPP/docs/RUFPP_finalreport.pdf.

Orszag, Peter. 2007. *Estimated Costs of U.S. Operations in Iraq and Afghanistan and of Other Activities Related to the War on Terrorism.* Washington DC : Congressional Budget Office, 24 octobre.

Owen, Nick A., Oliver R. Inderwildi et David A. King. 2010. "The Status of Conventional World Oil Reserves—Hype or Cause for Concern?" *Energy Policy* 38 (8): 4743–49. doi:16/j.enpol.2010.02.026.

PACEnow. 2011. Blog et portail de PACE. www.pacenow.org.

Paidipati, J., L. Frantzis, H. Sawyer et A. Kurrasch. 2008. *Rooftop Photovoltaics Market Penetration Scenarios.* National Renewable Energy Laboratory. http://www.nrel.gov/docs/fy08osti/42306.pdf.

Paley, William. 1952. *Resources for Freedom: Report of the President's Materials Commission.* Washington DC : imprimerie du Gouvernement américain.

Palmintier, Bryan, Lena Hansen et Jonah Levine. 2008. "Spatial and Temporal Interactions of Solar and Wind Resources in the Next Generation Utility." Présenté à l'occasion de SOLAR 2008, San Diego, CA, 3-8 mai. http://www.rmi.org/rmi/Library/2008-21_SolarWindNGU.

Parker, D. S. 2009. "Very Low Energy Homes in the United States: Perspectives on Performance from Measured Data." *Energy and Buildings* 41 (5): 512–20.

Parsons Brinckerhoff. 2009. *Powering the Future: Mapping Our Low Carbon Path to 2050.* Newcastle upon Tyne, Royaume-Uni : Parsons Brinckherhoff, décembre. http://www.pbpoweringthefuture.com.

Parthemore, Christine et John Nagl. 2010. *Fueling the Future Force: Preparing the Department of Defense for a Post-Petroleum Era.* Center for a New American Security. http://www.cnas.org/files/documents/publications/CNAS_Fueling%20the%20Future%20Force_NaglParthemore.pdf.

Patel, M. R. 2006. *Wind and Solar Power Systems: Design, Analysis, and Operation.* Boca Raton, FL : CRC Press.

Patton, K. J. et M. A. Gonzales. 2010. "Development of High-Efficiency Clean Combustion Engines: Designs for SI and CI Engines." Présenté à GM Powertrain Advanced Engineering, 11 juin.

Patzek, T. W. et G. D. Croft. 2010. "A Global Coal Production Forecast with Multi-Hubbert Cycle Analysis." *Energy* 35 (8): 3109–22. doi:10.1016/j.energy.2010.02.009.

PAX Scientific. 2008. "A Fascination with Flow." PAX Scientific Technology. http://www.paxscientific.com/tech.html.

PAX Water Technologies. 2011. *Inside America's Water Storage Tanks There's a Revolution Going on…*

Perlack, Robert, Lynn Wright et Anthony Turhollow. 2005. *Biomass as Feedstock for a Bioenergy and Bioproducts Industry: Technical Feasibility of a Billion-Ton Annual Supply.* Ministère américain de l'Agriculture. http://www.scag.ca.gov/rcp/pdf/summit/billion_ton_vision.pdf.

Pernick, Ron et Clint Wilder. 2011. *Clean Energy Trends 2011.* Clean Edge, mars. http://www.cleanedge.com/reports/pdf/Trends2011.pdf.

Pew Center on Global Climate Change. 2011a. *Energy Efficiency Standards and Targets.* Pew Center on Global Climate Change, 10 février. http://www.pewclimate.org/what_s_being_done/in_the_states/efficiency_resource.cfm.

———. 2011b. *Decoupling Policies.* Pew Center on Global Climate Change, 10 février. http://www.pewclimate.org/what_s_being_done/in_the_states decoupling.

Pew Charitable Trusts. 2010. *Who's Winning the Clean Energy Race?: Growth, Competition, and Opportunity in the World's Largest Economies.* Washington DC : Pew Charitable Trusts. http://www.pewtrusts.org/uploadedFiles/wwwpewtrustsorg/Reports/Global_warming/G-20%20Report.pdf.

Pew Charitable Trusts. 2011. *Who's Winning the Clean Energy Race?* 2010 Edition. G-20 Investment Powering Forward. 29 mars. www.pewenvironment.org/uploadedFiles/PEG/Publications Report/G-20Report- LOWRes-FINAL.pdf.

Phadke, Amol (Lawrence Berkeley National Laboratory). 2011. Communication personnelle avec l'auteur, 5 mai.

PJM News. 2011. "Demand Response and Energy Efficiency Continue to Grow in PJM's RPM Auction Renewable Resources Offer More Capacity." *Electric Energy Online,* 16 mai. http://www.electricenergyonline.com/?page=show_news&id=155034&cat=5.

Pleotint. 2007. "Pleotint LLC Sunlight Responsive Thermochromic (SRT)." http://www.pleotint.com/default.asp.

Plumber, Bradford. 2007. "Wind Vain." *New Republic,* 5 novembre.

Pollard, S. 1980. "A New Estimate of British Coal Production, 1750–1850." *Economic History Review* 33 (2): 212–34.

Popular Mechanics. 2010. "The New Wildcatters." *Popular Mechanics,* 1er janvier. http://www.popularmechanics.co.za/article/the-new-wildcatters-2010-01-01.

Pöyry. 2010. *Wind Energy and Electricity Prices: Exploring the "Merit Order Effect."* The European Wind Energy Association. http://www.ewea.org/fileadmin/ewea_documents/documents/publications/reports/MeritOrder.pdf.

PPG Aerospace. 2010. "Boeing 787 Flies with PPG Aerospace Transparencies, Coatings, Sealants." http://www.ppg.com/coatings/aerospace/newsroom/news/Pages/2010-02-04.aspx.

Proctor Group LTD. 2010. "Spacetherm®." http://www.proctorgroup.com/Products/ThermalInsulation/Spacetherm.aspx.

Pugh, Scott. 2010. "Protecting America's Electric Grid." Présentation à l'occasion de l'Electric Power Grid Resiliency Workshop, Monterey, CA, 19-21 mai.

RavenBrick, LLC. 2009. "The Technology." http://www.ravenbrick.com/.

Red Eléctrica de España. 2010. *El sistema eléctrico español 2010.* Red Eléctrica de España, 21 décembre. http://www.ree.es/sistema_electrico/pdf/infosis/Avance_REE_2010.pdf.

Reddy, A. K. N., R. H. Williams et T. B. Johansson. 1997. *Energy After Rio: Prospects and Challenges.* New York : Programme des Nations unies pour le développement.

Redpoint Energy. 2011. *The Impact of Wind on Pricing within the Single Electricity Market.* Irish Wind Energy Association. http://www.iwea.com/contentFiles/Documents%20for%20Download/Publications/

News%20Items/Impact_of_Wind_on_Electricity_Prices.pdf?uid=1298912434703.

Reece, Erik. 2009. "Hell Yeah, We Want Windmills." *Orion Magazine*, juillet/août. http://www.orionmagazine.org/index.php/articles/article/4809/.

Reed, J. H., K. Johnson, J. Riggert et A. Oh. 2004. *Who Plays and Who Decides: The Structure and Operation of the Commercial Building Market.* Rapport préparé à l'intention de l'Office of Building Technology, State and Community Programs du ministère américain de l'Énergie, mars. Rockland, MD: Innovologie, LLC.

Regeringen (gouvernement danois). 2011. *Energistrategi 2050—fra kul, olie og gas til grøn energi.* Regeringen, 24 février. http://www.kemin.dk/dadk/nyhederogpresse/pressemeddelelser/2011/sider/fra_kul_olie_og_gas_til_groen_energi.aspx.

Reitenbach, Gail. 2010. "Smart Power Generation at UCSD." *Power Magazine*, 1er novembre.

Renewable Energy Policy Network for the 21st Century (REN21). 2010. *Renewables 2010 Global Status Report.* Renewable Energy Policy Network for the 21st Century (REN21), 15 juillet. http://www.ren21.net/REN21Activities/Publications/GlobalStatusReport/GSR2010/tabid/5824/Default.aspx.

Renewable Fuels Association. 2010. "Statistics." Renewable Fuels Association. http://www.ethanolrfa.org/pages/statistics.

Renewables International. 2011. "Cost of Turnkey PV in Germany Drops." *Renewables International—The Magazine*, 14 janvier. http://www.renewablesinternational.net/ cost-of-turnkey-pv-in-germany-drops/150/452/29911/.

Reuters. 2007. "U.S. CBO Estimates $2.4 Trillion Long-Term War Costs." 24 octobre.

———. 2011a. "EU Will Surpass 20 pct Green Energy Goal." 4 janvier.

———. 2011b. "Japan's Tepco Reports Record Loss after Quake." *Sydney Morning Herald*, 20 mai. http://tinyurl.com/3o67jfk.

Richardson, Katherine *et al.* 2011. "Denmark's Road Map for Fossil Fuel Independence." Solutions 2(4). 21 juillet.

Rocky Mountain Institute. 2008. "State of Missouri Department of Natural Resources Lewis & Clark State Office Building." Étude de cas d'après le film *High Performance Building: Perspective and Practice* du Rocky Mountain Institute. http://bet.rmi.org/files/casestudies/mo-dnr/State_of_Missouri.pdf.

———. 2010. Micropower Database. Septembre. http://www.rmi.org/rmi/Library/2010-14_MicropowerDatabaseSeptember2010.

Rohmund, Ingrid, Anthony Duer, Sharon Yoshida, Jan Borstein, Lisa Wood et A. Cooper. 2011. *Assessment of Electricity Savings in the U.S. Achievable through New Appliance/Equipment Efficiency Standards and Building Efficiency Codes (2010–2025).* Washington DC : Institute for Energy Efficiency, mai. http://www.edisonfoundation.net/IEE/reports/IEE_CodesandStandardsAssessment_2010-2025_UPDATE.pdf.

Roland-Holst, David. 2008. *Energy Efficiency, Innovation, and Job Creation in California.* Berkeley, CA : Center for Energy, Resources, and Economic Sustainability (CERES), octobre. http://areweb.berkeley.edu/~dwrh/CERES_Web/Docs/UCB%20Energy%20Innovation%20and%20Job%20Creation%2010-20-08.pdf.

Romm, J. 1997. *Technology Scenarios of U.S. Carbon Reduction.* Note d'information, ministère américain de l'Énergie, 25 juillet.

Rose, Melinda. 2010. "Displays Add a Dimension, Durability." *Photonics Spectra*, juillet. http://www.photonics.com/Article.aspx?AID=42944.

Rosen, D. H. et T. Houser. 2006. *What Drives China's Demand for Energy (and What It Means for the Rest of Us)*. Center for Strategic and International Studies. http://csis.org/files/media/csis/pubs/090212_02what_drives_china_demand.pdf.

Rosenfeld, A., J. J. Romm, Hashem Akbari et Alan C. Lloyd. 1997. "Painting the Town White -- and Green." *MIT Technology Review*, février/mars 1997. http://www.sfrc.ufl.edu/urbanforestry/Resources/PDF%20downloads/Rosenfeld_1997.pdf.

Rosenthal, E. 2010a. "African Huts far from the Grid Glow with Renewable Power." *New York Times*, 25 décembre. http://www.nytimes.com/2010/12/25/science/earth/25fossil.html.

———. 2010b. "Using Waste, Swedish City Shrinks Its Fossil Fuel Use." *New York Times*, 10 décembre.

———. 2010c. "Portugal gives itself a clean-energy makeover." *New York Times*, 11 août. http://www.nytimes.com/2010/08/10/science/earth/10portugal.html.

———. 2011. "In Auto Test in Europe, Meter Ticks Off Miles, and Fee to Driver." *New York Times*. 10 août. http://www.nytimes.com/2011/08/11/science/earth/11meter.html.

Ross, J. P. et A. Meier. 2000. *Whole House Measurements of Stand-by Power Consumption*. LBNL-45967. Lawrence Berkeley National Laboratory. http://eetd.lbl.gov/ea/reports/45967.pdf.

Ross, Marc et Tom Wenzel. 2001. "Losing Weight to Save Lives: A Review of the Role of Automobile Weight and Size in Traffic Fatalities." American Council for an Energy-Efficient Economy Report ACEEE-T013. Juillet. http://eetd.lbl.gov/ea/teepa/pdf/LBNL-48009.pdf.

Rudolf, John Collins. 2011. "News Corp. Is Carbon-Neutral, Murdoch Declares." *New York Times*, 4 mars. http://green.blogs.nytimes.com/2011/03/04/news-corp-is-carbon-neutral-murdoch-declares/?hpw.

Rumsey, Peter. 2011. Communication personnelle avec l'auteur, 7 mars.

Rutledge, David. 2010. Communications personnelles avec l'auteur, décembre.

———. 2011. "Estimating Long-Term World Coal Production with Logit and Probit Transforms." *International Journal of Coal Geology* 85 (1): 23–33. doi:10.1016/j.coal.2010.10.012.

Sandborg, Hans. 2010. "Taking Green to the Platinum Level at the Empire State Building." *Currents* (publié par la Swedish-American Chambers of Commerce), 12 août. http://sacc-usa.org/currents/business/taking-green-to-the-platinum-level-at-the-empire-state-building.

Sator, Spencer. 2008. *Managing Office Plug Loads*. Boulder, CO : E Source.

Sator, Spencer, I. Krepchin et M. Horsey. 2010. "Standout Industrial Programs and Technologies." Présenté à E Source, Boulder, CO, 30 juin 2010.

Scanlon, Bill. 2010. "Energy Saving A/C Conquers All Climates." National Renewable Energy Laboratory, 11 juin. http://www.nrel.gov/features/20100611_ac.html.

Scheihing, Paul. 2009. *United States Industrial Motor-Driven Systems Market Assessment: Charting a Roadmap to Energy Savings for Industry*. Ministère américain de l'Énergie. http://www1.eere.energy.gov/industry/bestpractices/m/us_industrial_motor_driven.html.

Schewel, Laura et Lee Schipper. 2011. *Shop Till We Drop: Historical and policy analysis of driving-for-shopping and freight energy use in the U.S.* Présenté à l'occasion de l'European Council for an Energy-Efficient Economy 2011 Summer Study, 7 juin, France.

Schipper, Lee. 2010. "Automobile Use, Fuel Economy and CO_2 Emissions in Industrialized Countries: Encouraging Trends Through 2008?" *Transport Policy* 18 (2): 358–72.

Schmidt-Pathmann, Philipp. 2011. Communication personnelle avec l'auteur, 27 avril.

Schneider, C. et Jonathan Banks. 2010. *The Toll from Coal: An Updated Assessment of Death and Disease from America's Dirtiest Energy Source.* Clean Air Task Force, septembre. http://www.catf.us/resources/publications/files/The_Toll_from_Coal.pdf.

Schneider, Dana. 2011. Communication personnelle avec l'auteur, 18 mars.

Schneider, M., Antony Froggatt et Steve Thomas. 2011. *The World Nuclear Industry Status Report 2010–2011: Nuclear Power in a Post-Fukushima World, 25 Years after the Chernobyl Accident.* Worldwatch Institute et Mycle Schneider Consulting. http://download.www.arte.tv/permanent/u1/tchernobyl/report2011.pdf.

Schwede, Jared W., Igor Bargatin, Daniel C. Riley, Brian E. Hardin, S. J. Rosenthal, Yun Sun, Felix Schmitt *et al.* 2010. "Photon-Enhanced Thermionic Emission for Solar Concentrator Systems." *Nature Materials* 9: 762–67. doi:10.1038/nmat2814.

Schewels, Laura 2008. "Triple Safety: Lightweighting Automobiles to Improve Occupant, Highways, and Global Safety," SAE 2008-01-1282. http://www.rmi.org/Knowledge-Center/Library/2008-23_TripleSafetyLightweighting.

SEAD Group. 2011. Communication personnelle avec l'auteur, 5 mai.

Segall, Justin (Simple Energy). 2011. Communication personnelle avec l'auteur, 25 mars.

Shaheen, Susan et Adam Cohen. 2006. "Carsharing in North America: Market Growth, Current Developments, and Future Potential." *Transportation Research Record: Journal of the Transportation Research Board of the National Academies No. 1986*:9.

Shell International. 2011. *Shell Energy Scenarios to 2050: Signals and Signposts.* La Haye : Shell International. http://www-static.shell.com/content/dam/shell/static/aboutshell/downloads/aboutshell/signals-signposts.pdf.

Sherwood, Larry. 2010. *U.S. Solar Market Trends 2009.* Interstate Renewable Energy Council, juillet. http://irecusa.org/wp-content/uploads/2010/07/IRECSolar-Market-Trends-Report-2010_7-27-10_web1.pdf.

Shimomura, Tsutomu et John Gage. 2009–2011. Communications personnelles avec les auteurs.

Shipley, A. et R. Elliott. 2006. *Ripe for the Picking: Have We Exhausted the Low-Hanging Fruit in the Industrial Sector?* Rapport IE061. Washington DC : American Council for an Energy-Efficient Economy, avril. http://www.aceee.org/research-report/ie061.

Shirouzu, Norihiko. 2010. "Train Makers Rail Against China's High-Speed Designs." *Wall Street Journal*, 17 novembre. http://online.wsj.com/article/SB10001424052748704814204575507353221141616.html.

Short, W., N. Blair, P. Sullivan et T. Mai. 2009. *ReEDS Model Documentation: Base Case Data and Model Description.* National Renewable Energy Laboratory. http://www.nrel.gov/analysis/reeds/pdfs/reeds_full_report.pdf.

Shoup, Donald. 2005. *The High Cost of Free Parking.* Washington DC : American Planning Association.

Shpitsberg, Anna. 2010. *Federal Freight Efficiency Authority.* Rocky Mountain Institute. http://www.rmi.org/rmi/Library/2010-28_FederalFreightEfficiencyAuthority.

Shuster, Erik. 2009. *Estimating Freshwater Needs to Meet Future Thermoelectric Generation Requirements.* National Energy Technology Laboratory du ministère américain de l'Énergie, 30 septembre. http://www.netl.doe.gov/energy-analyses/pubs/2009%20Water%20Needs%20Analysis%20-%20Final%20(9-30-2009).pdf.

Sinden, Graham. 2011. Communication personnelle avec l'auteur, 11 mai.

Singapore National Energy Efficiency Committee. 2010. *Green Energy Management (GEM) at Grand Hyatt Singapore.*

Skea, J., D. Anderson, T. Green, R. Gross, P. Heptonstall et M. Leach. 2008. "Intermittent Renewable Generation and the Cost of Maintaining Power System Reliability." *IET Generation, Transmission & Distribution* 2 (1): 82–89. doi:10.1049/iet-gtd:20070023.

Small, Kenneth et Kurt Van Dender. 2006. "Fuel Efficiency and Motor Vehicle Travel: The Declining Rebound Effect." *Energy Journal* 28 (1): 25–51.

SmartWay Transport Partnership. 2004. *A Glance at Clean Freight Strategies: Intermodal Shipping.* Agence américaine pour la protection de l'environnement.

Smith, M. 2011. "Japan Faces Lengthy Recovery from Fukushima Accident." CNN, 22 avril. http://articles.cnn.com/2011-04-22/world/japan.fukushima.future_1_nuclear-power-plant-plutonium-plantnuclear-accident?_s=PM:WORLD.

Smith, T. 2011. "Shale Gas: A Renaissance for DRI Production in USA?" *Steel Times International*, mars.

Sócrates, José. 2011. Allocution lors du Sommet mondial de l'énergie, Abu Dhabi, 17 janvier.

Solar Energy Research Institute. 1990. *The Potential of Renewable Energy.* Interlaboratory White Paper SERI/TP-260-3674. Golden, CO : Solar Energy Research Institute (devenu le National Renewable Energy Laboratory).

SolarCity. 2011. "SolarCity Solar Lease: SolarLease Lets Homeowners Install Solar Power for $0 Down and Save Money Every Month with Lower Electricity Costs." http://www.solarcity.com/residential/solar-lease.aspx.

Sony. 2011. "OLED Specifications." http://www.sonystyle.com/webapp/wcs/stores/servlet/CategoryDisplay?catalogId=10551&storeId=10151&langId=-1&categoryId=8198552921644579396#.

Sorrell, Steve. 2007. *The Rebound Effect: an assessment of the evidence for economy-wide energy savings from improved energy efficiency.* UK Energy Research Centre. Rapport principal et cinq rapports techniques. www.ukerc.ac.uk/support/tiki-index.php?page=ReboundEffect.

———. 2009. "The Evidence for Direct Rebound Effects." In *Energy Efficiency and Sustainable Consumption: The Rebound Effect.* New York : Palgrave Macmillan.

SourceWatch. 2011. *Coal and Jobs in the United States.* SourceWatch, avril. http://www.sourcewatch.org/index.php?title=Coal_and_jobs_in_the_United_States.

Sovacool, Benjamin K. et Charmaine Watts. 2009. "Going Completely Renewable: Is It Possible (Let Alone Desirable)?" *The Electricity Journal* 22 (4): 95–111. doi:16/j.tej.2009.03.011.

St. John, Jeff. 2011. "Demand Response 'Negawatts' Getting a Pay Day." GigaOM, 15 mars. http://gigaom.com/cleantech/demand-response-%E2%80%9Cnegawatts%E2%80%9D-getting-a-pay-day/.

Stand-To! 2011. "Today's Focus: Net Zero." *Stand To!* 31 janvier. http://www.army.mil/standto/archive/2011/01/31/?s_cid=email.

Standard & Poor's. 2008. *Key Credit Factors: Business and Financial Risks in the Investor-Owned Utilities Industry.* Standard & Poor's, 26 novembre.

Stern, Roger J. 2010. "United States Cost of Military Force Projection in the Persian Gulf, 1976-2007." *Energy Policy* 38 (6): 2816–25. http://ideas.repec.org/a/eee/enepol/v38y2010i6p2816-2825.html.

Stiglitz, Joseph E. et Linda Blimes. 2010. "The True Cost of the Iraq War: $3 Trillion and Beyond." *Washington Post*, 5 septembre. http://www.washingtonpost.com/wp-dyn/content/article/2010/09/03/AR2010090302200.html.

Stockton, Hon. Paul (secrétaire adjoint à la Défense). 2011. Témoignage devant le Subcommittee on Energy and Power. USHR Committee on Energy and Commerce. 31 mai.

Straub, N. et P. Behr. 2009. "Energy Regulatory Chief Says New Coal, Nuclear Plants May Be Unnecessary." *New York Times*, 22 avril. http://www.nytimes.com/gwire/2009/04/22/22greenwire-no-need-to-buildnew-us-coal-or-nuclear-plants-10630.html.

Sturgis, Sue. 2011. "Duke Energy's Nuclear Ambitions Face Fallout from Japanese Crisis." *Online Magazine of the Institute for Southern Studies*, 16 mars. http://www.southernstudies.org/2011/03/duke-energys-nuclear-ambitions-face-fallout-from-japanese-crisis.html.

Succar, Samir et Robert H. Williams. 2008. *Compressed Air Energy Storage: Theory, Resources, and Applications for Wind Power.* Princeton, NJ: Princeton Environmental Institute, 8 avril.

Sullivan, Paul. 2011a. "Threats to the Global Oilconomy." Al Arabiya.net, 28 avril. http://english.alarabiya.net/articles/2011/04/28/147058.html.

———. 2011b. *Written Testimony in Support of the Oral Testimony of Professor Paul Sullivan, National Defense University and Georgetown University for the Western Hemisphere Subcommittee of the Foreign Affairs Committee, US House of Representatives Regarding the Need for Canadian Oil As We Face Increasing Turmoil in the Middle East, Increasing Competition for Energy Resources, Peak Conventional Oil, and an Increasingly Complex Geostrategic Environment.* 31 mars. http://www.foreignaffairs.house.gov/112/sul033111.pdf.

SunChips. 2011. "SunChips®—Healthier Planet."

Sungevity. 2011. "The Solar Lease." http://www.sungevity.com/solar-lease.

SunPower. 2011. "Financing Your SunPower® Residential Solar System." http://us.sunpowercorp.com/homes/how-to-buy/financing/.

SunRun. 2010. "Home Solar Power Systems: Installation, Financing, & Leasing." http://www.sunrunhome.com/.

Sunverge Energy. 2011. "First Micro-Grid, Distributed Energy Resource Community Coming to California." PRWeb, 1er février. http://www.prweb.com/releases/2011/02/prweb5023374.htm.

Sustainable Homes. 1999. *Embodied Energy in Residential Property Development: A Guide for Registered Social Landlords.* Teddington, Middlesex,

Royaume-Uni : Sustainable Homes. http://www.sustainablehomes.co.uk/Portals/63188/docs/Embodied%20Energy.pdf.

Swedish Government Commission on Oil Independence. 2006. *Making Sweden an OIL-FREE Society.* http://www.sweden.gov.se/content/1/c6/06/70/96/7f04f437.pdf.

Swisher, J. et R. Orans. 1995. "The Use of Area-Specific Utility Costs to Target Intensive DSM Campaigns." *Utilities Policy* 5 (3–4): 185–97.

Synovision Solutions. 2010. "Our Strategic Opportunity in Afghanistan: Fixing Our Energy Inefficiencies to Save $Billions . . . and BLOOD." Directives préparées par Synovision Solutions, 13 février. http://www.gaco.com/press/Anderson_Amadee_Afghanistan_Assmt_021310.pdf.

Tabuchi, Hiroko. 2010. "Electric Cars Make Japan's Gas Engine Industry Anxious." *New York Times*, 2 novembre. http://www.nytimes.com/2010/11/03/business/global/03japancar.html.

———. 2011. "Head of Japanese Utility Steps Down After Nuclear Crisis." *New York Times*, 20 mai. http://www.nytimes.com/2011/05/21/business/global/21iht-tepco21.html.

———. 2011b. "Japan Premier Wants Shift Away From Nuclear Power." *New York Times*. 13 juillet.

Taggart, D. F. 2000. "Riding a Bike." Présentation à la Defense Science Board Task Force on Improving Fuel Efficiency, 20 septembre. http://www.slideshare.net/lightspeed65/DSB-Weapon-Platforms-092000a-from-CD.

Tecogen. 2011. "Tecogen Supplies Three Ultra-Clean CHP Modules to Sacramento Electric Utility for Microgrid Demonstration Project." *PR Newswire*. 1er mars.http://www.tecogen.com/24c16095-c8ab-4ab5-ad8c-c64c249a27dc/about-us-news-and-events-press-releases-detail.htm.

Temple, Robert K. G. 1986. "Petroleum and Natural Gas as Fuel, Fourth Century BC." In *The Genius of China: 3,000 Years of Science, Discovery, and Invention*. New York : Simon and Schuster.

Terborgh, J. 1992. "Table of Data on Tropical Rainforests." Table 1, modified for the class "The Tropical Rain Forest" at the University of Michigan's Global Change Curriculum from J. Terborgh, *Diversity and the Tropical Rainforest* (New York : Scientific American Library, 1992). http://www.globalchange.umich.edu/globalchange1/current/lectures/kling/rainforest/rainforest_table.html.

Terra Magnetica. 2010. "Siemens Launches Permanent Magnet-Based Gearless Wind Turbine." 25 avril. http://www.terramagnetica.com/2010/04/25/siemens-launches-permanent-magnet-based-gearlesswind-turbine/.

Texas Transportation Institute. 2009. *Urban Mobility Report 2009*. University Transportation Center for Mobility.

Thermal Cookware. 2008. "How It All Works." http://thermalcookware.com/main.php?mod=Dynamic&id=22.

Theunissen, Ton, Mike Golombok, J. J. H. (Bert) Brouwers, Gagan Bansal et R. van Benthum. 2011. "Liquid CO_2 Droplet Extraction from Gases." *Energy* 36 (5): 2961–67. doi:16/j.energy.2011.02.040.

Thomas, Sandy. 2004–2010. Communications personnelles avec l'auteur.

Thomsen, K. E., K. B. Wittchen, Statens Byggeforskningsinstitut et European Alliance of Companies for Energy Efficiency in Buildings. 2008.

European National Strategies to Move Towards Very Low Energy Buildings. Danish Building Research Institute. http://www.buildup.eu/publications/1519.

TIAX. 2006. *The Energy and Greenhouse Gas Emissions Impact of Telecommuting and E-Commerce*. Cambridge, MA : TIAX LLC. http://www.ce.org/CorporateSite/media/Government-Media/Green/The-Energy-and-Greenhouse-Gas-Emissions-Impact-of-Telecommuting-and-e-Commerce.pdf.

Tibbits, George. 2010. "Gregoire: Moses Lake Carbon Fiber Plant to Grow." *Bloomberg Businessweek*, 5 novembre. http://www.businessweek.com/ap/financialnews/D9JA87BOO.htm.

Tidball, Rick, Joel Bluestein, Nick Rodriguez et Stu Knoke. 2010. *Cost and Performance Assumptions for Modeling Electricity Generation Technologies*. National Renewable Energy Laboratory. www.nrel.gov/docs/fy11osti/48595.pdf.

Tinianov, Brandon (Serious Materials). 2011. Communication personnelle avec l'auteur, 8 février.

Tirpak, Brad. 2010. Communication personnelle avec l'auteur, 28 décembre.

Tommerup, Henrik, et Jørgen Nørgård. 2007. "Proper Sizing of Circulation Pumps." In *ECEEE 2007 Summer Study "Saving Energy—Just Do It!" Conference Proceedings* (Stockholm: European Council for an Energy Efficient Economy).

Töpfer, Klaus. 2011. Communication personnelle avec l'auteur, 25 mai.

Torcellini, P., N. Long et R. Judkoff. 2003. *Consumptive Water Use for U.S. Power Production*. National Renewable Energy Laboratory. www.nrel.gov/docs/fy04osti/33905.pdf.

Torres, Juan et Mike Hightower. 2010. *2010 Smart Grid Peer Review Project Summary Form—Energy Surety Microgrids*. Ministère américain de l'Énergie. http://events.energetics.com/SmartGridPeerReview2010/pdfs/summaries/16_Energy_Surety_Microgrids_and_SPIDERS.pdf.

Tucker, Jonathan. 2009. "The Future of Chemical Weapons." *The New Atlantis*, automne 2009/hiver 2010 : 3–29. http://www.thenewatlantis.com/publications/the-future-of-chemical-weapons.

Turner, J. A. 1999. "A Realizable Renewable Energy Future." *Science* 285 (5428): 687.

Ulrich, Roger. 2011. Communication personnelle avec l'auteur, 2 mars.

Union européenne. 2010. "Directive 2010/31/EU du Parlement européen et du Conseil du 19 mai 2010 sur la performance énergétique des bâtiments." *Journal officiel de l'Union européenne* 53e année. http://eur-lex.europa.eu/JOHtml.do?uri=OJ%3AL%3A2010%3A153%3ASOM%3AFR%3AHTML.

United Technologies Corporation. 2010. *2010 Annual Report*. United Technologies Corporation. http://utc.com/About+UTC/Company+Reports/2010+Annual+Report+English.

Urban Land Institute. 2007. *Growing Cooler: Evidence on Urban Development and Climate Change*. Urban Land Institute. http://www.mwcog.org/uploads/committee-documents/u1ZbXIk20070921140031.pdf.

Urban Land Institute et Cambridge Systematics. 2009. *Moving Cooler: An Analysis of Transportation Strategies for Reducing GHG Emissions*. Urban Land Institute. http://www.movingcooler.info/.

Urbina, Ian. 2011a. "Insiders Raise Alarm Amid a Rush for Natural Gas." *New York Times*, p. 1, 25 juin. http://www.nytimes.com/2011/06/26/us/26gas.html.

———. 2011b. "Behind Veneer, Doubt on Future of Natural Gas." *New York Times*, 26 juin. http://www.nytimes.com/2011/06/27/us/27gas.html.

U.S. Bureau of Transportation Statistics. 2001. *Highlights of the 2001 National Household Travel Survey*, fig. 10, "Mean Minutes and Miles Spent Driving by Driver Age." Washington DC : U.S. Bureau of Transportation Statistics. http://www.bts.gov/publications/highlights_of_the_2001_national_household_travel_survey/html/figure_10.html.

———. 2007. *National transportation Statistics*, table 1-46b, "U.S. Ton-Miles of Freight." Washington DC : U.S. Bureau of Transportation Statistics. http://www.bts.gov/publications/national_transportation_statistics/html/table_01_46b.html.

U.S. Census Bureau. 2004. "United States Summary: 2000." From the 2000 Census of Population and Housing, Population and Housing Unit Counts. Washington DC : U.S. Census Bureau.

———. 2005. "Value of Product Shipments: 2005." From the 2006 Annual Survey of Manufactures (ASM). Washington DC : U.S. Census Bureau, novembre 2006. http://www.census.gov/prod/2006pubs/am0531vs1.pdf.

———. 2010. "Annual Value of Construction Put in Place 2002–2010." http://www.census.gov/const/C30/total.pdf.

U.S. Climate Action Partnership. 2009. *A Call for Action*. Washington DC : U.S. Climate Action Partnership. http://us-cap.org/USCAPCallForAction.pdf.

U.S. General Services Administration. 2011. "2.2.1.1 Scope 1 & 2 Greenhouse Gas Emissions Reductions in Federal Buildings." http://www.gsa.gov/portal/content/185129.

U.S. Government Accountability Office. 2009. *Defense Critical Infrastructure: Actions Needed to Improve the Identification and Management of Electrical Power Risks and Vulnerabilities to DOD Critical Assets*. Rapport à l'intention des Congressional Committees, octobre.

U.S. Green Building Council. 2006a. *Project Profile: Toyota Motor Sales South Campus Office Development Torrance, California*. http://www.usgbc.org/ShowFile.aspx?DocumentID=3382.

———. 2006b. *Fossil Ridge High School Fort Collins, Colorado*. http://tinyurl.com/3e8cmk2.

———. 2006c. *Project Profile: Banner Bank Building*. http://www.usgbc.org/ShowFile.aspx?DocumentID=2057.

U.S. Nuclear Regulatory Commission. 2011a. "Power Reactor Status Reports for 2003." *Power Reactor Status Reports*. Nuclear Regulatory Commission. http://www.nrc.gov/reading-rm/doc-collections/event-status/reactor-status/2003/index.html.

———. 2011b. *Operating Nuclear Power Reactors (by Location or Name)*. Washington DC : Nuclear Regulatory Commission. http://www.nrc.gov/info-finder/reactor/.

———. 2011c. "NRC Appoints Task Force Members and Approves Charter for Review of Agency's Response to Japan Nuclear Event." Communiqué de presse, 1er avril. http://pbadupws.nrc.gov/docs/ML1109/ML110910479.pdf.

Usher, Bruce. 2010. "On Global Warming, Start Small." *New York Times*, 27 novembre.

Van Auken, R. M. et J. W. Zellner. 2003. *A Further Assessment of the Effects of Vehicle Weight and Size Parameters on Fatality Risk in Model Year 1985–98 Passenger Cars and 1985–97 Light Trucks*. Torrance, CA : Dynamic Research, Inc.

van Benthum, R. J., H. P. van Kemenade, J. J. H. Brouwers et M. Golombok. 2010. "CO_2 Capture by Condensed Rotational Separation." Présenté lors de l'International Pittsburgh Coal Conference, Istanbul, 11-14 octobre. http://www.mate.tue.nl/mate/pdfs/12195.pdf.

van der Vleuten, E. et R. Raven. 2006. "Lock-in and Change: Distributed Generation in Denmark in a Long-Term Perspective." *Energy Policy* 34 (18): 3739–48.

VICS Empty Miles. 2011. *Empty Miles Webinar.* A production of the Voluntary Interindustry Commerce Solutions (VICS) Association. https://www.emptymiles.org/.

Viswanathan, V., R. Davies et J. Holbery. 2006. *Opportunity Analysis for Recovering Energy from Industrial Waste Heat and Emissions.* Pacific Northwest National Laboratory / ministère américain de l'Énergie. http://www1.eere.energy.gov/industry/imf/pdfs/4_industrialwasteheat.pdf.

Vyas, A., C. Saricks et F. Stodolsky. 2002. *The Potential Effect of Future Energy-Efficiency and Emissions: Improving Technologies on Fuel Consumption of Heavy Trucks.* Argonne, IL: Center for Transportation Research.

Wald, Matthew L. et John M. Broder. 2011. "Utility Shelves Ambitious Plan to Limit Carbon." *New York Times.* 13 juillct. www.nytimes.com/2011/07/14/business/energy-environment/utility-shelves-planto-capture-carbon-dioxide.html.

W&H Properties. 2009. *The Empire State Building Takes Leadership Role In Energy and Cost Savings for Tenants.* http://www.esbnycleasing.com/graphics/ads/1stESB.pdf.

Wald, Matthew L. 2010. "Wind Power Backbone Sought Off Atlantic Coast." *New York Times,* 12 octobre. http://www.nytimes.com/2010/10/12/science/earth/12wind.html.

———. 2011a. "Westinghouse Nuclear Reactor Design Flaw Is Found." *New York Times,* 20 mai. http://www.nytimes.com/2011/05/21/business/energy-environment/21nuke.html?pagewanted=all.

———. 2011b. "Despite Bipartisan Support, Nuclear Reactor Projects Falter." *New York Times,* 28 avril. http://www.nytimes.com/2011/04/29/business/energy-environment/29utility.html.

Walmart. 2010. *Walmart Global Sustainability Report 2010 Progress Update.* Walmart. http://cdn.walmartstores.com/sites/sustainabilityreport/2010/WMT2010GlobalSustainabilityReport.pdf.

Walters, Eric. 2010. Communication personnelle avec l'auteur, 16 décembre.

Wang, Shuxiao. 2011. "Mercury Emissions from Coal-Fired Power Plants in China." Présentation lors de l'INC2 Technical Meeting du PNUE, université de Tsinghua, 23 janvier.

Warren, Dave. 2010. *Low Cost Carbon Fiber Overview.* Oak Ridge National Laboratory. http://www1.eere.energy.gov/vehiclesandfuels/pdfs/merit_review_2010/lightweight_materials/lm002_warren_2010_o.pdf.

Washom, Byron. 2009. "Integration of Distributed Energy Resources within a Smart Microgrid." Présenté lors du Smart Grid Rulemaking Distribution Workshop, California Public Utilities Commission, University of California à San Diego, 5 juin. http://www.cpuc.ca.gov/NR/rdonlyres/FEB2952C-4CF5-4600-8A4F-A6566D94329C/0/UCSD.pdf.

Weber, C. L. 2008. *An Examination of Energy Intensity and Energy Efficiency.* Pittsburgh, PA: Carnegie Mellon University.

Weber, C. L. et H. S. Matthews. 2007. "Embodied Environmental Emissions in US International Trade,

1997–2004." *Environmental Science & Technology* 41 (14): 4875–81.

Weisman, Alan. 1998. *Gaviotas: A Village to Reinvent the World.* White River Junction, VT: Chelsea Green Publishing.

Wernick, I. K. et J. H. Ausubel. 1995a. "National Material Metrics for Industrial Ecology." *Resources Policy* 21 (3): 189–98. doi:10.1016/0301-4207(96)89789-3.

———. 1995b. "National Materials Flows and the Environment." *Annual Review of Energy and the Environment* 20 (1): 463–92. doi:10.1146/annurev.eg.20.110195.002335.

Wesoff, Eric. 2011. "Clarian: Moving Solar to the Mainstream." Greentech Solar. http://www.greentech-media.com/articles/read/
clarianlowering-the-entry-price-to-solar/.

Westbrook, Paul (Texas Instruments). 2011. Communications personnelles avec l'auteur, 15 et 17 février.

White, Joseph. 2010. "Luxury Cars Go on a Diet." *Wall Street Journal*, 5 octobre. http://online.wsj.com/article/SB100014240527487046315045755321624779601 50.html.

Wilbanks, Thomas J. 2009. *Effects of Climate Change on Energy Production and Use in the United States.* Derby, PA: DIANE Publishing.

Willems, G. P., J. P. Kroes, M. Golombok, B. P. M. van Esch, H. P. van Kemenade et J. J. H. Brouwers. 2010. "Performance of a Novel Rotating Gas-Liquid Separator." *Journal of Fluids Engineering* 132. doi:10.1115/1.4001008.

Williams, E. D., R. U. Ayres et Miriam Heller. 2002. "The 1.7 Kilogram Microchip: Energy and Material Use in the Production of Semiconductor Devices." *Environmental Science & Technology* 36 (24): 5504–10. doi:10.1021/es025643o.

Williams, R. H., E. D. Larson et M. H. Ross. 1987. "Materials, Affluence, and Industrial Energy Use." *Annual Review of Energy* 12 (1): 99–144. doi:10.1146/annurev.eg.12.110187.000531.

Wines, Michael. 2011. "China Admits Problems with Three Gorges Dam." *New York Times*, 19 mai.

Wingfield, Brian. 2011. "GE Sees Solar Cheaper Than Fossil Power in Five Years." Bloomberg, 26 mai. http://www.bloomberg.com/news/2011-05-26/solar-may-becheaper-than-fossil-power-in-five-years-ge-says.html.

Wirth, Thomas. 2008. *Microreactors in Organic Synthesis and Catalysis.* Allemagne : Wiley-VCH.

Wiser, Ryan et Mark Bolinger. 2010. *2009 Wind Technologies Market Report.* Lawrence Berkeley National Laboratory, août. http://eetd.lbl.gov/ea/emp/reports/lbnl-3716e.pdf.

———. 2011. *2010 Wind Technologies Market Report.* Lawrence Berkeley National Laboratory, juin. http://eetd.lbl.gov/ea/emp/reports/lbnl=4820e.pdf.

Woolsey, R. James. 2001. Témoignage devant le Subcommittee on Energy, Committee on Science, Chambre des représentants, 1er novembre. http://com-mdocs.house.gov/committees/science/hsy75842.000/hsy75842_0.HTM.

Woolsey, R. James, Amory B. Lovins et L. H. Lovins. 2002. "Energy Security: It Takes More than Drilling." *Christian Science Monitor*, 29 mars. http://www.csmonitor.com/2002/0329/p11s02-coop.html.

World Nuclear News. 2011. "'New approach' puts back Flamanville 3." *World Nuclear News*. 21 juillet.

http://www.world-nuclear-news.org/NN_New_approach_puts_back_Flamanville_3_2107111.html.

World Resources Institute. 2005. *World Greenhouse Gas Emissions: 2005.* World Resources Institute. http://www.wri.org/chart world-greenhouse-gas-emissions-2005.

Worrell, Ernst, J. A. Laitner et Ruth Michael. 2003. "Productivity Benefits of Industrial Energy Efficiency Measures." *Energy* 28 (11).

Worrell, Ernst, Lynn Price et Nathan Martin. 2001. "Energy Efficiency and Carbon Dioxide Emissions Reduction Opportunities in the US Iron and Steel Sector." *Energy* 26 (5): 513–36. doi:10.1016/S0360-5442(01)00017-2.

Wyssen, Ivan, Lucas Gasser et M. Meier. 2010. "Chiller with Small Temperature Lift for Efficient Building Cooling." Présenté lors du 10e Congrès mondial de la REHVA, Antalya, Turquie, 9-12 mai.

Xinhua. 2011. "China's Thermal Power Plants to See More Losses." *China Daily*, 30 avril.

Xu, M., Braden Allenby et Weiqiang Chen. 2009. "Energy and Air Emissions Embodied in China–U.S. Trade: Eastbound Assessment Using Adjusted Bilateral Trade Data." *Environmental Science & Technology* 43 (9): 3378–84. doi:10.1021/es803142v.

Xu, M., E. Williams et Braden Allenby. 2010. "Assessing Environmental Impacts Embodied in Manufacturing and Labor Input for the China–U.S. Trade." *Environmental Science & Technology* 44 (2): 567–73. doi:10.1021/es901167v.

Xu, P. 2009. *Evaluation of Demand Shifting Strategies with Thermal Mass in Two Large Commercial Buildings.* Lawrence Berkeley National Laboratory. http://gundog.lbl.gov/dirpubs/SB06/pengxu.pdf.

Xu, T., J. Slaa et J. Sathaye. 2010. *Characterizing Costs and Savings Benefits from a Selection of Energy Efficient Emerging Technologies in the United States.* BOA99205P. Lawrence Berkeley National Laboratory. http://ies.lbl.gov/drupal.files/ies.lbl.gov.sandbox/efficient%20tech%20working-%20US.pdf.

Yasu, Mariko. 2011. "Softbank's CEO Wants a Solar-Powered Japan." *Bloomberg Businessweek*, 23 juin.

Zeller, Tom. 2010. "Can We Build a Brighter Shade of Green?" *New York Times*, 25 septembre. http://www.nytimes.com/2010/09/26/business/energy-environment/26smart.html?pagewanted=all.

ZepSolar. 2011. "Zep System II."

Ziemlewski, Joanna. 2010. "Saving Energy in a Polyethylene Facility." JOURNAL.

Zhou, Nan, David Fridley, Michael McNeil, Nina Zheng, Jing Ke et Mark Levine. 2011. "China's Energy and Carbon Emissions Outlook to 2050." LBNL-4472E. Lawrence Berkeley National Laboratory. http://china.lbl.gov/publications/Energy-and-Carbon-Emissions-Outlook-of-China-in-2050.

Il est légitime de s'interroger sur l'intérêt, pour un lectorat français ou francophone, d'un ouvrage entièrement consacré à un scénario énergétique états-unien. J'avancerai deux raisons qui ont conduit à traduire ce livre : la première est la sensibilité particulière de l'auteur à l'efficacité, composante essentielle de tout système énergétique durable ; la seconde est l'intérêt pédagogique de la présentation détaillée d'un scénario innovant à l'échelle d'un grand pays.

S'il est l'inventeur de la notion et du terme « négawatt », Amory Lovins est plus fondamentalement l'homme de l'efficacité énergétique. Pour reprendre une terminologie que l'association négaWatt a rendue familière, la réponse durable aux besoins énergétiques passe par trois étapes : sobriété, efficacité et énergies renouvelables. La sobriété, par opposition à la notion d'« ébriété », conduit à nous interroger sur la nature de nos besoins et leurs excès éventuels ; l'efficacité consiste à produire, transporter, transformer et utiliser l'énergie avec le moins de pertes possibles ; enfin, les énergies renouvelables sont la seule source de production d'énergie inépuisable. Consommer avec plus de mesure, développer l'efficacité à tous les stades du système énergétique et assurer la production d'énergie indispensable grâce aux énergies renouvelables sont les trois temps de la valse énergétique durable. Au sein de l'association négaWatt, on a coutume de dire que si l'on devait associer une personnalité du XXe siècle à chacune de ces trois composantes énergétiques, il faudrait choisir Ivan Illich pour la sobriété, Herman Scheer pour les énergies renouvelables et Amory Lovins pour l'efficacité énergétique.

Ivan Illich (1926-2002), précurseur viennois de l'écologie politique, a su poser dès les années 1970 une critique radicale de la société industrielle. Il a en particulier développé l'idée que les consommations, au-delà d'un certain

POSTFACE
DE BRUNO LHOSTE

seuil, devenaient contre-productives et apportaient davantage de dégradations que d'améliorations de la qualité de vie. Cette interrogation est toujours d'actualité dans notre société hyperconsumériste du XXIe siècle[1].

Herman Scheer (1944-2010), scientifique et parlementaire allemand, aura été le maître d'œuvre du développement spectaculaire des énergies renouvelables en Allemagne, à travers la loi Erneuerbare-Energien-Gesetz (EEG) et ses mécanismes tarifaires incitatifs. Il a été lauréat en 1999 du Right Livelihood Award, le « prix Nobel alternatif », en récompense de son travail de promotion de l'*énergie solaire dans le monde*. Toute sa vie, il s'est en effet attaché à prouver la faisabilité technique et économique d'un remplacement intégral des énergies fossiles et nucléaire par les énergies renouvelables[2]. Amory Lovins s'est quant à lui consacré à montrer comment la promotion de l'efficacité énergétique pouvait réduire drastiquement nos consommations d'énergie[3]. C'est cette conviction que l'efficacité énergétique peut avoir un rôle primordial que l'on retrouve aujourd'hui dans le scénario qu'il a conçu et qui est décrit dans ce livre. Cette orientation, au-delà des auteurs, est sans doute le reflet d'un pays où l'on pense que l'innovation industrielle et les

1 Sur la thématique de la sobriété, lire en particulier *Énergie et équité* et *La convivialité*, dans Ivan Illich, Œuvres complètes, tome 1, Fayard, 2004.

2 On peut lire utilement *L'autonomie énergétique, une nouvelle politique pour les énergies renouvelables*, Actes Sud, 2007 et son dernier livre non encore traduit en français *The Energy Imperative : 100 Percent Renewable Now*, Earthscan, 2011.

3 *Facteur 4, deux fois plus de bien-être en consommant deux fois moins de ressources : rapport au Club de Rome*, Amory B. Lovins, L. Hunter Lovins et Ernst Ulrich Von Weizsäcke, Terre vivante, 1997.

leviers économiques sont les principaux moteurs du changement, illustrant ainsi la vision culturelle qui s'exprime dans tout scénario énergétique.

En ce début de XXIe siècle, nous sommes engagés de manière inexorable dans une transition énergétique et nous devrons, dans les décennies à venir, remplacer la plupart des énergies fossiles que nous utilisons aujourd'hui. L'enjeu est de construire de nouveaux systèmes énergétiques plus durables et donc nécessairement plus diversifiés. Pour optimiser réellement nos consommations, il faut opérer un renversement de paradigme : partir des besoins et non de la production. Il ne s'agit plus de remplacer une énergie dominante « multiusages » par une autre, mais d'identifier toute la diversité de nos besoins pour mettre en place les moyens les plus efficaces de les satisfaire. Cela conduit à la notion de scénario énergétique, approche globale organisant les réponses aux besoins en énergie des transports, de l'habitat, de l'agriculture et de l'industrie. Formaliser les besoins actuels en énergie d'un pays, c'est traduire une organisation sociale ; projeter ces besoins à vingt ou trente ans, c'est dessiner un projet de société, un projet politique. Chaque système énergétique est ainsi le fruit d'une géographie, d'une histoire, d'une économie et d'une organisation sociale et politique. Les ressources énergétiques fossiles ou renouvelables, la densité en habitat et la forme des villes, l'organisation centralisée ou fédérale, la puissance économique et la capacité d'innovation conduisent à des systèmes de production, de distribution et de consommation d'énergie spécifiques à chaque pays. Les choix énergétiques ne sont pas seulement « techniques » et, pas plus que dans le domaine économique, il n'y a jamais qu'une seule option. Enfin n'oublions pas que pour se diffuser, les innovations technologiques doivent être portées et acceptées par des femmes et des hommes, avec leurs déterminants sociaux. C'est ce que nous rappelle Marie-Christine Zelem, professeur de sociologie à l'université de Toulouse II : « La transition énergétique est une problématique où tout ou presque relève du social : la gouvernance, la maîtrise de l'*énergie, la justice sociale, la précarité énergétique, la sûreté, les impacts environnementaux et sociétaux : les choix techniques engagent la société sur le long terme. Les prix et les coûts relèvent du social*. Fondamentalement, la transition énergétique implique une culture moins énergivore. Il ne suffit pas de faire une loi pour que le social obtempère.

Le socle, c'est la société de consommation. C'est sur cette base qu'opèrent les routines, les normes, les microconflits, les croyances[4]. » Si le livre d'Amory Lovins peut inspirer nos réflexions française et européenne, c'est donc davantage par la *démarche* qu'il propose, consistant à définir secteur par secteur les besoins en énergies tout en recherchant une optimisation systémique, que dans la transposition directe des conclusions du scénario, très liées au contexte états-unien. À chaque pays, voire à chaque région de concocter son propre modèle, de doser les trois composantes (sobriété, efficacité et énergies renouvelables) de son futur système en fonction des forces et des faiblesses de son territoire, de son histoire et surtout des orientations de société qui – dans l'idéal ! – devraient émerger de la consultation démocratique des populations. Le travail remarquable de rigueur et de cohérence d'Amory Lovins et de son équipe d'experts est une riche source d'inspiration. Puisse-t-il être entendu des citoyens et des décideurs d'un côté comme de l'autre de l'Atlantique.

Bruno Lhoste, directeur de la collection Initial(e)s DD.

4 Audition du Conseil national de la transition énergétique, à Paris, le 11 avril 2013, cité par actu-environnement.com.

L'ASSOCIATION NÉGAWATT

Créée en septembre 2001, l'association négaWatt rassemble début 2013 plus de 1 000 adhérents à travers la France – des personnes aux métiers très variés, pour la plupart impliquées dans le secteur de l'énergie.

Ingénieurs, architectes, sociologues, juristes, économistes ou responsables associatifs s'y côtoient pour échanger autour d'un objectif commun : promouvoir un nouveau modèle énergétique donnant la priorité à la sobriété, à l'efficacité et aux énergies renouvelables, qui sont les trois piliers fondateurs de la « démarche négaWatt ».

La « Compagnie des négaWatts », un collège de 25 experts aux spécialités complémentaires, constitue la cheville ouvrière de l'association : c'est elle qui, en appliquant systématiquement la « démarche négaWatt » à notre modèle énergétique actuel, a élaboré en 2003 un premier scénario énergétique pour la France à l'horizon de 2050 (scénario mis à jour en 2006).

Fruit de plus d'un an de travail, un scénario négaWatt 2011-2050 a été publié en septembre 2011, complété en janvier 2012 par la parution aux éditions Actes Sud du *Manifeste négaWatt*. Cet ouvrage de référence fournit tous les éléments de compréhension de la démarche et du scénario négaWatt, ainsi qu'une description des mesures à prendre pour que ce dernier devienne une réalité.

Un autre ouvrage, intitulé *Changeons d'énergies* (Actes Sud, février 2013) et dont l'ambition est plus pédagogique, permet à chaque citoyen de mieux comprendre les enjeux énergétiques et les propositions portées par négaWatt.

Garantes de sa totale indépendance, les ressources financières de l'association – dont l'action repose pour l'essentiel sur les contributions bénévoles et actives de ses membres – proviennent des cotisations de ses adhérents complétées par le soutien de fondations et d'organisations non gouvernementales sur certains travaux spécifiques.

Pour plus d'information et pour adhérer : www.negawatt.org ; contact@negawatt.org

L'INSTITUT NÉGAWATT

L'Institut négaWatt est un organisme de formation, d'études et de recherches créé en 2009 par l'association négaWatt. Il a pour vocation de préparer et d'accompagner la transition énergétique de notre société en prenant comme référence les travaux de l'association négaWatt.

Animé par une volonté de mutualisation des connaissances, l'Institut négaWatt se donne pour objectifs de :

- renforcer les compétences et la capacité d'expertise des acteurs de l'énergie,
- développer les propositions d'évolution des politiques énergétiques et climatiques,
- et accompagner la mise en œuvre de ces propositions.

Depuis sa création, l'Institut négaWatt a en priorité développé son pôle de formations. Celles-ci s'adressent à un large public et traitent aussi bien de sujets généraux liés à la politique énergétique que de sujets techniques précis et concrets nécessaires à la mise en œuvre de la « transition énergétique négaWatt ».

Il développe à présent son pôle études, sur la base des orientations et des travaux du scénario négaWatt.

Pour plus d'information : www.institut-negawatt.com ; contact@institut-negawatt.com

Dans la même collection

BIOMIMÉTISME
Janine M. Benyus
Préface de Gauthier Chapelle
Traduction de Céline Sefraoui

LES LIMITES À LA CROISSANCE
Donella Meadows, Dennis Meadows, Jorgen Randers
Préface de Jean-Marc Jancovici
Traduction d'Agnès El Kaïm

BASCULEMENT
Lester R. Brown
Préface de Claude Alphandéry
Traduction d'Alternative planétaire

GLOBAL GÂCHIS
Tristram Stuart
Préface de Bruno Genty
Traduction de Patrice Piquionne et Nina Blanchot

Direction de collection
Bruno Lhoste

Conception graphique
Stéphanie Boulay

Couverture
Thierry Sestier

Mise en page
Guillaume Arduré

Contribution rédactionnelle
Frédérique Basset

Relecture
Anne-Laure Blusseau, Corinne Dumont, Anne Fitamant Peter et Juliette Tommasi

Relecture scientifique de la traduction
Jacques et Lionel Bony

Édition
Thomas Bout

Le papier de cet ouvrage – Offset Coral Book 90 g – est composé
de fibres naturelles, renouvelables, recyclables et fabriquées à partir
de bois provenant de forêts gérées durablement.

N° d'impression : 305216
Imprimé en France par la Nouvelle Imprimerie Laballery